Try your best
Never underestimate your power to change yourself!

本书部分案例

手压阀装配

垫圈

垫片

十字螺丝刀

圆柱连接

叶轮2

传动装配体爆炸视图

叉架

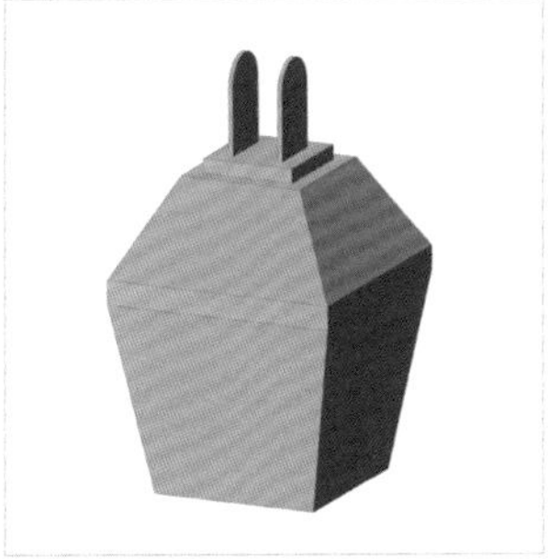
充电器

基座

传动装配体模型

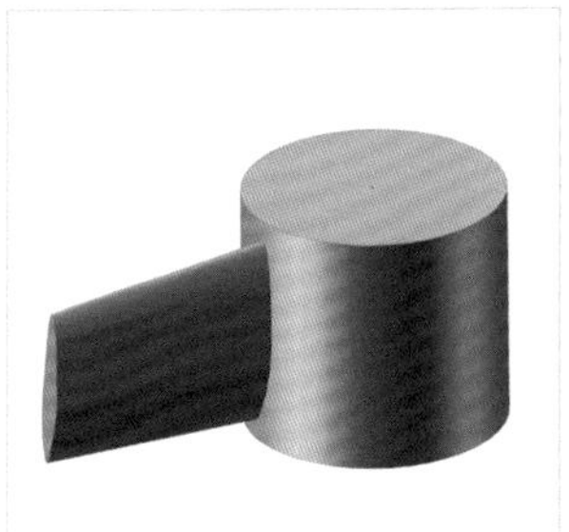
叶轮1

主体

三通管

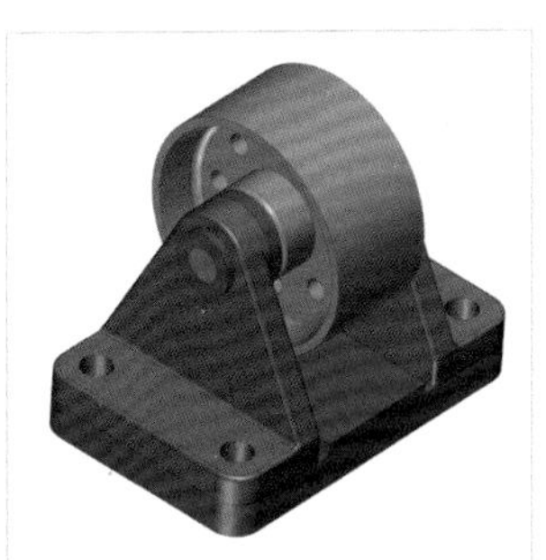
脚轮

传动装配体

挖掘机液压缸1

弹簧

摇臂

挖掘机液压杆1

小臂

圆锥销

空间连杆草图

挖掘机挖斗

机械臂装配

弯管

螺栓M20

轴盖

圆轮缘手轮

法兰盘

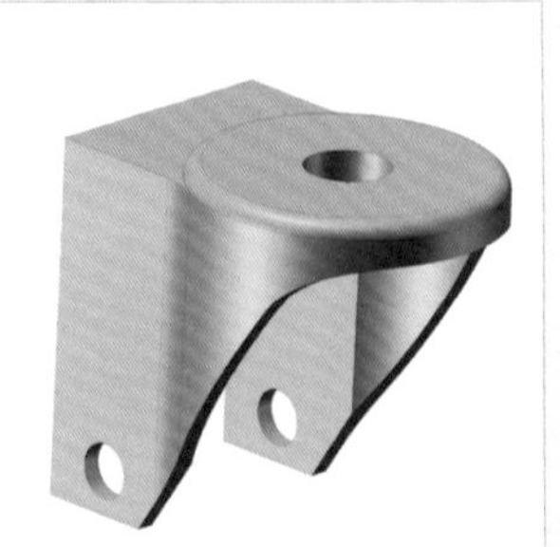
支架

轴承6315-1

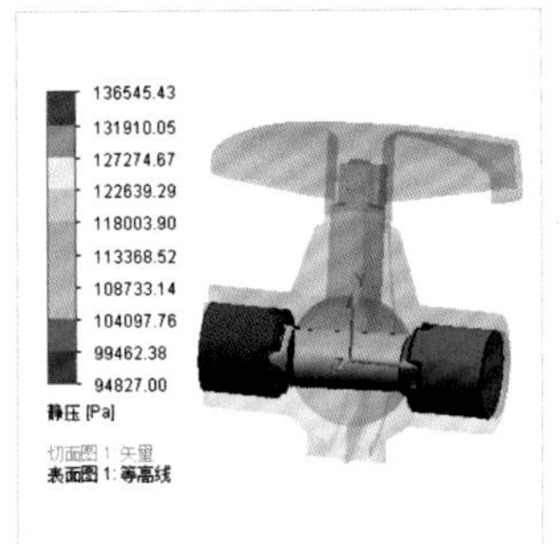

压力的分布情况

截面图

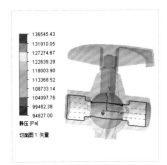

截面图矢量显示

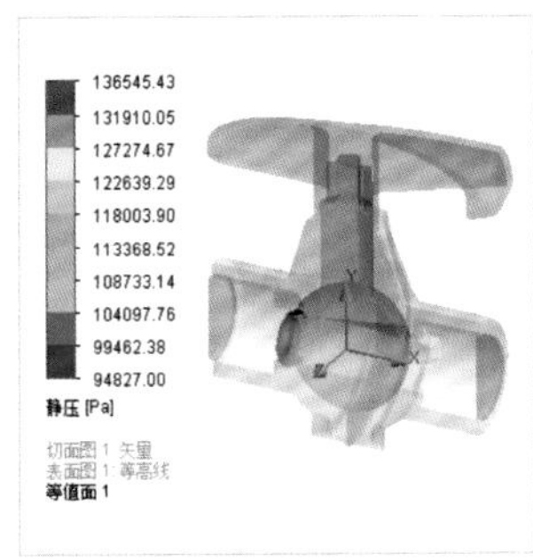

等值截面图

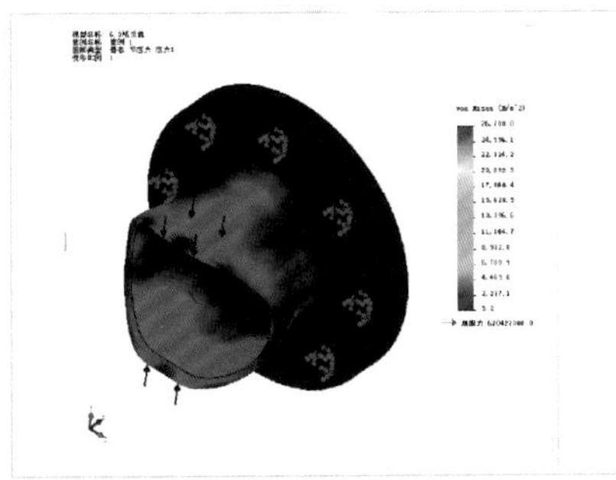

静力学分析中的应力分析图

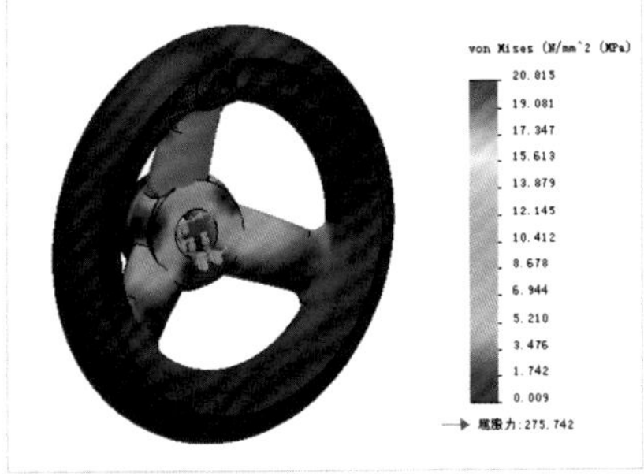

手轮应力分析

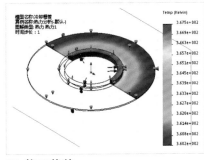

截面裁剪

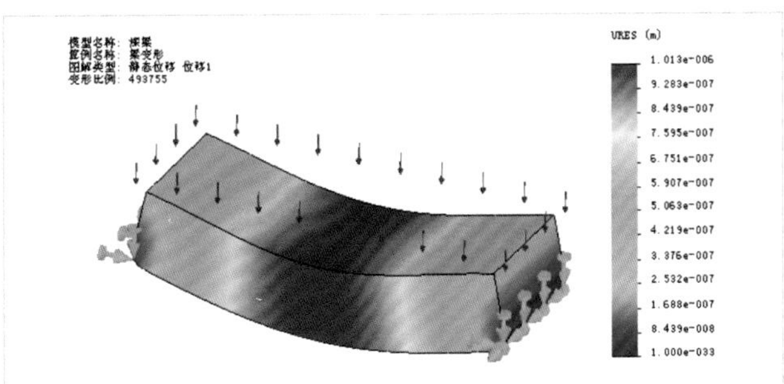

深梁的位移云图

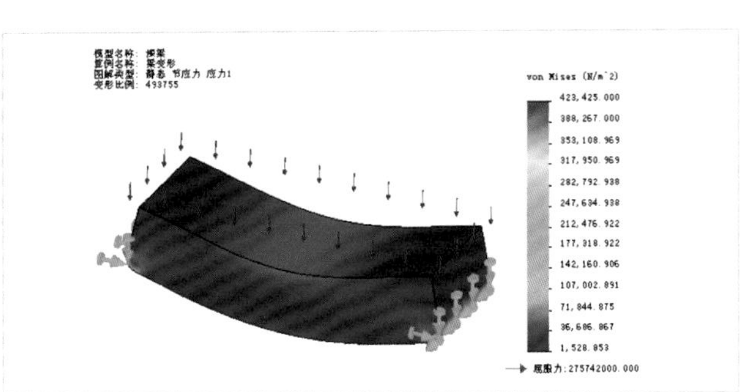

深梁的应力分布云图1

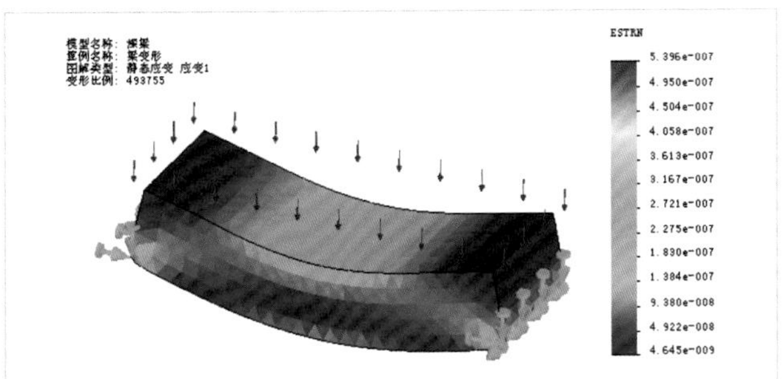

深梁的应变云图

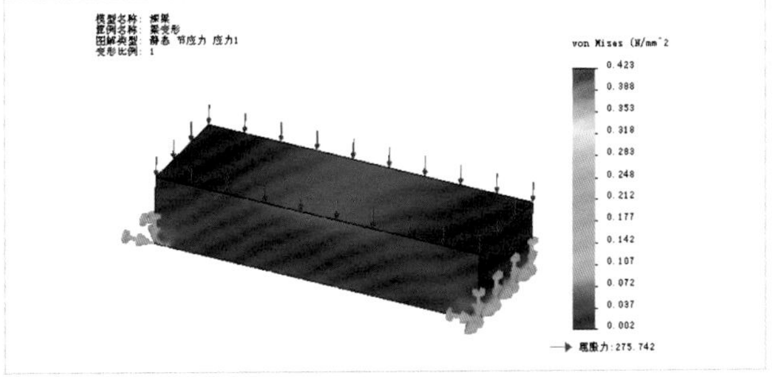

深梁的应力分布云图2

花键轴

轴承6315

阀杆

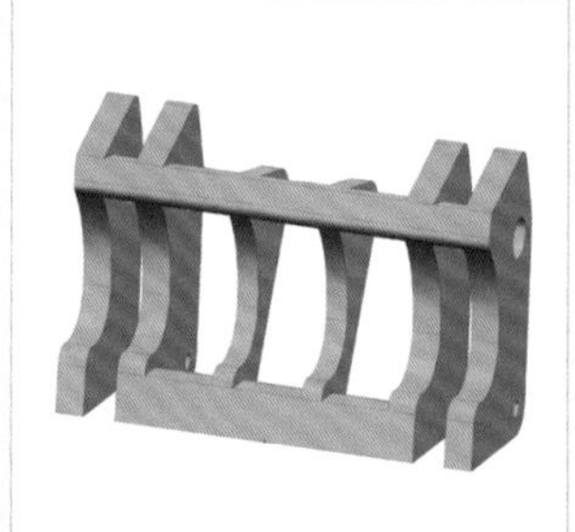
铲斗支撑架

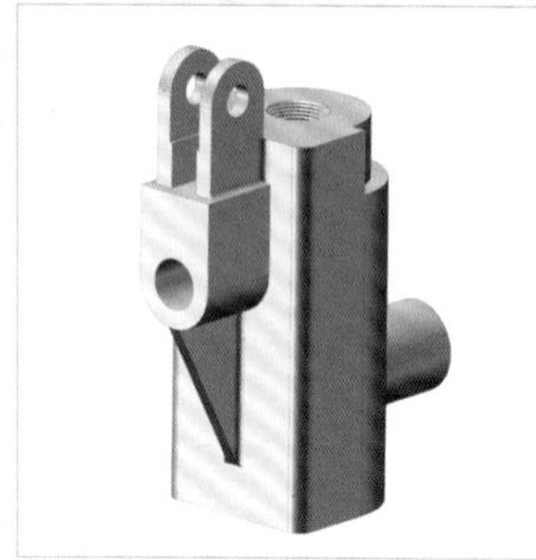
阀体

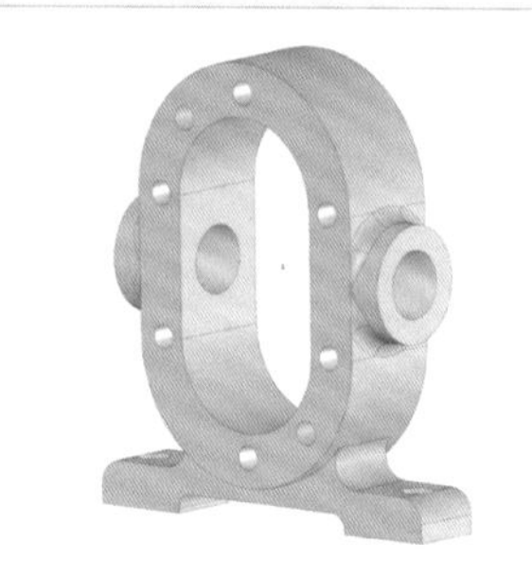
齿轮泵基座

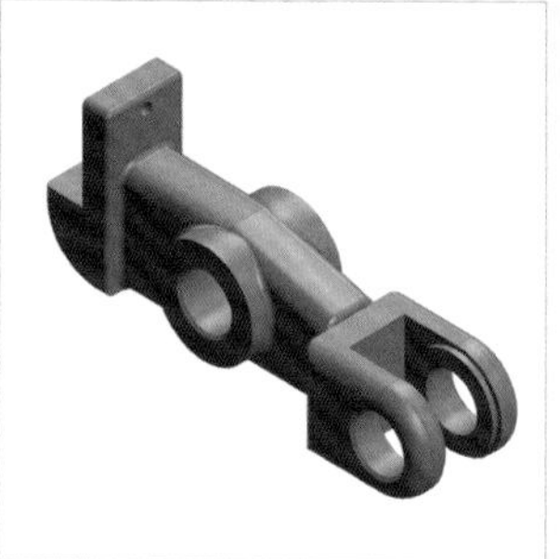
铸锻毛坯零件

销钉

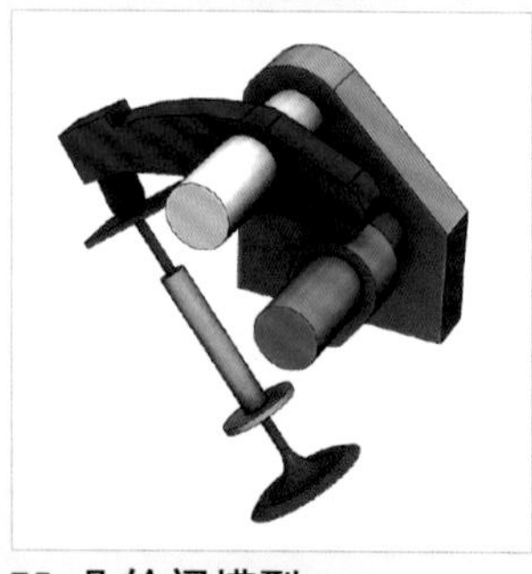
凸轮阀模型

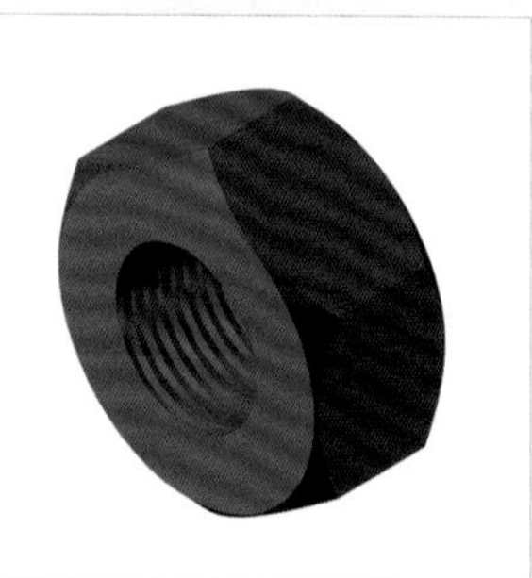
螺母

阶梯轴

齿条

连接法兰

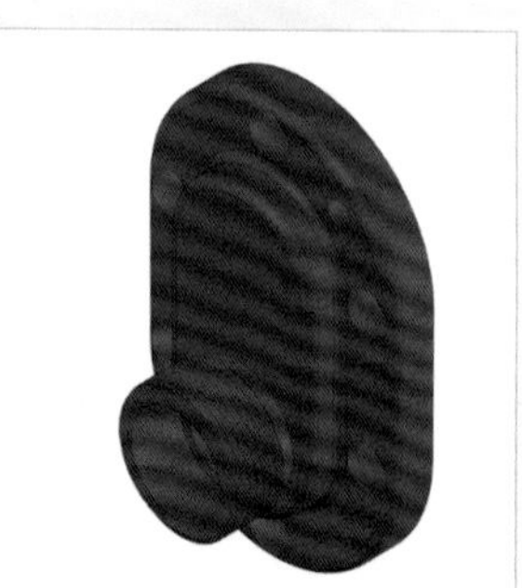
齿轮泵后盖

机座

齿轮泵总装配

CAD/CAM/CAE 微视频讲解大系

中文版 SOLIDWORKS 2022 机械设计从入门到精通

（实战案例版）

1270 分钟同步微视频讲解　106 个实例案例分析

☑特征建模　☑装配体设计　☑工程图设计　☑各类型零件设计　☑运动仿真　☑有限元分析

天工在线　编著

·北京·

内容提要

SOLIDWORKS 是以设计功能为主的 CAD、CAM、CAE 软件，涵盖了产品开发流程的各个环节，如零件设计、钣金设计、装配设计、工程图设计和仿真分析等，提供了将创意转化为产品所需的各种资源。

《中文版 SOLIDWORKS 2022 机械设计从入门到精通（实战案例版）》是一本介绍 SOLIDWORKS 2022 在机械设计方面的实用教程，也是一本视频教程。全书共 17 章，包括 SOLIDWORKS 2022 软件基础操作、草图的绘制与编辑、特征建模、装配体设计、工程图的设计与标注、连接紧固类零件设计、箱盖零件设计、叉架类零件设计、轴系零件设计、SOLIDWORKS Motion 2022 运动仿真、SOLIDWORKS Simulation 2022 有限元分析、交互式动画制作和流场分析等。在讲解过程中，重要知识点均配有实例讲解、练习操作和综合实例演练，并提供实例操作的视频讲解和源文件，读者可以跟着教程与视频讲解边学边做，既可加深对知识点的理解，又可提高综合应用与实战技能。

《中文版 SOLIDWORKS 2022 机械设计从入门到精通（实战案例版）》配备了 1270 分钟同步微视频讲解、106 个实例案例分析及配套的素材源文件，本书另外赠送的拓展学习资源包括一套齿轮泵设计综合案例和一套变速箱设计综合案例的电子书、源文件和视频讲解（共 14 集），以及 12 大 SOLIDWORKS 行业案例设计方案及视频、全国成图大赛试题集。

《中文版 SOLIDWORKS 2022 机械设计从入门到精通（实战案例版）》适合 SOLIDWORKS 机械设计、SOLIDWORKS 模具设计等入门读者学习，也适合大中专院校机械设计相关专业读者学习使用。

图书在版编目（CIP）数据

中文版SOLIDWORKS 2022机械设计从入门到精通 : 实战案例版 / 天工在线编著. -- 北京 : 中国水利水电出版社, 2022.10

（CAD/CAM/CAE微视频讲解大系）

ISBN 978-7-5226-0914-0

Ⅰ. ①中… Ⅱ. ①天… Ⅲ. ①机械设计－计算机辅助设计－应用软件 Ⅳ. ①TH122

中国版本图书馆 CIP 数据核字(2022)第 164052 号

丛书名	CAD/CAM/CAE 微视频讲解大系
书名	中文版 SOLIDWORKS 2022 机械设计从入门到精通（实战案例版） ZHONGWENBAN SOLIDWORKS 2022 JIXIE SHEJI CONG RUMEN DAO JINGTONG
作者	天工在线 编著
出版发行	中国水利水电出版社 （北京市海淀区玉渊潭南路 1 号 D 座 100038） 网址：www.waterpub.com.cn E-mail：zhiboshangshu@163.com 电话：（010）62572966-2205/2266/2201（营销中心）
经售	北京科水图书销售有限公司 电话：（010）68545874、63202643 全国各地新华书店和相关出版物销售网点
排版	北京智博尚书文化传媒有限公司
印刷	河北文福旺印刷有限公司
规格	203mm×260mm 16 开本 26.5 印张 712 千字 2 插页
版次	2022 年 10 月第 1 版 2022 年 10 月第 1 次印刷
印数	0001—6000 册
定价	89.80 元

前　言

Preface

SOLIDWORKS 软件是基于 Windows 开发的三维 CAD 系统，是以设计功能为主的 CAD、CAM、CAE 软件，它采用直观、一体化的三维开发环境，涵盖产品开发流程的所有环节，如零件设计、钣金设计、装配设计、工程图设计、仿真分析、产品数据管理和技术沟通等，提供了将创意转化为产品所需的一系列资源。

SOLIDWORKS 因其功能强大、易学易用和技术不断创新等特点，已成为市场上领先的、主流的三维 CAD 解决方案。其应用涉及平面工程制图、三维造型、求逆运算、加工制造、工业标准交互传输、模拟加工过程、电缆布线和电子线路等领域。

一、本书特点

本书详细介绍了 SOLIDWORKS 2022 在机械设计方面的使用方法和技巧，内容涵盖了 SOLIDWORKS 2022 软件基础操作、草图的绘制与编辑、特征建模、装配体设计、工程图设计与标注、连接紧固类零件设计、箱盖零件设计、叉架类零件设计、轴系零件设计、SOLIDWORKS Motion 运动仿真、有限元分析和动画制作等。

➘ 体验好，随时随地学习

二维码扫一扫，随时随地看视频。书中大部分实例都提供了二维码，可以通过手机微信“扫一扫”功能，随时随地观看相关的教学视频。

➘ 实例多，用实例学习更高效

案例丰富详尽，边做边学更高效。提供大量实例，可边学边做，从做中学，可以使学习更深入、更高效。

➘ 入门易，全力为初学者着想

遵循学习规律，入门实战相结合。采用基础知识+实例的模式编写，内容由浅入深，循序渐进。入门与实战相结合，初学者可即学即用，在实战中又能巩固已学知识。

➘ 服务快，让学习无后顾之忧

提供在线服务，可随时随地交流。提供了公众号、QQ 群等多种沟通渠道。

二、本书配套资源

为了方便读者学习，本书提供了极为丰富的学习资源。

➘ 视频、源文件和电子书

（1）为方便读者学习，本书重点基础知识和实例均录制了视频讲解文件，共 1270 分钟的视频讲解（读者可使用手机微信“扫一扫”功能扫描书中的二维码直接观看，也可通过“关于本书服务”中提供的方法在计算机中下载后观看）。

（2）本书包含 106 个实例（包括视频、源文件和结果文件），赠送一套变速箱设计综合案例和一套齿轮泵设计综合案例（包括电子书、视频和源文件）。

➘ **拓展学习资源**

（1）12 大 SOLIDWORKS 行业案例设计方案及同步视频讲解。

（2）全国成图大赛试题集。

三、关于本书服务

本书的各类资源和信息如下。

（1）扫描下面的微信公众号，关注后输入 SD09140 并发送至公众号后台，即可获取本书资源的下载链接，将该链接复制到计算机浏览器的地址栏中，按 Enter 键后即可进入资源下载页面，根据提示下载即可。

（2）加入 QQ 群 764534854（若此群已满，请根据提示加入相应的群），可在线交流学习。

四、关于作者

本书由天工在线组织编写。天工在线是一个工程技术人员协作联盟，涉及领域有 CAD/CAM/CAE 技术研讨、工程开发、培训咨询和图书创作，其拥有 40 多位专职和众多兼职的CAD/CAM/CAE 工程技术专家。天工在线编写的很多教材已成为国内的旗帜作品，在相关专业图书创作领域具有举足轻重的地位。

五、致谢

本书能够顺利出版，是作者和所有编校人员共同努力的结果，在此表示深深的感谢。同时，祝福所有读者在通往优秀工程师的道路上一帆风顺。

编　者

目 录

Contents

第 1 章　SOLIDWORKS 2022 概述

内容简介

本章对 SOLIDWORKS 软件的概况做了简要介绍，包括初识 SOLIDWORKS 2022、SOLIDWORKS 用户界面和 SOLIDWORKS 工作环境设置等，主要目的是为后面绘图操作打下基础。

内容要点

- 初识 SOLIDWORKS 2022
- SOLIDWORKS 2022 用户界面
- SOLIDWORKS 2022 工作环境设置

案例效果

1.1　初识 SOLIDWORKS 2022

扫一扫，看视频

相比之前版本的 SOLIDWORKS，SOLIDWORKS 2022 在创新性、使用的方便性以及界面的友好性等方面都得到了增强，功能有了大幅度的提升，尤其是新增的一些设计功能，更是使产品开发流程发生了根本性的变革——支持全球性的协作和连接，大大拓展了项目间的合作。

SOLIDWORKS 2022 在用户界面、草图绘制、特征、成本、零件、装配体、SOLIDWORKS Workgroup PDM、Simulation、运动算例、工程图、出详图、钣金设计、输出和输入及网络协同等方面都得到了增强，使用户可以更方便地使用该软件。本节将介绍 SOLIDWORKS 2022 的一些基础知识。

1.1.1　启动 SOLIDWORKS 2022

SOLIDWORKS 2022 安装完成后，就可以启动该软件了。在 Windows 10 操作环境下，选择

“开始”→“所有程序”→SOLIDWORKS 2022→SOLIDWORKS 2022 命令或者双击桌面上的 SOLIDWORKS 2022 快捷方式，就可以启动该软件。如图 1-1 所示是 SOLIDWORKS 2022 的启动界面。

启动界面消失后，系统进入 SOLIDWORKS 2022 初始界面。初始界面中只有菜单栏和“快速访问”工具栏，如图 1-2 所示。

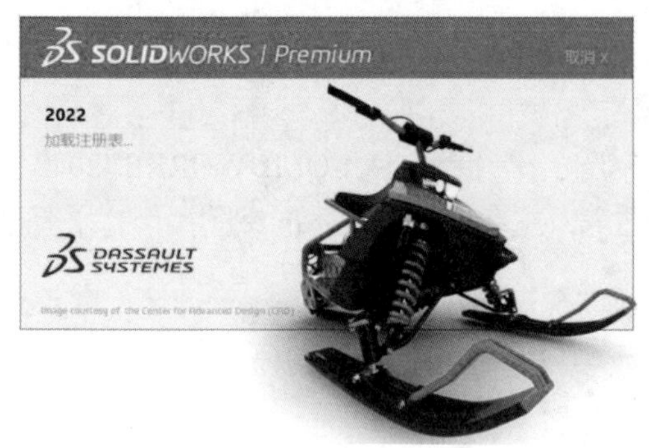

图 1-1　SOLIDWORKS 2022 的启动界面

图 1-2　SOLIDWORKS 2022 初始界面

1.1.2　新建文件

单击“快速访问”工具栏中的“新建”按钮，或者选择菜单栏中的“文件”→“新建”命令，弹出如图 1-3 所示的“新建 SOLIDWORKS 文件”对话框。其中部分选项的功能如下。

- （零件）按钮：双击该按钮，可以生成单一的三维零部件文件。
- （装配体）按钮：双击该按钮，可以生成零件或其他装配体的排列文件。
- （工程图）按钮：双击该按钮，可以生成属于零件或装配体的二维工程图文件。选择“单一设计零部件的 3D 展现”，单击“确定”按钮，即会进入完整的用户界面。

在 SOLIDWORKS 2022 中，“新建 SOLIDWORKS 文件”对话框有两个版本可供选择，一个是新手版本；另一个是高级版本。

单击图 1-3 中的“高级”按钮就会进入高级版本显示模式，如图 1-4 所示。当选择某一文件类型时，该类型模板将出现在预览框中。在该版本中，用户可以添加自己的选项卡并保存模板文件，也可以选择 Tutorial 选项卡来访问指导教程模板。

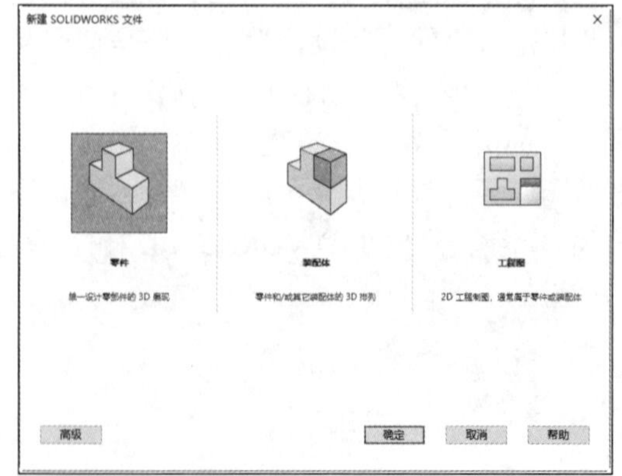

图 1-3　“新建 SOLIDWORKS 文件”对话框

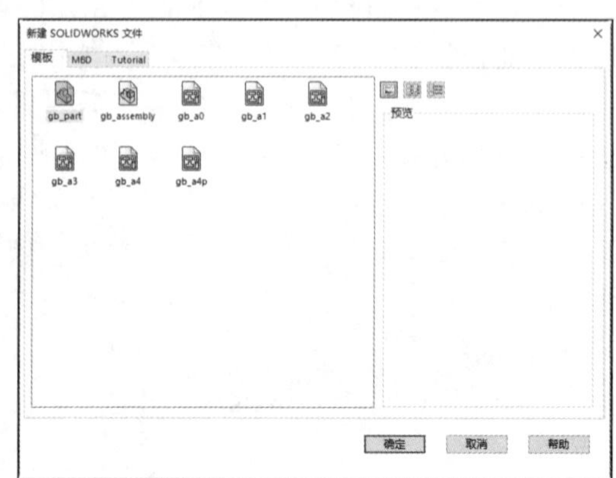

图 1-4　“新建 SOLIDWORKS 文件”对话框高级版本

1.1.3 打开文件

在SOLIDWORKS 2022 中，可以打开已存储的文件，对其进行相应的编辑。

（1）执行命令。选择菜单栏中的“文件”→“打开”命令，或者单击“打开”按钮，执行打开文件命令。

（2）选择文件类型。在弹出的如图1-5所示的“打开”对话框中，“文件类型”下拉列表框用于选择文件的类型。选择不同的文件类型，则在对话框中会显示所选文件夹中对应文件类型的文件。单击“显示预览窗口”按钮，选择的文件就会显示在右侧的“预览”窗口中，但是并不打开该文件。

（3）选取需要的文件后，单击“打开”按钮，就可以打开选择的文件，对其进行相应的编辑。

在“文件类型”下拉列表框中，除了可以选择 SOLIDWORKS 2022 自有的文件类型（如 *.sldprt、*.sldasm 和 *.slddrw），还可以选择其他文件类型（换句话说，SOLIDWORKS 2022 软件还可以调用其他软件所生成的图形并对其进行编辑），如图 1-6 所示。

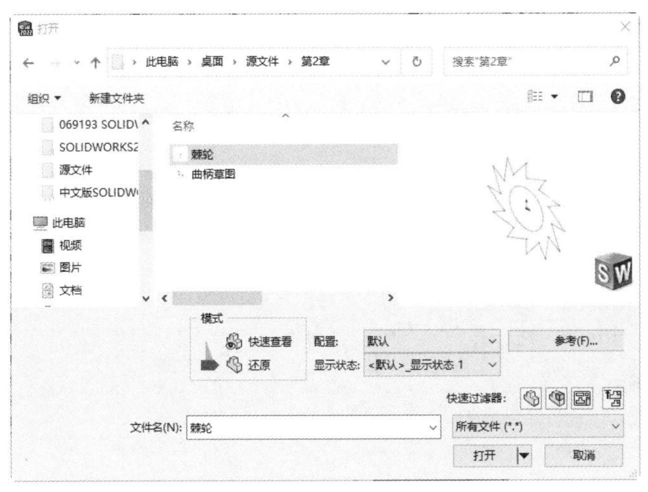

图 1-5 “打开”对话框

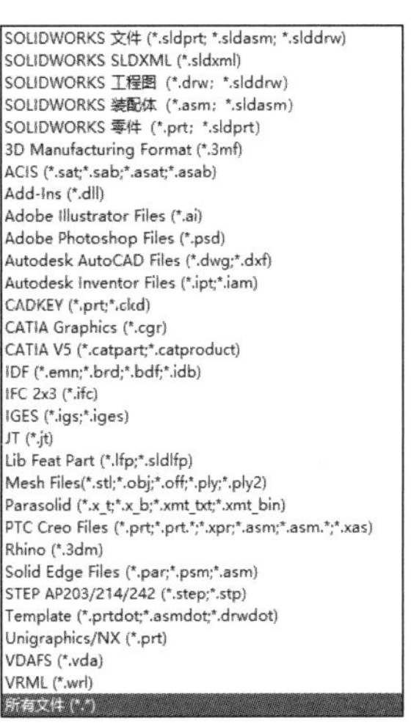

图 1-6 “文件类型”下拉列表框

1.1.4 保存文件

完成设计的文件只有保存起来，在需要时才能打开该文件，对其进行相应的编辑。

（1）执行命令。选择菜单栏中的“文件”→“保存”命令，或者单击“保存”按钮，执行保存文件命令。

（2）设置保存类型。此时弹出如图1-7所示的“另存为”对话框，其中地址栏下拉列表框用于选择文件存放的文件夹；“文件名”组合框用于输入或选择要保存的文件名称；“保存类型”下拉列表框用于选择文件的保存类型。在不同的工作模式下，通常系统会自动设置文件的保存类型。

在“保存类型”下拉列表框中，除了可以选择 SOLIDWORKS 2022 自有的文件类型（如 *.sldprt、*.sldasm 和 *.slddrw），还可以选择其他类型。也就是说，SOLIDWORKS 2022 不但可以把文件保存为自有类型，还可以保存为其他类型，方便其他软件对其调用并进行编辑，如图 1-8 所示。

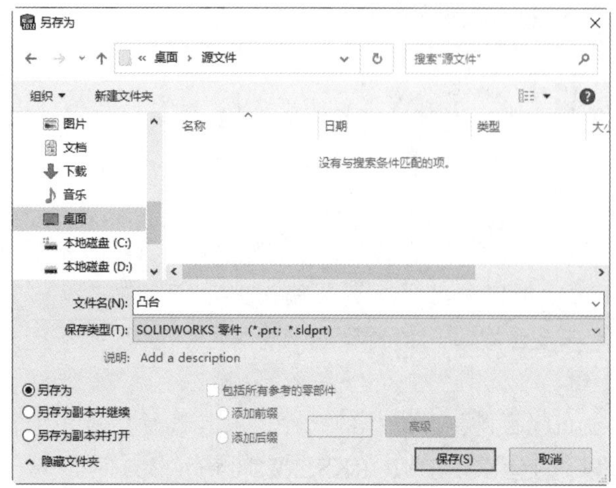

图 1-7 “另存为”对话框

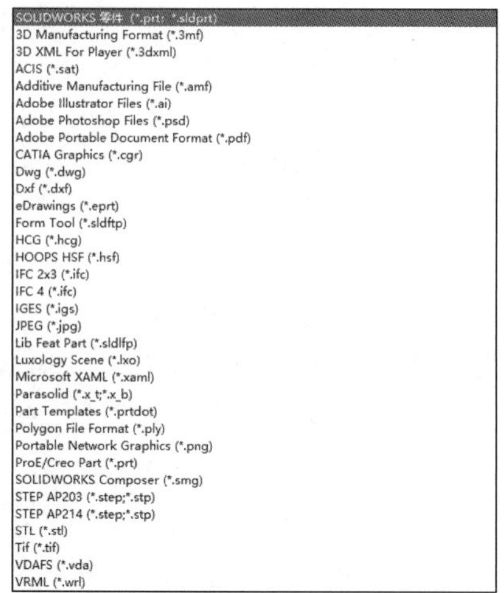

图 1-8 “保存类型”下拉列表框

在如图 1-7 所示的“另存为”对话框中，可以在将文件保存的同时再保存一份备份文件。保存备份文件，需要预先设置保存的文件目录。

（1）执行命令。选择菜单栏中的“工具”→“选项”命令。

（2）设置保存目录。系统弹出“系统选项”对话框，在“系统选项”选项卡中选择左侧树形列表中的“备份/恢复”选项，在右侧的“自动恢复文件”文本框中可以修改保存备份文件的目录，如图1-9所示。

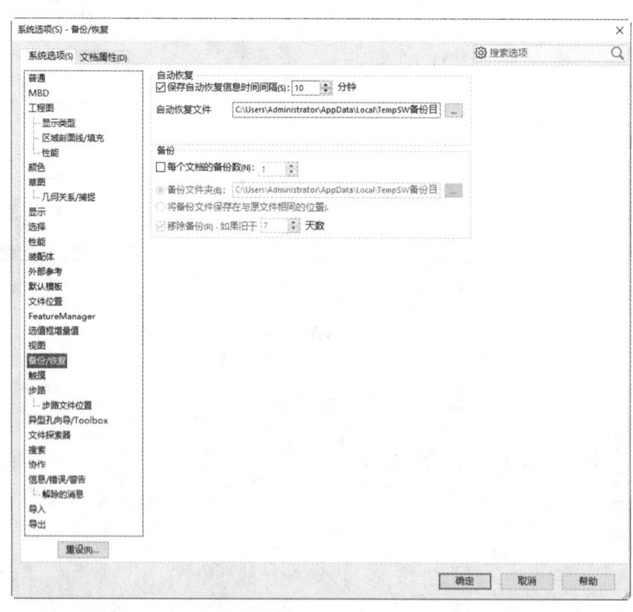

图 1-9 “系统选项（S）- 备份/ 恢复”对话框

1.1.5 退出 SOLIDWORKS 2022

在文件编辑并保存完成后，就可以退出 SOLIDWORKS 2022 了。选择菜单栏中的“文件”→“退出”命令，或者单击操作界面右上角的“关闭”按钮×，可直接退出。

如果对文件进行了编辑而没有保存文件，或者在操作过程中不小心执行了退出命令，系统会弹出 SOLIDWORKS 提示对话框，如图 1-10 所示。如果要保存修改过的文档，则选择“全部保存（S）将保存所有修改的文档”选项，系统会保存修改后的文件，并退出 SOLIDWORKS 2022；如果不保存对文件的修改，则选择“不保存（N）将丢失对未保存文档所做的所有修改。”选项，系统不保存修改后的文件，并退出 SOLIDWORKS 2022；单击“取消”按钮，则取消退出操作，回到原来的操作界面。

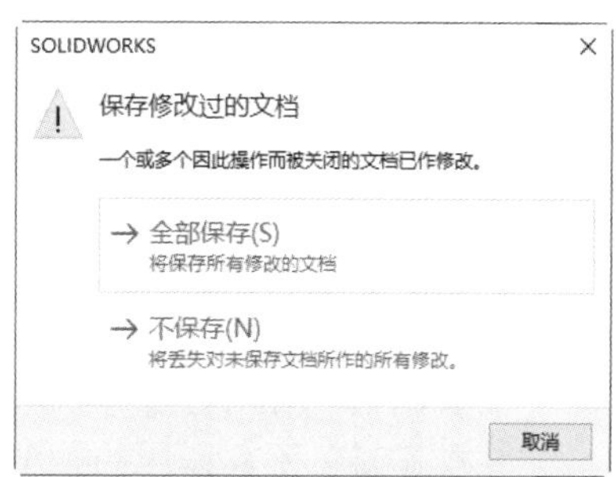

图 1-10 提示对话框

扫一扫，看视频

1.2 SOLIDWORKS 2022 用户界面

新建一个零件文件后，进入完整的 SOLIDWORKS 2022 用户界面，如图 1-11 所示。

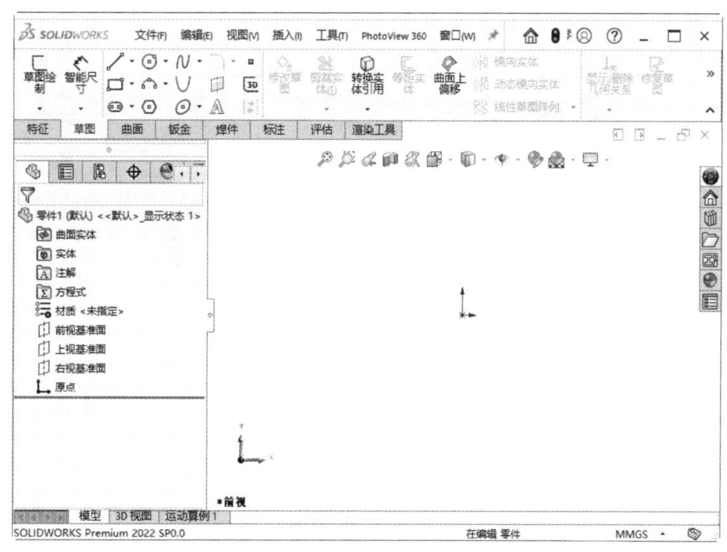

图 1-11 SOLIDWORKS 2022 用户界面

提示：

装配体文件、工程图文件与零件文件的用户界面类似，在此不一一罗列。

该用户界面主要由菜单栏、工具栏、状态栏、FeatureManager 设计树及绘图区等 8 部分组成，其中菜单栏中包含了所有的 SOLIDWORKS 2022 命令，工具栏可根据文件类型（零件、装配体或工程图）来调整、放置并设定其显示状态，位于底部的状态栏可以为设计人员提供正在执行的功能的有关信息。下面介绍该操作界面的一些基本功能。

1. 菜单栏

默认情况下菜单栏是隐藏的，其位置只显示一个按钮，如图 1-12 所示。要显示菜单栏，需要将光标移动到 SOLIDWORKS 徽标上或单击它，如图 1-13 所示。若要始终保持菜单栏可见，需要将“图钉”按钮更改为钉住状态。菜单栏中包括“文件”、“编辑”、

“视图”、“插入”、“工具”、PhotoView 360 和“窗口”7 个菜单项，单击任一菜单项，即可打开相应的下拉菜单。其中最关键的功能集中在“插入”与“工具”菜单中。

图 1-12　默认菜单栏　　　　图 1-13　菜单栏

在不同的工作环境下，菜单项及其相应的菜单命令会有所不同。在以后应用中会发现，在进行某些操作时，不起作用的菜单命令会临时变灰，此时将无法应用该命令。

2. 工具栏

SOLIDWORKS 2022 中有很多可以按需要显示或隐藏的内置工具栏。例如，选择菜单栏中的“工具”→“自定义”命令，打开“自定义”对话框，如图 1-14 所示，在“工具栏”选项卡中选择“视图”选项，便会出现浮动的“视图”工具栏。以后绘图时，可以自由拖动该工具栏并放置在需要的位置上。或者在工具栏区域右击，在弹出的快捷菜单中选择“工具栏”选项，将显示如图 1-15 所示的“工具栏”快捷菜单，选择“视图”命令，工具栏区域也会出现“视图”工具栏。

图 1-14　“自定义”对话框

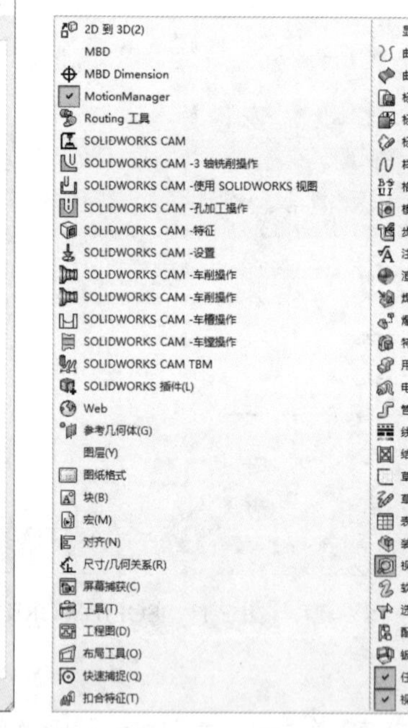

图 1-15　“工具栏”快捷菜单

通过单击工具按钮右侧的下拉按钮，在弹出的下拉菜单中选择所含命令，可以执行相应的附加功能。例如，单击“保存”右侧的下拉按钮，在弹出的下拉菜单中包括“保存”“另存为”“保存所有”“发布到eDrawings”4 种命令，如图 1-16 所示。

如果选择保存文档时系统给出提示，则文档在指定间隔（分钟或更改次数）内保存时，将出现一个透明的提示对话框。其中包含“保存文档”选项，它将在几秒后消失，如图 1-17 所示。

此外，还可以设定哪些工具栏在没有文件打开时可显示，或者根据文件类型（零件、装配体或工程图）来放置工具栏并设定其显示状态（自定义、显示或隐藏）。例如，在“自定义”对话框中选择“命令”选项卡，从中进行相应的设置，便可对工具按钮进行以下操作。

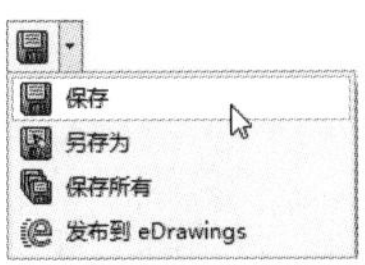

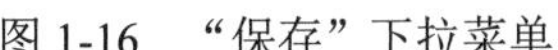
图 1-16 “保存”下拉菜单

图 1-17 “未保存的文档通知”提示对话框

- 在工具栏中从原来位置拖动到其他位置。
- 从一个工具栏拖动到另一个工具栏。
- 从工具栏拖动到绘图区中以将其从工具栏中移除。各种工具栏的具体操作方法和功能将在后面的章节中进行详细的介绍。在工具栏中，将光标移动到工具按钮附近时，会弹出一个浮动提示框，其中显示了该工具的名称及相应的功能，如图 1-18 所示。显示一段时间后，该提示框会自动消失。

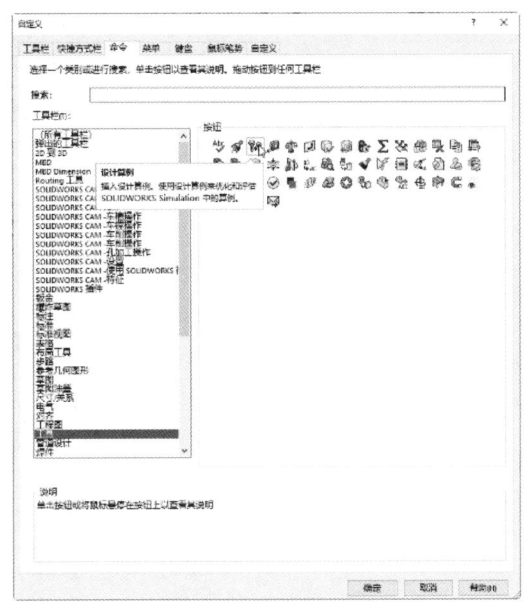

图 1-18 浮动提示框

3．状态栏

- 状态栏位于用户界面的底部，为用户提供了当前正在绘图区中编辑的内容名称，以及鼠标指针位置坐标、草图状态等信息。
- 重建模型按钮：在更改了草图或零件而需要重建模型时，重建模型符号会显示在状态栏中。
- 草图状态：在编辑草图过程中，状态栏中会出现 5 种状态，即完全定义、过定义、欠定义、没有找到解、发现无效的解。在零件完成之前，最好完全定义草图。

4．FeatureManager 设计树

FeatureManager 设计树位于用户界面的左侧，其中提供了激活的零件、装配体或工程图的大纲视图，用户可以很方便地查看模型或装配体的构造情况，或者查看工程图中的不同图纸和视图。

FeatureManager 设计树和绘图区是动态链接的，在使用时可以在任何窗格中选择特征、草图、工程视图和构造几何线。FeatureManager 设计树用来组织和记录模型中的各个要素的参数信息、要素之间的相互关系，以及模型、特征和零件之间的约束关系等，几乎包含了所有设

计信息。FeatureManager 设计树的内容如图 1-19 所示。

FeatureManager 设计树的主要功能介绍如下。

- 以名称来选择模型中的项目，即可以通过在模型中选择其名称来选择特征、草图、基准面及基准轴。在这方面，SOLIDWORKS 有很多功能与 Windows 操作界面类似，如在选择的同时按住 Shift 键，可以选取多个连续项目；在选择的同时按住 Ctrl 键，可以选取非连续项目。
- 确认和更改特征的生成顺序。在 FeatureManager 设计树中通过拖动项目可以重新调整特征的生成顺序，这将更改重建模型时特征重建的顺序。
- 通过双击特征的名称可以显示特征的尺寸。
- 如要更改项目的名称，在名称上单击两次以选择该名称，然后输入新的名称即可，如图 1-20 所示。
- 压缩和解压缩零件特征及装配体零部件，在装配零件时是很常用的。同样，如要选择多个特征，可在选择的时候按住 Ctrl 键。
- 右击树形列表中的特征，然后选择父子关系，即可快速查看父子关系。
- 右击在树形列表中还可显示以下项目：特征说明、零部件说明、零部件配置名称、零部件配置说明等。
- 将文件夹添加到 FeatureManager 设计树中。

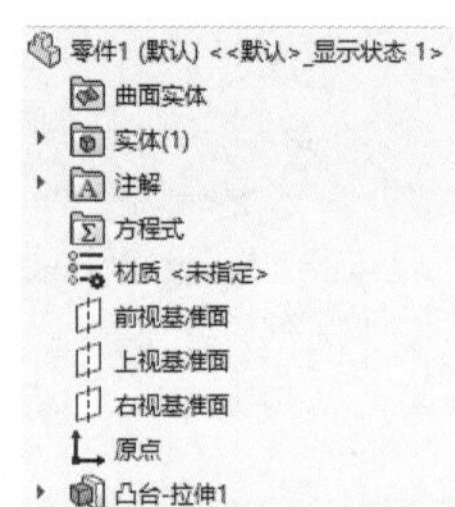

图 1-19　FeatureManager 设计树

图 1-20　FeatureManager 设计树更改项目名称

掌握如何对 FeatureManager 设计树进行操作是熟练应用 SOLIDWORKS 的基础，也是其重点所在。由于其内容丰富、功能强大，在此就不一一列举了，在后面章节中应用到的时候会详细讲解。只有在学习的过程中熟练应用设计树的功能，才能加快建模的速度和效率。

扫一扫，看视频

1.3　SOLIDWORKS 2022 工作环境设置

要熟练地使用一套软件，首先必须对其有所了解，然后设置适合自己的工作环境，以提高设计效率。SOLIDWORKS 2022 同其他软件一样，可以根据自己的需要显示或者隐藏工具栏，以及添加或者删除工具栏中的命令按钮。此外，还可以根据需要设置零件、装配体和工程图的工作界面。

1.3.1　设置工具栏

SOLIDWORKS 2022 默认显示的工具栏都是比较常用的。其实 SOLIDWORKS 2022 中有很多工具栏，但由于绘图区有限，不能显示所有的工具栏。在建模过程中，用户可以根据需要显示或者隐藏部分工具栏。设置方法有两种，下面将分别介绍。

1. 利用菜单命令设置工具栏

（1）执行命令。选择菜单栏中的“工具”→“自定义”命令，或者在工具栏区域右击，在弹出的快捷菜单中选择“自定义”命令，弹出如图1-21所示的“自定义”对话框。

图1-21 “自定义”对话框

（2）设置工具栏。选择“工具栏”选项卡，在左侧的列表框中会列出系统所有的工具栏，从中选择需要的工具栏。

（3）确认设置。单击“确定”按钮，在操作界面上便会显示所选工具栏。

如果要隐藏已经显示的工具栏，单击已经选中的工具栏，则取消选中，然后单击“确定”按钮，此时在操作界面上便会隐藏取消选中的工具栏。

2. 利用鼠标右键设置工具栏

（1）执行命令。在工具栏或控制面板区域右击，则弹出用于设置工具栏的快捷菜单，如图1-22所示。

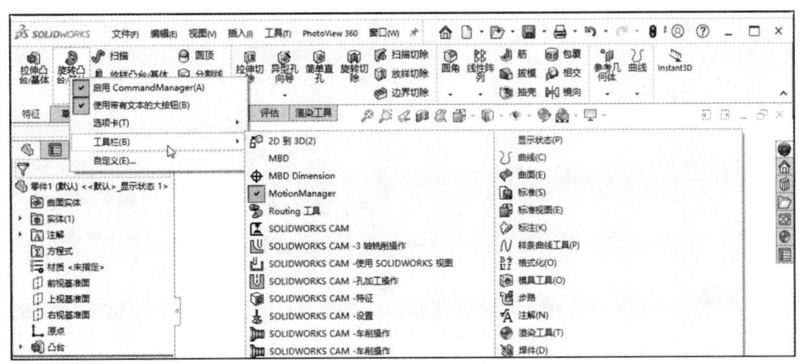

图1-22 工具栏快捷菜单

（2）设置工具栏。单击需要的工具栏，前面复选框的颜色加深，在操作界面上便会显示所选工具栏。

如果单击已经显示的工具栏，前面复选框的颜色变浅，则操作界面上便会隐藏所选工具栏。另外，隐藏工具栏还有一种简便的方法，即对于界面中不需要的工具栏，用鼠标将其拖到绘图区中，此时工具栏上会出现标题栏。如图 1-23 所示为拖到绘图区中的“注解”工具栏。然后单击标题栏右上角“关闭”按钮 ×，则操作界面中便会隐藏该工具栏。

图 1-23 “注解”工具栏

1.3.2 设置工具栏命令按钮

系统默认显示的工具栏中的命令按钮，有时无法满足需要，用户可以根据需要添加或者删除命令按钮。

（1）执行命令。选择菜单栏中的“工具”→“自定义”命令，或者在工具栏区域右击，在弹出的快捷菜单中选择“自定义”命令，打开“自定义”对话框。

（2）设置命令按钮。选择“命令”选项卡，如图1-24所示。

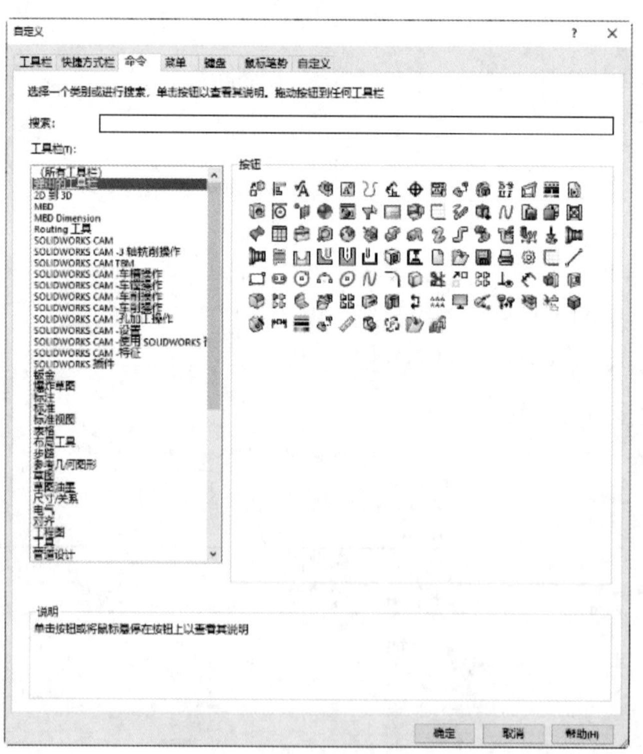

图 1-24 “自定义”对话框

（3）在“工具栏”列表框中选择命令所在的工具栏，在“按钮”列表框中便会列出该工具栏中所有的命令按钮。

（4）在“按钮”列表框中单击选择要添加的命令按钮，然后按住鼠标左键将其拖动到要放置的工具栏上，然后松开鼠标。

（5）确认添加的命令按钮。单击“确定”按钮，则工具栏上便会显示添加的命令按钮。

如果要删除无用的命令按钮，只需在“自定义”对话框中选择“命令”选项卡，在左侧的“工具栏”列表框中选择命令所在的工具栏，然后在工具栏中单击选择要删除的命令按钮，按住鼠标左键将其拖动到绘图区，就可以在工具栏中删除该命令按钮了。

例如，在“草图”工具栏中添加“椭圆”命令按钮，操作如下。首先选择菜单栏中的“工具”→“自定义”命令，打开“自定义”对话框。选择“命令”选项卡，在左侧“工具栏”列表框中选择“草图”工具栏，在右侧“按钮”列表框中单击选择“3 点圆弧”命令按钮，按住鼠标左键将其拖到“草图”工具栏中合适的位置，然后松开鼠标，该命令按钮就被添加到“草图”工具栏中，如图 1-25 所示。

（a）添加命令按钮前

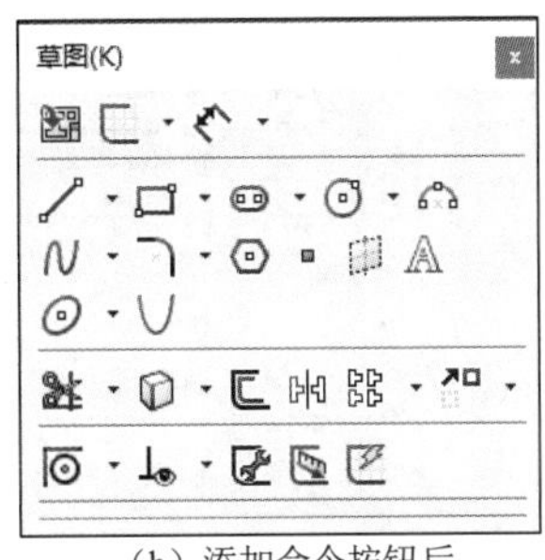

（b）添加命令按钮后

图 1-25　添加命令按钮图示

注意：

在工具栏中添加或删除命令按钮时，对工具栏的设置会应用到当前激活的SOLIDWORKS 文件类型中。

1.3.3　设置快捷键

除了使用菜单栏和工具栏中的命令按钮执行命令外，SOLIDWORKS 软件还允许用户通过自行设置快捷键的方式来执行命令。

（1）执行命令。选择菜单栏中的“工具”→“自定义”命令，或者在工具栏区域右击，在弹出的快捷菜单中选择“自定义”命令，打开“自定义”对话框。

（2）设置快捷键。选择“键盘”选项卡，如图1-26所示。

（3）在“类别”选项选择指定类别，然后在“命令”栏中选择要设置快捷键的命令。

（4）在“快捷键”栏中输入要设置的快捷键。

（5）确认设置的快捷键。单击“确定”按钮，快捷键设置成功。

注意：

（1）如果设置的快捷键已经被使用过，则系统会提示该快捷键已经被使用，必须更改要设置的快捷键。

（2）如果要取消设置的快捷键，可以在“自定义”对话框中选择“快捷键”一栏中设置的快捷键，然后单击“移除快捷键”按钮，则该快捷键就会被取消。

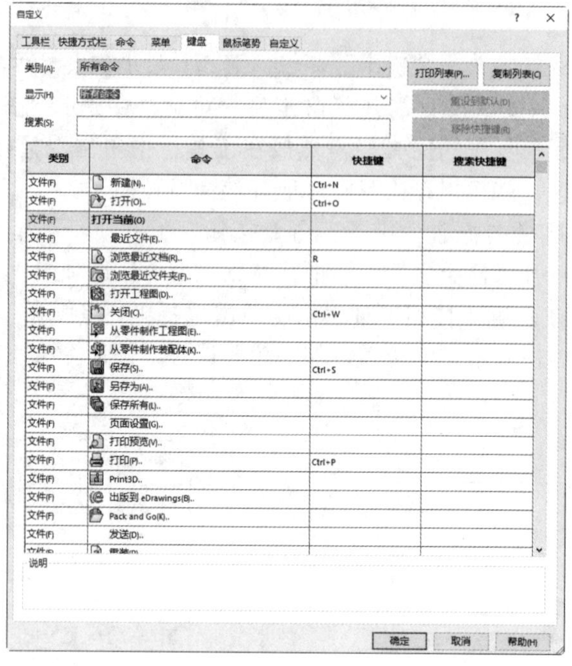

图 1-26　“自定义”对话框

1.3.4　设置背景

在 SOLIDWORKS 2022 中，可以更改操作界面的背景及颜色，以设置个性化的用户界面。

（1）执行命令。选择菜单栏中的“工具”→“选项”命令，打开“系统选项”对话框。

（2）设置颜色。选择“系统选项”选项卡，在左侧的树形列表中选择“颜色”选项，如图1-27所示。

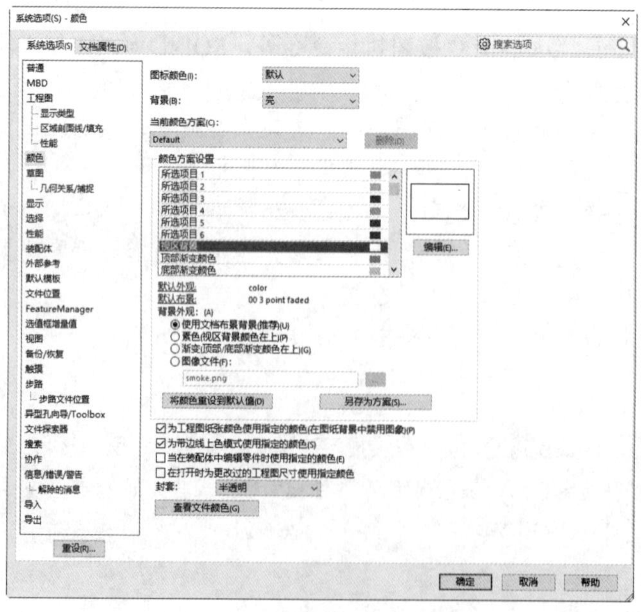

图 1-27　“系统选项”对话框

（3）在右侧“颜色方案设置”选项组的下拉列表框中选择“视区背景”，然后单击“编辑”按钮，在弹出的如图1-28所示的“颜色”对话框中设置需要的颜色，然后单击“确定”按钮。也可以使用该方式设置其他选项的颜色。

（4）确认背景颜色设置。单击“确定”按钮，系统背景颜色设置成功。

在图 1-27 所示的对话框中，选中“背景外观”子选项组中 4 个不同的单选按钮，可以得到不同的背景效果。用户可以自行设置，在此不再赘述。如图 1-29 所示为一个设置好背景颜色的零件图。

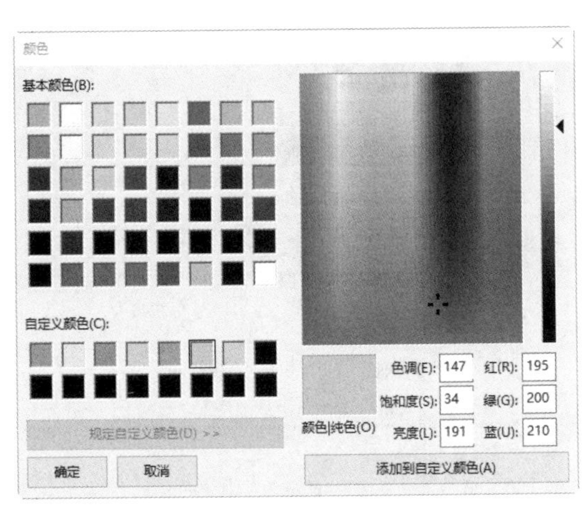

图 1-28　“颜色”对话框

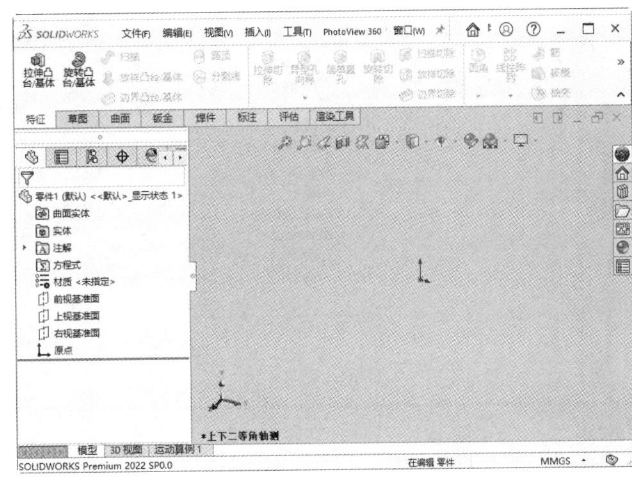

图 1-29　设置背景后的效果图

1.3.5　设置实体颜色

系统默认的绘制模型实体的颜色为灰色。在零部件和装配体模型中，为了使图形更有层次感、真实感，通常需要改变实体的颜色。下面举例说明设置实体颜色的操作步骤，图 1-30（a）所示为系统默认颜色的零件模型，图 1-30（b）所示为修改颜色后的零件模型。

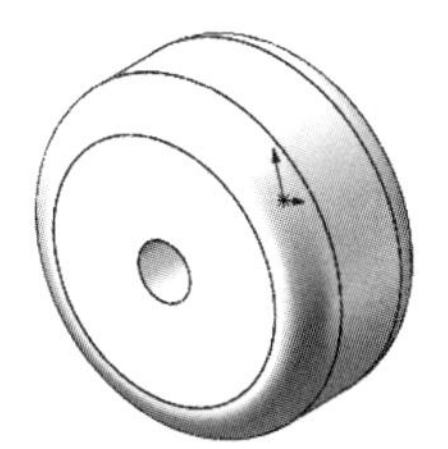

（a）系统默认颜色的零件模型

（b）修改颜色后的零件模型

图 1-30　设置实体颜色图示

（1）执行命令。打开源文件中的“1.3.5设置实体颜色.SLDPRT”（本书中所有的初始文件都在“源文件”文件夹中）。在FeatureManager设计树中选择要改变颜色的特征，此时绘图区中相应的特征会自动改变颜色，表示已选中的面，然后右击，在弹出的快捷菜单中选择“外观”命令，如图1-31所示。

（2）设置实体颜色。打开如图1-32 所示“颜色”属性管理器，从中进行相应的设置。

（3）确认设置。单击“确定”按钮，完成实体颜色的设置。

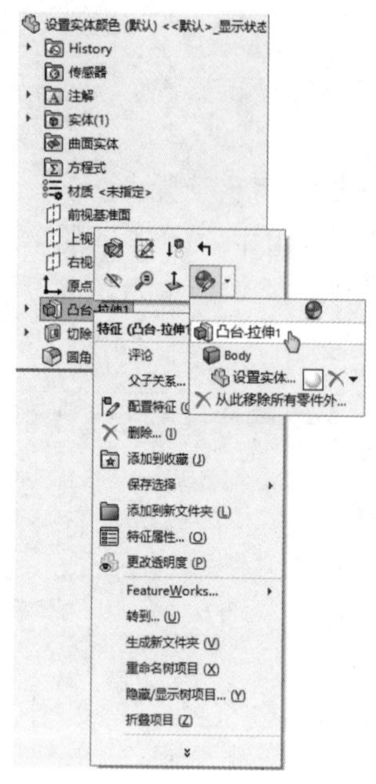

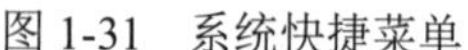

图 1-31　系统快捷菜单

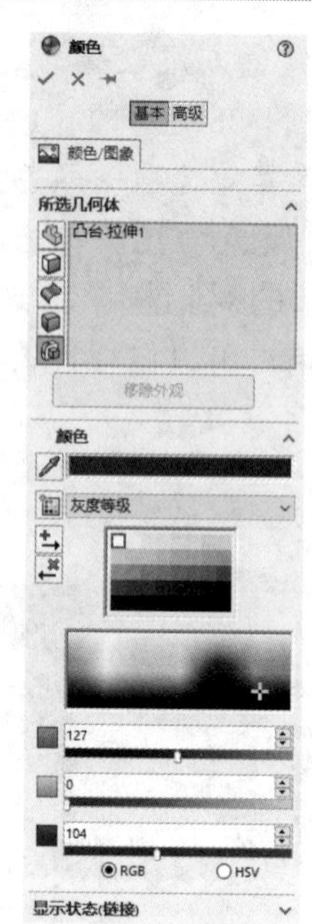

图 1-32　“颜色”属性管理器

1.3.6　设置单位

在三维实体建模前，需要设置好要使用的单位。系统默认的单位系统为“MMGS（毫米、克、秒）”，用户可以根据需要自定义其他类型的单位系统及具体的单位。

下面以修改长度单位的小数位数为例，说明设置单位的操作步骤。

（1）执行命令。打开源文件中的“1.3.6设置单位.SLDPRT”，选择菜单栏中的“工具”→“选项”命令。

（2）设置单位。在弹出的“系统选项”对话框中选择“文档属性”选项卡，然后在左侧的树形列表中选择“单位”选项，如图1-33所示。

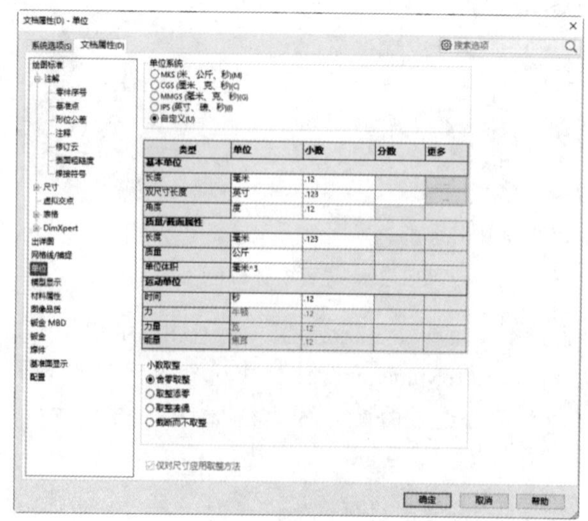

图 1-33　“文档属性”对话框

（3）将对话框中“长度”一栏中的“小数”设置为“无”，然后单击“确定”按钮。如图1-34（a）和图1-34（b）所示为设置单位前后的图形比较。

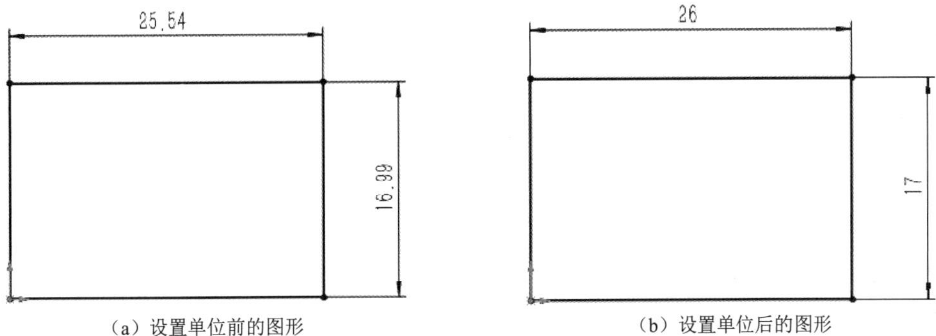

（a）设置单位前的图形　（b）设置单位后的图形

图 1-34　设置单位前后的图形比较

第2章 草图绘制

内容简介

本章主要介绍“草图”工具栏中草图绘制工具的使用方法。由于 SOLIDWORKS 2022 中大部分特征需要先建立草图轮廓，因此本章的学习非常重要，能否熟练掌握草图的绘制和编辑方法，决定了能否快速三维建模，能否提高工程设计的效率，能否灵活地把该软件应用到其他领域。

内容要点

- 草图绘制的进入与退出
- 草图绘制实体工具

2.1 草图绘制的进入与退出

本节主要介绍如何进入和退出草图绘制状态。

扫一扫，看视频

2.1.1 进入草图绘制状态

绘制二维草图，必须先进入草图绘制状态。草图必须在平面上绘制，这个平面可以是基准面，也可以是三维模型上的平面。由于开始进入草图绘制状态时，没有三维模型，因此必须指定基准面，操作步骤如下。

（1）先在特征管理区中选择要绘制的基准面，即前视基准面、右视基准面和上视基准面中的一个面。

（2）单击“视图（前导）”工具栏中的“正视于”按钮，旋转基准面。

（3）单击“草图”控制面板中的“草图绘制”按钮，或者单击要绘制的草图实体，进入草图绘制状态。

扫一扫，看视频

2.1.2 退出草图绘制状态

草图绘制完毕，可立即建立特征，也可以退出草图绘制再建立特征。有些特征的建立需要多个草图，如扫描实体等，因此需要了解退出草图绘制的方法，操作步骤如下。

（1）单击右上角“退出草图”按钮，完成草图，退出草图绘制状态。

（2）单击右上角“关闭草图”按钮，弹出提示对话框，提示用户是否保存对草图的修改，如图2-1所示。根据需要单击其中的按钮，退出草图绘制状态。

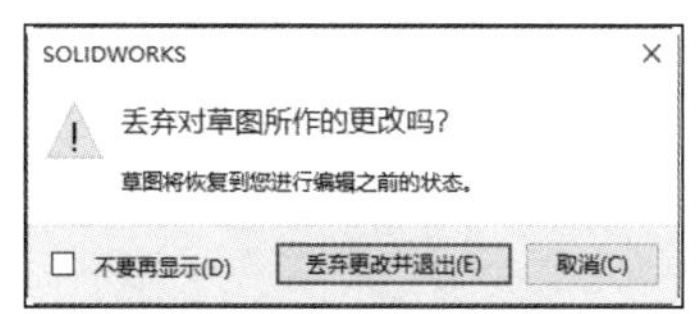

图 2-1 提示对话框

2.2 草图绘制实体工具

扫一扫，看视频

绘制草图必须认识草图绘制的工具。在工具栏空白处右击，在弹出的快捷菜单中选择“草图”命令（见图 2-2），将弹出如图 2-3 所示的“草图”工具栏。

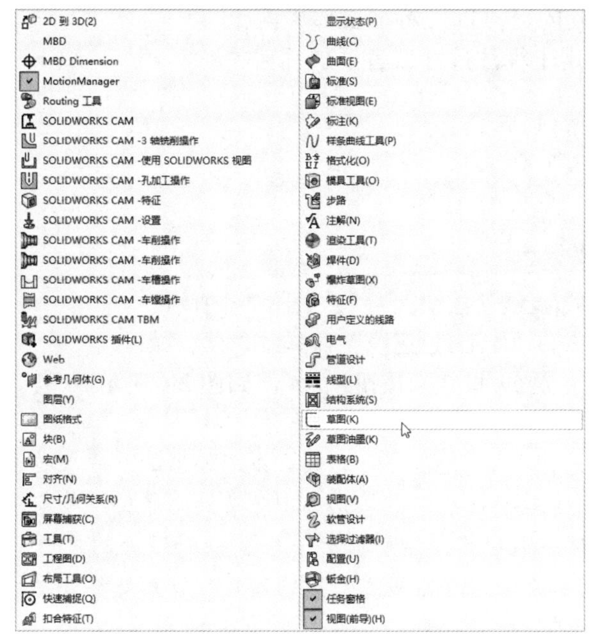

图 2-2 快捷菜单

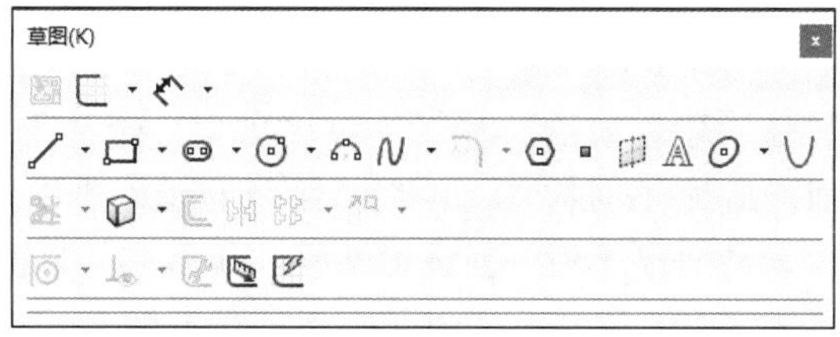

图 2-3 “草图”工具栏

在左侧模型树中选择要绘制的基准面（前视基准面、右视基准面和上视基准面中的一个面），单击“草图”控制面板中的“草图绘制”按钮或者单击要绘制的草图实体，如图 2-4 所示，进入草图绘制状态。

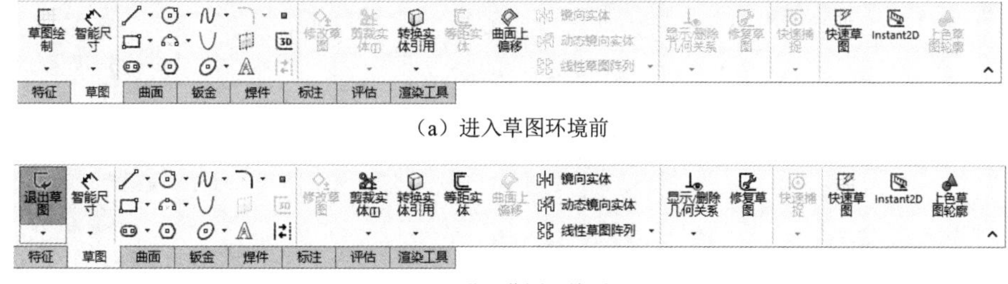

（a）进入草图环境前

（b）进入草图环境后

图 2-4 “草图”控制面板

在图 2-4 中显示常见的草图绘制工具，下面分别介绍在草图绘制状态下草图绘制的各个命令。

扫一扫，看视频

2.2.1 点

【执行方式】

- 工具栏：单击“草图”工具栏中的“点”按钮▫。
- 菜单栏：选择“工具”→“草图绘制实体”→“点”菜单命令。
- 控制面板：单击“草图”控制面板中的“点”按钮▫，如图 2-4 所示。

【操作说明】

（1）执行“点”命令后，光标变为绘图光标。

（2）执行“点”命令后，在图形区中的任何位置都可以绘制点，如图2-5所示。绘制的点不影响三维建模的外形，只起参考作用。

“点”命令还可以生成草图中两条不平行线段的交点以及特征实体中两个不平行边缘的交点，产生的交点作为辅助图形，用于标注尺寸或者添加几何关系，并不影响实体模型的建立。

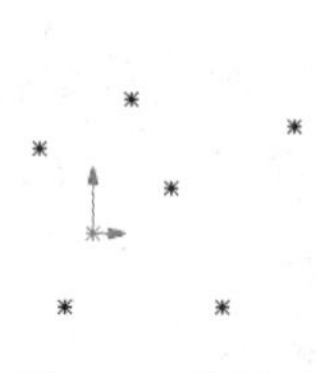
图 2-5　绘制点

扫一扫，看视频

2.2.2 直线与中心线

【执行方式】

- 工具栏：单击“草图”工具栏中的“中心线/直线”按钮/，如图 2-6 所示。
- 菜单栏：选择“工具”→“草图绘制实体”→“中心线/直线”菜单命令。
- 控制面板：单击“草图”控制面板中的“中心线/直线”按钮/，如图 2-6 所示。

【操作说明】

（1）执行“直线”命令后，光标变为绘图光标，开始绘制直线。系统弹出的“插入线条”属性管理器如图2-7所示，在“方向”选项组中有4个单选按钮，默认是选中“按绘制原样”单选按钮。选中不同的单选按钮，绘制直线的类型不一样。选中“按绘制原样”单选按钮以外的任意一项，均会要求输入直线的参数。如选中“角度”单选按钮，要求输入直线的参数。设置好参数以后，单击直线的起点就可以绘制出所需要的直线，弹出的“线条属性”属性管理器，如图2-8所示。

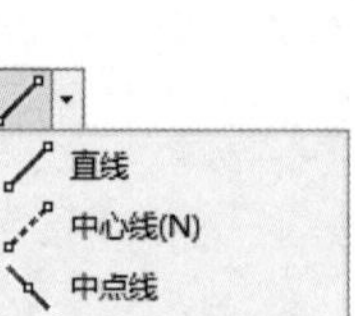

图 2-6　“线”按钮

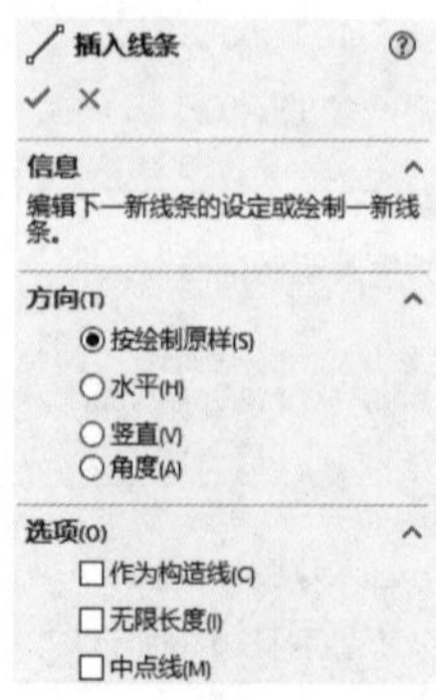

图 2-7　“插入线条”属性管理器

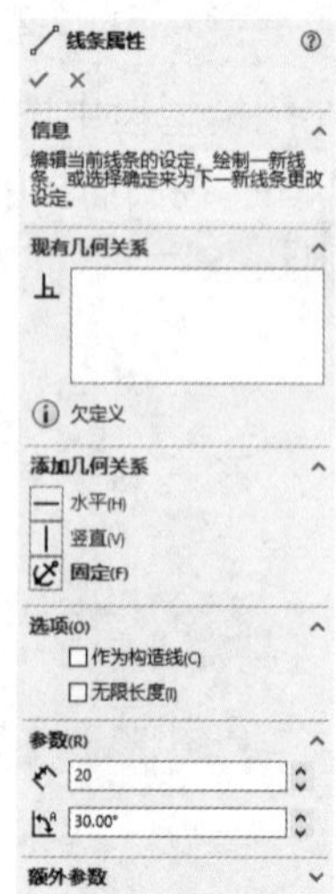

图 2-8　“线条属性”属性管理器

（2）在“线条属性”属性管理器的“选项”选项组中有两个复选框，选中不同的复选框，可以分别绘制构造线和无限长直线。

（3）在“线条属性”属性管理器的“参数”选项组中有两个文本框，分别是长度文本框和角度文本框。通过设置这两个参数可以绘制一条直线。

直线与中心线的绘制方法相同，执行不同的命令，按照类似的操作步骤，在图形区绘制相应的图形即可。

直线分为 3 种类型，即水平直线、竖直直线和任意角度直线。在绘制过程中，不同类型直线的显示方式不同，下面将分别进行介绍。

- 水平直线：在绘制直线过程中，笔形光标附近会出现水平直线图标符号—，如图 2-9 所示。
- 竖直直线：在绘制直线过程中，笔形光标附近会出现竖直直线图标符号|，如图 2-10 所示。
- 任意角度直线：在绘制直线过程中，笔形光标附近会出现任意角度直线图标符号/，如图 2-11 所示。

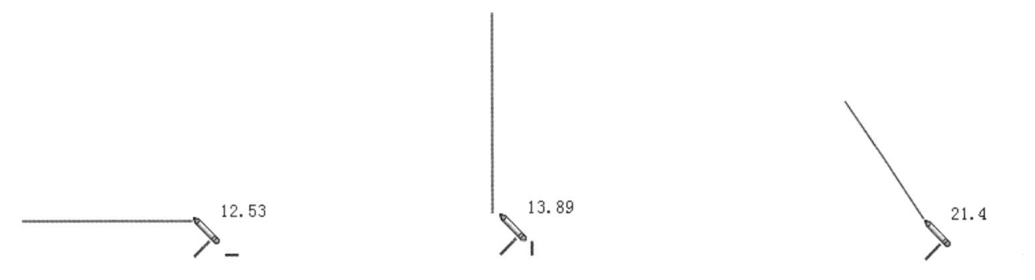

图 2-9　绘制水平直线　　图 2-10　绘制竖直直线　　图 2-11　绘制任意角度直线

在绘制直线的过程中，光标上方显示的参数为直线的长度和角度，可供参考。一般在绘制中，首先绘制一条直线，然后标注尺寸，直线也随之改变长度和角度。

绘制直线的方式有两种：拖动式和单击式。拖动式就是在绘制直线的起点，按住鼠标左键开始拖动鼠标，直至直线终点放开。单击式就是在绘制直线的起点处单击一下，然后在直线终点处单击一下。如图 2-12 所示为绘制图形。

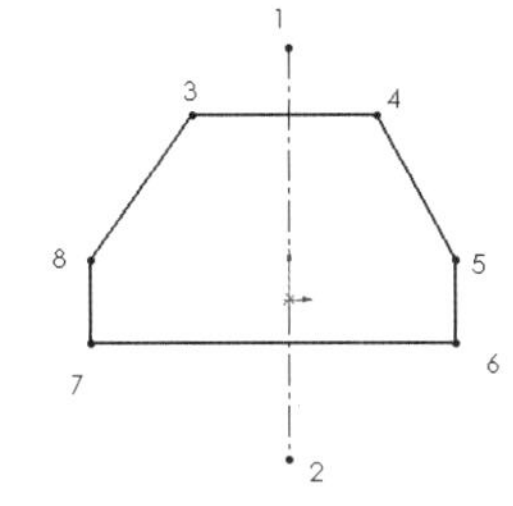

图 2-12　绘制中心线和直线

2.2.3　实例——阀杆草图

扫一扫，看视频

本例绘制的阀杆草图如图 2-13 所示。

操作步骤　视频文件：动画演示\第 2 章\阀杆草图.avi

（1）设置草绘平面。在左侧的FeatureManager设计树中选择“前视基准面”作为绘图基准面。单击“视图（前导）”工具栏中的“正视于”按钮，旋转基准面。

（2）绘制草图。单击“草图”控制面板中的“草图绘制”按钮，进入草图绘制状态。

（3）绘制中心线。单击“草图”控制面板中的“中心线”按钮，绘制过原点竖直中心线，如图2-14所示。

（4）绘制直线。单击“草图”控制面板中的“直线”按钮，绘制过程中显示尺寸标注（若不显示尺寸标注，在菜单栏中选择“工具”→“选项”→“系统选项”→“草图”命令，选中“在生成实体时启用荧屏上数字输入”），输入直线长度，如图2-15所示，在图形区绘制阀杆草图，图形尺寸如图2-13所示。

注意：

利用 4.4.1 小节的“旋转凸台/基体”命令旋转草图。结果如图 2-16 所示。

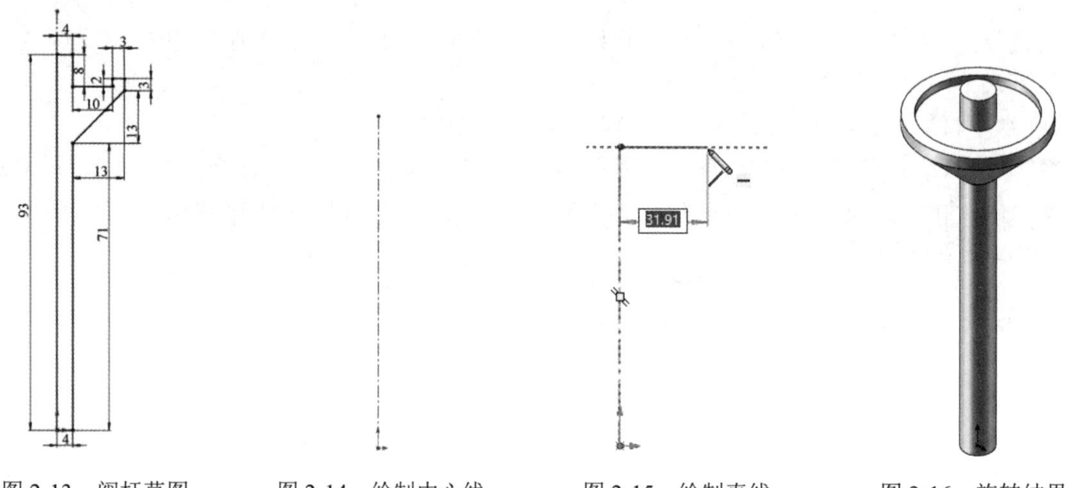

图 2-13　阀杆草图　　图 2-14　绘制中心线　　图 2-15　绘制直线　　图 2-16　旋转结果

扫一扫，看视频

练一练——螺栓草图

试利用上面所学知识绘制图 2-17 所示的螺栓草图。

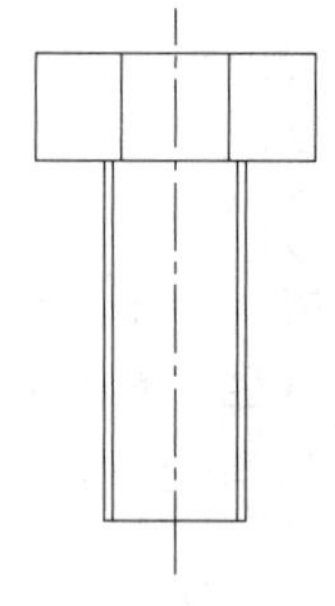

图 2-17　螺栓草图

思路点拨：

先绘制中心线，然后绘制一系列直线，尺寸可以适当选取。

扫一扫，看视频

2.2.4　绘制圆

【执行方式】

- 工具栏：单击“草图”工具栏中的“圆/周边圆”按钮⊙/◌，如图 2-18 所示。
- 菜单栏：选择“工具”→“草图绘制实体”→“圆/周边圆”菜单命令。
- 控制面板：单击“草图”控制面板中的“圆/ 周边圆”按钮⊙/◌，如图 2-18 所示。

【操作说明】

当执行“圆”命令时，系统弹出的“圆”属性管理器如图 2-19 所示。从属性管理器中可以知道，可以通过两种方式来绘制圆：一种是绘制基于中心的圆（见图 2-20）；另一种是绘制基于周边的圆（见图 2-21）。

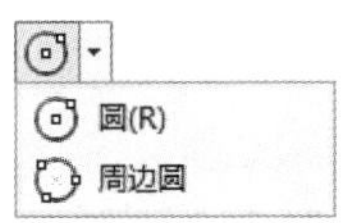

图 2-18　“圆”按钮

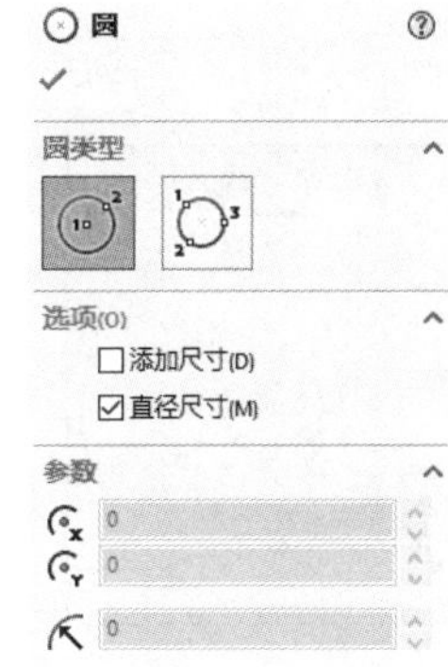

图 2-19　“圆”属性管理器

圆绘制完成后，可以通过拖动修改圆草图。通过鼠标左键拖动圆的周边可以改变圆的半径，拖动圆的圆心可以改变圆的位置。同时，可以通过如图 2-19 所示的“圆”属性管理器修改圆的属性，通过属性管理器中“参数”选项修改圆心坐标和圆的半径。

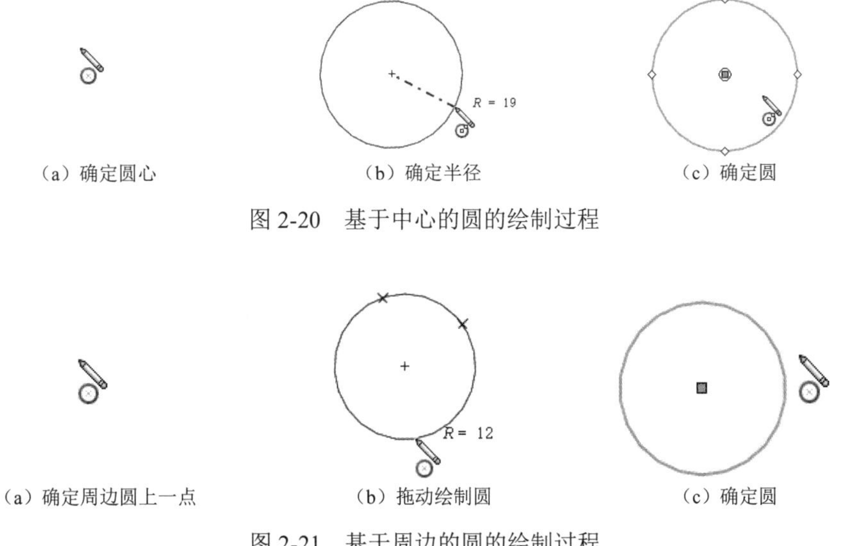

（a）确定圆心　（b）确定半径　（c）确定圆

图 2-20　基于中心的圆的绘制过程

（a）确定周边圆上一点　（b）拖动绘制圆　（c）确定圆

图 2-21　基于周边的圆的绘制过程

2.2.5　实例——挡圈草图

扫一扫，看视频

本例绘制的挡圈草图如图 2-22 所示。

操作步骤　视频文件：动画演示\第 2 章\挡圈草图.avi

（1）设置草绘平面。在左侧的FeatureManager设计树中选择“前视基准面”作为绘图基准面，单击“视图（前导）”工具栏中的“正视于”按钮，旋转基准面。

（2）绘制草图。单击“草图”控制面板中的“草图绘制”按钮，进入草图绘制状态。

（3）绘制圆。单击“草图”控制面板中的“圆”按钮，弹出“圆”属性管理器，如图 2-19 所示，以原点为圆心绘制两个圆，再在适当的位置绘制一个小圆，如图 2-22 所示，完成挡圈草图绘制。

注意：

利用 4.3.1 小节的“拉伸凸台/基体”命令拉伸草图。结果如图 2-23 所示。

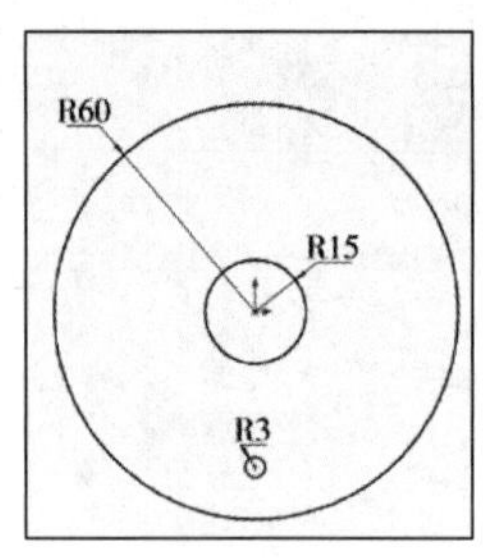

图 2-22　挡圈草图

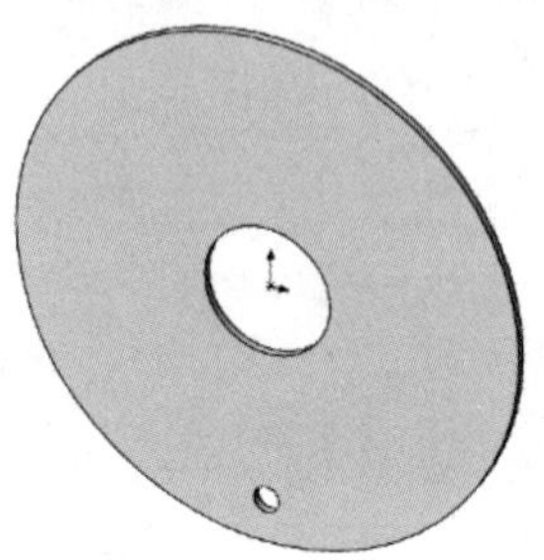

图 2-23　拉伸结果

扫一扫，看视频

练一练——定距环草图

试利用上面所学知识绘制图 2-24 所示的定距环草图。

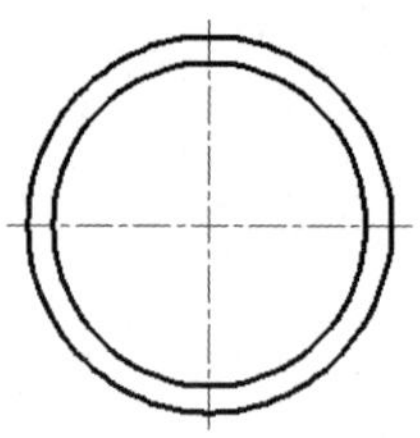

图 2-24　定距环草图

思路点拨：

先绘制中心线，然后绘制同心圆，尺寸可以适当选取。

扫一扫，看视频

2.2.6　绘制圆弧

【执行方式】

- 工具栏：单击“草图”工具栏中的“圆弧”按钮，如图 2-25 所示。
- 菜单栏：选择“工具”→“草图绘制实体”→“圆弧”菜单命令。
- 控制面板：单击“草图”控制面板中的“圆弧”按钮，如图 2-25 所示。

【操作说明】

执行“圆弧”命令，弹出“圆弧”属性管理器，如图 2-26 所示，同时可在“圆弧”属性管理器中选择其他绘制圆弧的方式。

（1）“圆心/起/终点画弧”方法是先指定圆弧的圆心，然后顺序拖动光标指定圆弧的起点和终点，确定圆弧的大小和方向，如图2-27所示。

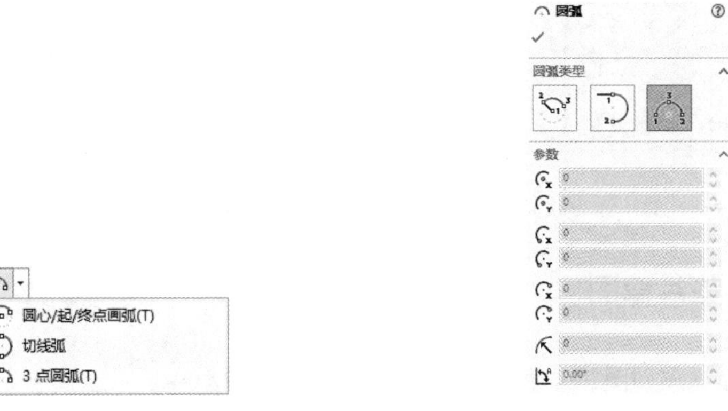

图 2-25 “圆弧”按钮　　图 2-26 “圆弧”属性管理器

（2）“切线弧”是指生成一条与草图实体相切的弧线。草图实体可以是直线、圆弧、椭圆和样条曲线等，如图2-28 所示。

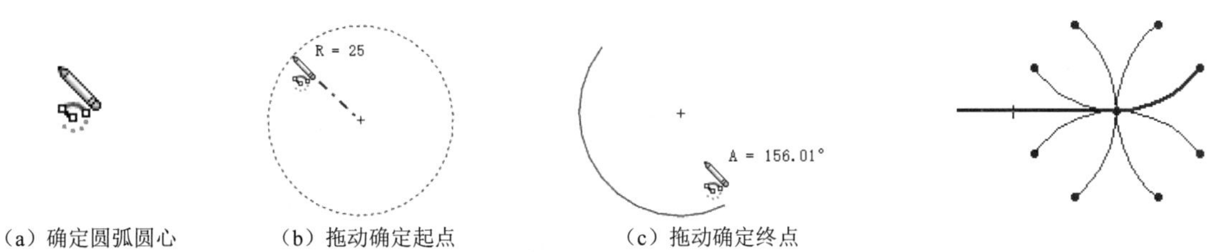

图 2-27 用“圆心/起/终点画弧”方法绘制圆弧的过程　　图 2-28 绘制的 8 种切线弧

（3）“3点圆弧”是通过起点、终点与中点的方式绘制圆弧，如图2-29所示。

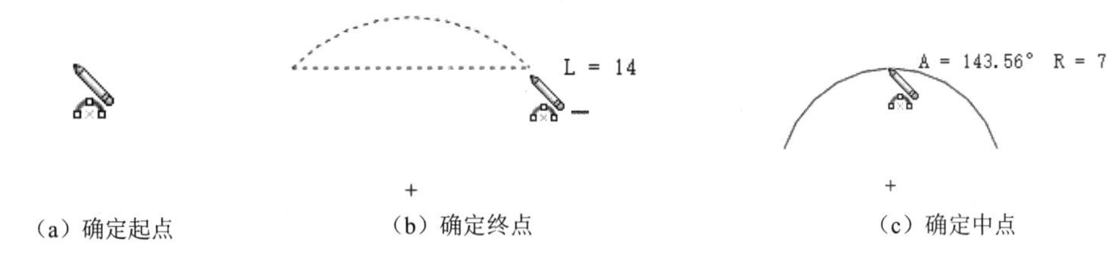

图 2-29 绘制“3 点圆弧”的过程

（4）使用“直线”转换为绘制“圆弧”的状态，必须先将光标拖回至终点，然后拖出才能绘制圆弧，如图2-30所示。也可以在此状态下右击，此时系统弹出的快捷菜单如图2-31所示，单击“转到圆弧”选项即可绘制圆弧，同样在绘制圆弧的状态下，单击快捷菜单中的“转到直线”选项绘制直线，如图2-32所示。

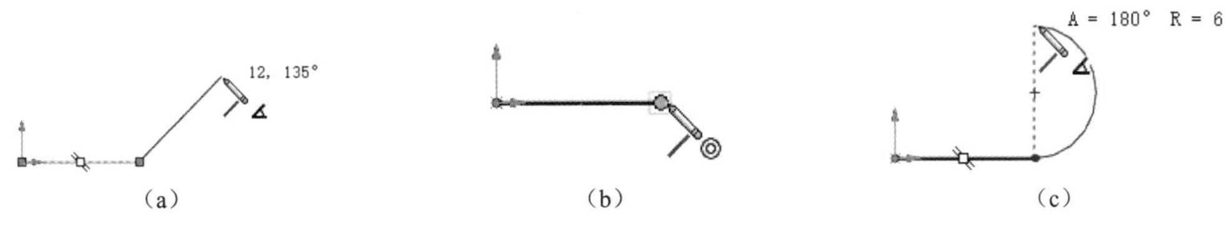

图 2-30 使用“直线”命令绘制圆弧的过程

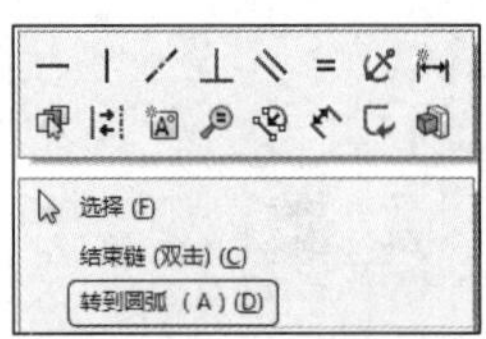

图 2-31　使用“转到圆弧”命令绘制圆弧

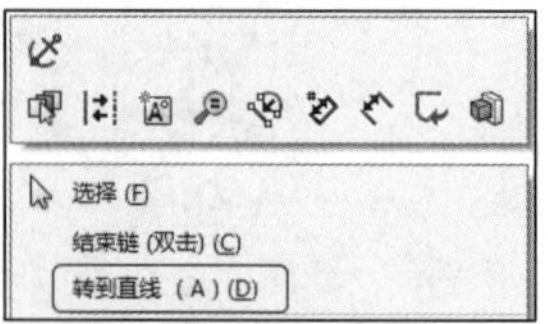

图 2-32　使用“转到直线”命令绘制圆弧

扫一扫，看视频

2.2.7　实例——垫片草图

本例绘制的垫片草图如图 2-33 所示。

操作步骤　视频文件：动画演示\第 2 章\垫片草图.avi

（1）设置草绘平面。在左侧的FeatureManager设计树中选择“前视基准面”作为绘图基准面，单击“视图（前导）”工具栏中的“正视于”按钮，旋转基准面。

（2）绘制草图。单击“草图”控制面板中的“草图绘制”按钮，进入草图绘制状态。

（3）绘制直线。单击“草图”控制面板中的“直线”按钮，弹出“插入线条”属性管理器，如图2-7所示，绘制两段直线，如图2-34所示。

（4）绘制圆心圆弧。单击“草图”控制面板中的“圆心/起/终点画弧”按钮，在点1、点2连接线上捕捉中点为圆心，捕捉绘制图2-34中的点1、点2为圆弧起点及端点，完成圆弧绘制。结果如图2-35所示。

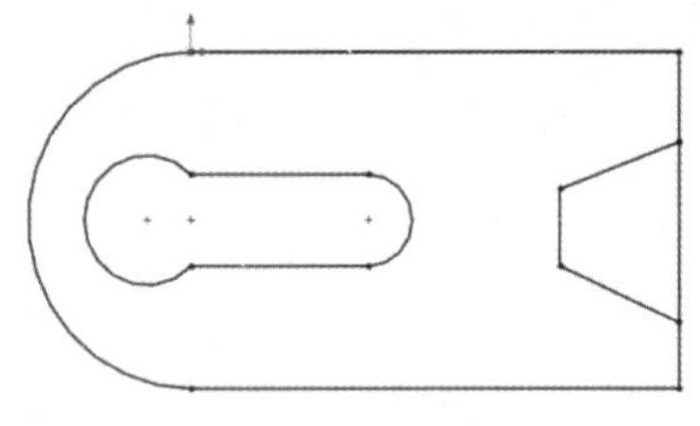

图 2-33　垫片草图

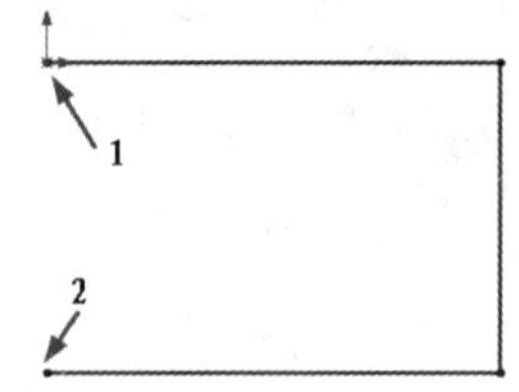

图 2-34　绘制直线

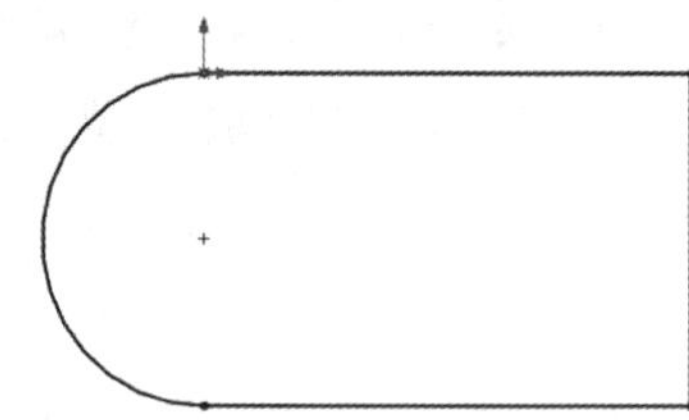

图 2-35　绘制圆弧

（5）绘制直线圆弧。单击“草图”控制面板中的“直线”按钮，绘制轮廓线内部图形，在绘制过程中鼠标先向外拖动再拖回起点，转换为圆弧绘制状态。绘制结果如图2-36所示。

（6）绘制3点圆弧。单击“草图”控制面板中的“3点圆弧”按钮，捕捉步骤（5）中绘制的直线端点。结果如图2-37所示。

（7）绘制直线。单击“草图”控制面板中的“直线”按钮，在外轮廓内部绘制直线。最终完成的图形如图2-33所示。

注意：

利用 4.3.1 小节的“拉伸凸台/基体”命令拉伸草图。结果如图 2-38 所示。

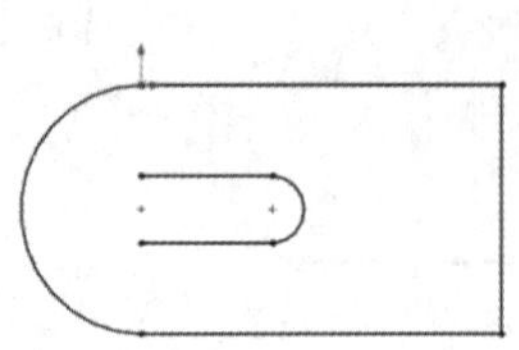

图 2-36　绘制直线圆弧

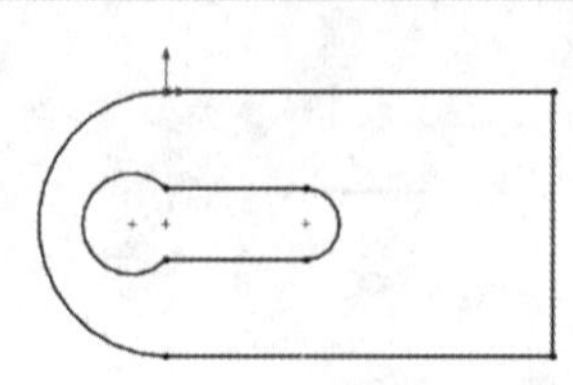

图 2-37　绘制 3 点圆弧

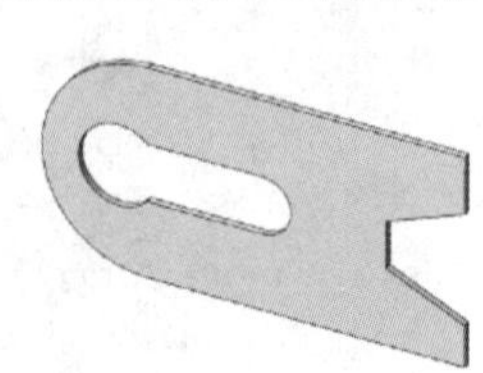

图 2-38　拉伸结果

练一练——定位销草图

扫一扫，看视频

试利用上面所学知识绘制如图 2-39 所示的定位销草图。

图 2-39　定位销草图

✍ 思路点拨：

先绘制中心线，再绘制其他直线，然后绘制两边圆弧，尺寸可以适当选取。

扫一扫，看视频

2.2.8　绘制矩形

【执行方式】

- 工具栏：单击“草图”工具栏中的“边角矩形”按钮等，如图 2-40 所示。
- 菜单栏：选择“工具”→“草图绘制实体”→“边角矩形”菜单命令等。
- 控制面板：单击“草图”控制面板中的“边角矩形”按钮等，如图 2-40 所示。

【操作说明】

执行前 3 种“矩形”命令，弹出“矩形”属性管理器，如图 2-41 所示，同时可在“矩形”属性管理器中选择其他绘制矩形的方式。

绘制矩形的命令主要有 5 种：边角矩形、中心矩形、3 点边角矩形、3 点中心矩形及平行四边形命令。

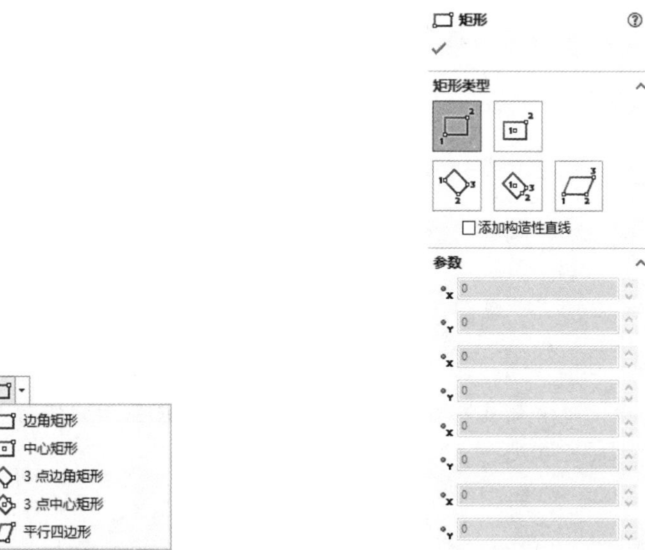

图 2-40　绘制矩形快捷菜单　　　图 2-41　“矩形”属性管理器

（1）“边角矩形”命令绘制矩形的方法是标准的矩形草图绘制方法，即指定矩形的左上与右下的端点确定矩形的长度和宽度，绘制过程如图2-42所示。

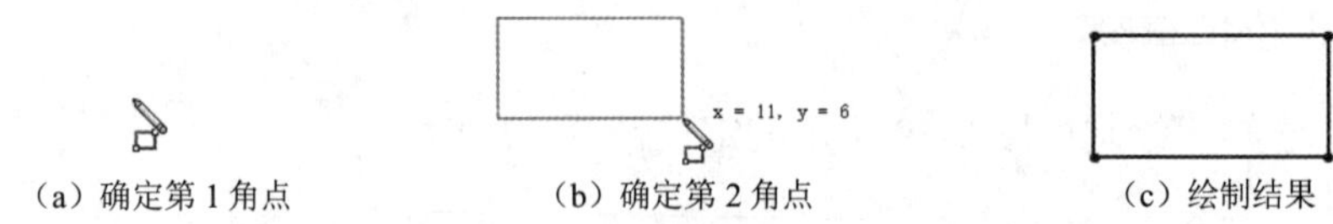

图 2-42　使用“边角矩形”命令绘制过程

（2）“中心矩形”命令绘制矩形的方法是指定矩形的中心与右上的端点确定矩形的中心和4条边线，绘制过程如图2-43所示。

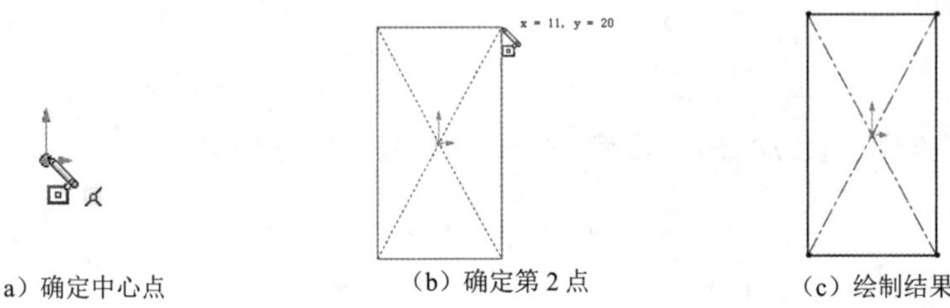

图 2-43　使用“中心矩形”命令绘制过程

（3）“3点边角矩形”命令是通过制定3个点来确定矩形，前面两个点来定义角度和一条边，第3点来确定另一条边，绘制过程如图2-44所示。

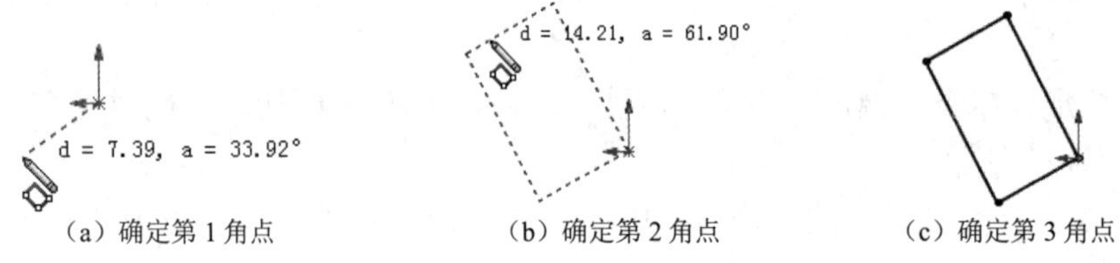

图 2-44　使用“3 点边角矩形”命令绘制过程

（4）“3点中心矩形”命令是通过指定3个点来确定矩形，绘制过程如图2-45所示。

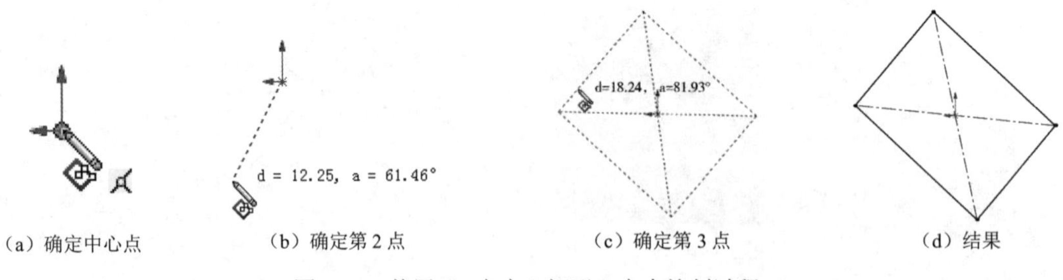

图 2-45　使用“3 点中心矩形”命令绘制过程

（5）“平行四边形”命令既可以生成平行四边形，也可以生成边线与草图网格线不平行或不垂直的矩形，绘制过程如图2-46所示。

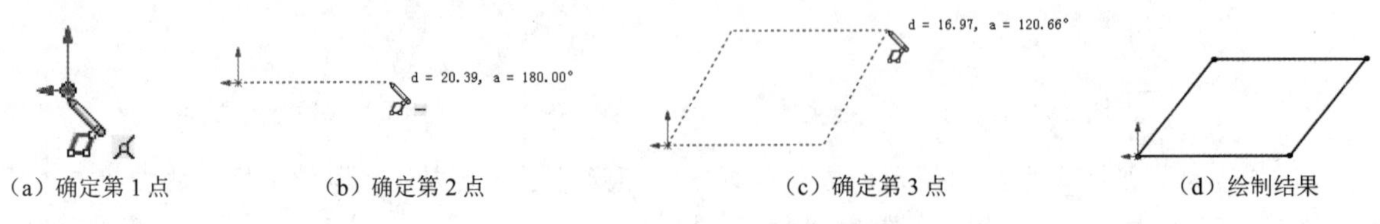

图 2-46　使用“平行四边形”命令绘制过程

矩形绘制完毕，按住鼠标左键拖动矩形的一个角点，可以动态地改变 4 条边的尺寸。

2.2.9 实例——机械零件草图

扫一扫，看视频

本例绘制的机械零件草图如图 2-47 所示。

操作步骤 视频文件：动画演示\第 2 章\机械零件草图.avi

（1）设置草绘平面。在左侧的FeatureManager设计树中选择“前视基准面”作为绘图基准面。单击“视图（前导）”工具栏中的“正视于”按钮，旋转基准面。

（2）绘制草图。单击“草图”控制面板中的“草图绘制”按钮，进入草图绘制状态。

（3）绘制边角矩形。单击“草图”控制面板中的“边角矩形”按钮，在图形区绘制适当大小矩形。绘制结果如图2-48和图2-49所示。

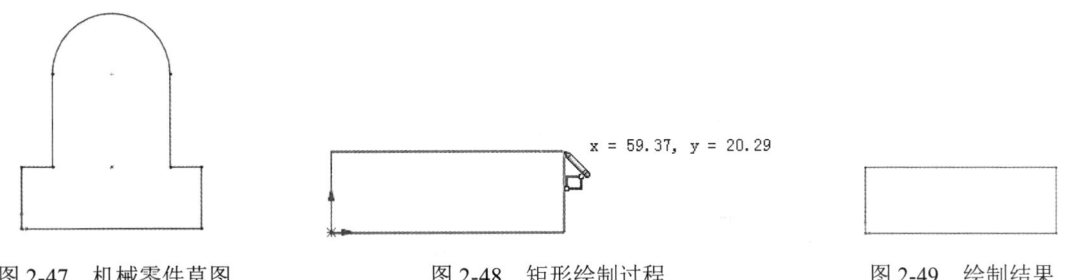

图 2-47 机械零件草图　　图 2-48 矩形绘制过程　　图 2-49 绘制结果

（4）绘制中心矩形。单击“草图”控制面板中的“中心矩形”按钮，捕捉步骤（3）绘制矩形上端水平直线中点为中心，利用鼠标向外拖动绘制适当矩形。结果如图2-50所示。

（5）绘制3点圆弧。单击“草图”控制面板中的“3点圆弧”按钮，捕捉中心矩形上端水平直线中点为圆心，捕捉水平直线两端点为圆弧起点和终点。绘制结果如图2-51所示。

（6）修剪线段。单击“草图”控制面板中的“剪裁实体”按钮，修剪多余线段，最终结果如图2-47所示。

注意：

利用 4.3.1 小节的“拉伸凸台/基体”命令拉伸草图。结果如图 2-52 所示。

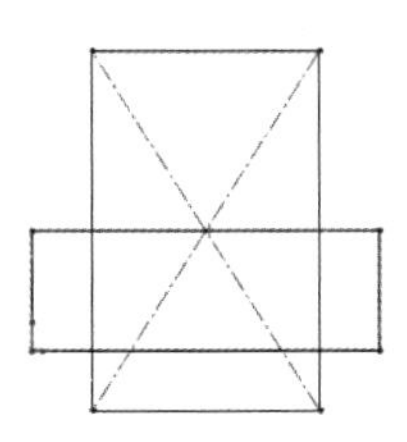

图 2-50 绘制中心矩形

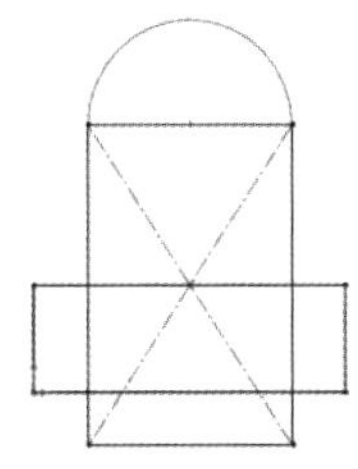

图 2-51 绘制圆弧

图 2-52 拉伸结果

练一练——方头平键草图

扫一扫，看视频

试利用上面所学知识绘制如图 2-53 所示的方头平键草图。

图 2-53　方头平键草图

思路点拨：

先绘制矩形，然后绘制水平直线，尺寸可以适当选取。

扫一扫，看视频

2.2.10　绘制多边形

【执行方式】

- 工具栏：单击“草图”工具栏中的“多边形”按钮。
- 菜单栏：选择“工具”→“草图绘制实体”→“多边形”菜单命令。
- 控制面板：单击“草图”控制面板中的“多边形”按钮。

【操作说明】

“多边形”命令用于绘制边数在 3～40 的等边多边形。执行“多边形”命令，光标变为形状，弹出的“多边形”属性管理器，如图 2-54 所示。

（1）在“多边形”属性管理器中，可以输入多边形的边数，也可以接受系统默认的边数，在绘制完多边形后再修改多边形的边数。

（2）在图形区单击，确定多边形的中心。

（3）移动光标，在合适的位置单击，确定多边形的形状。

（4）在“多边形”属性管理器中选择是内切圆模式还是外接圆模式，然后修改多边形辅助圆直径及角度。

（5）如果还要绘制另一个多边形，单击属性管理器中的“新多边形”按钮，然后重复步骤（1）～步骤（4）即可。绘制的多边形如图2-55所示。

图 2-54　“多边形”属性管理器

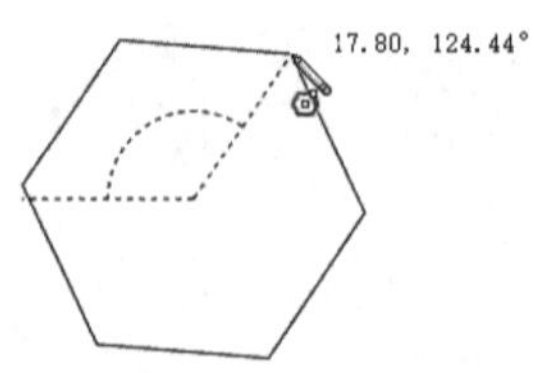

图 2-55　绘制的多边形

技巧荟萃：

多边形有内切圆和外接圆两种方式，两者的区别主要在于标注方法的不同。内切圆是表示圆中心到各边的垂直距离，外接圆是表示圆中心到多边形端点的距离。

2.2.11　实例——擦写板草图

本例绘制的擦写板草图如图 2-56 所示。

操作步骤　视频文件：动画演示\第 2 章\擦写板草图.avi

（1）设置草绘平面。在左侧的FeatureManager设计树中选择“前视基准面”作为绘图基准面，单击“视图（前导）”工具栏中的“正视于”按钮，旋转基准面。

（2）绘制草图。单击“草图”控制面板中的“草图绘制”按钮，进入草图绘制状态。

（3）绘制边角矩形。单击“草图”控制面板中的“边角矩形”按钮，在图形区绘制适当大小矩形。绘制结果如图2-57所示。

（4）绘制多边形。单击“草图”控制面板中的“多边形”按钮，弹出“多边形”属性管理器，如图2-54所示。在“参数”选项组下（边数）文本框中输入6，在矩形框内部绘制4个大小不一的六边形。

（5）设置多边形边属性。按住Ctrl键依次选择多边形上端直线，弹出“属性”属性管理器，如图2-58所示，单击“水平”按钮，添加“水平”约束。绘制结果如图2-59所示。

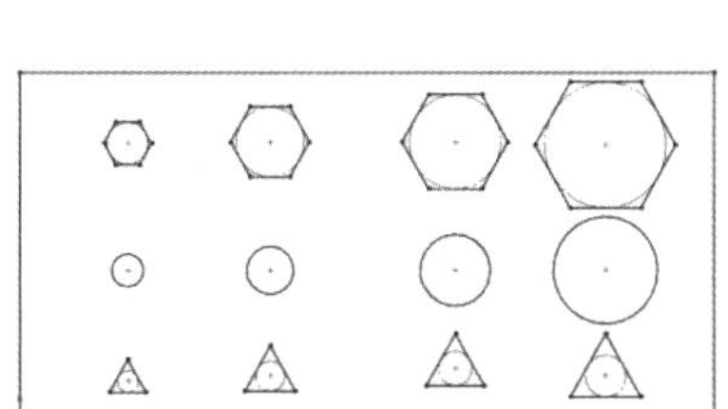

图 2-56　擦写板草图

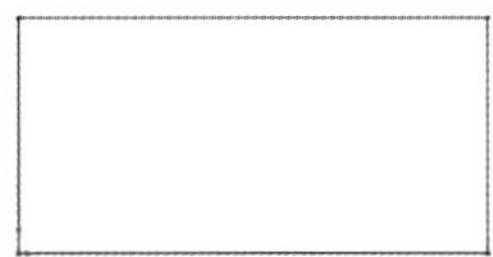

图 2-57　绘制矩形边框

图 2-58　“属性”属性管理器

（6）绘制圆。单击“草图”控制面板中的“圆”按钮，在矩形边框内部绘制4个大小不一的圆。结果如图2-60所示。

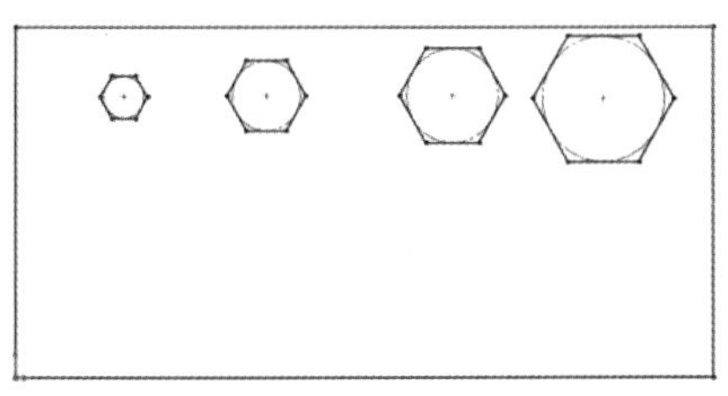

图 2-59　绘制多边形

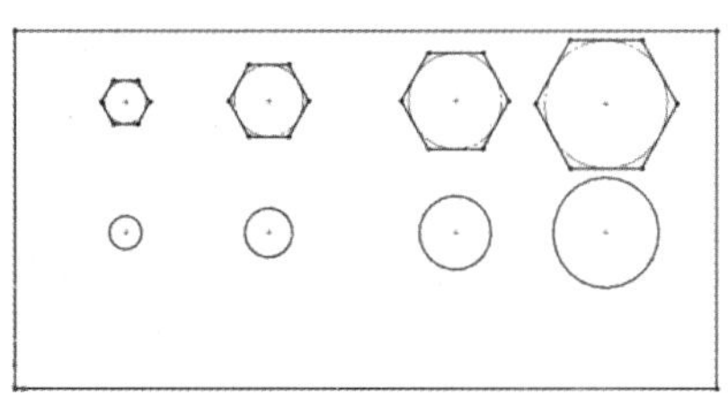

图 2-60　绘制圆

（7）绘制多边形。单击“草图”控制面板中的“多边形”按钮，弹出“多边形”属性管理器，如图2-61所示。在“参数”选项组下（边数）文本框中输入3，在矩形框内部绘制4个大小不一的三角形。最终绘制结果如图2-56 所示。

注意：

利用 4.3.1 小节的“拉伸凸台/基体”命令拉伸草图。结果如图 2-62 所示。

图 2-61 “多边形”属性管理器

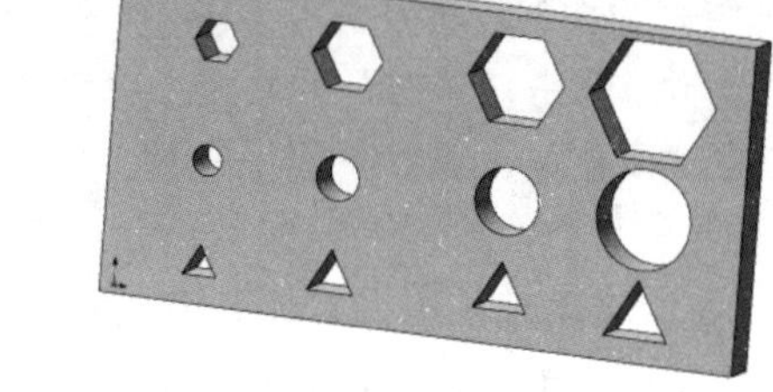

图 2-62 拉伸结果

扫一扫，看视频

练一练——六角螺母草图

试利用上面所学知识绘制如图 2-63 所示的六角螺母草图。

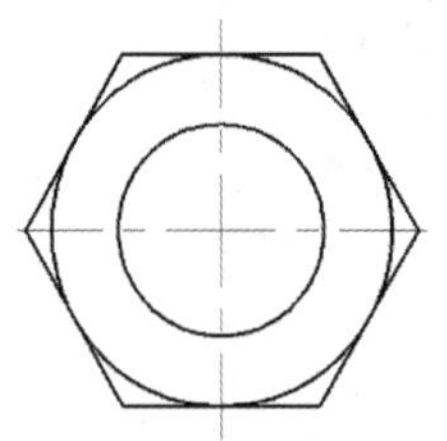

图 2-63 六角螺母草图

思路点拨：

先绘制中心线，然后绘制同心圆，最后绘制正六边形，尺寸可以适当选取。

扫一扫，看视频

2.2.12 绘制直槽口

【执行方式】

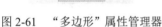

- 工具栏：单击“草图”工具栏中的“直槽口”按钮。
- 菜单栏：选择“工具”→“草图绘制实体”→“直槽口”菜单命令。
- 控制面板：单击“草图”控制面板中的“直槽口”按钮。

【操作说明】

（1）执行“直槽口”命令，此时光标变为形状。绘图区左侧会弹出“槽口”属性管理器，如图2-64所示。根据需要设置属性管理

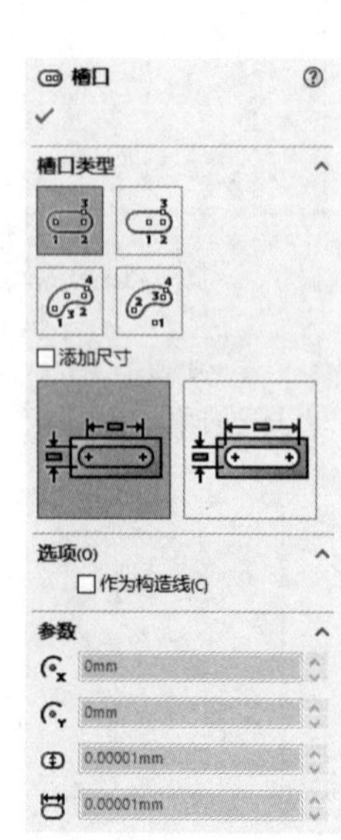

图 2-64 “槽口”属性管理器

器中直槽口的参数。

（2）直槽口的绘制方法：先确定直槽口的水平中心线两端点，然后确定直槽口的两端圆弧半径。完成设置后，单击“直槽口”属性管理器中的“确定”按钮✔，完成直槽口的绘制。

（3）按住鼠标左键拖动直槽口的特征点，可以改变直槽口的形状。

（4）如果要改变直槽口的属性，在草图绘制状态下，选择绘制的直槽口，此时会弹出“槽口”属性管理器，按照需要修改其中的参数，就可以修改相应的属性。

扫一扫，看视频

2.2.13　实例——圆头平键草图

本例绘制的圆头平键草图如图 2-65 所示。

操作步骤　视频文件：动画演示\第 2 章\圆头平键草图.avi

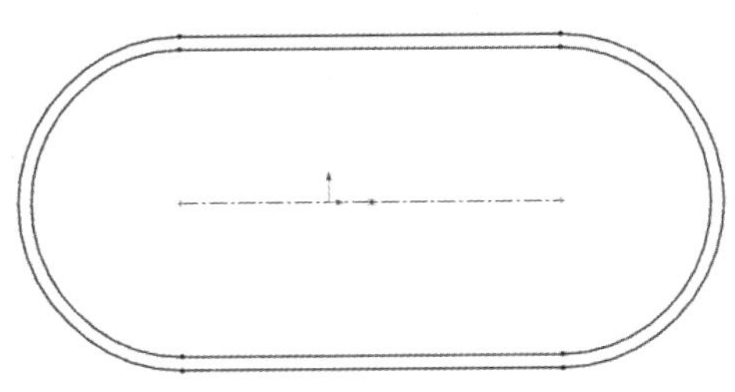

图 2-65　圆头平键草图

（1）设置草绘平面。在左侧的FeatureManager设计树中选择“前视基准面”作为绘图基准面。单击“视图（前导）”工具栏中的“正视于”按钮，旋转基准面。

（2）绘制草图。单击“草图”控制面板中的“草图绘制”按钮，进入草图绘制状态。

（3）绘制直槽口1。单击“草图”控制面板中的“直槽口”按钮，在图形区绘制直槽口。绘制结果如图2-66所示。

（4）绘制直槽口2。单击“草图”控制面板中的“直槽口”按钮，捕捉图2-66所示的点1、点2为水平线两端点。最终绘制结果如图2-65所示。

注意：

利用 4.3.1 小节的“拉伸凸台/基体”命令拉伸草图并倒角。结果如图 2-67 所示。

练一练——腰形垫片草图

扫一扫，看视频

试利用上面所学知识绘制如图 2-68 所示的腰形垫片草图。

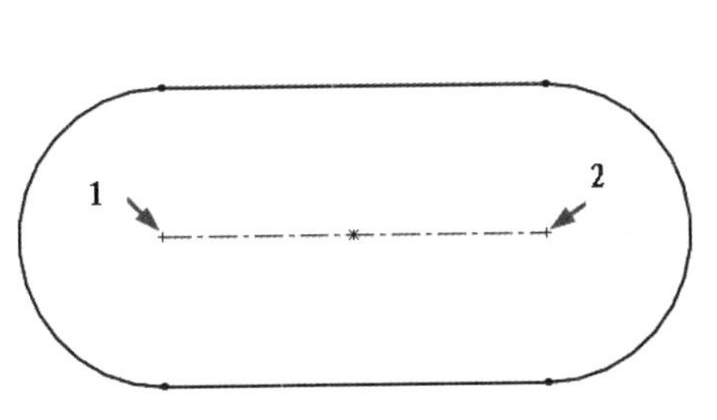

图 2-66　圆头平键草图

图 2-67　拉伸结果

图 2-68　腰形垫片草图

思路点拨：

直接利用“直槽口”功能绘制，尺寸可以适当选取。

扫一扫，看视频

2.2.14 绘制样条曲线

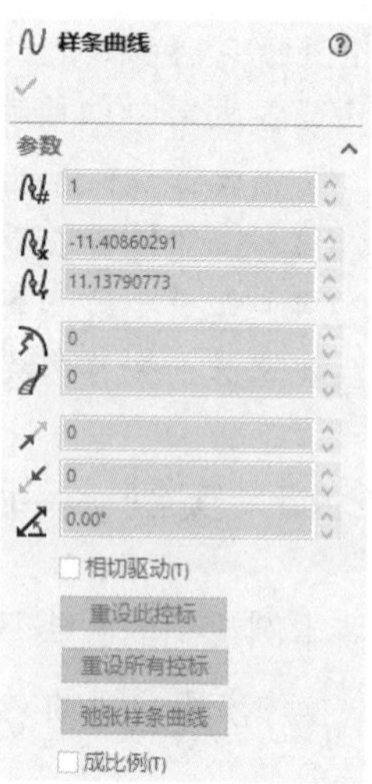

图 2-69 “样条曲线”属性管理器

【执行方式】

- 工具栏：单击“草图”工具栏中的“样条曲线”按钮。
- 菜单栏：选择“工具”→“草图绘制实体”→“样条曲线”菜单命令。
- 控制面板：单击“草图”控制面板中的“样条曲线”按钮。

【操作说明】

（1）执行“样条曲线”命令，此时光标变为形状。

（2）在图形区单击，确定样条曲线的起点，在左侧弹出“样条曲线”属性管理器，如图2-69所示。

（3）移动光标，在图中合适的位置单击，确定样条曲线上的第2点。

（4）重复移动光标，确定样条曲线上的其他点。

（5）按Esc 键或者双击退出样条曲线的绘制。

SOLIDWORKS 2022 软件提供了强大的样条曲线绘制功能，样条曲线至少需要两个点，并且可以在端点指定相切。如图 2-70 所示为绘制样条曲线的过程。

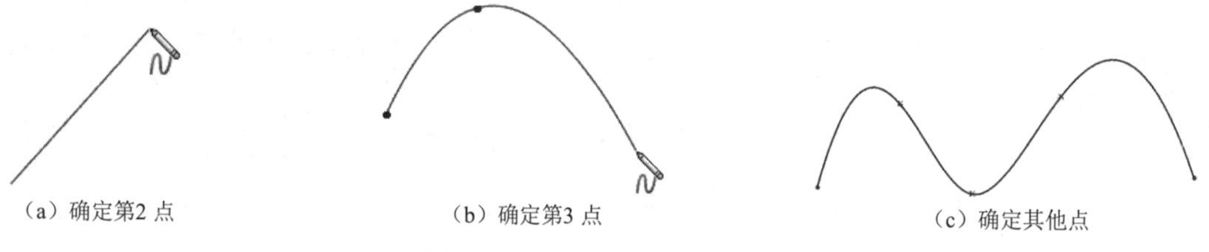
（a）确定第2 点　（b）确定第3 点　（c）确定其他点

图 2-70 绘制样条曲线的过程

样条曲线绘制完毕，可以通过以下方式对样条曲线进行编辑和修改。

1. 样条曲线属性管理器

“样条曲线”属性管理器如图 2-69 所示，在“参数”选项组中可以对样条曲线的各种参数进行修改。

2. 样条曲线上的点

选择要修改的样条曲线，此时样条曲线上会出现点，按住鼠标左键拖动这些点就可以实现对样条曲线的修改，如图 2-71 所示为样条曲线的修改过程，拖动点 1 到点 2 位置，图 2-71（a）所示为修改前的图形，图 2-71（b）所示为修改后的图形。

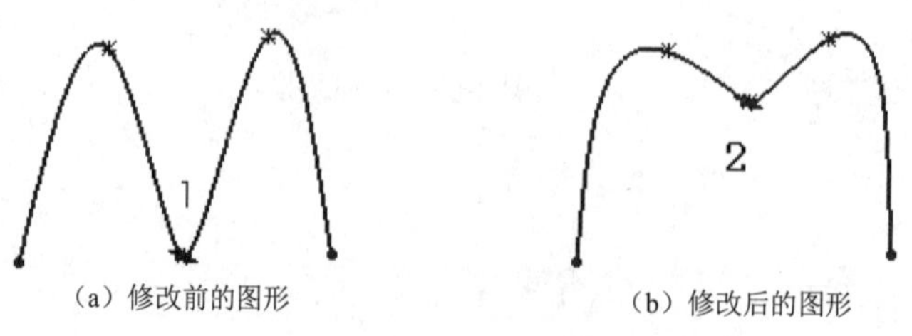

（a）修改前的图形　（b）修改后的图形

图 2-71 样条曲线的修改过程

3. 插入样条曲线型值点

确定样条曲线形状的点称为型值点，即除样条曲线端点以外的点。在样条曲线绘制以后，还可以插入一些型值点。右击样条曲线，在弹出的快捷菜单中单击“插入样条曲线型值点”命令，然后在需要添加的位置单击即可。

4. 删除样条曲线型值点

若要删除样条曲线上的型值点，则单击要删除的点，然后按 Delete 键即可。样条曲线的编辑还有其他一些功能，如显示样条曲线控标、显示拐点、显示最小半径与显示曲率检查等，在此不再一一介绍，用户可以通过右键快捷菜单在相应功能选项上选择相应的功能进行练习。

技巧荟萃：

系统默认显示样条曲线的控标。单击“样条曲线工具”工具栏中的“显示样条曲线控标”按钮，或者单击“工具”→“样条曲线工具”→“显示样条曲线控标”，可以隐藏或显示样条曲线的控标。

2.2.15　实例——空间连杆草图

扫一扫，看视频

本例绘制的空间连杆草图如图 2-72 所示。

操作步骤　视频文件：动画演示\第 2 章\空间连杆草图.avi

（1）设置草绘平面。在左侧的FeatureManager设计树中选择“前视基准面”作为绘图基准面。单击“视图（前导）”工具栏中的“正视于”按钮，旋转基准面。

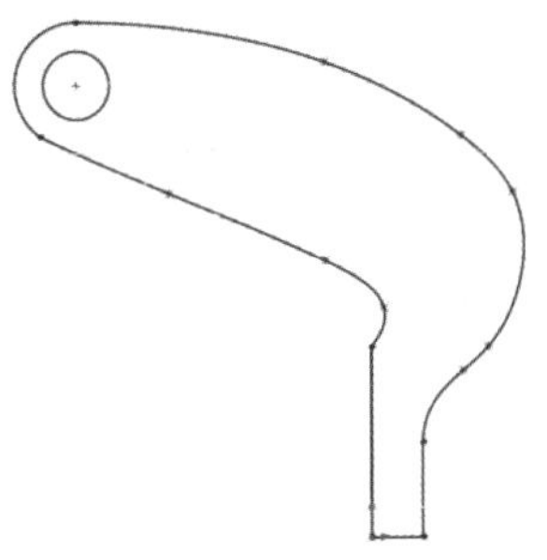

图 2-72　空间连杆草图

（2）绘制草图。单击“草图”控制面板中的“草图绘制”按钮，进入草图绘制状态。

（3）绘制矩形。单击“草图”控制面板中的“边角矩形”按钮，绘制适当大小矩形，如图2-73所示。

（4）绘制圆。单击“草图”控制面板中的“圆”按钮，在矩形左上方绘制两个同心圆。结果如图2-74所示。

（5）绘制样条曲线。单击“草图”控制面板中的“样条曲线”按钮，捕捉矩形及圆上点，绘制两条样条曲线结果如图2-75所示。

（6）剪裁实体。单击“草图”控制面板中的“剪裁实体”按钮，修剪多余图形。最终结果如图2-72所示。

注意：

利用 4.3.1 小节的“拉伸凸台/基体”命令拉伸草图。结果如图 2-76 所示。

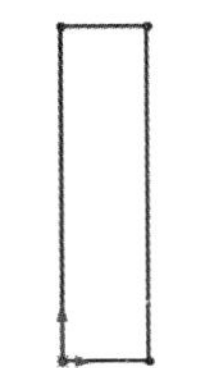

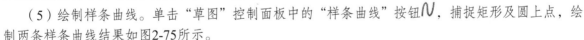

图 2-73　绘制矩形

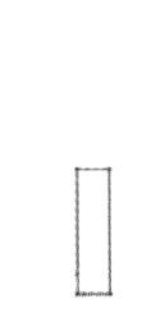

图 2-74　绘制同心圆

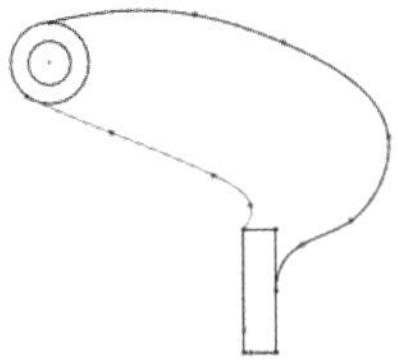

图 2-75　绘制样条曲线

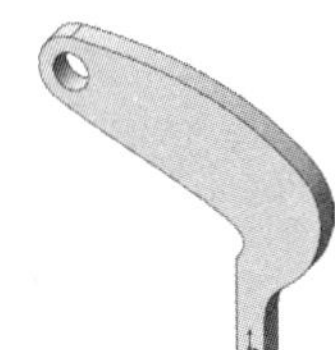

图 2-76　拉伸结果

扫一扫，看视频

练一练——螺丝刀草图

试利用上面所学知识绘制如图 2-77 所示的螺丝刀草图。

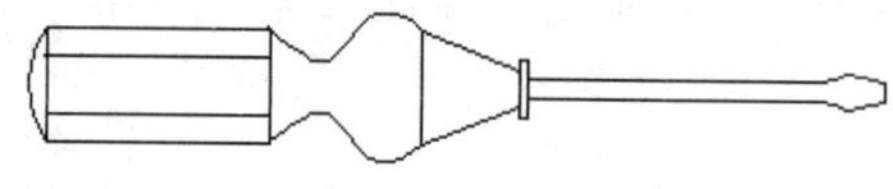

图 2-77　螺丝刀

思路点拨：

先利用“直线”和“圆弧”功能绘制螺丝刀左部把手，再利用“样条曲线”功能和“直线”“矩形”功能绘制螺丝刀的中间部分，最后利用“直线”功能绘制螺丝刀的右部，尺寸可以适当选取。

扫一扫，看视频

2.2.16　绘制草图文字

【执行方式】

- 工具栏：单击“草图”工具栏中的“文本”按钮A。
- 菜单栏：选择“工具”→“草图绘制实体”→“文本”菜单命令。
- 控制面板：单击“草图”控制面板中的“文本”按钮A。

【操作说明】

（1）执行“文本”命令后，系统弹出“草图文字”属性管理器，如图2-78所示。

（2）在图形区中选择边线、曲线、草图或草图线段，作为绘制文字草图的定位线，此时所选择的边线显示在“草图文字”属性管理器的“曲线”选项组中。

（3）在“草图文字”属性管理器的“文字”文本框中输入要添加的文字。此时，添加的文字显示在图形区曲线上。

（4）如果不需要系统默认的字体，则取消对“使用文档字体”复选框的选择，然后单击“字体”按钮，此时系统弹出“选择字体”对话框，如图2-79所示，按照需要进行设置。

（5）设置好字体后，单击“选择字体”对话框中的“确定”按钮，然后单击“草图文字”属性管理器中的“确定”按钮✔，完成草图文字的绘制。

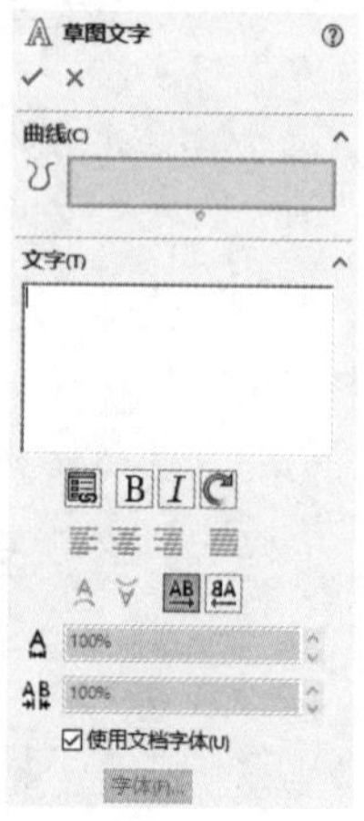

图 2-78　“草图文字”属性管理器

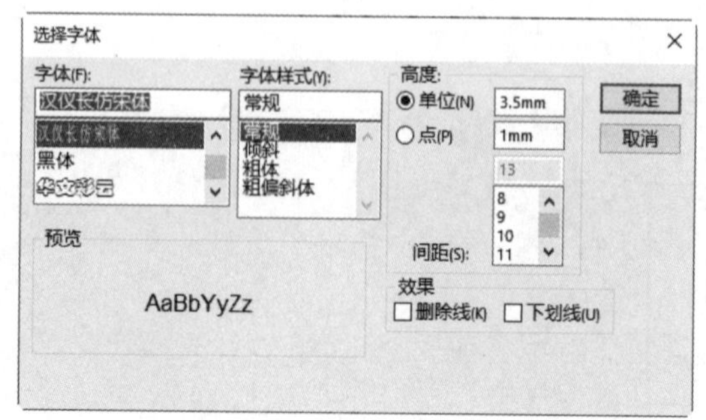

图 2-79　“选择字体”对话框

草图文字可以在零件特征面上添加，用于拉伸和切除文字，形成立体效果。文字可以添加在任何连续曲线或边线组中，包括由直线、圆弧或样条曲线组成的圆或轮廓。

技巧荟萃：

在草图绘制模式下，双击已绘制的草图文字，在系统弹出的“草图文字”属性管理器中，可以对其进行修改。

扫一扫，看视频

2.2.17　实例——文字模具草图

本例绘制的文字模具草图如图 2-80 所示。

操作步骤　视频文件：动画演示\第 2 章\文字模具草图.avi

（1）绘制草绘基准面。在左侧的FeatureManager设计树中选择“前视基准面”作为绘图基准面。单击“视图（前导）”工具栏中的“正视于”按钮，旋转基准面。

（2）绘制草图。单击“草图”控制面板中的“草图绘制”按钮，进入草图绘制状态。

（3）输入文字。单击“草图”控制面板中的“文本”按钮，弹出“草图文字”属性管理器，如图2-81所示，在“文字”文本框中输入“三维书屋”，单击“确定”按钮。最终绘制结果如图2-80所示。

注意：

利用 4.3.1 小节的“拉伸凸台/基体”拉伸草图文字。结果如图 2-82 所示。

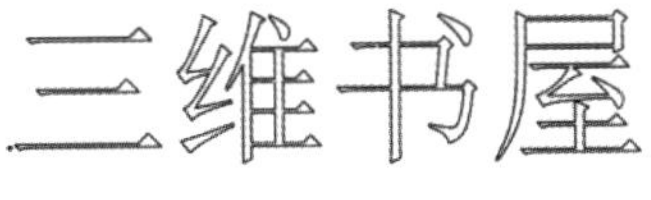

图 2-80　文字模具草图

图 2-81　“草图文字”属性管理器

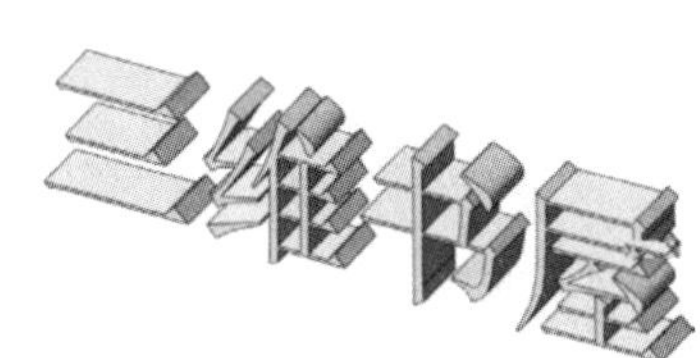

图 2-82　拉伸结果

扫一扫，看视频

练一练——SOLIDWORKS 文字草图

试利用上面所学知识绘制SOLIDWORKS 文字草图。

思路点拨：

直接利用“文字”功能绘制，尺寸可以适当选取。

2.3 综合实例——绘制泵轴草图

本例绘制的泵轴草图如图 2-83 所示。

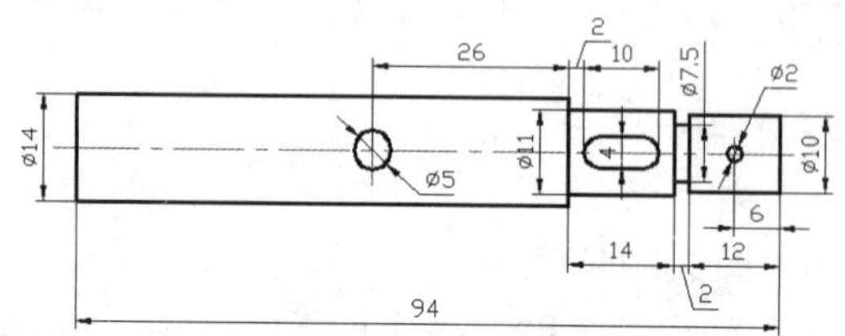

图 2-83 泵轴草图

操作步骤 视频文件：动画演示\第 2 章\绘制泵轴草图.avi

（1）新建文件，单击"快速访问"工具栏中的"新建"按钮，在弹出的"新建SOLIDWORKS文件"对话框中选择"零件"按钮，然后单击"确定"按钮，创建一个新的零件文件。

（2）在左侧的FeatureManager设计树中选择"前视基准面"作为绘图基准面。单击"草图"控制面板中的"草图绘制"按钮，进入草图绘制状态。

（3）单击"草图"控制面板中的"中心线"按钮，弹出"插入线条"属性管理器，如图2-84所示。单击"确定"按钮，绘制的中心线如图2-85所示。

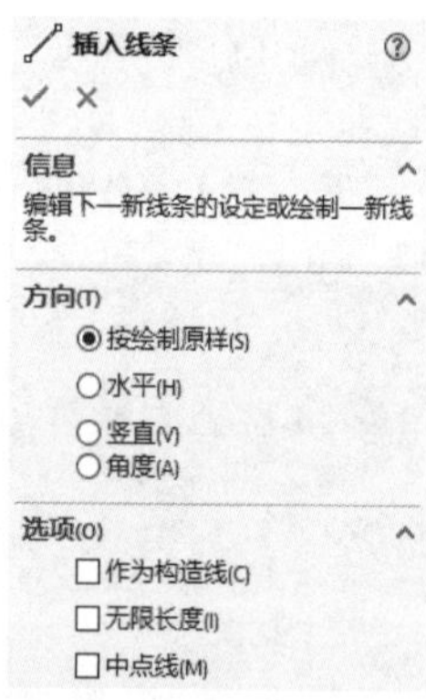

图 2-84 "插入线条"属性管理器

图 2-85 绘制中心线

（4）单击"草图"控制面板中的"直线"按钮，弹出"插入线条"属性管理器，绘制草图轮廓，如图2-86所示。

（5）单击"草图"控制面板中的"圆"按钮，弹出"圆"属性管理器。分别在左右两端矩形内适当位置绘制一个圆，单击"确定"按钮，绘制圆，如图2-87所示。

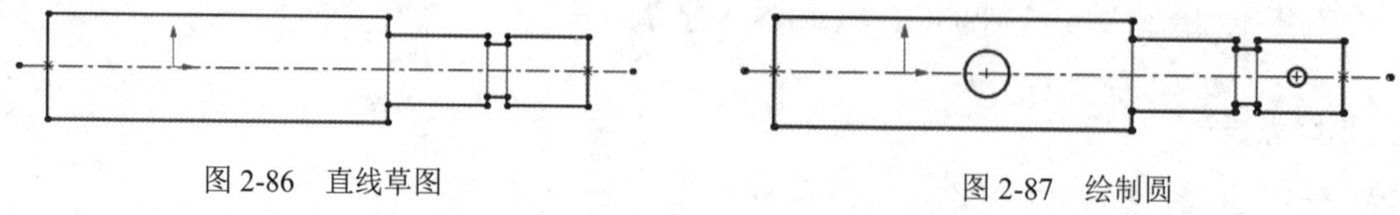

图 2-86 直线草图

图 2-87 绘制圆

（6）单击“草图”控制面板中的“直槽口”按钮，弹出“槽口”属性管理器，如图2-88所示。在“槽口类型”中选择“直槽口”按钮，然后在草图中适当位置绘制直槽口，如图2-89所示。

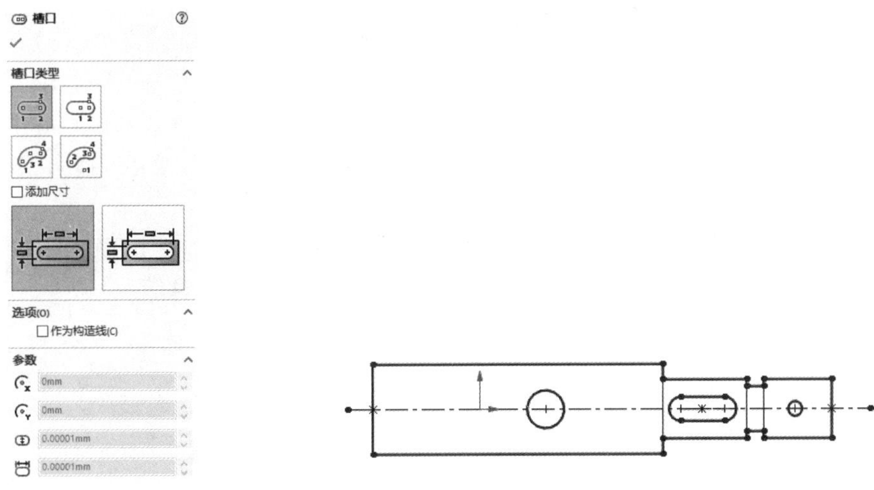

图2-88 “槽口”属性管理器　　　　图2-89 直槽口绘制

案例总结：

本例通过一个典型的零件——泵轴草图的绘制过程引导读者将本章所学的草图绘制相关知识进行了综合应用，在此过程中读者要灵活运用所学绘图知识，学会举一反三。如本例中绘制草图时可以将“直线”命令替换为“矩形”命令，依然能够达到相同的效果。需要注意的是，之前所绘制的图形没有严格的尺寸要求，只需绘制出大概轮廓即可，在接下来的学习过程中会向大家介绍“智能尺寸”命令的应用，以便绘制尺寸精确的草图。

练一练——小汽车草图

扫一扫，看视频

试利用上面所学知识绘制如图2-90所示的小汽车草图。

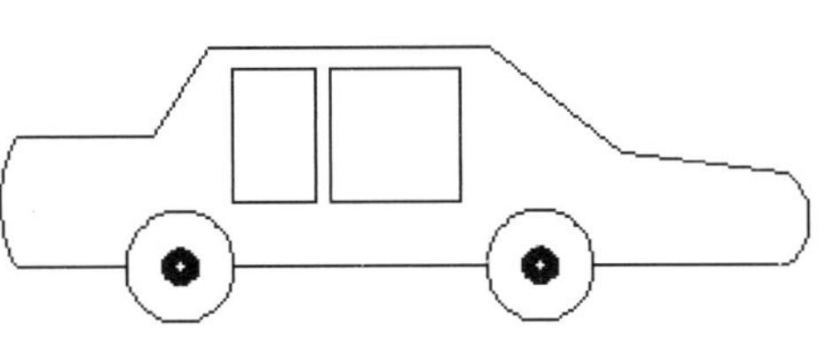

图2-90 小汽车草图

思路点拨：

先利用“圆”功能绘制车轮，再利用“直线”和“圆弧”功能绘制车身，最后利用“矩形”功能绘制车门，尺寸可以适当选取。

第3章　草图编辑

内容简介

本节主要介绍草图编辑工具的使用方法，以便更加快速、精准地完成草图的绘制。其编辑命令主要有圆角、倒角、等距实体、剪裁、延伸、镜像、阵列、尺寸标注等。

内容要点

- 草图工具
- 添加几何关系
- 尺寸标注

案例效果

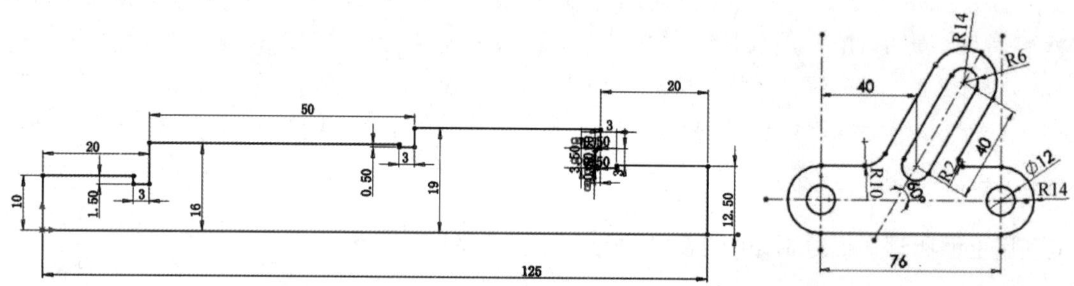

3.1　草图工具

本节主要介绍草图工具的使用方法，如圆角、倒角、等距实体、转换实体引用、剪裁、延伸与镜像。

扫一扫，看视频

3.1.1　绘制圆角

【执行方式】

- 工具栏：单击“草图”工具栏中的“绘制圆角”按钮。
- 菜单栏：选择“工具”→“草图工具”→“圆角”菜单命令。
- 控制面板：单击“草图”控制面板中的“绘制圆角”按钮。

【操作说明】

（1）打开源文件中的“3.1.1.SLDPRT”，执行上述操作，此时系统弹出的“绘制圆角”属性管理器如图3-1所示。在“绘制圆角”属性管理器中，设置圆角的半径。如果顶点具有尺寸或几何关系，选中“保持拐角处约束条件”复选框，将保留虚拟交点。如果不选中该复选框，且顶点具有尺寸或几何关系，将会询问是否想在生成圆角时删除这些几何关系。

（2）设置好“绘制圆角”属性管理器后，单击选择图3-2（a）所示的直线1和直线2、直线2和直线3、直线3和直线4、直线4和直线1。

（3）单击“绘制圆角”属性管理器中的“确定”按钮✔，完成圆角的绘制，如图3-2（b）所示。

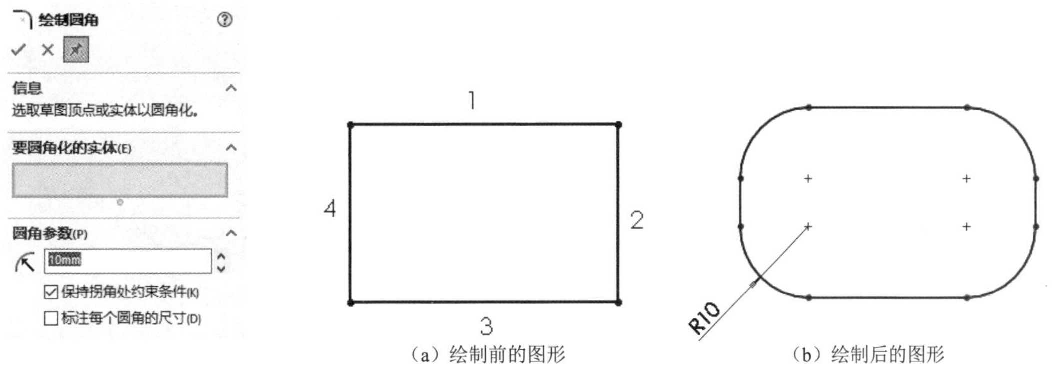

图 3-1　“绘制圆角”属性管理器　　　　图 3-2　绘制圆角过程

绘制圆角工具是将两个草图实体的交叉处剪裁掉角部，生成一个与两个草图实体都相切的圆弧，此工具在二维和三维草图中均可使用。

技巧荟萃：

SOLIDWORKS 可以将两个非交叉的草图实体进行倒圆角操作。执行“圆角”命令后，草图实体将被拉伸，边角将被处理为圆角。

3.1.2　绘制倒角

扫一扫，看视频

【执行方式】

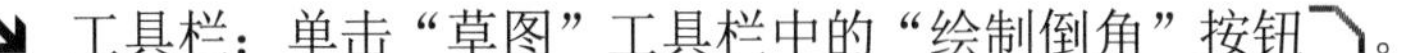

- 工具栏：单击“草图”工具栏中的“绘制倒角”按钮。
- 菜单栏：选择“工具”→“草图工具”→“倒角”菜单命令。
- 控制面板：单击“草图”控制面板中的“绘制倒角”按钮。

【操作说明】

打开源文件中的“3.1.2.SLDPRT”，执行上述操作，系统弹出“绘制倒角”属性管理器，如图 3-3 所示。若选中“距离-距离”单选按钮，会弹出如图 3-4 所示对话框。

（1）在“绘制倒角”属性管理器中，选中“角度距离”单选按钮，按照如图3-3所示设置倒角方式和倒角参数，然后选择如图3-5（a）所示的直线1和直线4。

（2）在“绘制倒角”属性管理器中，选中“距离-距离”单选按钮，按照如图3-4所示设置倒角方式和倒角参数，然后选择如图3-5（a）所示的直线2和直线3。

（3）单击“绘制倒角”属性管理器中的“确定”按钮✔，完成倒角的绘制，如图3-5（b）所示。

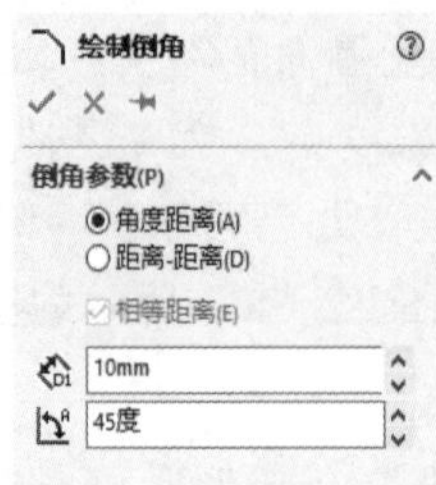

图 3-3　“角度距离”设置方式

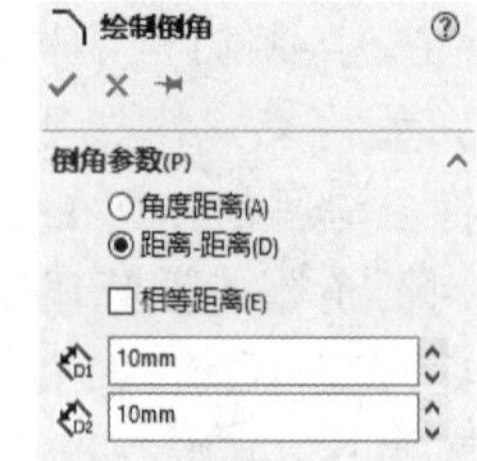

图 3-4　“距离-距离”设置方式

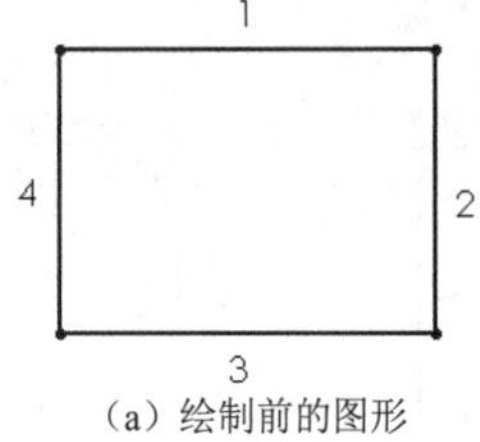

（a）绘制前的图形

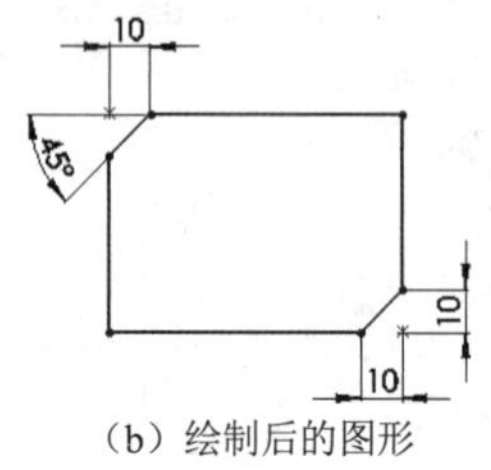

（b）绘制后的图形

图 3-5　绘制倒角的过程

绘制倒角工具是将倒角应用到相邻的草图实体中，此工具在二维和三维草图中均可使用。倒角的选取方法与圆角相同。“绘制倒角”属性管理器中提供了倒角的两种设置方式，分别是“角度距离”设置倒角方式和“距离-距离”设置倒角方式。

以“距离-距离”设置方式绘制倒角时，如果设置的两个距离不相等，选择不同草图实体的次序不同，绘制的结果也不相同。如图 3-6 所示，设置 D1＝10、D2＝20，图 3-6（a）所示为原始图形；图 3-6（b）所示为先选取左侧的直线，后选择右侧直线形成的倒角；图 3-6（c）所示为先选取右侧的直线，后选择左侧直线形成的倒角。

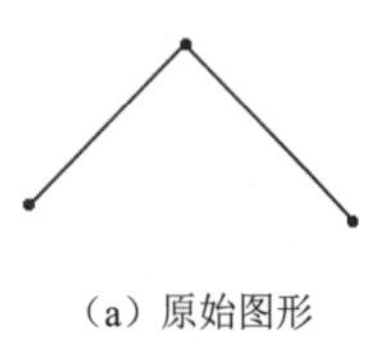

（a）原始图形

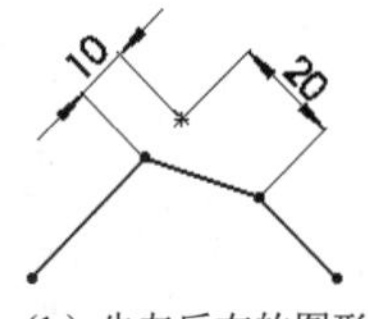

（b）先左后右的图形

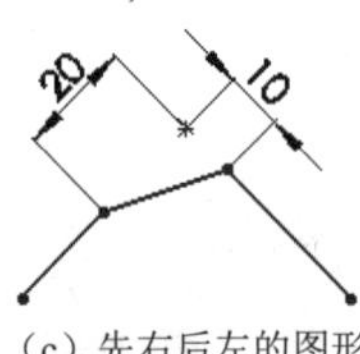

（c）先右后左的图形

图 3-6　选择直线次序不同形成的倒角

扫一扫，看视频

3.1.3　等距实体

【执行方式】

- 工具栏：单击“草图”工具栏中的“等距实体”按钮。
- 菜单栏：选择“工具”→“草图工具”→“等距实体”菜单命令。
- 控制面板：单击“草图”控制面板中的“等距实体”按钮。

【操作说明】

（1）打开源文件中的“3.1.3.SLDPRT”，执行上述操作，系统弹出“等距实体”属性管理器，如图3-7所示，按照实际需要进行设置。

（2）单击选择要等距的实体对象。

（3）单击“等距实体”属性管理器中的“确定”按钮，完成等距实体的绘制。

等距实体工具是按特定的距离等距一个或者多个草图实体、所选模型边线、模型面。例如，样条曲线或圆弧、模型边线组、环之类的草图实体。

"等距实体"属性管理器中各选项的含义如下。

- "等距距离"文本框：设定数值以特定距离来等距草图实体。
- "添加尺寸"复选框：选中该复选框将在草图中添加等距距离的尺寸标注，这不会影响包括在原有草图实体中的任何尺寸。
- "反向"复选框：选中该复选框将更改单向等距实体的方向。
- "选择链"复选框：选中该复选框将生成所有连续草图实体的等距。
- "双向"复选框：选中该复选框将在草图中双向生成等距实体。
- "构造几何体"复选框：使用"基本几何体""偏移几何体"或两者都选可将原始草图实体转换为构造线。
- "顶端加盖"复选框：选中该复选框将通过选择"双向"并添加一顶盖来延伸原有非相交草图实体。

如图 3-8 所示为按照图 3-7 所示的"等距实体"属性管理器进行设置后，选取中间草图实体中任意一部分得到的图形。

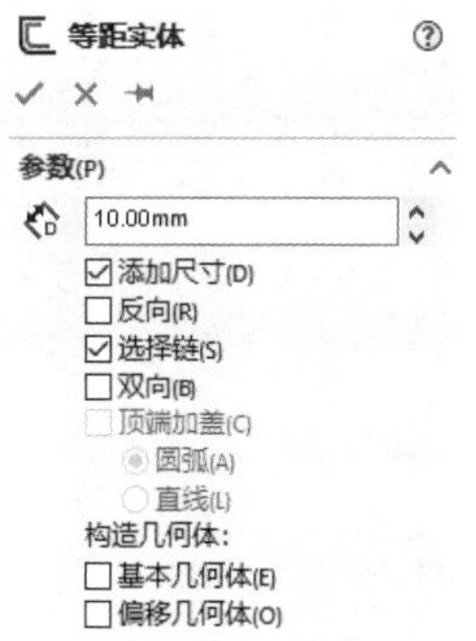

图 3-7　"等距实体"属性管理器

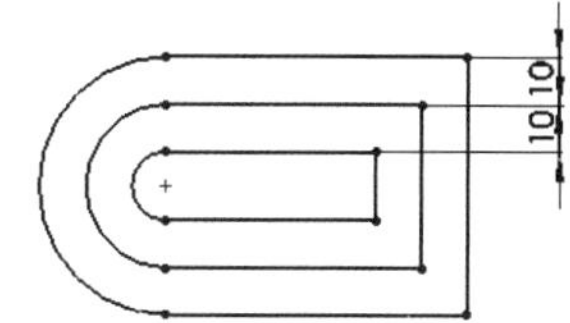

图 3-8　等距后的草图实体

如图 3-9 所示为在模型面上添加草图实体的过程，图 3-9（a）所示为原始图形，图 3-9（b）所示为等距实体后的图形。执行过程为先选择图 3-9（a）所示的模型的上表面，然后进入草图绘制状态，再执行等距实体命令，设置参数为单向等距距离，距离为 10.00mm。

（a）原始图形　　（b）等距实体后的图形

图 3-9　模型面等距实体

技巧荟萃：

在草图绘制状态下，双击等距距离的尺寸，然后更改数值，就可以修改等距实体的距离。在双向等距中，修改单个数值就可以更改两个等距的尺寸。

扫一扫，看视频

3.1.4 实例——支架垫片草图

本例绘制的支架垫片草图如图 3-10 所示。

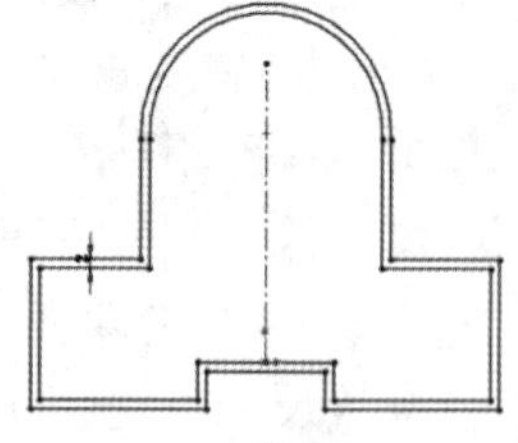

图 3-10 支架垫片草图

操作步骤 视频文件：动画演示\第3 章\支架垫片草图.avi

（1）设置草绘平面。在左侧的FeatureManager设计树中选择“前视基准面”作为绘图基准面。

（2）绘制草图。单击“草图”控制面板中的“草图绘制”按钮，进入草图绘制状态。

（3）绘制中心线。单击“草图”控制面板中的“中心线”按钮，绘制过原点竖直中心线。

（4）绘制直线。单击“草图”控制面板中的“直线”按钮，在图形区绘制图形。绘制结果如图3-11所示。

（5）绘制圆弧。单击“草图”控制面板中的“3点圆弧”按钮，在图形中绘制圆弧。结果如图3-12所示。

（6）设置直线属性。按住Ctrl键，选择点1及线2，弹出“属性”属性管理器，如图3-13所示，单击“重合”按钮，完成约束添加，设置结果如图3-14所示。

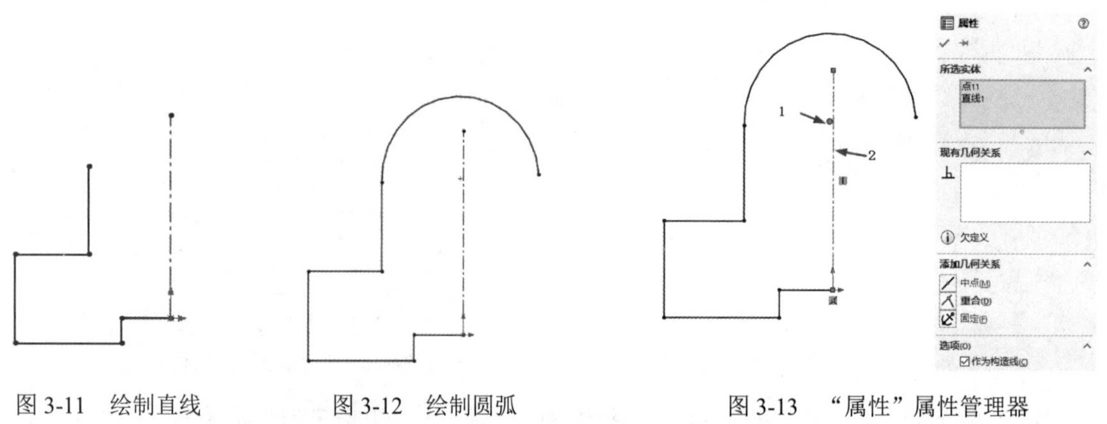

图 3-11 绘制直线　图 3-12 绘制圆弧　图 3-13 “属性”属性管理器

（7）镜像草图。单击“草图”控制面板中的“镜像实体”按钮，镜像左侧图形。结果如图3-15所示。

（8）单击“草图”控制面板中的“等距实体”按钮，弹出“等距实体”属性管理器，如图3-16所示，设置等距距离为2.00mm，选中“选择链”复选框，在绘图区选择边线，单击“确定”按钮，完成操作。最终结果如图3-10所示。

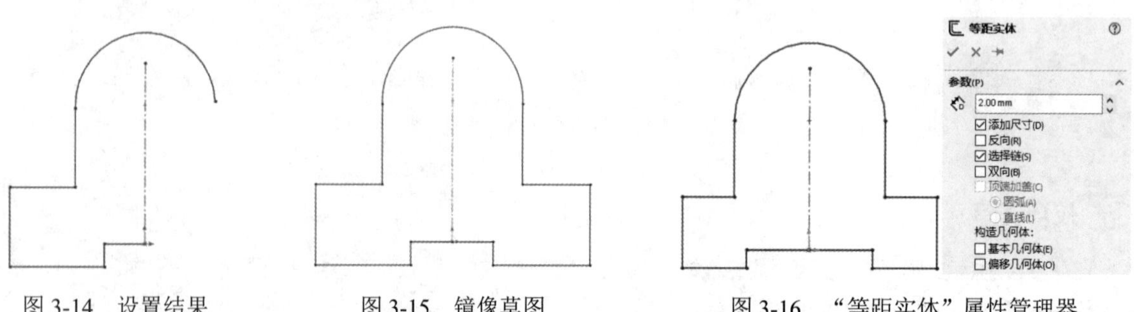

图 3-14 设置结果　图 3-15 镜像草图　图 3-16 “等距实体”属性管理器

扫一扫，看视频

3.1.5 转换实体引用

【执行方式】

➘ 工具栏：单击“草图”工具栏中的“转换实体引用”按钮。

➘ 菜单栏：选择“工具”→“草图工具”→“转换实体引用”菜单命令。

➘ 控制面板：单击“草图”控制面板中的“转换实体引用”按钮。

【操作说明】

（1）打开源文件中的“3.1.5.SLDPRT”，执行“转换实体引用”命令，弹出“转换实体引用”属性管理器，如图3-17所示。

（2）选取图3-18（a）所示的边线1～边线4及圆弧5，单击“确定”按钮。

（3）单击“退出草绘”按钮，退出草图绘制状态，转换实体引用后的图形如图3-18（b）所示。其中步骤（3）和步骤（2）顺序可互换。

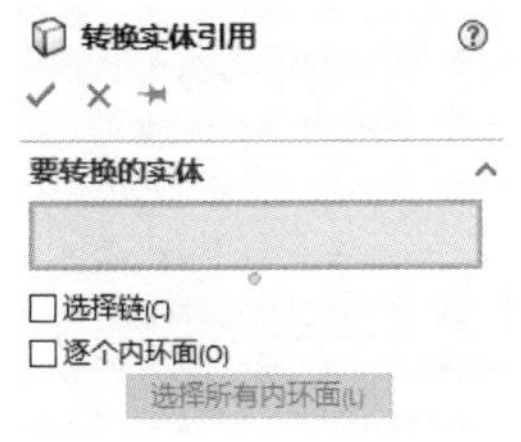

图3-17 “转换实体引用”属性管理器

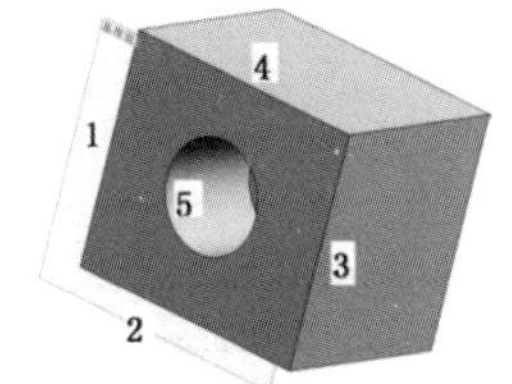

（a）转换实体引用前的图形

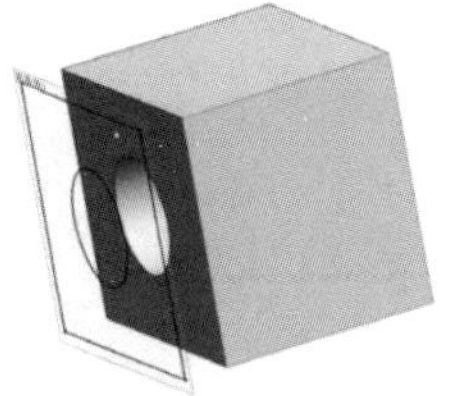

（b）转换实体引用后的图形

图3-18 转换实体引用过程

转换实体引用是通过已有的模型或者草图，将其边线、环、面、曲线、外部草图轮廓线、一组边线或一组草图曲线投影到草图基准面上。通过这种方式，可以在草图基准面上生成一个或多个草图实体。使用该命令时，如果引用的实体发生更改，那么转换的草图实体也会相应地改变。

扫一扫，看视频

3.1.6 实例——前盖草图

本例绘制的前盖草图如图3-19所示。

操作步骤 视频文件：动画演示\第3章\前盖草图.avi

图3-19 前盖草图

（1）绘制草绘基准面。在左侧的FeatureManager设计树中选择“前视基准面”作为绘图基准面。单击“标准视图”工具栏中的“垂直于”按钮，旋转基准面。

（2）绘制草图。单击“草图”控制面板中的“草图绘制”按钮，进入草图绘制状态。

（3）绘制直槽口。单击“草图”控制面板中的“直槽口”按钮，弹出“槽口”属性管理器，如图3-20所示，在图形区绘制适当大小直槽口。绘制结果如图3-21所示。

（4）绘制圆。单击“草图”控制面板中的“圆”按钮，捕捉水平中心线两端点绘制两圆，绘制过程中输入圆半径，半径为5。结果如图3-22所示。

（5）拉伸实体。单击“特征”控制面板中的“拉伸凸台/基体”按钮，弹出“凸台-拉伸”属性管理器，设置参数，如图3-23所示。拉伸草图，结果如图3-24 所示。

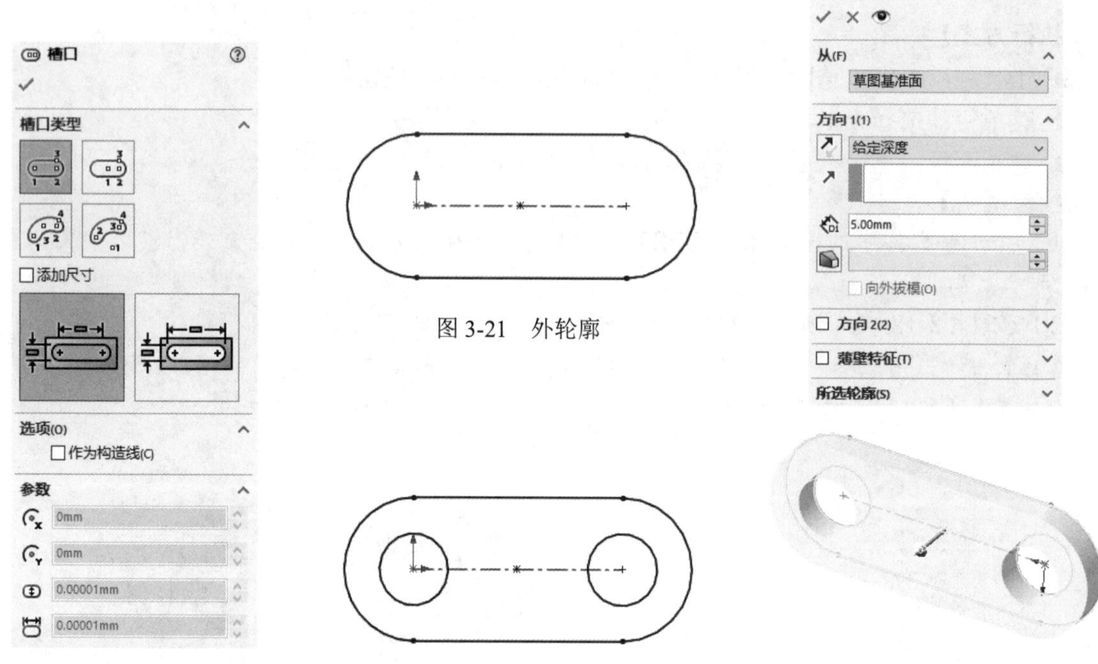

图 3-21　外轮廓

图 3-20　“槽口”属性管理器　　图 3-22　绘制圆　　图 3-23　“凸台-拉伸”属性管理器

（6）设置草绘平面2。选择图3-24中的面1，进入草图绘制状态。单击“草图”工具栏中的“草图绘制”按钮，单击“视图（前导）”工具栏中的“正视于”按钮，旋转基准面。

（7）转换实体引用。单击“草图”控制面板中的“转换实体引用”按钮，弹出“转换实体引用”属性管理器，如图3-25所示，选择最外侧轮廓线，将边线转换为草图。结果如图3-26所示。

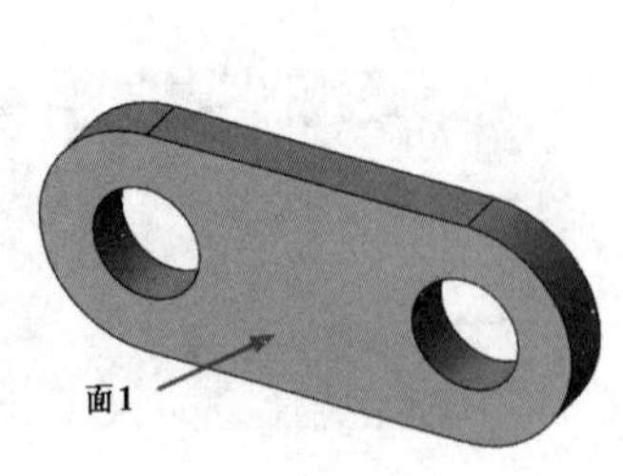

图 3-24　拉伸结果1

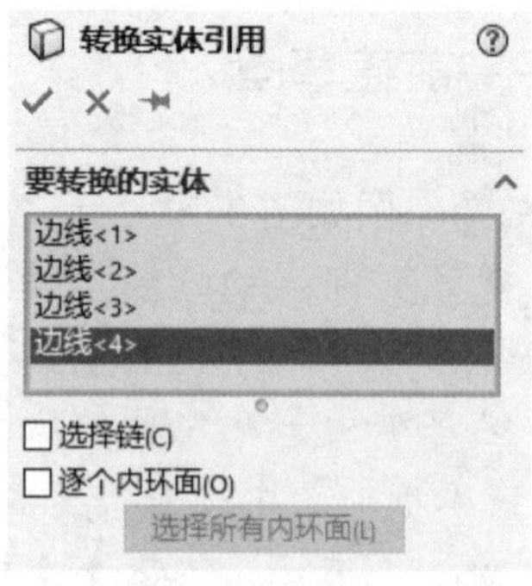

图 3-25　“转换实体引用”属性管理器

（8）等距实体操作。单击“草图”控制面板中的“等距实体”按钮，弹出“等距实体”属性管理器，如图3-27所示，设置等距距离为2.00mm，选中“反向”“选择链”复选框，选择最外侧轮廓线，单击“确定”按钮完成操作。

（9）删除图形。按Delete键，删除外侧轮廓。结果如图3-19所示。

（10）拉伸实体。单击“特征”控制面板中的“拉伸凸台/基体”按钮，弹出“凸台-拉伸”属性管理器，设置参数，如图3-28所示。拉伸草图，结果如图3-29所示。

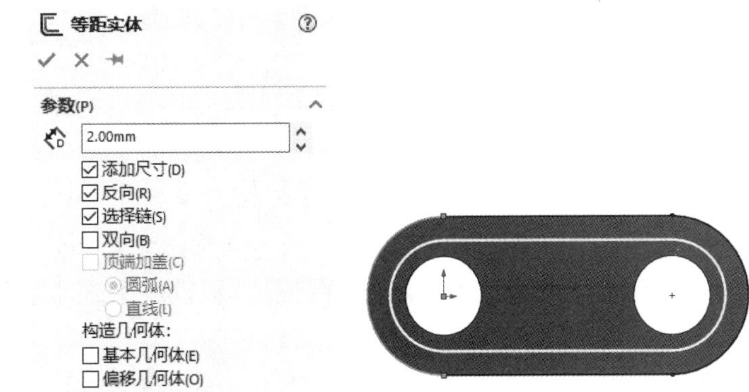

图 3-26　转换草图

图 3-27　“等距实体”属性管理器

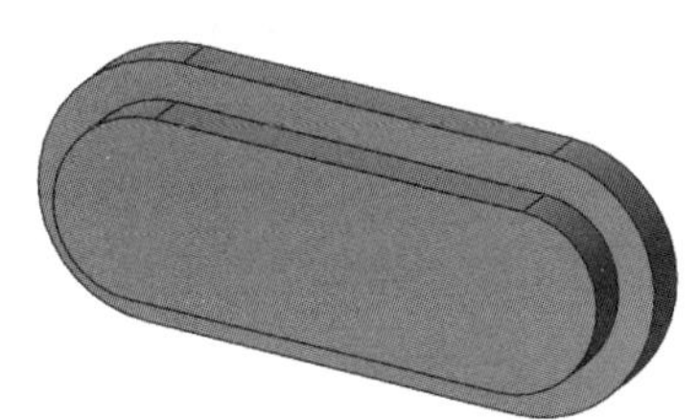

图 3-28　“凸台-拉伸”属性管理器

图 3-29　拉伸结果 2

3.1.7　草图剪裁

图 3-30　“剪裁”属性管理器

【执行方式】

- 工具栏：单击“草图”工具栏中的“剪裁实体”按钮。
- 菜单栏：选择“工具”→“草图工具”→“剪裁”菜单命令。
- 控制面板：单击“草图”控制面板中的“剪裁实体”按钮。

【操作说明】

（1）打开源文件中的“3.1.7.SLDPRT”，执行“剪裁实体”命令，此时光标变为形状，并在左侧特征管理器弹出“剪裁”属性管理器，如图3-30所示。

（2）在“剪裁”属性管理器中选择“剪裁到最近端”选项。依次单击如图3-31（a）所示的A处和B处，剪裁图中的直线。

（3）单击“剪裁”属性管理器中的“确定”按钮✓，完成草图实体的剪裁。剪裁后的图形如图3-31（b）所示。

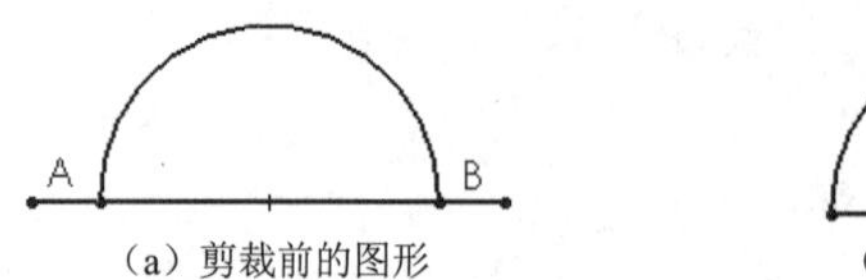

（a）剪裁前的图形

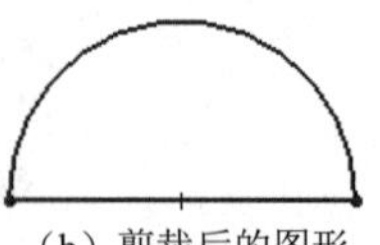

（b）剪裁后的图形

图 3-31　剪裁实体的过程

草图剪裁是常用的草图编辑命令。执行“剪裁实体”命令时，系统弹出的“剪裁”属性管理器如图 3-30 所示，根据剪裁草图实体的不同，可以选择不同的剪裁模式。下面将介绍不同类型的草图剪裁模式。

- 强劲剪裁：通过将光标拖过每个草图实体来剪裁草图实体。
- 边角：剪裁两个草图实体，直到它们在虚拟边角处相交。
- 在内剪除：选择两个边界实体，然后选择要裁剪的实体，剪裁位于两个边界实体外的草图实体。
- 在外剪除：剪裁位于两个边界实体内的草图实体。
- 剪裁到最近端：将一草图实体剪裁到最近端交叉实体。

扫一扫，看视频

3.1.8　实例——扳手草图

本例绘制的扳手草图如图 3-32 所示。

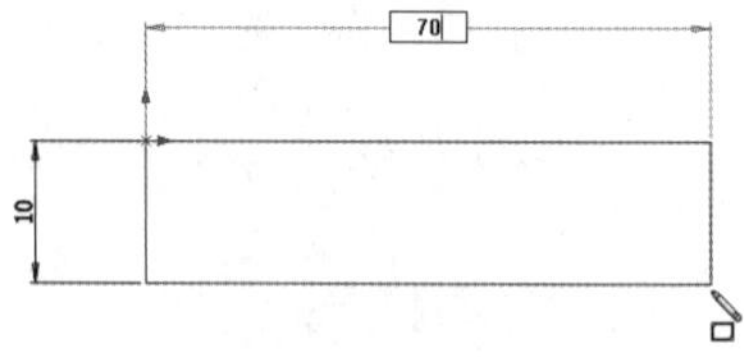

图 3-32　扳手草图

操作步骤　视频文件：动画演示\第 3 章\扳手草图.avi

（1）设置草绘平面。在左侧的 FeatureManager设计树中选择“前视基准面”作为绘图基准面。单击“视图（前导）”工具栏中的“正视于”按钮，旋转基准面。

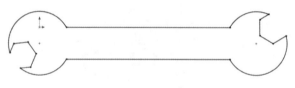

（2）绘制草图。单击“草图”控制面板中的“草图绘制”按钮，进入草图绘制状态。

（3）绘制矩形。单击“草图”控制面板中的“边角矩形”按钮，在图形区绘制适当大小矩形，绘制过程中输入矩形尺寸。结果如图3-33所示。

图 3-33　绘制矩形

（4）绘制圆。单击“草图”控制面板中的“圆”按钮，捕捉矩形两边中点为圆心，绘制半径为10.00mm的圆。结果如图3-34所示。

（5）绘制多边形。单击“草图”控制面板中的“多边形”按钮，绘制六边形，如图3-35所示。

图 3-34　绘制圆

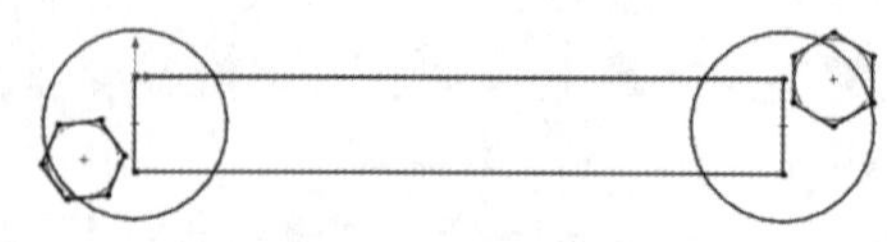

图 3-35　绘制六边形

（6）剪裁实体。单击“草图”控制面板中的“剪裁实体”按钮，修剪多余图形。最终结果如图3-32所示。

3.1.9　草图延伸

扫一扫，看视频

【执行方式】

- 工具栏：单击“草图”工具栏中的“延伸实体”按钮。
- 菜单栏：选择“工具”→“草图工具”→“延伸”菜单命令。
- 控制面板：单击“草图”控制面板中的“延伸实体”按钮。

【操作说明】

（1）打开源文件中的“3.1.9.SLDPRT”，执行“延伸实体”命令，光标变为形状，进入草图延伸状态。

（2）单击图3-36（a）所示的直线。

（3）按Esc键，退出延伸实体状态。延伸后的图形如图3-36（b）所示。

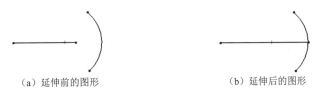

（a）延伸前的图形　（b）延伸后的图形

图 3-36　草图延伸的过程

草图延伸是常用的草图编辑工具。利用该工具可以将草图实体延伸至另一个草图实体。在延伸草图实体时，如果两个方向都可以延伸，而只需要单一方向延伸时，单击延伸方向一侧的实体部分即可实现，在执行该命令过程中，实体延伸的结果在预览时会以红色显示。

3.1.10　实例——轴承座草图

扫一扫，看视频

本例绘制的轴承座草图如图 3-37 所示。

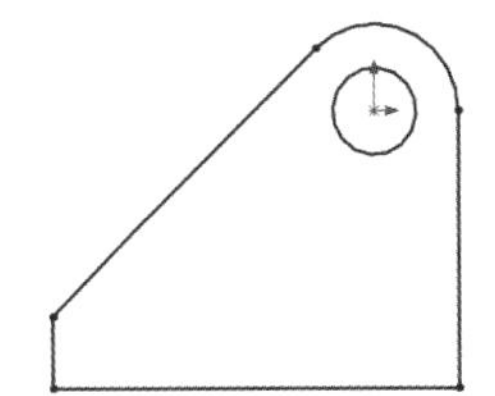

图 3-37　轴承座草图

操作步骤　视频文件：动画演示\第 3 章\轴承座草图.avi

（1）设置草绘平面。在左侧的FeatureManager设计树中选择“前视基准面”作为绘图基准面。单击“视图（前导）”工具栏中的“正视于”按钮，旋转基准面。

（2）绘制草图。单击“草图”控制面板中的“草图绘制”按钮，进入草图绘制状态。

（3）绘制圆。单击“草图”控制面板中的“圆”按钮，在图形区绘制适当大小圆。绘制结果如图3-38所示。

（4）绘制直线。单击“草图”控制面板中的“直线”按钮，绘制连续直线。结果如图3-39所示。

（5）设置线属性。按住Ctrl键，选择图3-39中直线1、圆1，弹出“属性”属性管理器，如图3-40所示，单击“相切”按钮，添加相切关系；用同样的方法为图3-39中的直线2、圆1添加“相切”关系。结果如图3-41所示。

（6）延伸实体。单击“草图”控制面板中的“延伸实体”按钮，在绘图区显示图标，选择图3-41中的线1和线2。结果如图3-42所示。

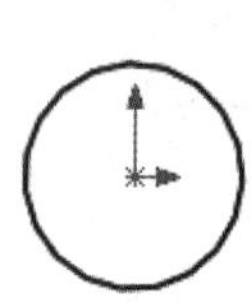

图 3-38　绘制圆

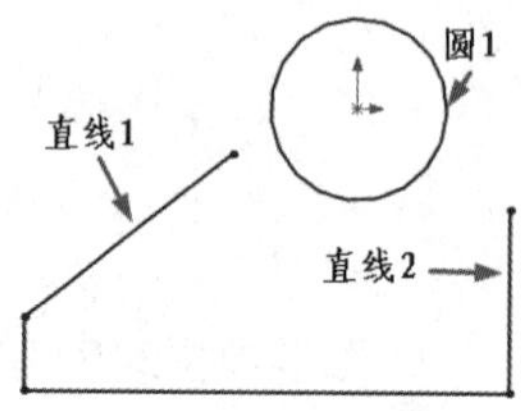

图 3-39　绘制直线

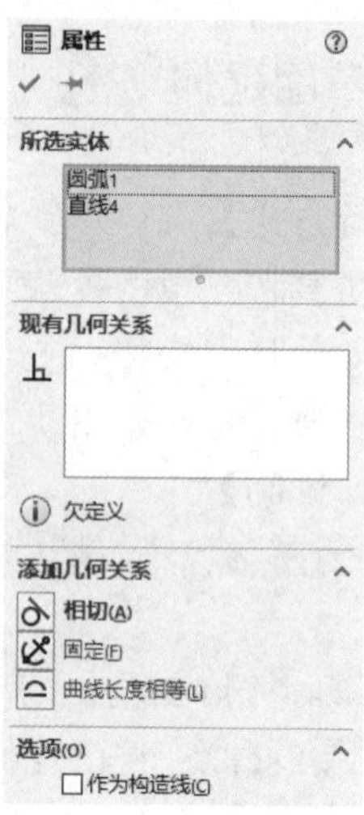

图 3-40　“属性”属性管理器

（7）剪裁实体。单击“草图”控制面板中的“剪裁实体”按钮，修剪多余图形，如图3-43所示。

（8）绘制圆。单击“草图”控制面板中的“圆”按钮，捕捉原点为圆心，绘制圆。最终结果如图3-37所示。

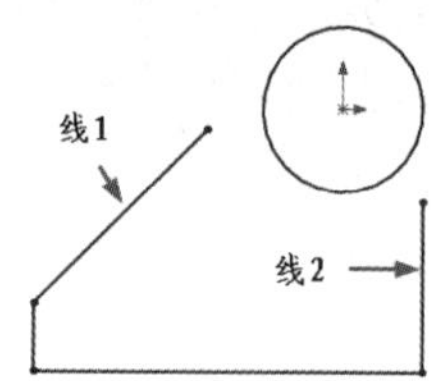

图 3-41　添加几何关系

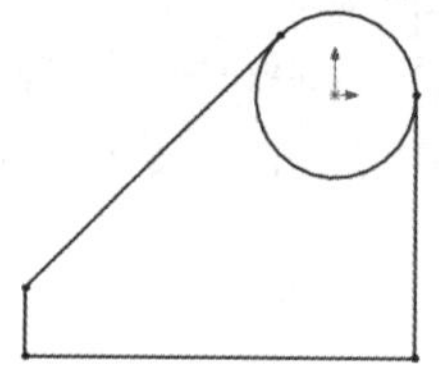

图 3-42　延伸结果

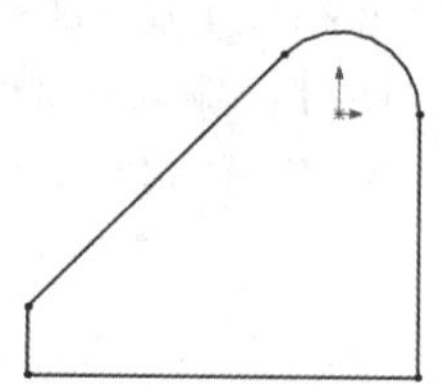

图 3-43　修剪图形

扫一扫，看视频

3.1.11　镜像草图

【执行方式】

- 工具栏：单击“草图”工具栏中的“镜像实体/动态镜像实体”按钮/。
- 菜单栏：选择“工具”→“草图工具”→“镜像/动态镜像”菜单命令。
- 控制面板：单击“草图”控制面板中的“镜像实体”按钮。

【操作说明】

执行“镜像实体”命令，系统弹出“镜像”属性管理器，如图 3-44 所示（注：因软件版本问题，操作界面的“镜向”即为“镜像”，为符合阅读习惯，本书全书用“镜像”）。

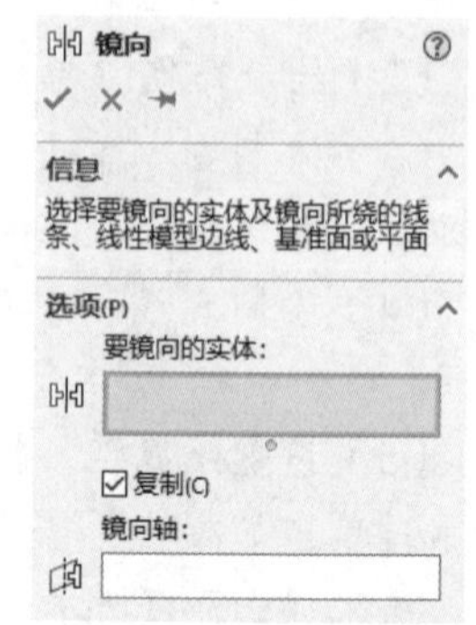

图 3-44　“镜像”属性管理器

在绘制草图时，经常要绘制对称的图形，这时可以使用镜像实体命令来实现。

在 SOLIDWORKS 2022 中，镜像点不再局限于构造线，它可以是任意类型的直线。SOLIDWORKS 2022 提供了两种镜像方式，一种是镜像现有草图实体；另一种是在绘制草图时动态镜像草图实体。

1. 镜像现有草图实体

基本绘制步骤如下。

（1）打开源文件中的“3.1.11.SLDPRT”，执行上述操作，单击属性管理器中的“要镜像的实体”列表框，使其变为粉红色，然后在图形区中框选如图3-45（a）所示的直线左侧图形。

（2）单击属性管理器中的“镜像轴”列表框，其会变色，然后在图形区中选取如图3-45（a）所示的直线。

（3）单击“镜像”属性管理器中的“确定”按钮✔，草图实体镜像完毕。镜像后的图形如图3-45（b）所示。

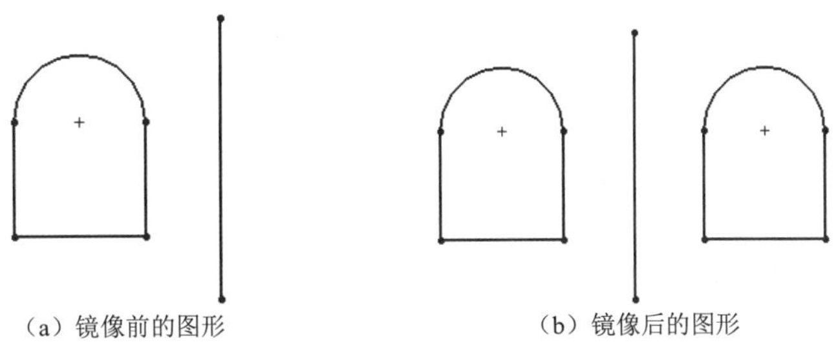

（a）镜像前的图形　　（b）镜像后的图形

图 3-45　镜像草图的过程

2. 动态镜像草图实体

基本绘制步骤如下。

（1）在草图绘制状态下，先在图形区中绘制一条中心线，并选取它。

（2）单击“草图”控制面板中的“动态镜像实体”按钮，此时对称符号出现在中心线的两端。

（3）单击“草图”控制面板中的“直线”按钮，在中心线的一侧绘制草图，此时另一侧会动态地镜像出绘制的草图，如图3-46所示。

（4）草图绘制完毕，再次单击“草图”控制面板中的“直线”按钮，即可结束该命令的使用。

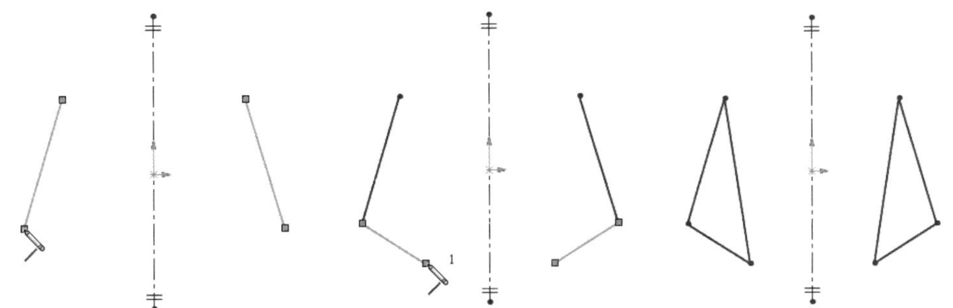

图 3-46　动态镜像草图实体的过程

技巧荟萃：

镜像实体在三维草图中不可使用。

扫一扫，看视频

3.1.12 实例——压盖草图

本例绘制的压盖草图如图 3-47 所示。

操作步骤 视频文件：动画演示\第 3 章\压盖草图.avi

（1）设置草绘平面。在左侧的FeatureManager设计树中选择“前视基准面”作为绘图基准面。单击“视图（前导）”工具栏中的“正视于”按钮，旋转基准面。

（2）绘制草图。单击“草图”控制面板中的“草图绘制”按钮，进入草图绘制状态。

（3）绘制中心线。单击“草图”控制面板中的“中心线”按钮，绘制水平、竖直中心线，如图 3-48 所示。

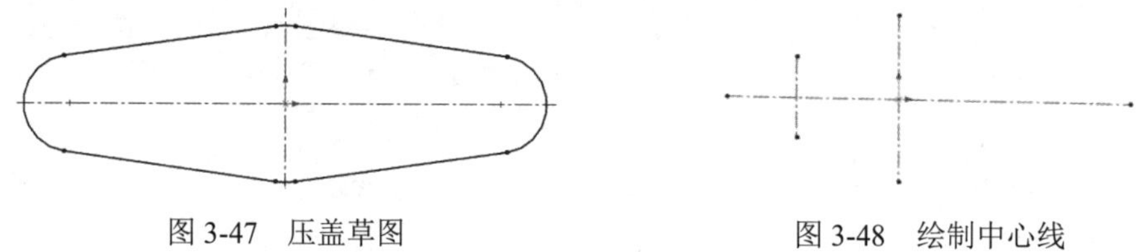

图 3-47 压盖草图　　图 3-48 绘制中心线

（4）绘制圆。单击“草图”控制面板中的“圆”按钮，捕捉圆心，绘制圆。结果如图3-49所示。

（5）绘制直线。单击“草图”控制面板中的“直线”按钮，捕捉两圆绘制切线。按住 Ctrl 键，分别选择圆与直线，弹出“属性”属性管理器，单击“相切”按钮，完成约束添加。结果如图3-50所示。

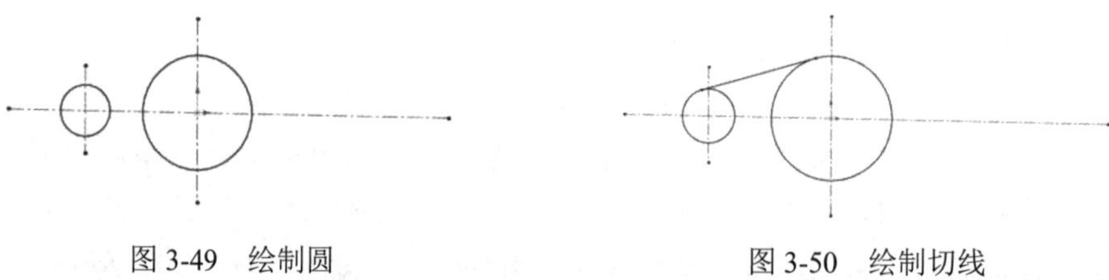

图 3-49 绘制圆　　图 3-50 绘制切线

（6）镜像草图。单击“草图”控制面板中的“镜像实体”按钮，弹出“镜像”属性管理器，如图3-51所示。选择切线，结果如图3-52所示。

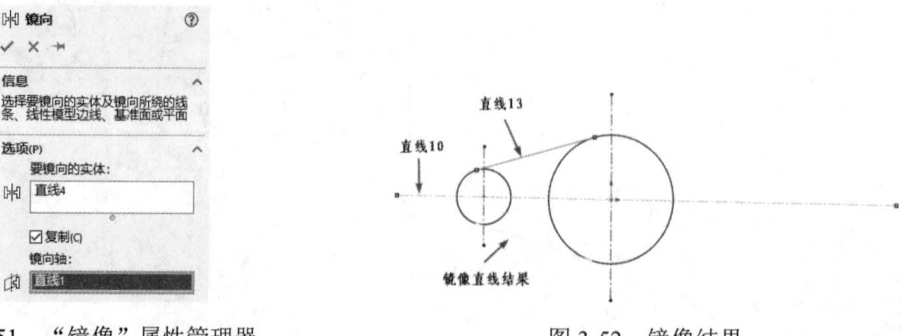

图 3-51 “镜像”属性管理器　　图 3-52 镜像结果

（7）镜像其余草图。使用同样的方法继续执行“镜像”命令，选择图3-53中左侧图形，镜像结果如图3-54所示。

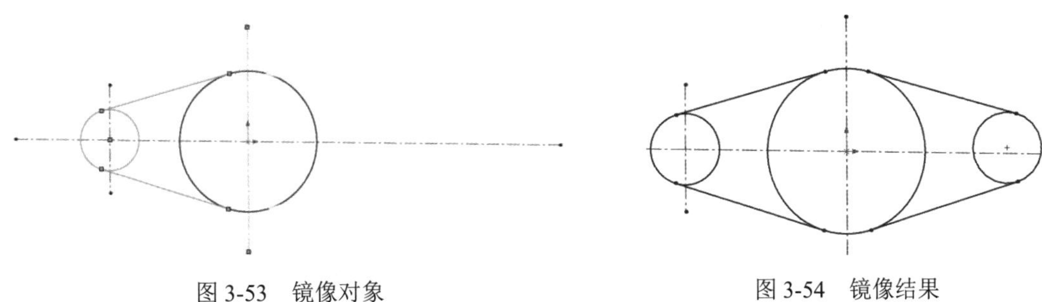

图 3-53　镜像对象　　　　图 3-54　镜像结果

（8）剪裁草图。单击“草图”控制面板中的“剪裁实体”按钮，修剪多余图形。最终结果如图3-47所示。

扫一扫，看视频

练一练——底座草图

试利用上面所学知识绘制如图 3-55 所示的底座草图。

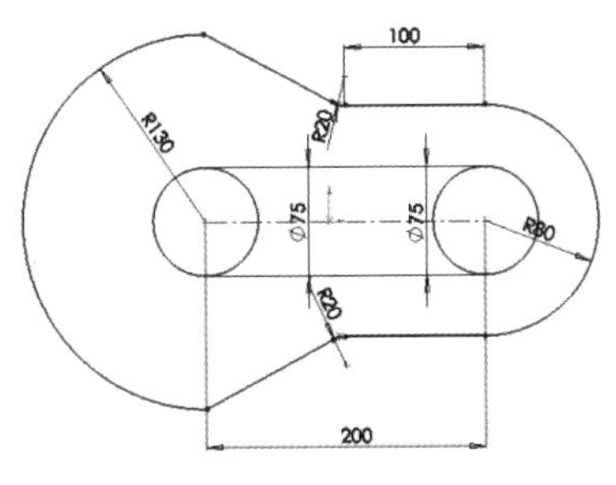

图 3-55　底座草图

思路点拨：

先利用基本草图绘制工具绘制基础图形，然后利用“镜像实体”命令进行镜像处理，再利用“剪裁实体”命令和“圆角”命令进行最后编辑。

扫一扫，看视频

3.1.13　线性草图阵列

【执行方式】

- 工具栏：单击“草图”工具栏中的“线性草图阵列”按钮。
- 菜单栏：选择“工具”→“草图工具”→“线性阵列”菜单命令。
- 控制面板：单击“草图”控制面板中的“线性草图阵列”按钮。

【操作说明】

（1）打开源文件中的“3.1.13.SLDPRT”，执行“线性草图阵列”命令时，系统弹出的“线性阵列”属性管理器如图3-56所示。

（2）单击“要阵列的实体”列表框，然后在图形区中选取如图3-57（a）所示的直径为10.00mm的圆弧，其他设置如图3-56所示。

（3）单击“线性阵列”属性管理器中的“确定”按钮。结果如图3-57（b）所示。

线性草图阵列是将草图实体沿一个或两个轴复制生成多个排列图形。

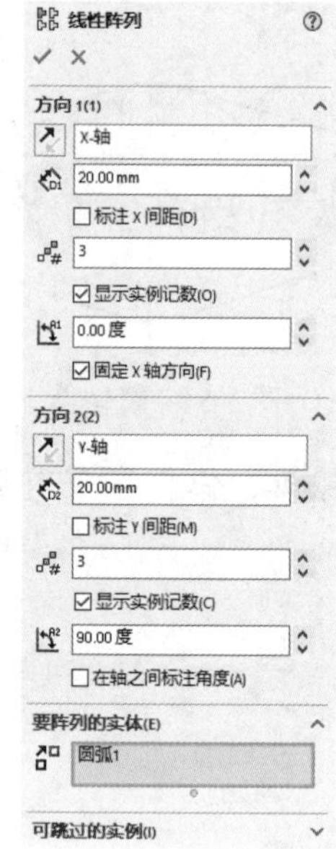

图 3-56 “线性阵列”属性管理器

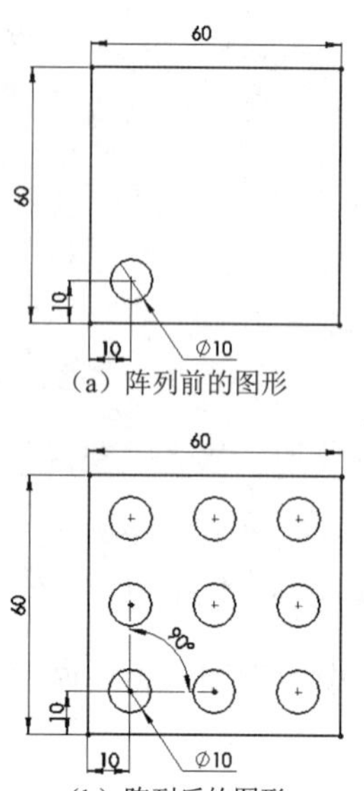

（a）阵列前的图形

（b）阵列后的图形

图 3-57 线性草图阵列的过程

扫一扫，看视频

3.1.14 实例——固定板草图

本例绘制的固定板草图如图 3-58 所示。

操作步骤 视频文件：动画演示\第 3 章\固定板草图.avi

（1）设置草绘平面。在左侧的FeatureManager设计树中选择“前视基准面”作为绘图基准面。单击“视图（前导）”工具栏中的“正视于”按钮，旋转基准面。

（2）绘制草图。单击“草图”控制面板中的“草图绘制”按钮，进入草图绘制状态。

（3）绘制矩形。单击“草图”控制面板中的“中心矩形”按钮，在图形区绘制大小为30×60的矩形。绘制结果如图3-59所示。

（4）绘制圆。单击“草图”控制面板中的“圆”按钮，捕捉原点为圆心，在矩形内部绘制圆，半径为3.00mm。结果如图3-60所示。

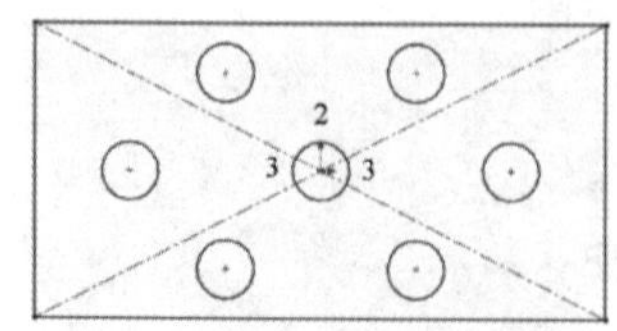

图 3-58 固定板草图

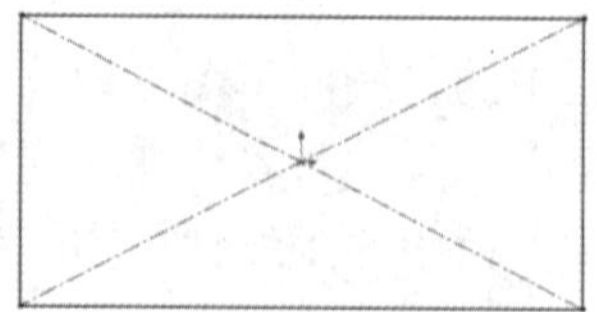

图 3-59 绘制矩形

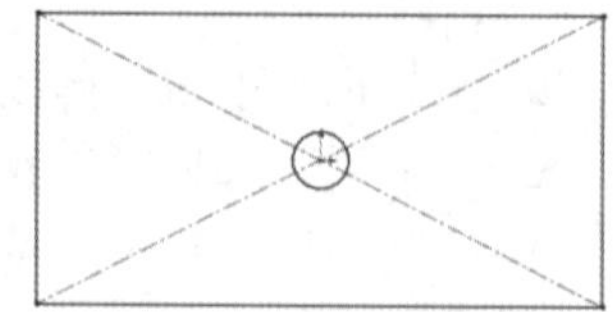

图 3-60 绘制圆

（5）绘制线性阵列1。单击“草图”控制面板中的“线性草图阵列”按钮，弹出“线性阵列”属性管理器。参数设置如图3-61所示。

（6）绘制线性阵列2。单击“草图”控制面板中的“线性草图阵列”按钮，弹出“线性阵列”属性管理器。参数设置如图3-62所示。

（7）绘制线性阵列3。继续执行“线性草图阵列”命令，阵列结果如图3-63所示。

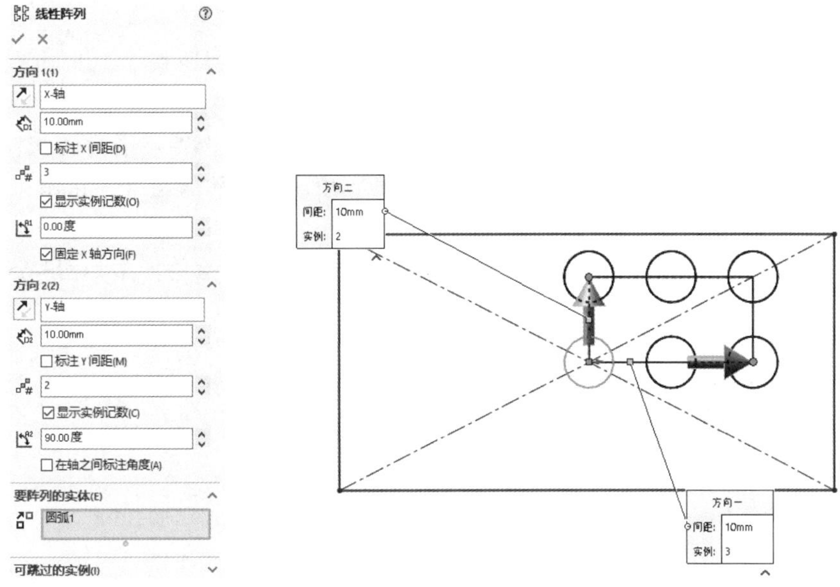

图 3-61　“线性阵列”属性管理器（1）

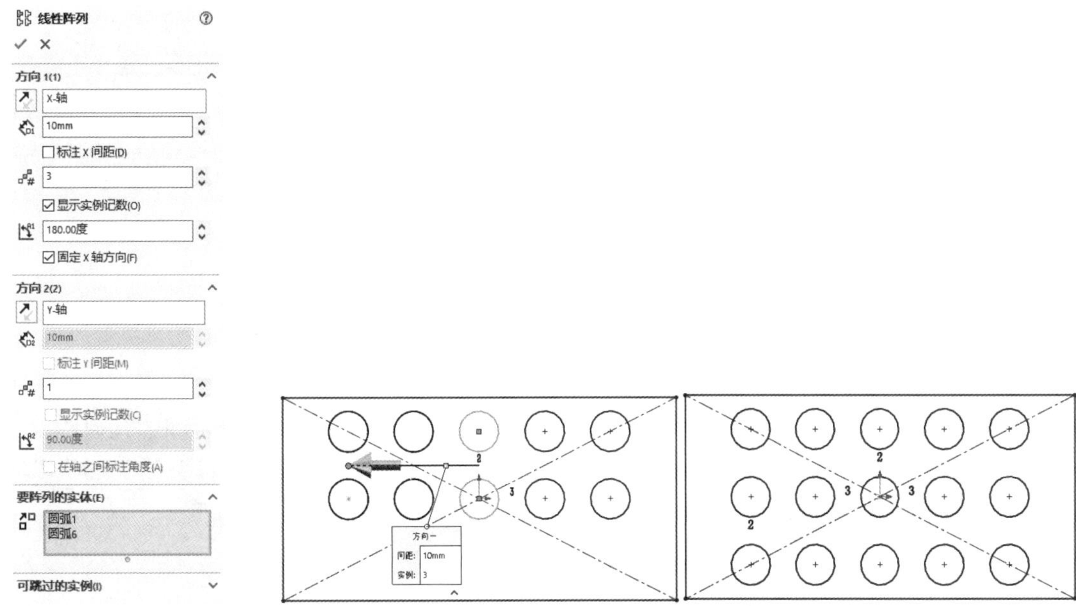

图 3-62　“线性阵列”属性管理器（2）　　　　图 3-63　阵列结果

（8）删除多余圆。按Delete键，删除多余圆。最终结果如图3-58所示。

3.1.15　圆周草图阵列

【执行方式】

- 工具栏：单击“草图”工具栏中的“圆周草图阵列”按钮。
- 菜单栏：选择“工具”→“草图工具”→“圆周阵列”菜单命令。
- 控制面板：单击“草图”控制面板中的“圆周草图阵列”按钮。

【操作说明】

（1）打开源文件中的“3.1.15.SLDPRT”，执行“圆周草图阵列”命令，此时系统弹出“圆周阵列”属性管理器，如图3-64所示。

（2）单击“圆周阵列”属性管理器的“要阵列的实体”列表框，然后在图形区中选取如图3-65（a）所示的圆弧外的3条直线，在“参数”选项组的列表框中选择圆弧的圆心，在（数量）文本框中输入8。

（3）单击“圆周阵列”属性管理器中的“确定”按钮。阵列后的图形如图3-65（b）所示。

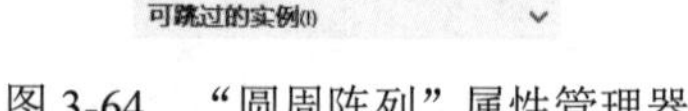

图 3-64　“圆周阵列”属性管理器

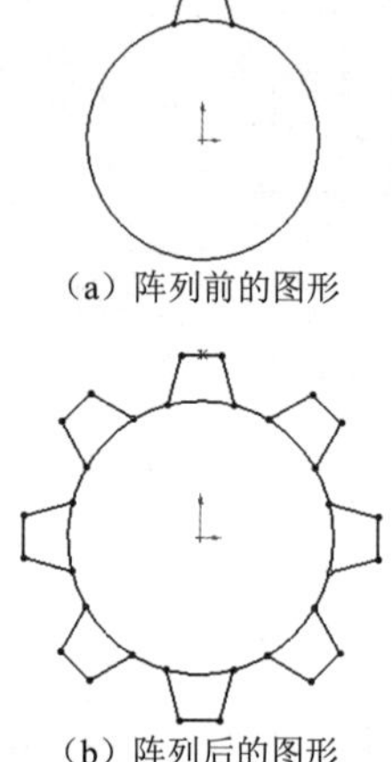

（a）阵列前的图形

（b）阵列后的图形

图 3-65　圆周草图阵列的过程

圆周草图阵列是将草图实体沿一个指定大小的圆弧进行环状阵列。

3.2　添加几何关系

几何关系为草图实体之间或草图实体与基准面、基准轴、边线或顶点之间的几何约束。

使用 SOLIDWORKS 2022 的自动添加几何关系后，在绘制草图时光标会改变形状以显示可以生成哪些几何关系。如图 3-66 所示为不同几何关系对应的光标指针形状。

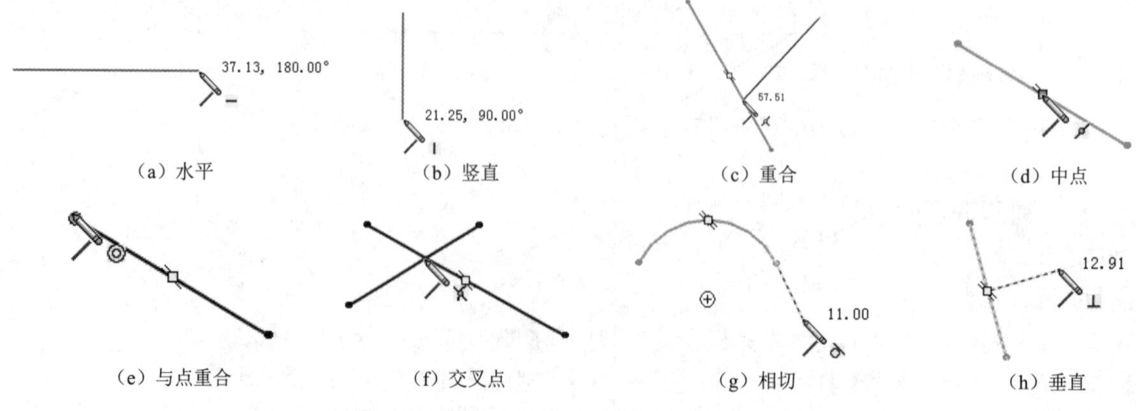

（a）水平　（b）竖直　（c）重合　（d）中点

（e）与点重合　（f）交叉点　（g）相切　（h）垂直

图 3-66　不同几何关系对应的光标指针形状

3.2.1　如何添加几何关系

扫一扫，看视频

【执行方式】

- 工具栏：单击“草图”工具栏中的“添加几何关系”按钮⊥。
- 菜单栏：选择“工具”→“关系”→“添加”菜单命令。
- 控制面板：单击“草图”控制面板中的“添加几何关系”按钮⊥。

【操作说明】

（1）打开源文件中的“3.2.1.SLDPRT”，执行上述操作，系统弹出“添加几何关系”属性管理器，如图3-67所示。在草图中单击图3-68 中要添加几何关系的实体“圆 1”“线2”。

（2）此时所选实体会在“添加几何关系”属性管理器的“所选实体”选项组中显示，如图3-67所示。

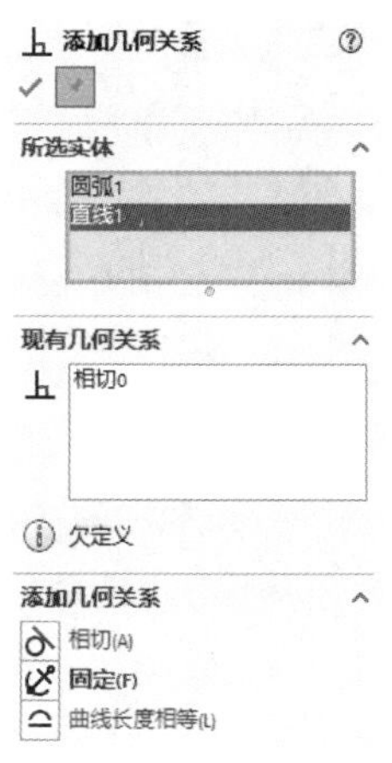

图 3-67　“添加几何关系”属性管理器

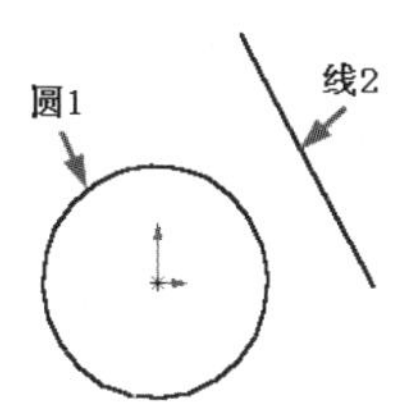

（a）添加相切关系前

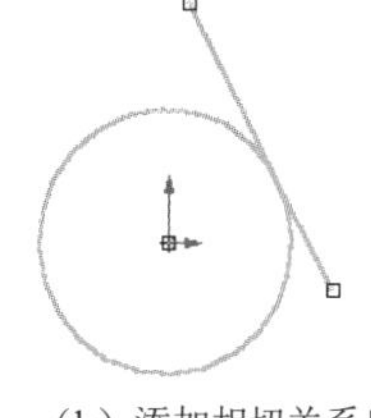

（b）添加相切关系后

图 3-68　添加相切关系前后的两实体

（3）信息栏ⓘ显示所选实体的状态（完全定义或欠定义等）。

（4）如果要移除一个实体，在“所选实体”选项组的列表框中右击要移除项目，在弹出的快捷菜单中单击“删除”命令即可。

（5）在“添加几何关系”选项组中单击要添加的几何关系类型（相切或固定等），这时添加的几何关系类型就会显示在“现有几何关系”列表框中。

（6）如果要删除添加的几何关系，在“现有几何关系”列表框中右击该几何关系，在弹出的快捷菜单中单击“删除”命令即可。

（7）单击“确定”按钮✔，将几何关系添加到草图实体之间，如图3-68（b）所示。

利用“添加几何关系”按钮⊥可以在草图实体之间或草图实体与基准面、基准轴、边线或顶点之间生成几何关系。

3.2.2　实例——连接盘草图

扫一扫，看视频

本例绘制的连接盘草图如图 3-69 所示。

操作步骤　视频文件：动画演示\第 3 章\连接盘草图.avi

（1）设置草绘平面。在左侧的FeatureManager设计树中选择“前视基准面”作为绘图基准面。单击“视图（前导）”工具栏中的“正视于”按钮，旋转基准面。

（2）绘制草图。单击“草图”控制面板中的“草图绘制”按钮，进入草图绘制状态。

（3）绘制中心线。单击“草图”控制面板中的“中心线”按钮，绘制相交中心线，如图3-70所示。

（4）绘制圆。单击“草图”控制面板中的“圆”按钮，弹出“圆”属性管理器，如图3-71所示。绘制3个适当大小同心圆。结果如图3-72所示。

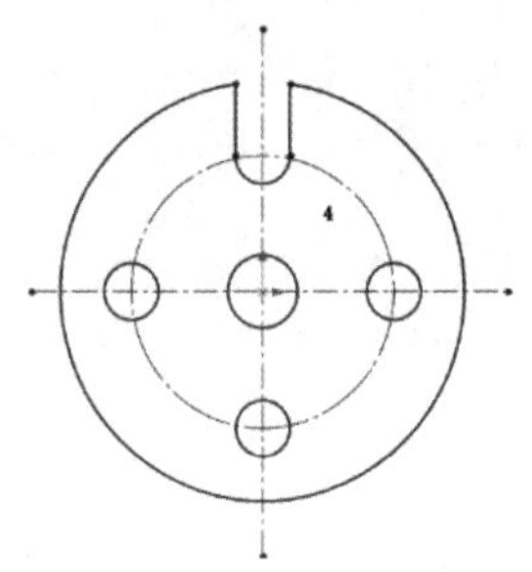

图 3-69　连接盘草图

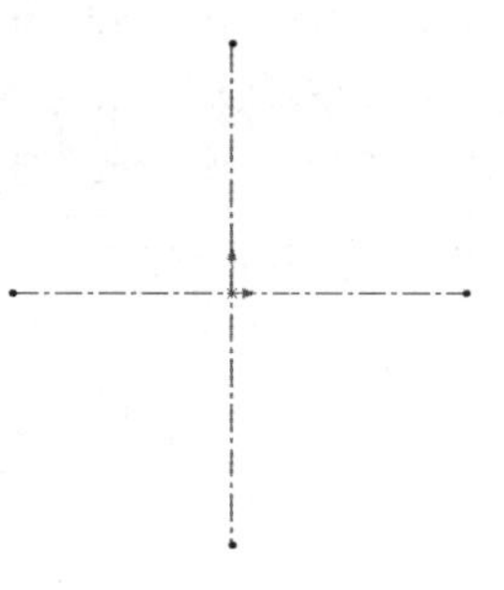

图 3-70　绘制中心线

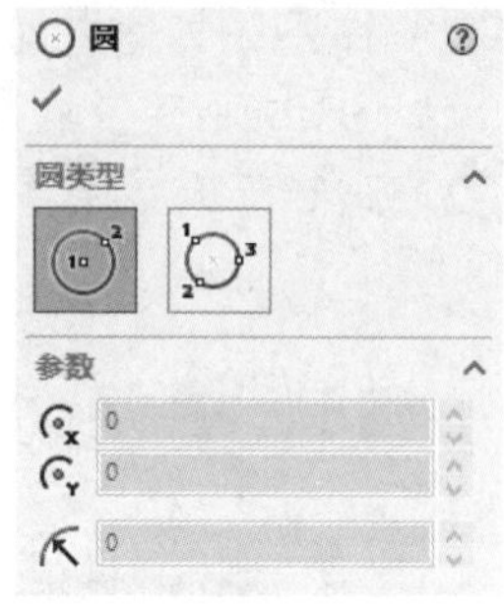

图 3-71　“圆”属性管理器

（5）设置“圆”属性。选择中间圆，弹出“圆”属性管理器，选中“作为构造线”复选框，如图3-73所示。将草图实线转化为构造线，结果如图3-74所示。

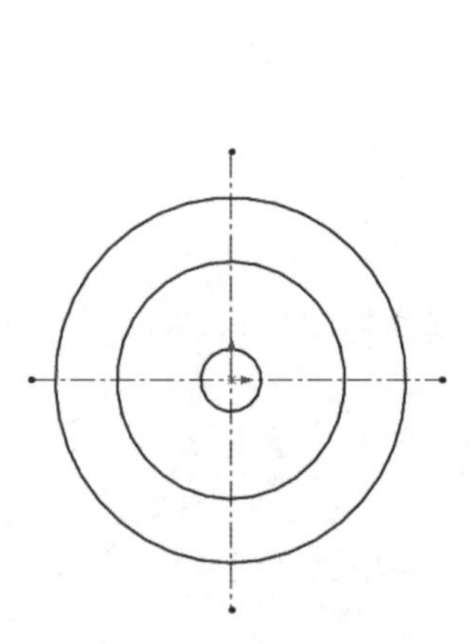

图 3-72　绘制同心圆

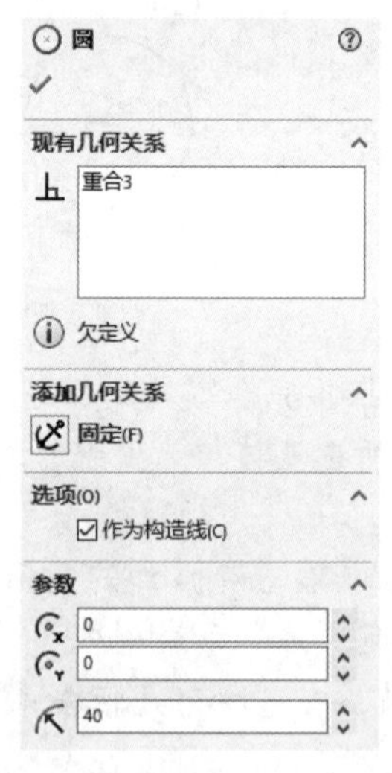

图 3-73　“圆”属性管理器

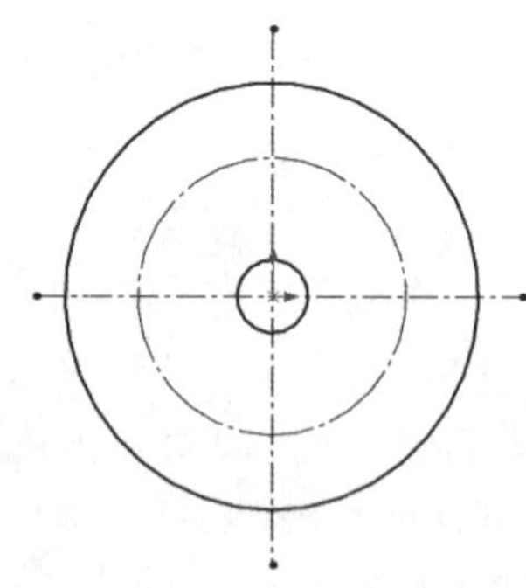

图 3-74　转换为构造线

（6）绘制圆。单击“草图”控制面板中的“圆”按钮，捕捉中心线与构造圆的上交点为圆心，绘制圆。结果如图3-75所示。

（7）绘制圆周阵列。单击“草图”控制面板中的“圆周草图阵列”按钮，弹出“圆周阵列”属性管理器，设置参数，如图3-76所示。选择圆心为中心点，输入阵列个数为4。结果如图3-77所示。

（8）绘制矩形。单击“草图”控制面板中的“边角矩形”按钮，绘制矩形。结果如图3-78所示。

（9）添加“对称”几何关系。单击“草图”控制面板中的“添加几何关系”按钮，弹出“添加几何关系”属性管理器，选择矩形两竖直侧边及竖直中心线，单击“对称”按钮，再单击“确定”按钮✔，如图3-79所示。

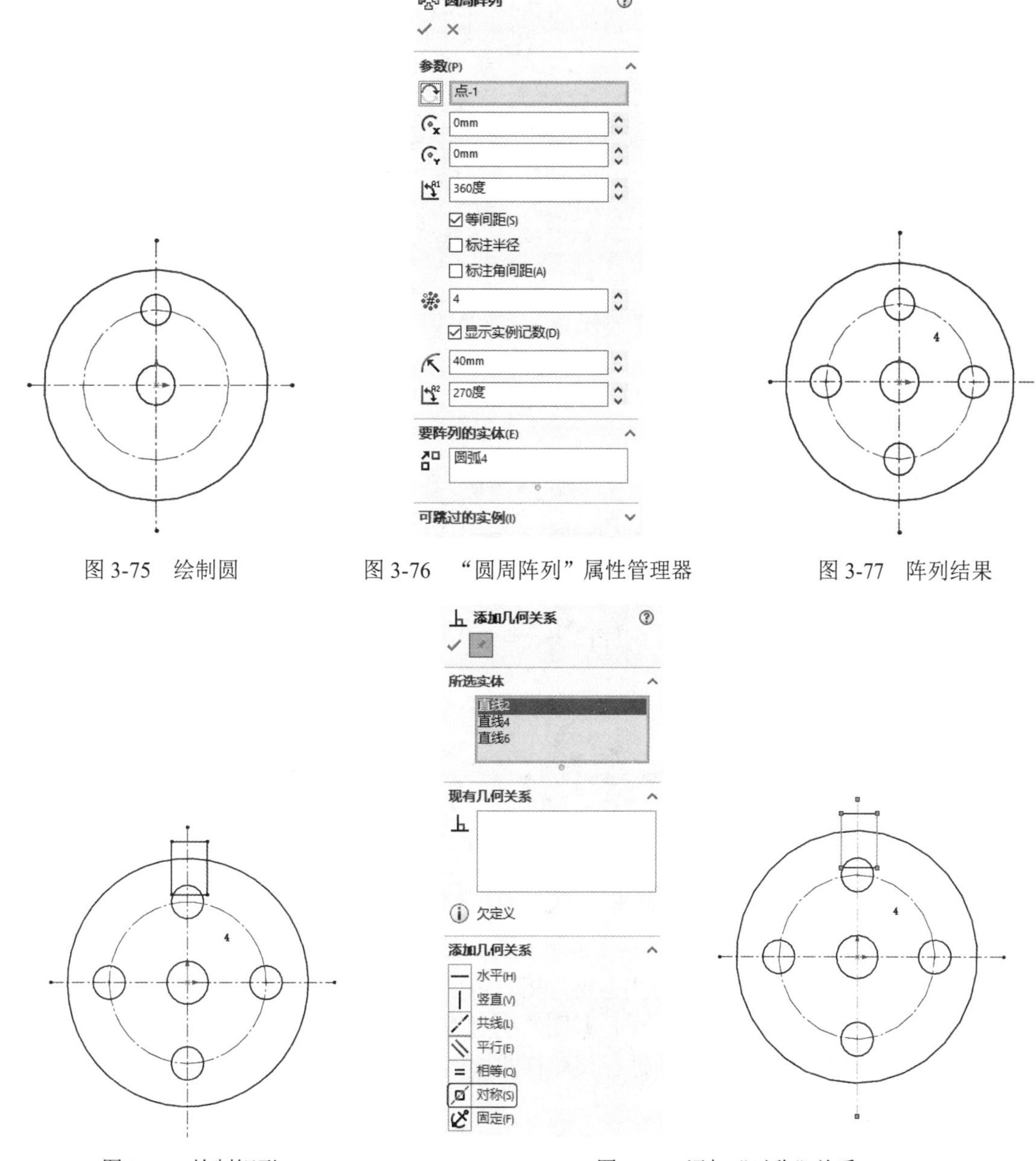

图 3-75　绘制圆　　图 3-76　“圆周阵列”属性管理器　　图 3-77　阵列结果

图 3-78　绘制矩形　　图 3-79　添加“对称”关系

（10）添加“相切”几何关系。单击“草图”控制面板中的“添加几何关系”按钮⊥，弹出“添加几何关系”属性管理器，选择矩形竖直侧边及圆，单击“相切”按钮，再单击“确定”按钮✔，如图3-80所示。结果如图3-81所示。

（11）剪裁草图。单击“草图”控制面板中的“剪裁实体”按钮，修剪多余图形。最终结果如图3-69所示。

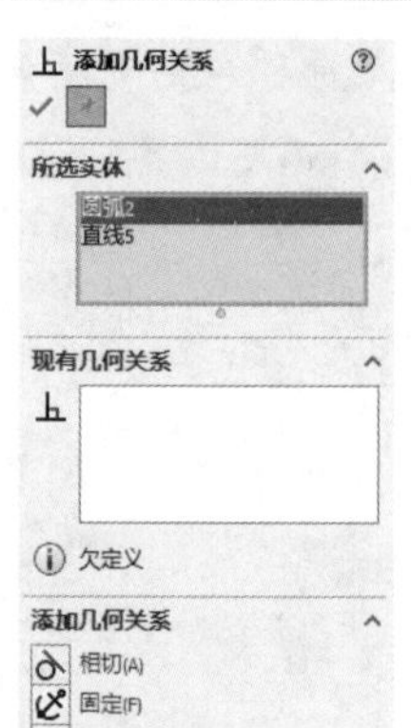

图 3-80　添加“相切”关系

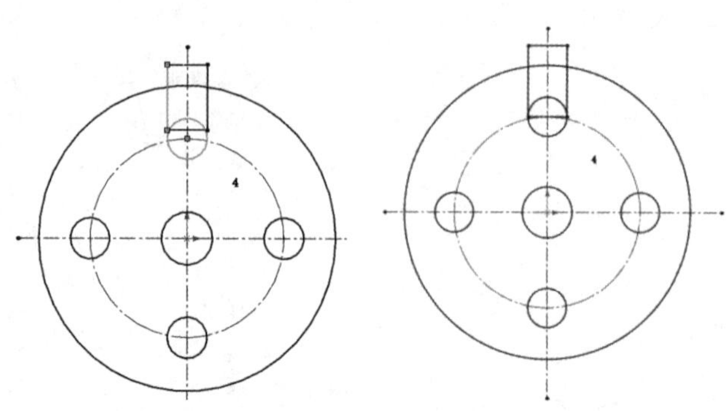

图 3-81　绘制结果

扫一扫，看视频

练一练——盘盖草图

试利用上面所学知识绘制如图 3-82 所示的盘盖草图。

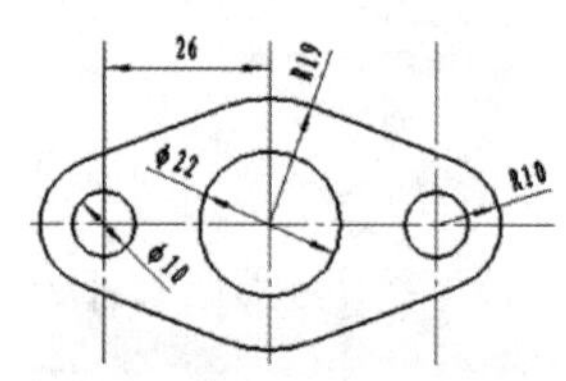

图 3-82　盘盖草图

思路点拨：

先利用基本草图绘制工具绘制基础图形，然后利用“添加几何关系”命令进行几何关系确定，再利用“镜像实体”命令进行镜像处理。

3.3　尺寸标注

SOLIDWORKS 2022 是尺寸驱动式系统，用户可以指定尺寸及各实体间的几何关系，更改尺寸将改变零件的尺寸与形状。尺寸标注是草图绘制过程中的重要组成部分。SOLIDWORKS 2022 虽然可以捕捉用户的设计意图，自动进行尺寸标注，但由于各种原因有时自动标注的尺寸不理想，此时用户必须自己进行尺寸标注。

在 SOLIDWORKS 2022 中可以使用多种度量单位，包括埃（A）、纳米（nm）、微米（μm）、毫米（mm）、厘米（cm）、米（m）、英寸（in）、英尺（foot）。设置单位的方法在第 1 章中已讲述，这里不再赘述。

扫一扫，看视频

3.3.1　智能尺寸

【执行方式】

➘ 菜单栏：选择菜单栏中的“工具”→“尺寸”→“智能尺寸”命令。

- 工具栏：单击“草图”工具栏上的“智能尺寸”图标按钮。
- 快捷菜单：在草图绘制方式下右击，在弹出的系统快捷菜单中，选择“智能尺寸”命令，如图 3-83 所示。
- 控制面板：单击“草图”面板中的“智能尺寸”按钮。

【操作说明】

（1）打开源文件中的“3.3.1.SLDPRT”，执行“智能尺寸”命令，此时光标变为形状。

（2）将光标放到要标注的直线上，这时光标变为形状，要标注的直线以黄色高亮度显示。单击该标注直线，则标注尺寸线出现并随着光标移动，如图3-84（a）所示。将尺寸线移动到适当的位置后单击，则尺寸线被固定下来。

（3）如果在“系统选项”对话框的“系统选项”选项卡中选中了“输入尺寸值”复选框，则当尺寸线被固定下来时会弹出“修改”对话框，如图3-84（b）所示。在“修改”对话框中输入直线的长度，单击“确定”按钮，完成标注。

如果没有选中“输入尺寸值”复选框，则需要双击尺寸值，打开“修改”对话框对尺寸进行修改。

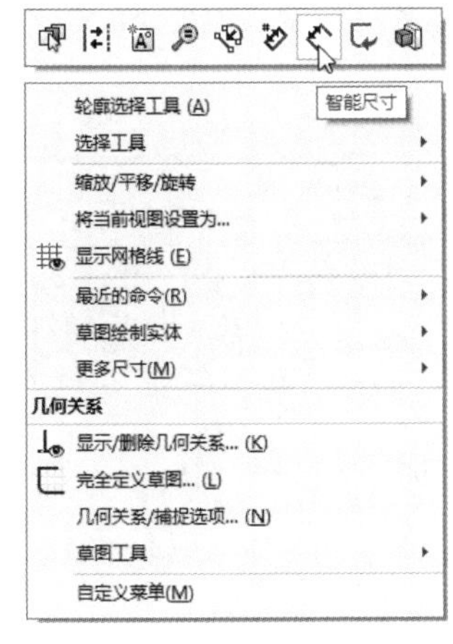

图 3-83　快捷菜单

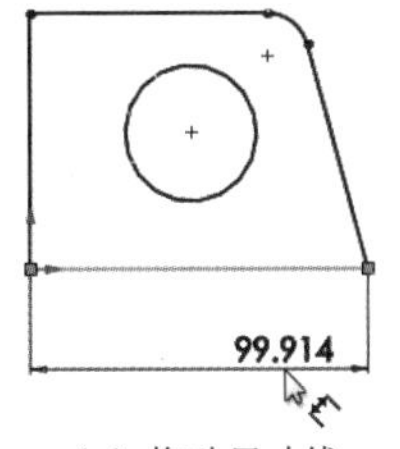

（a）拖动尺寸线

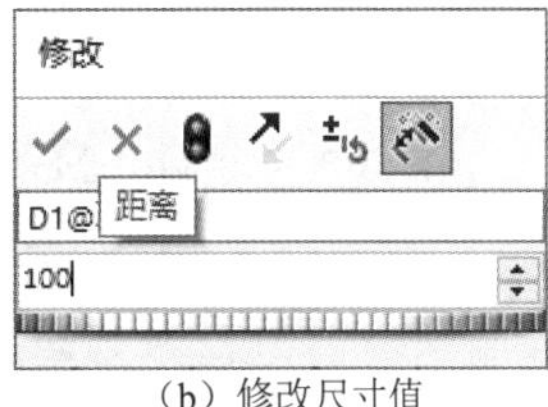

（b）修改尺寸值

图 3-84　直线标注

为一个或多个所选实体生成尺寸，如图 3-85～图 3-87 所示。

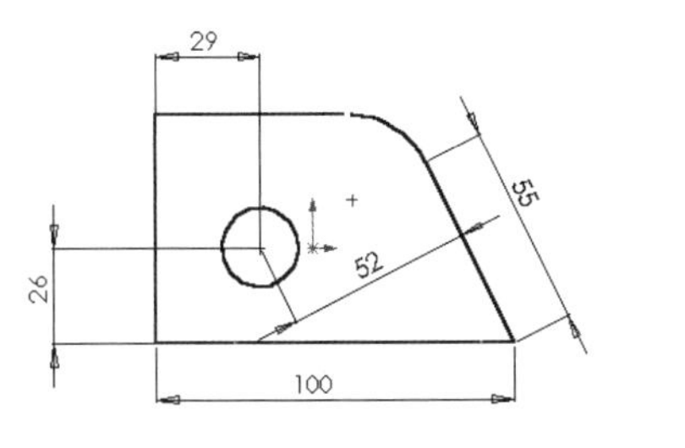

图 3-85　线性尺寸

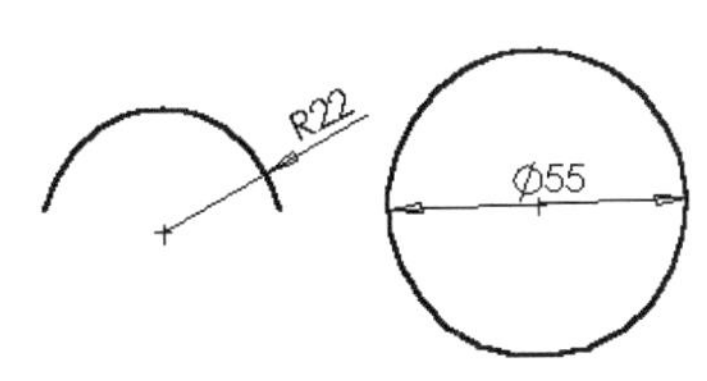

图 3-86　直径和半径尺寸

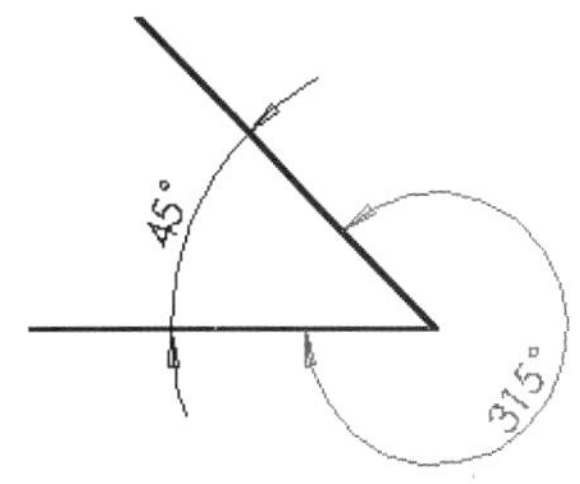

图 3-87　不同的夹角角度

3.3.2　实例——轴旋转草图

本例绘制的轴旋转草图如图 3-88 所示。

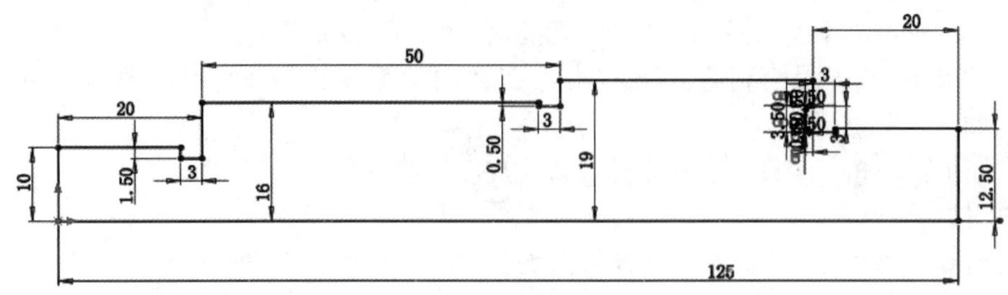

图 3-88　轴旋转草图

操作步骤　视频文件：动画演示\第 3 章\轴旋转草图.avi

（1）设置草绘平面。在左侧的FeatureManager设计树中选择“前视基准面”作为绘图基准面。单击“视图（前导）”工具栏中的“正视于”按钮，旋转基准面。

（2）绘制草图。单击“草图”控制面板中的“草图绘制”按钮，进入草图绘制状态。

（3）绘制中心线。单击“草图”控制面板中的“中心线”按钮，绘制水平中心线，如图3-89所示。

（4）绘制直线。单击“草图”控制面板中的“直线”按钮，绘制闭合图形，如图3-90所示。

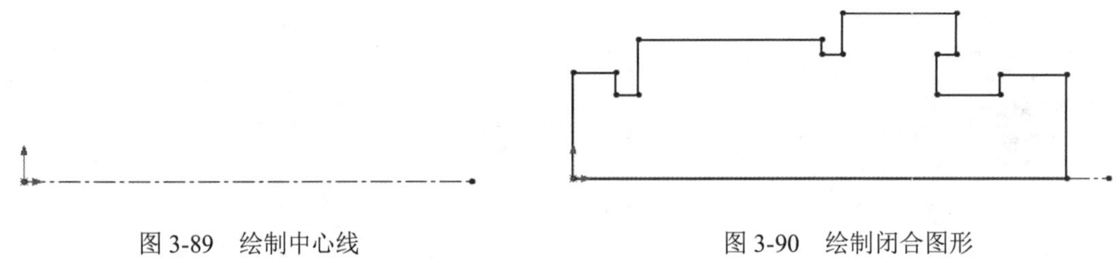

图 3-89　绘制中心线　　　　图 3-90　绘制闭合图形

（5）标注尺寸。单击“草图”控制面板中的“智能尺寸”按钮，此时鼠标指针变为形状，标注图3-90绘制的闭合图形。结果如图3-91所示。

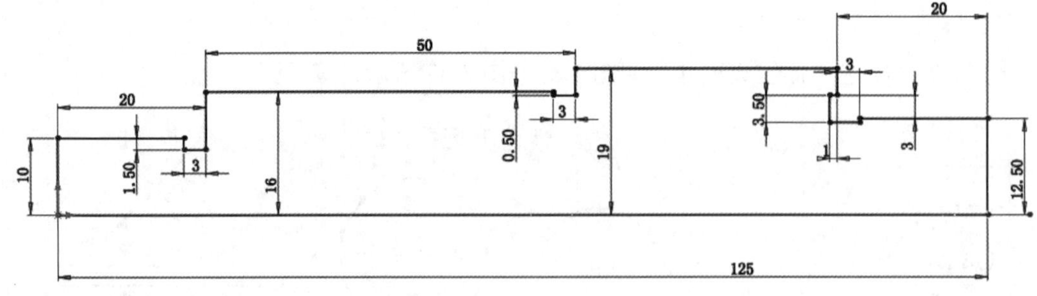

图 3-91　标注尺寸

（6）倒角操作。单击“草图”控制面板中的“绘制倒角”按钮，弹出“绘制倒角”属性管理器，如图3-92所示。在图形适当位置进行倒角操作，结果如图3-93所示。最终结果如图3-88所示。

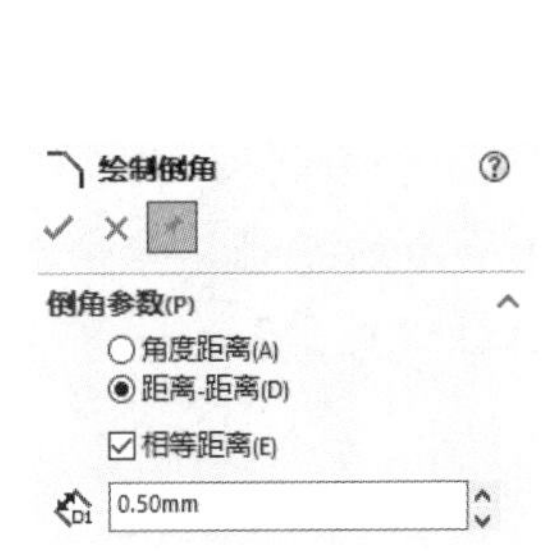

图 3-92　“绘制倒角”属性管理器

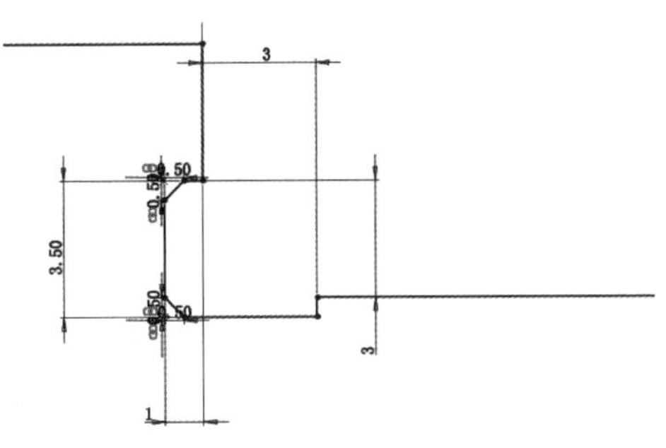

图 3-93　设置倒角

扫一扫，看视频

练一练——底座草图标注

试利用上面所学知识标注如图 3-94 所示的底座草图。

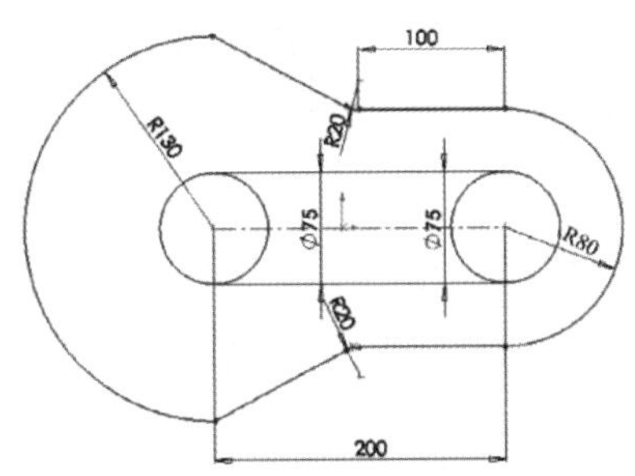

图 3-94　底座草图标注

思路点拨：

利用“智能尺寸”命令进行相应尺寸标注。

扫一扫，看视频

3.4　综合实例——拨叉草图

本实例通过拨叉草图的绘制掌握草图绘制的各种绘制和编辑功能。本实例重点要求读者掌握各种编辑工具的灵活应用，难点是约束工具的恰当使用。

本例绘制的拨叉草图如图 3-95 所示。首先绘制构造线构建大概轮廓，绘制的过程中要用到约束工具，然后对其进行修剪和倒圆角操作，最后标注图形尺寸，完成草图的绘制。

操作步骤　视频文件：动画演示\第 3 章\拨叉草图.avi

1. 新建文件

单击“快速访问”工具栏中的“新建”按钮，在弹出如图 1-3 所示的“新建 SOLIDWORKS 文件”对话框中选择“零件”按钮，然后单击“确定”按钮，创建一个新的零件文件。

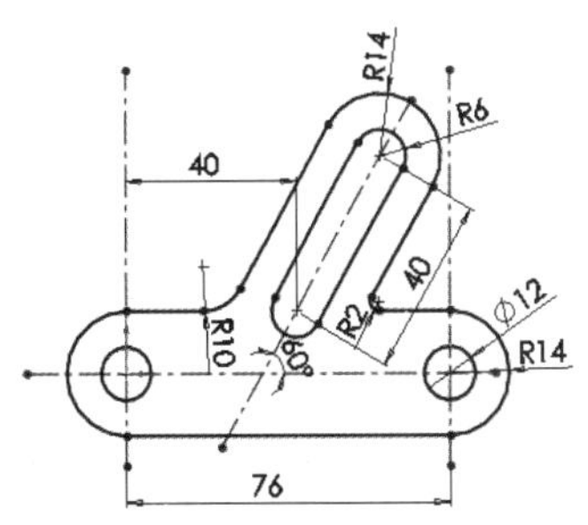

图 3-95　拨叉草图

2. 创建草图

（1）在左侧的FeatureManager设计树中选择“前视基准面”

作为绘图基准面。单击“草图”控制 面板中的“草图绘制”按钮，进入草图绘制状态。

（2）单击“草图”控制面板中的“中心线”按钮，弹出“插入线条”属性管理器，如图3-96所示。单击“确定”按钮。绘制的中心线如图3-97所示。

（3）单击“草图”控制面板中的“圆”按钮，弹出如图3-98所示的“圆”属性管理器。分别捕捉两垂直直线和水平直线的交点为圆心（此时鼠标变成），单击“确定”按钮，绘制圆，如图3-99所示。

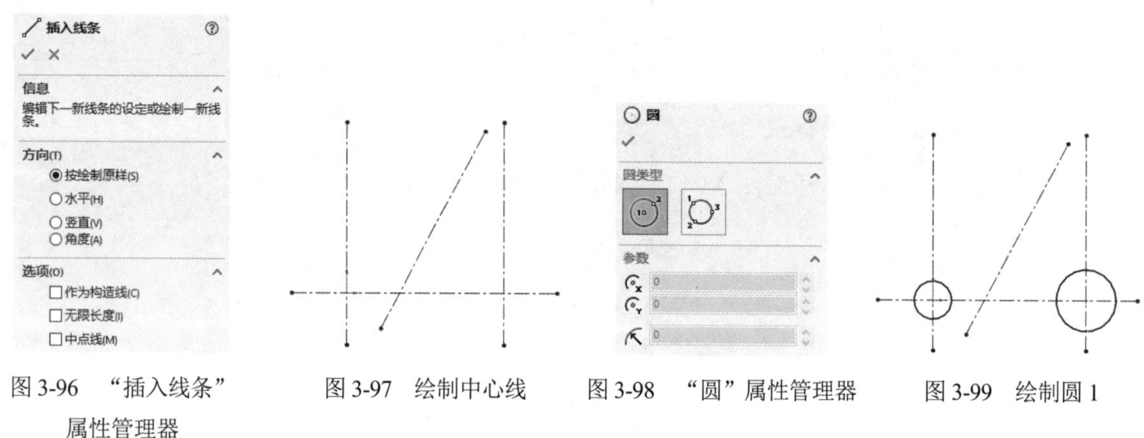

图 3-96 “插入线条”属性管理器　图 3-97 绘制中心线　图 3-98 “圆”属性管理器　图 3-99 绘制圆 1

（4）单击“草图”控制面板中“圆心/起/终点画弧”按钮，弹出如图3-100所示“圆弧”属性管理器，以在步骤（3）中绘制圆的圆心为圆心绘制两圆弧，单击“确定”按钮，如图3-101所示。

（5）单击“草图”控制面板中的“圆”按钮，弹出“圆”属性管理器。分别在斜中心线上绘制3个圆，单击“确定”按钮，如图3-102所示。

（6）单击“草图”控制面板中的“直线”按钮，弹出“插入线条”属性管理器，绘制直线，如图3-103所示。

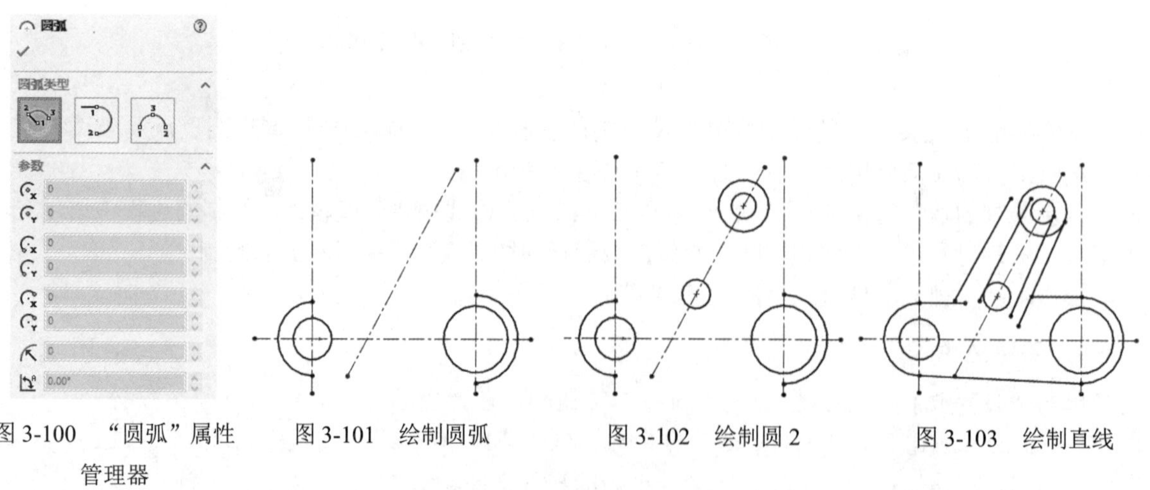

图 3-100 “圆弧”属性管理器　图 3-101 绘制圆弧　图 3-102 绘制圆 2　图 3-103 绘制直线

3. 添加约束

（1）单击“草图”控制面板中的“添加几何关系”按钮，弹出“添加几何关系”属性管理器，如图3-104所示。选择“创建草图”的步骤（3）中绘制的两个圆，在属性管理器中选择“相等”按钮，使两圆相等，如图3-105所示。

（2）同步骤（1），分别使两圆弧和两小圆相等。结果如图3-106所示。

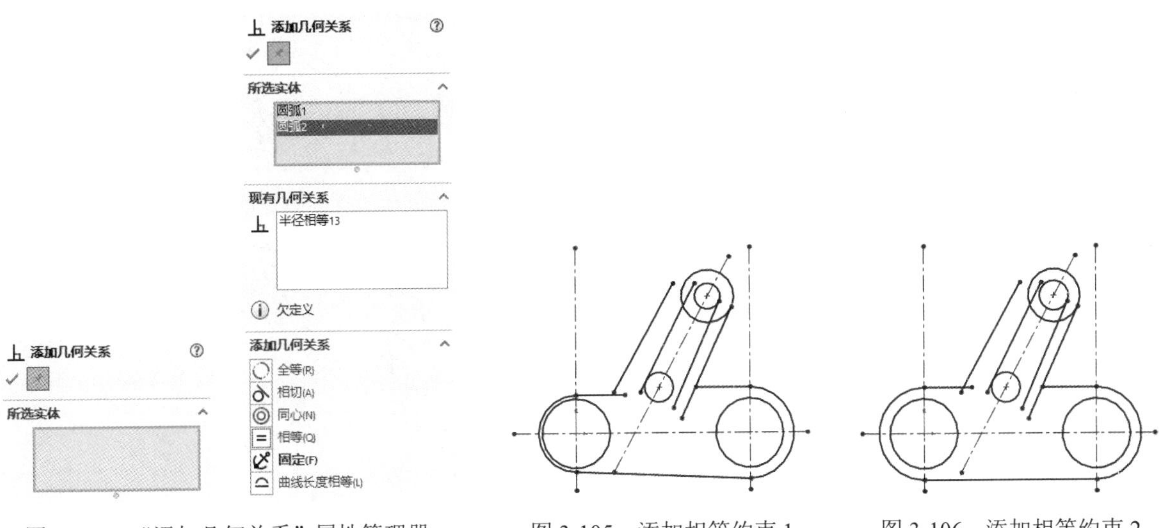

图 3-104　“添加几何关系”属性管理器　　图 3-105　添加相等约束 1　　图 3-106　添加相等约束 2

（3）选择小圆和直线，在属性管理器中选择“相切”按钮，使小圆和直线相切，如图3-107所示。

（4）重复步骤（3），使直线和圆相切。

（5）选择4条斜直线，在属性管理器中选择“平行”按钮。结果如图3-108所示。

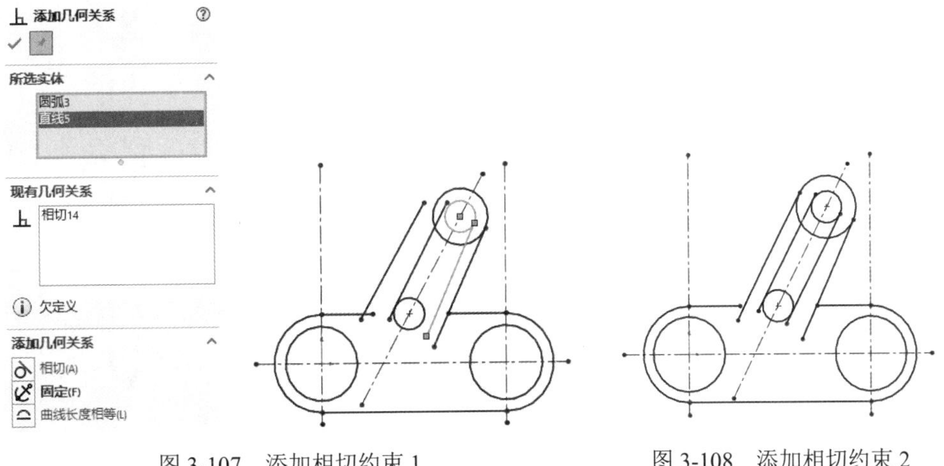

图 3-107　添加相切约束 1　　图 3-108　添加相切约束 2

4．编辑草图

（1）单击“草图”控制面板中的“绘制圆角”按钮，弹出如图3-109所示的“绘制圆角”属性管理器。输入圆角半径为10.00mm，选择视图中左边的两条直线，单击“确定”按钮。结果如图3-110所示。

（2）重复“绘制圆角”命令，在右侧创建半径为2的圆角。结果如图3-111所示。

（3）单击“草图”控制面板中的“剪裁实体”按钮，弹出如图3-112所示的“剪裁”属性管理器。选择“剪裁到最近端”选项，剪裁多余的线段，单击“确定”按钮。结果如图3-113所示。

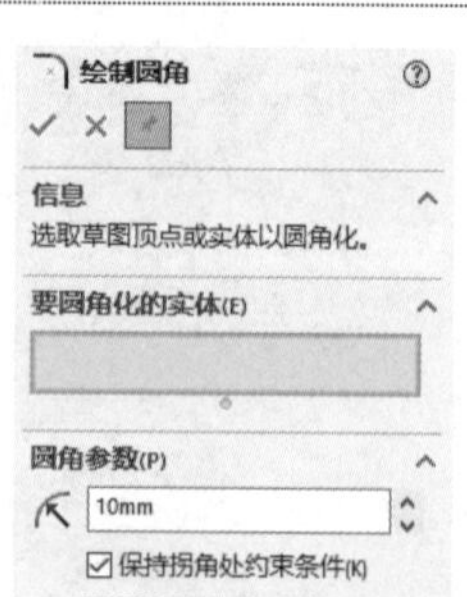

图 3-109 “绘制圆角”属性管理器

图 3-110 绘制圆角 1

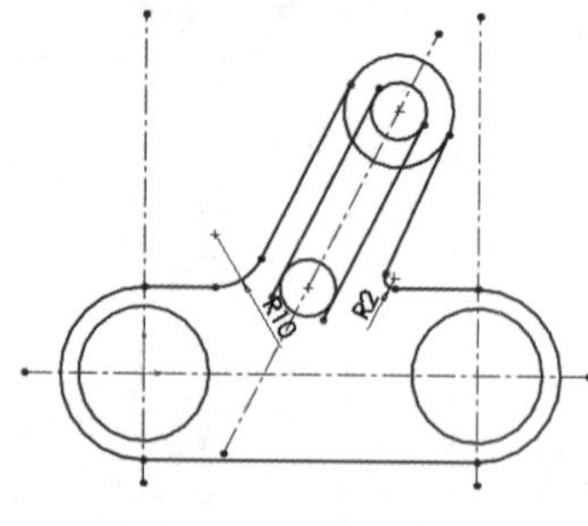

图 3-111 绘制圆角 2

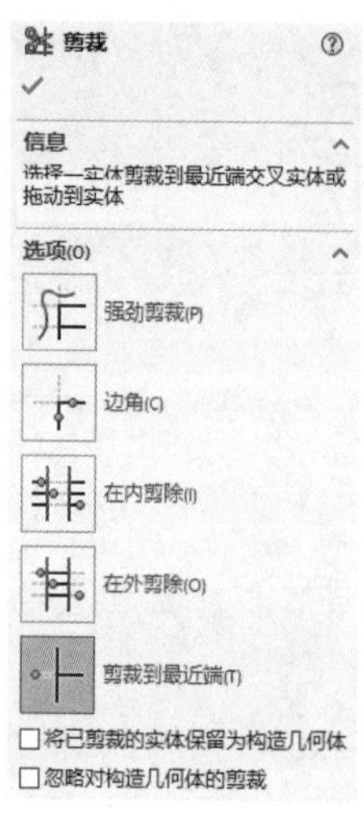

图 3-112 “剪裁”属性管理器

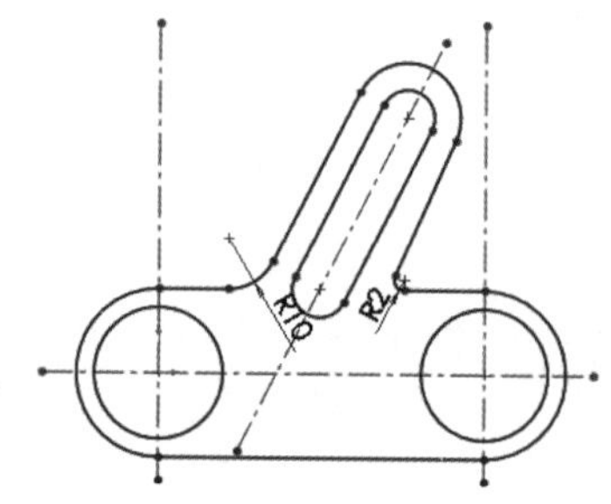

图 3-113 裁剪图形

5. 标注尺寸

单击“草图”控制面板中的“智能尺寸”按钮，选择两竖直中心线，在弹出的“修改”对话框中修改尺寸为 76。同理标注其他尺寸。最终结果如图 3-95 所示。

案例总结：

本例通过一个典型的零件——拨叉草图的绘制过程引导读者将本章所学的草图绘制相关知识进行了综合应用，包括基本绘制工具、基本编辑工具、草图约束工具、尺寸标注工具的灵活应用，为后面的三维造型的绘制进行了充分的基础知识准备。

扫一扫，看视频

练一练——连接片截面草图

试利用上面所学知识绘制如图 3-114 所示的连接片截面草图。

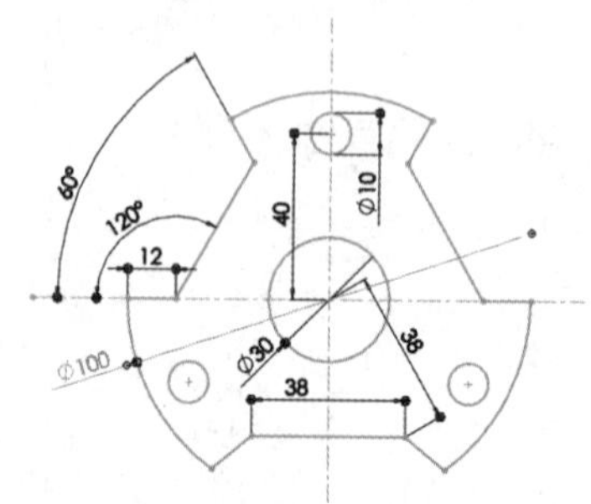

图 3-114 连接片截面草图

思路点拨：

由于图形关于竖直坐标轴对称，所以先绘制除圆以外的关于轴对称部分的实体图形，利用镜像方式进行复制，调用草图圆绘制命令，再将均匀分布的小圆进行环形阵列，尺寸的约束在绘制过程中完成。

第 4 章　基础特征建模

内容简介

基础特征建模是三维实体最基本的绘制方式，可以构成三维实体的基本造型。基础特征建模相当于二维草图中的基本图元，是最基本的三维实体绘制方式。基础特征建模主要包括参考几何体、拉伸 特征、拉伸切除特征、旋转特征、旋转切除特征、扫描特征与放样特征等。

内容要点

- 参考几何体
- 特征建模基础
- 旋转特征
- 扫描特征

案例效果

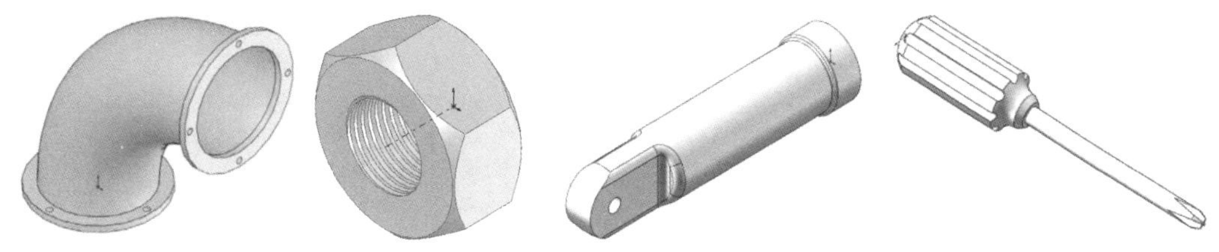

4.1　参考几何体

参考几何体指参考指令，在模型绘制过程中选择基准时，一般选择实体基准面、点、坐标系等，但有时无法直接使用上述基准参考，利用参考几何体中的命令，创建所需基准参考。本节详细讲解参考几何体的设置。

参考几何体主要包括基准面、基准轴、坐标系、点与配合参考等。“参考几何体”操控板如图 4-1 所示。

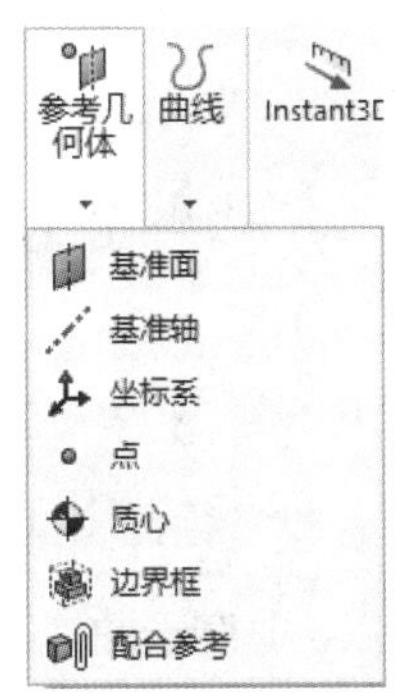

图 4-1　“参考几何体”选项卡

扫一扫，看视频

4.1.1　基准面

基准面主要应用于零件图和装配图中，可以利用基准面来绘制草图，生成模型的剖面视图，用于拔模特征中的中性面等。

【执行方式】

- 工具栏：单击“特征”工具栏“参考几何体”下拉列表中的“基准面”按钮。
- 菜单栏：选择“插入”→“参考几何体”→“基准面”菜单命令。
- 控制面板：单击“特征”控制面板“参考几何体”下拉列表中的“基准面”按钮。执行上面命令后，打开“基准面”属性管理器，如图 4-3 所示。

【操作说明】

SOLIDWORKS 2022 提供了前视基准面、上视基准面和右视基准面 3 个默认的相互垂直的基准面。通常情况下，用户在这 3 个基准面上绘制草图，然后使用特征命令创建实体模型即可绘制需要的图形。但是，对于一些特殊的特征，如扫描特征和放样特征，需要在不同的基准面上绘制草图，才能完成模型的构建，这就需要创建新的基准面。

创建基准面有 6 种方式，分别是通过直线/点方式、点和平行面方式、夹角方式、等距距离方式、垂直于曲线方式与曲面切平面方式。下面详细介绍这几种创建基准面的方式。

1．通过直线/点方式

用该方式创建的基准面有通过边线、轴，通过草图线及点，通过 3 点等 3 种。方法如下。

（1）打开资源包：源文件/4/4.1.1.1.SLDPRT，如图4-2所示，单击“特征”控制面板“参考几何体”下拉列表中的“基准面”按钮，打开“基准面”属性管理器，如图4-3（a）所示。

（2）在“基准面”属性管理器“第一参考”选项组中，选择图4-2所示边线1。在“第二参考”选项组中，选择图4-2所示边线2的中点。“基准面”属性管理器设置如图4-3（b）所示。

（3）单击“基准面”属性管理器中的“确定”按钮✓，创建的基准面1如图4-4所示。

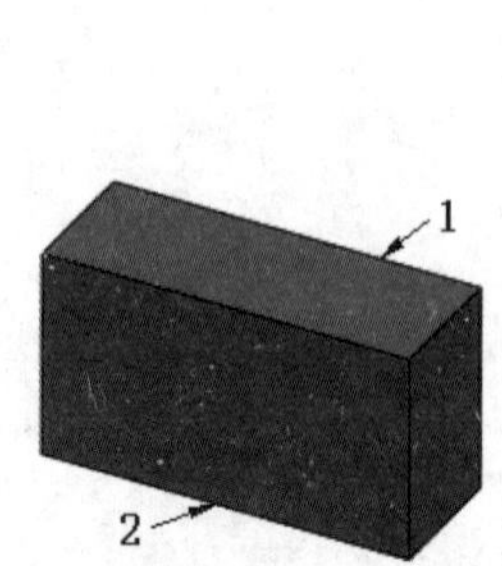

图 4-2　实体模型

（a）

（b）

图 4-3　“基准面”属性管理器

图 4-4　创建的基准面 1

点和平行面方式、夹角方式、等距距离方式与上面所述的通过直线/点方式类似，不再赘述。

2．垂直于曲线方式

该方式用于创建通过一个点且垂直于一条边线或者曲线的基准面，方法如下。

（1）打开资源包：源文件/4/4.1.1.2.SLDPRT文件，如图4-5所示，单击“特征”控制面板“参考几何体”下拉列表中的“基准面”按钮，此时系统弹出“基准面”属性管理器，如图4-3（a）所示。

（2）在“基准面”属性管理器“第一参考”选项框中，选择如图4-5所示的点1。在“第二参考”选项框中，选择如图4-5所示的曲线。“基准面”属性管理器设置如图4-6所示。

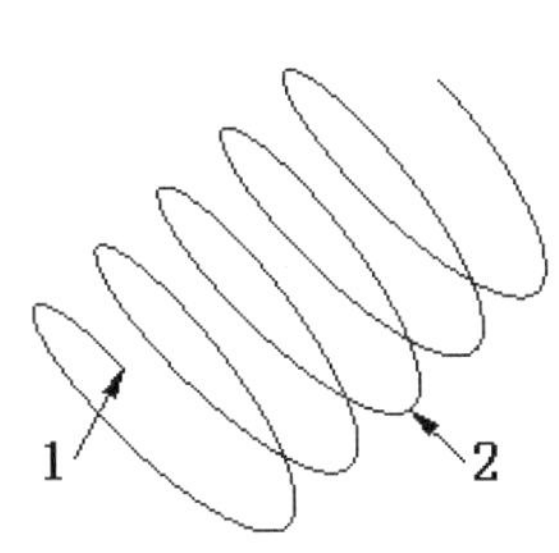

图4-5 曲线

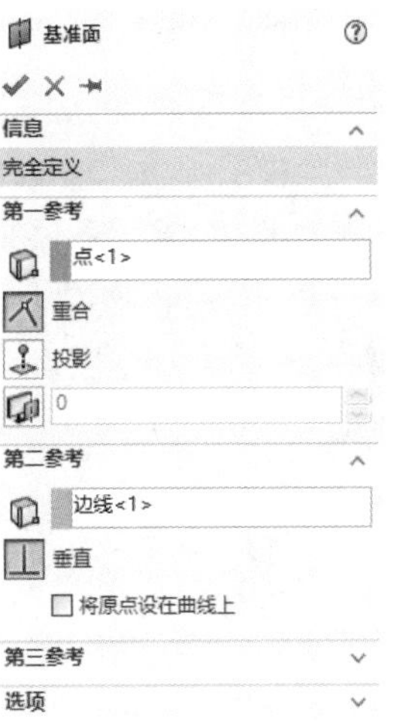

图4-6 “基准面”属性管理器

（3）单击“基准面”属性管理器中的“确定”按钮✔，则创建通过点1且与螺旋线垂直的基准面1，如图4-7所示。

（4）选择“视图（前导）”工具栏中的“旋转视图”按钮，将视图以合适的方向显示，如图4-8所示。

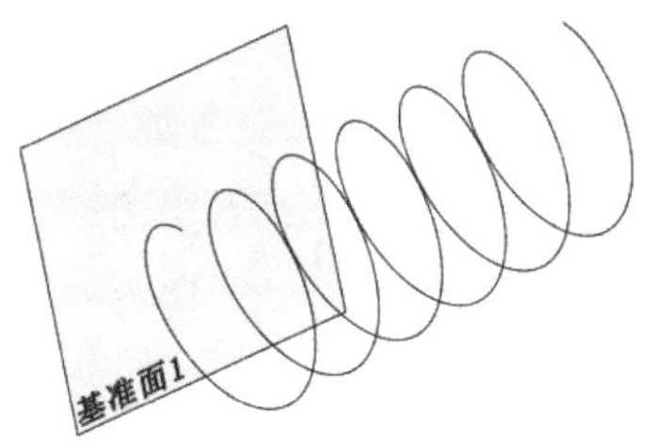

图4-7 创建的基准面1

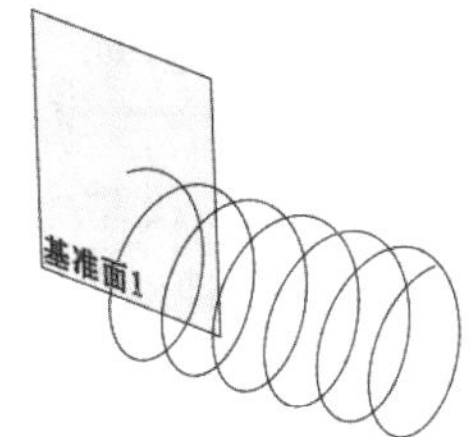

图4-8 旋转视图后的图形

3. 曲面切平面方式

该方式用于创建一个与空间面或圆形曲面相切于一点的基准面，方法如下。

（1）打开资源包：源文件/4/4.1.1.3.SLDPRT文件，如图4-9所示，单击“特征”控制面板“参考几何体”下拉列表中的“基准面”按钮，此时系统弹出“基准面”属性管理器，如图4-3（a）所示。

（2）在“基准面”属性管理器“第一参考”选项框中，选择如图4-9所示的面1。在“第二参考”选项框中选择右视基准面。“基准面”属性管理器设置如图4-10所示。

（3）单击“基准面”属性管理器中的“确定”按钮✔，则创建与圆柱体表面相切且垂直于右视基准面的基准面，如图4-11所示。

图 4-9　实体模型

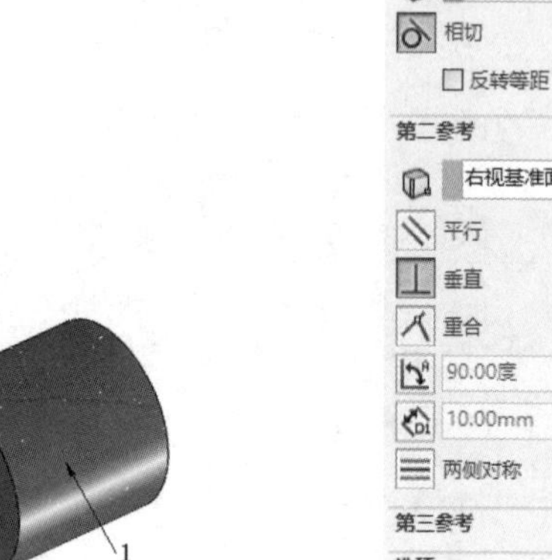

图 4-10　“基准面”属性管理器

图 4-11　参照平面方式创建的基准面

扫一扫，看视频

4.1.2　基准轴

基准轴通常在草图几何体或者圆周阵列中使用。

【执行方式】

- 工具栏：单击“特征”工具栏“参考几何体”下拉列表中的“基准轴”按钮。
- 菜单栏：选择“插入”→“参考几何体”→“基准轴”菜单命令。
- 控制面板：单击“特征”控制面板“参考几何体”下拉列表中的“基准轴”按钮。执行上述命令后，打开“基准轴”属性管理器，如图 4-12 所示。每一个圆柱和圆锥面都有一条轴线。临时轴是由模型中的圆锥和圆柱隐含生成的，可以单击菜单栏中的“视图”→“隐藏/显示”→“临时轴”命令来隐藏或显示所有的临时轴。

创建基准轴有 5 种方式，分别是一直线/边线/轴、两平面、两点/顶点、圆柱/圆锥面与点和面/基准面。下面详细介绍几种创建基准轴的方式。

1. 一直线/边线/轴方式

选择一个草图的直线、实体的边线或轴，创建所选直线所在的轴线，方法如下。

（1）打开资源包：源文件/4/4.1.2.1.SLDPRT文件，如图4-13所示，单击“特征”控制面板“参考几何体”下拉列表中的“基准轴”按钮，打开“基准轴”属性管理器，如图4-12所示。

（2）在“基准轴”属性管理器“参考实体”选项框中，选择如图4-13所示的边线1。“基准轴”属性管理器设置如图4-12所示。

（3）单击“基准轴”属性管理器中“确定”按钮，创建边线1所在的基准轴1，如图4-14所示。

两平面方式、两点/顶点方式与上面所述的一直线/边线/轴方式类似，这里不再赘述。

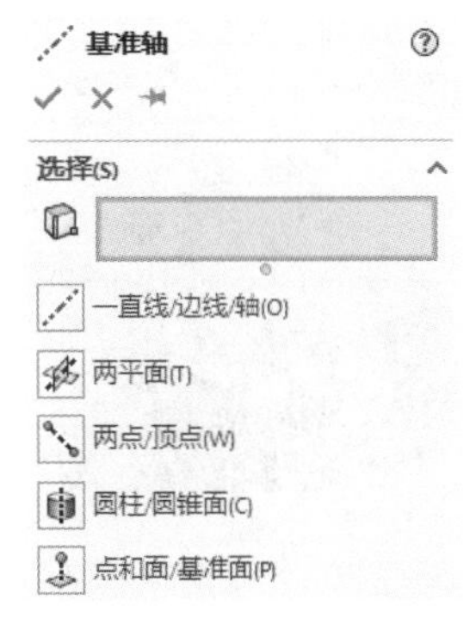

图 4-12　“基准轴”属性管理器

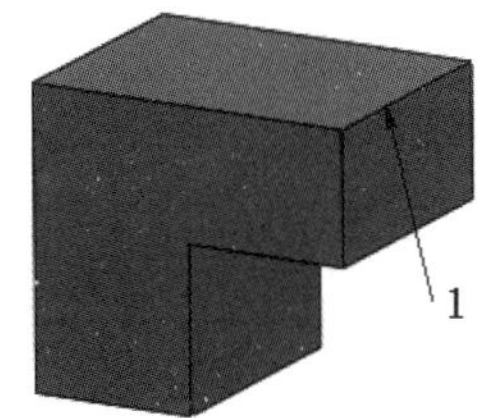

图 4-13　实体模型

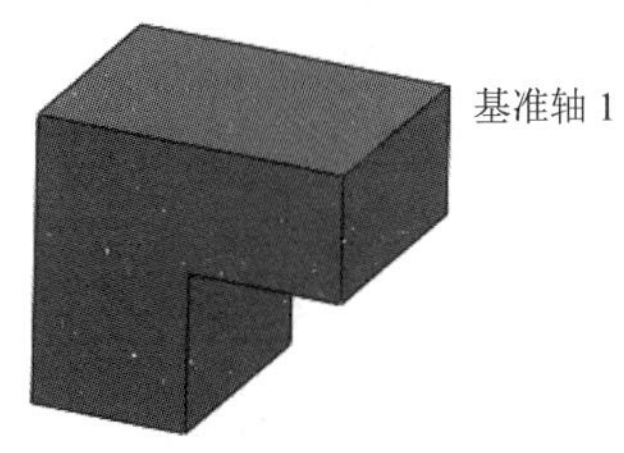

图 4-14　创建的基准轴 1

2. 圆柱面/圆锥面方式

选择圆柱面或者圆锥面，将其临时轴确定为基准轴，方法如下。

（1）打开资源包：源文件/4/4.1.2.2.SLDPRT文件，如图4-15所示，单击“特征”控制面板“参考几何体”下拉列表中的“基准轴”按钮，打开“基准轴”属性管理器。

（2）在“基准轴”属性管理器“第一参考”选项组中，选择如图4-15所示的面1。“基准轴”属性管理器设置如图4-16所示。

（3）单击“基准轴”属性管理器中的“确定”按钮，将圆柱体临时轴确定为基准轴1，如图4-17所示。

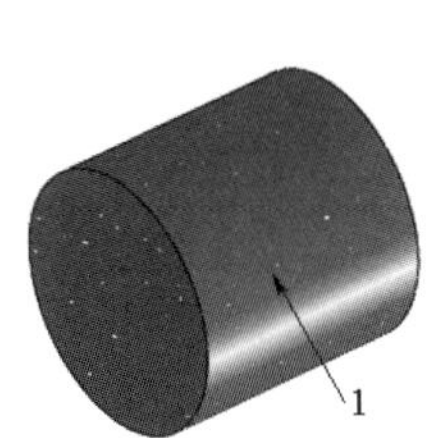

图 4-15　实体模型

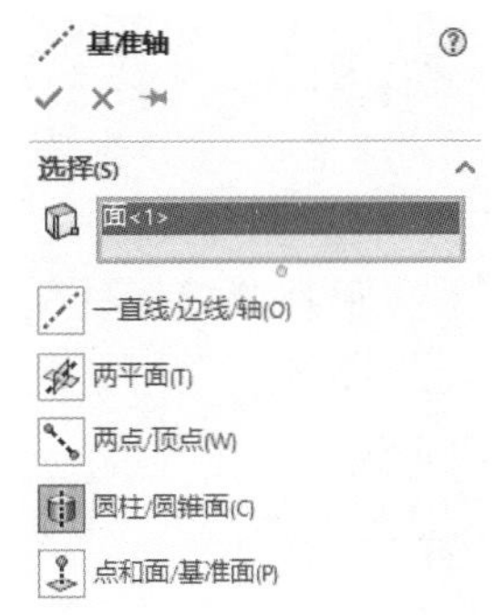

图 4-16　“基准轴”属性管理器

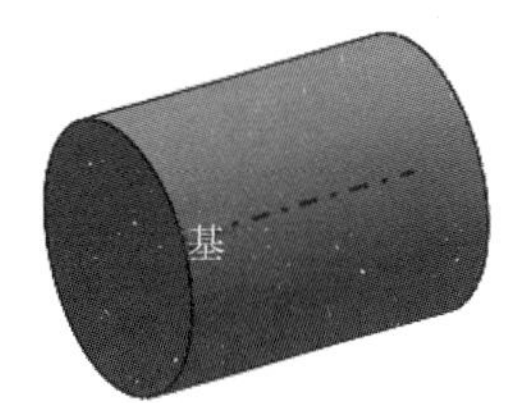

图 4-17　创建的基准轴 1

3. 点和面/基准面方式

选择一个曲面或者基准面以及顶点、点、中点，创建一个通过所选点并且垂直于所选面的基准轴，方法如下。

（1）打开资源包：源文件/4/4.1.2.3.SLDPRT文件，如图4-18所示，单击“特征”控制面板“参考几何体”下拉列表中的“基准轴”按钮，打开“基准轴”属性管理器。

（2）在“基准轴”属性管理器“参考实体”选项组中，选择如图4-18所示的面1和边线2的中点。“基准轴”属性管理器设置如图4-19所示。

（3）单击“基准轴”属性管理器中的“确定”按钮，创建通过边线2的中点且垂直于面1的基准轴1。

（4）单击“视图（前导）”工具栏中的“旋转视图”按钮，将视图以合适的方向显示，创建的基准轴1如图4-20所示。

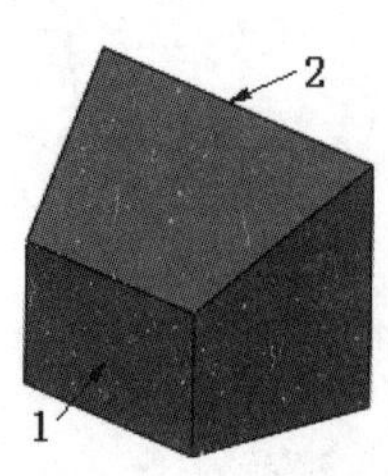

图 4-18 实体模型

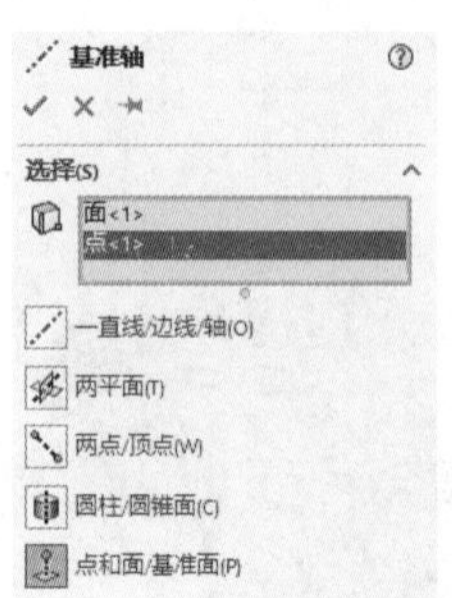

图 4-19 “基准轴”属性管理器

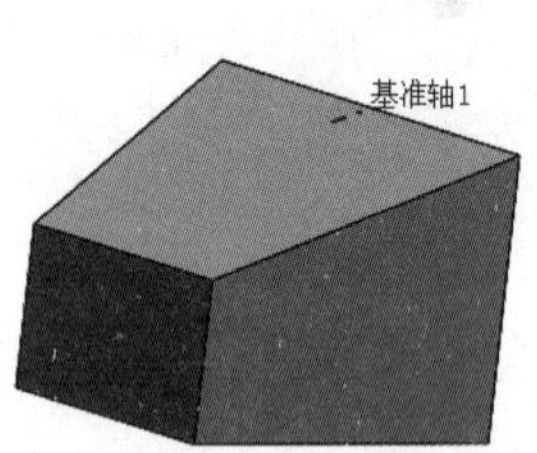

图 4-20 创建的基准轴1

扫一扫，看视频

4.1.3 坐标系

坐标系可用于将 SOLIDWORKS 文件输出至 IGES、STL、ACIS、STEP、Parasolid、VRML 和 VDA 文件。

【执行方式】

- 工具栏：单击“特征”工具栏“参考几何体”下拉列表中的“坐标系”按钮。
- 菜单栏：选择“插入”→“参考几何体”→“坐标系”菜单命令。
- 控制面板：单击“特征”控制面板“参考几何体”下拉列表中的“坐标系”按钮。执行上述命令后，打开“坐标系”属性管理器，如图 4-21 所示。操作方法如下。

（1）打开资源包：源文件/4/4.1.3.SLDPRT文件，如图4-22所示，单击“特征”控制面板“参考几何体”下拉列表中的“坐标系”按钮，打开“坐标系”属性管理器，如图4-21所示。

（2）在“坐标系”属性管理器（原点）选项中，选择如图4-22所示的点A；在“X轴”选项中，选择如图4-22所示的边线1；在“Y轴”选项中，选择如图4-22所示的边线2；在“Z轴”选项中，选择如图4-22所示的边线3。“坐标系”属性管理器设置如图4-21所示，单击（反向）按钮，改变轴线方向。

（3）单击“坐标系”属性管理器中的“确定”按钮，创建的新坐标系1，如图4-23所示。此时所创建的坐标系1也会出现在FeatureManager设计树中，如图4-24所示。

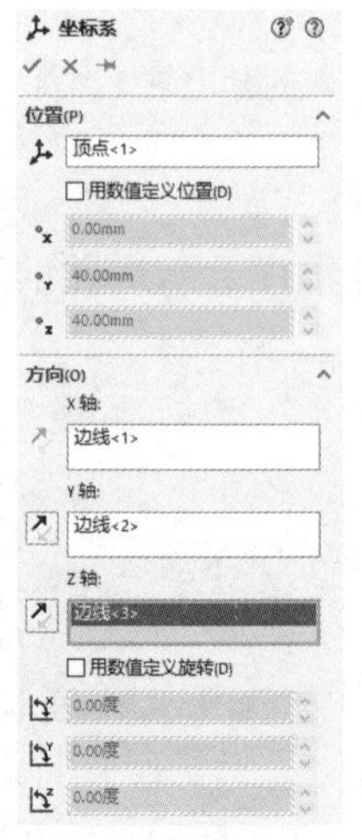

图 4-21 “坐标系”属性管理器

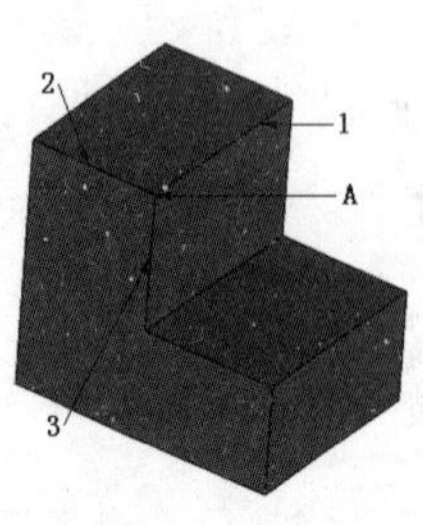

图 4-22 实体模型

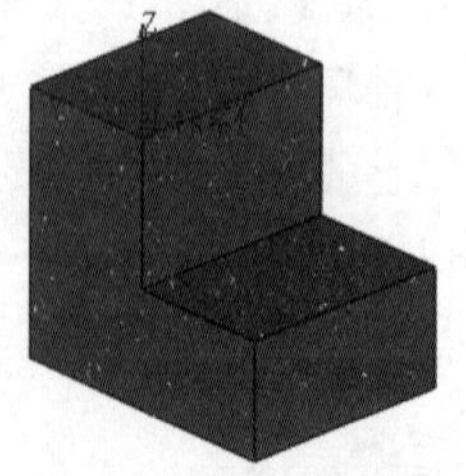

图 4-23 创建的新坐标系 1

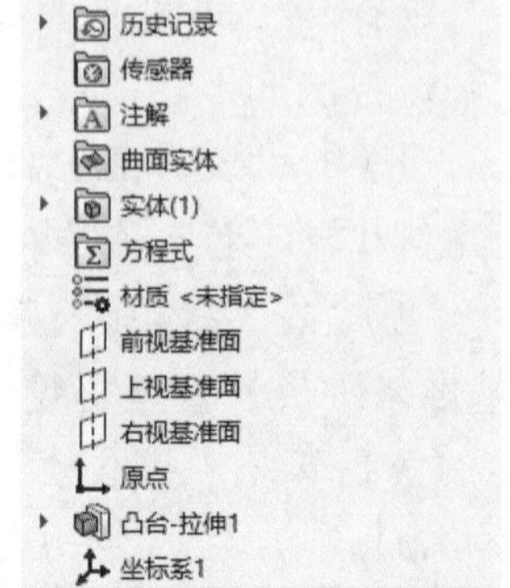

图 4-24 FeatureManager 设计树

技巧荟萃：

在“坐标系”属性管理器中，每一步设置都可以形成一个新的坐标系，并可以单击“方向”按钮调整坐标轴的方向。

4.2　特征建模基础

在 SOLIDWORKS 2022 控制面板空白处右击，将弹出快捷菜单，选择“特征”命令，弹出“特征”工具栏，如图 4-25 所示，显示基础建模特征。同时 SOLIDWORKS 提供了专用的“特征”控制面板，如图 4-26 所示。单击工具栏中相应的按钮就可以对草图实体进行相应的操作，生成需要的特征模型。

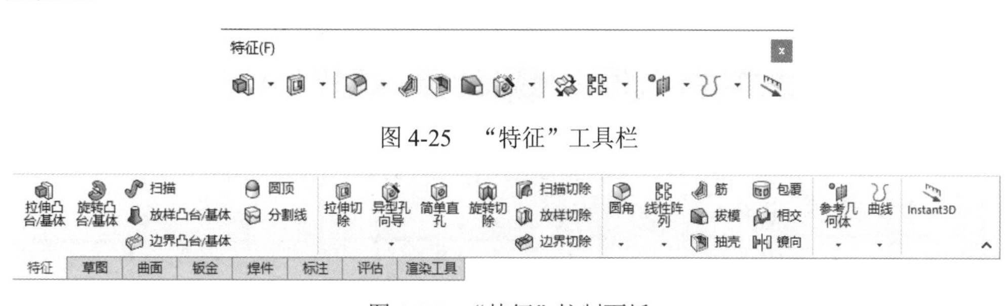

图 4-25　“特征”工具栏

图 4-26　“特征”控制面板

4.3　拉 伸 特 征

拉伸特征是将一个用草图描述的截面，沿指定的方向（一般情况下是沿垂直于截面方向）延伸一段距离后所形成的特征。拉伸是 SOLIDWORKS 模型中最常见的类型，具有相同截面、有一定长度的实体，如长方体、圆柱体等都可以由拉伸特征来形成。

扫一扫，看视频

4.3.1　拉伸凸台/基体

【执行方式】

- 工具栏：单击“特征”工具栏中的“拉伸凸台/基体”按钮。
- 菜单栏：选择“插入”→“凸台/基体”→“拉伸”菜单命令。
- 控制面板：单击“特征”控制面板中的“拉伸凸台/基体”按钮。

执行上述命令后，打开如图 4-27 所示的“凸台-拉伸”属性管理器。

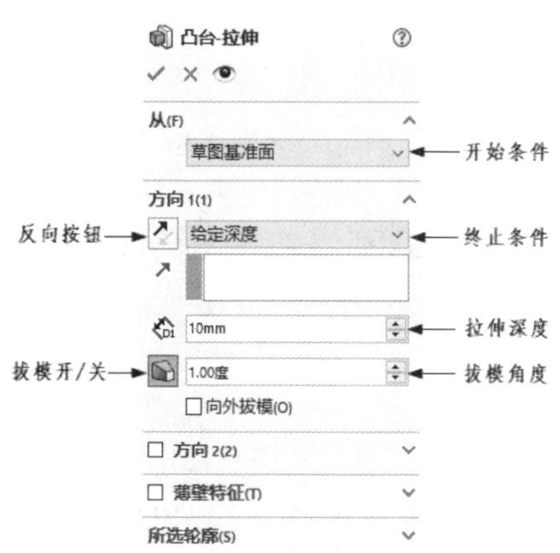

图 4-27　“凸台-拉伸”属性管理器

【操作说明】

SOLIDWORKS 2022 可以对开环和闭环草图进行实体

拉伸，如图 4-28 和图 4-29 所示。所不同的是，如果草图本身是一个开环图形，则拉伸凸台/基体工具只能将其拉伸为薄壁；如果草图是一个闭环图形，则既可以选择将其拉伸为薄壁特征，也可以选择将其拉伸为实体特征。

图 4-28 开环草图的薄壁拉伸

图 4-29 闭环草图的薄壁拉伸

（1）在弹出的“凸台-拉伸”属性管理器中选中“薄壁特征”复选框，如果草图是开环系统，则只能生成薄壁特征。

（2）在右侧的“拉伸类型”下拉列表框中选择拉伸薄壁特征的方式。

- 单向：使用指定的壁厚向一个方向拉伸草图。
- 两侧对称：在草图的两侧各以指定壁厚的一半向两个方向拉伸草图。
- 双向：在草图的两侧各使用不同的壁厚向两个方向拉伸草图。

（3）在厚度文本框中输入薄壁的厚度。

（4）默认情况下，壁厚加在草图轮廓的外侧。单击（反向）按钮，可以将壁厚加在草图轮廓的内侧。

（5）对于薄壁特征基体拉伸，还可以指定以下附加选项。

- 如果生成的是一个闭环的轮廓草图，可以选中“顶端加盖”复选框，此时将为特征的顶端加上封盖，形成一个中空的零件，如图 4-30 所示。
- 如果生成的是一个开环的轮廓草图，可以选中“自动加圆角”复选框，此时自动在每一个具有相交夹角的边线上生成圆角，如图 4-31 所示。

（6）单击“确定”按钮，完成拉伸薄壁特征的创建。

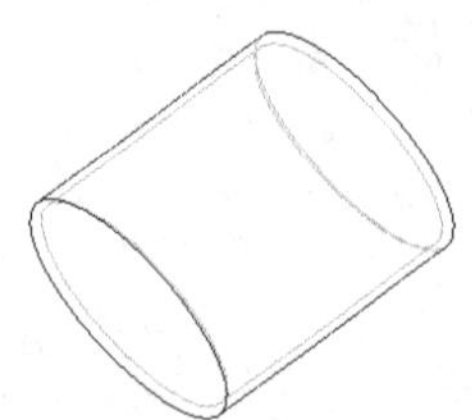

图 4-30 中空薄壁零件

图 4-31 带有圆角的薄壁

扫一扫，看视频

4.3.2 实例——挖掘机液压杆 1

本例绘制的液压杆 1，首先绘制其外形的草图，然后两次拉伸成为液压杆 1 主体轮廓，如图 4-32 所示。

操作步骤 视频文件：动画演示\第 4 章\挖掘机液压杆 1.avi

（1）新建文件。启动SOLIDWORKS 2022，选择菜单栏中的“文件”→“新建”命令，或者单击“快速访问”工具栏中的“新建”按钮，在弹出的“新建SOLIDWORKS文件”对话框中选择

“零件”按钮，然后单击“确定”按钮，创建一个新的零件文件。

（2）绘制草图。在左侧的FeatureManager设计树中选择“前视基准面”作为绘制图形的基准面。单击“草图”控制面板中的“圆”按钮，在坐标原点绘制直径为10和35的圆。标注尺寸后结果如图4-33所示。

（3）拉伸实体。单击“特征”控制面板中的“拉伸凸台/基体”按钮，此时系统弹出如图4-34所示的“凸台-拉伸”属性管理器。设置拉伸终止条件为“两侧对称”，输入拉伸距离为25.00mm，然后单击“确定”按钮✔。结果如图4-35所示。

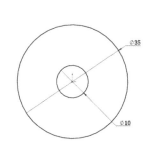

图 4-32　液压杆 1

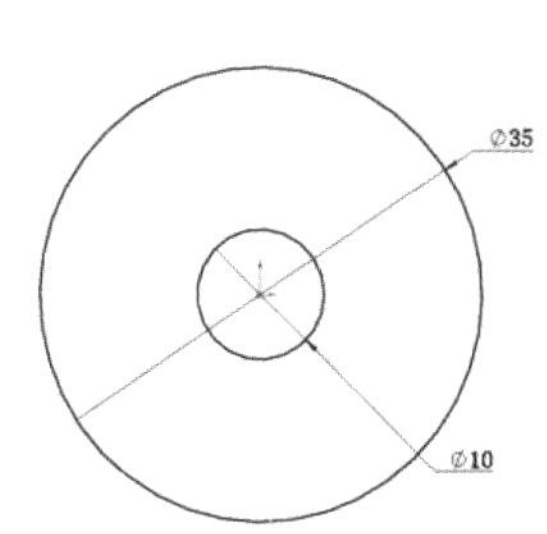

图 4-33　绘制草图尺寸 1

图 4-34　“凸台-拉伸”属性管理器

（4）创建基准平面。在左侧的FeatureManager设计树中选择“右视基准面”作为绘制图形的基准面。单击“特征”控制面板“参考几何体”下拉列表中的“基准面”按钮，弹出“基准面”属性管理器，在文本框中输入距离为145.00mm，如图4-36所示。单击属性管理器中的“确定”按钮✔，生成基准面1，如图4-37所示。

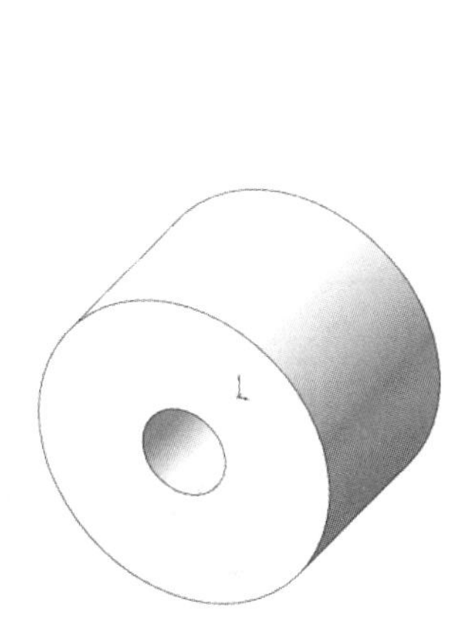

图 4-35　拉伸结果

图 4-36　“基准面”属性管理器

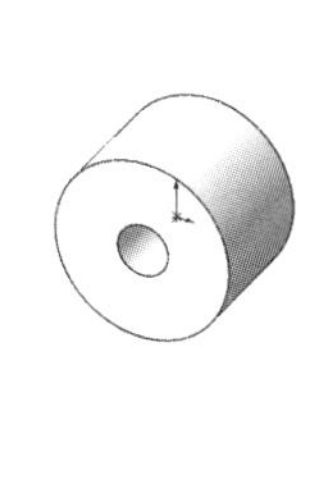

图 4-37　创建基准面1

（5）绘制草图。在左侧的FeatureManager设计树中选择“基准面1”作为绘制图形的基准面。单击“草图”控制面板中的“圆”按钮，在坐标原点绘制直径为25的圆。标注尺寸后结果如

图4-38所示。

（6）拉伸实体。单击“特征”控制面板中的“拉伸凸台/基体”按钮，此时系统弹出图4-39所示的“凸台-拉伸”属性管理器。设置拉伸终止条件为“成形到一面”，并选择圆柱面，然后单击“确定”按钮✔。最终结果如图4-32 所示。

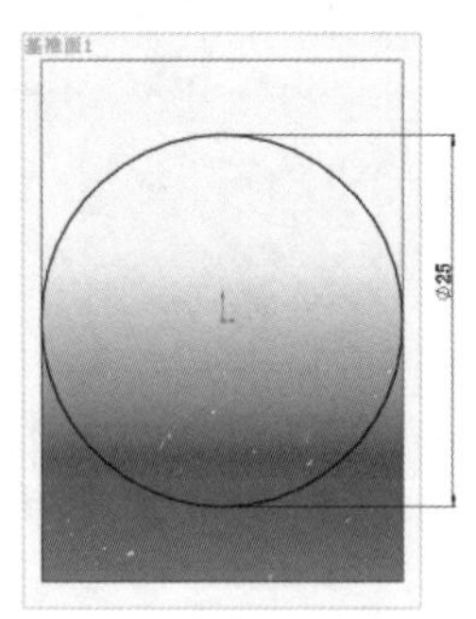

图 4-38　绘制草图尺寸 2

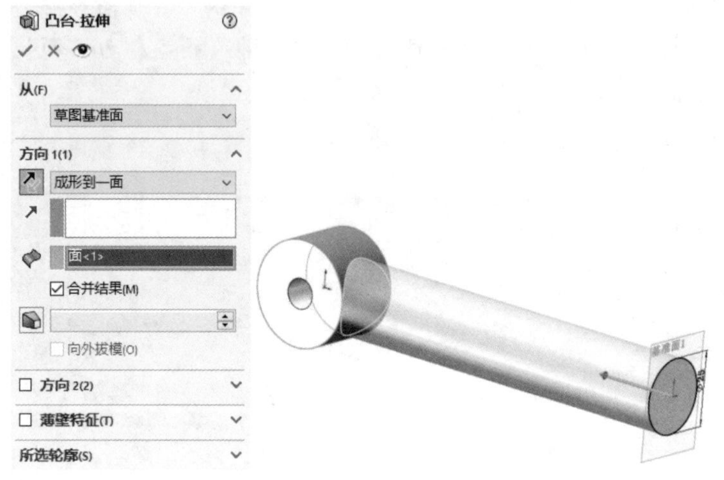

图 4-39　“凸台-拉伸”属性管理器

扫一扫，看视频

练一练——圆头平键

试利用上面所学知识绘制圆头平键，如图 4-40 所示。

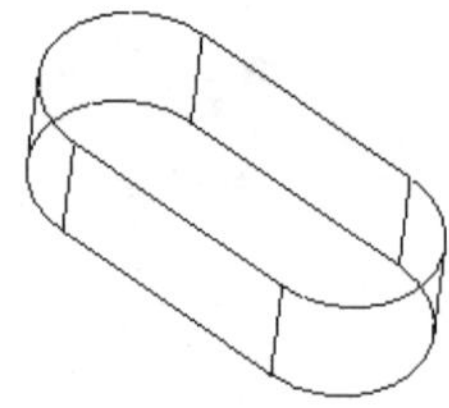

图 4-40　圆头平键

思路点拨：

先绘制草图，然后利用拉伸功能生成圆头平键实体，尺寸可以适当选取。

扫一扫，看视频

4.3.3　切除拉伸特征

【执行方式】

- 工具栏：单击“特征”工具栏中的“切除拉伸”按钮。
- 菜单栏：选择“插入”→“切除”→“拉伸”菜单命令。
- 控制面板：单击“特征”控制面板中的“切除拉伸”按钮。

打开源文件中的“4.3.3.SLDPRT”，执行上述命令后，打开“切除-拉伸”属性管理器，如图 4-41 所示。

图 4-41　“切除-拉伸”属性管理器

【操作说明】

（1）在“方向1”选项组中执行如下操作。

- 在（反向）右侧的“终止条件”下拉列表框中选择“给定深度”。

- 如果选中了“反侧切除”复选框，则将生成反侧切除特征。
- 单击按钮，可以向另一个方向切除。
- 单击（拔模开/关）按钮，可以给特征添加拔模效果。

（2）如果有必要，选中“方向2”复选框，将拉伸切除应用到第2个方向。

（3）如果要生成薄壁切除特征，选中“薄壁特征”复选框，然后执行如下操作。

- 在右侧的下拉列表框中选择切除类型：单向、两侧对称或双向。
- 单击按钮，可以以相反的方向生成薄壁切除特征。
- 在（厚度）文本框中输入切除的厚度。

（4）单击“确定”按钮，完成拉伸切除特征的创建。

如图 4-42 所示为利用拉伸切除特征生成的几种零件效果。

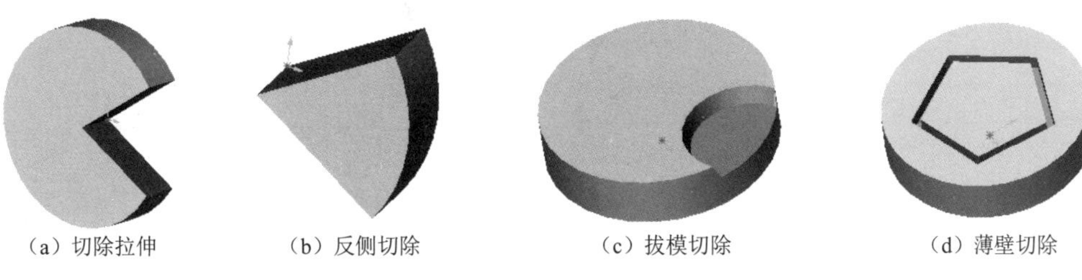

（a）切除拉伸　（b）反侧切除　（c）拔模切除　（d）薄壁切除

图 4-42　利用拉伸切除特征生成的几种零件效果

技巧荟萃：

下面以图 4-43 为例，说明“反侧切除”复选框对拉伸切除特征的影响。如图 4-43（a）所示为绘制的草图轮廓；如图 4-43（b）所示为取消选中“反侧切除”复选框的拉伸切除特征；如图 4-43（c）所示为选中“反侧切除”复选框的拉伸切除特征。

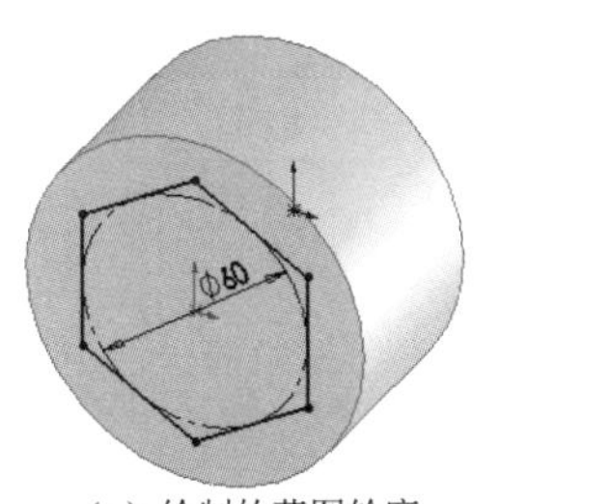

（a）绘制的草图轮廓

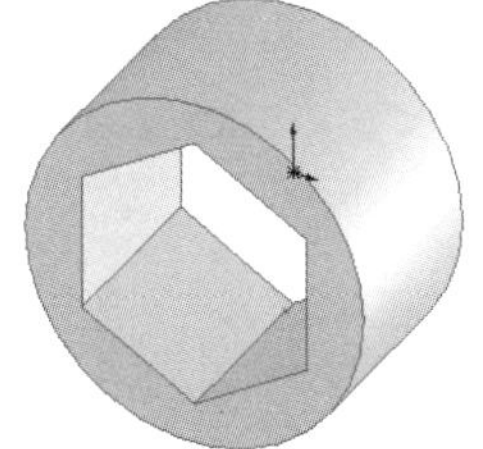

（b）取消选中复选框的特征图形

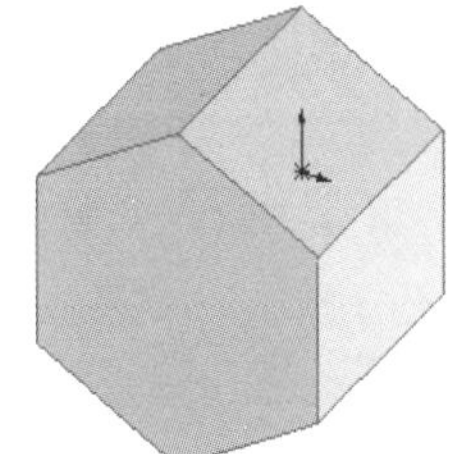

（c）选中复选框的特征图形

图 4-43　“反侧切除”复选框对拉伸切除特征的影响

扫一扫，看视频

4.3.4　实例——摇臂

本实例使用草图绘制命令建模，并用到特征工具栏中的相关命令进行实体操作，最终完成如图 4-44 所示的摇臂的绘制。

图 4-44　摇臂

操作步骤　视频文件：动画演示\第 4 章\摇臂.avi

（1）单击“快速访问”工具栏中的“新建”按钮，在打开的“新建SOLIDWORKS文件”对话框中，选择“零件”按钮，单击“确定”按钮。

（2）在左侧的FeatureManager设计树中选择“前视基准面”，单击“草图”控制面板中的“草图绘制”按钮，新建一张草图。

（3）单击“草图”控制面板中的“中心线”按钮，通过原点绘制一条水平中心线。

（4）绘制草图作为拉伸基体特征的轮廓，如图4-45所示。

（5）单击“特征”控制面板中的“拉伸凸台/基体”按钮，设定拉伸的终止条件为“给定深度”。在（深度）文本框中设置拉伸深度为6.00mm，保持其他选项的系统默认值不变，如图4-46所示。单击“确定”按钮，完成基体拉伸特征。

图 4-45　基体拉伸草图

图 4-46　设置拉伸参数

（6）选择 FeatureManager 设计树上的前视基准面，单击“特征”控制面板“参考几何体”下拉列表中的“基准面”按钮。在“基准面”属性管理器上的文本框中设置等距距离为 3.00mm，如图 4-47 所示。单击“确定”按钮，添加基准面 1。

（7）选择基准面 1，单击“草图”控制面板中的“草图绘制”按钮，从而在基准面 1 上打开一张草图。

（8）单击“草图”控制面板中的“圆”按钮，绘制两个圆作为凸台轮廓，如图 4-48 所示。

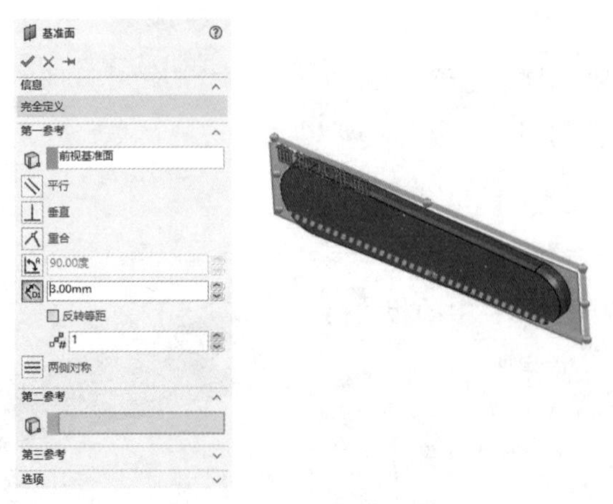

图 4-47　添加基准面

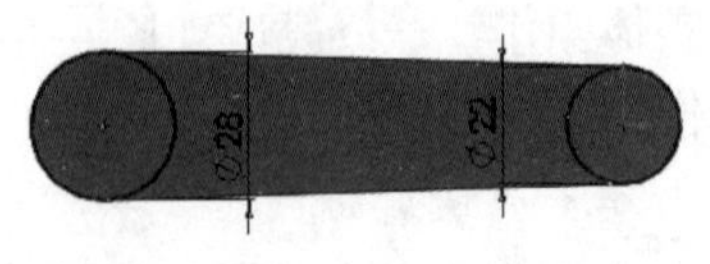

图 4-48　绘制凸台轮廓

（9）单击“特征”控制面板中的“拉伸凸台/基体”按钮，设定拉伸的终止条件为“给定深度”。在（深度）文本框中设置拉伸深度为7.00mm，保持其他选项的系统默认值不变，如图4-49所示。单击“确定”按钮✓，完成凸台拉伸特征。

（10）在FeatureManager设计树中，右击基准面1，在弹出的快捷菜单中选择“隐藏”命令，将基准面1隐藏起来。单击“视图（前导）”工具栏中的“等轴测”按钮，用等轴测视图观看图形，如图4-50所示。从图中看出两个圆形凸台在基体的一侧，并非对称分布。下面对凸台进行重新定义。

（11）在FeatureManager设计树中，右击特征“凸台-拉伸2”，在弹出的快捷菜单中选择“编辑特征”按钮，如图4-51所示。在“凸台-拉伸2”属性管理器中将终止条件改为“两侧对称”，在（深度）文本框中设置拉伸深度为14.00mm，如图4-52所示。单击“确定”按钮✓，完成凸台拉伸特征的重新定义。

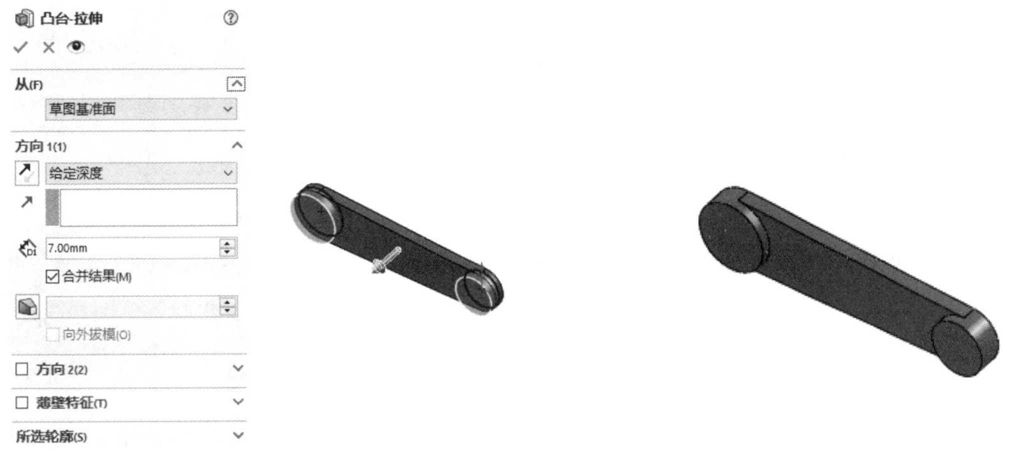

图 4-49　拉伸凸台　　图 4-50　原始的凸台特征

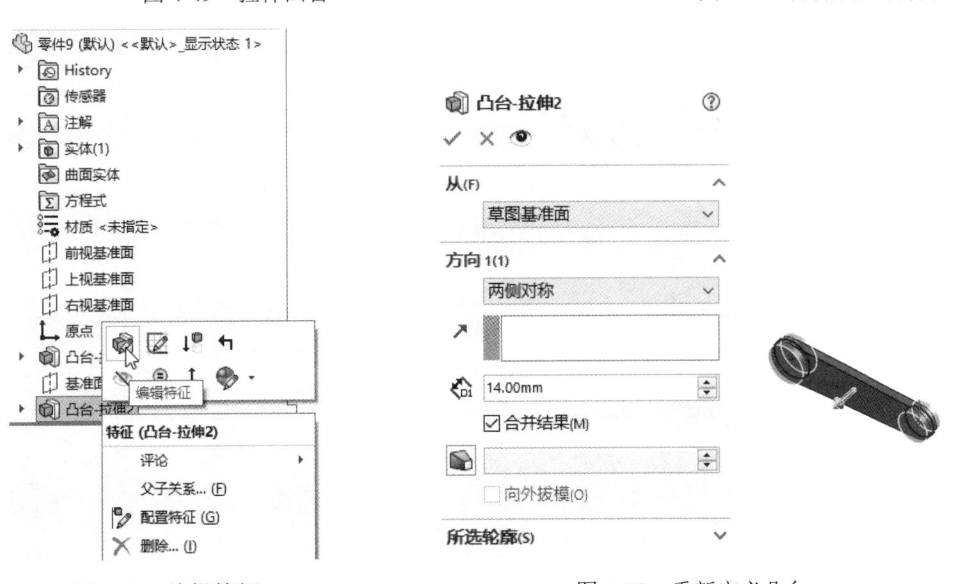

图 4-51　编辑特征　　图 4-52　重新定义凸台

（12）选择凸台上的一个面，然后单击“草图”控制面板中的“草图绘制”按钮，打开一张新的草图。

（13）单击“草图”控制面板中的“圆”按钮，分别在两个凸台上绘制两个圆，并标注尺寸，如图4-53所示。

（14）单击“特征”控制面板中的“切除拉伸”按钮，设置切除的终止条件为“完全贯穿”，单击“确定”按钮，生成切除特征，如图4-54所示。

（15）在FeatureManager设计树中右击“切除-拉伸1”，在弹出的快捷菜单中选择“编辑草图”命令，从而打开对应的草图3。使用绘图工具对草图3进行修改，如图4-55所示。

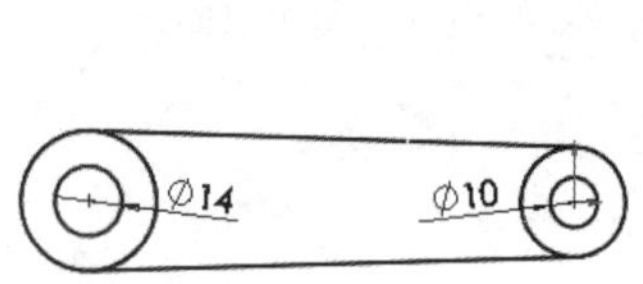

图 4-53　绘制同心圆

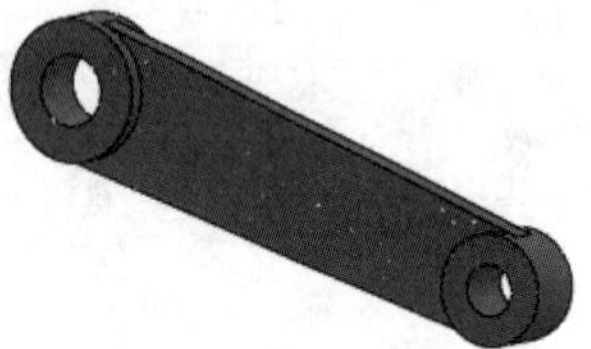

图 4-54　生成切除特征

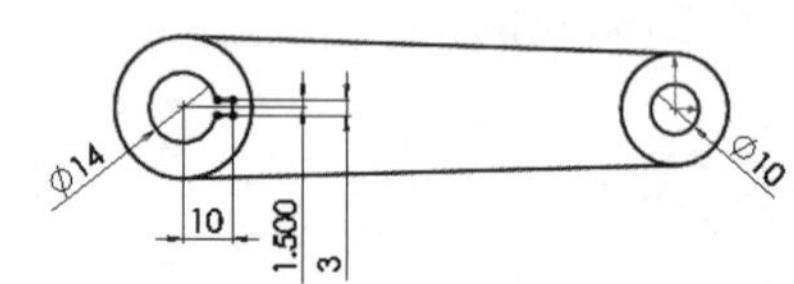

图 4-55　修改草图

（16）单击“草图”控制面板中的“退出草图”按钮，退出草图绘制。最后效果如图4-44所示。

扫一扫，看视频

练一练——锤头

试利用上面所学知识绘制锤头，如图 4-56 所示。

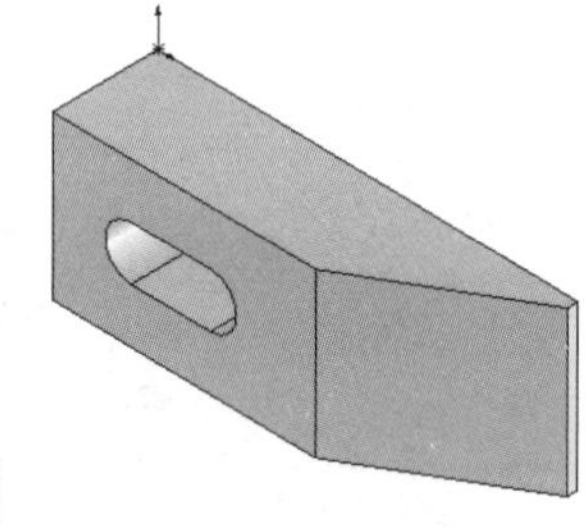

图 4-56　锤头

思路点拨：

首先绘制锤头的外形草图，再将其拉伸为锤头实体，然后拉伸切除锤头的头部，接着绘制与手柄连接的槽口草图，最后拉伸切除成槽口，尺寸可以适当选取。

4.4 旋转特征

旋转特征是由特征截面绕中心线旋转而成的一类特征，它适于构造回转体零件。旋转特征应用比较广泛，是比较常用的特征建模工具。主要应用在以下零件的建模中。

- 环形零件，如图 4-57 所示。
- 球形零件，如图 4-58 所示。
- 轴类零件，如图 4-59 所示。
- 形状规则的轮毂类零件，如图 4-60 所示。

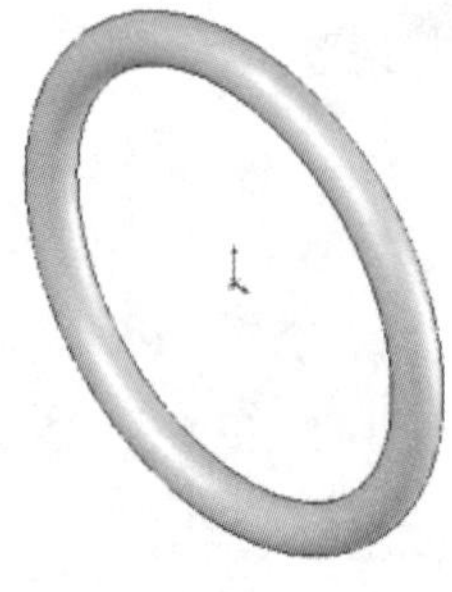

图 4-57　环形零件

图 4-58　球形零件

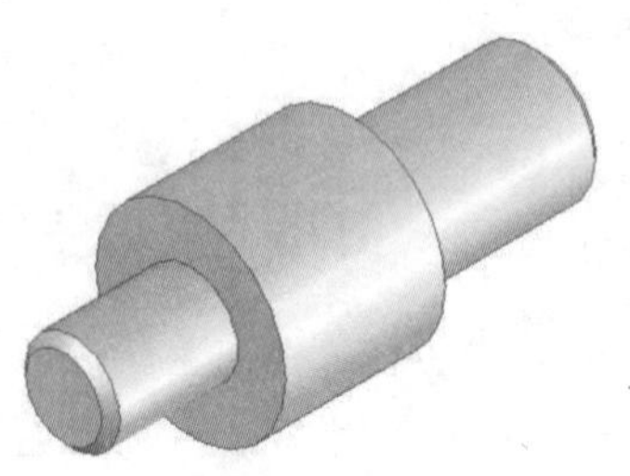

图 4-59　轴类零件

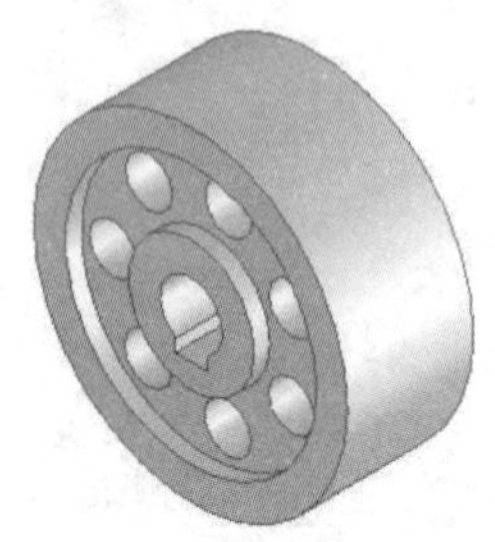

图 4-60　轮毂类零件

4.4.1　旋转凸台 / 基体

扫一扫，看视频

【执行方式】

- 工具栏：单击“特征”工具栏中的“旋转凸台/基体”按钮。
- 菜单栏：选择“插入”→“凸台/基体”→“旋转”菜单命令。
- 控制面板：单击“特征”面板中的“旋转凸台/基体”按钮。打开源文件中的“4.4.1.SLDPRT”，执行上述命令后，打开“旋转”属性管理器，同时在右侧的图形区中显示生成的旋转特征，如图 4-61 所示。

【操作说明】

（1）在“方向1”选项组的下拉列表框中选择旋转类型。

- 给定深度：从草图以单一方向生成旋转。在方向 1 角度中设定由旋转所包容的角度，如图 4-62（a）所示。
- 成形到一顶点：从草图基准面插件创建旋转到在顶点中所指定的顶点。
- 成形到一面：从草图基准面创建旋转到在面/基准面中所指定的曲面。
- 到离指定面指定的距离：从草图基准面创建旋转到在面/基准面中所指定曲面的指定等距。在等距距离中设置等距。要向相反方向偏移，请选择反向偏移。
- 两侧对称：从草图基准面以顺时针和逆时针方向创建旋转，它位于旋转方向 1 角度的中央，如图 4-62（b）所示。

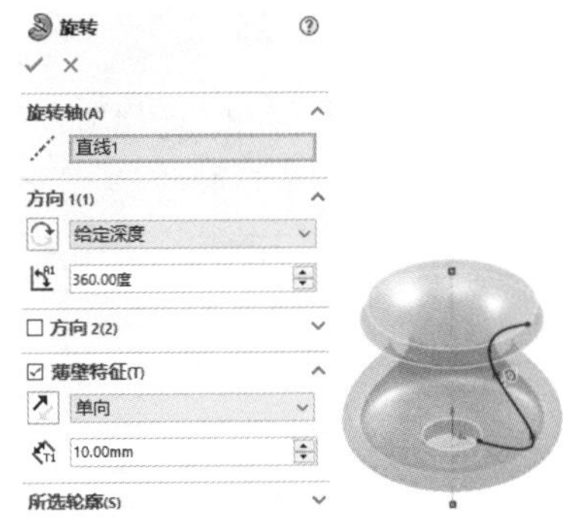

图 4-61　“旋转”属性管理器

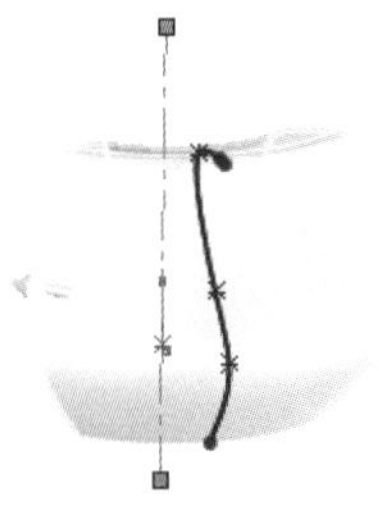

（a）单向旋转　　（b）两侧对称旋转

图 4-62　旋转特征

（2）在（角度）文本框中输入旋转角度。

（3）如果准备生成薄壁旋转，则选中“薄壁特征”复选框，然后在“薄壁特征”选项组的下拉列表框中选择拉伸薄壁类型。这里的类型与在旋转类型中的含义完全不同，这里的方向是指薄壁截面上的方向。

- 单向：使用指定的壁厚向一个方向拉伸草图，默认情况下，壁厚加在草图轮廓的外侧。
- 两侧对称：在草图的两侧各以指定壁厚的一半向两个方向拉伸草图。
- 双向：在草图的两侧各使用不同的壁厚向两个方向拉伸草图。

（4）在（厚度）文本框中指定薄壁的厚度。单击（反向）按钮，可以将壁厚加在草图轮廓的内侧。

（5）单击“确定”按钮，完成旋转凸台/基体特征的创建。

技巧荟萃：

实体旋转特征的草图可以包含一个或多个闭环的非相交轮廓。对于包含多个轮廓的基体旋转特征，其中一个轮廓必须包含所有其他轮廓。薄壁或曲面旋转特征的草图只能包含一个开环或闭环的非相交轮廓。轮廓不能与中心线交叉。如果草图包含一条以上的中心线，则选择一条中心线用作旋转轴。

扫一扫，看视频

4.4.2 实例——销钉

本实例首先绘制销钉的外形轮廓草图，然后旋转成为销钉主体轮廓，再绘制孔的草图，最后拉伸成为孔。绘制的模型如图 4-63 所示。

图 4-63 销钉

操作步骤 视频文件：动画演示\第 4 章\销钉.avi

（1）单击"快速访问"工具栏中的"新建"按钮，在弹出的"新建SOLIDWORKS文件"对话框中依次单击"零件"按钮和"确定"按钮，创建一个新的零件文件。

（2）在左侧的FeatureManager设计树中选择"前视基准面"作为绘制图形的基准面。单击"草图"控制面板中的"草图绘制"按钮，进入草图绘制状态。单击"视图（前导）"工具栏中的"正视于"按钮，旋转基准面。

（3）单击"草图"控制面板中的"中心线"按钮，绘制一条通过原点的竖直中心线；单击"草图"控制面板中的"直线"按钮和"智能尺寸"按钮，绘制草图轮廓，标注并修改尺寸。结果如图4-64所示。

（4）单击"特征"控制面板中的"旋转凸台/基体"按钮，此时系统弹出如图4-65所示的"旋转"属性管理器。选择步骤（3）中绘制的水平中心线为旋转轴，设置终止条件为"给定深度"，输入旋转角度为360.00°（因阅读习惯，用"°"表示度，下同），单击"确定"按钮。结果如图4-66所示。

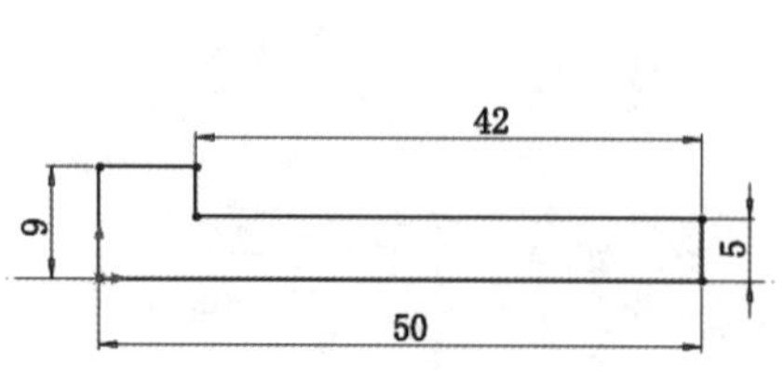

图 4-64 绘制直线草图

图 4-65 "旋转"属性管理器

（5）在左侧的FeatureManager设计树中选择"前视基准面"作为绘制图形的基准面。单击"草图"控制面板中的"草图绘制"按钮，进入草图绘制状态。单击"视图（前导）"工具栏中的"正视于"按钮，旋转基准面。

（6）单击"草图"控制面板中的"圆"按钮和"智能尺寸"按钮，绘制草图轮廓，标注并修改尺寸。结果如图4-67所示。

（7）单击“特征”控制面板中的“切除拉伸”按钮，此时系统弹出如图4-68所示的“切除-拉伸”属性管理器。选择步骤（6）中绘制的草图为拉伸截面，设置方向1和方向2中的终止条件为“完全贯穿”，单击的“确定”按钮✔。最终结果如图4-63所示。

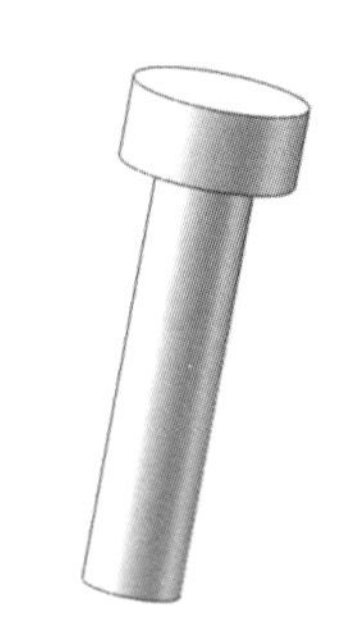

图 4-66　旋转后的图形

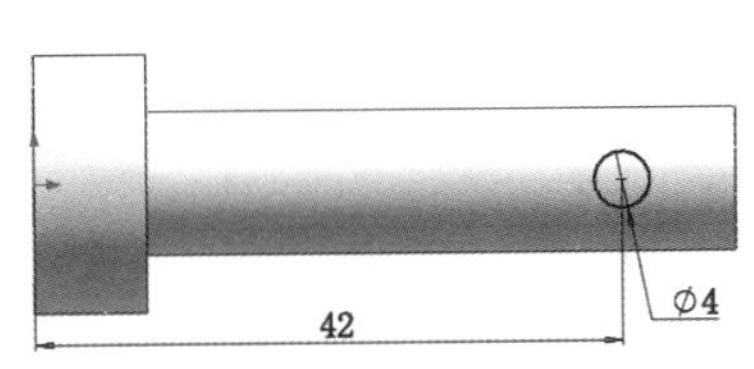

图 4-67　绘制圆草图

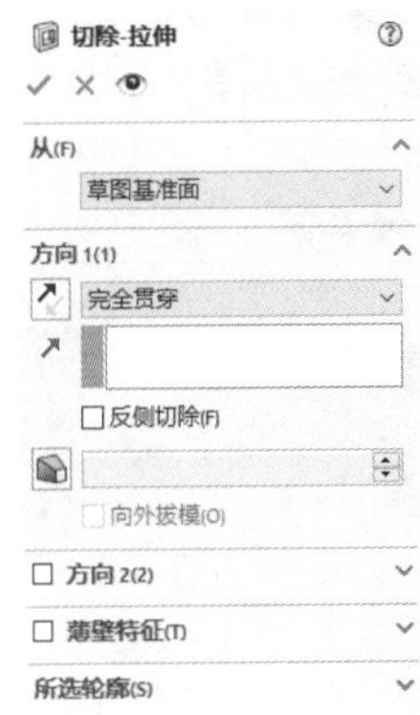

图 4-68　“切除-拉伸”属性管理器

练一练——阶梯轴

试利用上面所学知识绘制如图 4-69 所示的阶梯轴。

扫一扫，看视频

思路点拨：

先绘制草图，然后利用旋转功能生成阶梯轴实体，尺寸可以适当选取。

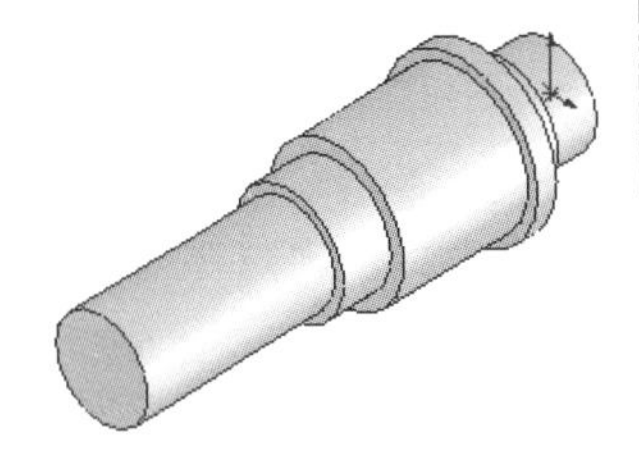

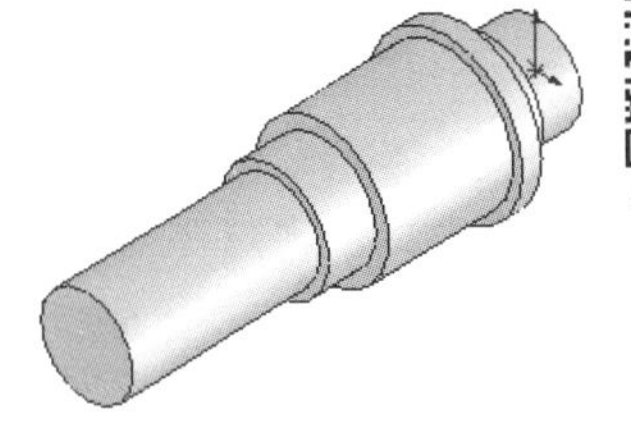

图 4-69　阶梯轴

4.4.3　切除旋转特征

扫一扫，看视频

【执行方式】

- 工具栏：单击“特征”工具栏中的“切除旋转”按钮。
- 菜单栏：选择“插入”→“切除”→“旋转”菜单命令。
- 控制面板：单击“特征”面板中的“切除旋转”按钮。

打开源文件中的“4.4.3.SLDPRT”，执行上述命令后，打开“切除-旋转”属性管理器，选择模型面上的一个草图轮廓和一条中心线。同时在右侧的图形区中显示生成的切除旋转特征，如图 4-70 所示。

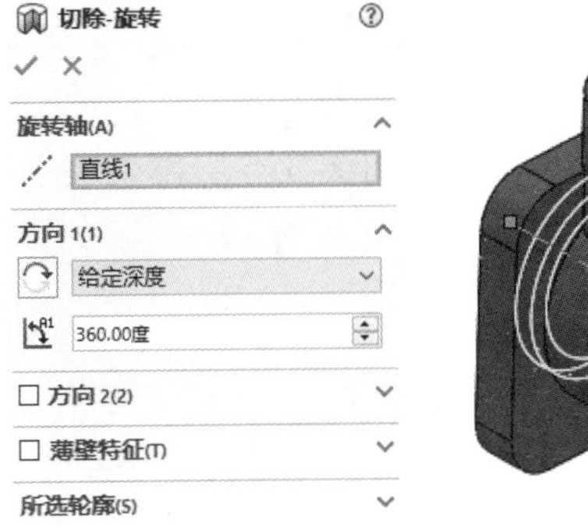

图 4-70　“切除-旋转”属性管理器

【操作说明】

（1）在“方向1”选项组的下拉列表框中选择旋转类型。其含义同“旋转凸台/基体”属性管理器中的“旋转类型”。在（角度）文本框中输入旋转角度。

（2）如果准备生成薄壁旋转，则选中“薄壁特征”复选框，设定薄壁旋转参数。

（3）单击“确定”按钮✔，完成旋转切除特征的创建。

技巧荟萃：

与旋转凸台/基体特征不同的是，切除旋转特征用来产生切除特征，也就是用来去除材料。如图 4-71 所示展示了切除旋转的效果。

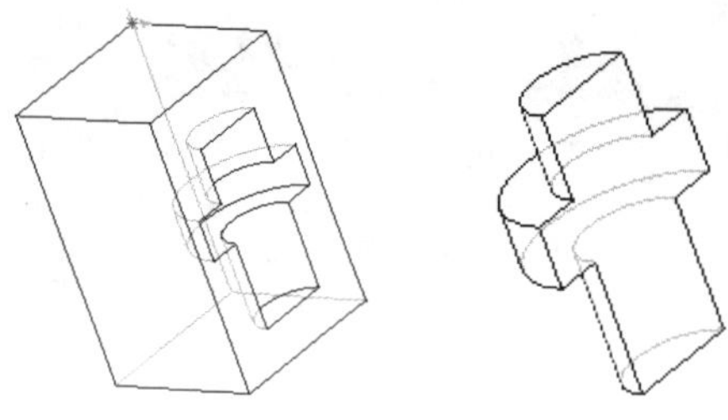

图 4-71　切除旋转的效果

4.5　扫描特征

扫描特征是指由二维草绘平面沿一平面或空间轨迹线扫描而成的一类特征。沿着一条路径移动轮廓（截面）可以生成基体、凸台、切除或曲面。如图 4-72 所示为扫描特征实例。

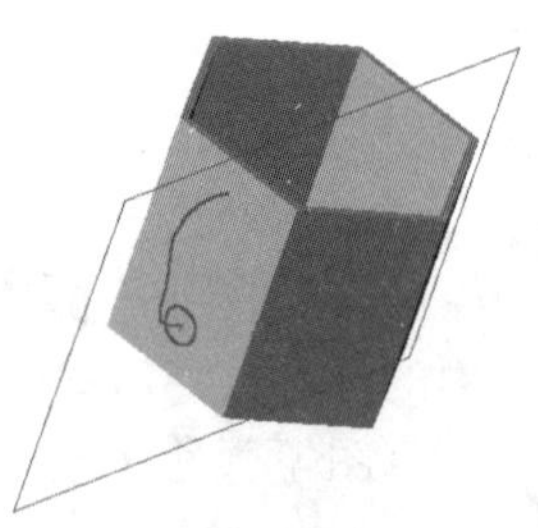

图 4-72　扫描特征实例

SOLIDWORKS 2022 的扫描特征遵循以下规则。

- 扫描路径可以为开环或闭环。
- 路径可以是草图中包含的一组草图曲线、一条曲线或一组模型边线。
- 路径的起点必须位于轮廓的基准面上。

扫一扫，看视频

4.5.1　扫描

【执行方式】

- 工具栏：单击“特征”工具栏中的“扫描”按钮。

- 菜单栏：选择“插入”→“凸台/基体”→“扫描”菜单命令。
- 控制面板：单击“特征”面板中的“扫描”按钮。

打开源文件中的“4.5.1.SLDPRT”，执行上述命令后，打开“扫描”属性管理器，如图 4-73 所示。

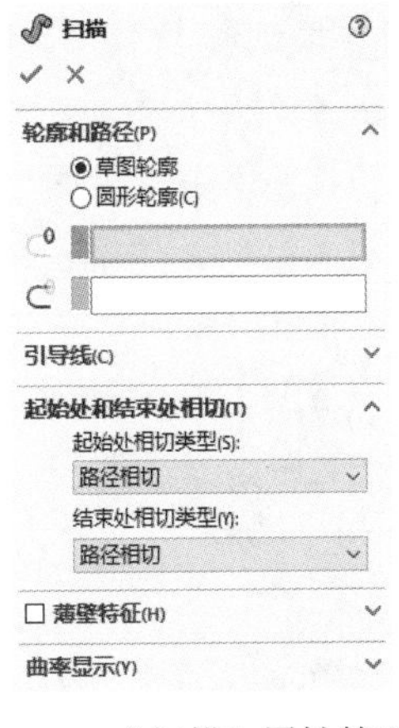

图 4-73　“扫描”属性管理器

【操作说明】

（1）单击（轮廓）按钮，然后在图形区中选择轮廓草图。

（2）单击（路径）按钮，然后在图形区中选择路径草图。如果选中了“显示预览”复选框，此时在图形区中将显示不随引导线变化截面的扫描特征。

（3）在“引导线”选项组中单击（引导线）按钮，然后在图形区中选择引导线。此时在图形区中将显示随引导线变化截面的扫描特征。

（4）如果存在多条引导线，可以单击（上移）按钮或（下移）按钮，改变使用引导线的顺序。同时在右侧的图形区中显示生成的扫描特征，如图4-72所示。

（5）在“方位/扭转类型”下拉列表框中，选择以下选项之一。

- 随路径变化：草图轮廓随路径的变化而变换方向，其法线与路径相切，如图 4-74（a）所示。
- 保持法线不变：草图轮廓保持法线方向不变，如图 4-74（b）所示。

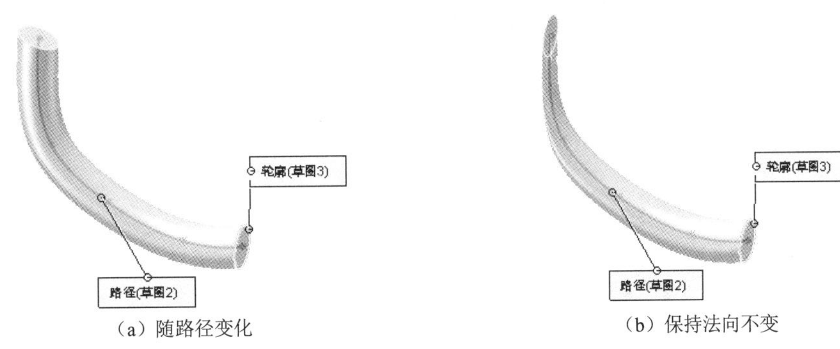

（a）随路径变化　　（b）保持法向不变

图 4-74　扫描特征

（6）如果要生成薄壁特征扫描，则选中“薄壁特征”复选框，从而激活薄壁选项。

- 选择薄壁类型（单向、两侧对称或双向）。
- 设置薄壁厚度。

（7）扫描属性设置完毕，单击“确定”按钮。

4.5.2　实例——弯管

扫一扫，看视频

本实例首先利用拉伸命令拉伸一侧管头，再利用扫描命令扫描弯管管道，最后利用拉伸命令拉伸另侧管头，绘制的弯管如图 4-75 所示。

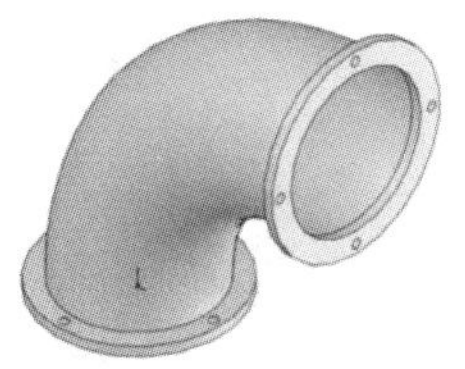

图 4-75　弯管

操作步骤　视频文件：动画演示\第 4 章\弯管.avi

（1）单击“快速访问”工具栏中的“新建”按钮，在打开的“新建 SOLIDWORKS文件”对话框中单击“零件”按钮，然后单击“确定”按钮。

（2）在左侧的FeatureManager设计树中选择“上视基准面”，单击“草图”控制面板中的“草图绘制”按钮，新建一张草图。

（3）单击“视图（前导）”工具栏中的“正视于”按钮，正视于上视视图。

（4）单击“草图”控制面板中的“中心线”按钮，在草图绘制平面通过原点绘制两条相互垂直的中心线。

（5）单击“草图”控制面板中的“圆”按钮，弹出“圆”属性管理器，如图4-76所示，绘制一个以原点为圆心，半径为90.00mm的圆，选中“作为构造线”复选框，将圆作为构造线。结果如图4-77所示。

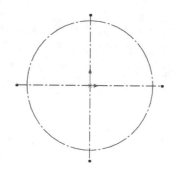

图 4-76　“圆”属性管理器

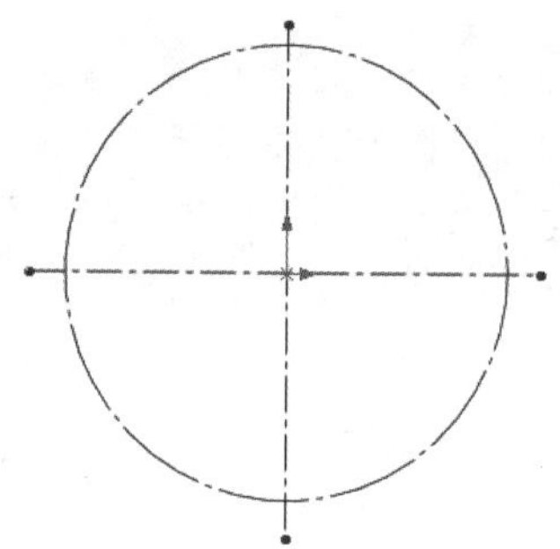

图 4-77　绘制构造圆

（6）单击“草图”控制面板中的“圆”按钮，绘制圆。

（7）单击“草图”控制面板中的“智能尺寸”按钮，标注绘制的法兰草图如图4-78所示，并标注尺寸。

（8）单击“特征”控制面板中的“拉伸凸台/基体”按钮，设定拉伸的终止条件为：“给定深度”。在（深度）文本框中设置拉伸深度为10.00mm，保持其他选项的系统默认值不变，设置如图4-79所示，单击“确定”按钮，完成法兰的创建，如图4-80所示。

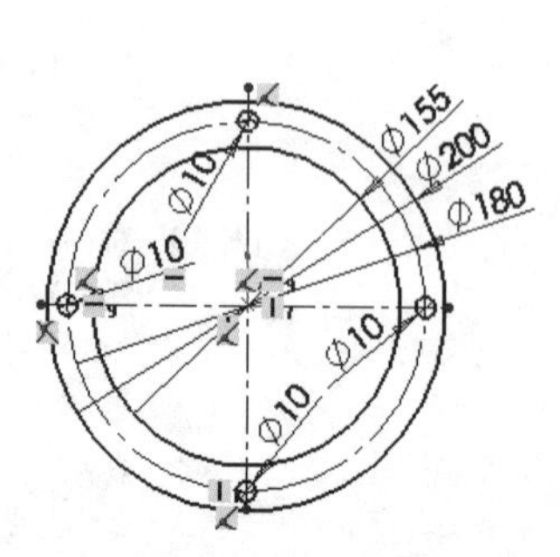

图 4-78　法兰草图 1

图 4-79　“凸台 - 拉伸”属性管理器

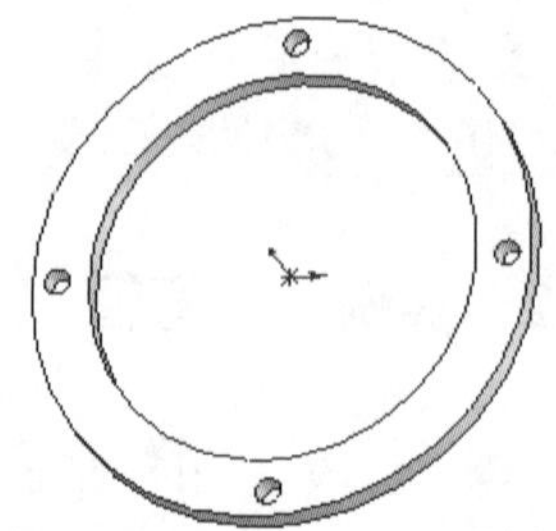

图 4-80　法兰

（9）选择法兰的上表面，单击“草图”控制面板中的“草图绘制”按钮，新建一张草图。

（10）单击“视图（前导）”工具栏中的“正视于”按钮，正视于该草图平面。

（11）单击“草图”控制面板中的“圆”按钮，分别绘制两个以原点为圆心，直径为160.00mm

和155.00mm的圆作为扫描轮廓，如图4-81所示。

（12）在FeatureManager设计树中选择前视基准面，单击“草图”控制面板中的“草图绘制”按钮，新建一张草图。

（13）单击“视图（前导）”工具栏中的“正视于”按钮，正视于前视视图。

（14）单击“草图”控制面板中的“圆心/起/终点画弧”按钮，在法兰上表面延伸的一条水平线上捕捉一点作为圆心，上表面原点作为圆弧起点，绘制一个1/4圆弧作为扫描路径，标注半径为250.00mm，如图4-82所示。

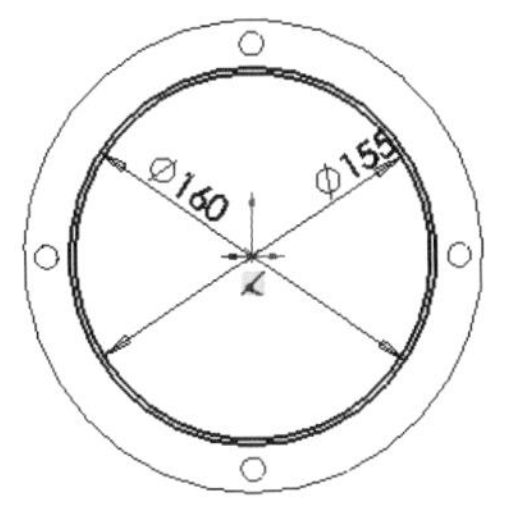

图 4-81　扫描轮廓

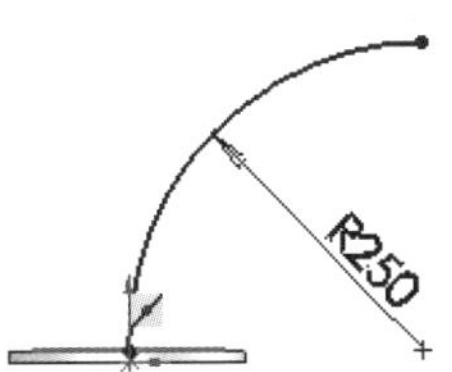

图 4-82　扫描路径

（15）单击“特征”控制面板中的“扫描”按钮，选择步骤（10）中的草图作为扫描轮廓，步骤（13）中的草图作为扫描路径，如图4-83所示。单击“确定”按钮，从而生成弯管部分，如图4-84所示。

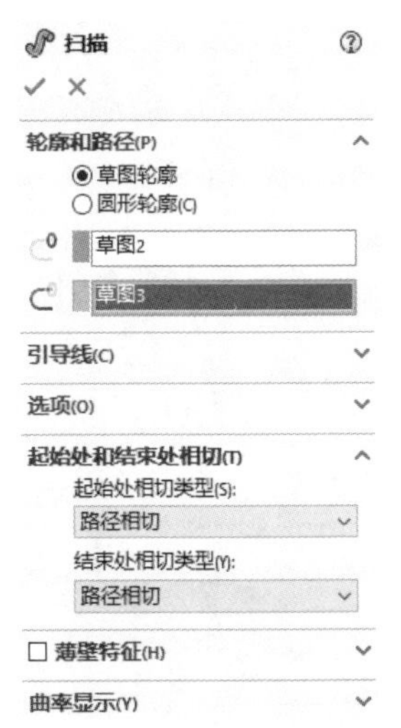

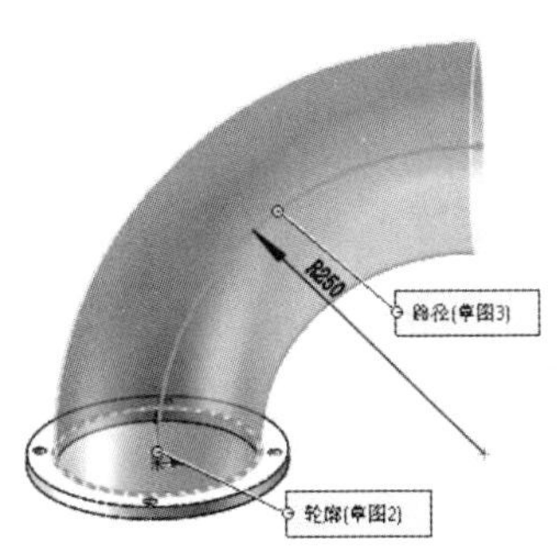

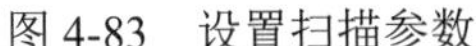

图 4-83　设置扫描参数

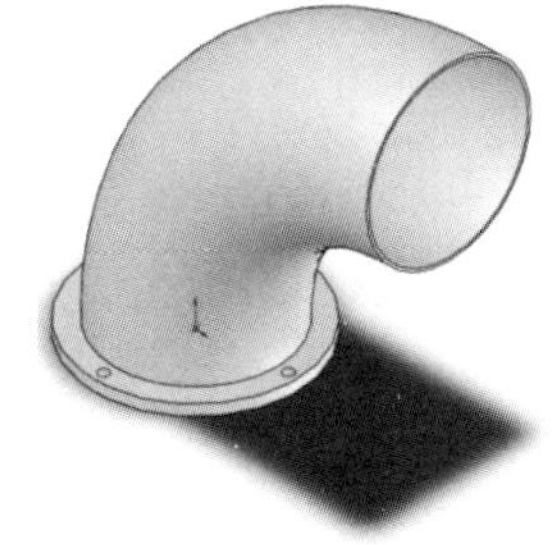

图 4-84　弯管

（16）选择弯管的另一端面，单击“草图”控制面板中的“草图绘制”按钮，新建一张草图。

（17）单击“视图（前导）”工具栏中的“正视于”按钮，正视于该草图。

（18）重复步骤（3）～步骤（6），绘制另一端的法兰草图2，如图4-85所示。

（19）单击“特征”控制面板中的“拉伸凸台/基体”按钮，设定拉伸的终止条件为“给定深度”。在文本框中设置拉伸深度为10.00mm，保持其他选项的系统默认值不变，设置如图4-86所示。单击“确定”按钮，完成法兰的创建。最终结果如图4-75所示。

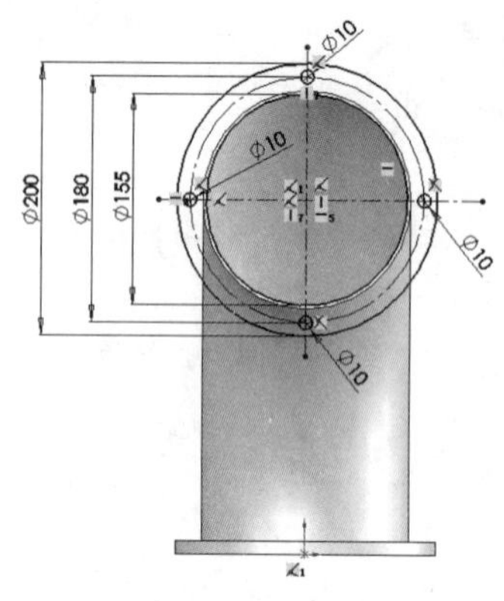

图 4-85　法兰草图 2

图 4-86　拉伸的设置

扫一扫，看视频

练一练——弹簧

本例创建的弹簧如图 4-87 所示。

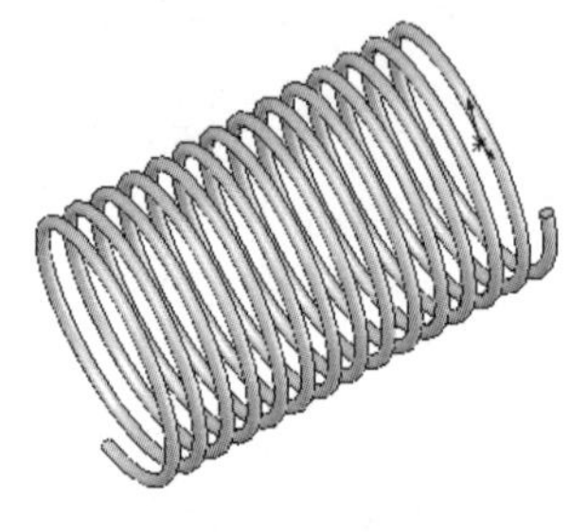
图 4-87　弹簧

思路点拨：

先绘制一个圆作为螺旋线的基圆，然后单击“曲线”工具栏中的“螺旋线/涡状线”按钮，在弹出的“螺旋线/涡状线”属性管理器中适当设置，生成螺旋线。接着在垂直于螺旋线起点位置创建一个垂直于螺旋线的基准面，在该基准面上绘制一个圆作为扫描轮廓，最后利用扫描功能生成弹簧实体，尺寸可以适当选取。

扫一扫，看视频

4.5.3　切除扫描特征

【执行方式】

- 工具栏：单击“特征”工具栏中的“切除扫描”按钮。
- 菜单栏：选择“插入”→“切除”→“扫描”菜单命令。
- 控制面板：单击“特征”控制面板中的“切除扫描”按钮。

打开源文件中的“4.5.3.SLDPRT”，执行上述命令后，打开“切除-扫描”属性管理器，同时在右侧的图形区中显示生成的切除扫描特征，如图 4-88 所示。

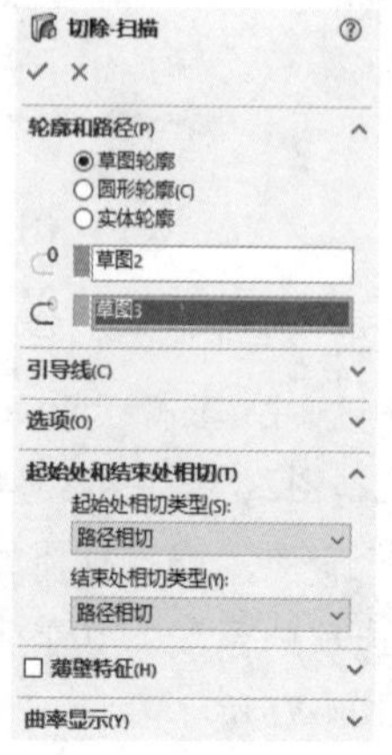

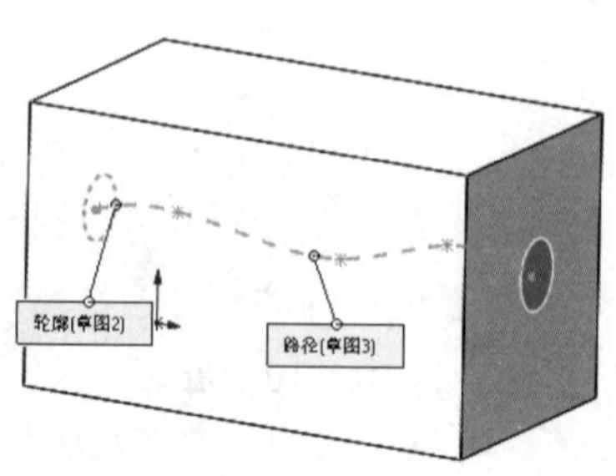

图 4-88　“切除-扫描”属性管理器

【操作说明】

（1）单击（轮廓）按钮，然后在图形区中选择轮廓草图。

（2）单击（路径）按钮，然后在图形区中选择路径草图。如果预先选择了轮廓草图或路径草图，则草图将显示在对应的属性管理器方框内。

（3）在“选项”选项组的“方位 / 扭转类型”下拉列表框中选择扫描方式。

其余选项同凸台/ 基体扫描。

4.5.4 实例——螺母

本实例首先绘制螺母外形轮廓草图并拉伸实体，然后旋转切除边缘的倒角，最后绘制内侧的螺纹。绘制的螺母如图 4-89 所示。

操作步骤　视频文件：动画演示\第 4 章\螺母.avi

1. 绘制螺母外形轮廓

（1）新建文件。启动 SOLIDWORKS 2022，选择菜单栏中的“文件”→“新建”命令，或者单击“快速访问”工具栏中的“新建”按钮，在弹出的“新建SOLIDWORKS文件”对话框中依次单击“零件”按钮和“确定”按钮，即可创建一个新的零件文件。

（2）绘制草图。在左侧的FeatureManager设计树中选择“前视基准面”作为绘制图形的基准面。单击“草图”控制面板中的“多边形”按钮，以原点为圆心绘制一个正六边形，其中多边形的一个角点在原点的正上方。

（3）标注尺寸。单击“草图”控制面板中的“智能尺寸”按钮，标注步骤（2）中绘制草图的尺寸。结果如图4-90所示。

（4）拉伸实体。单击“特征”控制面板中的“拉伸凸台/基体”按钮，此时系统弹出“凸台-拉伸”属性管理器。设置“深度”为30.00mm，然后单击“确定”按钮。

（5）设置视图方向。单击“视图（前导）”工具栏中的“等轴测”按钮，将视图以等轴测方向显示。结果如图4-91所示。

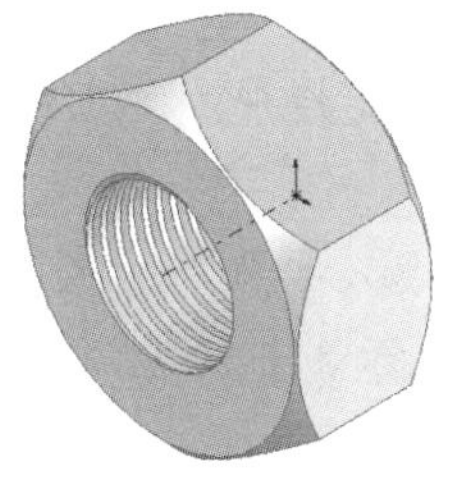

图 4-89　螺母

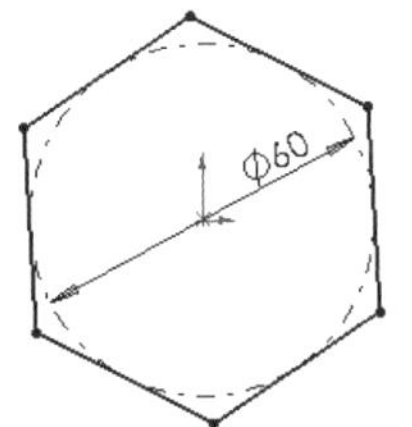

图 4-90　标注的草图

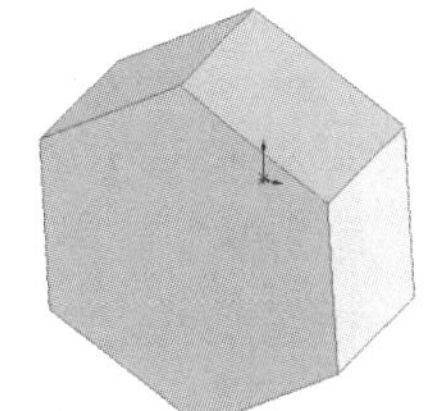

图 4-91　拉伸后的图形

2. 绘制边缘倒角

（1）设置基准面。在左侧的FeatureManager设计树中选择“右视基准面”，然后单击“视图（前导）”工具栏中的“正视于”按钮，将该基准面作为绘制图形的基准面。

（2）绘制草图。单击“草图”控制面板中的“中心线”按钮，绘制一条通过原点的水平中心线；单击“草图”控制面板中的“直线”按钮，绘制螺母两侧的两个三角形。

（3）标注尺寸。单击“草图”控制面板中的“智能尺寸”按钮，标注步骤（2）中绘制草图的尺寸。结果如图4-92所示。

（4）旋转切除实体。单击“特征”控制面板中的“切除旋转”按钮，此时系统弹出“切除-旋转”属性管理器，如图4-93所示。在“旋转轴”选项组中，选择绘制的水平中心线，然后单击“确定”按钮。

（5）设置视图方向。单击“视图（前导）”工具栏中的“等轴测”按钮，将视图以等轴测方向显示。结果如图4-94所示。

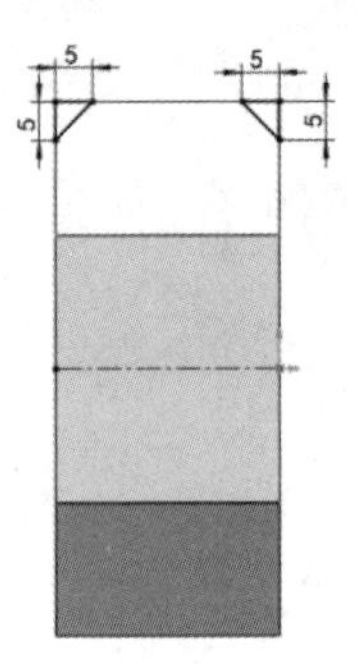

图 4-92　标注的草图

图 4-93　“切除-旋转”属性管理器

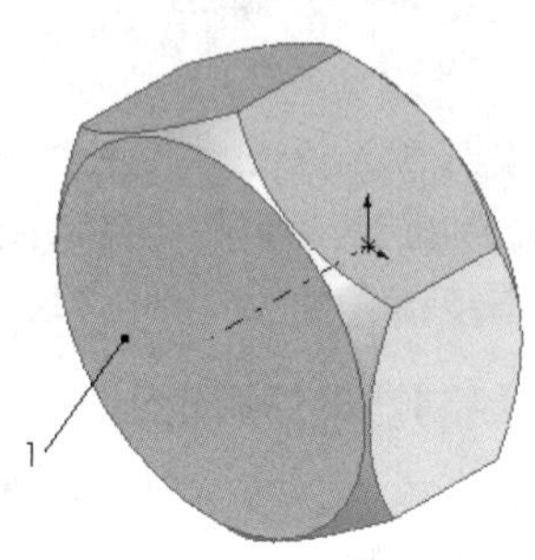

图 4-94　旋转切除后的图形

3. 绘制内侧螺纹

（1）设置基准面。单击图4-94中表面1，然后单击“视图（前导）”工具栏中的“正视于”按钮，将该表面作为绘制图形的基准面。

（2）绘制草图。单击“草图”控制面板中的“圆”按钮，以原点为圆心绘制一个圆。

（3）标注尺寸。单击“草图”控制面板中的“智能尺寸”按钮，标注圆的直径。结果如图4-95所示。

（4）拉伸切除实体。单击“特征”控制面板中的“切除拉伸”按钮，此时系统弹出“切除-拉伸”属性管理器。在“终止条件”选项组中选择“完全贯穿”选项，然后单击“确定”按钮。

（5）设置视图方向。单击“视图（前导）”工具栏中的“等轴测”按钮，将视图以等轴测方向显 示。结果如图4-96所示。

（6）设置基准面。单击图4-96中表面1，然后单击“视图（前导）”工具栏中的“正视于”按钮，将该表面作为绘制图形的基准面。

（7）绘制草图。单击“草图”控制面板中的“圆”按钮，以原点为圆心绘制一个圆。

（8）标注尺寸。单击“草图”控制面板中的“智能尺寸”按钮，标注圆的直径。结果如图4-97所示。

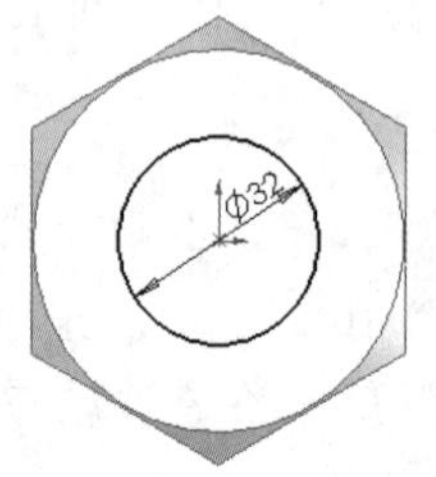

图 4-95　标注的草图 1

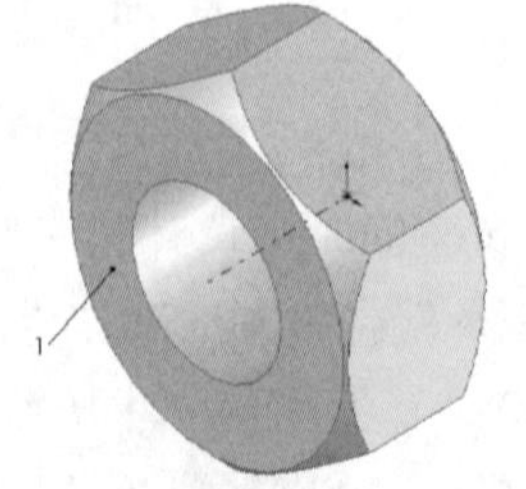

图 4-96　拉伸切除后的图形

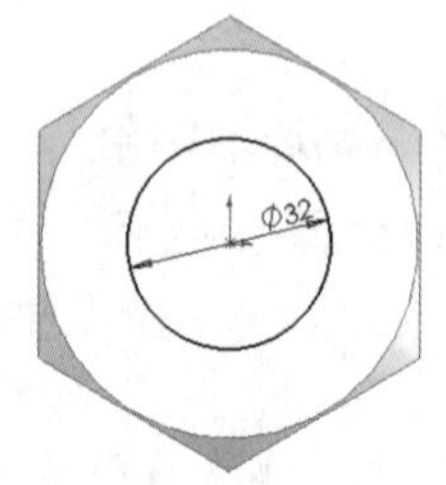

图 4-97　标注的草图 2

（9）生成螺旋线。选择菜单栏中的“插入”→“曲线”→“螺旋线/涡状线”命令，或者单击“曲线”工具栏中的“螺旋线和涡状线”按钮，此时系统弹出如图4-98所示的“螺旋线/涡状线”属性管理器。按照图示进行设置后，单击属性管理器中的“确定”按钮。

（10）设置视图方向。单击“视图（前导）”工具栏中的“等轴测”按钮，将视图以等轴测方向显示。结果如图4-99所示。

（11）设置基准面。在左侧的FeatureManager设计树中选择“右视基准面”，然后单击“视图（前导）”工具栏中的“正视于”按钮，将该基准面作为绘制图形的基准面。

（12）绘制草图。单击“草图”控制面板中的“多边形”按钮，以螺旋线右上端点为圆心绘制一个正三角形。

（13）标注尺寸。单击“草图”控制面板中的“智能尺寸”按钮，标注步骤（12）中绘制的正三角形内切圆的直径。结果如图4-100所示，然后退出草图绘制状态。

（14）扫描切除实体。单击“特征”控制面板中的“扫描切除”按钮，此时系统弹出“切除-扫描”属性管理器。在“轮廓”选项组中选择图4-100中绘制的正三角形；在“路径”选项组中选择图4-99中绘制的螺旋线。单击属性管理器中的“确定”按钮。最终结果如图4-89所示。

（15）设置视图方向。单击“视图（前导）”工具栏中的“等轴测”按钮，将视图以等轴测方向显示。

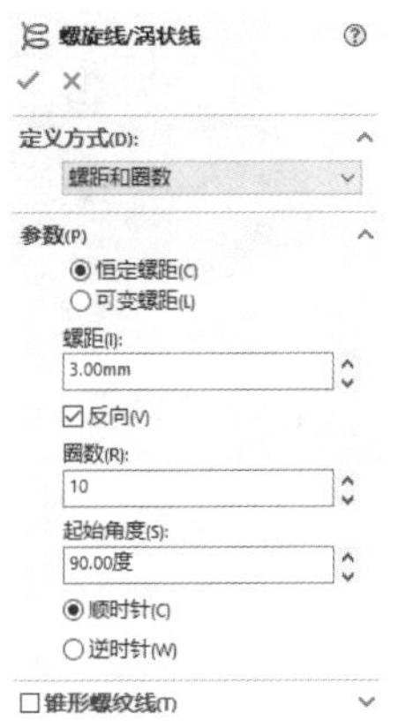

图 4-98　“螺旋线/涡状线”属性管理器

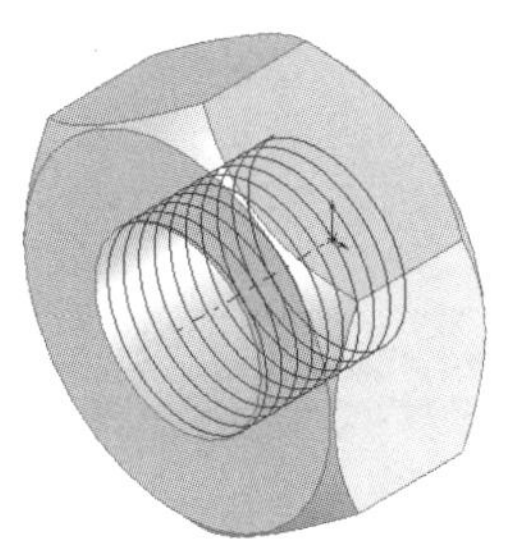

图 4-99　生成的螺旋线

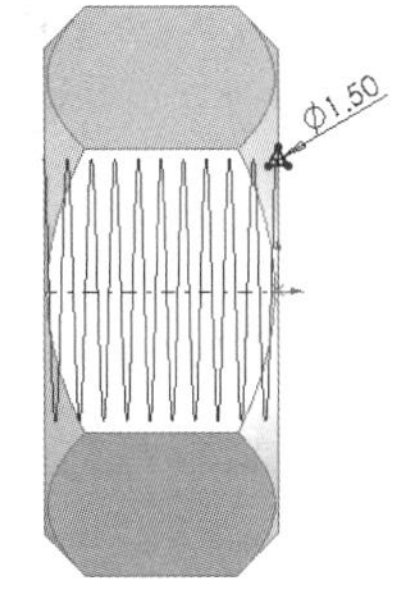

图 4-100　标注的草图 3

4.6　放 样 特 征

放样是指连接多个剖面或轮廓形成的基体、凸台或切除，通过在轮廓之间过渡来生成特征。如图 4-101 所示为放样特征实例。

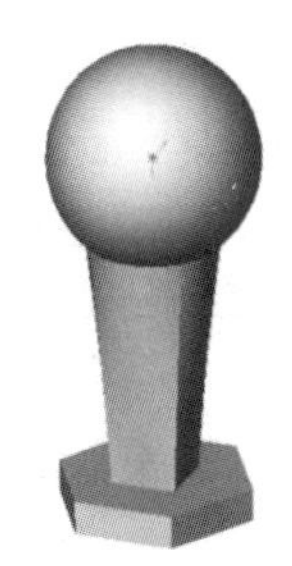

图 4-101　放样特征实例

扫一扫，看视频

4.6.1　放样凸台/基体

【执行方式】

- 工具栏：单击“特征”工具栏中的“放样凸台/基体”按钮。
- 菜单栏：选择“插入”→“凸台/基体”→“放样”菜单命令。

➘ 控制面板：单击“特征”控制面板中的“放样凸台/基体”按钮。

打开源文件中的“4.6.1.SLDPRT”，执行上述命令后，打开“放样”属性管理器，单击图 4-102 中每个轮廓上相应的点，按顺序选择空间轮廓和其他轮廓的面，此时被选择轮廓显示在“轮廓”选项组中，在右侧的图形区中显示生成的放样特征，如图 4-103 所示。

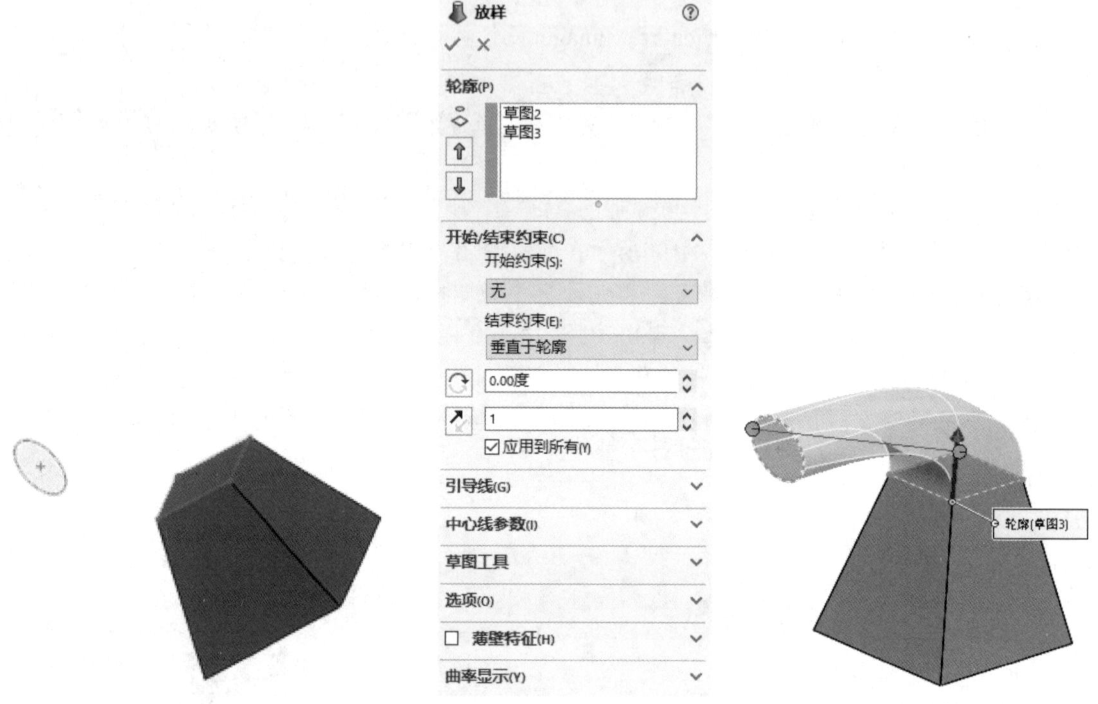

图 4-102　实体模型　　　图 4-103　“放样”属性管理器

【操作说明】

（1）单击“上移”按钮或“下移”按钮，改变轮廓的顺序。此项只针对两个以上轮廓的放样特征。

（2）如果存在多条引导线，可以单击上移按钮或下移按钮，改变使用引导线的顺序。

（3）在“中心线参数”选项组中单击中心线框按钮，然后在图形区中选择中心线，此时在图形区中将显示随中心线变化的放样特征。

（4）调整“截面数”滑块来更改在图形区显示的预览数。

（5）如果要在放样的开始和结束处控制相切，则设置“开始/结束约束”选项组。

➘ 无：不应用相切。

➘ 垂直于轮廓：放样在起始和终止处与轮廓的草图基准面垂直。

➘ 方向向量：放样与所选的边线或轴相切，或与所选基准面的法线相切。

图 4-104 所示说明了相切选项的差异。

（6）如果要生成薄壁放样特征，则选中“薄壁特征”复选框，从而激活薄壁选项。

➘ 选择薄壁类型（单向、两侧对称或双向）。

➘ 设置薄壁厚度。

（7）放样属性设置完毕，单击“确定”按钮，完成放样。

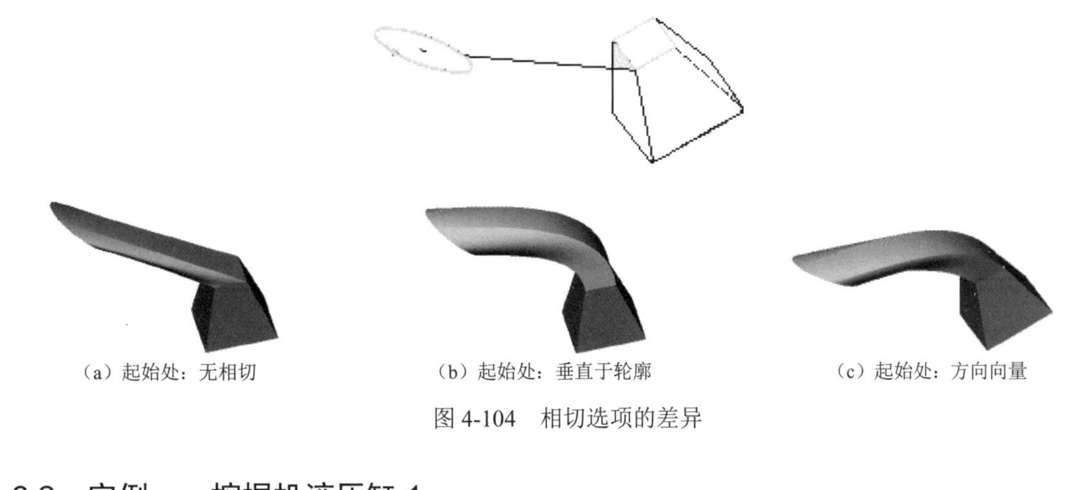

（a）起始处：无相切
（b）起始处：垂直于轮廓
（c）起始处：方向向量

图 4-104　相切选项的差异

4.6.2　实例——挖掘机液压缸 1

本实例首先绘制液压缸 1 的外形轮廓草图，然后拉伸成为液压缸 1 主体轮廓，接着利用“放样”命令和“拉伸”命令绘制两端，最后进行倒圆角处理。绘制的液压缸 1，如图 4-105 所示。

操作步骤　视频文件：动画演示\第 4 章\挖掘机液压缸 1.avi

（1）新建文件。启动SOLIDWORKS 2022，选择菜单栏中的“文件”→“新建”命令，或者单击“快速访问”工具栏中的“新建”按钮，在弹出的“新建 SOLIDWORKS 文件”对话框中选择“零件”按钮，然后单击“确定”按钮，创建一个新的零件文件。

（2）绘制草图1。在左侧的FeatureManager设计树中选择“前视基准面”作为绘制图形的基准面。单击“草图”控制面板中的“圆”按钮，在坐标原点绘制直径为25.00mm和45.00mm的圆。标注尺寸后结果如图4-106 所示。

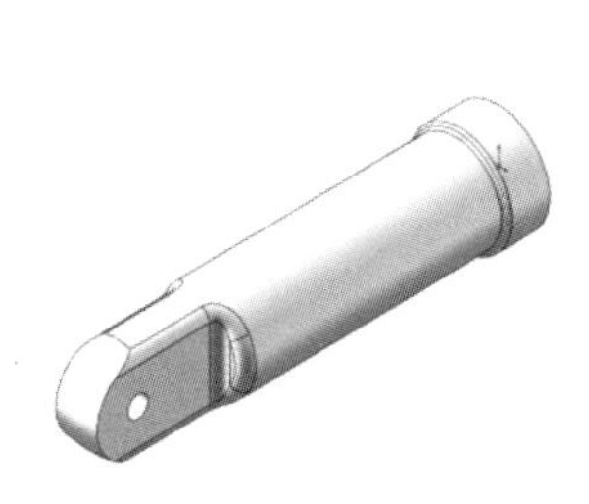

图 4-105　液压缸 1

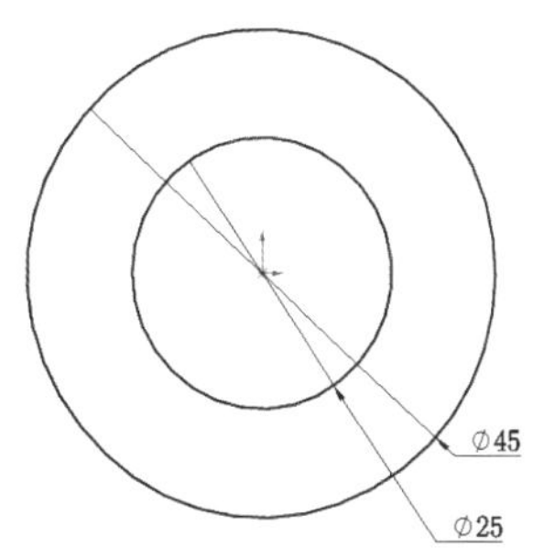

图 4-106　绘制草图 1

（3）拉伸实体。单击“特征”控制面板中的“拉伸凸台/基体”按钮，此时系统弹出如图4-107所示的“凸台-拉伸”属性管理器。设置拉伸终止条件为“给定深度”，输入拉伸距离为135.00mm，然后单击“确定”按钮✔。结果如图4-108所示。

（4）绘制草图。在视图中选择如图4-108所示的面1作为绘制图形的基准面。单击“草图”控制面板中的“圆”按钮，在坐标原点绘制直径为45.00mm的圆。

（5）拉伸实体。单击“特征”控制面板中的“拉伸凸台/基体”按钮，此时系统弹出如图4-109所示的“凸台-拉伸”属性管理器。设置拉伸终止条件为“给定深度”，输入拉伸距离为51.25mm，然后单击“确定”按钮✔。结果如图4-110所示。

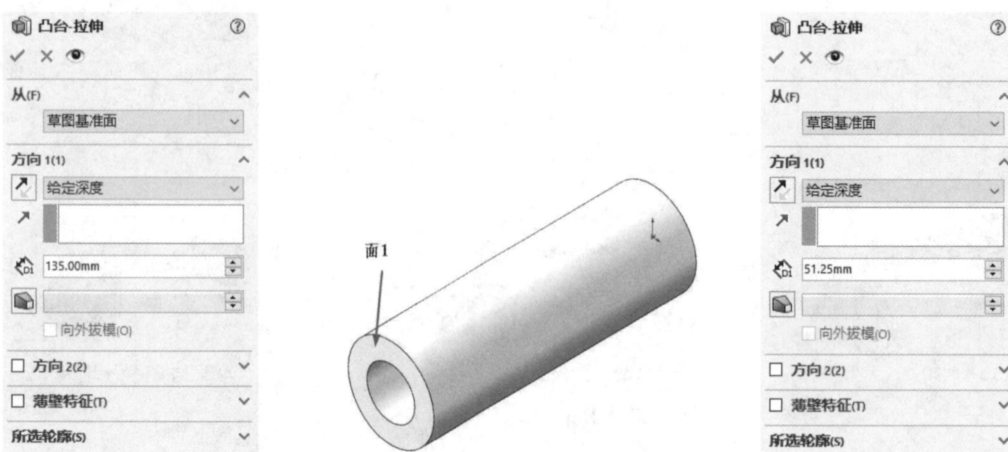

图 4-107 “凸台 - 拉伸”属性管理器（1） 图 4-108 拉伸后的图形 图 4-109 “凸台 - 拉伸”属性管理器（2）

（6）绘制草图。在视图中选择如图4-110所示的面1作为绘制图形的基准面。单击“草图”控制面板中的“转换实体引用”按钮、“直线”按钮和“剪裁实体”按钮，绘制并标注如图4-111所示的草图。

（7）切除拉伸实体。单击“特征”控制面板中的“切除拉伸”按钮，此时系统弹出如图4-112所示的“切除-拉伸”属性管理器。设置终止条件为“给定深度”，输入拉伸切除距离为40.00mm，然后单击属性管理器中的“确定”按钮。结果如图4-113所示。

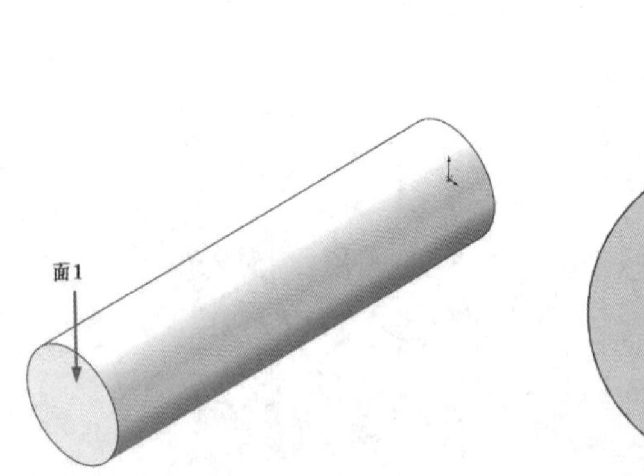

图 4-110 拉伸后的图形

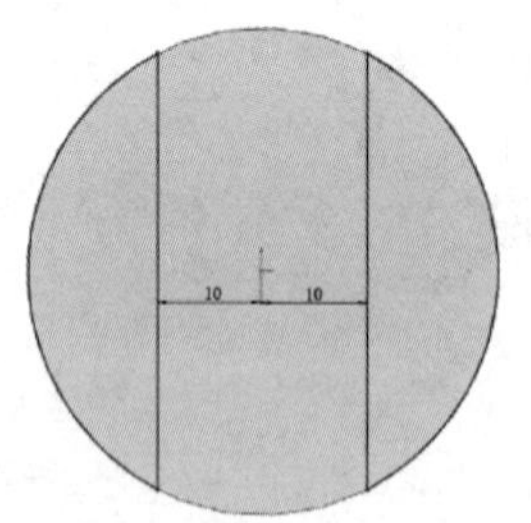

图 4-111 标注草图尺寸

图 4-112 “切除-拉伸”属性管理器（3）

（8）绘制草图2。在视图中选择如图4-113所示的面1作为绘制图形的基准面。单击“草图”控制面板中的“圆心/起/终点画弧”按钮和“直线”按钮，绘制如图4-114 所示的草图。单击“退出草图”按钮，退出草图。

（9）重复步骤（8），在另一侧绘制草图。

（10）放样实体。单击“特征”控制面板中的“放样凸台/基体”按钮，此时系统弹出如图4-115所示的“放样”属性管理器。选择步骤（9）绘制的两个草图为放样轮廓，选择边线为引导线，然后单击“确定”按钮。结果如图4-116所示。

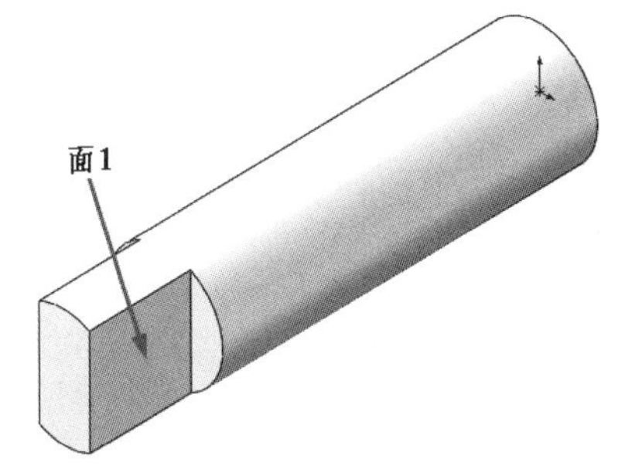

图 4-113 切除后的图形

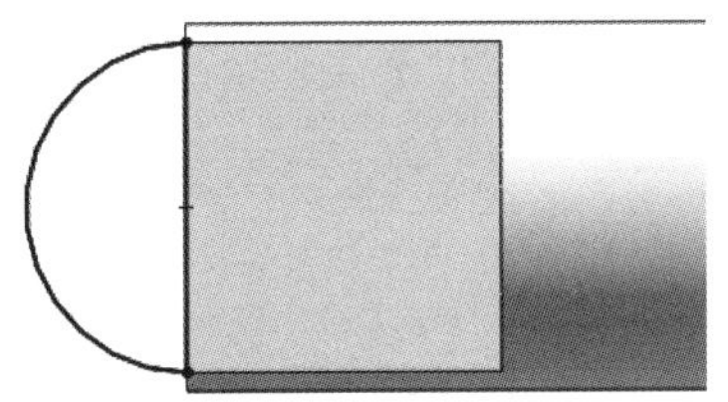

图 4-114 绘制草图 2

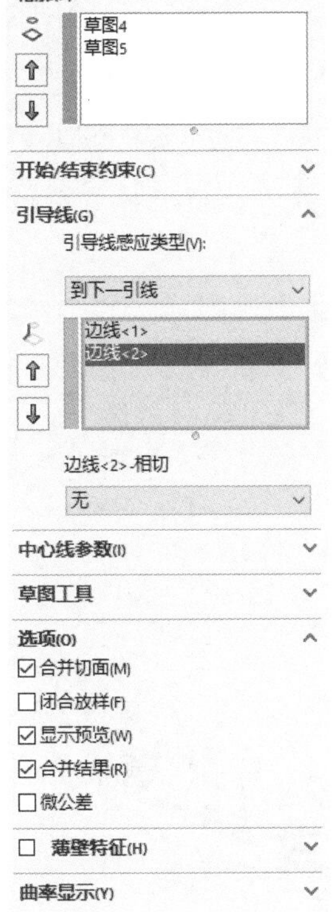

图 4-115 “放样”属性管理器

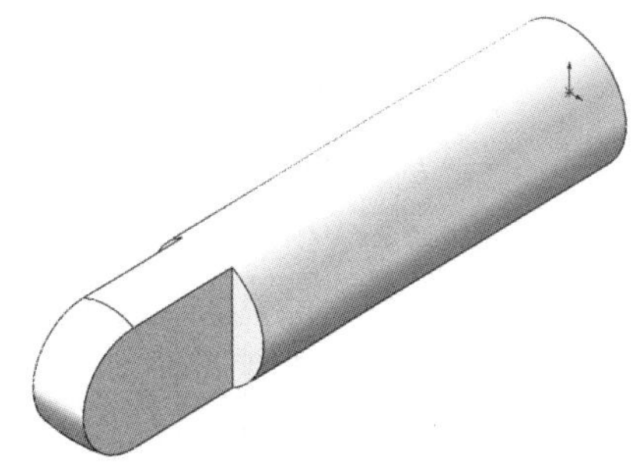

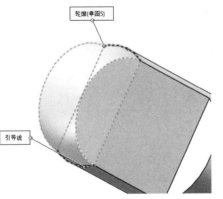

图 4-116 放样实体结果

（11）绘制草图。在视图中选择如图4-113所示的面1作为绘制图形的基准面。单击“草图”控制面板中的“圆”按钮，绘制草图3，如图4-117所示。

（12）切除拉伸实体。单击“特征”控制面板中的“切除拉伸”按钮，此时系统弹出如图4-118所示的“切除-拉伸”属性管理器。设置终止条件为“完全贯穿”，然后单击属性管理器中的“确定”按钮。结果如图4-119所示。

（13）绘制草图。在左侧的FeatureManager设计树中选择“前视基准面”作为绘制图形的基准面。单击“草图”控制面板中的“圆”按钮、“转换实体引用”按钮和“等距实体”按钮，绘制如图4-120 所示的草图。

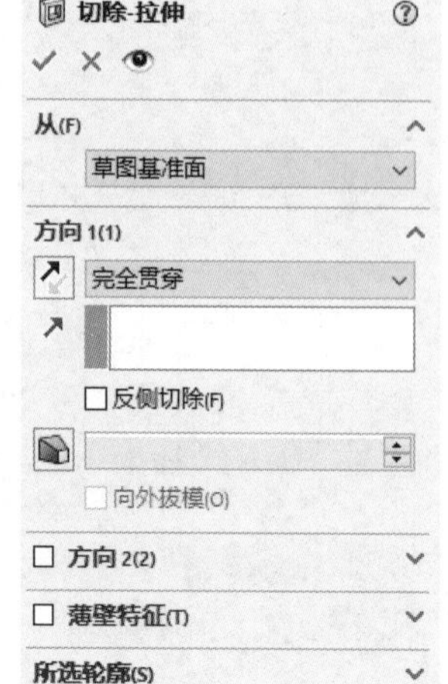

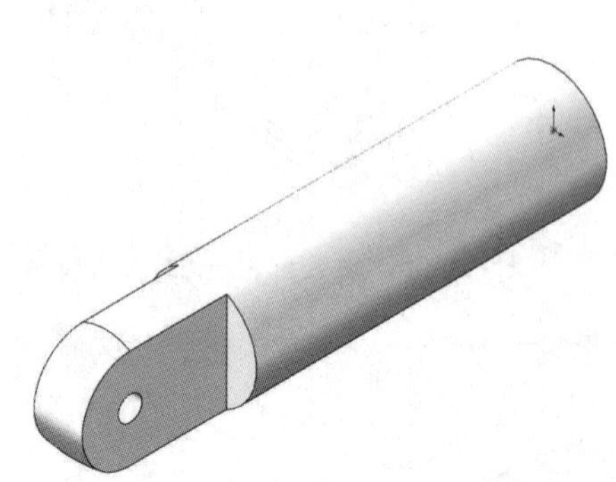

图 4-117　绘制草图 3　　图 4-118　“切除 - 拉伸”属性管理器　　图 4-119　切除结果

（14）拉伸实体。单击“特征”控制面板中的“拉伸凸台/基体”按钮，此时系统弹出如图4-121所示的“凸台-拉伸”属性管理器。设置拉伸终止条件为“给定深度”，输入拉伸距离为20.00mm，然后单击“确定”按钮✔。结果如图4-122所示。

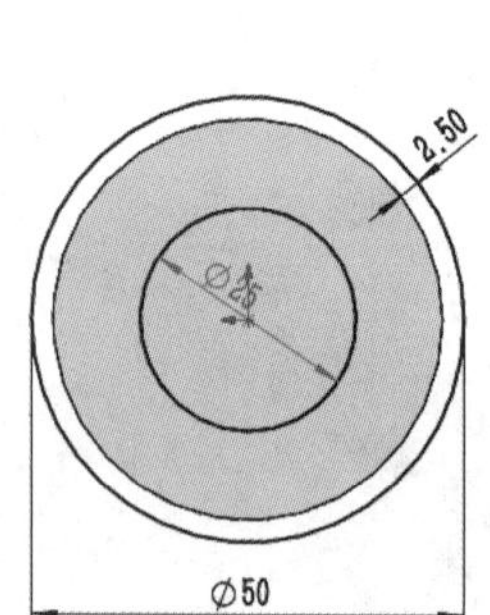

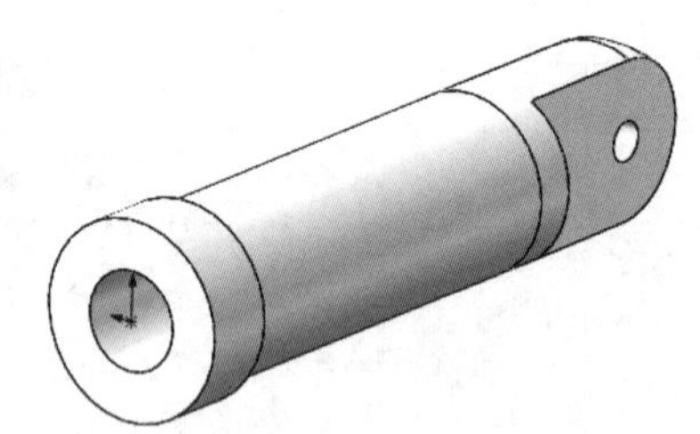

图 4-120　绘制草图 4　　图 4-121　“凸台 - 拉伸”属性管理器　　图 4-122　拉伸结果

（15）圆角实体（此步骤涉及的功能将在第5章中学习，这里可以暂缓操作）。单击“特征”控制面板中的“圆角”按钮，此时系统弹出如图4-123所示的“圆角”属性管理器。在“半径”文本框中输入值5.00mm，取消选择“切线延伸”，然后选取图4-123中的边线。单击属性管理器中的“确定”按钮✔。结果如图4-124所示。重复“圆角”命令，选择如图4-124 所示的边线，输入圆角半径值为1.25mm。最终结果如图4-105所示。

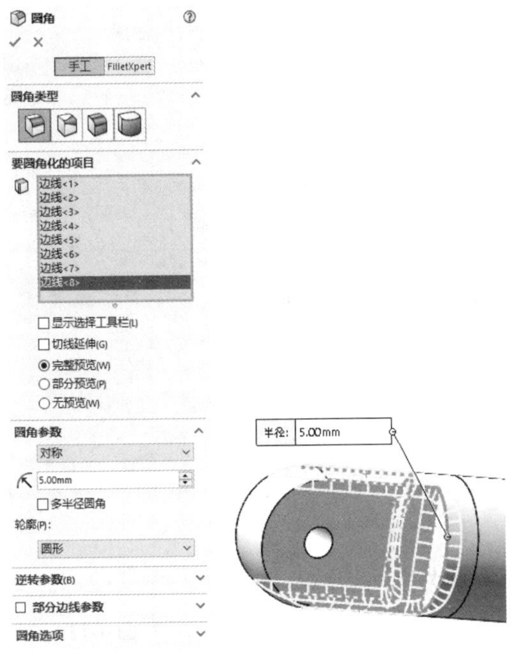

图 4-123　“圆角”属性管理器

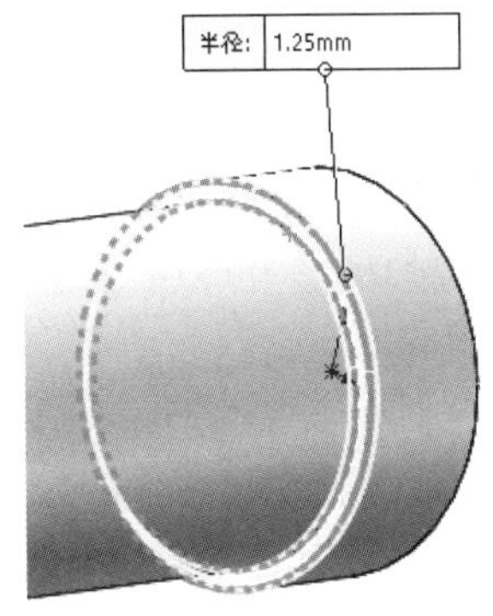

图 4-124　选择圆角边

4.6.3　切除放样特征

“切除放样”是指在两个或多个轮廓之间通过移除材质来切除实体模型。

【执行方式】

- 工具栏：单击“特征”工具栏中的“切除放样”按钮。
- 菜单栏：选择“插入”→“切除”→“放样”菜单命令。
- 控制面板：单击“特征”控制面板中的“切除放样”按钮。

打开源文件中的“4.6.3.SLDPRT”，执行上述命令后，打开“切除-放样”属性管理器，单击每个轮廓上相应的点，按顺序选择空间轮廓和其他轮廓的面，此时被选择轮廓显示在“轮廓”选项组中，在右侧的图形区中显示生成的放样特征，如图 4-125 所示。

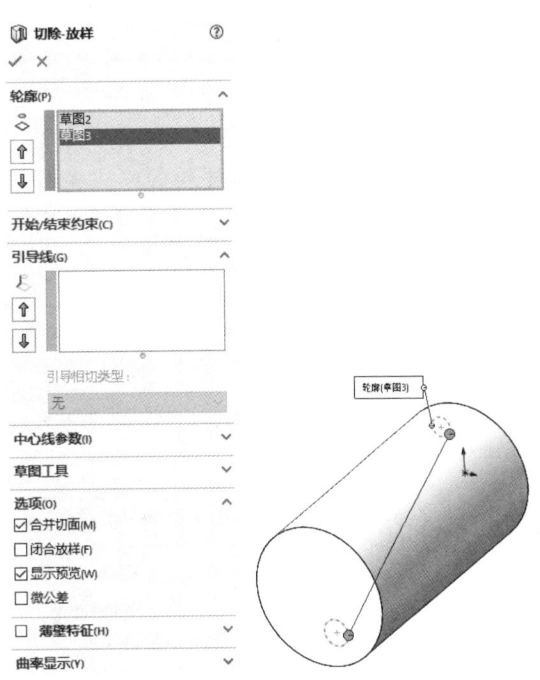

图 4-125　“切除-放样”属性管理器

【操作说明】

（1）单击“上移”按钮或“下移”按钮，改变轮廓的顺序。此项只针对两个以上轮廓的放样特征。

（2）其余选项设置同“凸台 - 放样”属性管理器。

扫一扫，看视频

练一练——叶轮叶片

试利用上面所学知识绘制叶轮叶片，如图 4-126 所示。

图 4-126　叶轮叶片

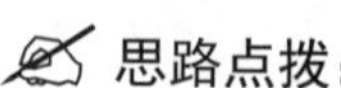
思路点拨：

先用拉伸工具绘制叶轮轴，然后利用放样工具生成叶轮叶片，尺寸可以适当选取。

扫一扫，看视频

4.7　综合实例——十字螺丝刀

本实例通过十字螺丝刀这个相对复杂的三维模型的绘制掌握基本特征建模的各种功能，重点要求读者掌握各种基本特征的灵活应用，难点是扫描特征。

本例绘制十字螺丝刀，如图 4-127 所示。首先绘制螺丝刀主体轮廓草图并通过旋转创建主体部分，然后绘制草图并通过拉伸切除创建细化手柄，最后通过扫描切除创建十字头部。

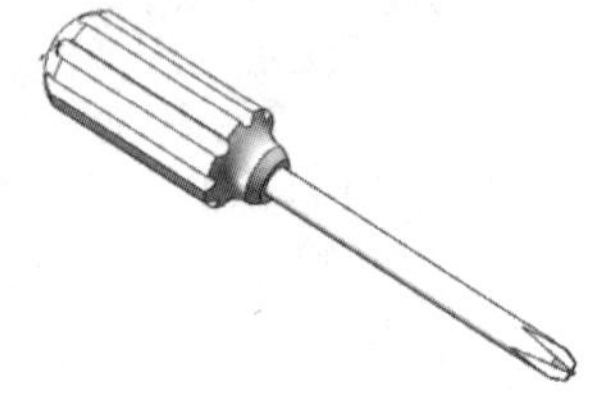
图 4-127　十字螺丝刀

操作步骤　视频文件：动画演示\第 4 章\十字螺丝刀.avi

1．绘制螺丝刀主体

（1）选择菜单栏中的“文件”→“新建”命令，或者单击“快速访问”工具栏中的“新建”按钮，在弹出的“新建SOLIDWORKS文件”属性管理器中依次单击“零件”按钮和“确定”按钮，创建一个新的零件文件。

（2）在左侧的FeatureManager设计树中选择“上视基准面”作为绘图基准面。单击“草图”控制面板中的“3点圆弧”按钮和“直线”按钮，绘制草图。

（3）单击“草图”控制面板中的“智能尺寸”按钮，标注步骤（2）中绘制的草图。结果如图4-128所示。

（4）单击“特征”控制面板中的“旋转凸台/基体”按钮，此时系统弹出如图4-129所示的“旋转”属性管理器。设定旋转的终止条件为“给定深度”，输入旋转角度为360.00°，保持其他选项的系统默认值不变。单击属性管理器中的“确定”按钮。结果如图4-130所示。

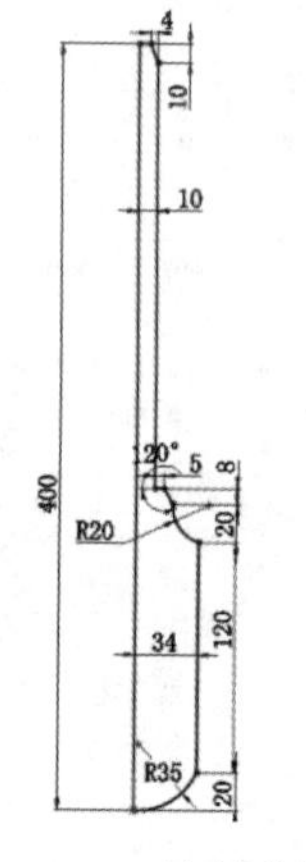

图 4-128　绘制草图

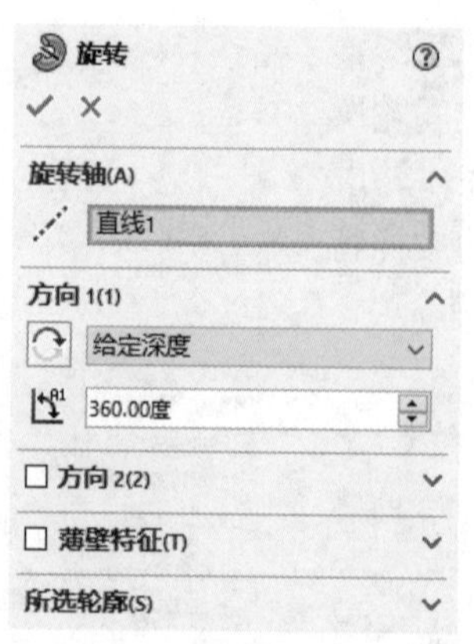

图 4-129　“旋转”属性管理器

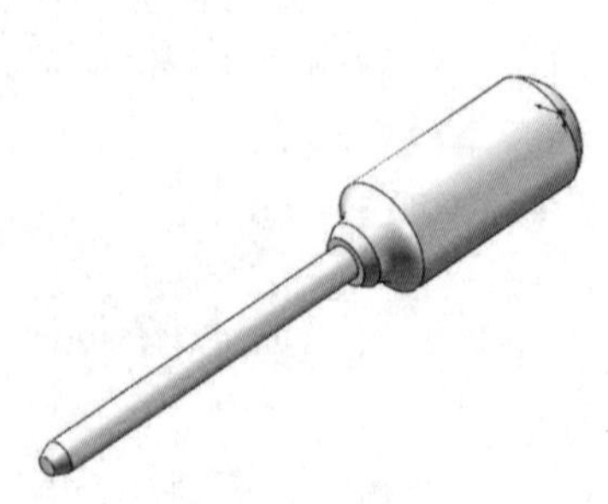
图 4-130　旋转实体

2. 细化手柄

（1）在左侧的FeatureManager设计树中选择“前视基准面”作为绘图基准面。单击“草图”控制面板中的“圆”按钮，以原点为圆心绘制一个大圆，并以原点正上方的大圆边界处为圆心绘制一个小圆。

（2）单击“草图”控制面板中的“智能尺寸”按钮，标注步骤（1）中绘制的圆的直径。结果如图4-131所示。

（3）单击“草图”控制面板中的“圆周草图阵列”按钮，此时系统弹出如图4-132所示的“圆周阵列”属性管理器。按照图示进行设置后，单击属性管理器中的“确定”按钮✓。结果如图4-133所示。

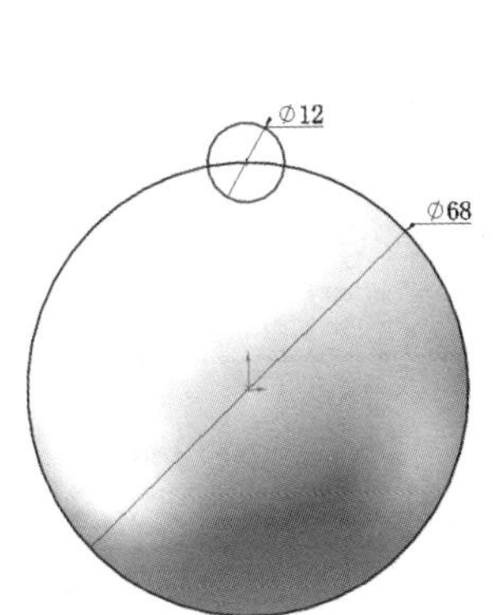

图 4-131　标注的草图

图 4-132　“圆周阵列”属性管理器

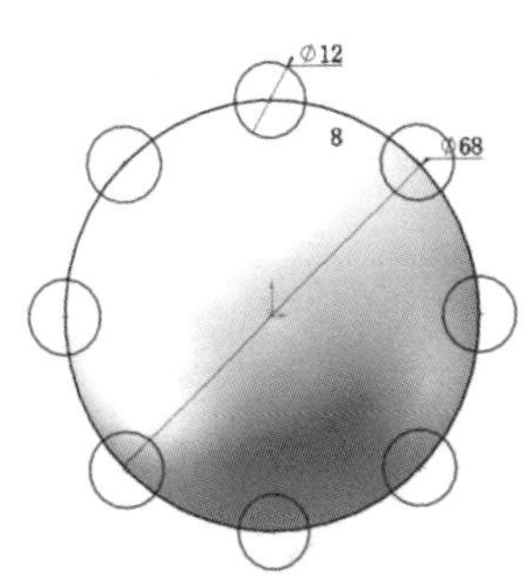

图 4-133　阵列后的草图

（4）单击“草图”控制面板中的“剪裁实体”按钮，剪裁图中相应的圆弧处。结果如图4-134所示。

（5）单击“特征”控制面板中的“切除拉伸”按钮，此时系统弹出如图4-135所示的“切除-拉伸”属性管理器。设置终止条件为“完全贯穿”，选中“反侧切除”复选框，然后单击“确定”按钮✓。结果如图4-136所示。

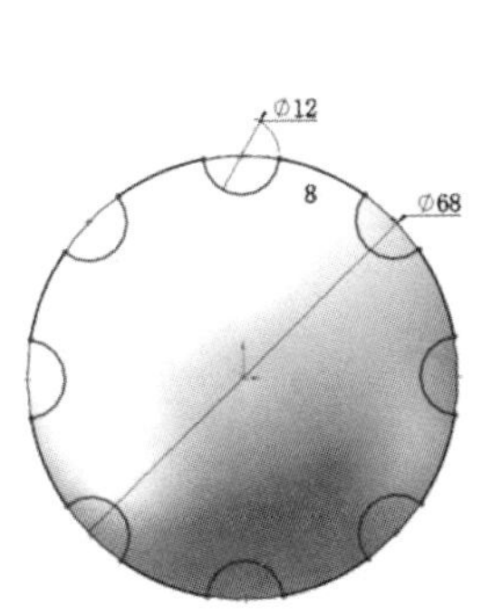

图 4-134　剪裁后的草图

图 4-135　“切除-拉伸”属性管理器

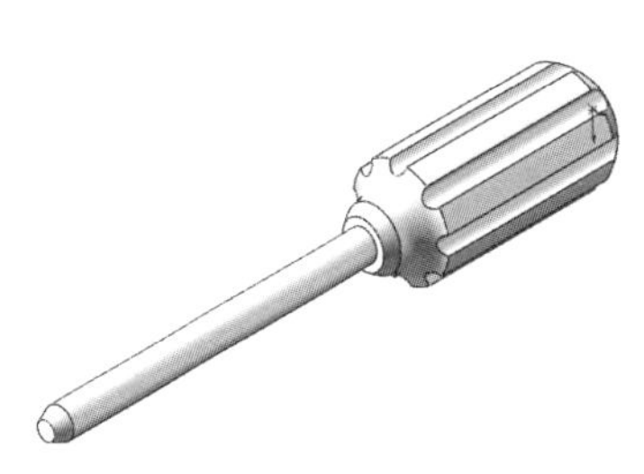

图 4-136　切除实体

3．绘制十字头部

（1）单击图4-136中前表面，然后单击“视图（前导）”工具栏中的“正视于”按钮，将该表面作为绘制图形的基准面。

（2）单击“草图”控制面板中的“转换实体引用”按钮、“中心线”按钮、“直线”按钮和“剪裁实体”按钮，绘制如图4-137 所示的草图并标注尺寸。单击“退出草图”按钮，退出草图。

（3）在左侧的FeatureManager设计树中选择“上视基准面”作为绘图基准面。然后单击“前导视图”工具栏中的“正视于”按钮，将该表面作为绘制图形的基准面。

（4）单击“草图”控制面板中的“直线”按钮，绘制如图4-138所示的草图并标注尺寸。单击“退出草图”按钮，退出草图。

（5）单击“特征”控制面板中的“切除扫描”按钮，此时系统弹出如图4-139所示的“切除-扫描”属性管理器。在视图中选择扫描轮廓草图为扫描轮廓，选择扫描路径草图为扫描路径，然后单击“确定”按钮。结果如图4-140所示。

图 4-137　标注的草图

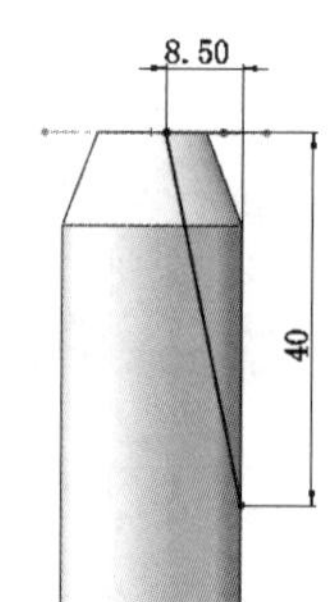

图 4-138　绘制扫描路径草图

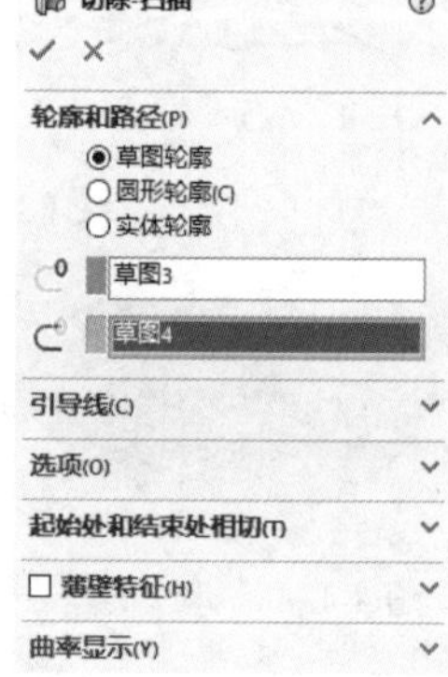

图 4-139　“切除-扫描”属性管理器

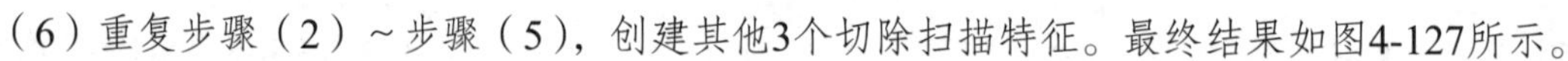
（6）重复步骤（2）～步骤（5），创建其他3个切除扫描特征。最终结果如图4-127所示。

扫一扫，看视频

练一练——机械臂

试利用上面所学知识绘制机械臂，如图 4-141 所示。

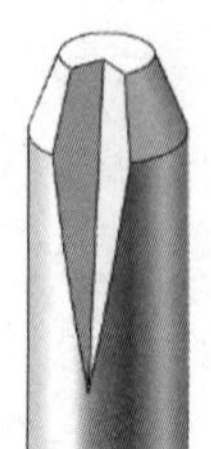
图 4-140　创建切除扫描实体

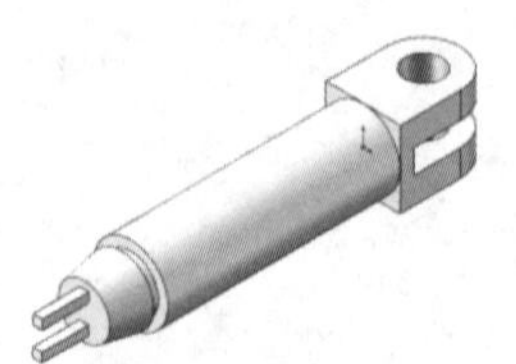
图 4-141　机械臂

思路点拨：

首先利用“拉伸”命令依次绘制小臂的外形轮廓，然后切除小臂局部实体，再绘制草图，利用“旋转”功能生成凹槽锥台，最后利用“拉伸”命令绘制两个方形柱体，尺寸可以适当选取。

第 5 章　放置特征建模

内容简介

在复杂的建模过程中，前面所学的基本特征命令有时不能完成相应的建模任务，需要利用一些高级的特征工具来完成模型的绘制或提高绘制的效率和规范性。这些功能使模型创建更精细化，能更广泛地应用于各行业。

内容要点

- 圆角（倒角）特征
- 拔模特征
- 抽壳特征
- 筋特征

案例效果

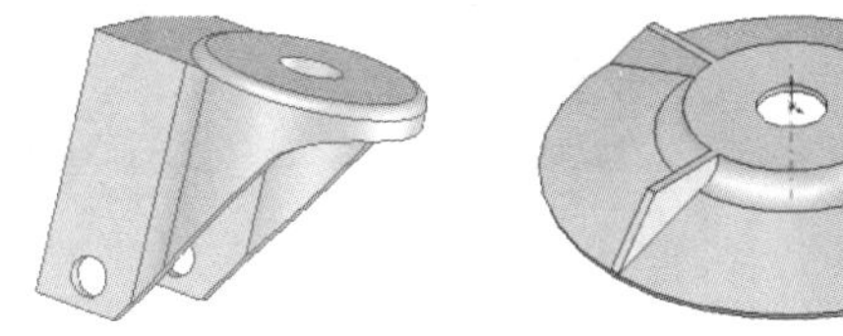

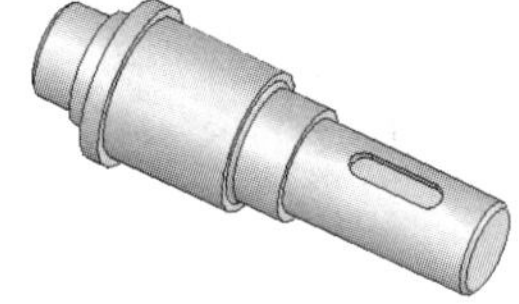

5.1　圆角（倒角）特征

使用圆角特征可以在一个零件上生成内圆角或外圆角。圆角特征在零件设计中起着十分重要作用，大多数情况下，如果能在零件特征上加入圆角，可有助于造型上的变化或产生平滑的效果。如图 5-1 所示为 SOLIDWORKS 2022 提供的专用“特征”工具栏，显示特征编辑命令。

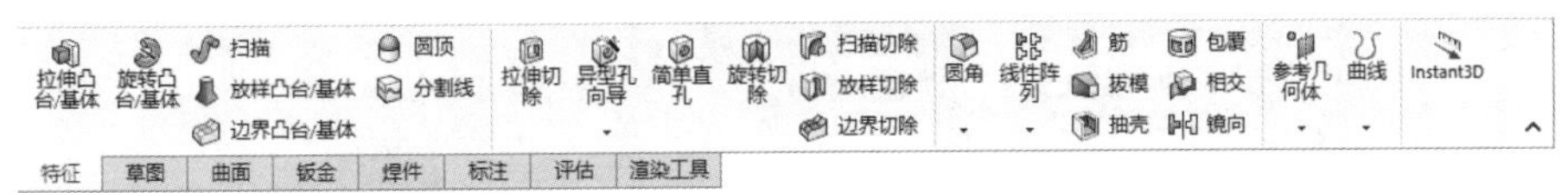

图 5-1　“特征”工具栏

扫一扫，看视频

5.1.1　创建圆角特征

【执行方式】

- 工具栏：单击“特征”工具栏中的“圆角”按钮。

- 菜单栏：选择“插入”→“特征”→“圆角”菜单命令。
- 控制面板：单击“特征”面板中的“圆角”按钮。

打开源文件中的“5.1.1.SLDPRT”，执行上述命令后，打开“圆角”属性管理器，如图 5-2 所示。

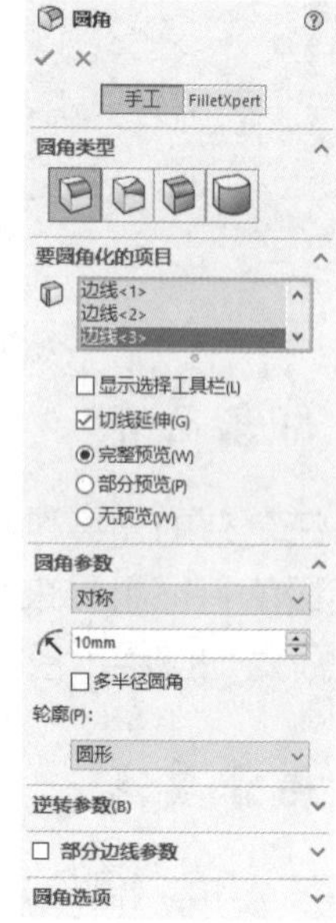

图 5-2 “圆角”属性管理器

【操作说明】

（1）在“圆角类型”选项组中，选择所需圆角类型。SOLIDWORKS 2022可以为一个面上的所有边线、多个面、多个边线或边线环创建圆角特征。SOLIDWORKS 2022中有以下几种圆角特征。

- 固定大小圆角特征：对所选边线以相同的圆角半径进行倒圆角操作。
- 变量大小圆角特征：可以为每条边线选择不同的圆角半径值。
- 面圆角特征：使用面圆角特征混合非相邻、非连续的面。
- 完整圆角特征：使用完整圆角特征可以生成相切于 3 个相邻面组（一个或多个面相切）的圆角。

如图 5-3 所示展示了几种圆角特征效果。

（2）在“圆角参数”选项组的（半径）文本框中设置圆角的半径。

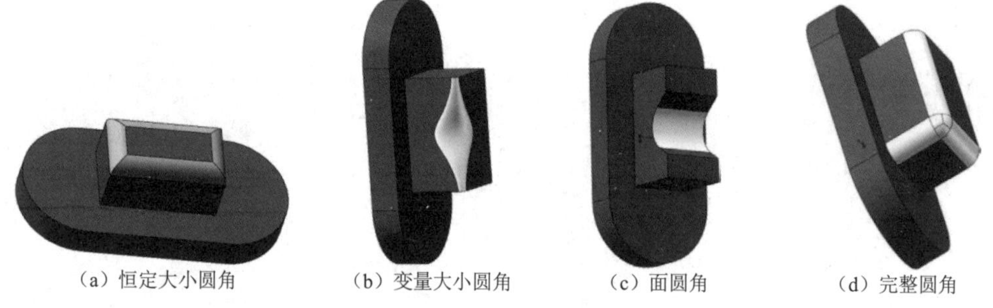

（a）恒定大小圆角　（b）变量大小圆角　（c）面圆角　（d）完整圆角

图 5-3 圆角特征效果

（3）单击（边线、面、特征和环）按钮右侧的列表框，然后在右侧的图形区中选择要进行圆角处理的模型边线、面或环。如果选中“切线延伸”复选框，则圆角将延伸到与所选面或边线相切的所有面，切线延伸效果如图5-4所示。

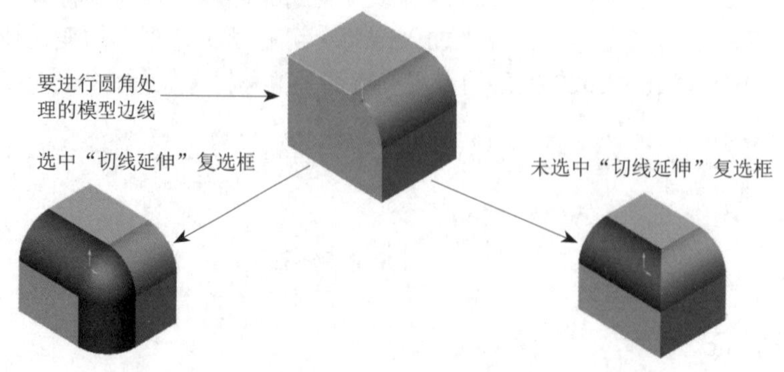

图 5-4 切线延伸效果

（4）在“圆角选项”选项组的“扩展方式”组中选择一种扩展方式。

- 默认：系统根据几何条件（进行圆角处理的边线凸起和相邻边线等）默认选择“保持边线”或“保持曲面”选项。
- 保持边线：系统将保持邻近的直线形边线的完整性，但圆角曲面断裂成分离的曲面。在许多情况下，圆角的顶部边线会有沉陷，如图 5-5 所示。
- 保持曲面：使用相邻曲面来剪裁圆角。因此圆角边线是连续且光滑的，但是相邻边线会受到影响，如图 5-6 所示。

（5）圆角属性设置完毕，单击“确定”按钮✔，生成等半径圆角特征。

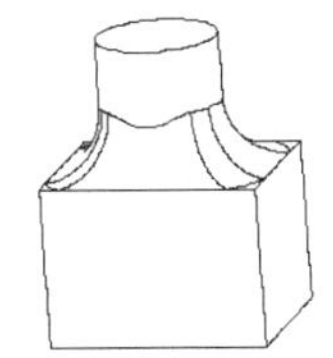

图 5-5　保持边线

图 5-6　保持曲面

5.1.2　实例——圆柱连接

本实例首先绘制圆柱连接的外形轮廓草图，然后两次拉伸成为圆柱连接主体轮廓，最后进行倒圆角处理。绘制的圆柱连接如图 5-7 所示。

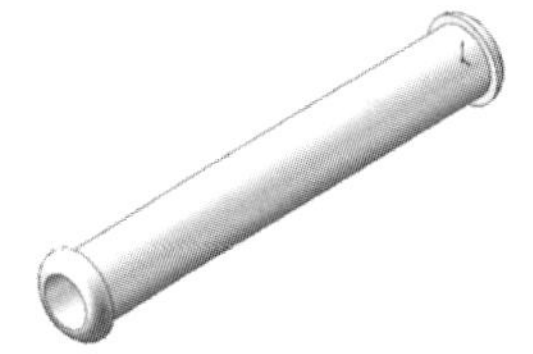

图 5-7　圆柱连接

操作步骤　视频文件：动画演示\第 5 章\圆柱连接.avi

（1）新建文件。启动SOLIDWORKS 2022，选择菜单栏中的“文件”→“新建”命令，或者单击“快速访问”工具栏中的“新建”按钮，在弹出的“新建SOLIDWORKS文件”对话框中单击“零件”按钮，然后单击“确定”按钮，创建一个新的零件文件。

（2）绘制草图。在左侧的FeatureManager设计树中选择“前视基准面”作为绘制图形的基准面。单击“草图”控制面板中的“圆”按钮，在坐标原点绘制直径为7.50mm和10.00mm的圆，标注尺寸后结果如图5-8所示。

（3）拉伸实体。单击“特征”控制面板中的“拉伸凸台/基体”按钮，此时系统弹出如图5-9所示的“凸台-拉伸”属性管理器。设置拉伸终止条件为“给定深度”，输入拉伸距离为70.00mm，然后单击“确定”按钮✔。结果如图5-10所示。

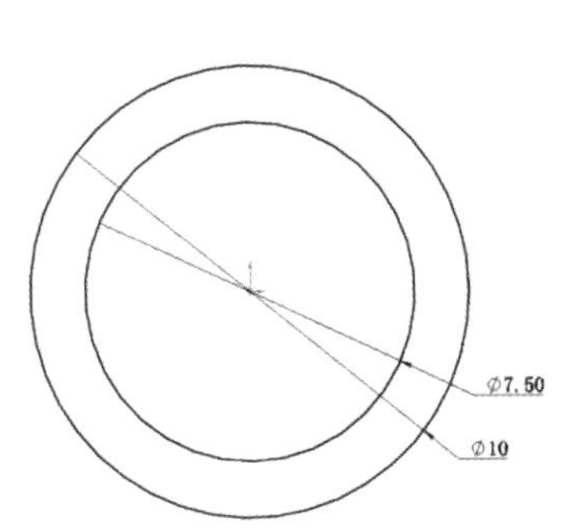

图 5-8　绘制草图 1

图 5-9　“凸台-拉伸”属性管理器

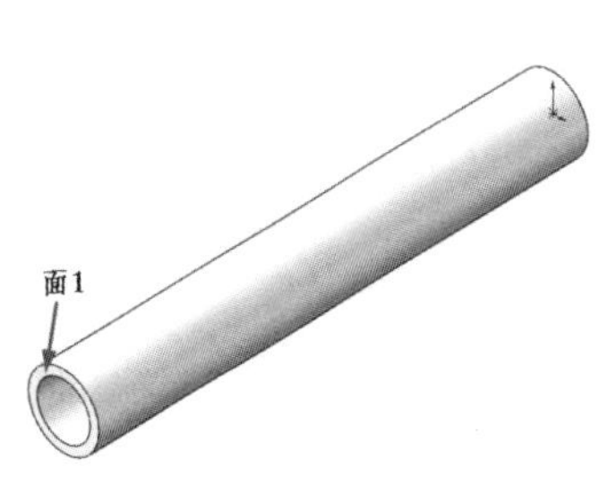

图 5-10　拉伸后的图形

（4）设置基准面。选择图5-10中的面1为基准面。单击“视图（前导）”工具栏中的“正视于”按钮，新建草图。

（5）绘制草图。单击“草图”控制面板中的“圆”按钮，在步骤（4）的拉伸体圆心处绘制直径为7.50mm和13.50mm的圆，如图5-11所示。

（6）拉伸实体。单击“特征”控制面板中的“拉伸凸台/基体”按钮，此时系统弹出如图5-12所示的“凸台-拉伸”属性管理器。设置拉伸终止条件为“给定深度”，输入拉伸距离为2.50mm，然后单击“确定”按钮。结果如图5-13所示。

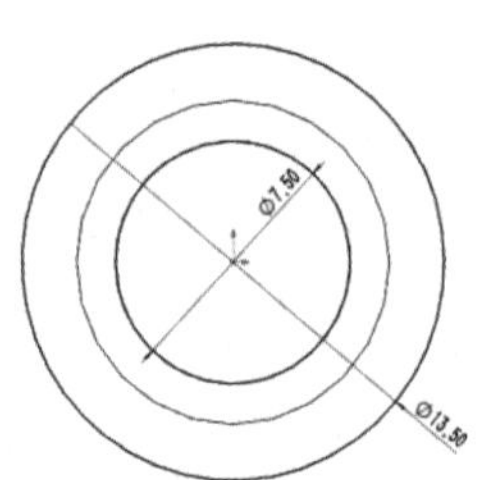

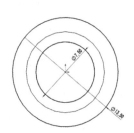

图5-11　绘制草图2

图5-12　“凸台-拉伸”属性管理器

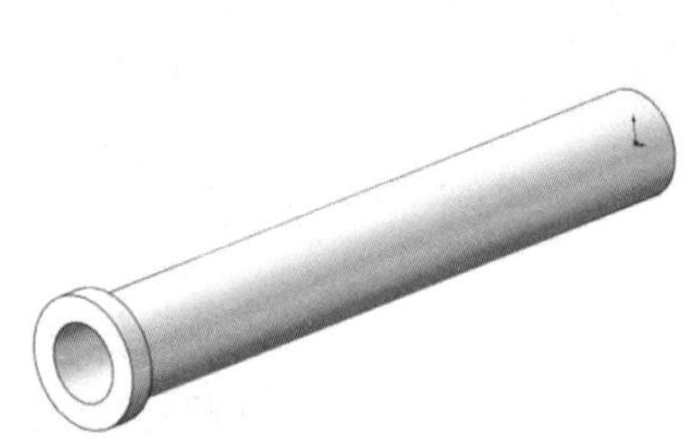

图5-13　拉伸结果

（7）重复步骤（4）~步骤（6），在另一侧创建拉伸体。结果如图5-14所示。

（8）圆角实体。单击“特征”控制面板中的“圆角”按钮，此时系统弹出如图5-15所示的“圆角”属性管理器。在“半径”文本框中输入值2.50mm，然后选取图5-15中的两条边线。单击属性管理器中的“确定”按钮。最终结果如图5-7所示。

图5-14　另侧拉伸

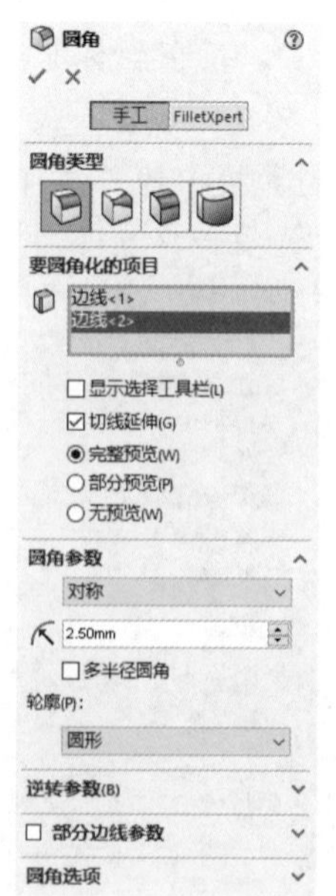

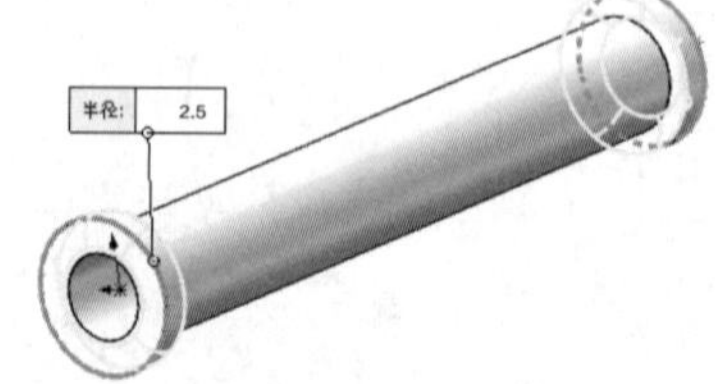

图5-15　“圆角”属性管理器

练一练——三通管

试利用上面所学知识绘制三通管，如图 5-16 所示。

图 5-16　三通管

扫一扫，看视频

思路点拨：

三通管常用于管线的连接处，它将水平方向和垂直方向的管线连通成一条管路。本例利用拉伸工具的薄壁特征和圆角特征进行零件建模，最终生成三通管零件模型。

扫一扫，看视频

5.1.3　创建倒角特征

在零件设计过程中，通常会对锐利的零件边角进行倒角处理，以防止伤人和避免应力集中，从而便于搬运、装配等。此外，有些倒角特征也是机械加工过程中不可缺少的工艺。与圆角特征类似，倒角特征是对边或角进行倒角。如图 5-17 所示为应用倒角特征后的零件实例。

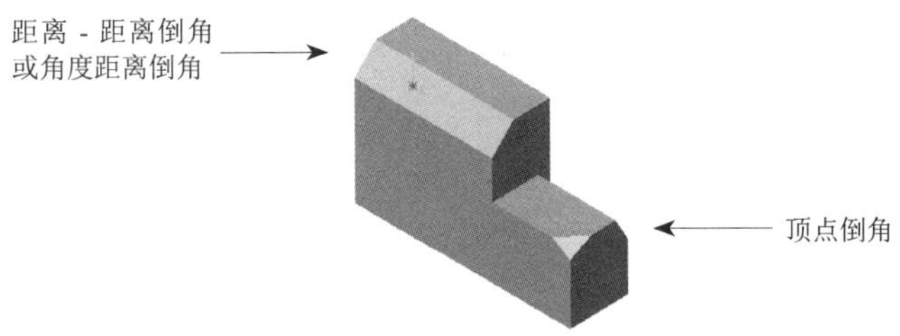

图 5-17　倒角特征零件实例

【执行方式】

- 工具栏：单击“特征”工具栏中的“倒角”按钮。
- 菜单栏：选择“插入”→“特征”→“倒角”菜单命令。
- 控制面板：单击“特征”面板中的“倒角”按钮。

打开源文件中的“5.1.3.SLDPRT”，执行上述命令 后，打开“倒角”属性管理 器，如图 5-18 所示。

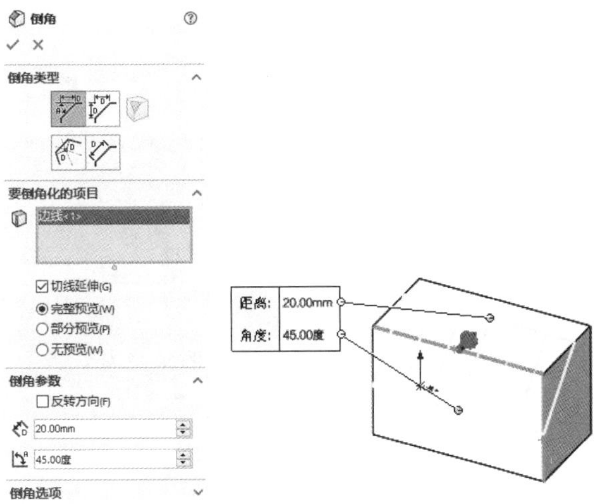

图 5-18　设置倒角参数

【操作说明】

（1）在“倒角”属性管理器中选择“倒角类型”。

- 角度距离：在所选边线上指定距离和倒角角度来生成倒角特征，如图 5-19（a）所示。
- 距离-距离：在所选边线的两侧分别指定两个距离值来生成倒角特征，如图 5-19（b）所示。
- 顶点：在与顶点相交的 3 个边线上分别指定距顶点的距离来生成倒角特征，如图 5-19（c）所示。
- 等距面：通过偏移选定边线相邻的面来求解等距面倒角，如图 5-19（d）所示。
- 面-面：混合非相邻非连续的面，如图 5-19（e）所示。

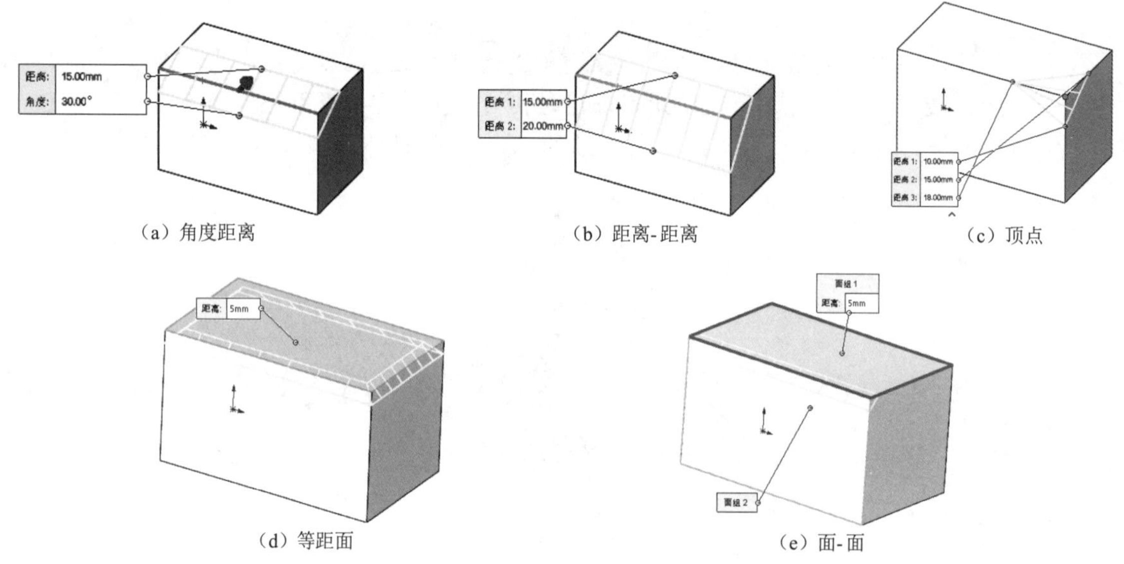

（a）角度距离　（b）距离-距离　（c）顶点

（d）等距面　（e）面-面

图 5-19　倒角类型

（2）单击（边线、面和环）图标右侧的列表框，然后在图形区选择边线、面或环，设置倒角参数，如图5-18所示。在对应的文本框中指定距离或角度值。如果选中“保持特征”复选框，则当应用倒角特征时，会保持零件的其他特征，如图5-20所示。

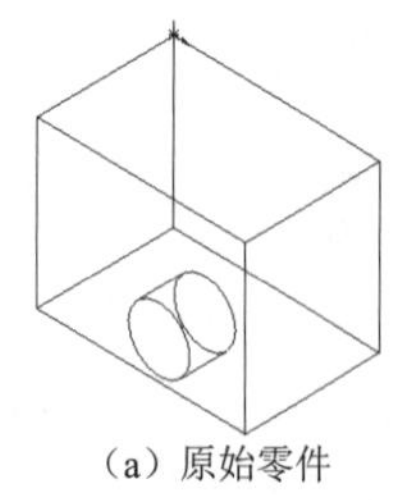

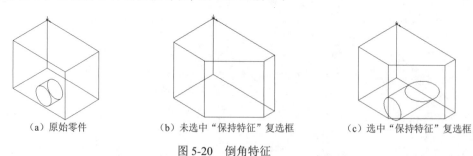

（a）原始零件

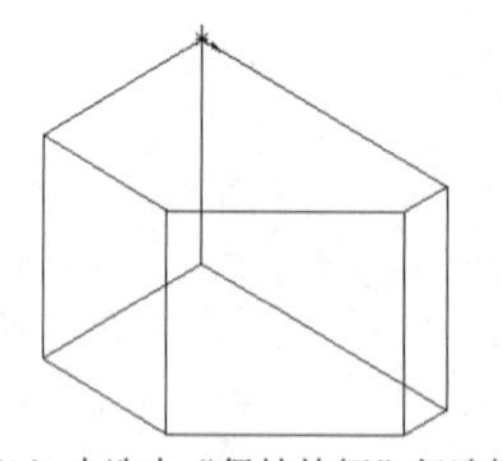

（b）未选中“保持特征”复选框

（c）选中“保持特征”复选框

图 5-20　倒角特征

（3）倒角参数设置完毕，单击“确定”按钮，生成倒角特征。

扫一扫，看视频

5.1.4　实例——垫圈

垫圈是机械设计中非常重要的零件之一。从结构上讲，垫圈是一个具有一定厚度的中空实体，可以利用 SOLIDWORKS 2022 中的拉伸、切除等功能完成垫圈的建模。本例创建的垫圈如图 5-21 所示。

操作步骤　视频文件：动画演示\第 5 章\垫圈.avi

（1）新建文件。启动SOLIDWORKS 2022，选择菜单栏中的“文件”→“新建”命令，或者单击“快速访问”工具栏中的“新建”按钮，在弹出的“新建SOLIDWORKS文件”对话框中单击“零件”按钮，然后单击“确定”按钮，创建一个新的零件文件。

（2）绘制垫圈实体草图轮廓。在FeatureManager设计树中选择“前视基准面”作为草图绘制基准面，单击“视图（前导）”工具栏中的“正视于”按钮，使绘图平 面转为正视方向。单击“草图”控制面板中的“圆”按钮，以系统坐标原点为圆心绘制垫圈 实体的草图轮廓，在弹出的“圆”属性管理器中设置圆的半径值为15.00mm，如图5-22所示，单击“确定”按钮。

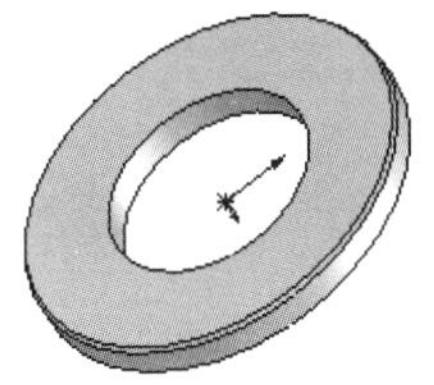

图 5-21　垫圈

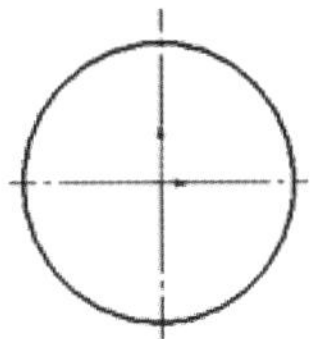

图 5-22　绘制垫圈实体草图轮廓

（3）拉伸创建垫圈实体。单击“特征”控制面板中的“拉伸凸台/基体”按钮，系统弹出“凸台-拉伸”属性管理器；设置拉伸终止条件为“给定深度”，在“深度”文本框中输入3.00mm，如图5-23所示，单击“确定”按钮，完成拉伸特征的创建。

（4）绘制切除拉伸草图轮廓。选择“前视基准面”作为草图绘制基准面，单击“视图（前导）”工具栏中的“正视于”按钮，使绘图平面切换为正视方向。单击“草图”控制面板中的“圆”按钮，以系统坐标原点为圆心，绘制垫圈实体切除特征的草图轮廓，在弹出的“圆”属性管理器中设置圆的半径值为8.5，如图5-24所示，单击“确定”按钮。

（5）切除实体拉伸。单击“特征”控制面板中的“切除拉伸”按钮，系统弹出“切除-拉伸”属性管理器；设置终止条件为“完全贯穿”，如图5-25所示，其他选项保持默认设置，单击“确定”按钮，得到垫圈实体。

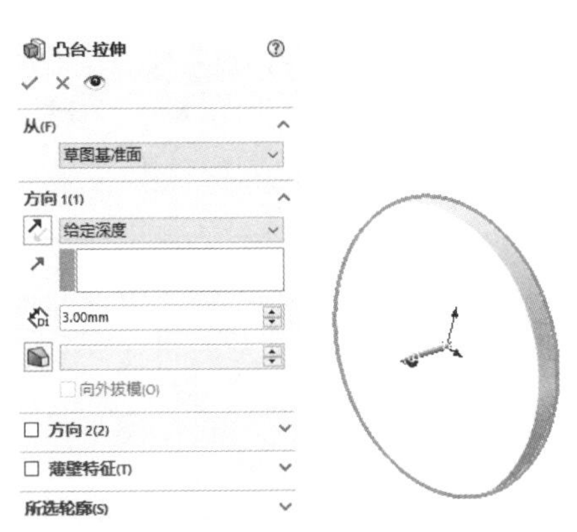

图 5-23　拉伸创建垫圈实体

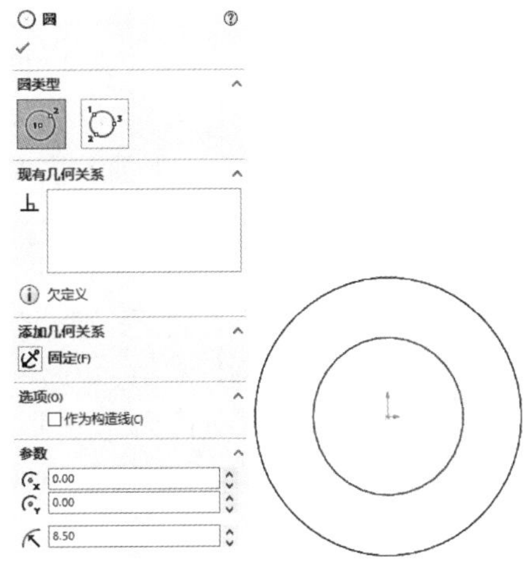

图 5-24　绘制切除拉伸草图轮廓

（6）创建倒角特征。单击“特征”控制面板中的“倒角”按钮，系统弹出“倒角”属性管理器；设置倒角类型为“角度距离”，在“距离”文本框中输入0.50mm，在（角度）文本框中输入30.00°。选择垫圈的一条棱边，创建倒角特征，如图5-26所示。

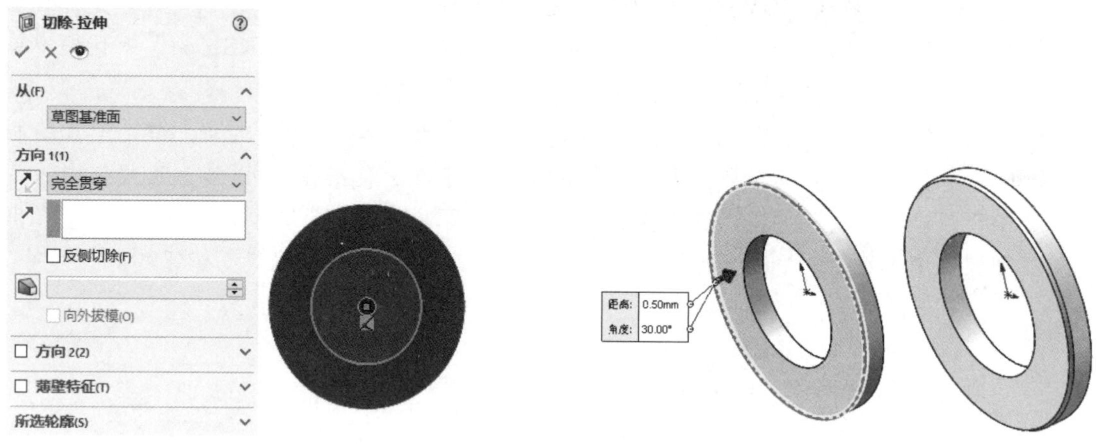

图 5-25　拉伸切除

图 5-26　创建倒角特征

（7）保存文件。单击“快速访问”工具栏中的“保存”按钮，将文件保存为“垫圈.SLDPRT”。垫圈最终效果如图5-21所示。

扫一扫，看视频

练一练——挡圈

试利用上面所学知识绘制挡圈，如图 5-27 所示。

图 5-27　挡圈

思路点拨：

首先利用旋转实体命令生成基本实体，再利用切除拉伸命令生成小孔，最后对实体进行倒角操作。

5.2 拔模特征

拔模是零件模型的常见特征，是以指定的角度斜削模型中所选的面，经常应用于铸造零件，因为拔模角度的存在可以使型腔零件更容易脱出模具。SOLIDWORKS 2022 提供了丰富的拔模功能。用户既可以在现有的零件上插入拔模特征，也可以在拉伸特征的同时进行拔模。本节主要介绍在现有的零件上插入拔模特征。

下面对与拔模特征有关的术语进行说明。

- 拔模面：选取的零件表面，此面将生成拔模斜度。
- 中性面：在拔模的过程中大小不变的固定面，用于指定拔模角的旋转轴。如果中性面与拔模面相交，则相交处即为旋转轴。
- 拔模方向：用于确定拔模角度的方向。如图 5-28 所示是一个拔模特征的应用实例。

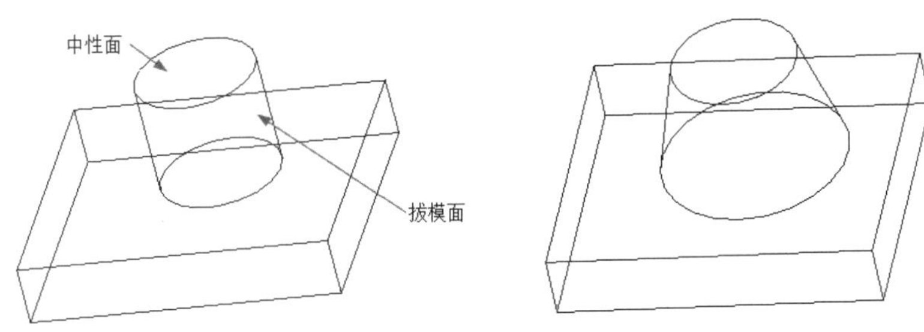

图 5-28 拔模特征实例

5.2.1 创建拔模特征

要在现有的零件上插入拔模特征，从而以特定角度斜削所选的面，可以使用中性面拔模、分型线拔模和阶梯拔模。

【执行方式】

- 工具栏：单击“特征”工具栏中的“拔模”按钮。
- 菜单栏：选择“插入”→“特征”→“拔模”菜单命令。
- 控制面板：单击“特征”控制面板中的“拔模”按钮。

打开源文件中的“5.2.1.SLDPRT”，执行上述命令后，打开“拔模”属性管理器。

【操作说明】

（1）在“拔模类型”选项组中，选择“中性面”选项。在“拔模角度”选项组的（角度）文本框中设定拔模角度。

（2）单击“中性面”选项组中的列表框，然后在图形区中选择面或基准面作为中性面，如图5-29（a）所示。图形区中的控标会显示拔模的方向，如果要向相反的方向生成拔模，单击（反向）按钮。

（3）单击“拔模面”选项组按钮右侧的列表框，然后在图形区中选择拔模面。如果要将拔模面延伸到其他的面，从“拔模沿面延伸”下拉列表框中选择以下选项。

- 沿切面：将拔模延伸到所有与所选面相切的面。
- 所有面：所有从中性面拉伸的面都进行拔模。
- 内部的面：所有与中性面相邻的内部面都进行拔模。
- 外部的面：所有与中性面相邻的外部面都进行拔模。
- 无：拔模面不进行延伸。

（4）拔模属性设置完毕，单击“确定”按钮，完成中性面拔模特征，如图5-29（b）所示。

打开源文件中的“5.2.1 分型线.SLDPRT”，执行“拔模”命令，单击“分型线”选项组按钮右侧的列表框，在图形区中选择提前插入的分割线，或者也可以使用现有的模型边线，如图 5-30 所示。

如果要为分型线的每一线段指定不同的拔模方向，单击“分型线”选项组按钮右侧列表框中的边线名称，然后单击“其他面”按钮。结果如图 5-31 所示。

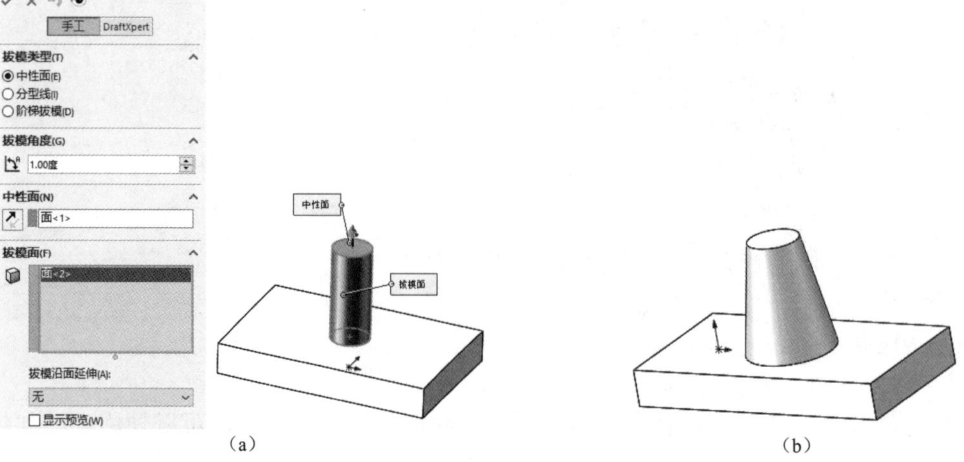

（a）　　　　（b）

图 5-29　选择中性面及拔模结果

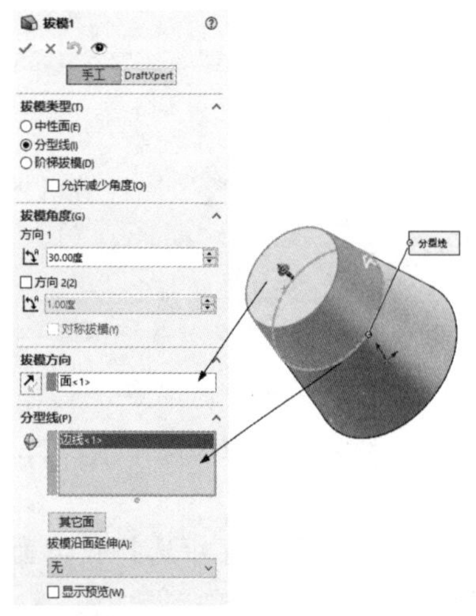

图 5-30　设置分型线拔模

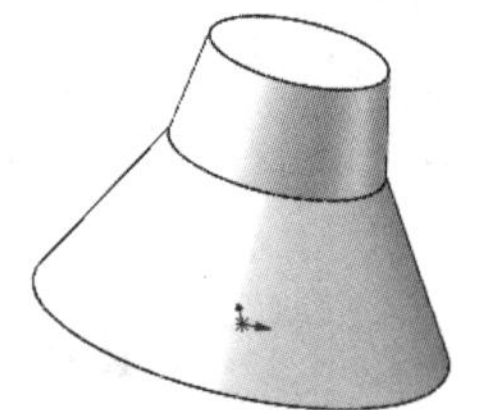

图 5-31　分型线拔模效果

技巧荟萃：

除了中性面拔模和分型线拔模，SOLIDWORKS 还提供了阶梯拔模。阶梯拔模为分型线拔模的变体，它的分型线可以不在同一平面内，如图5-32 所示。

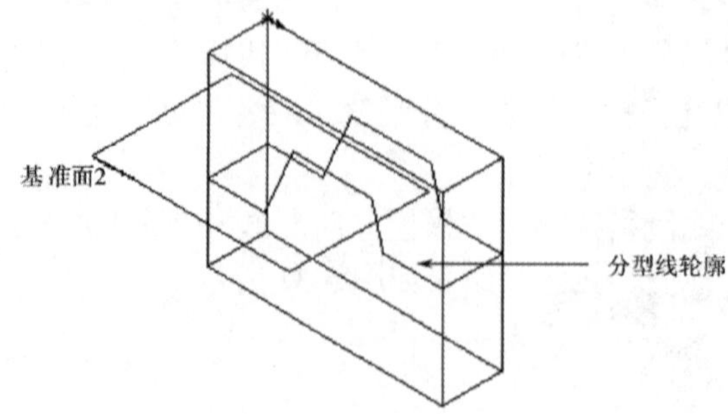

图 5-32　阶梯拔模中的分型线轮廓

5.2.2　实例——充电器

扫一扫，看视频

本实例绘制充电器的主要方法是反复利用拉伸和拔模功能形成各个实体单元，最后进行圆角处理。绘制的模型如图 5-33 所示。

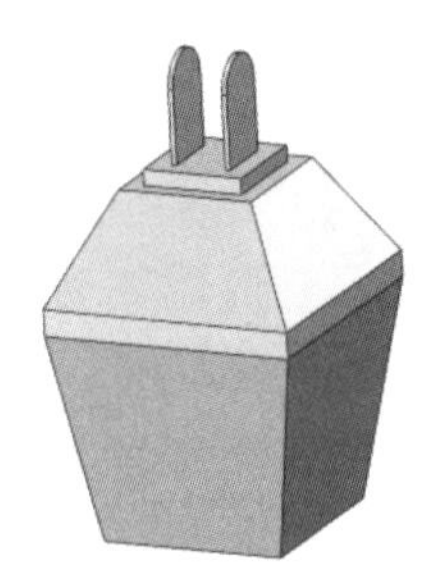
图 5-33　充电器

操作步骤　视频文件：动画演示\第 5 章\充电器.avi

（1）单击“快速访问”工具栏中的“新建”按钮，在弹出的“新建 SOLIDWORKS文件”对话框中单击“零件”按钮，然后单击“确定”按钮，创建一个新的零件文件。

（2）在左侧的FeatureManager设计树中选择“前视基准面”作为绘制图形的基准面。单击“草图”控制面板中的“边角矩形”按钮，绘制草图轮廓，标注并修改尺寸。结果如图5-34所示。

（3）单击“特征”控制面板中的“拉伸凸台/基体”按钮，此时系统弹出如图5-35所示的“凸台-拉伸”属性管理器。选择步骤（2）中绘制的草图为拉伸截面，设置终止条件为“给定深度”，输入拉伸距离为4.00mm，然后单击属性管理器中的“确定”按钮。结果如图5-36所示。

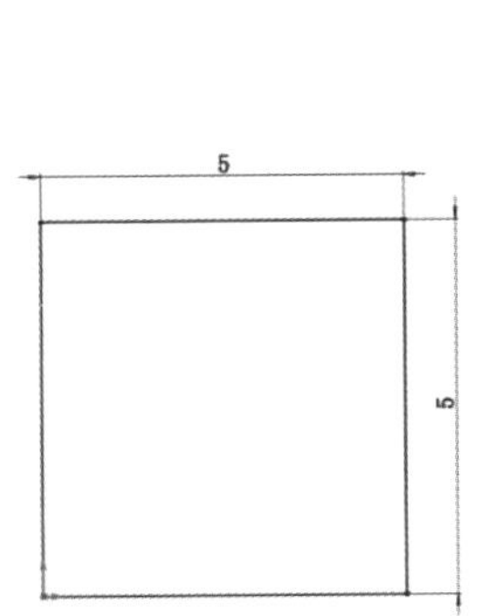

图 5-34　绘制草图 1

图 5-35　“凸台-拉伸”属性管理器

图 5-36　拉伸后的图形 1

（4）单击“特征”控制面板“参考几何体”下拉列表中的“基准面”按钮，此时系统弹出如图5-37所示的“基准面”属性管理器。选择步骤（3）中拉伸体上表面为参考，输入偏移距离为0.50mm，然后单击属性管理器中的“确定”按钮。结果如图5-38所示。

（5）在左侧的FeatureManager设计树中选择“基准面1”作为绘制图形的基准面。单击“草图”控制面板中的“转换实体引用”按钮，将拉伸体的外表面边线转换为图素。

（6）单击“特征”控制面板中的“拉伸凸台 / 基体”按钮，此时系统弹出“凸台-拉伸”属性管理器。选择步骤（5）绘制的草图为拉伸截面，设置终止条件为“给定深度”，输入拉伸距离为2.00mm，然后单击属性管理器中的“确定”按钮。结果如图5-39所示。

（7）单击“特征”控制面板中的“拔模”按钮，此时系统弹出“拔模1”属性管理器，如图5-40所示。选择拉伸体1的上表面为中性面，选择拉伸体1的4个面为拔模面，输入拔模角度为10.00°，然后单击属性管理器中的“确定”按钮。结果如图5-41所示。

图 5-37 “基准面”属性管理器

图 5-38 创建参考面

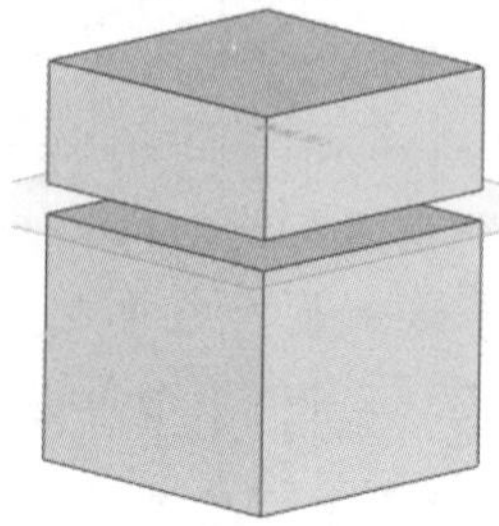

图 5-39 拉伸后的图形2

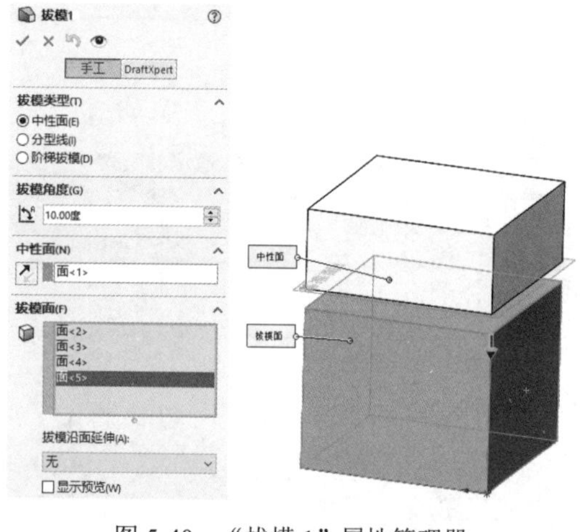

图 5-40 “拔模 1”属性管理器

图 5-41 拔模处理 1

（8）单击“特征”控制面板中的“拔模”按钮，此时系统弹出“拔模2”属性管理器，如图5-42所示。选择拉伸体2的下表面为中性面，选择拉伸体2的4个面为拔模面，输入拔模角度为30.00°，然后单击属性管理器中的“确定”按钮✓。结果如图5-43所示。

（9）单击“特征”控制面板中的“拉伸凸台/基体”按钮，此时系统弹出“凸台-拉伸”属性管理器。选择拉伸体2的草图，设置终止条件为“成形到下一面”，然后单击属性管理器中的“确定”按钮✓。结果如图5-44所示。

（10）在左侧的FeatureManager设计树中选择如图5-44所示的面1作为绘制图形的基准面。单击“草图”控制面板中的“边角矩形”按钮，绘制草图并标注尺寸，如图5-45所示。

（11）单击“特征”控制面板中的“拉伸凸台/基体”按钮，此时系统弹出“凸台-拉伸”属性管理器。选择步骤（10）绘制的草图为拉伸截面，设置终止条件为“给定深度”，输入拉伸距离为0.30mm，然后单击属性管理器中的“确定”按钮✓。结果如图5-46所示。

（12）在左侧的FeatureManager设计树中选择如图5-46所示的面2作为绘制图形的基准面。单击“草图”控制面板中的“边角矩形”按钮，绘制草图并标注尺寸，如图5-47所示。

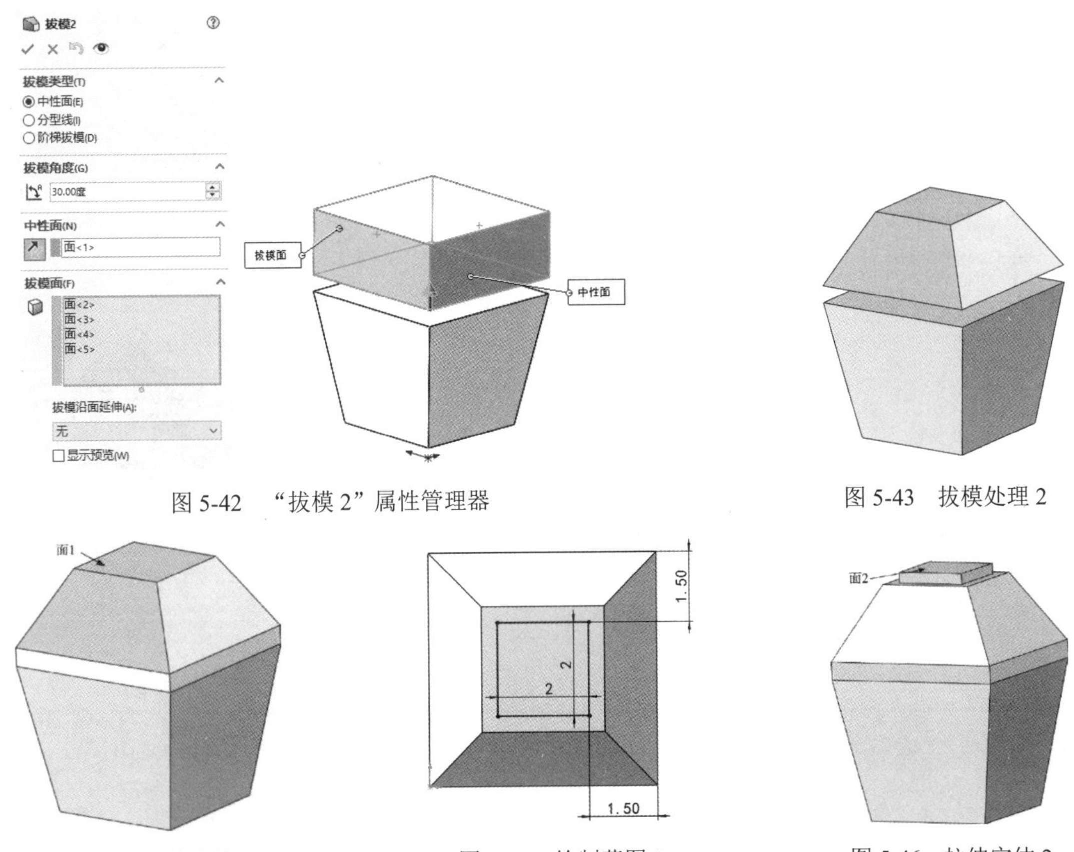

图 5-42　“拔模 2”属性管理器

图 5-43　拔模处理 2

图 5-44　拉伸实体 1

图 5-45　绘制草图 2

图 5-46　拉伸实体 2

（13）单击“特征”控制面板中的“拉伸凸台/基体”按钮，此时系统弹出“凸台-拉伸”属性管理器。选择步骤（12）绘制的草图为拉伸截面，设置终止条件为“给定深度”，输入拉伸距离为2.00mm，然后单击属性管理器中的“确定”按钮✔。结果如图5-48所示。

（14）单击“特征”控制面板中的“圆角”按钮，此时系统弹出如图5-49所示的“圆角”属性管理器。选择图5-49中的边为圆角边，输入圆角半径为0.60mm，然后单击属性管理器中的“确定”按钮✔。最终结果如图5-33所示。

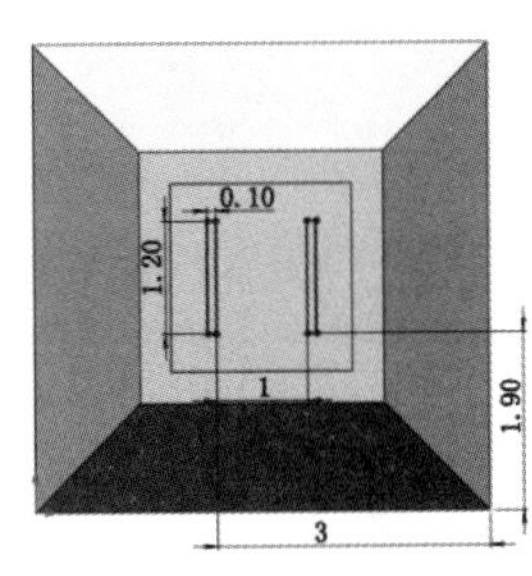

图 5-47　绘制草图 2

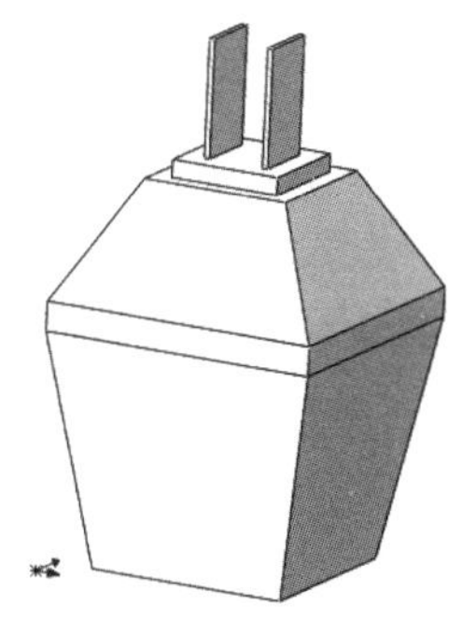

图 5-48　拉伸实体 3

练一练——圆锥销

试利用上面所学知识绘制圆锥销，如图 5-50 所示。

扫一扫，看视频

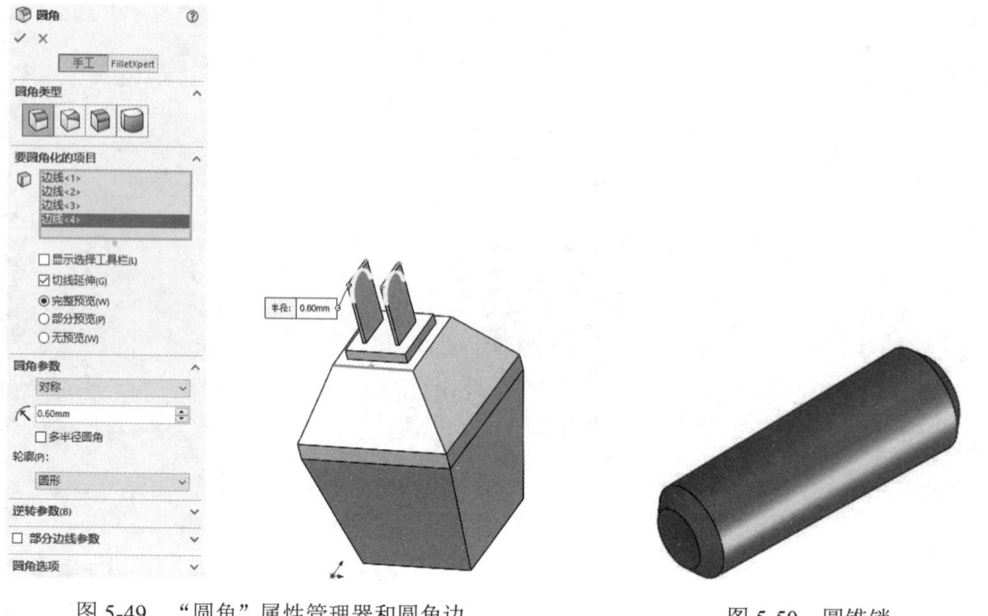

图 5-49 “圆角”属性管理器和圆角边

图 5-50 圆锥销

思路点拨：

首先利用拉伸实体命令生成基本圆柱实体，再利用拔模命令生成锥体，最后对实体进行倒角操作。

5.3 抽 壳 特 征

抽壳特征是零件建模中的重要特征，它能使一些复杂工作变得简单化。当在零件的一个面上抽壳时，系统会掏空零件的内部，使所选择的面敞开，在剩余的面上生成薄壁特征。如果没有选择模型上的任何面，而直接对实体零件进行抽壳操作，则会生成一个闭合、掏空的模型。通常，抽壳时各个表面的厚度相等，也可以对某些表面的厚度进行单独指定，这样抽壳特征完成之后，各个零件表面的厚度就不相等了。

如图 5-51 所示是对零件创建抽壳特征后建模的实例。

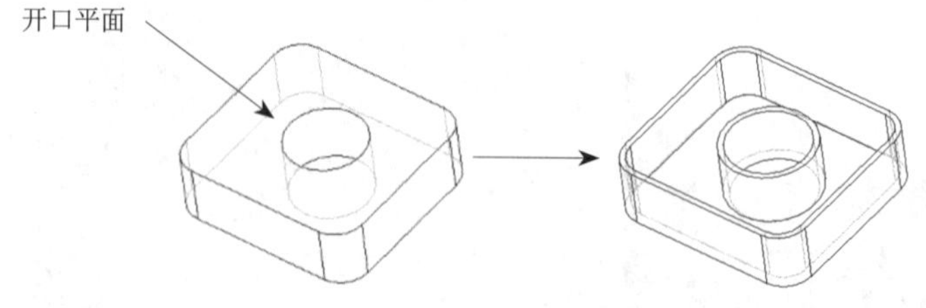

图 5-51 抽壳特征实例

扫一扫，看视频

5.3.1 创建抽壳特征

【执行方式】

➘ 工具栏：单击“特征”工具栏中的“抽壳”按钮。

➘ 菜单栏：选择“插入”→“特征”→“抽壳”菜单命令。

➘ 控制面板：单击“特征”控制面板中的“抽壳”按钮。

打开源文件中的“5.3.1.SLDPRT”，执行上述命令后，打开“抽壳 1”属性管理器，如图 5-52 所示。

【操作说明】

1. 等厚度抽壳特征

其基本绘制步骤如下。

（1）在“参数”选项组的（厚度）文本框中指定抽壳的厚度。

（2）单击按钮右侧的列表框，然后从图5-53所示图形区中选择一个或多个开口面作为要移除的面。此时在列表框中显示所选的开口面，如图5-52所示。

图 5-52　“抽壳1”属性管理器

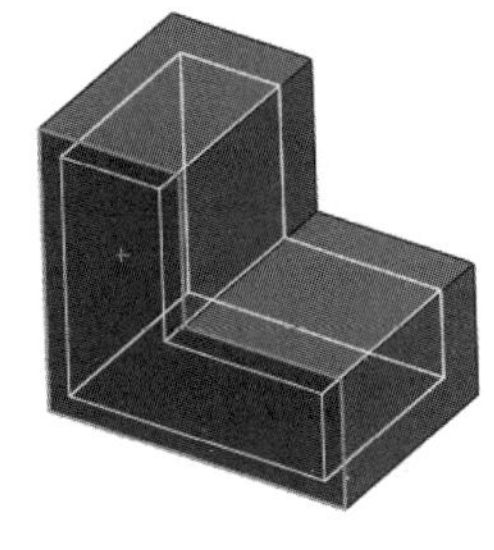
图 5-53　选择要移除的面

（3）如果选中了“壳厚朝外”复选框，则会增加零件外部尺寸，从而生成抽壳。

（4）抽壳属性设置完毕，单击“确定”按钮✔，生成等厚度抽壳特征。

技巧荟萃：

如果在步骤（3）中没有选择开口面，则系统会生成一个闭合、掏空的模型。

2. 具有多厚度面的抽壳特征

打开源文件中的“5.3.1 多厚度抽壳.SLDPRT”，执行“抽壳”命令，打开“抽壳 1”属性管理器，基本绘制步骤如下。

（1）单击“多厚度设定”选项组按钮右侧的列表框，激活多厚度设定。

（2）在图形区中选择开口面，这些面会在该列表框中显示出来。

（3）在列表框中选择开口面，然后在“多厚度设定”选项组的（厚度）文本框中输入对应的壁厚。

（4）重复步骤（3），直到为所有选择的开口面指定了厚度。

（5）如果要使壁厚添加到零件外部，则选中“壳厚朝外”复选框。

（6）抽壳属性设置完毕，单击“确定”按钮✔，生成多厚度抽壳特征，其剖视图如图5-54所示。

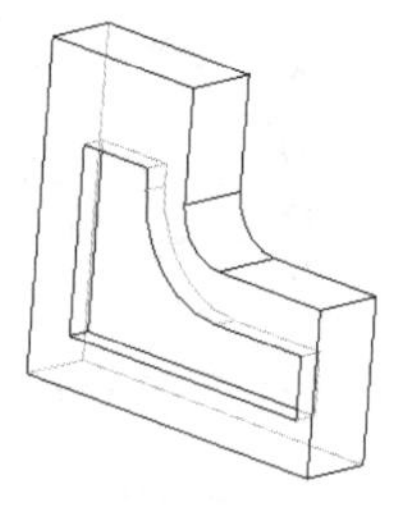

图 5-54　多厚度抽壳（剖视图）

技巧荟萃：

如果想在零件上添加圆角特征，则应当在生成抽壳之前对零件进行圆角处理。

扫一扫，看视频

5.3.2　实例——移动轮支架

本实例绘制的移动轮支架如图 5-55 所示，首先拉伸实体轮廓，然后利用抽壳命令完成实体框架操作再多次拉伸切除局部实体，最后进行倒圆角操作对实体进行完善。

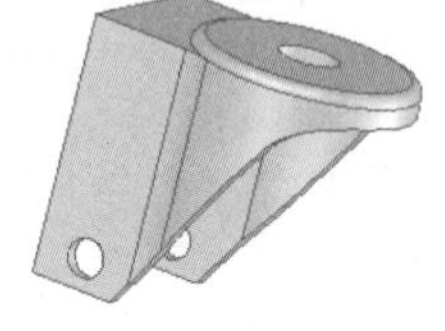

图 5-55　移动轮支架

操作步骤　视频文件：动画演示\第 5 章\移动轮支架.avi

（1）单击“快速访问”工具栏中的“新建”按钮，在弹出的“新建SOLIDWORKS文件”对话框中依次单击“零件”按钮和“确定”按钮，创建一个新的零件文件。

（2）在左侧的FeatureManager设计树中选择“前视基准面”作为绘制图形的基准面。单击“草图”控制面板中的“圆”按钮，以原点为圆心绘制一个直径为58.00mm的圆；单击“草图”控制面板中的“直线”按钮，在相应的位置绘制3条直线。

（3）单击“草图”控制面板中的“智能尺寸”按钮，标注步骤（2）中绘制的草图尺寸。结果如图5-56所示。

（4）单击“草图”控制面板中的“剪裁实体”按钮，裁剪直线之间的圆弧。结果如图5-57所示。

（5）单击“特征”控制面板中的“拉伸凸台/基体”按钮，此时系统弹出“凸台-拉伸”属性管理器。在“深度”文本框中输入值65.00，然后单击属性管理器中的“确定”按钮✔。

（6）单击“视图（前导）”工具栏中的“等轴测”按钮，将视图以等轴测方向显示。结果如图5-58所示。

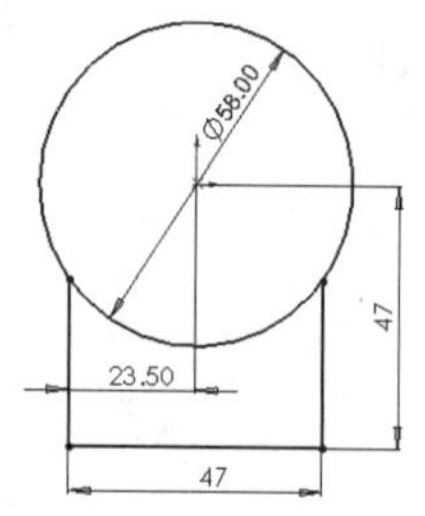

图 5-56　标注的草图 1

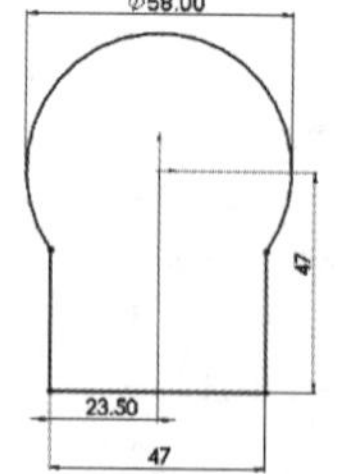

图 5-57　裁剪的草图

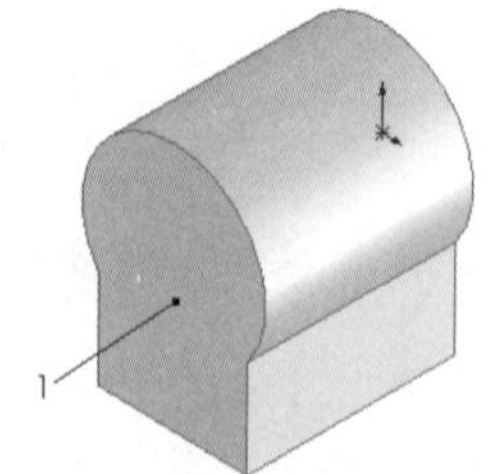

图 5-58　拉伸后的图形 1

（7）单击“特征”控制面板中的“抽壳”按钮，此时系统弹出如图5-59所示的“抽壳1”属性管理器。在“深度”文本框中输入值3.50mm，选择面1为要移除的面。单击属性管理器中的“确定”按钮✔。结果如图5-60所示。

（8）在左侧的FeatureManager设计树中选择“右视基准面”，然后单击“视图（前导）”工具栏中的“正视于”按钮，将该基准面作为绘制图形的基准面。

（9）单击“草图”控制面板中的“直线”按钮，绘制3条直线；单击“草图”控制面板中的“3点圆弧”按钮，绘制一个圆弧。

（10）单击“草图”控制面板中的“智能尺寸”按钮，标注步骤（9）绘制的草图的尺寸。结果如图5-61所示。

图 5-59　“抽壳 1”属性管理器

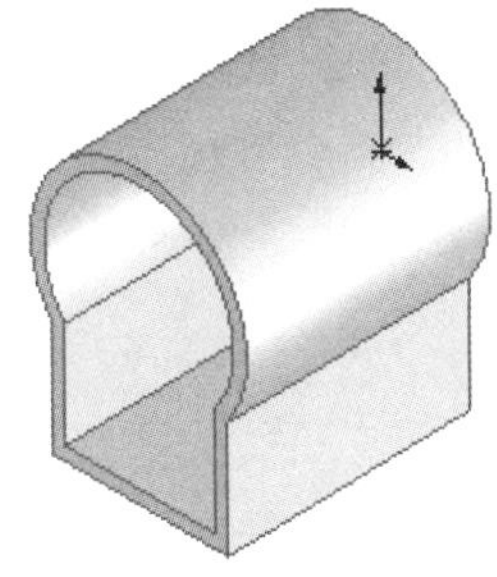

图 5-60　抽壳后的图形

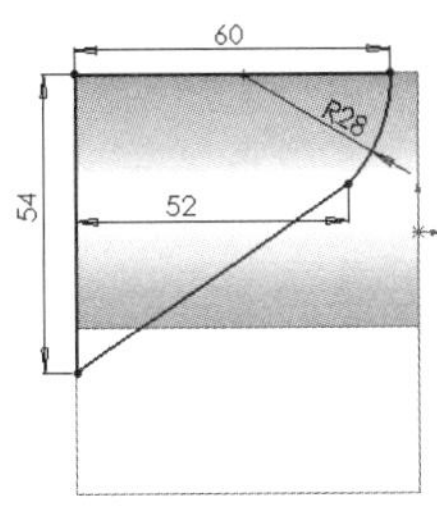

图 5-61　标注的草图 2

（11）单击“特征”控制面板中的“切除拉伸”按钮，此时系统弹出“切除-拉伸”属性管理器。在方向1和方向2的“终止条件”的下拉列表框中选择“完全贯穿”选项。单击属性管理器中的“确定”按钮。

（12）单击“视图（前导）”工具栏中的“等轴测”按钮，将视图以等轴测方向显示。结果如图5-62所示。

（13）单击“特征”控制面板上的“圆角”按钮，此时系统弹出“圆角”属性管理器。在“半径”文本框中输入值15.00，然后选择图5-62中的边线1及左侧对应的边线。单击属性管理器中的“确定”按钮。结果如图5-63所示。

（14）单击图5-63中的表面1，然后单击“视图（前导）”工具栏中的“正视于”按钮，将该表面作为绘制图形的基准面。

（15）单击“草图”控制面板中的“边角矩形”按钮，绘制一个矩形。

（16）单击“草图”控制面板中的“智能尺寸”按钮，标注步骤（15）中绘制的草图的尺寸。结果如图5-64所示。

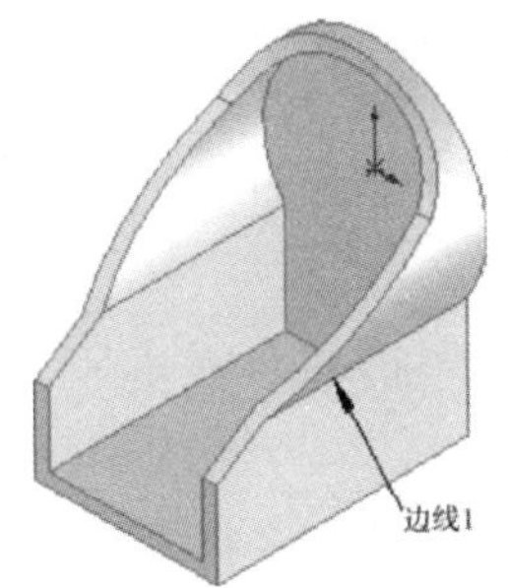

图 5-62　拉伸切除后的图形 1

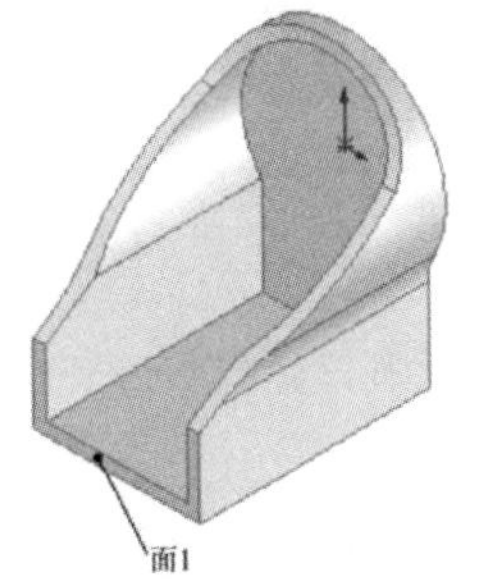

图 5-63　圆角后的图形 1

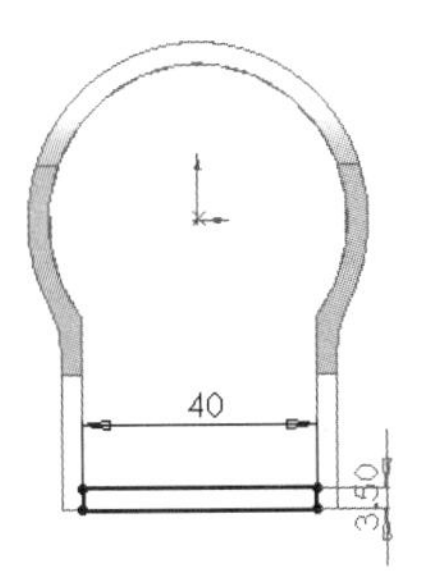

图 5-64　标注的草图 3

（17）单击“特征”控制面板中的“切除拉伸”按钮，此时系统弹出“切除-拉伸”属性管理器。在“深度”文本框中输入值61.50mm，然后单击属性管理器中的“确定”按钮。

（18）单击“视图（前导）”工具栏中的“等轴测”按钮，将视图以等轴测方向显示。结果如图5-65所示。

（19）单击图5-65中的表面1，然后单击“视图（前导）”工具栏中的“正视于”按钮，将该表面作为绘制图形的基准面。

（20）单击“草图”控制面板中的“圆”按钮，在步骤（19）中设置的基准面上绘制一个圆。

（21）单击“草图”控制面板中的“智能尺寸”按钮，标注步骤（20）中绘制的圆的直径及其定位尺寸。结果如图5-66 所示。

（22）单击“特征”控制面板中的“切除拉伸”按钮，此时系统弹出“切除-拉伸”属性管理器。设置终止条件为“完全贯穿”。单击属性管理器中的“确定”按钮。

（23）单击“视图（前导）”工具栏中的“旋转视图”按钮，将视图以合适的方向显示。结果如图5-67所示。

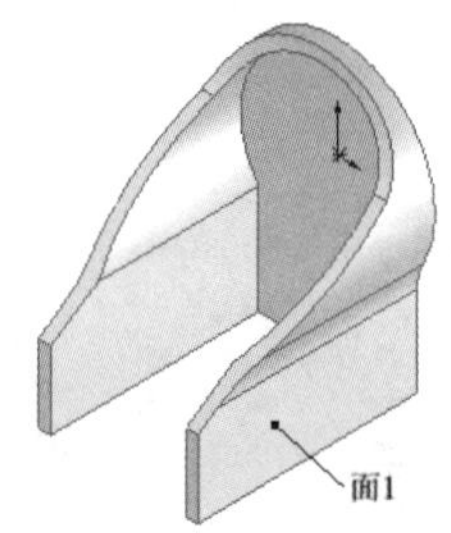

图 5-65　拉伸切除后的图形 2

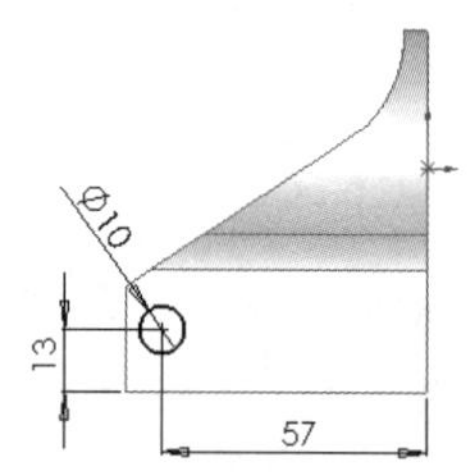

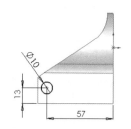

图 5-66　标注的草图 4

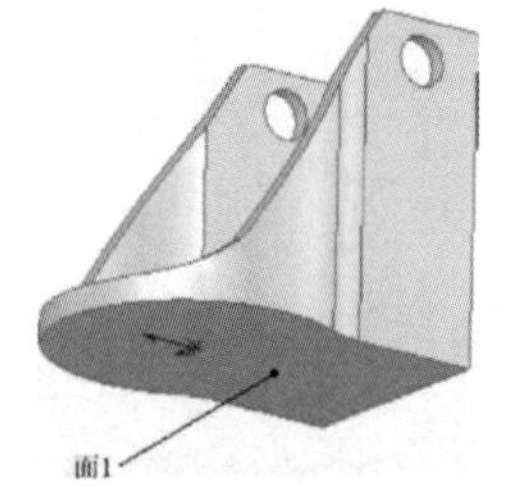

图 5-67　拉伸切除后的图形 3

（24）单击图5-67中的面1，然后单击“视图（前导）”工具栏中的“正视于”按钮，将该表面作为绘制图形的基准面。

（25）单击“草图”控制面板中的“圆”按钮，在步骤（24）中设置的基准面上绘制一个直径为58的圆。

（26）单击“特征”控制面板中的“拉伸凸台/基体”按钮，此时系统弹出“凸台-拉伸”属性管理 器。在“深度”文本框中输入值3.00，然后单击属性管理器中的“确定”按钮。

（27）单击“视图（前导）”工具栏中的“旋转视图”按钮，将视图以合适的方向显示。结果如图5-68所示。

（28）单击“特征”控制面板上的“圆角”按钮，此时系统弹出“圆角”属性管理器。在“半径”文本框中输入值3.00，然后选择图5-68中的边线1。单击属性管理器中的“确定”按钮。结果如图5-69所示。

（29）设置基准面。单击图5-69中的面1，然后单击“视图（前导）”工具栏中的“正视于”按钮，将该表面作为绘制图形的基准面。

（30）单击“草图”控制面板中的“圆”按钮，在步骤（29）中设置的基准面上绘制一个直径为16的圆。

（31）单击“特征”控制面板中的“切除拉伸”按钮，此时系统弹出“切除-拉伸”属性管理器。设置终止条件为“完全贯穿”，单击属性管理器中的“确定”按钮。

（32）单击“视图（前导）”工具栏中的“等轴测”按钮，将视图以等轴测方向显示。最终结果如图5-70所示。

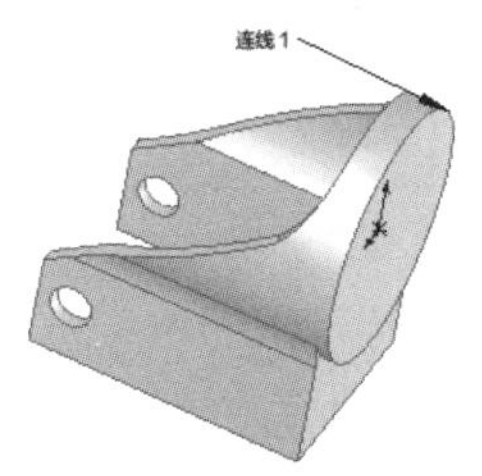

图 5-68　拉伸后的图形 2

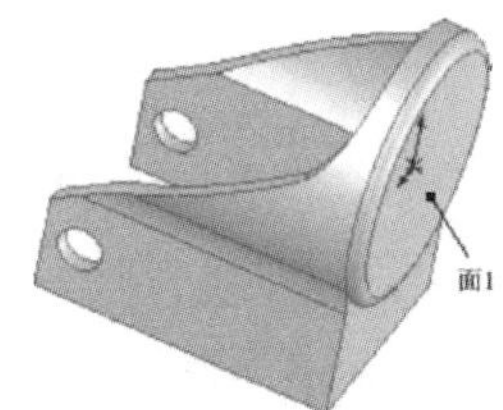

图 5-69　圆角后的图形 2

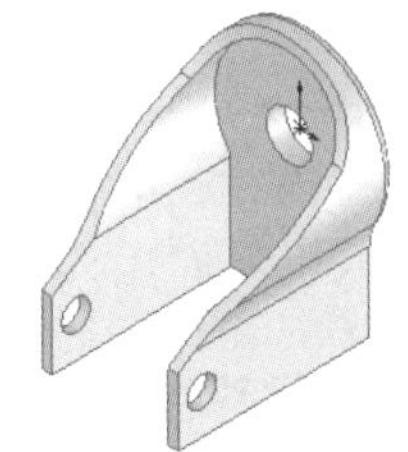

图 5-70　拉伸切除后的图形 4

练一练——瓶子

试利用上面所学知识绘制如图 5-71 所示的瓶子。

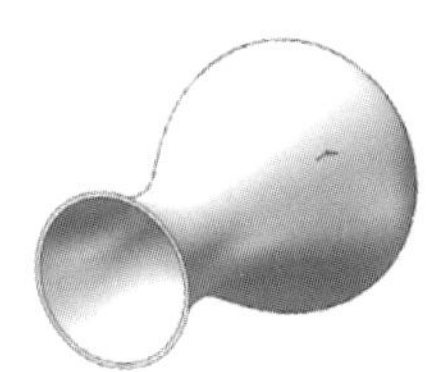

图 5-71　瓶子

扫一扫，看视频

思路点拨：

首先绘制草图并通过旋转创建瓶子主体，然后通过抽壳完成瓶子的创建。

5.4　孔　特　征

可在已有的零件上生成各种类型的孔特征。SOLIDWORKS 2022 提供了两大类孔特征：简单直孔和异型孔。下面结合实例介绍不同钻孔特征的操作步骤。

扫一扫，看视频

5.4.1　创建简单直孔

简单直孔是指在确定的平面上，设置孔的直径和深度。孔深度的“终止条件”类型与 拉伸切除的“终止条件”类型基本相同。

【执行方式】

- 工具栏：单击“特征”工具栏中的“简单直孔”按钮。
- 菜单栏：选择“插入”→“特征”→“简单直孔”菜单命令。
- 控制面板：单击“特征”控制面板中的“简单直孔”按钮。

打开源文件中的“5.4.1.SLDPRT”，执行上述命令后，打开“孔”属性管理器。

【操作说明】

（1）在“终止条件”下拉列表框中选择“完全贯穿”选项，在（孔直径）文本框中输入数值，“孔”属性管理器设置如图5-72所示。单击“孔”属性管理器中的“确定”按钮✓，钻孔后的实体如图5-73所示。

（2）在FeatureManager设计树中，右击在步骤（1）添加的孔特征选项，此时系统弹出的快捷菜单如图5-74所示，单击其中的“编辑草图”按钮。编辑草图如图5-75所示。

（3）按住Ctrl键，单击选择如图5-75所示的圆弧1和边线弧2，此时系统弹出“属性”属性管理器，如图5-76所示。

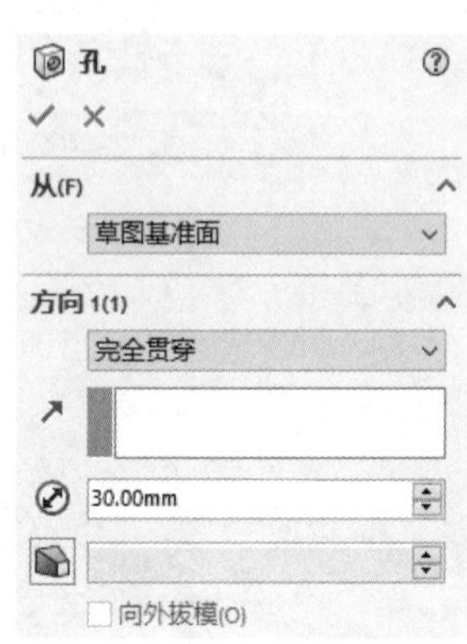

图 5-72 “孔”属性管理器

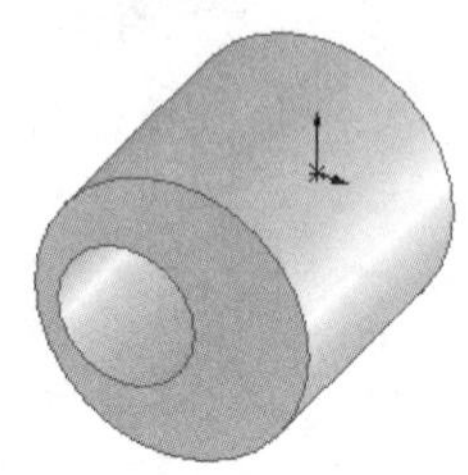

图 5-73 实体钻孔

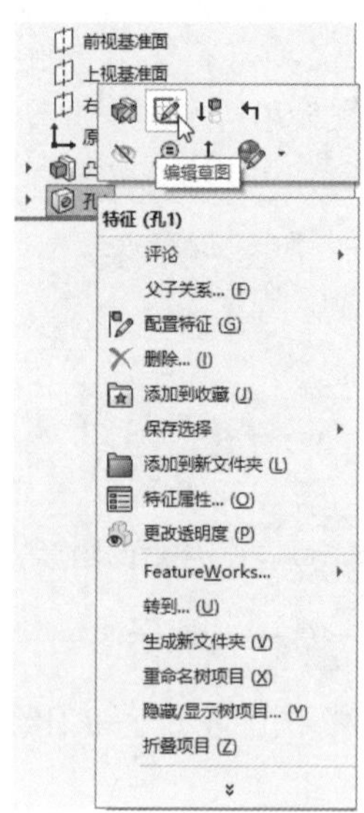

图 5-74 快捷菜单

（4）单击“添加几何关系”选项组中的“同心”按钮，此时“同心”几何关系显示在“现有几何关系”选项组中。为圆弧1和边线弧2添加“同心”几何关系，再单击“确定”按钮✔。

（5）单击图形区右上角的“退出草绘”按钮，创建的简单直孔特征如图5-77所示。

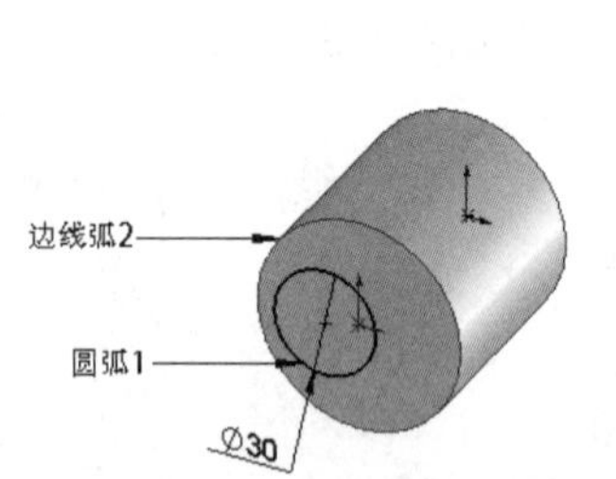

图 5-75 编辑草图

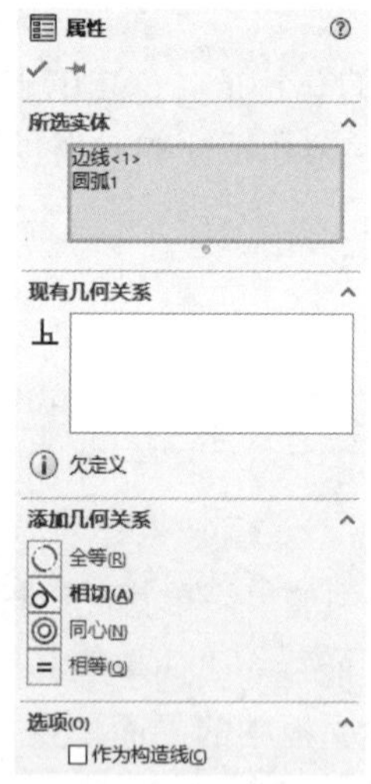

图 5-76 “属性”属性管理器

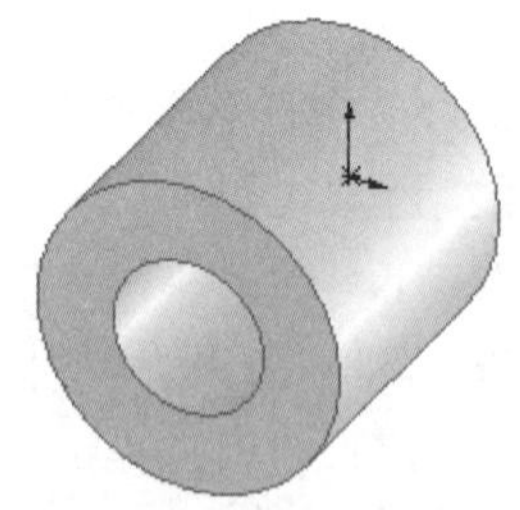

图 5-77 创建的简单直孔特征

技巧荟萃：

在确定简单直孔的位置时，可以通过标注尺寸的方式来确定，对于特殊的图形可以通过添加几何关系来确定。

扫一扫，看视频

5.4.2 创建异型孔

异型孔即具有复杂轮廓的孔，主要包括柱孔、锥孔、孔、螺纹孔、管螺纹孔和旧制孔 6 种。异型孔的类型和位置设置都是在“孔规格”属性管理器中完成。

【执行方式】

➘ 工具栏：单击“特征”工具栏中的“异型孔向导”按钮。

➘ 菜单栏：选择“插入”→“特征”→“孔向导”菜单命令。

➘ 控制面板：单击“特征”控制面板中的“异型孔向导”按钮。打开源文件中的“5.4.2.SLDPRT”，执行上述命令后，打开“孔规格”属性管理器。

【操作说明】

（1）在“孔类型”选项组按照图5-78所示进行设置，然后单击“位置”选项卡，此时单击“3D草图”按钮，在如图5-78所示的表面上添加4个点，单击“孔规格”属性管理器中的“确定”按钮✔。

（2）选择“3D草图2”，右击，在弹出的快捷菜单中选择“编辑草图”按钮，标注添加4个点的定位尺寸，如图5-79所示。添加的孔如图5-80所示。

图 5-78　“孔规格”属性管理器

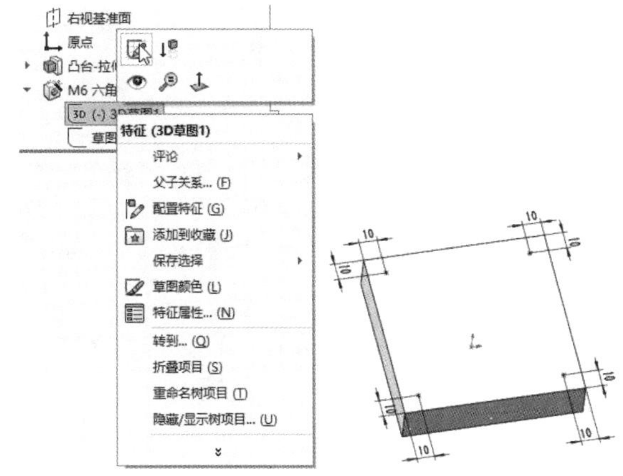

图 5-79　标注孔位置

（3）选择菜单栏“视图”→“修改”→“旋转”命令，将视图以合适的方向进行显示，旋转视图后的图形如图5-81所示。

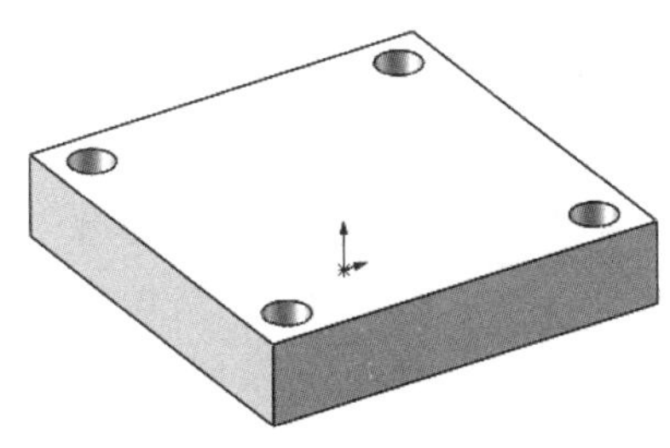

图 5-80　添加孔

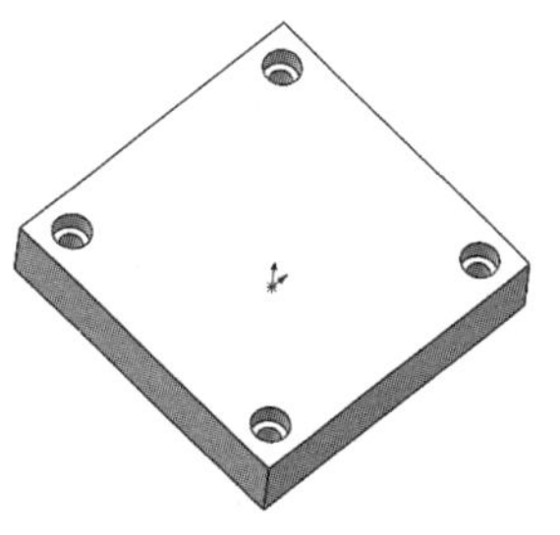

图 5-81　旋转视图后的图形

扫一扫，看视频

5.4.3 实例——轴盖

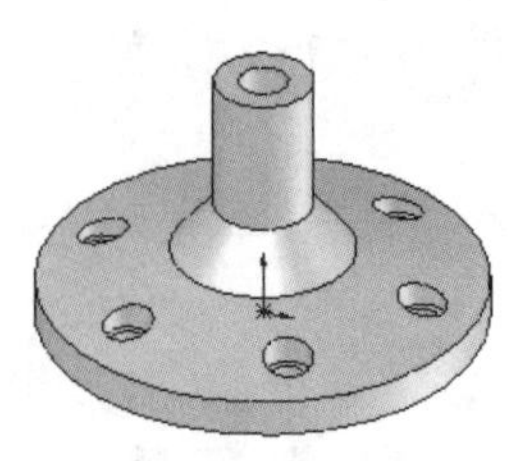
图 5-82 轴盖

本实例利用异型孔特征进行零件建模，最终生成轴盖模型。创建的轴盖如图 5-82 所示。

操作步骤 视频文件：动画演示 \ 第 5 章 \ 轴盖 .avi

（1）新建文件。启动SOLIDWORKS 2022，选择菜单栏中的“文件”→“新建”命令或单击“快速访问”工具栏中的“新建”按钮，在弹出的“新建SOLIDWORKS文件”对话框中依次单击“零件”按钮和“确定”按钮，新建一个零件文件。

（2）新建草图。在FeatureManager设计树中选择“前视基准面”作为草图 绘制基准面，单击“草图”控制面板中的“草图绘制”按钮，新建一张草图。

（3）绘制旋转轮廓草图。利用草图工具绘制草图，作为旋转特征的轮廓，如图5-83所示。

（4）旋转所绘制的轮廓。单击“特征”控制面板中的“旋转凸台/基体”按钮，弹出“旋转”属性管理器。SOLIDWORKS 2022会自动将草图中唯一的一条中心线作为旋转轴，设置旋转类型为“给定深度”，旋转角度为360.00°，其他选项设置如图5-84所示，单击“确定”按钮，生成旋转特征。

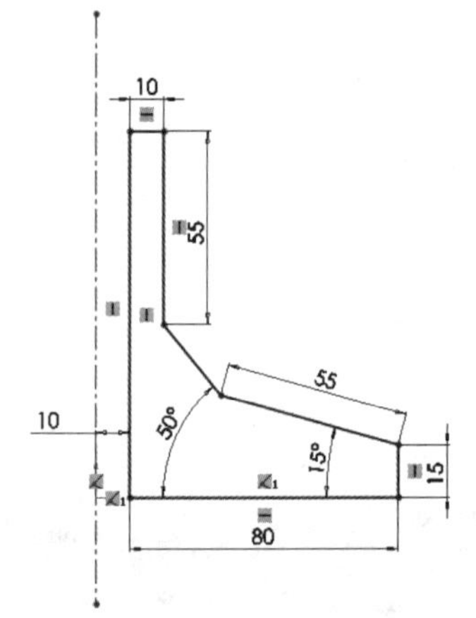

图 5-83 绘制旋转轮廓草图

图 5-84 旋转所绘制的轮廓

（5）创建镜像基准面。单击“特征”控制面板“参考几何体”下拉列表中的“基准面”按钮，选择“上视基准面”作为创建基准面的参考面，在（偏移距离）文本框中输入25.00mm，单击“确定”按钮，完成基准面的创建，系统默认该基准面为“基准面1”，如图5-85所示。

（6）新建草图。选择基准面1，单击“草图”控制面板中的“草图绘制”按钮，新建一张草图。

（7）绘制圆，并设置为构造线。单击“草图”控制面板中的“圆”按钮，在基准面1上绘制一个以原点为圆心，直径为135mm的圆，在“圆”属性管理器中选中“作为构造线”复选框，将圆设置为构造线。

（8）绘制构造线。单击“草图”控制面板中的“中心线”按钮，绘制3条过原点且相互之间的夹角为60°的中心线作为构造线，如图5-86所示，单击“草图”控制面板中的“退出草图”按钮，退出草图绘制。

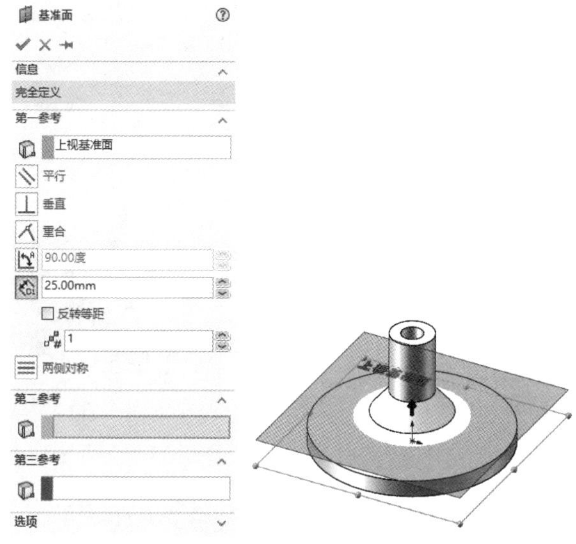

图 5-85　创建镜像基准面

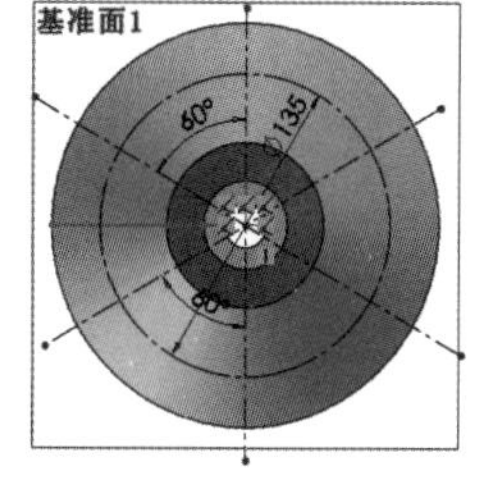

图 5-86　绘制构造线

（9）设置沉头孔参数。在FeatureManager设计树中选择“基准面1”，单击“特征”控制面板中的“异型孔向导”按钮，弹出“孔规格”属性管理器，在“孔类型”选项组中单击“柱形沉头孔”按钮，然后对柱形沉头孔的参数进行设置，如图5-87所示。

（10）定义孔位置。在步骤（7）和步骤（8）中绘制的构造线上为孔定位，如图5-88所示。单击“确定”按钮，完成多个孔的生成与定位。

（11）保存文件。单击“快速访问”工具栏中的“保存”按钮，将零件保存为“轴盖.SLDPRT”。最终效果如图5-89所示。

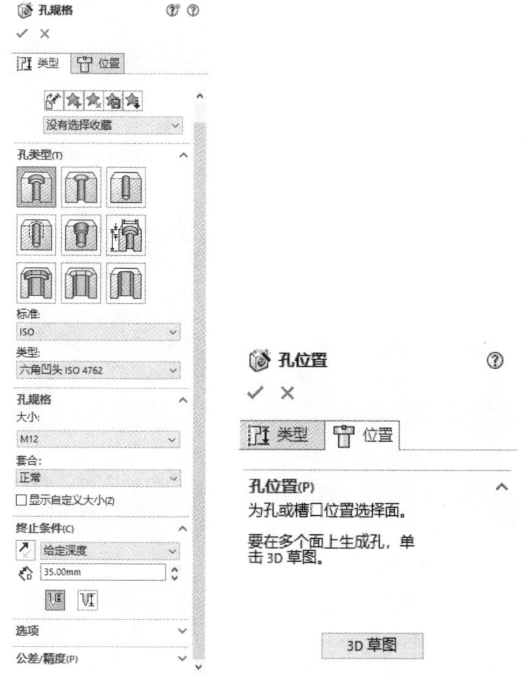

图 5-87　设定沉头孔参数

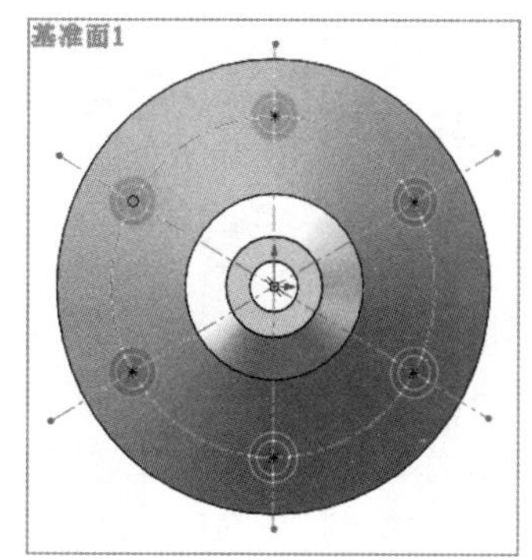

图 5-88　定义孔位置

扫一扫，看视频

练一练——锁紧件

试利用上面所学知识绘制锁紧件，如图 5-90 所示。

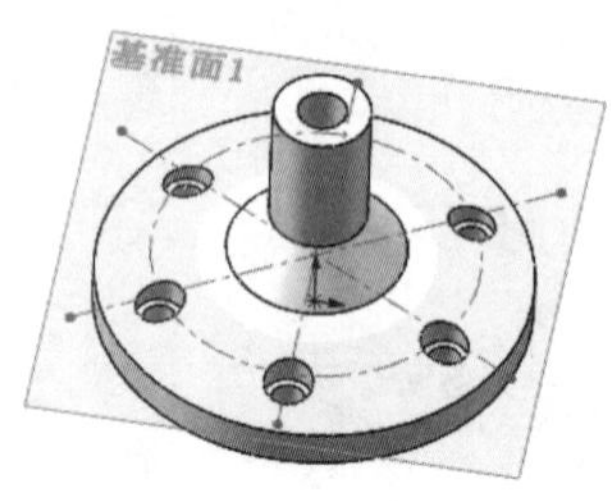

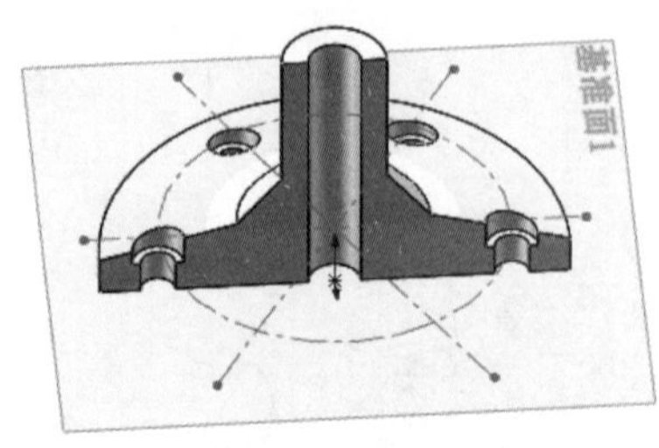

图 5-89　轴盖最终效果

图 5-90　锁紧件

✍ **思路点拨：**

首先绘制锁紧件的主体轮廓草图并拉伸实体，然后绘制固定螺纹孔和锁紧螺纹孔。

5.5 筋 特 征

筋是零件上增加强度的部分，它是一种从开环或闭环草图轮廓生成的特殊拉伸实体，它在草图轮廓与现有零件之间添加指定方向和厚度的材料。

在 SOLIDWORKS 2022 中，筋实际上是由开环的草图轮廓生成的特殊类型的拉伸特征。如图 5-91 所示展示了筋特征的几种效果。

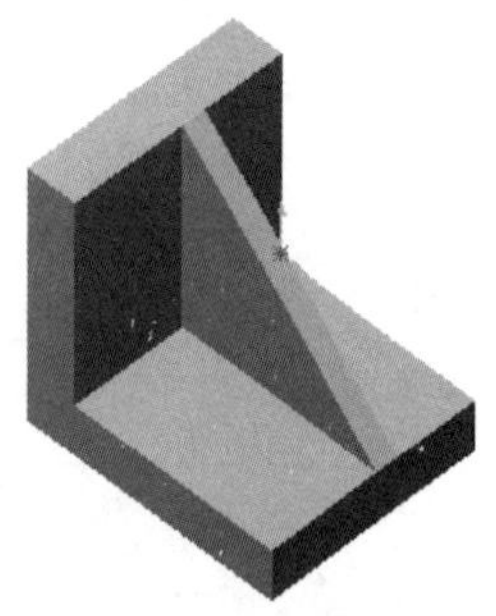

图 5-91　筋特征效果

扫一扫，看视频

5.5.1 创建筋特征

【执行方式】

- 工具栏：单击“特征”工具栏中的“筋”按钮。
- 菜单栏：选择“插入”→“特征”→“筋”菜单命令。
- 控制面板：单击“特征”控制面板中的“筋”按钮。

打开源文件中的“5.6.1.SLDPRT”，执行上述命令后，选择草图，打开“筋 1”属性管理器，如图 5-92 所示。

【操作说明】

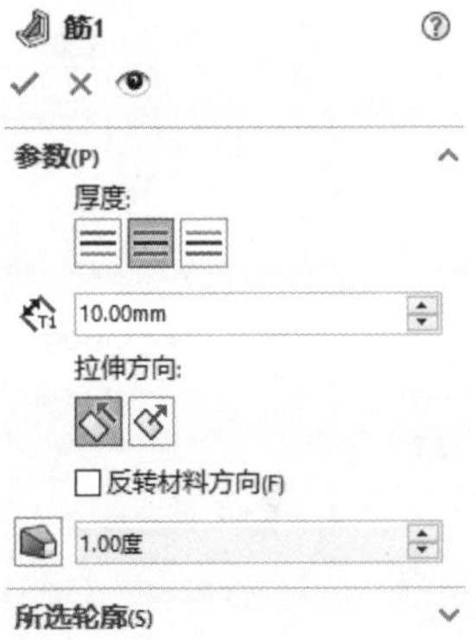

（1）选择一种厚度生成方式。

➘ 单击☰按钮，在草图的左边添加材料从而生成筋。

➘ 单击☰按钮，在草图的两边均等地添加材料生成筋。

➘ 单击☰按钮，在草图的右边添加材料生成筋。

（2）在文本框中指定筋的厚度。

（3）对于在平行基准面上生成的开环草图，可以选择拉伸方向。

➘ 单击按钮，平行于草图方向生成筋。

➘ 单击按钮，垂直于草图方向生成筋。

（4）如果选择了垂直于草图方向生成筋，还需要选择拉伸类型。

➘ 线性拉伸：将生成一个与草图方向垂直而延伸草图轮廓的筋，直到它们与边界汇合。

➘ 自然拉伸：将生成一个与轮廓方向相同而延伸草图轮廓的筋，直到它们与边界汇合。

（5）如果选择了平行于草图方向生成筋，则只有线性拉伸类型。

（6）选中“反转材料方向”复选框可以改变拉伸方向。

（7）如果要对筋作拔模处理，单击拔模开/关按钮。

（8）可以输入拔模角度，生成有一定拔模角度的筋。

图 5-92　“筋 1”属性管理器

5.5.2　实例——导流盖

扫一扫，看视频

本例首先绘制开环草图并旋转成薄壁模型，接着绘制筋特征，重复操作绘制其余筋，完成零件建模，最终生成导流盖模型，绘制的导流盖如图 5-93 所示。

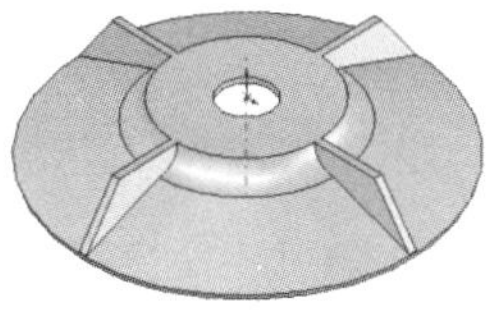

操作步骤　视频文件：动画演示\第 5 章\导流盖.avi

图 5-93　导流盖

1．生成薄壁旋转特征

（1）选择菜单栏中的“文件”→“新建”命令或单击“快速访问”工具栏中的“新建”按钮，在弹出的“新建SOLIDWORKS文件”对话框中依次单击“零件”按钮和“确定”按钮，新建一个零件文件。

（2）在FeatureManager设计树中选择“前视基准面”作为草图绘制基准面，单击“草图”控制面板中的“草图绘制”按钮，新建一张草图。

（3）单击“草图”控制面板中的“中心线”按钮，过原点绘制一条竖直中心线。

（4）单击“草图”控制面板中的“直线”按钮和“切线弧”按钮，绘制旋转草图轮廓。

（5）单击“草图”控制面板中的“智能尺寸”按钮，为草图标注尺寸，如图5-94所示。

（6）单击“特征”控制面板中的“旋转凸台/基体”按钮，在弹出的提示对话框中单击“否”按钮，如图5-95所示。

（7）在“旋转”属性管理器中设置旋转类型为“单向”，并在（角度）文本框中输入360，单击“薄壁特征”面板中的“反向”按钮，使薄壁向内部拉伸，在（厚度）文本框中输入2，如图5-96所示。单击“确定”按钮，生成薄壁旋转特征。

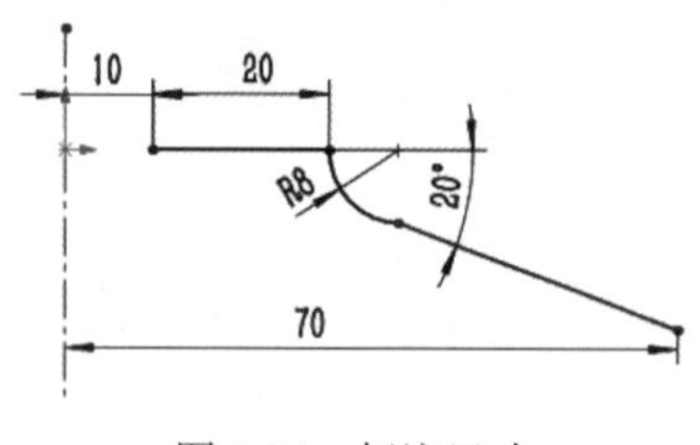

图 5-94　标注尺寸

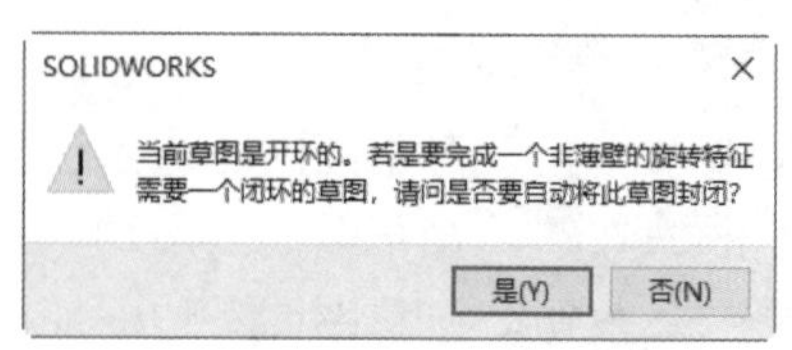

图 5-95　提示对话框

2. 创建筋特征

（1）在FeatureManager设计树中选择“右视基准面”作为草图绘制基准面，单击“草图”工具栏中的“草图绘制”按钮，新建一张草图。单击“视图（前导）”工具栏中的“正视于”按钮，正视于右视图。

（2）单击“草图”控制面板中的“直线”按钮，将光标移到台阶的边缘，当光标变为形状时，表示指针正位于边缘上，移动光标以生成从台阶边缘到零件边缘的折线。

（3）单击“草图”控制面板中的“智能尺寸”按钮，为草图标注尺寸，如图5-97所示。

（4）单击“视图（前导）”工具栏中的“等轴测”按钮，用等轴测视图观看图形。

（5）单击“特征”控制面板中的“筋”按钮，弹出“筋1”属性管理器；单击“两侧”按钮，设置厚度生成方式为两边均等添加材料，在（筋厚度）文本框中输入3.00mm，单击“平行于草图”按钮，设定筋的拉伸方向为平行于草图，如图5-98所示。单击“确定”按钮，生成筋特征。

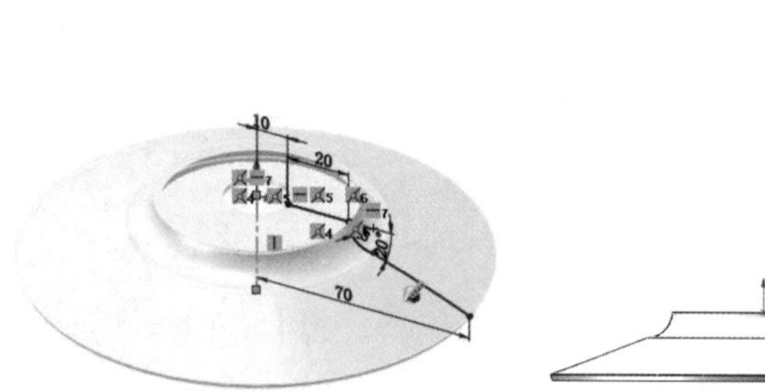

图 5-96　生成薄壁旋转特征

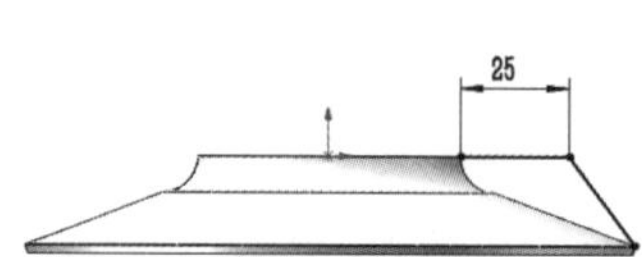

图 5-97　标注尺寸

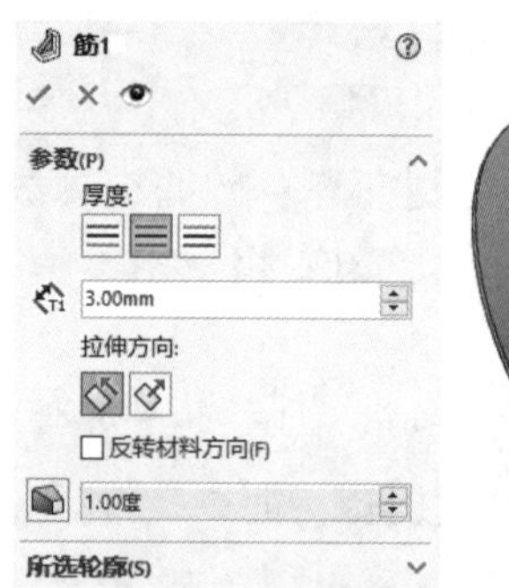

5-98　创建筋特征

（6）重复步骤（4）和步骤（5）的操作，创建其余3个筋特征。同时可以利用圆周阵列命令阵列筋特征。最终结果如图5-93所示。

扫一扫，看视频

练一练——支座

试利用上面所学知识绘制支座，如图 5-99 所示。

图 5-99　支座

思路点拨：

首先绘制底座草图并通过拉伸创建底座，然后通过扫描创建支撑台，再创建筋，最后创建安装孔，尺寸可以适当选取。

5.6 其 他 特 征

SOLIDWORKS 2022 中还有其他一些特征，下面进行简要介绍。

扫一扫，看视频

5.6.1 圆顶特征

在同一模型上同时添加一个或多个圆顶到所选平面或非平面。圆顶示意图如图 5-100 所示。

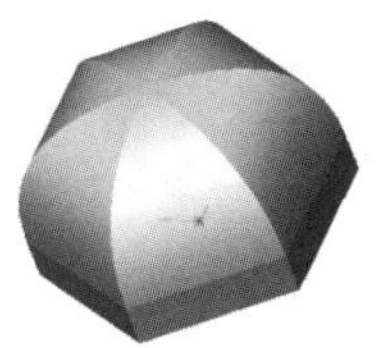
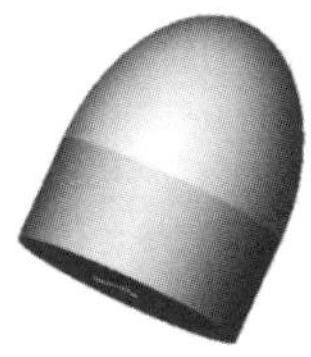
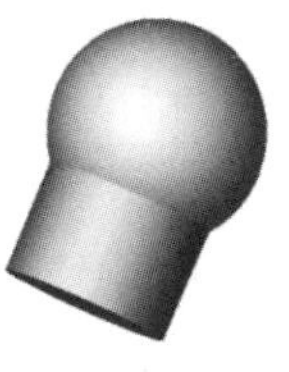
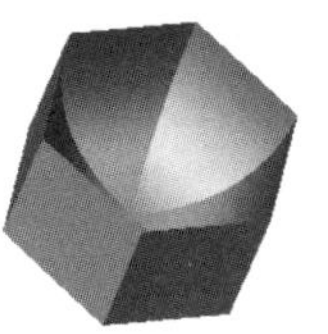

图 5-100　圆顶示意图

【执行方式】

- 工具栏：单击“特征”工具栏中的“圆顶”按钮。
- 菜单栏：选择“插入”→“特征”→“圆顶”命令。
- 控制面板：单击“特征”控制面板中的“圆顶”按钮。

打开源文件中的“5.6.1.SLDPRT”，执行上述命令后，打开“圆顶”属性管理器，如图 5-101 所示。

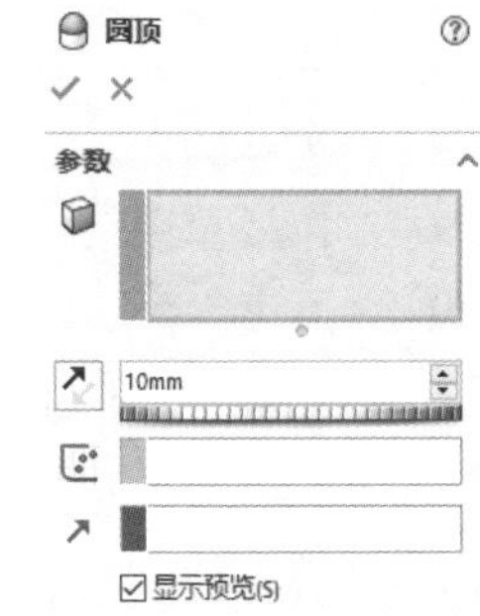

图 5-101　“圆顶”属性管理器

【操作说明】

- “到圆顶的面”：选择一个或多个平面或非平面。
- “距离”：设定圆顶扩展的距离的值。单击“反向”按钮，生成一个凹陷的圆顶。
- “约束点或草图”：通过选择一个有点的草图来约束草图的形状以控制圆顶。
- “方向”：从图形区域选择一方向向量以垂直于面以外的方向拉伸圆顶。也可使用线性边线或由两个草图点所生成的向量作为方向向量。

扫一扫，看视频

5.6.2 包覆

该特征将草图包裹到平面或非平面。可从圆柱、圆锥或拉伸的模型生成一个平面。也可选择一个平面轮廓来添加多个闭合的样条曲线草图。包覆特征支持轮廓选择和草图再用。可以将包覆特征投影至多个面上。如图 5-102 所示为不同参数设置下的包覆特征效果。

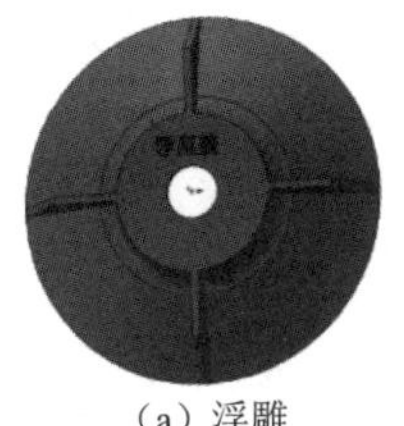
（a）浮雕

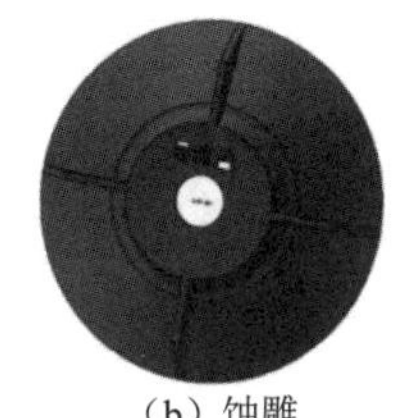
（b）蚀雕

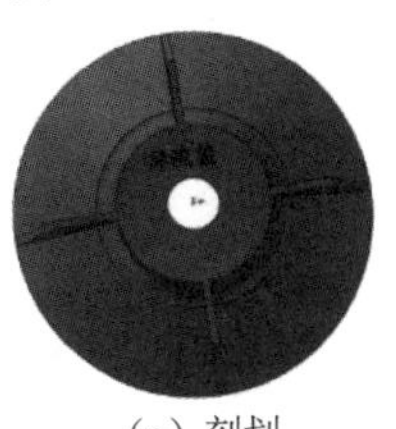
（c）刻划

图 5-102　包覆特征效果

图 5-103 “包覆 1”属性管理器

【执行方式】

- 工具栏：单击“特征”工具栏中的“包覆”按钮。
- 菜单栏：选择“插入”→“特征”→“包覆”菜单命令。
- 控制面板：单击“特征”控制面板中的“包覆”按钮。

打开源文件中的“5.6.2.SLDPRT”，执行上述命令后，选择一个草图，打开“包覆 1”属性管理器，如图 5-103 所示。

【操作说明】

1.“包覆类型”选项组

- “浮雕”：在面上生成一个突起特征。
- “蚀雕”：在面上生成一个缩进特征。
- “刻划”：在面上生成一个草图轮廓的压印。

2.“包覆方法”选项组

- “分析”：将草图包覆至平面或非平面。
- “样条曲面”：可以在任何面类型上包覆草图。

3. “包覆参数”选项组

- “源草图”：在视图中选择要创建包覆的草图。
- “包覆草图的面”：选择一个非平面的面。
- “厚度”：输入厚度值。勾选“反向”复选框，更改方向。

4. “拔模方向”选项组

选取一直线、线性边线或基准面来设定拔模方向。对于直线或线性边线，拔模方向是选定实体的方向。对于基准面，拔模方向与基准面正交。

扫一扫，看视频

5.6.3 弯曲

弯曲特征以直观的方式对复杂的模型进行变形，示意图如图 5-104 所示。

【执行方式】

- 工具栏：单击“特征”工具栏中的“弯曲”按钮。
- 菜单栏：选择“插入”→“特征”→“弯曲”命令。

打开源文件中的“5.6.3.SLDPRT”，执行上述命令后，打开“弯曲”属性管理器，如图 5-105 所示。

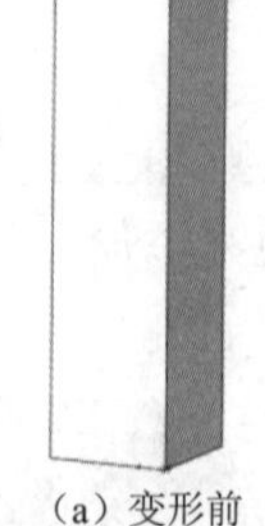
（a）变形前

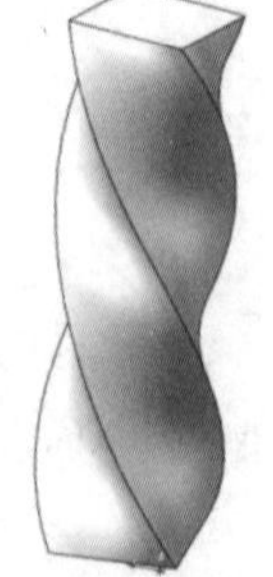
（b）扭曲后

图 5-104 扭曲实体

【操作说明】

1.“弯曲输入”选项组

- “弯曲的实体”：在视图中选择要弯曲的实体。
- “折弯”：绕三重轴的红色 X 轴（折弯轴）折弯一个或多个实体。定位三重轴和剪裁基准面，控制折弯的角度和半径。
- “扭曲”：扭曲实体和曲面实体。定位三重轴和剪裁基准面，控制扭曲的角度。绕三重轴的蓝色 Z 轴扭曲。

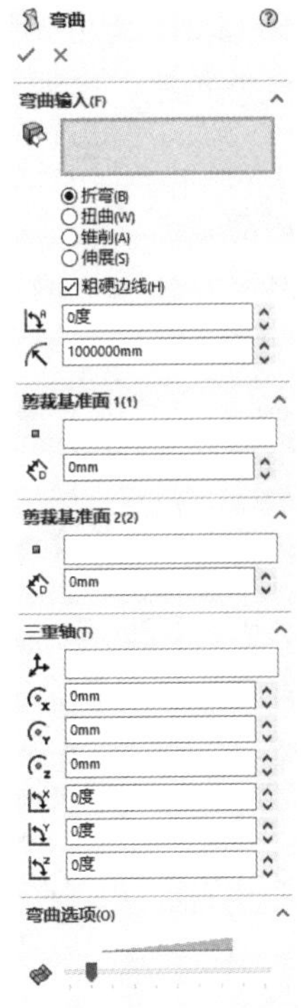

图 5-105 “弯曲”属性管理器

技巧荟萃：

弯曲特征使用边界框计算零件的界限。剪裁基准面一开始便位于实体界限，垂直于三重轴的蓝色 Z 轴。

- “锥削”：锥削实体和曲面实体。定位三重轴和剪裁基准面，控制锥剃因子。按照三重轴的蓝色 Z 轴的方向进行锥削。
- “伸展”：伸展实体和曲面实体。指定一距离或使用鼠标左键拖动剪裁基准面的边线。按照三重轴的蓝色 Z 轴的方向进行伸展。
- “粗硬边线”：生成如圆锥面、圆柱面及平面等分析曲面，这通常会形成剪裁基准面与实体相交的分割面。取消该选项的选择，则结果将基于样条曲线，因此曲面和平面会显得更光滑，而原有面保持不变。

2.“剪裁基准面”选项组

- “参考实体”：将剪裁基准面的原点锁定到模型上的所选点。
- “剪裁距离”：沿三重轴的剪裁基准面轴（蓝色 Z 轴）从实体的外部界限移动剪裁基准面。

技巧荟萃：

弯曲特征仅影响剪裁基准面之间的区域。

3.“三重轴”选项组

- “选择坐标系特征”：将三重轴的位置和方向锁定到坐标系。
- “旋转原点”：沿指定轴移动三重轴（相对于三重轴的默认位置）。
- “旋转角度”：绕指定轴旋转三重轴（相对于三重轴自身）。

技巧荟萃：

弯曲特征的中心在三重轴的中心附近。

5.6.4 自由形特征

扫一扫，看视频

自由形特征与圆顶特征类似，也是针对模型表面进行变形操作，但是具有更多的控制 选项。自由形特征通过展开、约束或拉紧所选曲面在模型上生成一个变形曲面。变形曲面灵活可变，很像一层膜。可以使用“自由形”属性管理器中“控制”标签上的滑块将之展开、约束或拉紧。

【执行方式】

- 工具栏：单击“特征”工具栏中的“自由形”按钮。
- 菜单栏：选择“插入”→“特征”→“自由形”命令。

打开源文件中的“5.6.4.SLDPRT”，打开的文件实体如图 5-106 所示。执行上述命令后，打开“自由形”属性管理器，如图 5-107 所示。

【操作说明】

（1）在“面设置”选项组中，选择图5-106中的面1，按照图5-107所示进行设置。

（2）选中要移动的边线，设置连续性为“可移动”，出现两个可移动的箭头，移动箭头到合适的位置，也可以单击属性管理器中的“添加曲线”按钮，在平面上添加其他曲线。

（3）单击属性管理器中的“确定”按钮✔。结果如图5-108所示。

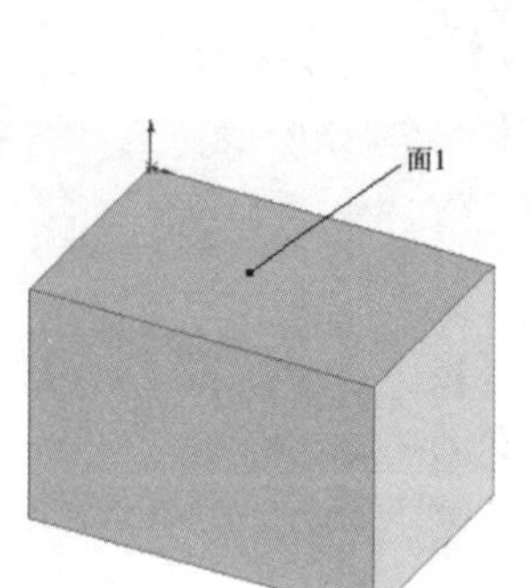

图 5-106　打开的文件实体

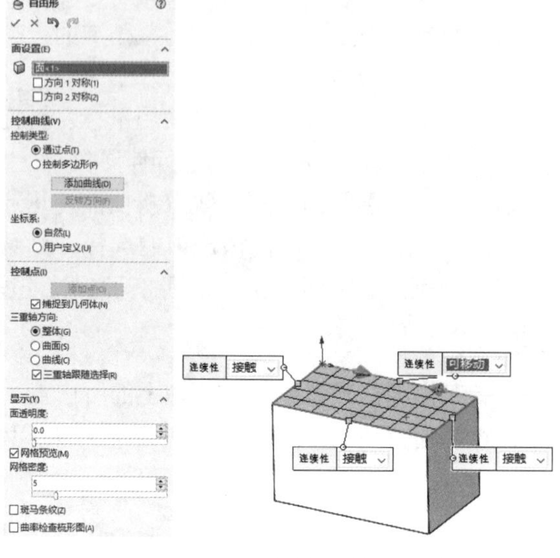

图 5-107　“自由形”属性管理器

图 5-108　自由形的图形

扫一扫，看视频

5.6.5　比例缩放

比例缩放是指相对于零件或者曲面模型的重心或模型原点进行缩放。比例缩放仅缩放模型几何体，常在数据输出、型腔中使用。它不会缩放尺寸、草图或参考几何体。对于多实体零件，可以缩放其中一个或多个模型的比例。

【执行方式】

➘ 工具栏：单击“特征”工具栏中的“比例缩放”按钮。

➘ 菜单栏：选择“插入”→“特征”→“缩放比例”命令。

打开源文件中的“源文件 \5.6.5.SLDPRT”，打开的文件实体如图 5-109 所示。执行上述命令后，打开“缩放比例”属性管理器，如图 5-110 所示。

【操作说明】

取消选中“统一比例缩放”复选框，并为 X 比例因子、Y 比例因子及 Z 比例因子单独设定比例因子数值，如图 5-111 所示。

单击“缩放比例”属性管理器中的“确定”按钮✔。结果如图 5-112 所示。

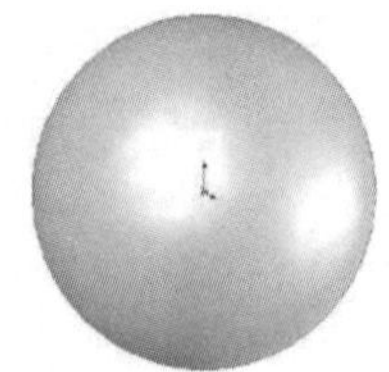

图 5-109　打开的文件实体

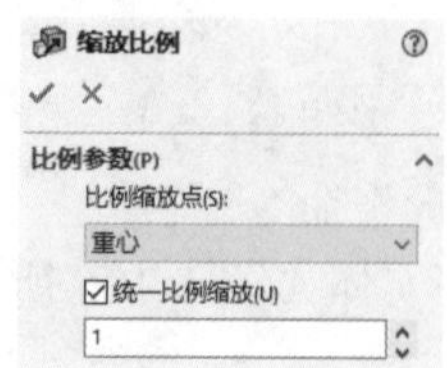

图 5-110　“缩放比例”属性管理器

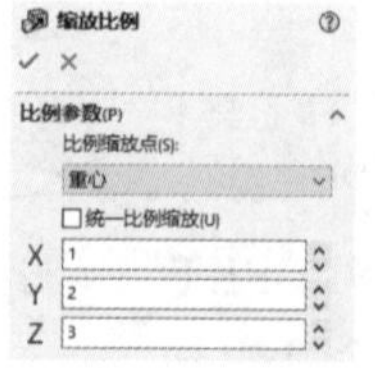

图 5-111　设置比例因子

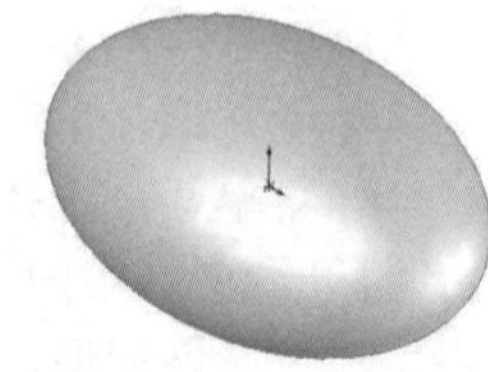

图 5-112　缩放比例的图形

缩放比例分为统一比例缩放和非等比例缩放，统一比例缩放即等比例缩放，该缩放比较简单，这里不再赘述。

扫一扫，看视频

5.7　综合实例——低速轴的设计

本实例根据轴类零件的结构特点，可以采用拉伸命令生成轴体基本轮廓，采用切除命令生成键槽，并利用倒角命令与圆角命令生成倒角和圆角结构。创建的低速轴如图 5-113 所示。

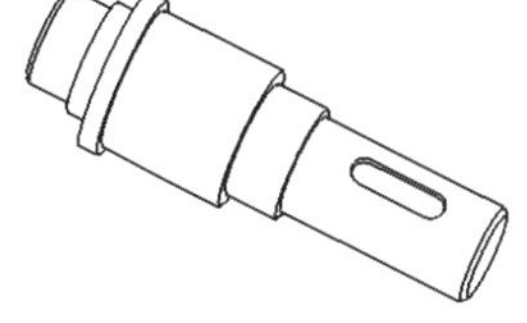

图 5-113　低速轴

操作步骤　视频文件：动画演示\第 5 章\低速轴设计.avi

5.7.1　创建低速轴外形实体

本实例中低速轴的外形实体由 6 段不同直径的轴段构成，通过 SOLIDWORKS 2022 中的拉伸工具，可以方便地创建轴的外形轮廓实体。具体的创建过程如下。

（1）选择菜单栏中的“文件”→“新建”命令，或者单击“快速访问”工具栏中的“新建”按钮，在弹出的“新建SOLIDWORKS文件”对话框中依次单击“零件”按钮和“确定”按钮，新建一个零件文件。

（2）在打开的FeatureManager设计树中选择“前视基准面”作为草图绘制平面，单击“草图”控制面板中的“圆”按钮，以系统坐标原点为圆心画圆，系统弹出的“圆”属性管理器如图5-114所示。在“参数”选项组的“半径”文本框中输入圆的半径值47.5，单击“确定”按钮。

（3）单击“特征”控制面板中的“拉伸凸台/基体”按钮，系统弹出“凸台-拉伸”属性管理器，如图5-115所示，选择拉伸终止条件为“给定深度”，并在“深度”文本框中输入轴段长度值50.00mm，图形区将高亮显示拉伸设置。

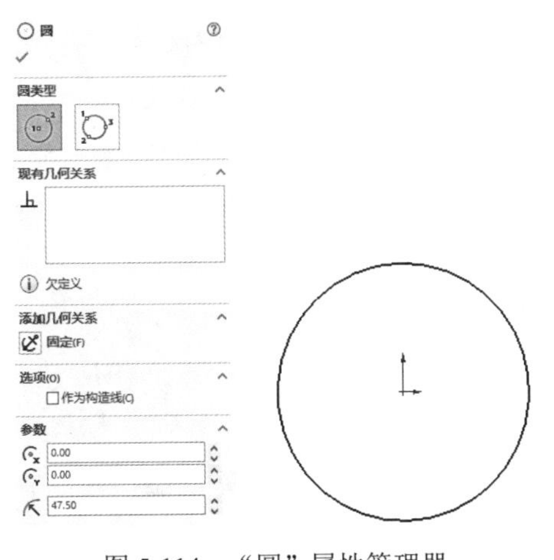

图 5-114　“圆”属性管理器

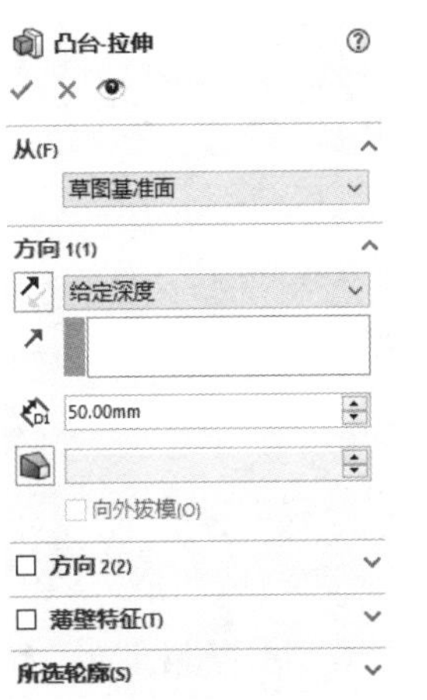

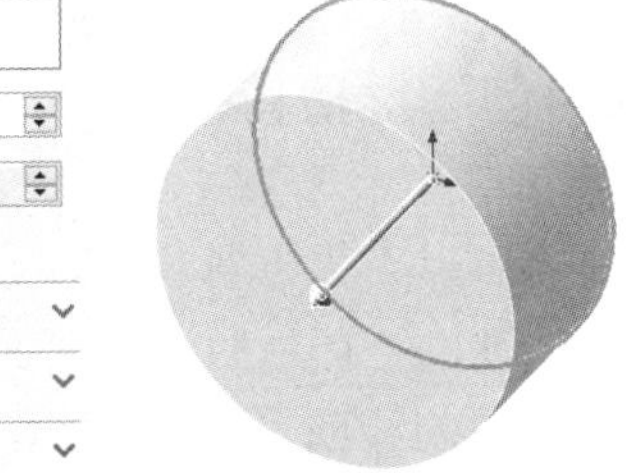

图 5-115　“凸台-拉伸”属性管理器

（4）保持“拉伸”属性管理器中其他选项的系统默认值不变，单击“确定”按钮。拉伸后的轴段实体如图5-116所示。

（5）选择上面完成的轴段端面作为草图绘制平面，单击“视图（前导）”工具栏中的“正视于”按钮，使绘图平面转为正视方向。单击“草图”控制面板中的“圆”按钮，以系统坐标原点为圆心画圆，系统弹出“圆”属性管理器，如图5-117所示，在“参数”选项组的“半径”文本框中输入圆的半径值56.50，单击“确定”按钮。

（6）单击“特征”控制面板中的“拉伸凸台/基体”按钮，在弹出的“凸台-拉伸”属性管理器中选择拉伸终止条件为“给定深度”，并在“深度”文本框中输入轴段长度值25.00mm，单击“确定”按钮，完成第二轴段的创建，如图5-118所示。

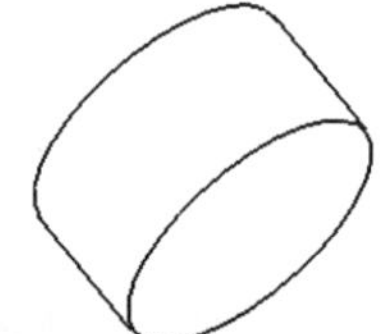

图 5-116　拉伸后的轴段实体

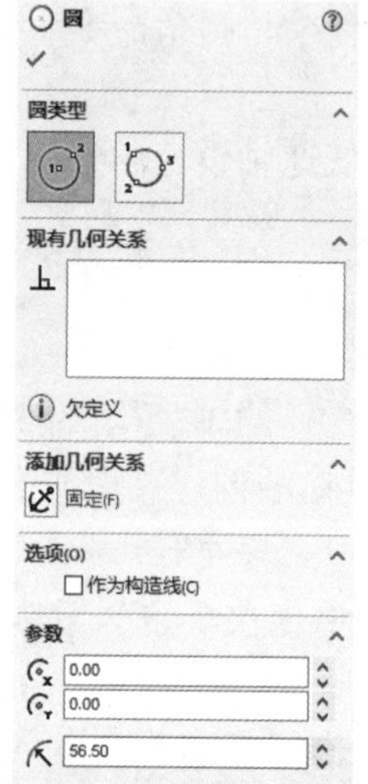

图 5-117　“圆”属性管理器

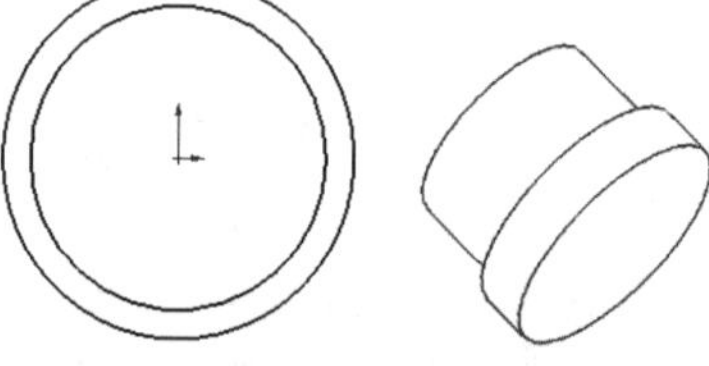

图 5-118　创建第二轴段

（7）重复步骤（5）和步骤（6），按图5-119 所示依次设置其余各轴段的半径值及长度值，创建阶梯轴的剩余部分。创建完成的轴外形实体如图5-120 所示。

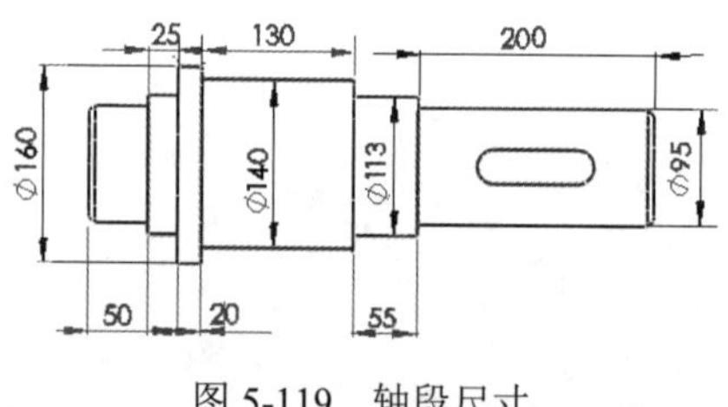

图 5-119　轴段尺寸

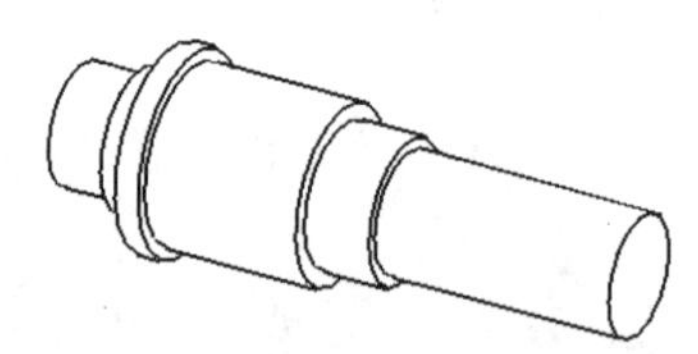

图 5-120　轴外形实体

5.7.2　创建键槽特征

键槽可以作为一种切除特征来实现，但是键槽又有着与一般切除特征不同的特点。在大多数情况下，键槽特征是通过对曲面实体的切除来实现的，而在 SOLIDWORKS 2022 中，曲面一般不能作为草图的绘图平面。因此，创建键槽特征首先要建立一个绘制切除特征草图所需要的基准平面。下面将具体学习键槽的创建方法。

（1）创建大键槽基准面。单击“特征”控制面板“参考几何体”下拉列表中的“基准面”按钮。

（2）系统弹出“基准面”属性管理器，选择“上视基准面”作为创建基准面的参考平面，在“等距距离”文本框中输入偏移距离值70.00mm，如图5-121所示。

（3）单击“确定”按钮，完成基准面1的创建，如图5-122所示。

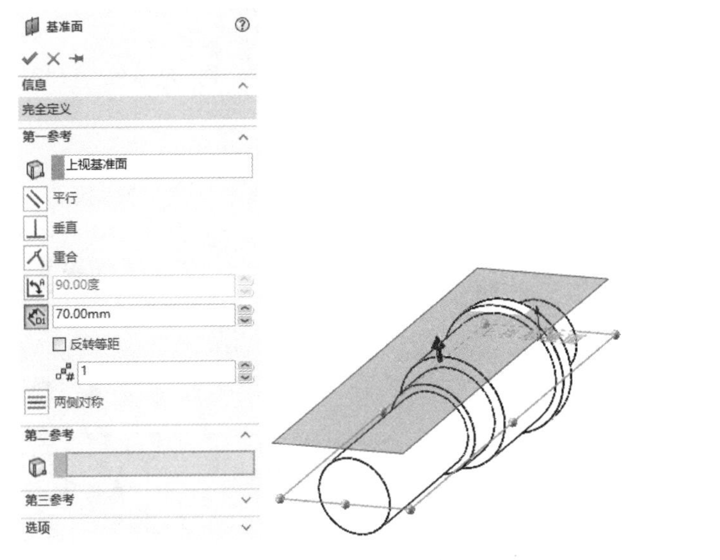

图 5-121　设置偏移距离

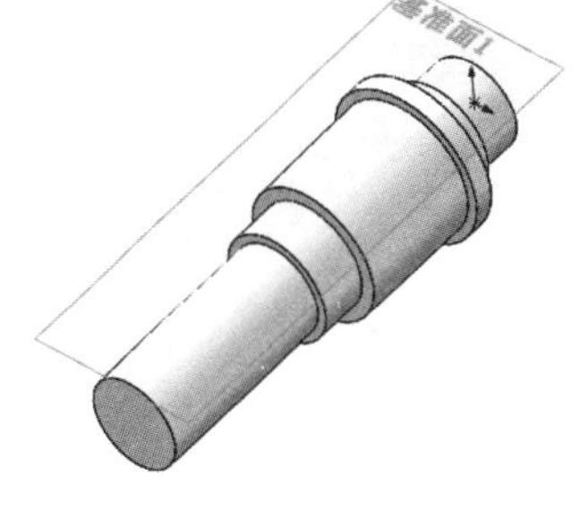

图 5-122　创建基准面 1

（4）绘制大键槽切除特征草图轮廓。选取基准面1作为草图绘制平面，单击“视图（前导）”工具栏中的“正视于”按钮，使绘图平面转为正视方向。单击“草图”控制面板中的“直线”按钮，在草图绘制平面绘制键槽直线部分轮廓，如图5-123所示。

（5）单击“草图”控制面板中的“3点圆弧”按钮，以键槽直线轮廓线的两端点为圆弧起点和终点，绘制与键槽两直线边相切的圆弧，如图5-124所示。

（6）单击“草图”控制面板上的“智能尺寸”按钮，对草图进行尺寸设定与标注，如图5-125所示。

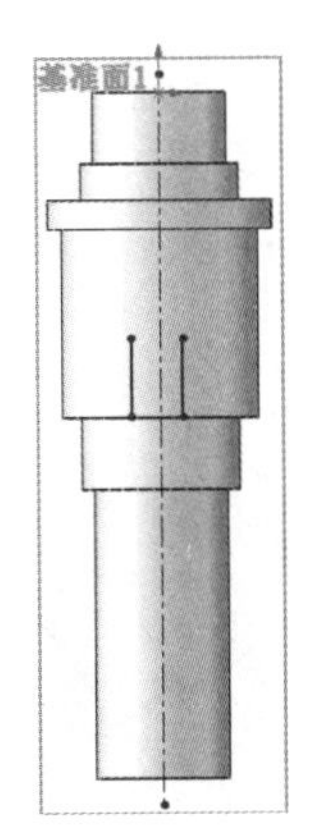

图 5-123　绘制键槽直线部分轮廓

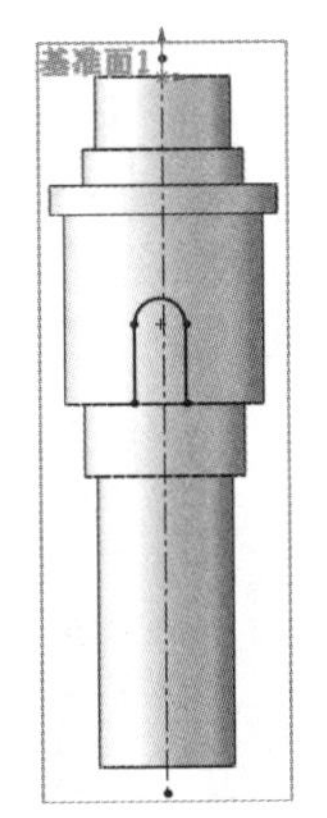

图 5-124　绘制键槽圆弧

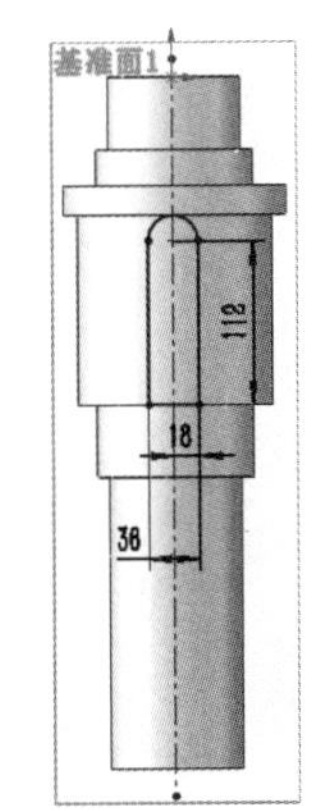

图 5-125　标注草图尺寸

（7）创建大键槽。单击“特征”控制面板中的“切除拉伸”按钮，在弹出的“切除-拉伸”属性管理器中选择切除终止条件为“给定深度”，并在“深度”文本框中切除深度值12.00mm，单击“确定”按钮，完成大键槽的创建，如图5-126所示。

（8）创建小键槽基准面。单击“特征”控制面板“参考几何体”下拉列表中的“基准面”按钮，系统弹出“基准面”属性管理器，如图5-127所示，选择“上视基准面”作为创建基准面的参考平面，在“等距距离”文本框中输入偏移距离值47.50mm，选中“反转等距”复选框。

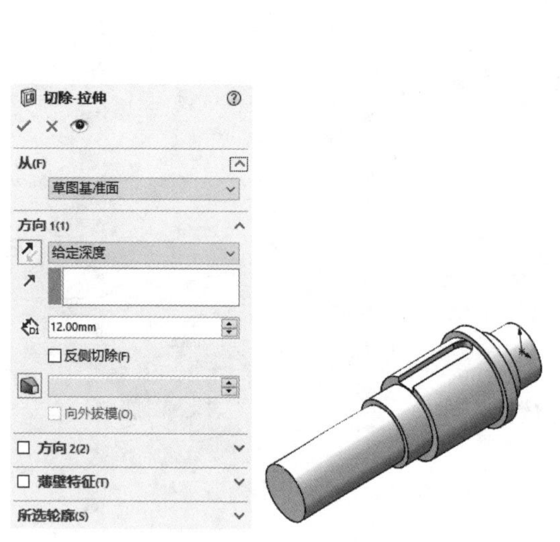

图 5-126　创建大键槽

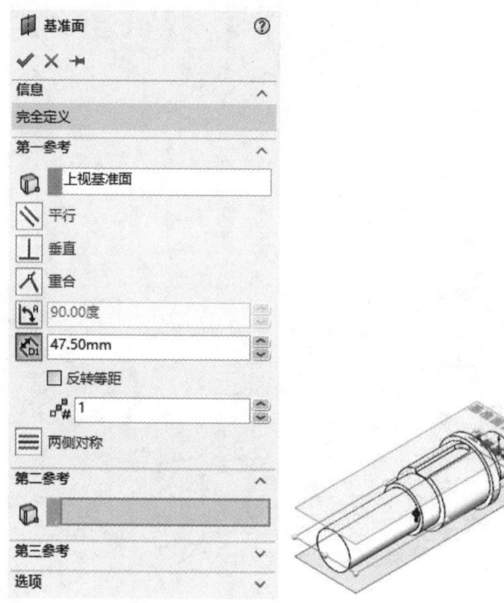

图 5-127　“基准面”属性管理器

（9）单击“确定”按钮✔，创建完成的小键槽基准面如图5-128所示的基准面2。

（10）绘制小键槽切除拉伸特征草图轮廓。选取基准面2作为草图绘制平面，单击“视图（前导）”工具栏中的“正视于”按钮，使绘图平面转为正视方向。用草图绘制工具绘制小键槽切除拉伸特征草图轮廓，如图5-129所示。

（11）创建小键槽。单击“特征”控制面板中的“切除拉伸”按钮，在“深度”文本框中输入7.00mm，单击“确定”按钮✔，完成小键槽的创建，如图5-130所示。

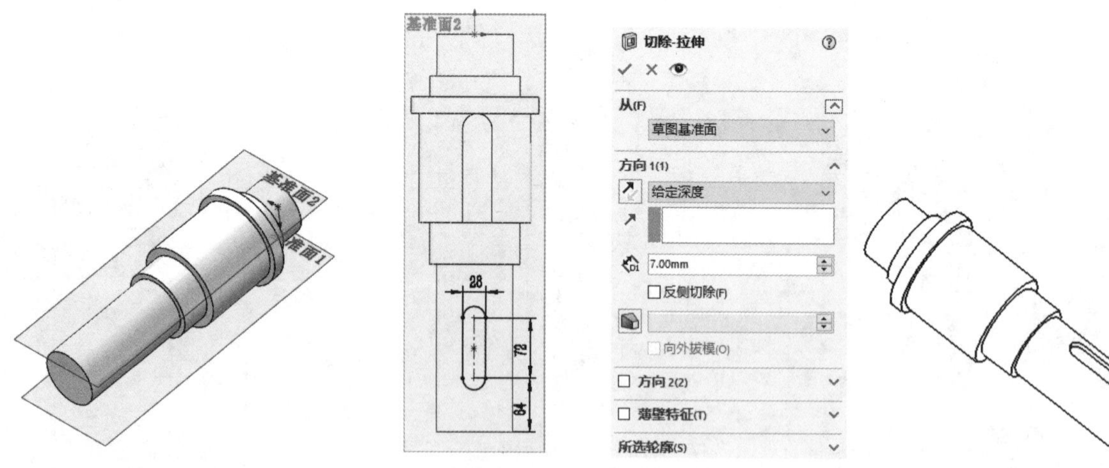

图 5-128　创建基准面2　图 5-129　绘制小键槽切除拉伸特征草图轮廓　图 5-130　创建小键槽

上面讲述了键槽的创建方法。创建键槽，首先应建立草图绘制的基准面，然后进行草图绘制和切除。在本例中，两个键槽的方法稍有差异，大键槽采用了向材料内部进行切除生成的方式，而在小键槽的创建过程中则选择向材料外侧进行切除。在实际的建模过程中，可以根据具体情况灵活地选用。

5.7.3　创建倒角特征

在完成了阶梯轴的基体创建后，可以继续进行倒角、倒圆等一些细节特征的创建。SOLIDWORKS 2022 提供了创建倒角、倒圆等特征的工具，利用它们可以方便地实现这些特征。

创建倒角特征的过程比较简单，具体的操作步骤如下。

（1）单击“特征”控制面板中的“倒角”按钮，系统弹出“倒角”属性管理器，如图5-131所示，单击“角度距离”按钮，并输入距离值5.00mm、角度值45.00°。在图形区选择低速轴两外侧端面边线，系统将高亮显示边线及倒角设置。

（2）单击“确定”按钮，完成倒角特征的创建，如图5-132所示。

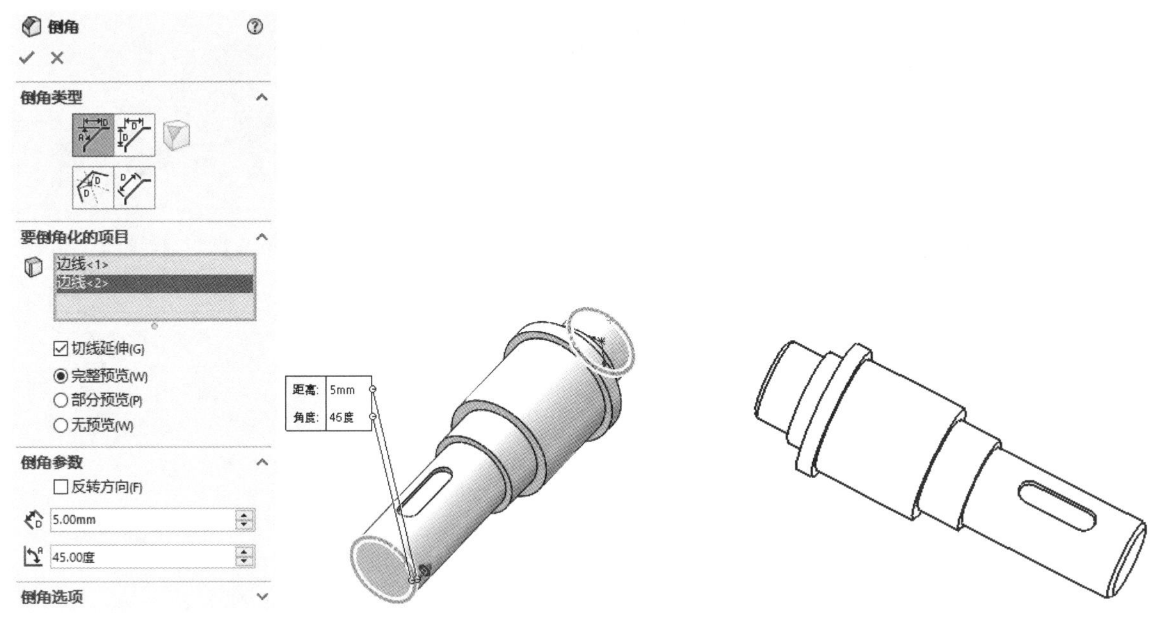

图 5-131　“倒角”属性管理器　　图 5-132　创建倒角特征

5.7.4　创建圆角特征

与倒角特征的创建过程相似，利用 SOLIDWORKS 2022 中的圆角工具，也可以方便地创建实体的圆角特征。

（1）单击“特征”控制面板中的“圆角”按钮，系统弹出“圆角”属性管理器，如图5-133所示，选择“固定大小圆角”按钮，并输入半径值1.00mm。在图形区选择轴的轴肩底边线，系统将在图形窗口高亮显示用户选择。

（2）单击“确定”按钮，完成圆角特征的创建，如图5-134所示。

至此，低速轴的全部特征创建完成。通过 FeatureManager 设计树中的材质编辑器定义低速轴的材料属性为“普通碳钢”。单击“快速访问”工具栏中的“保存”按钮，将零件保存为“低速轴.SLDPRT”。

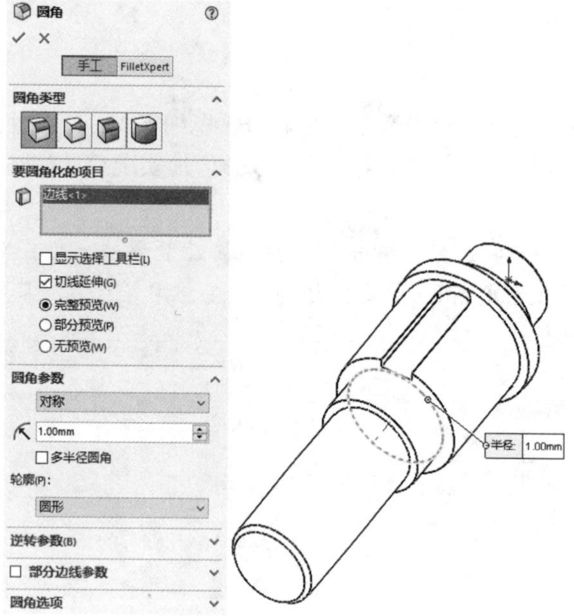

图 5-133 “圆角”属性管理器

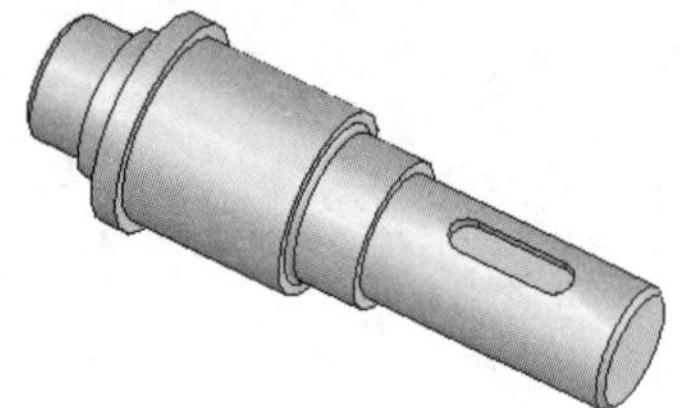

图 5-134 创建圆角特征

第 6 章　特征复制建模

内容简介

在进行特征建模时，为方便操作，简化步骤，应选择进行特征复制操作，其中包括阵列特征、镜像特征等操作，将某特征根据不同参数设置进行复制。这一命令的使用，在很大程度上缩短了操作时间，简化了实体创建过程，使建模功能更全面。

内容要点

- 镜像特征
- 阵列特征

案例效果

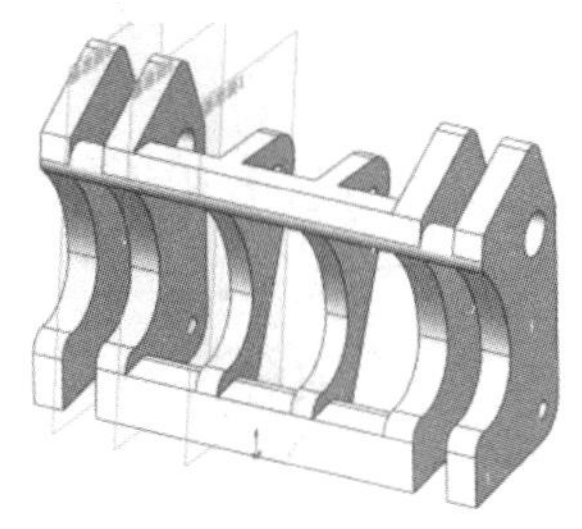
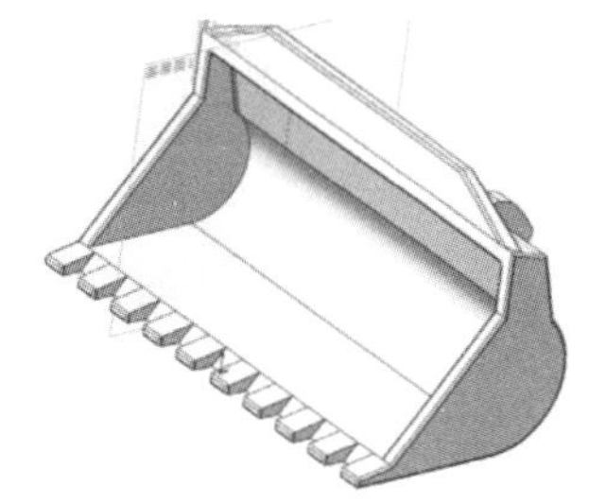
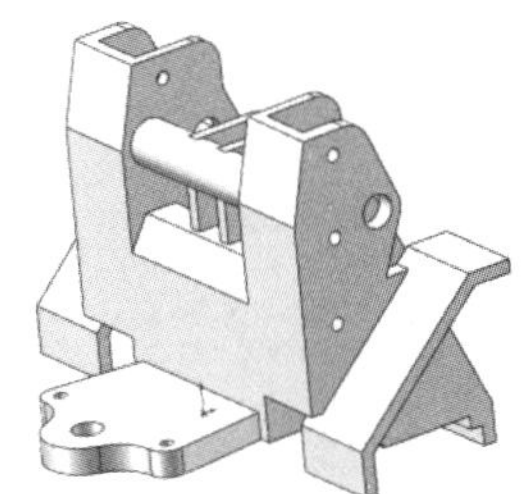

6.1 镜像特征

如果零件结构是对称的，用户可以只创建零件模型的一半，然后使用镜像特征的方法生成整个零件。如果修改了原始特征，则镜像特征也随之改变。如图 6-1 所示为运用镜像特征生成的零件模型。

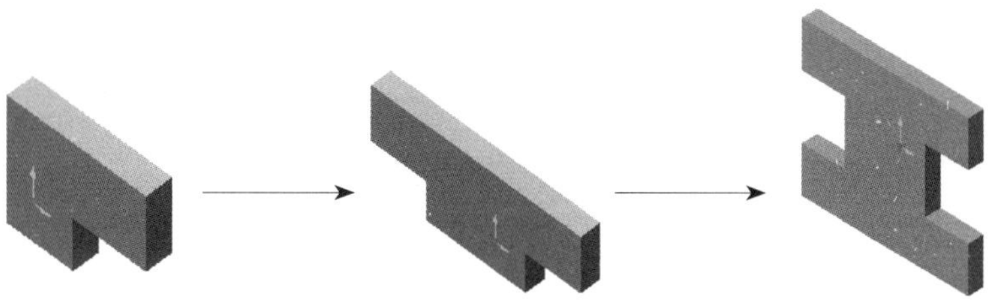

图 6-1　运用镜像特征生成的零件模型

扫一扫，看视频

6.1.1 创建镜像特征

【执行方式】

- 工具栏：单击“特征”工具栏中的“镜像”按钮。
- 菜单栏：选择“插入”→“阵列 / 镜像”→“镜像”菜单命令。
- 控制面板：单击“特征”控制面板中的“镜像”按钮。

打开源文件中的“6.1.1.SLDPRT”，执行上述命令后，打开“镜像”属性管理器，如图 6-2 所示。

【操作说明】

（1）镜像特征是指以某一平面或者基准面作为参考面，对称复制一个或者多个特征或模型实体。

（2）在“镜像面/基准面”选项组中，单击选择如图6-3所示的前视基准面；在“要镜像的特征”选项组中，选择凸台-拉伸1和凸台-拉伸2，“镜像”属性管理器设置如图6-4所示。单击“确定”按钮，创建的镜像实体如图6-5所示。

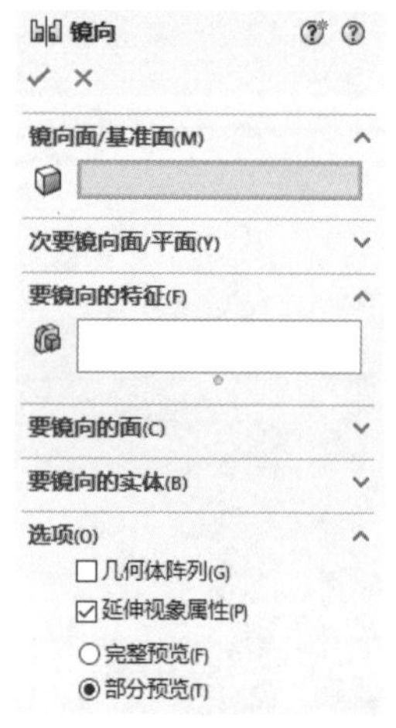

图 6-2 “镜像”属性管理器

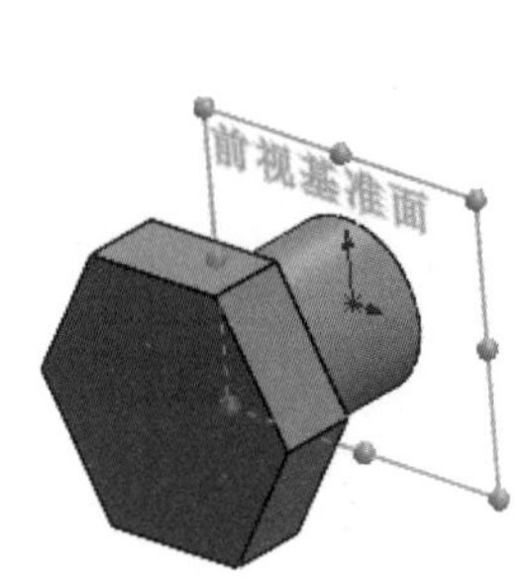

图 6-3 镜像特征

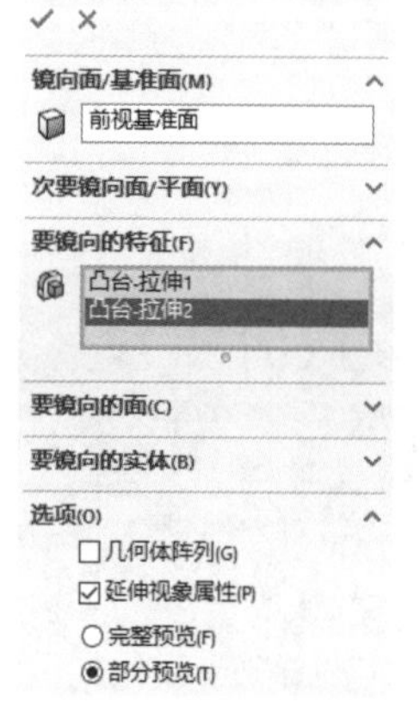

图 6-4 “镜像”属性管理器

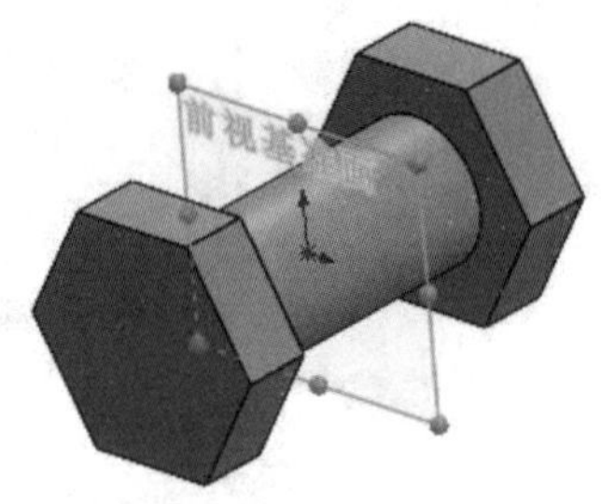

图 6-5 镜像实体

扫一扫，看视频

6.1.2 实例——铲斗支撑架

本实例首先绘制铲斗支撑架的外形轮廓草图，然后拉伸成为铲斗支撑架主体轮廓，最后进行镜像处理。绘制的铲斗支撑架如图 6-6 所示。

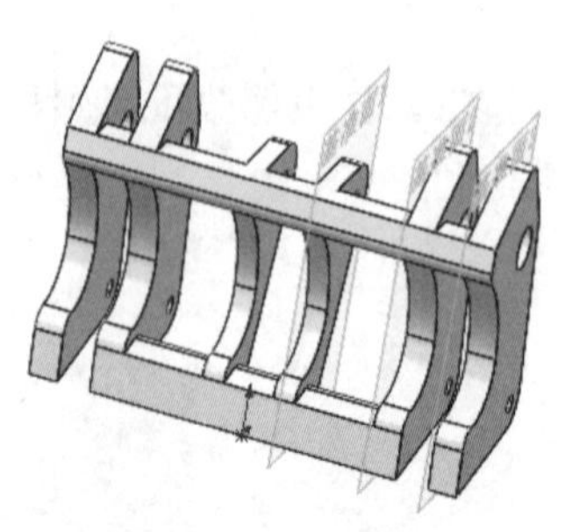

图 6-6 铲斗支撑架

操作步骤 视频文件：动画演示\第 6 章\铲斗支撑架.avi

（1）新建文件。启动SOLIDWORKS 2022，选择菜单栏中的“文件”→“新建”命令，或者单击“视图（前导）”工具栏中的“新建”按钮，在弹出的“新建SOLIDWORKS文件”对话框中单击“零件”按钮，然后单击“确定”按钮，创建一个新的零件文件。

（2）绘制草图1。在左侧的FeatureManager设计树中选择“前视基准面”作为绘制图形的基准面。单击“草图”控制面板中的“中心线”按钮、“直线”按钮和“3点圆弧”按钮，绘制并标注草图，如图6-7所示。

（3）拉伸实体1。单击“特征”控制面板中的“拉伸凸台/基体”按钮，此时系统弹出如图6-8所示的“凸台-拉伸”属性管理器。设置拉伸终止条件为“两侧对称”，输入拉伸距离为265.00mm，然后单击“确定”按钮✔。结果如图6-9所示。

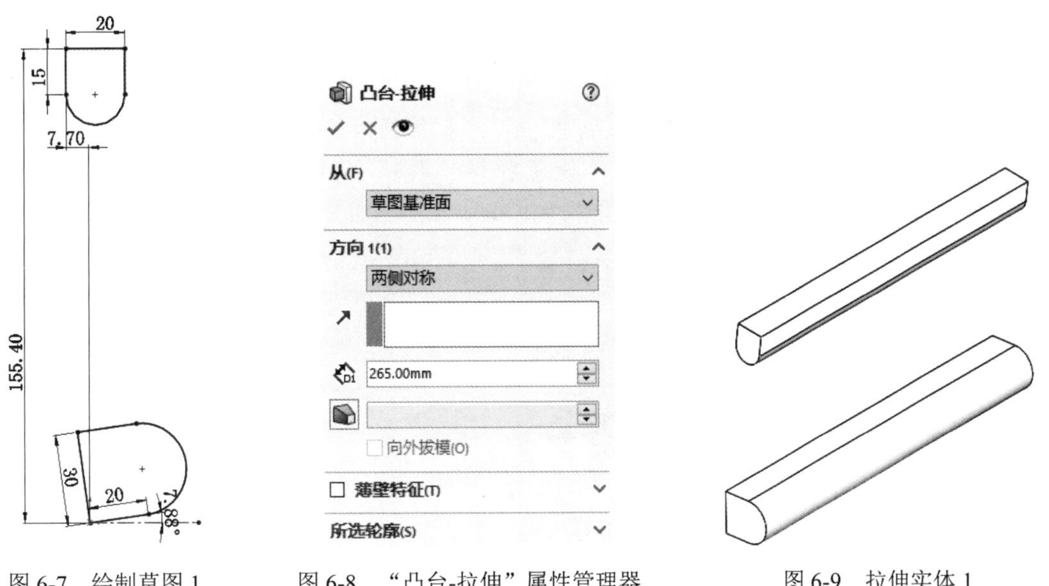

图 6-7　绘制草图 1　　图 6-8　“凸台-拉伸”属性管理器　　图 6-9　拉伸实体 1

（4）创建基准平面1。在左侧的FeatureManager设计树中选择“前视基准面”作为绘制图形的基准面。单击“特征”控制面板中的“参考几何体”按钮，在其下拉列表中选择“基准面”按钮，弹出“基准面”属性管理器，在“偏移距离”文本框中输入距离为22.00mm，如图6-10所示。单击属性管理器中的“确定”按钮✔，生成基准面如图6-11所示。

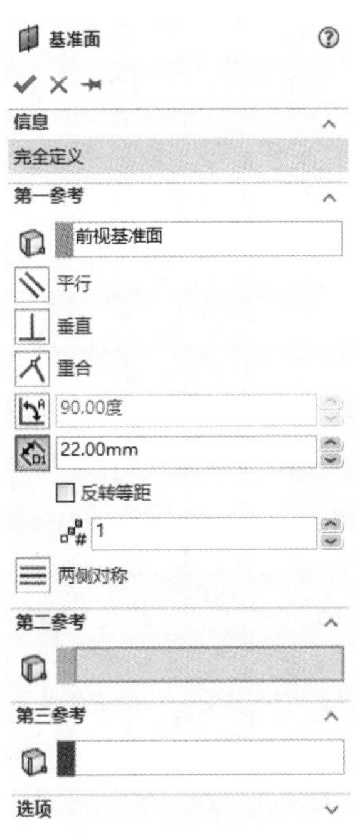

图 6-10　“基准面”属性管理器

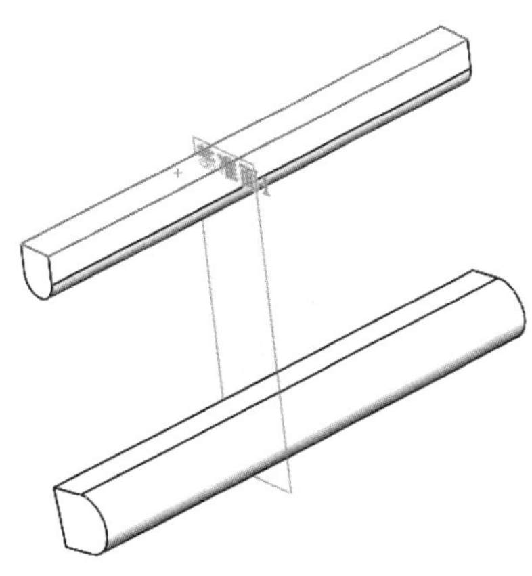

图 6-11　创建基准面 1

（5）绘制草图2。在左侧的FeatureManager设计树中选择“基准面1”作为绘制图形的基准面。单击“草图”控制面板中的“直线”按钮、“切线弧”按钮、“3点圆弧”按钮和“圆”按钮，绘制并标注草图，如图6-12所示。

注意：

圆弧和圆弧以及直线之间是相切关系。

（6）拉伸实体2。单击“特征”控制面板中的“拉伸凸台/基体”按钮，此时系统弹出如图6-13所示的“凸台-拉伸”属性管理器。设置拉伸终止条件为“给定深度”，输入拉伸距离为13.00mm，然后单击“确定”按钮。结果如图6-14所示。

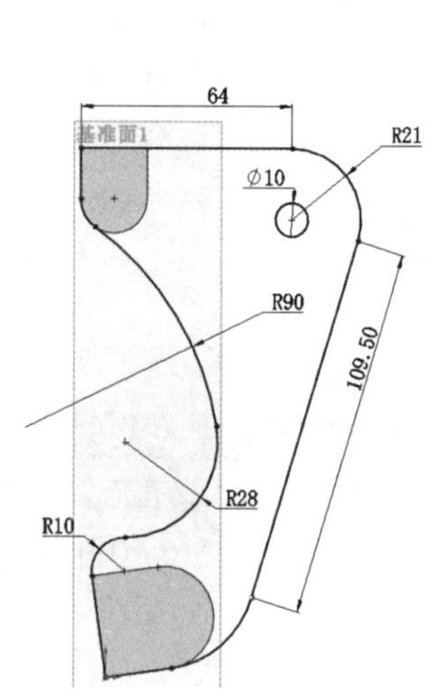

图 6-12　绘制草图 2

图 6-13　“凸台 - 拉伸”属性管理器 1

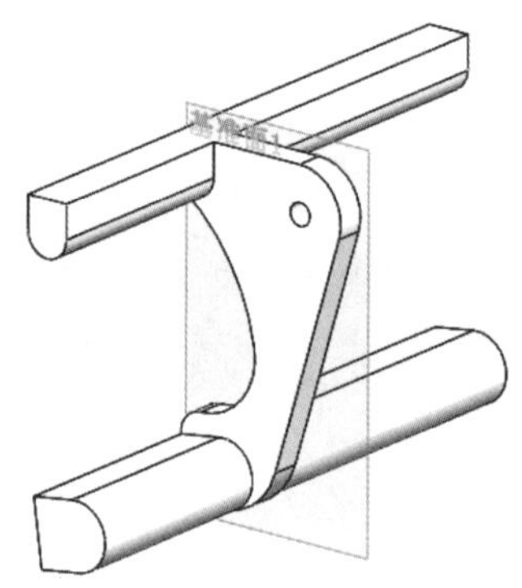

图 6-14　拉伸实体 2

（7）创建基准平面2。在左侧的FeatureManager设计树中选择“前视基准面”作为绘制图形的基准面。单击“特征”控制面板中的“参考几何体”按钮，在其下拉列表中选择“基准面”按钮，弹出“基准面”属性管理器，在“偏移距离”文本框中输入距离为77.50mm，单击属性管理器中的“确定”按钮。

（8）绘制草图3。在左侧的FeatureManager设计树中选择“基准面2”作为绘制图形的基准面。单击“草图”控制面板中的“转换实体引用”按钮、“直线”按钮、“切线弧”按钮、“绘制圆角”按钮和“圆”按钮，绘制并标注草图，如图6-15所示。

注意：

此处圆弧和圆弧以及直线之间也是相切关系。

（9）拉伸实体3。单击“特征”控制面板中的“拉伸凸台/基体”按钮，此时系统弹出如图6-16所示的“凸台-拉伸”属性管理器。设置拉伸终止条件为“给定深度”，输入拉伸距离为17.50mm，然后单击“确定”按钮。结果如图6-17所示。

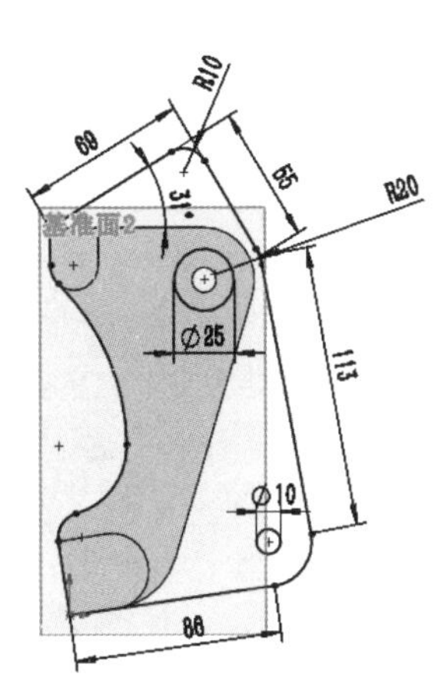

图 6-15　绘制草图 3

图 6-16　“凸台-拉伸”属性管理器

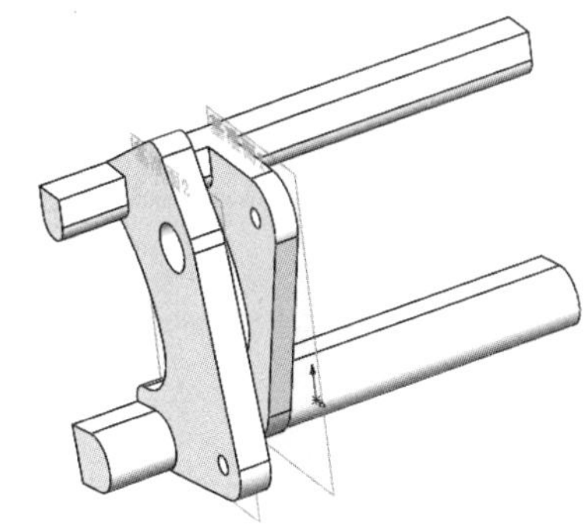

图 6-17　拉伸实体 3

（10）创建基准平面3。在左侧的FeatureManager设计树中选择“前视基准面”作为绘制图形的基准面。单击“特征”控制面板中的“参考几何体”按钮，在其下拉列表中选择“基准面”按钮，弹出“基准面”属性管理器，在“偏移距离”文本框中输入距离为115.00mm，单击属性管理器中的“确定”按钮✔。

（11）绘制草图4。在左侧的FeatureManager设计树中选择“基准面3”作为绘制图形的基准面。单击“草图”控制面板中的“转换实体引用”按钮，绘制如图6-18所示的草图。

（12）拉伸实体4。单击“特征”控制面板中的“拉伸凸台/基体”按钮，此时系统弹出如图6-19所示的“凸台-拉伸”属性管理器。设置拉伸终止条件为“给定深度”，输入拉伸距离为17.50mm，然后单击“确定”按钮✔。结果如图6-20所示。

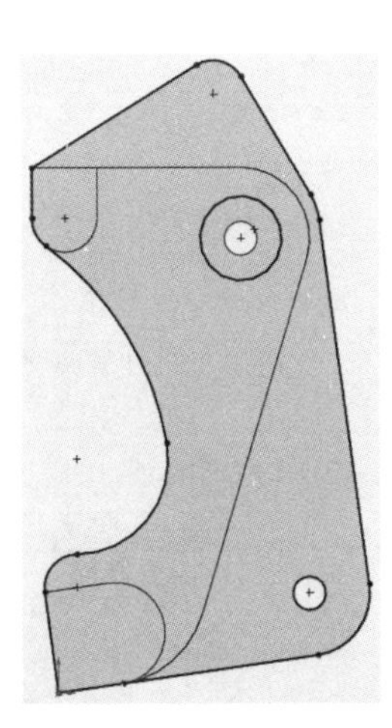

图 6-18　绘制草图 4

图 6-19　“凸台-拉伸”属性管理器

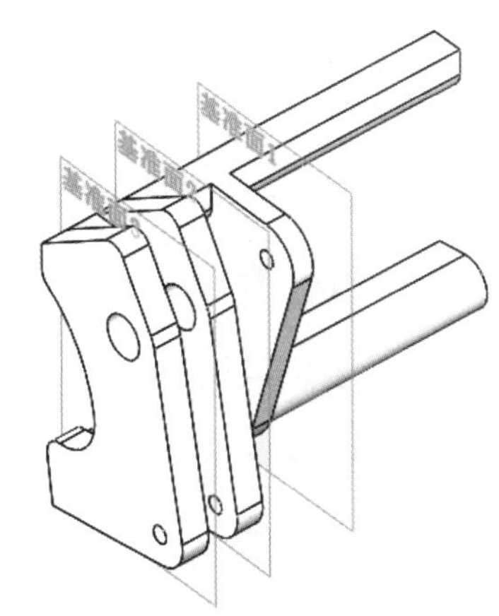

图 6-20　拉伸实体 4

（13）绘制草图5。在左侧的FeatureManager设计树中选择“基准面3”作为绘制图形的基准面。单击“草图”控制面板中的“转换实体引用”按钮，绘制如图6-21所示的草图。

（14）切除实体1。单击“特征”控制面板中的“切除拉伸”按钮，此时系统弹出如图6-22所示的“切除-拉伸”属性管理器。设置拉伸终止条件为“成形到一面”，在“面/平面”列表框中选择图6-23所示的面1。结果如图6-24所示。

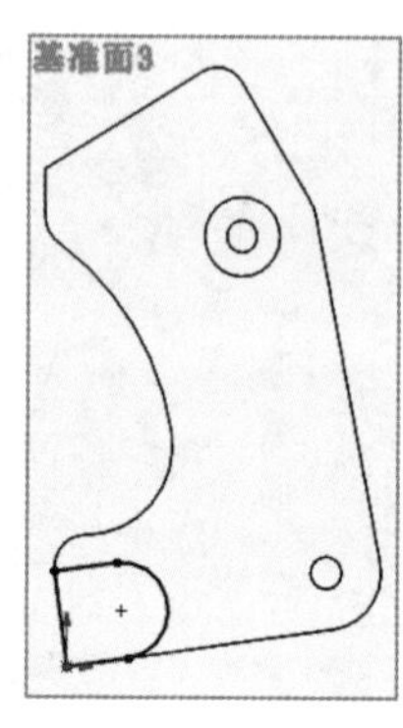

图 6-21　绘制草图 5

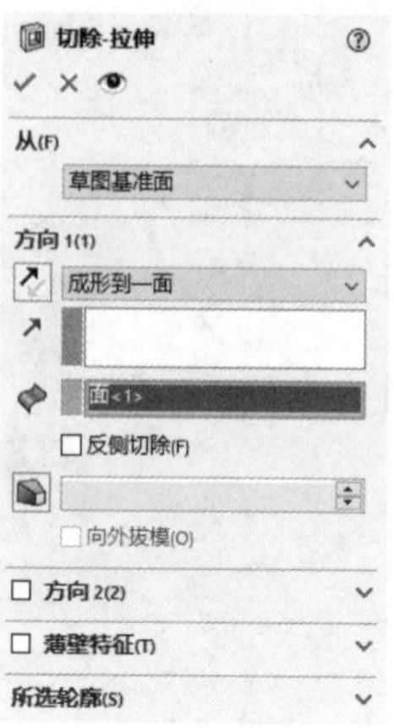

图 6-22　“切除-拉伸”属性管理器

（15）镜像特征。单击“特征”控制面板中的“镜像”按钮，此时系统弹出如图6-25所示的“镜像”属性管理器。选择“前视基准面”为镜像面，在视图中选择拉伸实体2～拉伸实体4，以及切除实体1为要镜像的实体，然后单击“确定”按钮。最终结果如图6-6所示。

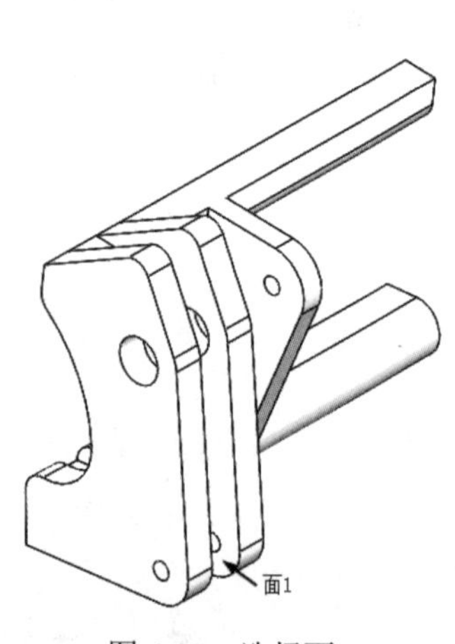

图 6-23　选择面 1

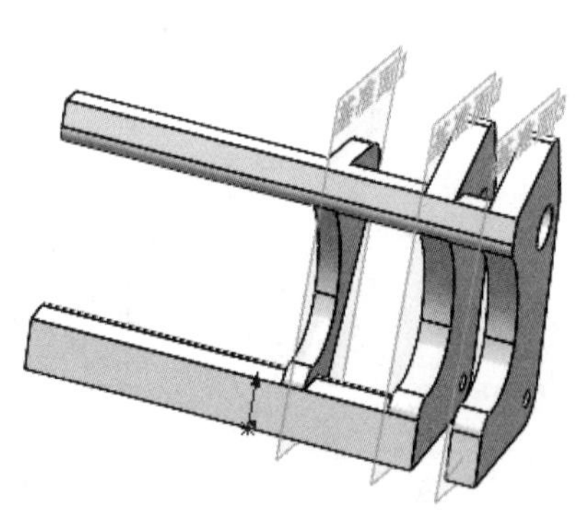

图 6-24　切除实体 1

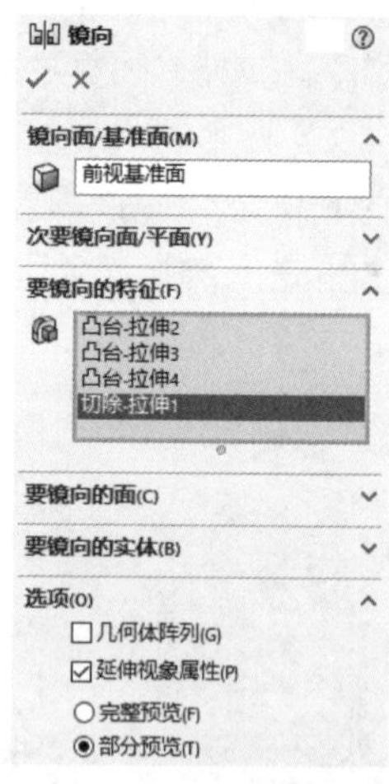

图 6-25　“镜像”属性管理器

扫一扫，看视频

练一练——机座

试利用上面所学知识绘制机座，如图 6-26 所示。

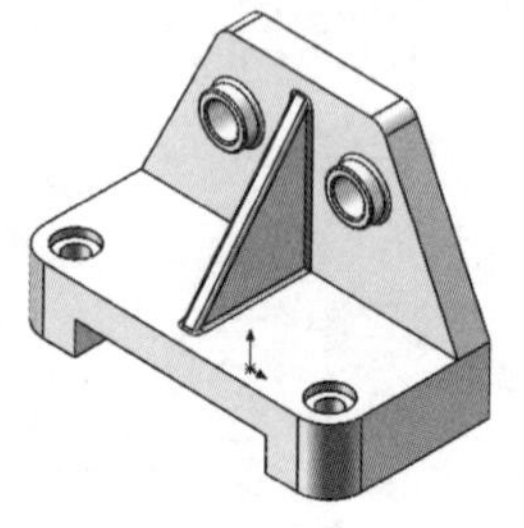

图 6-26　机座

思路点拨：

机座一般是用铸铁或铸钢制成的，机座是整个部件的母体，主要是起支撑、连接作用。创建机座时首先绘制大体轮廓，把基本的框架建好后，再添加筋、凸台、钻孔等，由于机座是对称零件，所以建模过程会用到镜像功能。

6.2　阵 列 特 征

阵列特征用于将任意特征作为原始样本特征，通过指定阵列尺寸产生多个类似的子样本特征。特征阵列完成后，原始样本特征和子样本特征成为一个整体，用户可将它们作为一个特征进行相关的操作，如删除、修改等。如果修改了原始样本特征，则阵列中的所有子样本特征也随之更改。

SOLIDWORKS 2022 提供了线性阵列、圆周阵列、草图阵列、曲线驱动阵列、表格驱动阵列和填充阵列 6 种阵列方式。下面详细介绍前两种常用的阵列方式。

扫一扫，看视频

6.2.1　线性阵列

线性阵列是指沿一条或两条直线路径生成多个子样本特征。如图 6-27 所示为线性阵列的零件模型。

图 6-27　线性阵列模型

【执行方式】

- 工具栏：单击“特征”工具栏中的“线性阵列”按钮。
- 菜单栏：选择“插入”→“阵列 / 镜像”→“线性阵列”菜单命令。
- 控制面板：单击“特征”控制面板中的“线性阵列”按钮。

打开源文件中的“6.2.1.SLDPRT”，执行上述命令后，打开“线性阵列”属性管理器，如图 6-28 所示。

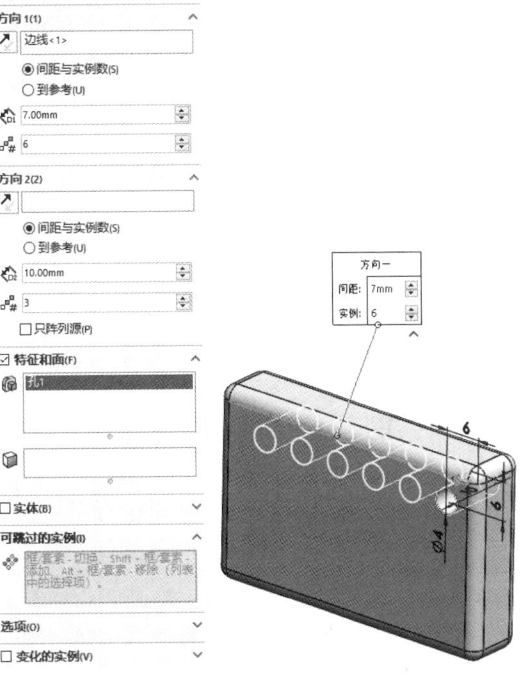

图 6-28　设置线性阵列

【操作说明】

（1）在“方向1”选项组中单击第1个列表框，然后在图形区中选择模型的一条边线或尺寸线指出阵列的第1个方向。所选边线或尺寸线的名称出现在该列表框中。如果图形区中表示阵列方向的箭头不正确，则单击（反向）按钮，可以反转阵列方向。

（2）在“方向1”选项组的（间距）文本框中指定阵列特征之间的距离。在“方向1”选项组的（实例数）文本框中指定该方向下阵列的特征数（包括原始样本特征）。此时在图形区中可以预览阵列效果，如图6-28所示。

（3）如果要在另一个方向上同时生成线性阵列，则对“方向2”选项组进行同“方向1”类似的设置。

在“方向 2”选项组中有一个“只阵列源”复选框。如果选中该复选框，则在方向 2 中只复制原始样本特征，而不复制“方向 1”中生成的其他子样本特征，如图 6-29 所示，反之则阵列所有特征，如图 6-30 所示。

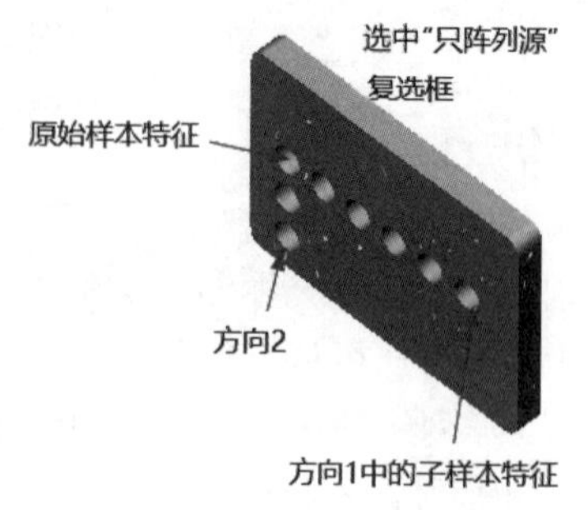

图 6-29　只阵列源

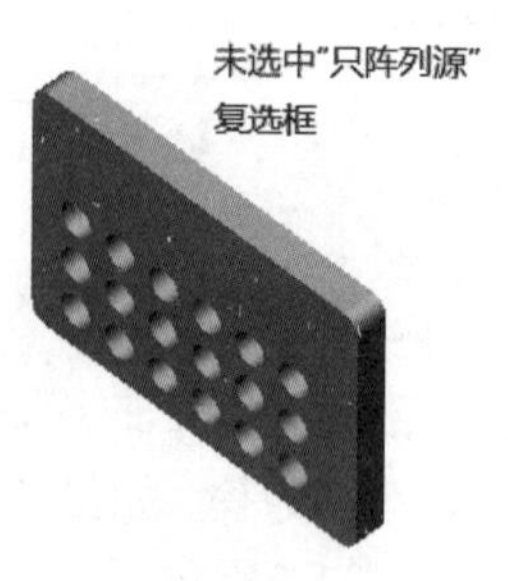

图 6-30　阵列所有特征

在阵列中如果要跳过某个阵列子样本特征，则在“可跳过的实例”选项组中单击按钮右侧的列表框，并在图形区中选择想要跳过的某个阵列特征，如图 6-31 所示，这些特征将显示在该列表框中。

如图 6-32 所示显示了可跳过的实例结果。

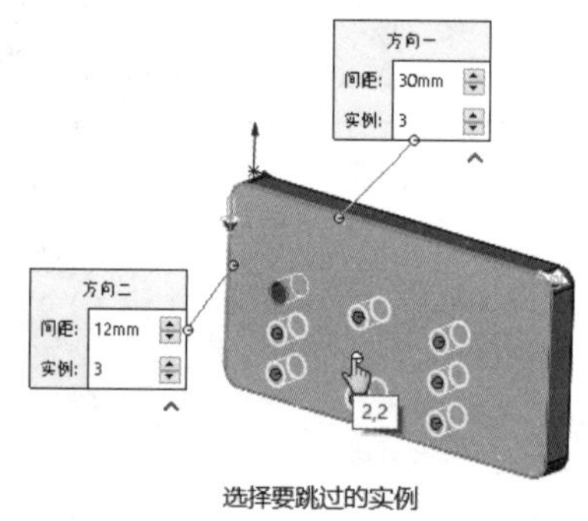

图 6-31　选择要跳过的实例

图 6-32　应用可跳过实例结果

（4）线性阵列属性设置完毕，单击“确定”按钮，生成线性阵列。

技巧荟萃：

当使用阵列特征来生成线性阵列时，所有阵列的特征都必须在相同的面上。如果要选择多个原始样本特征，在选择特征时，需按住Ctrl键。

扫一扫，看视频

6.2.2　实例——挖掘机挖斗

本实例首先绘制挖斗的外形轮廓草图，然后拉伸成为挖斗主体轮廓，接着进行抽壳及其他拉伸操作，然后进行阵列和镜像处理，最后进行放样和倒圆角处理。绘制的挖掘机挖斗如图 6-33 所示。

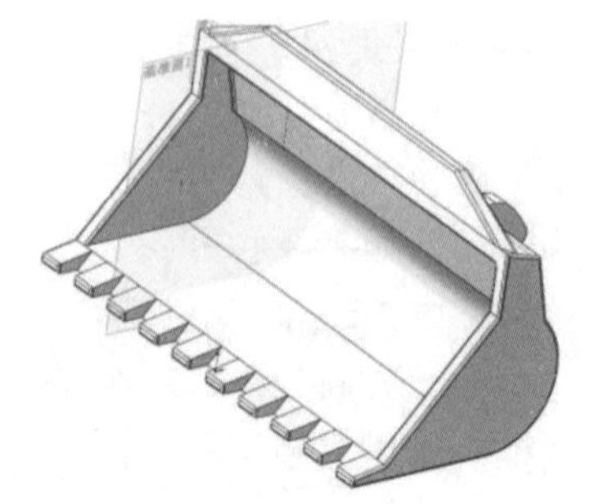

图 6-33　挖掘机挖斗

操作步骤　视频文件：动画演示\第 6 章\挖掘机挖斗.avi

（1）新建文件。启动SOLIDWORKS 2022，选择菜单栏中的“文件”→“新建”命令，或者单击“快速访问”工具栏中的“新建”按钮，在弹出的“新建SOLIDWORKS文件”对话框中单击“零件”按钮，然后单击“确定”按钮，创建一个新的零件文件。

（2）绘制草图1。在左侧的FeatureManager设计树中选择“前视基准面”作为绘制图形的基准面。单击“草图”控制面板中的“直线”按钮和“3点圆弧”按钮，绘制并标注草图，如图6-34所示。

（3）拉伸实体1。单击“特征”控制面板中的“拉伸凸台/基体”按钮，此时系统弹出如图6-35所示的“凸台-拉伸”属性管理器。设置拉伸终止条件为“两侧对称”，输入拉伸距离为450.00mm，然后单击“确定”按钮。结果如图6-36所示。

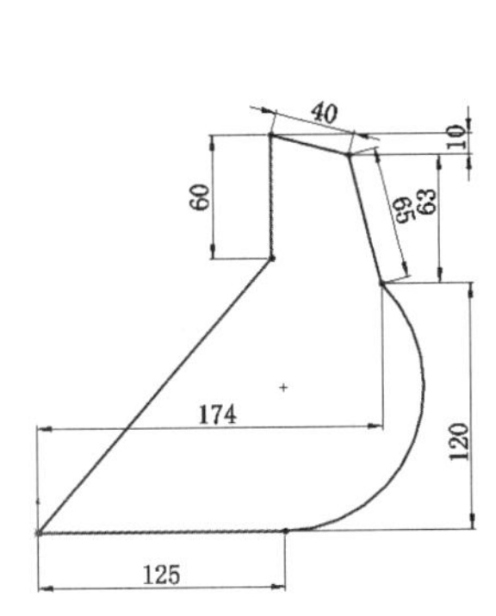

图 6-34　绘制草图 1

图 6-35　“凸台 - 拉伸”属性管理器

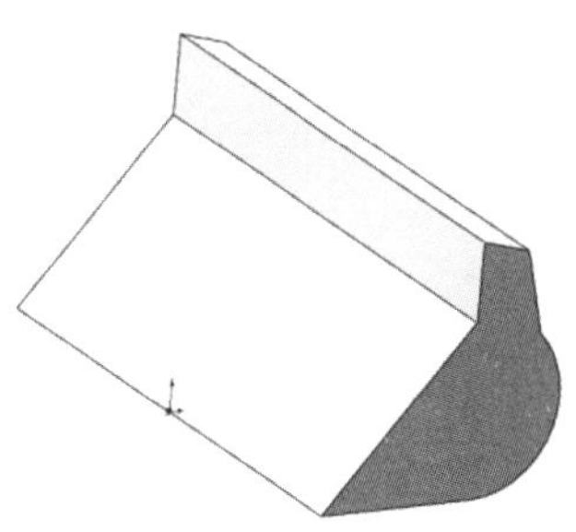

图 6-36　拉伸实体 1

（4）实体抽壳。单击“特征”控制面板中的“抽壳”按钮，此时系统弹出如图6-37所示的“抽壳1”属性管理器。输入厚度为15.00mm，在视图中选择如图6-38所示的两个面为移除面。然后单击“确定”按钮。结果如图6-39所示。

图 6-37　“抽壳 1”属性管理器

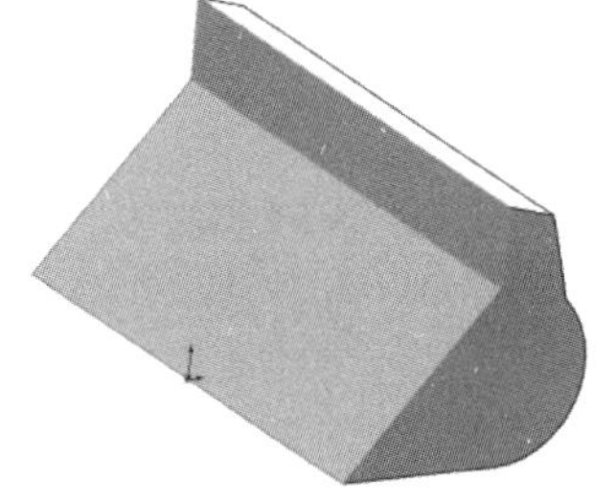

图 6-38　选择面

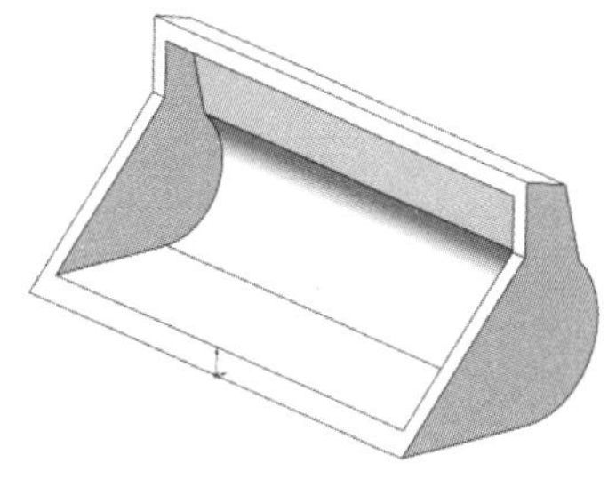

图 6-39　抽壳结果

（5）创建基准平面。在左侧的FeatureManager设计树中选择“前视基准面”作为绘制图形的基准面。单击“特征”控制面板中的“参考几何体”按钮，在其下拉列表中选择“基准面”按钮，弹出“基准面”属性管理器，在“偏移距离”文本框中输入距离为115.00mm，选中“旋转等距”复选框，如图6-40所示。单击属性管理器中的“确定”按钮，生成的基准面如图6-41所示。

（6）绘制草图2。在左侧的FeatureManager设计树中选择基准面1作为绘制图形的基准面。单击“草图”控制面板中的“中心线”按钮、“直线”按钮和“3点圆弧”按钮，绘制并标注草图，如图6-41所示。

（7）拉伸实体2。单击“特征”控制面板中的“拉伸凸台/基体”按钮，此时系统弹出如图6-42所示的“凸台-拉伸”属性管理器。设置拉伸终止条件为“给定深度”，输入拉伸距离为20.00mm，然后单击“确定”按钮。结果如图6-43所示。

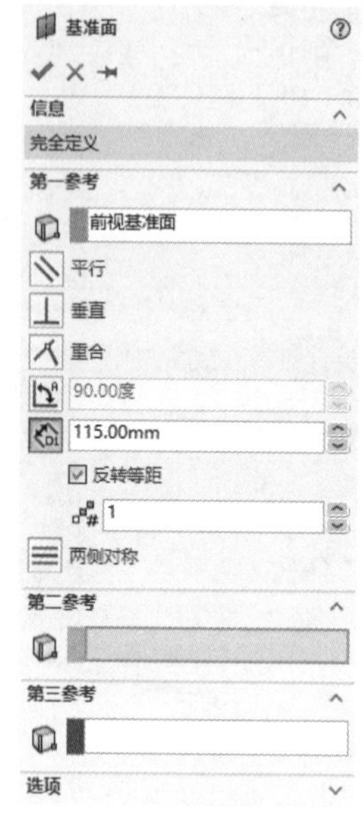

图6-40 “基准面”属性管理器

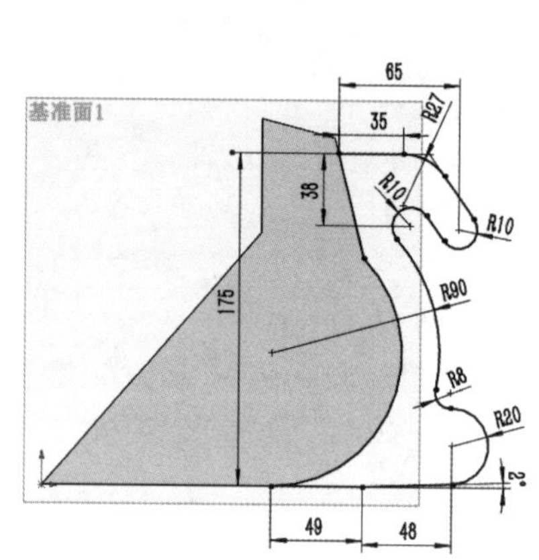

图6-41 草图2

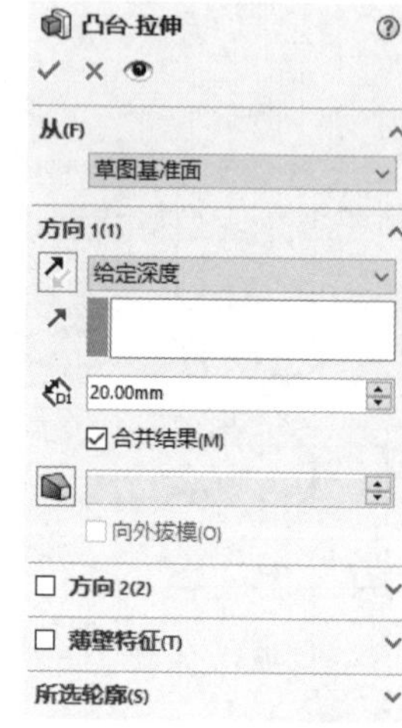

图6-42 “凸台-拉伸”属性管理器

（8）镜像特征1。单击“特征”控制面板中的“镜像”按钮，此时系统弹出如图6-44所示的“镜像”属性管理器。选择“前视基准面”为镜像面，在视图中选择步骤（7）中创建的拉伸特征为要镜像的特征，然后单击“确定”按钮。结果如图6-45所示。

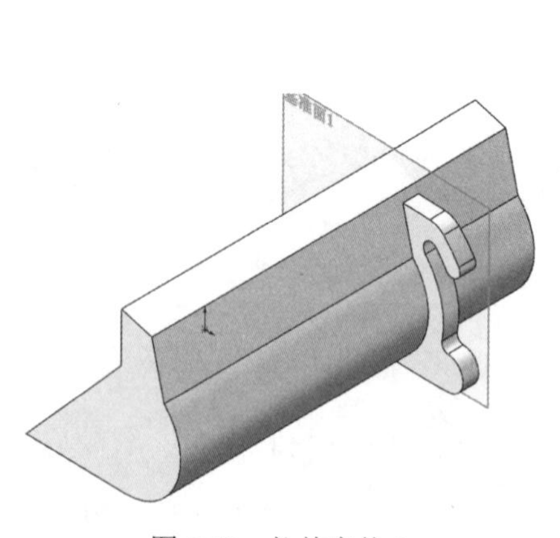

图6-43 拉伸实体2

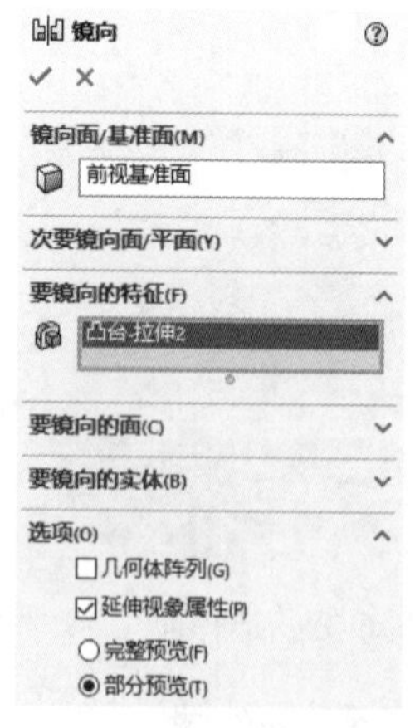

图6-44 “镜像”属性管理器

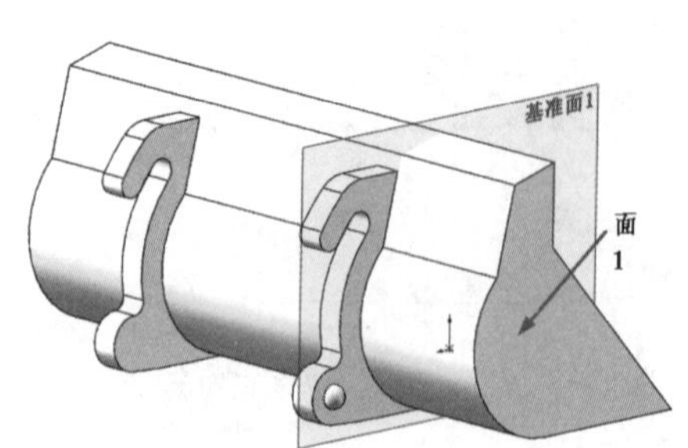

图6-45 镜像结果1

（9）绘制草图3。在视图中选择如图6-45所示的面1作为绘制图形的基准面。单击“草图”控制面板中的“直线”按钮，绘制并标注草图，如图6-46所示。

（10）拉伸实体3。单击“特征”控制面板中的“拉伸凸台/基体”按钮，此时系统弹出如图6-47所示的“凸台-拉伸”属性管理器。设置拉伸终止条件为“给定深度”，输入拉伸距离为25.00mm，单击“反向”按钮，然后单击“确定”按钮。结果如图6-48所示。

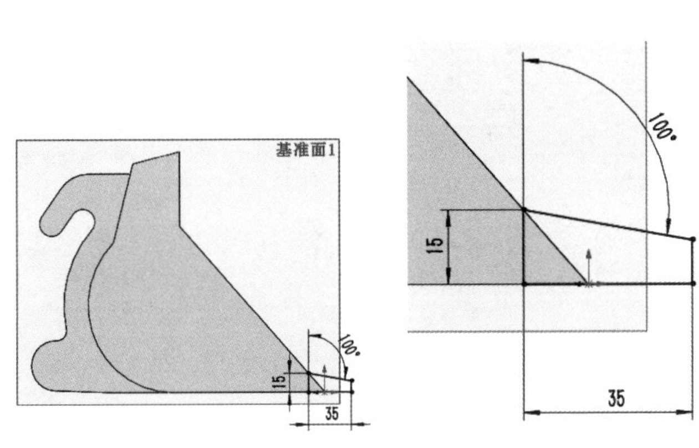

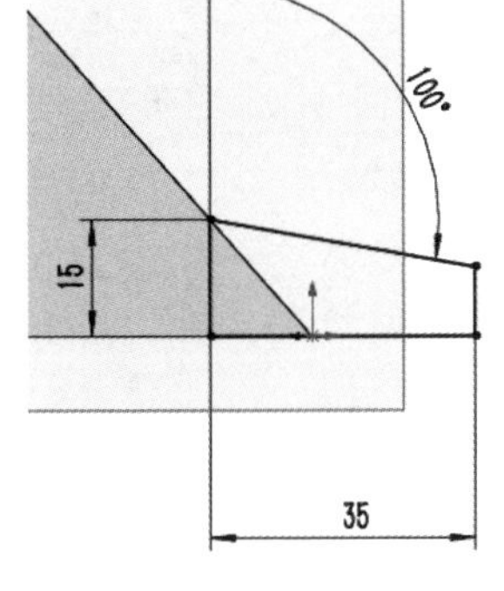

图 6-46　绘制草图 3

图 6-47　“凸台 - 拉伸”属性管理器

（11）圆角实体。单击“特征”控制面板中的“圆角”按钮，此时系统弹出如图6-49所示的“圆角”属性管理器。在“半径”文本框中输入值2.50mm，然后用鼠标选取图6-49中的面。单击属性管理器中的“确定”按钮✔。结果如图6-50所示。

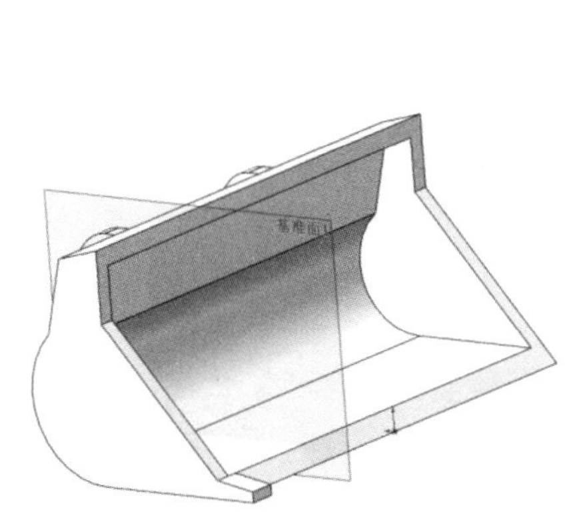

图 6-48　拉伸实体 3

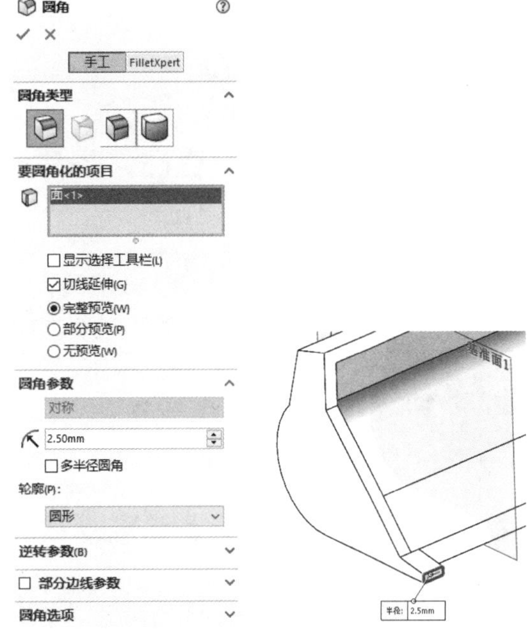

图 6-49　“圆角”属性管理器

（12）线性阵列。单击“特征”控制面板中的“线性阵列”按钮，此时系统弹出如图6-51所示的“线性阵列”属性管理器。在视图中选择图6-51所示的边线为阵列方向，输入阵列距离为47.00mm，个数为5，选择步骤（10）和步骤（11）中创建的拉伸特征和圆角特征为要阵列的特征，然后单击“确定”按钮✔。结果如图6-52所示。

（13）镜像特征2。单击“特征”控制面板中的“镜像”按钮，此时系统弹出如图6-53所示的“镜像”属性管理器。选择“前视基准面”为镜像面，在视图中选择步骤（12）中创建的阵列特征为要镜像的特征，然后单击“确定”按钮✔。结果如图6-54所示。

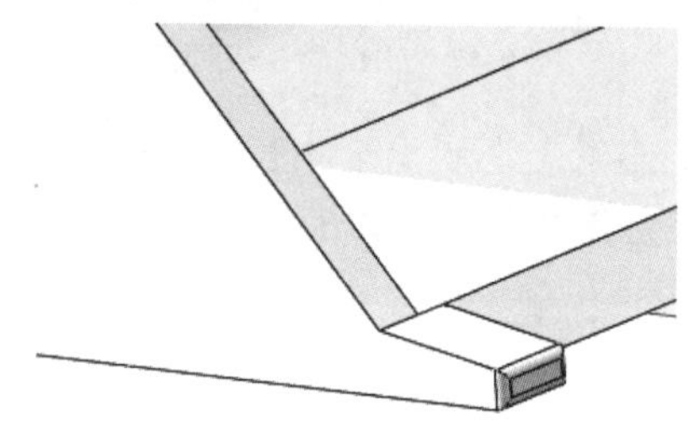

图 6-50　倒圆角结果

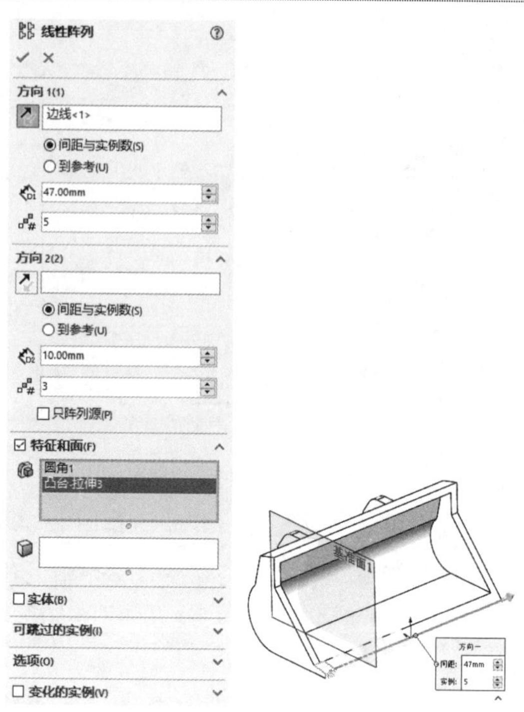

图 6-51　“线性阵列”属性管理器

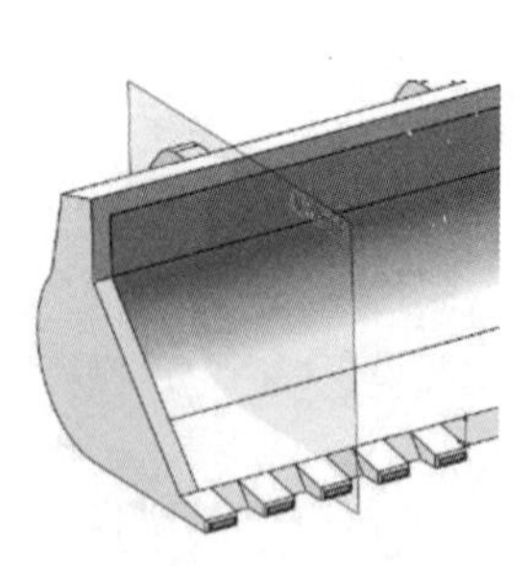

图 6-52　阵列结果

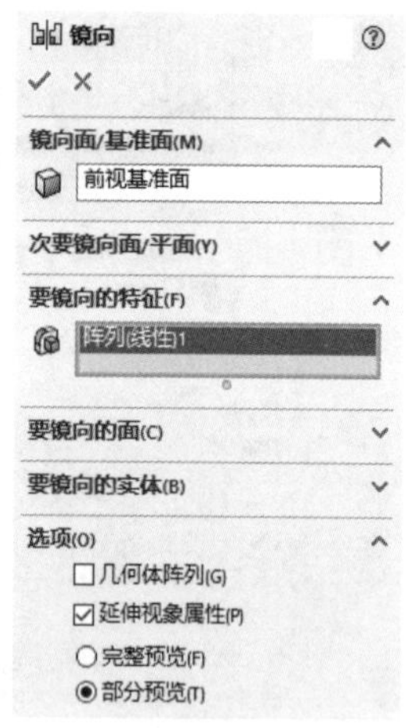

图 6-53　“镜像”属性管理器

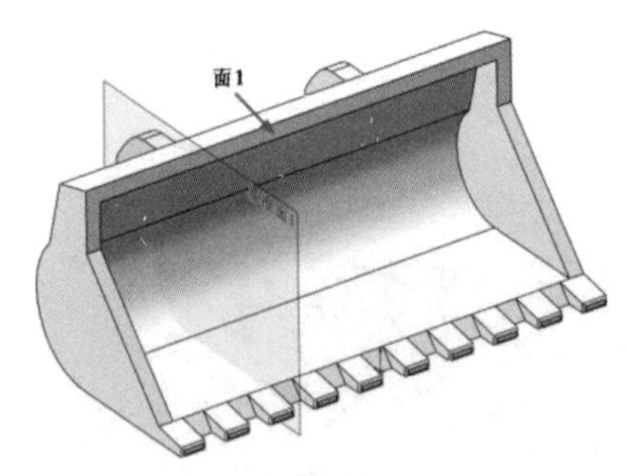

图 6-54　镜像结果 2

（14）绘制放样草图1。在视图中选择如图6-54 所示的面1作为绘制图形的基准面。单击“草图”控制面板中的“直线”按钮，绘制并标注草图，如图6-55所示。

（15）创建基准平面。单击“特征”控制面板“参考几何体”下拉列表中的“基准面”按钮，弹出“基准面”属性管理器，选择如图6-54所示的面1为参考面，在“偏移距离”文本框中输入距离为15.00mm，选中“反转等距”复选框，如图6-56所示。单击属性管理器中的“确定”按钮，生成基准面，如图6-57所示。

（16）绘制放样草图2。在左侧的FeatureManager设计树中选择“基准面2”作为绘制图形的基准面。单击“草图”控制面板中的“直线”按钮，绘制草图，如图6-58所示。单击“退出草图”按钮，退出草图。

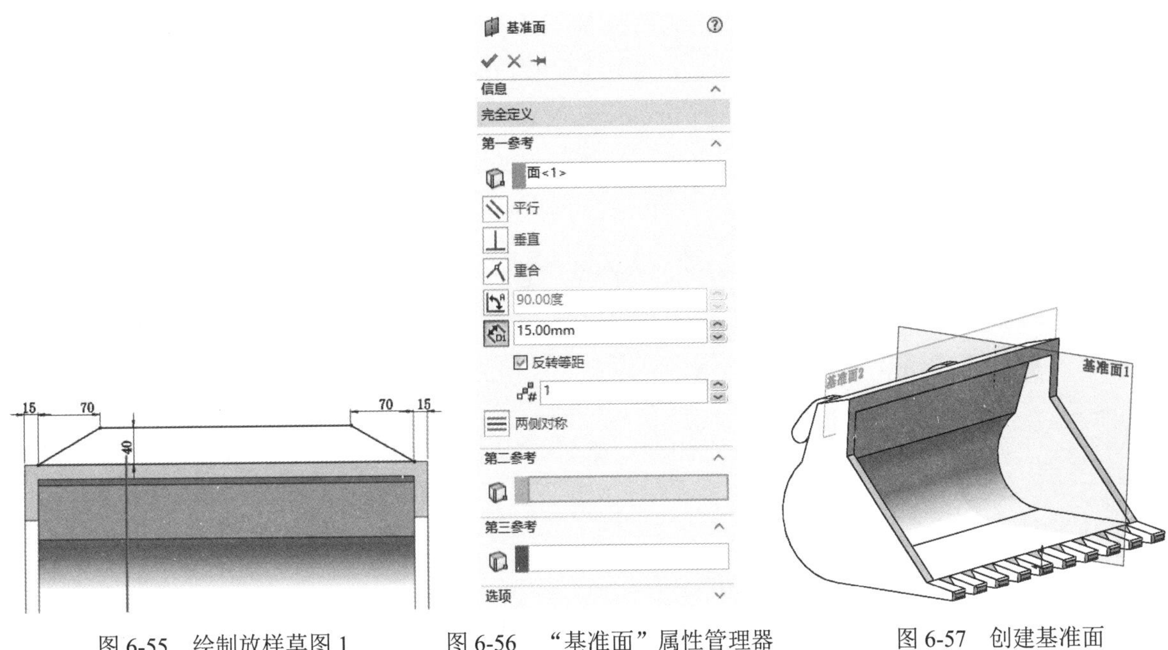

图 6-55　绘制放样草图 1　　图 6-56　“基准面”属性管理器　　图 6-57　创建基准面

（17）绘制放样草图3。在视图中选择实体上表面作为绘制图形的基准面。单击“草图”控制面板中的“直线”按钮，在如图6-59所示的位置连接两个草图的一端端点，局部放大如图6-60所示。单击“退出草图”按钮，退出草图。

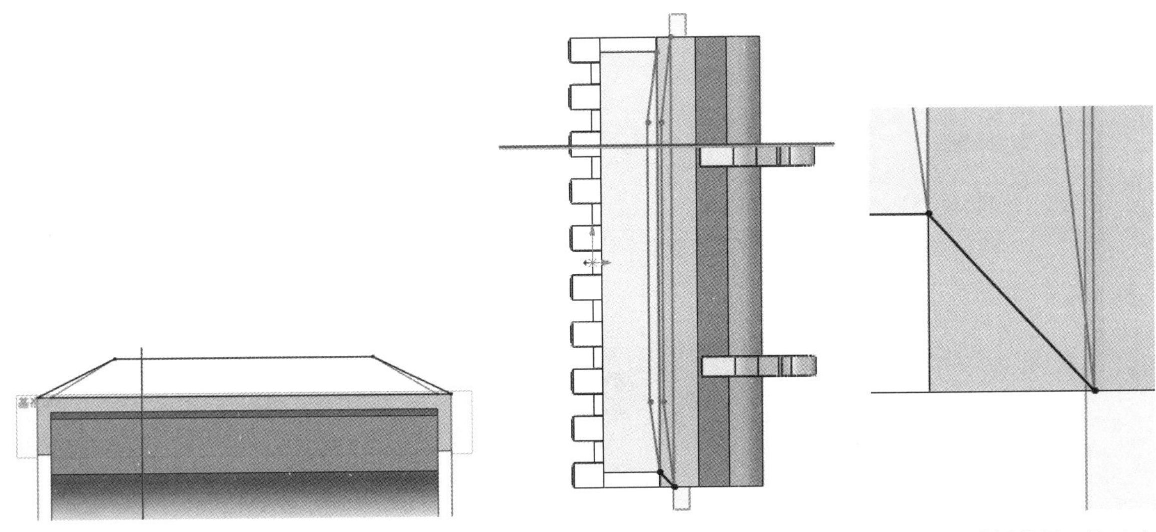

图 6-58　绘制放样草图 2　　图 6-59　放样草图 3 的位置　　图 6-60　放样草图 3 的尺寸

（18）绘制放样草图4。在视图中选择实体上表面作为绘制图形的基准面。单击“草图”控制面板中的“直线”按钮，在如图6-61所示的位置连接两个草图的一端端点，局部放大如图6-62所示。单击“退出草图”按钮，退出草图。

（19）放样实体。单击“特征”控制面板中的“放样凸台/基体”按钮，此时系统弹出如图6-63所示的“放样”属性管理器。选择步骤（18）中绘制的放样草图4、放样草图5为放样轮廓，选择放样草图6、放样草图7为引导线，然后单击“确定”按钮。结果如图6-64所示。

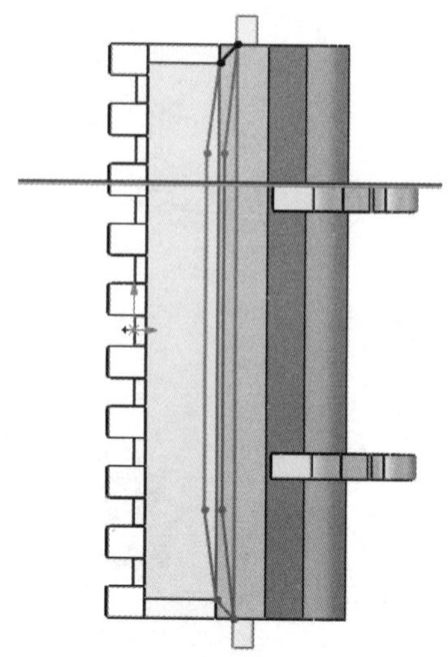

图 6-61　放样草图 4 的位置

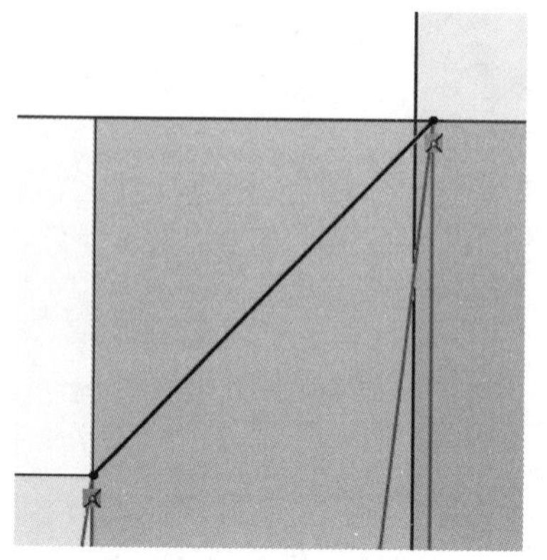

图 6-62　放样草图 4 的尺寸

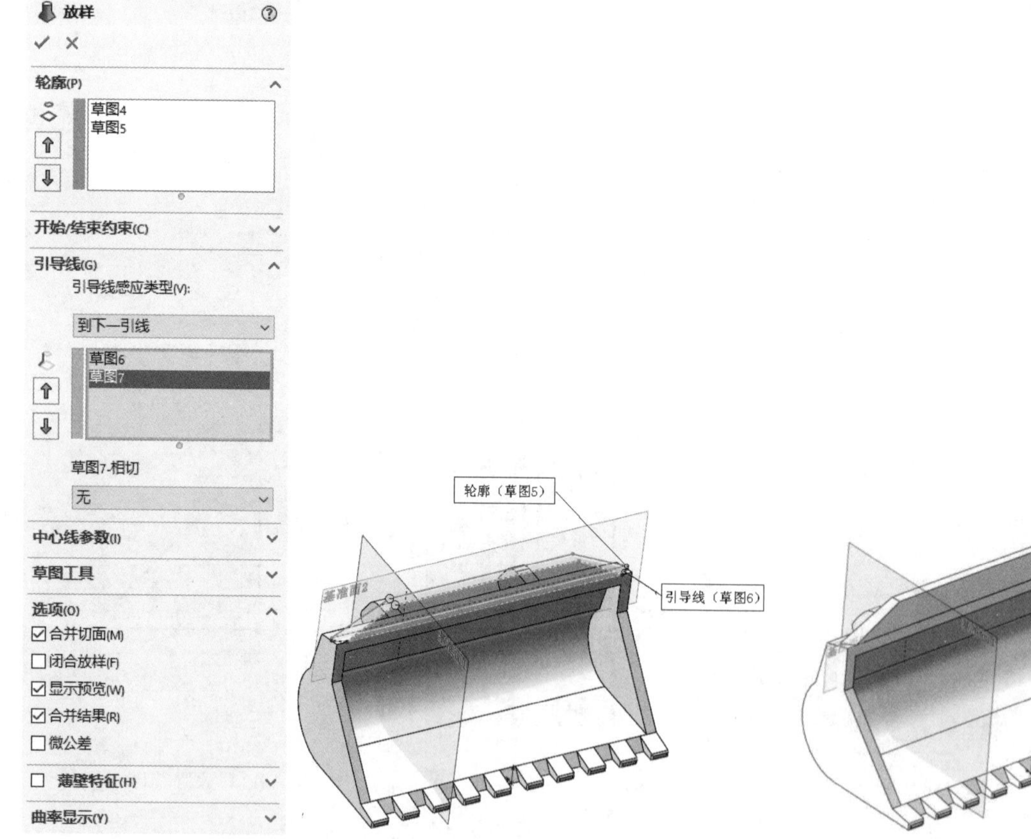

图 6-63　“放样”属性管理器

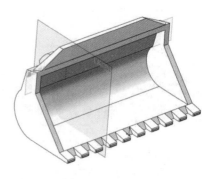

图 6-64　放样结果

（20）圆角实体。单击“特征”控制面板中的“圆角”按钮，此时系统弹出如图6-65所示的“圆角”属性管理器。在“半径”文本框中输入值2.50mm，取消选中“切线延伸”复选框，然后用鼠标选取图6-66中的边线。单击属性管理器中的“确定”按钮，结果如图6-67所示。重复“圆角”命令，选择如图6-67所示的边线，输入圆角半径值为1.25mm。最终结果如图6-33所示。

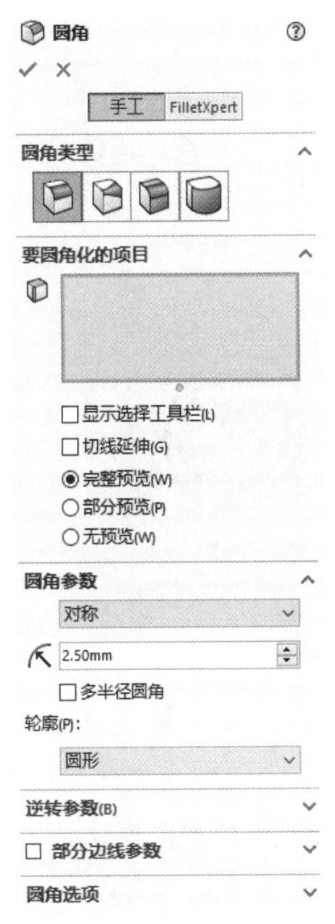

图 6-65　“圆角”属性管理器

图 6-66　选择圆角边线 1

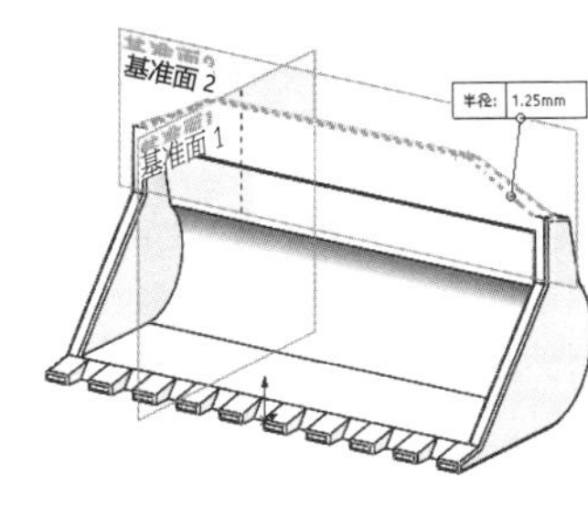

图 6-67　选择圆角边线 2

练一练——平移台底座

试利用上面所学知识绘制平移台底座，如图 6-68 所示。

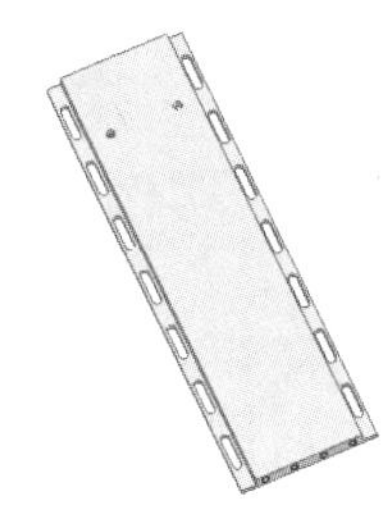

图 6-68　平移台底座

扫一扫，看视频

思路点拨：

首先绘制底座主体轮廓草图并拉伸实体，然后绘制侧边的螺纹连接孔，最后绘制其他部位的连接孔。

6.2.3　圆周阵列

扫一扫，看视频

圆周阵列是指绕一个轴心以圆周路径生成多个子样本特征。如图 6-69 所示为采用了圆周阵列的零件模型。在创建圆周阵列特征之前，首先要选择一个中心轴，这个轴可以是基准轴或临时轴。每一个圆柱和圆锥面都有一条轴线，称为临时轴。临时轴是由模型中的圆柱和圆锥隐含生成的，在图形区一般不可见。在生成圆周阵列时需要使用临时轴，选择菜单栏中的“视图”→“临时轴”命令就可以显示临时轴了。此时该菜单旁边出现标记√，表示临时轴可见。此外，还可以生成基准轴作为中心轴。

【执行方式】

- 工具栏：单击“特征”工具栏中的“圆周阵列”按钮。
- 菜单栏：选择“插入”→“阵列/镜像”→“圆周阵列”菜单命令。

- 控制面板：单击“特征”控制面板中的“圆周阵列”按钮。

打开源文件中的“6.2.3.SLDPRT”，执行上述命令后，打开“阵列（圆周）1”属性管理器，如图 6-69 所示。

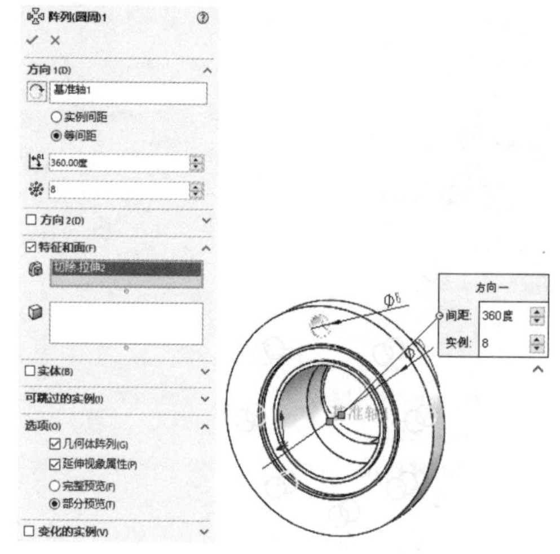

图 6-69　预览圆周阵列效果

【操作说明】

（1）在“特征和面”选项组中高亮显示所选择的特征。如果要选择多个原始样本特征，需按住Ctrl键进行选择。此时，在图形区生成一个中心轴，作为圆周阵列的圆心位置。

（2）在“方向1”选项组中，单击第1个列表框，然后在图形区中选择中心轴，则所选中心轴的名称显示在该列表框中。

如果图形区中阵列的方向不正确，则单击（反向）按钮，可以翻转阵列方向。

（3）在“方向1”选项组的（角度）文本框中指定阵列特征之间的角度。在“方向1”选项组的（实例数）文本框中指定阵列的特征数（包括原始样本特征）。此时在图形区中可以预览阵列效果。

（4）选中“等间距”单选按钮，则总角度将默认为360°，所有的阵列特征会等角度均匀分布。

（5）选中“几何体阵列”复选框，则只复制原始样本特征而不对它进行求解，这样可以加速生成及重建模型的速度。但是如果某些特征的面与零件的其余部分合并在一起，则不能为这些特征生成几何体阵列。

（6）圆周阵列属性设置完毕，单击“确定”按钮，生成圆周阵列。

扫一扫，看视频

6.2.4　实例——连接法兰

法兰盘是一种常用的密封和防护零件，它的主体部分多是轴向尺寸小于径向尺寸的回转体，通常有一个端面作为同其他零件靠紧的重要结合面，用于密封和压紧。为了与其他零件连接，零件上设计了光孔、密封槽、凸台等结构。这类零件的毛坯有铸件，也有锻件，机械加工以车削为主。本例创建的连接法兰如图 6-70 所示。

图 6-70　连接法兰

操作步骤　视频文件：动画演示\第 6 章\连接法兰.avi

（1）新建文件。启动SOLIDWORKS 2022，选择菜单栏中的“文件”→“新建”命令，或者单击“快速访问”工具栏中的“新建”按钮，在弹出的“新建SOLIDWORKS文件”对话框中依次单击“零件”按钮和“确定”按钮，新建一个零件文件。

（2）新建草图。法兰基体特征采用基体-旋转的方法建模。在FeatureManager设计树中选择“前视基准面”作为草图绘制基准面，单击“草图”控制面板中的“草图绘制”按钮，新建一张草图。

（3）绘制草图并标注尺寸。使用草图工具绘制草图，并标注尺寸，如图6-71所示。

（4）旋转实体。单击“特征”控制面板中的“旋转凸台/基体”按钮，弹出“旋转”属性管理器，SOLIDWORKS 2022会自动将草图中唯一一条中心线作为旋转轴，设置旋转类型为“给定深度”，旋转角度为360.00°，单击“确定”按钮✓，生成法兰基体端部，如图6-72所示。

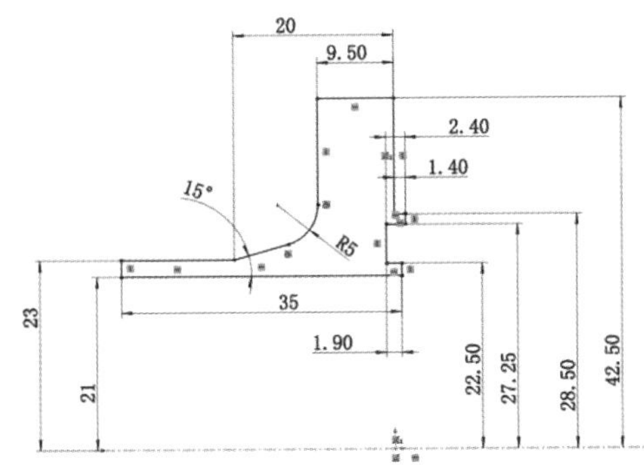

图 6-71　绘制草图并标注尺寸

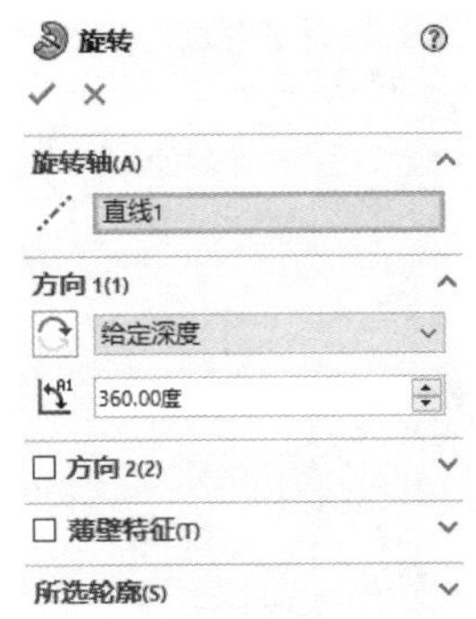

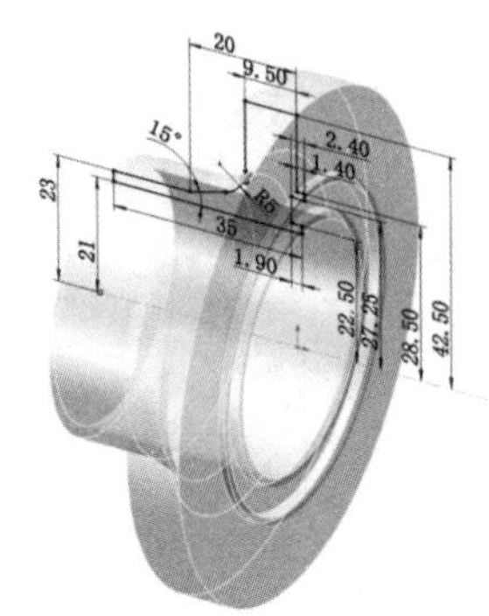

图 6-72　旋转生成实体

（5）创建法兰螺栓孔，新建草图。选择法兰的基体端面，单击“草图”控制面板中的“草图绘制”按钮，在其上新建一张草图。

（6）选择视图方向。单击“视图（前导）”工具栏中的“正视于”按钮，正视于草图平面。

（7）绘制圆，设置构造线。单击“草图”控制面板中的“圆”按钮，绘制一圆心与坐标原点重合的圆。在如图6-73所示的“圆”属性管理器中选中“作为构造线”复选框，将圆设置为构造线。

（8）标注尺寸。单击“草图”控制面板中的“智能尺寸”按钮，标注圆的直径为70.00mm。

（9）绘制圆。单击“草图”控制面板中的“圆”按钮，利用SOLIDWORKS 2022的自动跟踪功能绘制一个圆，使其圆心落在所绘制的构造圆上，并且其X坐标的值为0，直径为8.50mm。

（10）切除实体生成螺栓孔。单击“特征”控制面板中的“切除拉伸”按钮，此时系统弹出如图6-74所示的“切除-拉伸”属性管理器。设置拉伸切除的终止条件为“完全贯穿”，其他选项设置如图6-74所示，单击“确定”按钮✓，完成一个法兰螺栓孔的创建。

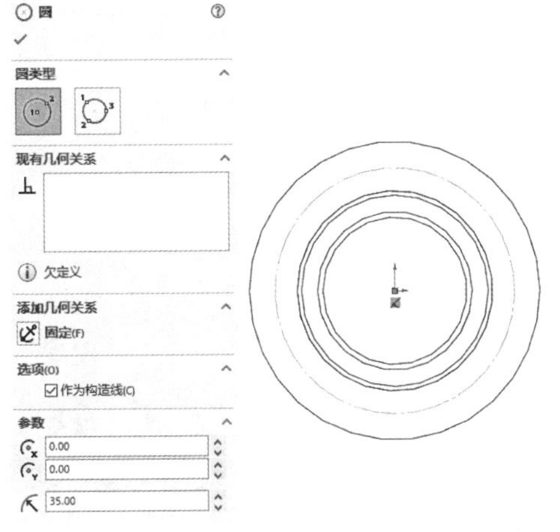

图 6-73　设置圆为构造线

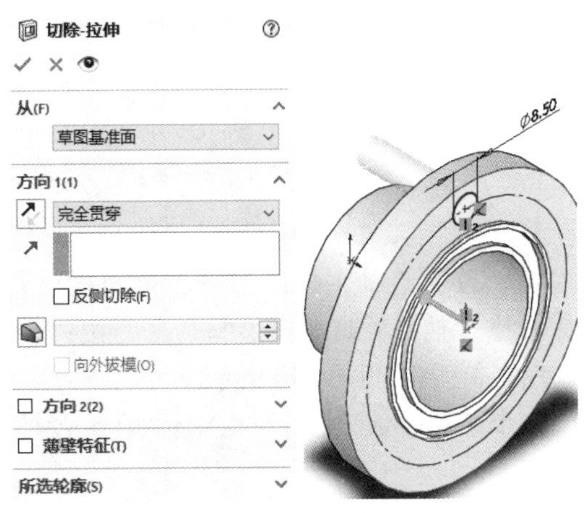

图 6-74　切除实体生成螺栓孔

（11）选择菜单栏中的“视图”→“隐藏/显示”→“临时轴”命令，显示模型中的临时轴，为进一步阵列特征做准备。

（12）阵列螺栓孔。选择“特征”控制面板中的“圆周阵列”按钮，在绘图区选择法兰基体的临时轴作为圆周阵列的阵列轴，设置阵列角度为360.00°、阵列的实例数为8，选中“等间距”单选按钮，在绘图区选择步骤（10）中创建的螺栓孔，具体选项设置如图6-75所示；单击“确定”按钮，完成螺栓孔圆周阵列特征的创建。

（13）保存文件。完成模型的创建后，单击“快速访问”工具栏中的“保存”按钮，将零件保存为“法兰盘.SLDPRT”。最终效果如图6-76所示。

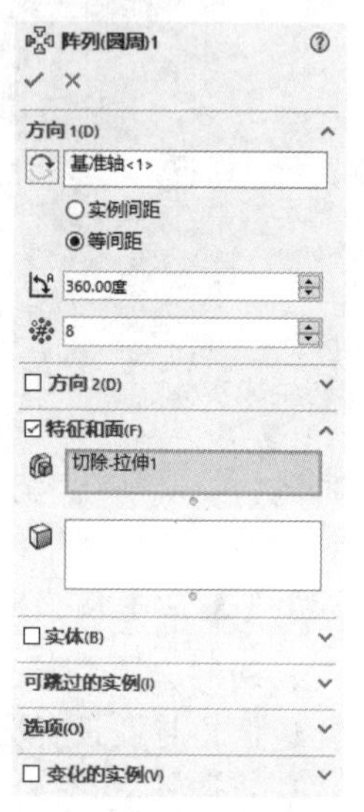

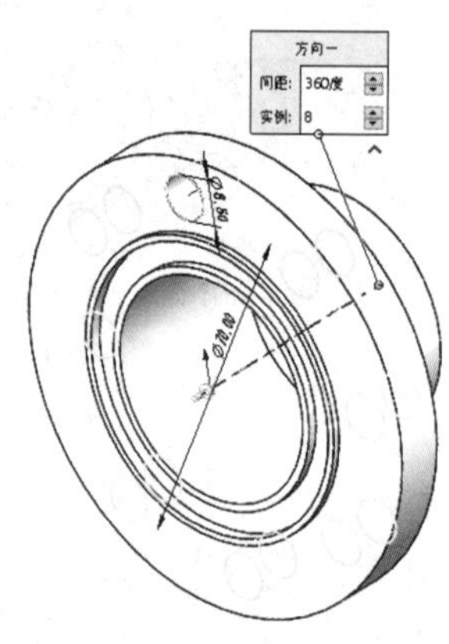

图 6-75　阵列螺栓孔

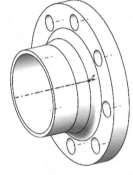

图 6-76　法兰盘最终效果

扫一扫，看视频

练一练——叶轮

本例创建的叶轮如图 6-77 所示。

图 6-77　叶轮

思路点拨：

首先绘制轮轴的主体轮廓草图并拉伸实体，然后通过放样功能绘制叶片，最后绘制圆周阵列的叶片。

扫一扫，看视频

6.3　综合实例——挖掘机主件的设计

本实例首先绘制主件的外形轮廓草图，然后拉伸成为主件主体轮廓，接着进行抽壳处理，再绘制其余的拉伸实体并进行倒圆和镜像处理。绘制的挖掘机主件如图 6-78 所示。

操作步骤　视频文件：动画演示\第 6 章\挖掘机主件的设计.avi

图 6-78　挖掘机主件

6.3.1　创建基本壳体

（1）新建文件。启动SOLIDWORKS 2022，选择菜单栏中的“文件”→“新建”命令，或者单击“快速访问”工具栏中的“新建”按钮，在弹出的“新建SOLIDWORKS文件”对话框中依次单击“零件”按钮和“确定”按钮，创建一个新的零件文件。

（2）绘制草图1。在左侧的FeatureManager设计树中选择“前视基准面”作为绘制图形的基准面。单击“草图”控制面板中的“直线”按钮，绘制并标注草图，如图6-79所示。

（3）拉伸实体1。单击“特征”控制面板中的“拉伸凸台/基体”按钮，此时系统弹出如图6-80所示的“凸台-拉伸”属性管理器。设置拉伸终止条件为“两侧对称”，输入拉伸距离为160.00mm，然后单击“确定”按钮。结果如图6-81所示。

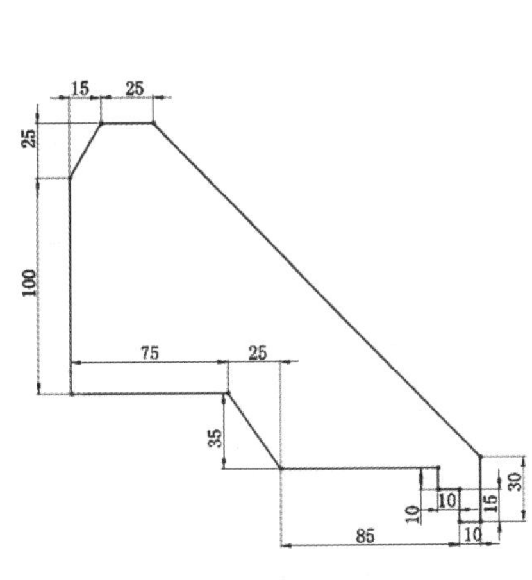

图 6-79 绘制草图 1

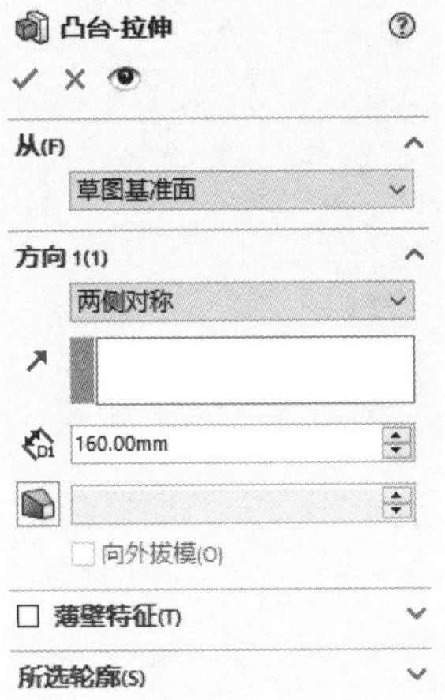

图 6-80 “凸台-拉伸”属性管理器

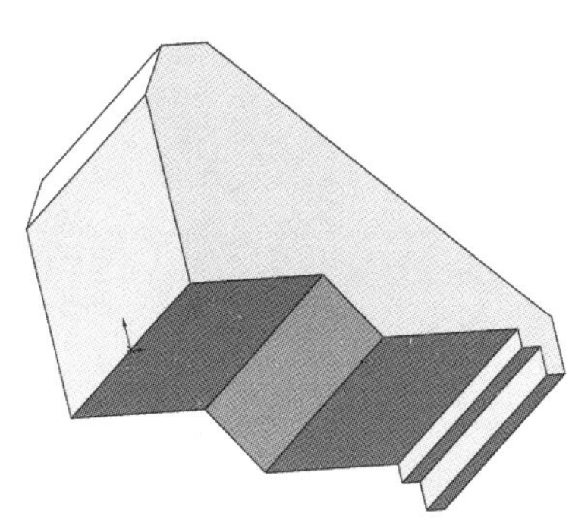

图 6-81 拉伸实体 1

（4）实体抽壳。单击“特征”控制面板中的“抽壳”按钮，此时系统弹出如图6-82所示的“抽壳1”属性管理器。输入厚度为5.00mm，在视图中选择图6-82所示的3个面为移除面，然后单击“确定”按钮。结果如图6-83所示。

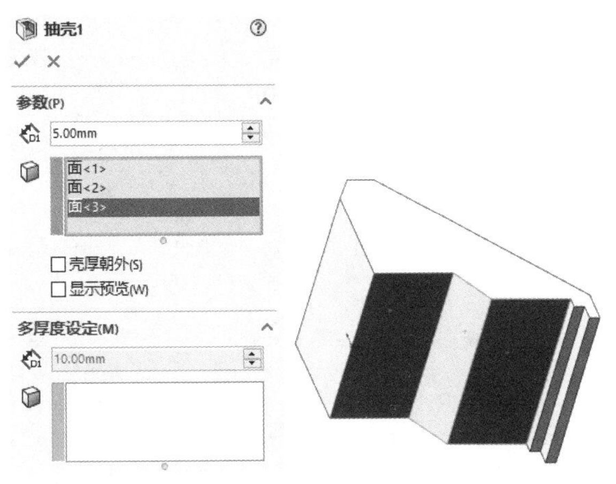

图 6-82 “抽壳1”属性管理器

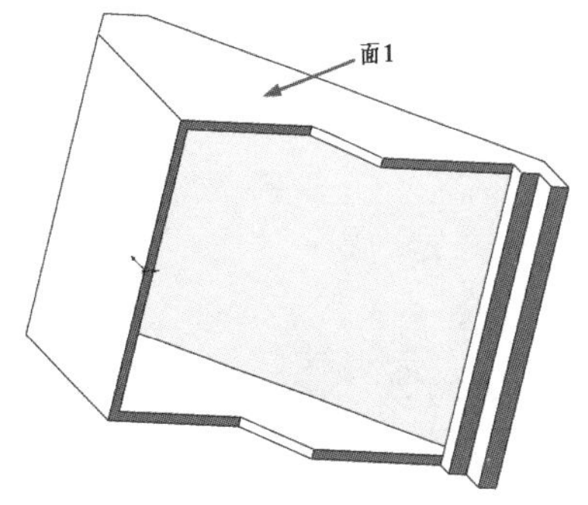

图 6-83 抽壳结果

6.3.2 创建翼板

（1）绘制草图2。在视图中选择如图6-83所示的面1作为绘制图形的基准面。单击“草图”控制面板中的“直线”按钮，绘制并标注草图，如图6-84所示。

（2）拉伸实体2。单击“特征”控制面板中的“拉伸凸台/基体”按钮，此时系统弹出如图6-85所示的“凸台-拉伸”属性管理器。设置拉伸终止条件为“给定深度”，输入拉伸距离为10.00mm，单击（反向）按钮，使拉伸方向朝里，然后单击“确定”按钮。结果如图6-86所示。

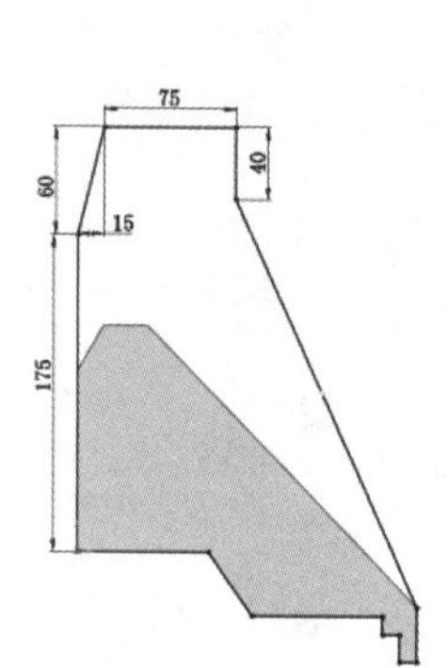

图 6-84　绘制草图 2

图 6-85　“凸台-拉伸”属性管理器

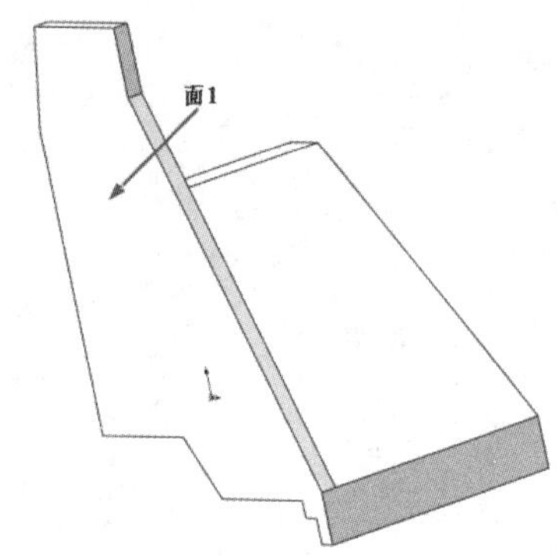

图 6-86　拉伸实体 2

（3）绘制草图3。在视图中选择如图6-86所示的面1作为绘制图形的基准面。单击“草图”控制面板中的“直线”按钮，绘制并标注草图，如图6-87所示。

（4）拉伸实体3。单击“特征”控制面板中的“拉伸凸台/基体”按钮，此时系统弹出如图6-88所示的“凸台-拉伸”属性管理器。设置拉伸终止条件为“给定深度”，输入拉伸距离为45.00mm，然后单击“确定”按钮。结果如图6-89 所示。

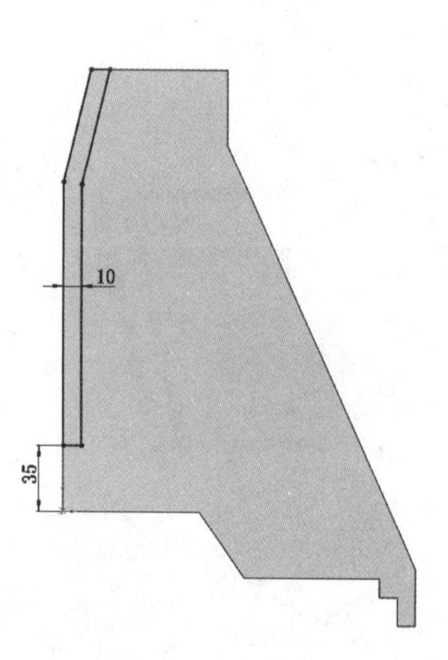

图 6-87　绘制草图 3

图 6-88　“凸台-拉伸”属性管理器

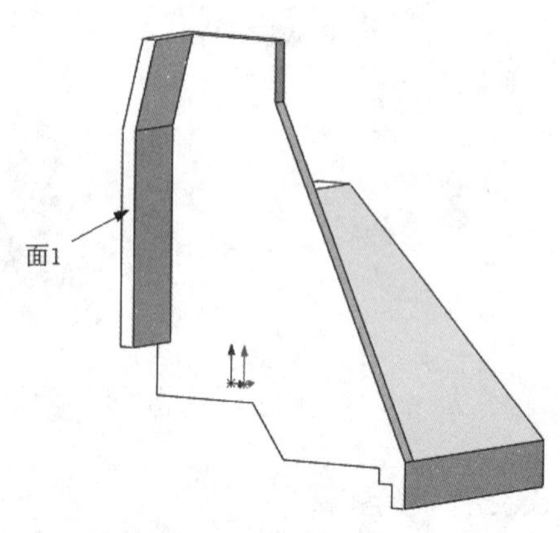

图 6-89　拉伸实体 3

（5）绘制草图4。在视图中选择如图6-89所示的面1作为绘制图形的基准面。单击“草图”控制面板中的“直线”按钮，绘制并标注草图，如图6-90所示。

（6）拉伸实体4。单击“特征”控制面板中的“拉伸凸台/基体”按钮，此时系统弹出如图6-91所示的“凸台-拉伸”属性管理器。设置拉伸终止条件为“给定深度”，输入拉伸距离为15.00mm，然后单击“确定”按钮✔。结果如图6-92所示。

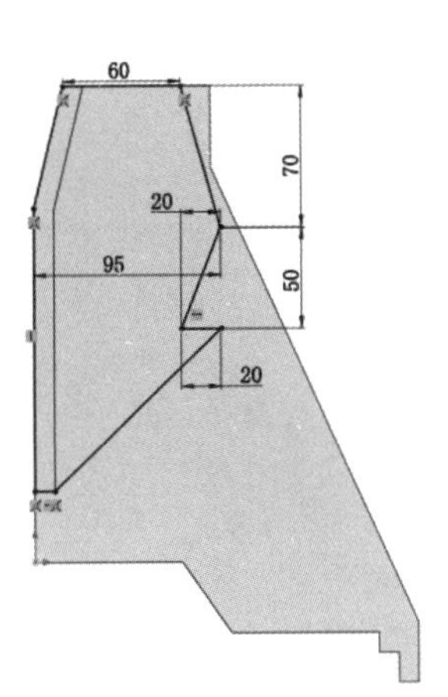

图 6-90　绘制草图 4

图 6-91　“凸台-拉伸”属性管理器

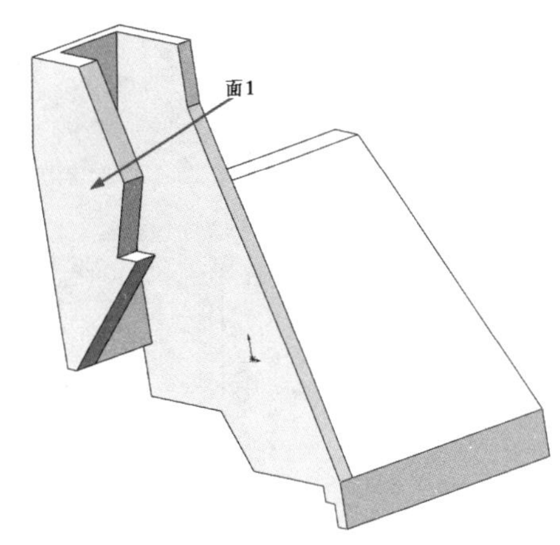

图 6-92　拉伸实体 4

（7）绘制草图5。在视图中选择如图6-92所示的面1作为绘制图形的基准面。单击“草图”控制面板中的“直线”按钮，绘制并标注草图如图6-93所示。

（8）拉伸实体5。单击“特征”控制面板中 的“拉伸凸台/基体”按钮，此时系统弹出如图6-94所示的“凸台-拉伸”属性管理器。设置拉伸终止条件为“给定深度”，输入方向1拉伸距离为60.00mm，输入方向2拉伸距离为15.00mm，输入薄壁厚度为10.00mm，然后单击“确定”按钮✔。结果如图6-95所示。

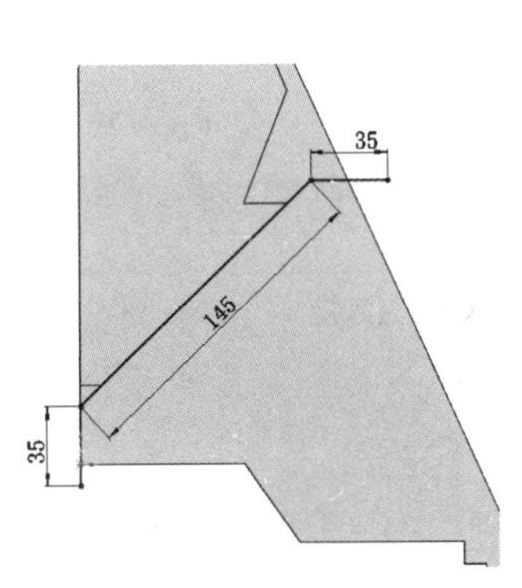

图 6-93　绘制草图 5

图 6-94　“凸台-拉伸”属性管理器

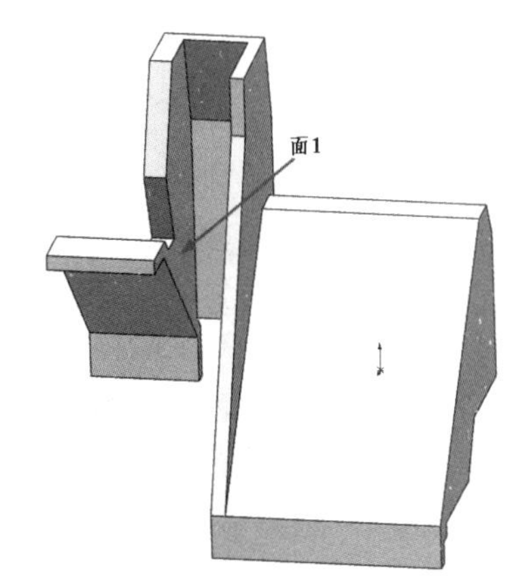

图 6-95　拉伸实体 5

（9）绘制草图6。在视图中选择如图6-95所示的面1作为绘制图形的基准面。单击“草图”控制面板中的“直线”按钮，绘制并标注草图，如图6-96所示。

（10）拉伸实体6。单击“特征”控制面板中的“拉伸凸台/基体”按钮，此时系统弹出如图6-97所示的“凸台-拉伸”属性管理器。设置拉伸终止条件为“成形到一面”，在视图中选择图6-97所示的面，然后单击“确定”按钮。结果如图6-98所示。

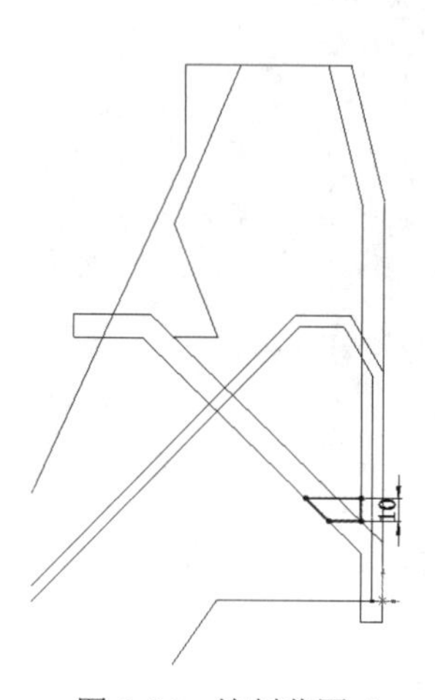

图 6-96　绘制草图 6

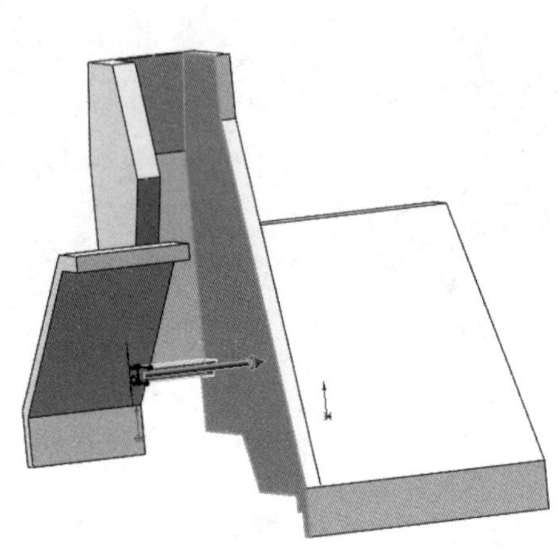

图 6-97　“凸台-拉伸”属性管理器

（11）绘制草图。在视图中选择图6-98所示的面1作为绘制图形的基准面。单击“草图”控制面板中的“圆”按钮，绘制并标注草图，如图6-99所示。

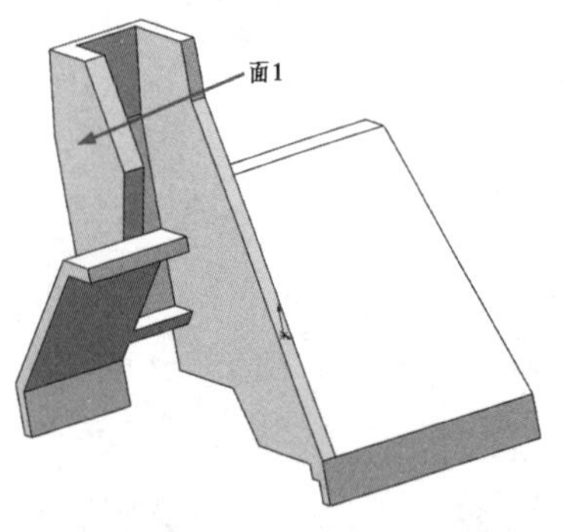

图 6-98　拉伸实体 6

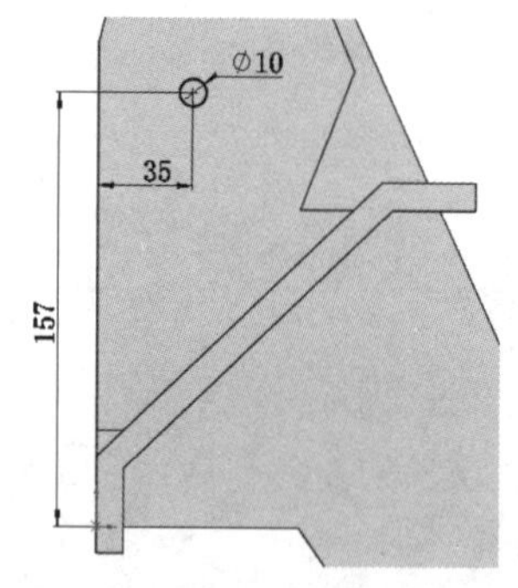

图 6-99　绘制草图

（12）切除拉伸实体1。单击“特征”控制面板中的“切除拉伸”按钮，此时系统弹出如图6-100所示的“切除-拉伸”属性管理器。设置终止条件为“给定深度”，输入拉伸切除距离为15.00mm，然后单击“确定”按钮。结果如图6-101所示。

（13）圆角实体。单击“特征”控制面板中的“圆角”按钮，此时系统弹出如图6-102所示的“圆角”属性管理器。在“半径”文本框中输入值20.00mm，取消“切线延伸”复选框的选择，然后用鼠标选取图6-102中的边线。单击“确定”按钮，结果如图6-103所示。

（14）镜像特征。单击“特征”控制面板中的“镜像”按钮，此时系统弹出如图6-104所示的“镜像”属性管理器。选择“前视基准面”为镜像面，在视图中选择步骤（4）～步骤（13）创建的拉伸特征和圆角特征为要镜像的特征，然后单击“确定”按钮。结果如图6-105所示。

图 6-100　“切除-拉伸”属性管理器

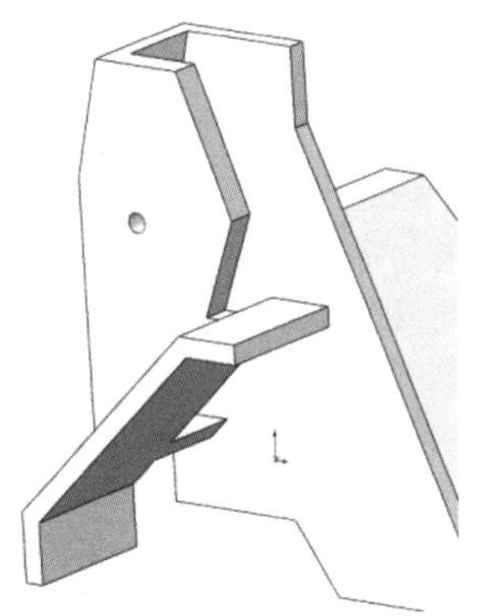

图 6-101　切除实体

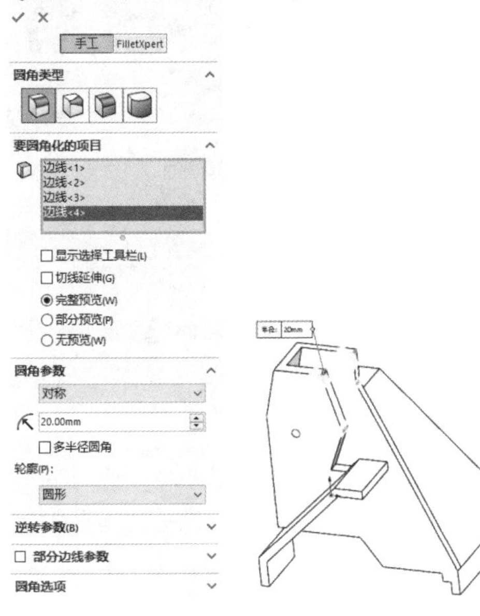

图 6-102　“圆角”属性管理器

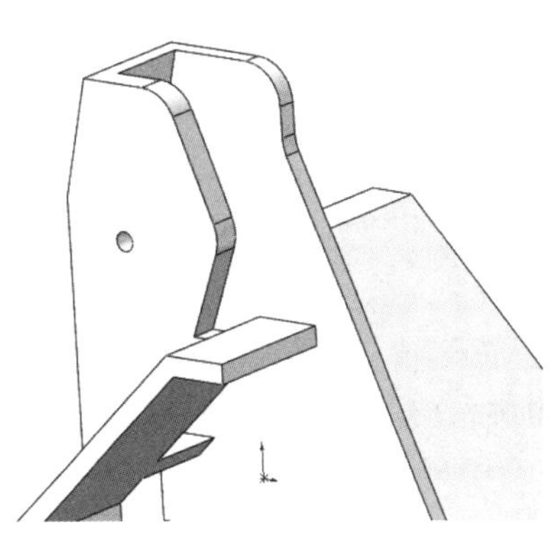

图 6-103　倒圆角结果

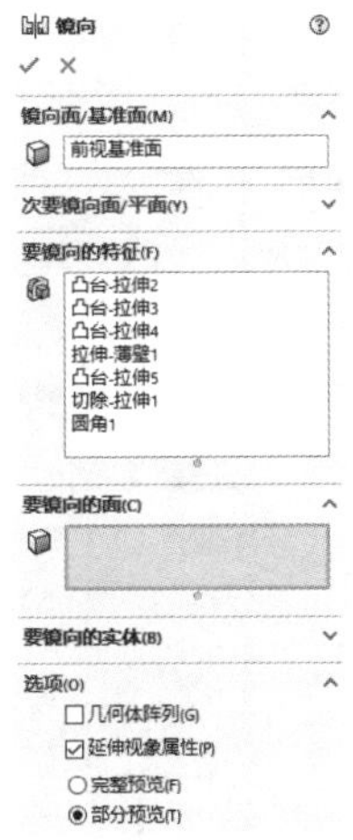

图 6-104　“镜像”属性管理器

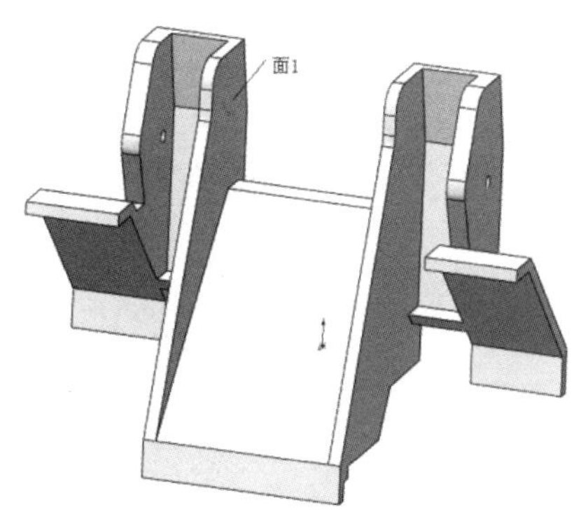

图 6-105　镜像结果

6.3.3 创建轴和孔

（1）绘制草图7。在视图中选择如图6-105所示的面1作为绘制图形的基准面。单击“草图”控制面板中的“圆”按钮，绘制并标注草图如图6-106所示。

（2）拉伸实体7。单击“特征”控制面板中的“拉伸凸台/基体”按钮，此时系统弹出如图6-107所示的“凸台-拉伸”属性管理器。在方向1中设置拉伸终止条件为“成形到下一面”，然后单击“确定”按钮。结果如图6-108所示。

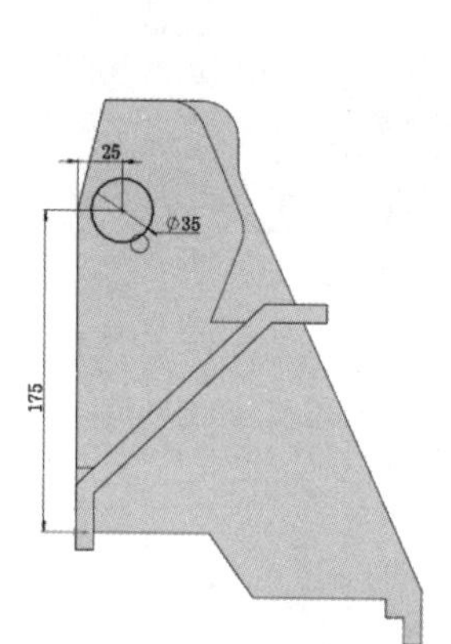

图 6-106　绘制草图 7

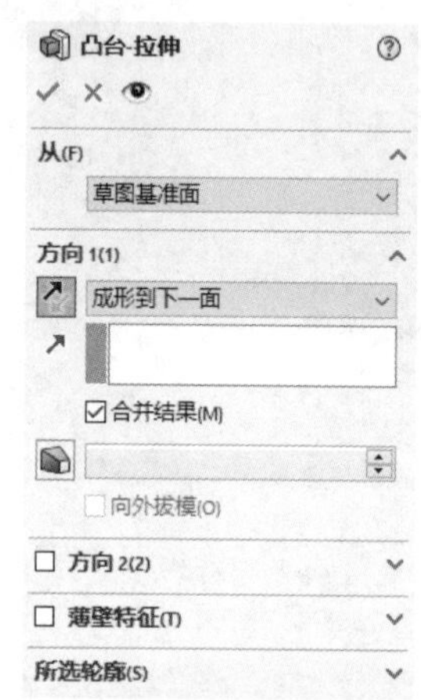

图 6-107　“凸台-拉伸”属性管理器

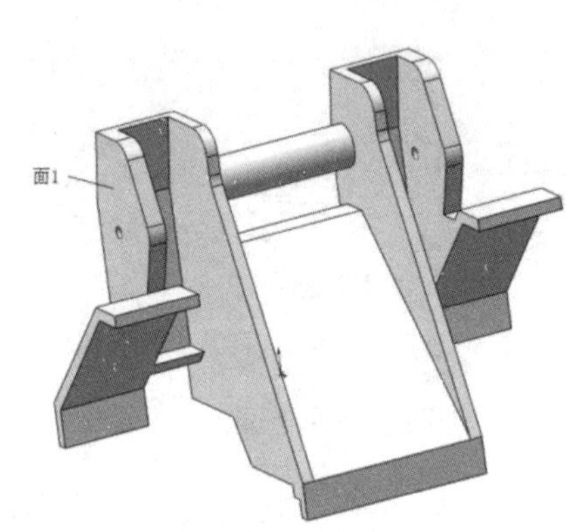

图 6-108　拉伸实体 7

（3）绘制草图。在视图中选择如图6-108所示的面1作为绘制图形的基准面。单击“草图”控制面板中的“圆”按钮，绘制并标注草图，如图6-109所示。

（4）切除拉伸实体2。单击“特征”控制面板中的“切除拉伸”按钮，此时系统弹出如图6-110所示的“切除-拉伸”属性管理器。在方向1中设置终止条件为“完全贯穿”，然后单击“确定”按钮。结果如图6-111所示。

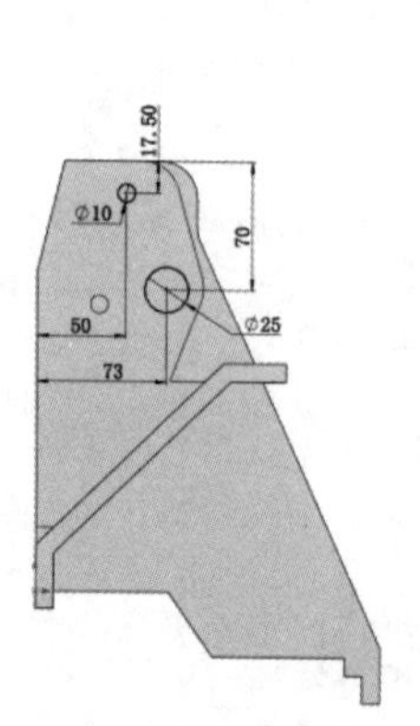

图 6-109　绘制草图

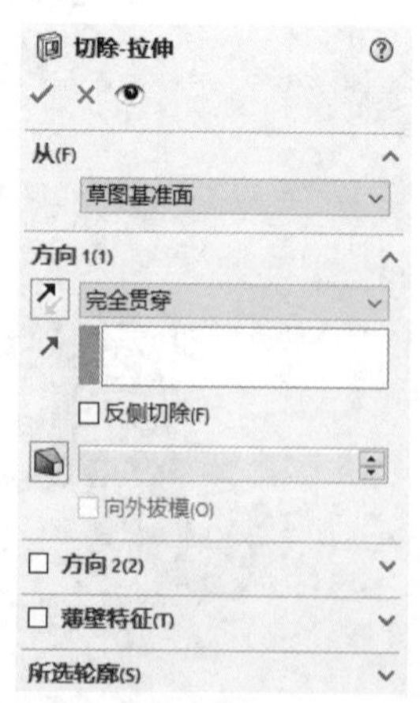

图 6-110　“切除-拉伸”属性管理器

图 6-111　拉伸切除结果 2

（5）创建基准平面。在左侧FeatureManager设计树中选择“前视基准面”作为绘制图形的基准面。单击“特征”控制面板中的“参考几何体”按钮，在其下拉列表中选择“基准面”按钮，弹出“基准面”属性管理器，在“偏移距离”文本框中输入距离为12.50mm，如图6-112所示。单击“确定”按钮✔，生成基准面如图6-113所示。

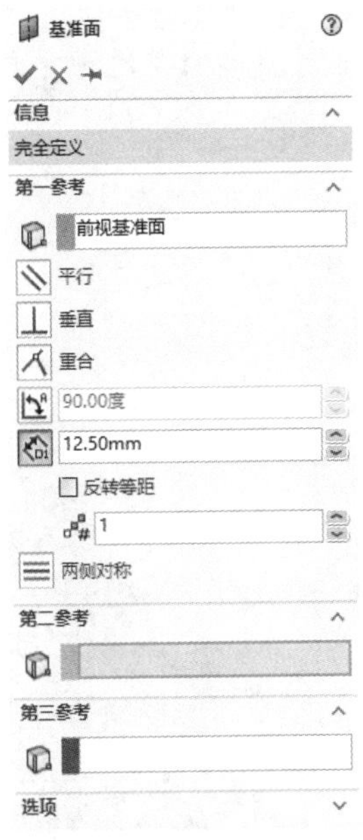

图 6-112　“基准面”属性管理器

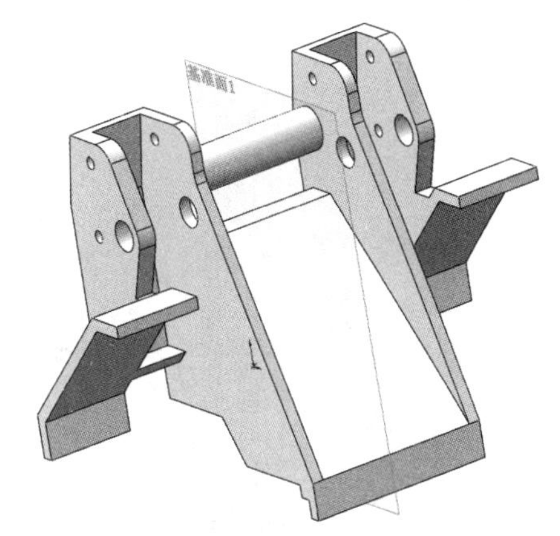

图 6-113　创建基准面

6.3.4　创建其他特征

（1）绘制草图8。在左侧的FeatureManager设计树中选择“基准面1”作为绘制图形的基准面。单击“草图”控制面板中的“圆”按钮，绘制并标注草图，如图6-114所示。

（2）拉伸实体8。单击“特征”控制面板中的“拉伸凸台/基体”按钮，此时系统弹出如图6-115所示的“凸台-拉伸”属性管理器。设置拉伸终止条件为“给定深度”，输入拉伸距离为10.00mm，然后单击“确定”按钮✔。结果如图6-116所示。

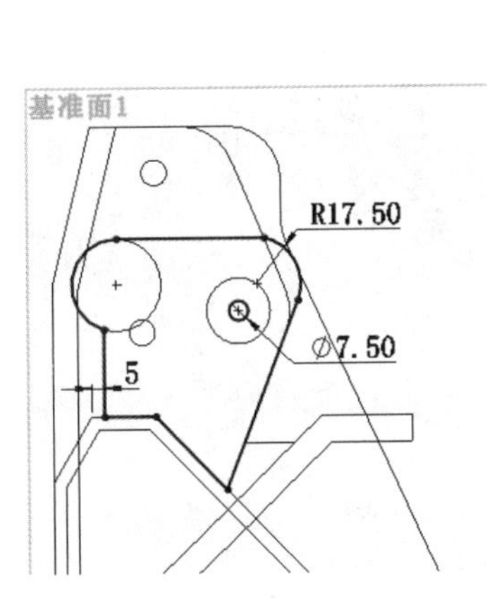

图 6-114　绘制草图 8

图 6-115　“凸台-拉伸”属性管理器

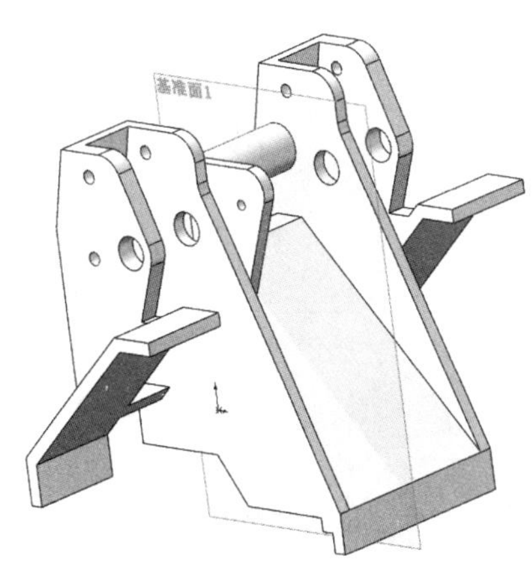

图 6-116　拉伸实体 8

（3）镜像特征。单击“特征”控制面板中的“镜像”按钮，此时系统弹出如图6-117所示的“镜像”属性管理器。选择“前视基准面”为镜像面，选择视图中步骤（2）创建的拉伸特征为要镜像的特征，然后单击“确定”按钮✔。结果如图6-118所示。

（4）绘制草图9。在视图中选择如图6-119所示的面1作为绘制图形的基准面。单击“草图”控制面板中的“中心线”按钮、“直线”按钮、“切线弧”和“镜像实体”按钮，绘制并标注草图，如图6-120所示。

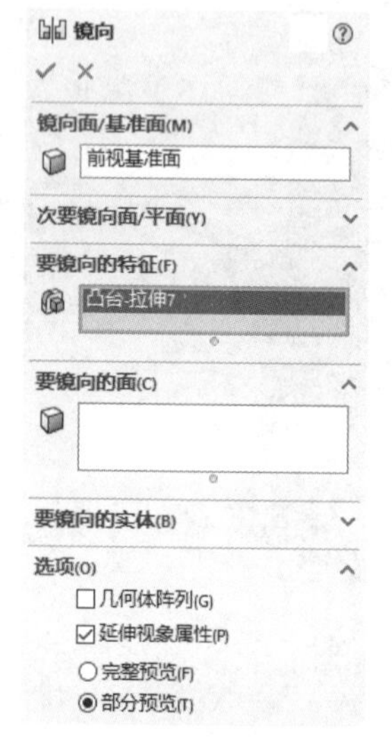

图 6-117 “镜像”属性管理器

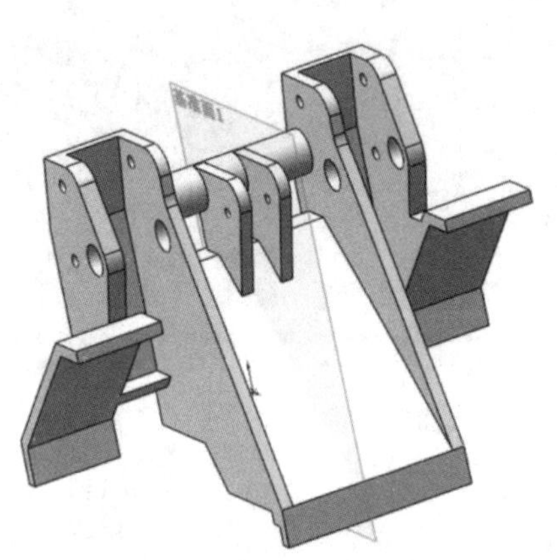

图 6-118 镜像实体

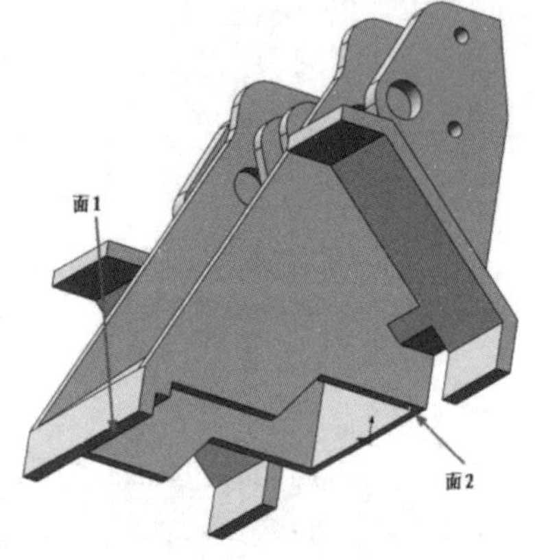

图 6-119 选择拉伸面 1

（5）拉伸实体9。单击“特征”控制面板中的“拉伸凸台/基体”按钮，此时系统弹出如图6-121所示的“凸台-拉伸”属性管理器。设置拉伸终止条件为“给定深度”，输入拉伸距离为30.00mm，单击“反向”按钮，使拉伸方向朝上，然后单击“确定”按钮✔。结果如图6-122所示。

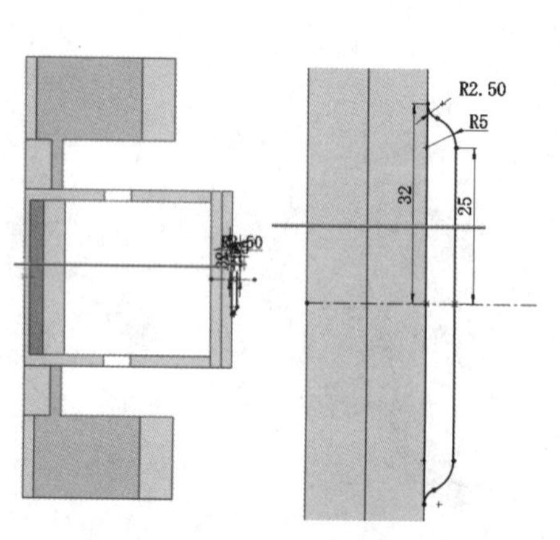

图 6-120 绘制草图 9

图 6-121 “凸台-拉伸”属性管理器

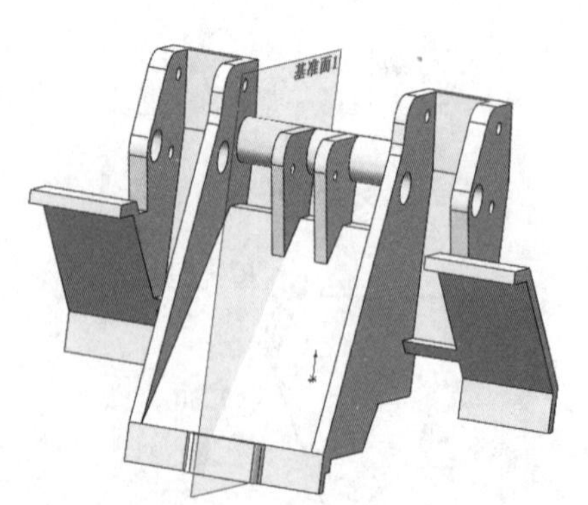

图 6-122 拉伸实体 9

（6）绘制草图10。在视图中选择如图6-119所示的面2作为绘制图形的基准面。单击“草图”控制面板中的“中心线”按钮、“直线”按钮、“切线弧”按钮、“镜像实体”按钮和“圆”

按钮，绘制并标注草图，如图6-123 所示。

（7）拉伸实体10。单击“特征”控制面板中的“拉伸凸台/基体”按钮，此时系统弹出如图6-124所示的“凸台-拉伸”属性管理器。设置拉伸终止条件为“给定深度”，输入拉伸距离为20.00mm，单击“反向”按钮，使拉伸方向朝上，然后单击“确定”按钮✔。结果如图6-125所示。

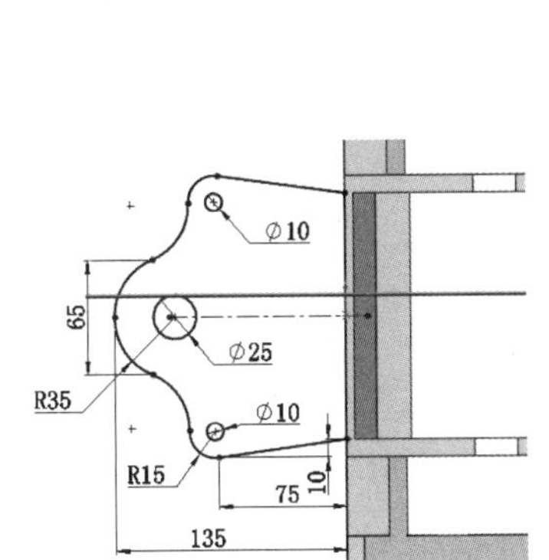

图 6-123　绘制草图 10

图 6-124　“凸台 - 拉伸”属性管理器

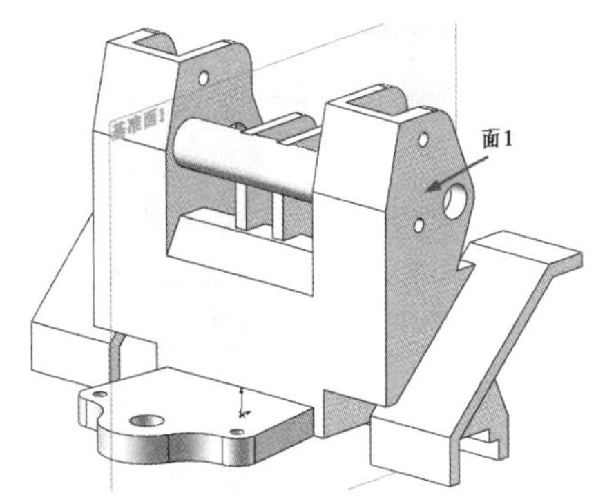

图 6-125　拉伸实体 10

（8）绘制草图。在视图中选择如图6-125 所示的面1作为绘制图形的基准面。单击“草图”控制面板中的“圆”按钮，绘制并标注草图，如图6-126所示。

（9）切除拉伸实体3。单击“特征”控制面板中的“切除拉伸”按钮，此时系统弹出如图6-127所示的“切除-拉伸”属性管理器。设置终止条件为“完全贯穿”，然后单击属性管理器中的“确定”按钮✔。最终结果如图6-78所示。

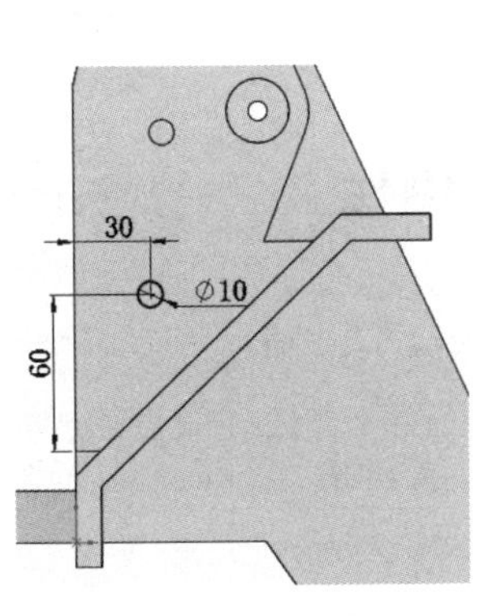

图 6-126　绘制草图

图 6-127　“拉伸-切除”属性管理器

至此，低速轴的全部特征创建完成。通过 FeatureManager 设计树中的材质编辑器定义低速轴的材料属性为“普通碳钢”。单击“快速访问”工具栏中的“保存”按钮，将零件保存为“挖掘机主件的设计.SLDPRT”。

第 7 章　装配体设计

内容简介

要实现零部件装配，必须首先创建一个装配体文件。本章将介绍创建装配体的基本操作，包括新建装配体文件、插入装配零件与删除装配零件。

内容要点

- 装配体基本操作
- 定位零部件
- 多零件操作
- 爆炸视图

案例效果

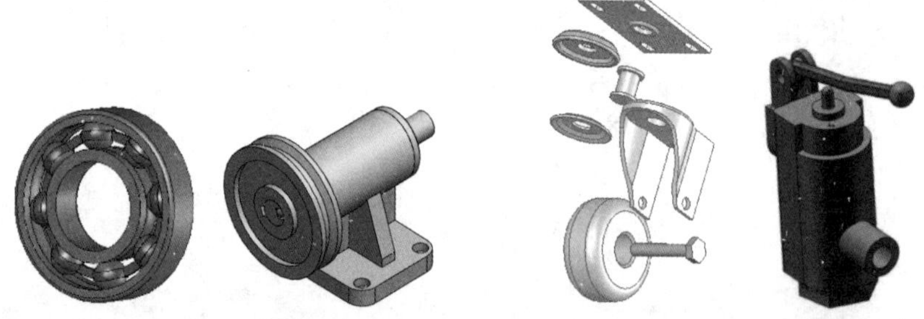

7.1　装配体基本操作

装配体制作界面与零件的制作界面基本相同，FeatureManager 中出现一个配合组，在装配体制作界面中出现如图 7-1 所示的“装配体”控制面板，对“装配体”控制面板的操作同前面介绍的控制面板操作。

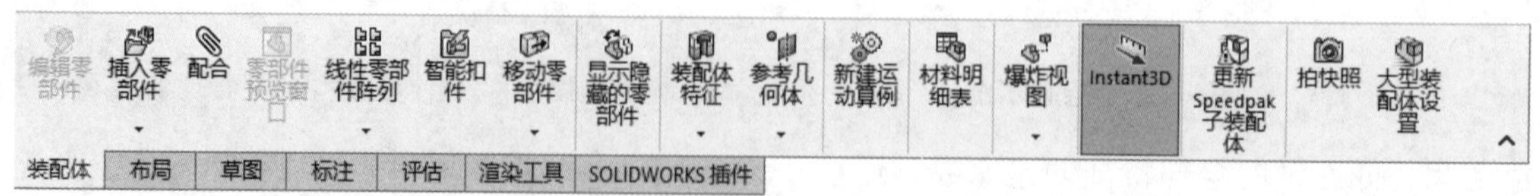

图 7-1　“装配体”控制面板

7.1.1 创建装配体文件

扫一扫，看视频

【执行方式】

➘ 工具栏：单击“新建”→“装配体”按钮。

➘ 菜单栏：选择“文件”→“新建”→“装配体”命令。

【操作说明】

（1）单击“快速访问”工具栏中的“新建”按钮，将弹出“新建SOLIDWORKS文件”对话框，如图7-2所示。

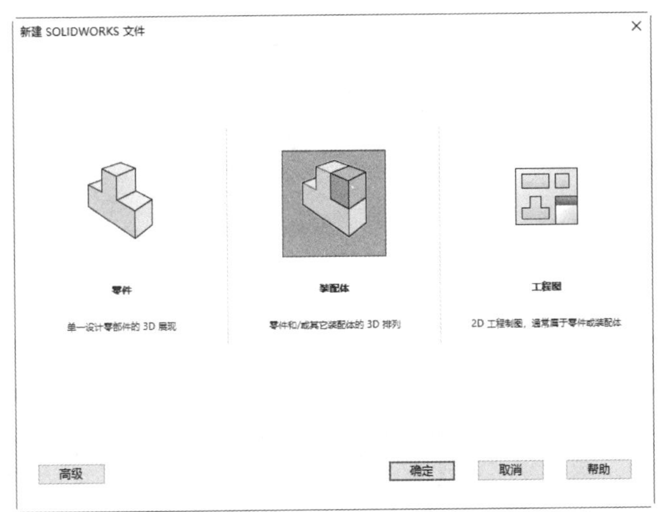

图 7-2 “新建 SOLIDWORKS 文件”对话框

（2）在对话框中选择“装配体”按钮，进入装配体制作界面，如图7-3所示。

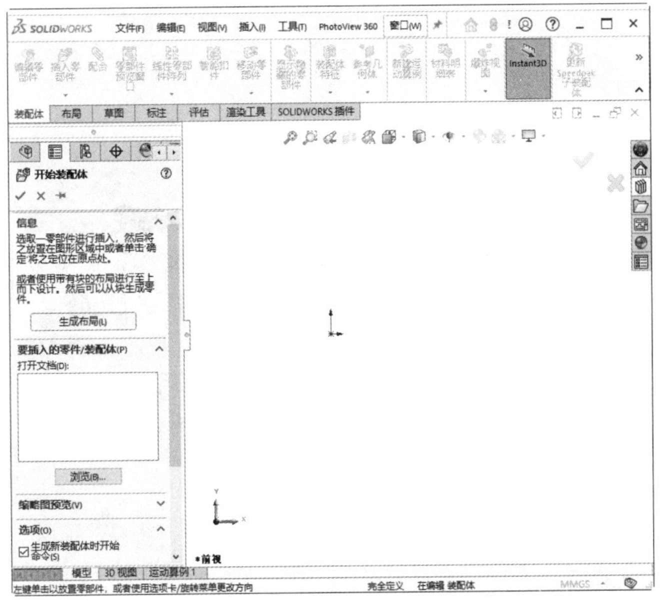

图 7-3 装配体制作界面

（3）在“开始装配体”属性管理器中单击“要插入的零件/装配体”选项组中的“浏览”按钮，弹出“打开”对话框。

（4）选择一个零件作为装配体的基准零件，单击“打开”按钮，然后在图形区合适位置单击以放置零件。调整视图为“等轴测”，即可得到导入零件后的界面，如图7-4所示。

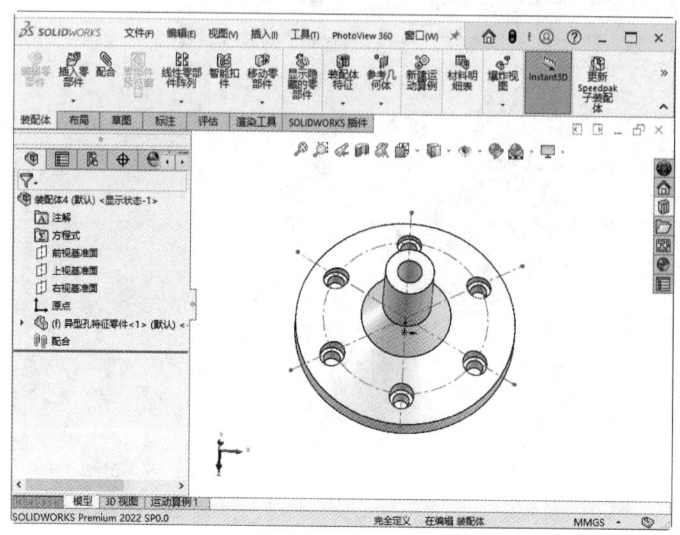

图 7-4　导入零件后的界面

（5）将一个零部件（单个零件或子装配体）放入装配体中时，这个零部件文件会与装配体文件链接。此时零部件出现在装配体中，零部件的数据还保存在原零部件文件中。

技巧荟萃：

对零部件文件所进行的任何改变都会更新装配体。保存装配体时文件的扩展名为“*.sldasm”，其文件名前的图标也与零件图不同。

扫一扫，看视频

7.1.2　插入装配零件

【执行方式】

- 工具栏：单击“装配体”工具栏中的“插入零部件”按钮。
- 菜单栏：选择“插入”→“零部件”→“现有零件/装配体”菜单命令。
- 控制面板：单击“装配体”控制面板中的“插入零部件”按钮。

【操作说明】

制作装配体需要按照装配的过程依次插入相关零件，有多种方法可以将零部件添加到一个新的或现有的装配体中。

（1）使用插入零部件属性管理器。

（2）从任何窗格中的文件探索器拖动。

（3）从一个打开的文件窗口中拖动。

（4）从资源管理器中拖动。

（5）从Internet Explorer（IE）中拖动超文本链接。

（6）在装配体中按住Ctrl键拖动以增加现有零部件的实例。

（7）从任何窗格的设计库中拖动。

（8）使用插入、智能扣件来添加螺栓、螺钉、螺母、销钉及垫圈。

扫一扫，看视频

7.1.3　删除装配零件

删除装配零件方法如下：

（1）打开源文件“删除装配零件.SLDASM”，在图形区或FeatureManager设计树中单击零部件，按Delete键，或选择菜单栏中的“编辑”→“删除”命令，或在空白处右击，在弹出的快捷菜单中选择“删除”命令，此时会弹出如图7-5所示的“确认删除”对话框。

（2）单击“是”按钮以确认删除，此零部件及其所有相关项目（配合、零部件阵列、爆炸步骤等）都会被删除。

技巧荟萃：

（1）在装配体中，第 1 个插入的零件默认的状态是固定的，即不能移动和旋转，在 FeatureManager 设计树中显示为“f ”。如果不是第 1 个零件，则是浮动的，在 FeatureManager 设计树中显示为“(-)”，固定和浮动显示如图 7-6 所示。

（2）系统默认第 1 个插入的零件是固定的，也可以将其设置为浮动状态，在 FeatureManager 设计树中右击固定的文件，在弹出的快捷菜单中选择“浮动”命令。反之，也可以将其设置为固定状态。

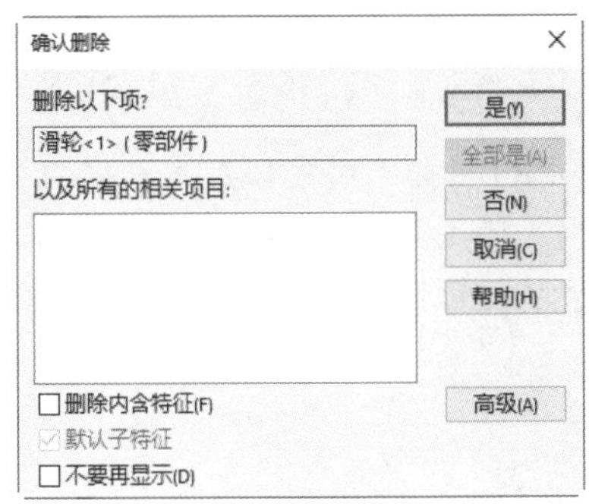

图 7-5　“确认删除”对话框

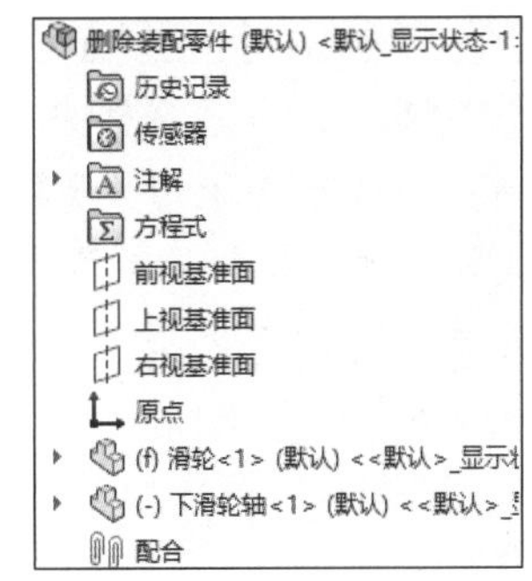

图 7-6　固定和浮动显示

扫一扫，看视频

7.1.4　实例——插入轴承零件

轴承装配图如图 7-7 所示。在装配体中依次插入零件“轴承内外圈”“保持架”“滚珠装配体”，在本小节中将详细讲解绘制过程。

图 7-7　轴承装配图

操作步骤　视频文件：动画演示\第 7 章\插入轴承零件.avi

（1）单击“快速访问”工具栏中的“新建”按钮，在弹出的“新建SOLIDWORKS文件”对话框中依次单击“装配体”按钮和“确定”按钮，进入新建的装配体编辑模式。

（2）单击“装配体”控制面板中的“插入零部件”按钮。自动弹出“插入零部件”属性管理器中和“打开”对话框。在弹出的“打开”对话框中浏览到“轴承6315内外圈SLDPRT”所在的文件夹，如图7-8所示。选择该文件，单击“打开”按钮。

（3）此时被打开的文件“轴承6315内外圈.SLDPRT”出现在图形区域中，光标指针变为形状。利用光标拖动零部件到原点（若绘图区不显示原点，则可通过以下步骤设置：视图→隐藏/显示→原点），指针变为形状时释放鼠标，从而将零件“轴承6315内外圈.SLDPRT”的原点与新装配体原点重合，并将其固定。此时的模型如图7-9所示，从中可以看到“轴承6315内外圈.SLDPRT”被固定。

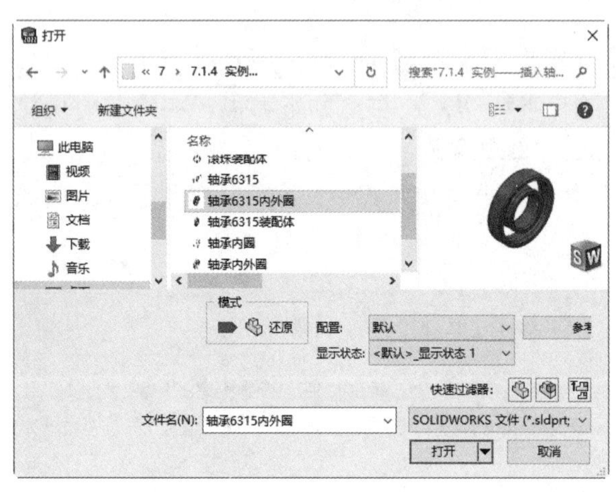

图 7-8 “打开”文件

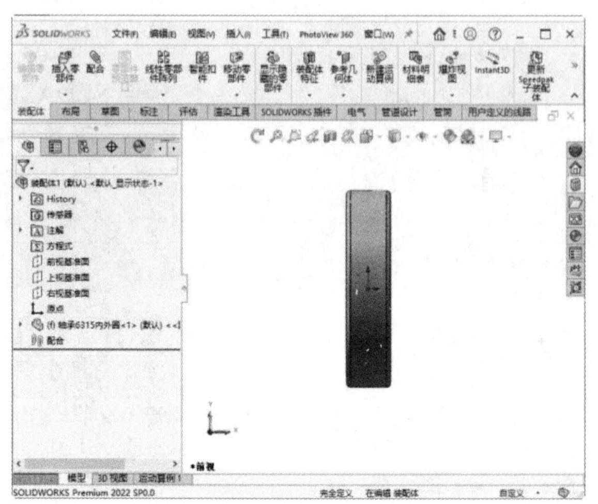

图 7-9 “轴承6315 内外圈.SLDPRT”被插入装配体中并被固定

（4）单击“装配体”控制面板中的“插入零部件”按钮。在出现的“打开”对话框中浏览到“保持架.SLDPRT”所在的文件夹，并将其打开。

（5）当光标指针变为形状时，将零件“保持架.SLDPRT”插入装配体中的任意位置。

（6）用同样的方法将子装配体“滚珠装配体.SLDASM”插入装配体中的任意位置。

（7）单击“快速访问”工具栏中的“保存”按钮，将装配体文件保存为“轴承6315.SLDASM”。最后的效果如图7-10所示。

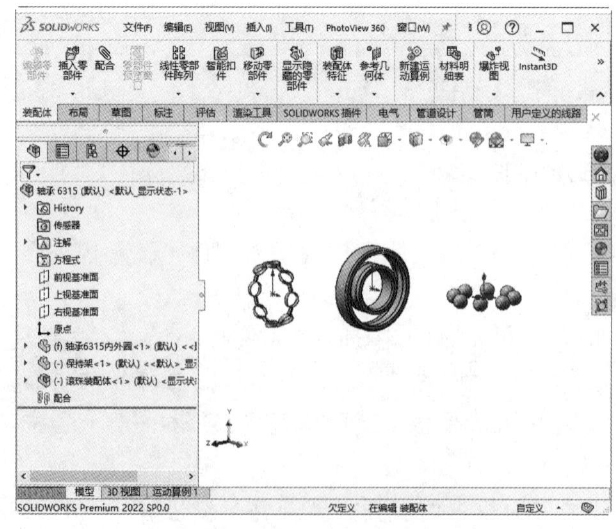

图 7-10 插入零部件后的装配体

7.2　定位零部件

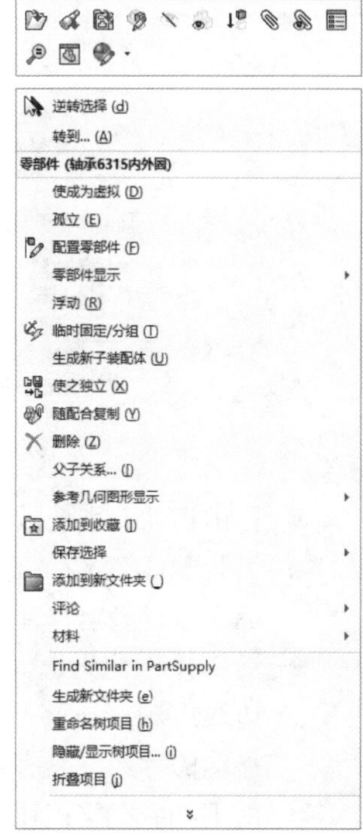

图 7-11　常用零部件定位命令

在将零部件放入装配体中后，用户可以移动、旋转零部件或固定它的位置，用这些方法可以大致确定零部件的位置，然后使用配合关系来 精确地定位零部件。

在 FeatureManager 设计树中选择需要编辑的零件，右击该零件，弹出如图 7-11 所示的快捷菜单，其中显示常用零部件定位命令。

扫一扫，看视频

7.2.1　固定零部件

【执行方式】

在快捷菜单中选择“固定”命令。打开源文件“固定零部件.SLDASM”。

【操作说明】

（1）如果要解除固定关系，则只要在FeatureManager设计树或图形区中右击已固定的零部件，然后在快捷菜单中选择“浮动”命令即可。

（2）当一个零部件被固定之后，在FeatureManager设计树中，该零部件名称的左侧出现“f ”，表明该零部件已被固定，就不能相对于装配体原点移动了。

（3）默认情况下，装配体中的第1个零件是固定的。如果装配体中至少有一个零部件被固定下来，就可以为其余零部件提供参考，防止其他零部件在添加配合关系时意外移动。

扫一扫，看视频

7.2.2　移动零部件

在 FeatureManager 设计树中，只要前面有“(-)”符号，该零件即可被移动。

【执行方式】

- 工具栏：单击“装配体”工具栏中的“移动零部件”按钮。
- 菜单栏：选择“工具”→“零部件”→“移动”菜单命令。
- 控制面板：单击“装配体”控制面板中的“移动零部件”按钮。

打开源文件“移动零部件.SLDASM”。执行上述命令，打开“移动零部件”属性管理器，如图 7-12 所示。

【操作说明】

（1）选择需要移动的类型，然后拖动到需要的位置。

（2）单击“确定”按钮✔，或者按 Esc键，取消命令操作。

（3）在“移动零部件”属性管理器中，移动零部件的类型有自由拖动、沿装配体XYZ、沿实体、由Delta XYZ和到XYZ位置共5种，如图7-13所示，下面分别介绍这5种位置。

图 7-12 “移动零部件”属性管理器

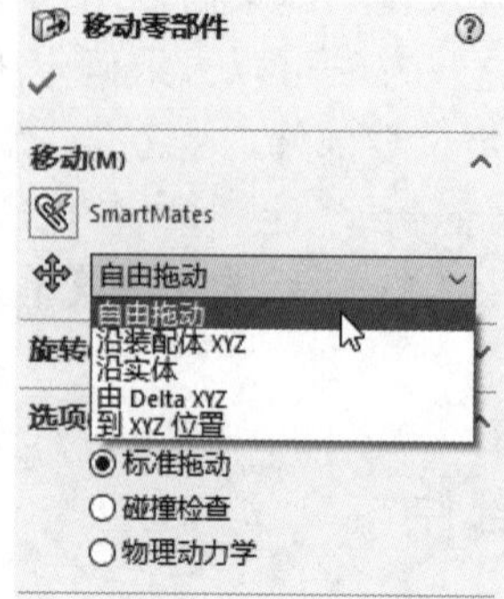

图 7-13 移动零部件的类型

- 自由拖动：系统默认选项，可以在视图中把选中的文件拖动到任意位置。
- 沿装配体 XYZ：选择零部件并沿装配体的 X、Y 或 Z 方向拖动。视图中显示的装配体坐标系可以确定移动的方向，在移动前要在欲移动方向的轴附近单击。
- 沿实体：首先选择实体，然后选择零部件并沿该实体拖动。如果选择的实体是一条直线、边线或轴，所移动的零部件具有一个自由度。如果选择的实体是一个基准面或平面，所移动的零部件具有两个自由度。
- 由 Delta XYZ：在属性管理器中输入在 X、Y 和 Z 方向的移动范围，如图 7-14 所示，然后单击“应用”按钮，零部件按照指定的数值移动。
- 到 XYZ 位置：选择零部件的一点，在属性管理中输入 X、Y 或 Z 坐标，如图 7-15 所示，然后单击“应用”按钮，所选零部件的点移动到指定的坐标位置。如果选择的项目不是顶点或点，则零部件的原点会移动到指定的坐标处。

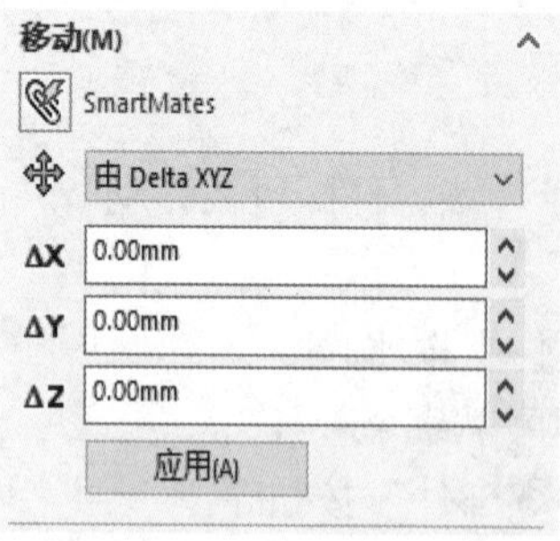

图 7-14 “由 Delta XYZ”选项

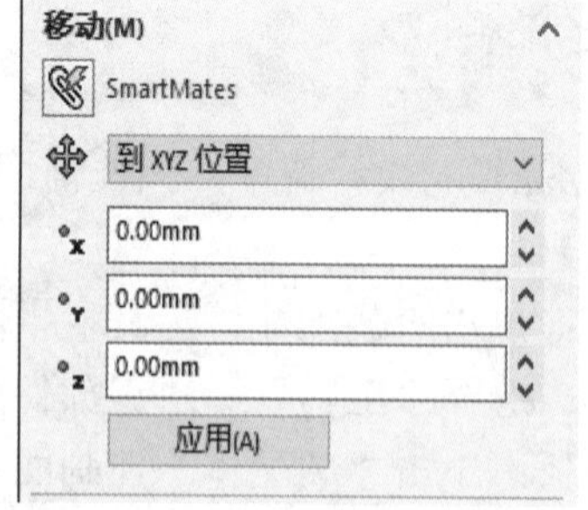

图 7-15 “到 XYZ 位置”选项

扫一扫，看视频

7.2.3 旋转零部件

在 FeatureManager 设计树中，只要前面有“(-)”符号，该零件即可被旋转。

【执行方式】

- 工具栏：单击“装配体”工具栏中的“旋转零部件”按钮。

- 菜单栏：选择“工具”→“零部件”→“旋转”菜单命令。
- 控制面板：单击“装配体”控制面板中的“旋转零部件”按钮。

打开源文件“旋转零部件.SLDASM”。执行上述命令，打开“旋转零部件”属性管理器，如图 7-16 所示。

【操作说明】

（1）选择需要旋转的类型，然后根据需要确定零部件的旋转角度。

（2）单击“确定”按钮✔，或者按Esc键，取消命令操作。

（3）在“旋转零部件”属性管理器中，旋转零部件的类型有3种，即自由拖动、对于实体和由 Delta XYZ，如图7-17所示。下面分别介绍这3种类型。

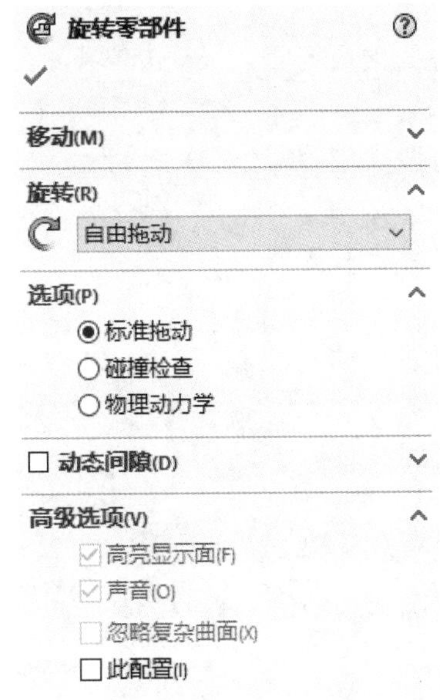

图 7-16　“旋转零部件”属性管理器

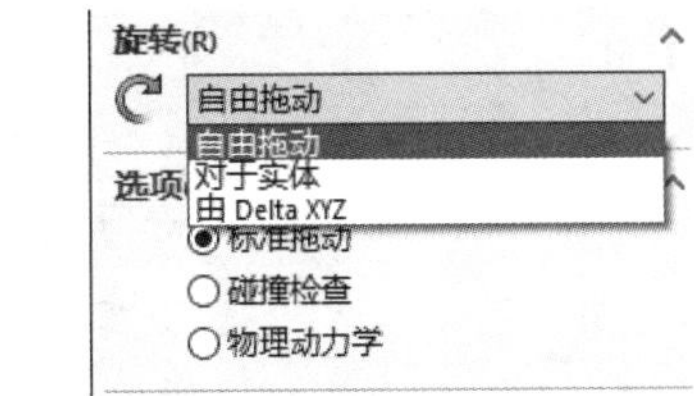

图 7-17　旋转零部件的类型

- 自由拖动：选择零部件并沿任何方向旋转拖动。
- 对于实体：选择一条直线、边线或轴，然后围绕所选实体旋转零部件。
- 由 Delta XYZ：在属性管理器中输入旋转 Delta XYZ 的范围，然后单击“应用”按钮，零部件按照指定的数值进行旋转。

技巧荟萃：

（1）不能移动或者旋转一个已经固定或者完全定义的零部件。

（2）只能在配合关系允许的自由度范围内移动和旋转该零部件。

7.2.4　添加配合关系

扫一扫，看视频

当在装配体中建立配合关系后，配合关系会在 FeatureManager 设计树中以图标表示。

使用配合关系，可相对于其他零部件来精确地定位零部件，还可定义零部件如何相对于其他的零部件移动和旋转。只有添加了完整的配合关系，才算完成了装配体模型。

图 7-18　“配合”属性管理器

【执行方式】

➘ 工具栏：单击“装配体”工具栏中的“配合”按钮。

➘ 菜单栏：选择“插入”→“配合”菜单命令。

➘ 控制面板：单击“装配体”控制面板中的“配合”按钮。

打开源文件“添加配合关系.SLDASM”。执行上述命令，打开“配合”属性管理器，如图 7-18 所示。

【操作说明】

（1）在图形区中的零部件上选择要配合的实体，所选实体会显示在“要配合实体”列表框中。

（2）选择所需的对齐条件。

（同向对齐）：以所选面的法向或轴向的相同方向来放置零部件。

（反向对齐）：以所选面的法向或轴向的相反方向来放置零部件。

（3）系统会根据所选的实体列出有效的配合类型。单击对应的配合类型按钮，选择配合类型。

（重合）：面与面、面与直线（轴）、直线与直线（轴）、点与面、点与直线之间重合。

（平行）：面与面、面与直线（轴）、直线与直线（轴）、曲线与曲线之间平行。

（垂直）：面与面、直线（轴）与面之间垂直。

（同轴心）：圆柱与圆柱、圆柱与圆锥、圆形与圆弧边线之间具有相同的轴。

（4）图形区中的零部件将根据指定的配合关系移动，如果配合不正确，单击“撤销”按钮，然后根据需要修改选项。

（5）单击“确定”按钮，应用配合。

扫一扫，看视频

7.2.5　删除配合关系

如果装配体中的某个配合关系有错误，则用户可以随时将它从装配体中删除掉。

【执行方式】

选择如图 7-19 所示快捷菜单中的“删除”命令。

【操作说明】

（1）在FeatureManager设计树中右击要删除的配合关系，弹出如图7-19所示的快捷菜单。

（2）在弹出的快捷菜单中选择“删除”命令，或按Delete键。

（3）弹出“确认删除”对话框，如图7-20所示。单击“是”按钮以确认删除。

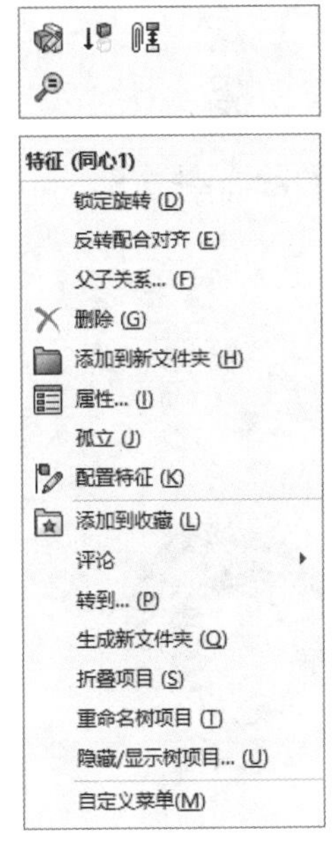

图 7-19　快捷菜单图

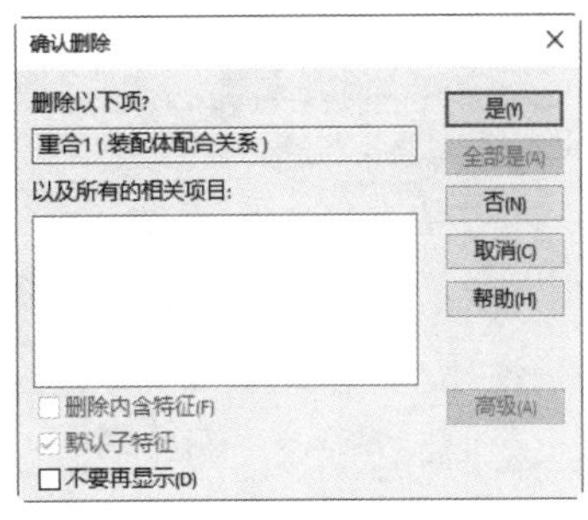

图 7-20　“确认删除”对话框

扫一扫，看视频

7.2.6　修改配合关系

用户可以像重新定义特征一样，对已经存在的配合关系进行修改。

【执行方式】

单击快捷菜单中的“编辑特征”按钮。

【操作说明】

（1）在FeatureManager设计树中右击要修改的配合关系。

（2）在弹出的快捷菜单中单击“编辑特征”按钮。

（3）在弹出的属性管理器中改变所需选项。

（4）如果要替换配合实体，在“要配合实体”列表框中删除原来实体后，重新选择实体。

（5）单击“确定”按钮，完成配合关系的重新定义。

扫一扫，看视频

7.2.7　实例——轴承装配

移动和旋转零部件后，将装配体中的零件调整到合适的位置，如图 7-21 所示。下面就为轴承 6315 添加配合关系。

操作步骤　视频文件：动画演示\第 7 章\轴承装配.avi

（1）打开源文件“轴承 6315.SLDASM”。单击“装配体”控制面板中的“配合”按钮。在图形区域中选择要配合的实体——保持架的内圆弧面和滚珠装配体的中心轴，所选实体会出现在“配合”属性管理器中的图标右侧的列表框中，如图 7-22 所示。在“配合类型”选项组中，单击“同轴心”按钮。单击“确定”按钮，将保持架和滚球装配体的两个中心线和轴重合。

图 7-21　在装配体中调整零件到合适的位置

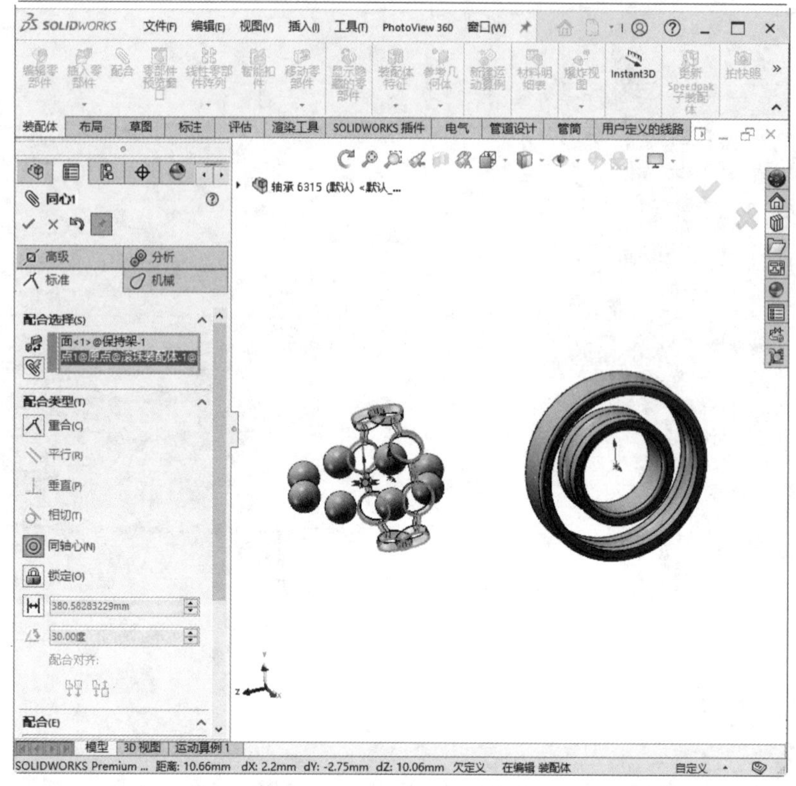

图7-22 选择配合实体

（2）单击“装配体”控制面板中的“配合”按钮，在模型树中选择保持架零件的“前视基准面”和滚球装配体的“上视基准面”。在“配合类型”选项组中选择“重合”按钮。单击“确定”按钮，为两个零部件的所选基准面赋予重合关系。

（3）单击“装配体”控制面板中的“配合”按钮，在模型树中选择保持架零件的“右视基准面”和滚球装配体的“前视基准面”。在“配合类型”选项组中选择“重合”按钮。单击“确定”按钮，为两个零部件的所选基准面赋予重合关系。至此，保持架和滚球装配体的装配就完成了，被赋予配合关系后的装配体如图7-23所示。

（4）单击“装配体”控制面板中的“配合”按钮，在模型树中选择保持架零件的“前视基准面”和零件“轴承6315内外圈”的“右视基准面”。在“配合类型”选项组中选择“重合”按钮。单击“确定”按钮，为两个零部件的所选基准面赋予重合关系，如图7-24所示。

（5）单击“装配体”控制面板中的“配合”按钮，在图形区域中选择零件“轴承6315内外圈”的中心轴和滚球装配体的中心轴（若绘图区不显示中心轴，则可以按以下步骤设置：视图→隐藏/显示→临时轴）。在“配合类型”选项组中选择“重合”按钮，使零件“轴承6315内外圈”和保持架同轴线，如图7-25所示。单击“装配体”工具栏中的“旋转零部件”按钮，可以自由地旋转保持架，说明装配体还没有被完全定义。要固定保持架，还需要再定义一个配合关系。

（6）单击“装配体”控制面板中的“配合”按钮，在模型树中选择保持架零件的“前视基准面”和零件“轴承6315内外圈”的“右视基准面”。在“配合类型”选项组中选择“重合”按钮。单击“确定”按钮，为两个零部件的所选基准面赋予重合关系，从而完全定义轴承的装配关系。

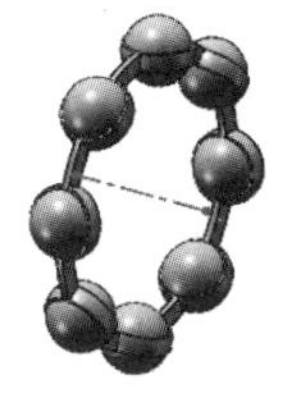

图 7-23　装配好的滚球装配体和保持架

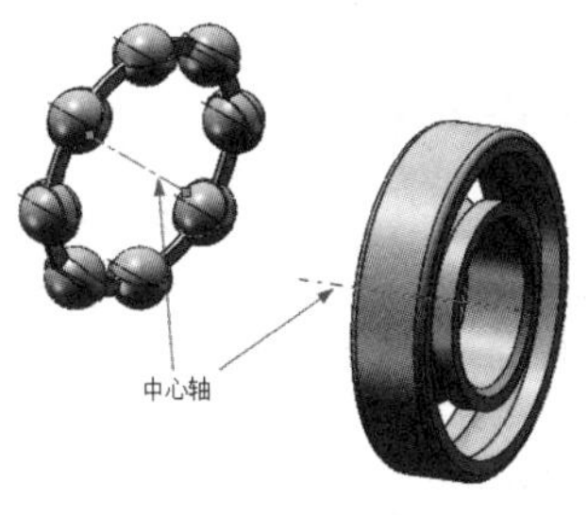

图 7-24　基准面重合后的效果

图 7-25　中心轴同轴后的效果

（7）单击菜单栏中的“文件→另存为”命令，将装配体保存起来。选择菜单中的“视图”→隐藏/显示→“隐藏所有类型”命令，将所有草图或者参考轴等元素隐藏起来，最后的装配体效果如图7-26所示。

扫一扫，看视频

练一练——传动体装配

试利用上面所学知识完成传动体装配，如图 7-27 所示。

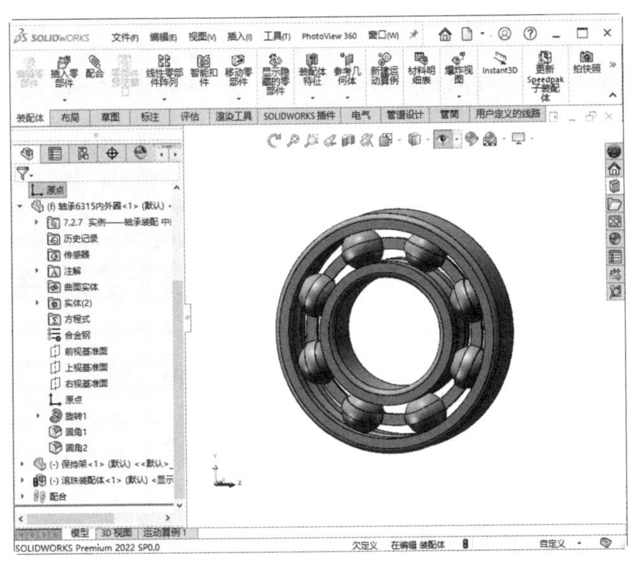

图 7-26　完全定义好装配关系的装配体“轴承 6315.SLDASM”

图 7-27　传动体装配

7.3　多零件操作

将各个零件分别插入并添加配合关系。

扫一扫，看视频

7.3.1　零件的复制

SOLIDWORKS 2022 可以复制已经在装配体文件中存在的零部件，如图 7-28 所示。

图 7-28　实体模型

【执行方式】

按住 Ctrl 键，同时拖动零件。

【操作说明】

（1）打开源文件中的“7.3.1.SLDASM”，按住Ctrl键，在FeatureManager设计树中选择需要复制的零部件，然后将其拖动到视图中合适的位置，复制后的装配体如图7-29所示，复制后的FeatureManager设计树如图7-30所示。

（2）添加相应的配合关系，配合后的装配体如图7-31所示。

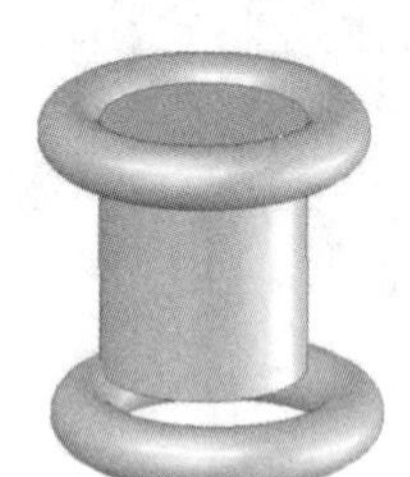

图 7-29　复制后的装配体

7.3.1 (默认) <显示状态-1>
历史记录
传感器
注解
方程式
前视基准面
上视基准面
右视基准面
原点
(f) 柱<1> (默认) <<默认>_显示状
(-) 环<1> (默认) <<默认>_显示状
(-) 环<2> (默认) <<默认>_显示状
配合
重合1 (柱<1>,环<1>)
相切1 (柱<1>,环<2>)
距离1 (环<2>,柱<1>)

图 7-30　复制后的 FeatureManager 设计树

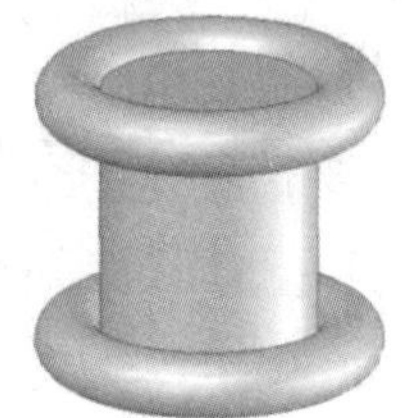

图 7-31　配合后的装配体

扫一扫，看视频

7.3.2　零件的阵列

【执行方式】

- 工具栏：单击“装配体”工具栏中的“线性零部件阵列/圆周零部件阵列”按钮。
- 菜单栏：选择“插入”→“零部件阵列”→“线性阵列/圆周阵列”菜单命令。
- 控制面板：单击“装配体”控制面板中的“线性零部件阵列/圆周零部件阵列”按钮。

【操作说明】

（1）零件的阵列分为线性阵列、圆周阵列等。如果装配体中具有相同的零件，并且这些零件按照线性、圆周方式排列，可以使用线性阵列、圆周阵列进行操作。

（2）线性阵列可以同时阵列一个或者多个零部件，并且阵列出来的零件不需要再添加配合关系即可完成配合。

扫一扫，看视频

7.3.3　实例——底座装配体

本例采用零件阵列的方法创建底座装配体模型，如图 7-32 所示。

操作步骤　视频文件：动画演示\第 7 章\底座装配体.avi

（1）单击“快速访问”工具栏中的“新建”按钮，创建一个装配体文件。

（2）单击“装配体”控制面板中的“插入零部件”按钮，插入已绘制的名为“底座.SLDPRT”的文件，并调节视图中零件的方向，底座零件的尺寸如图7-33所示。

（3）单击“装配体”控制面板中的“插入零部件”按钮，插入已绘制的名为“圆柱.SLDPRT”的文件，圆柱零件的尺寸如图7-34所示。调节视图中各零件的方向，插入零件后的装配体如图7-35所示。

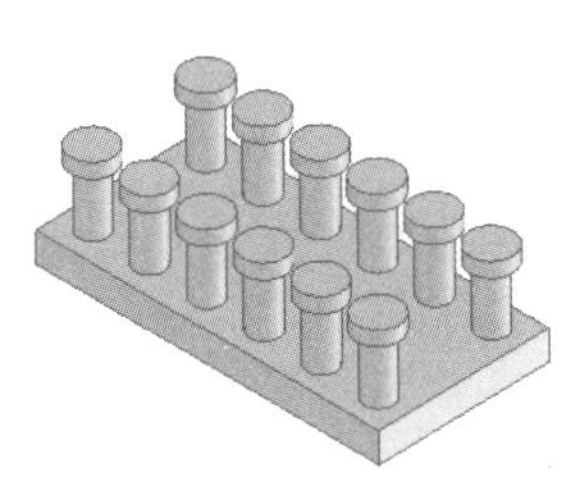
图 7-32　底座装配体

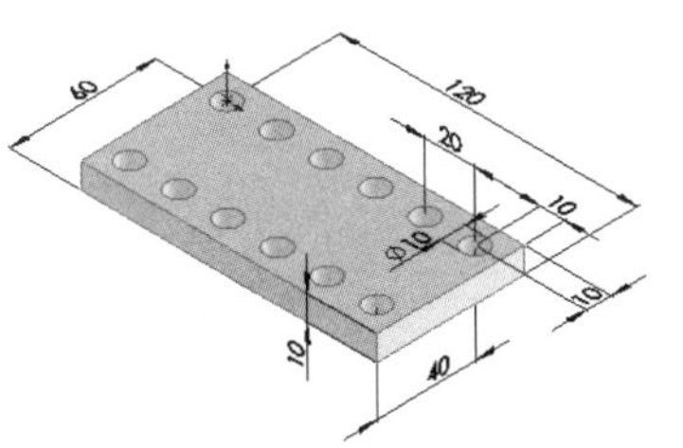

图 7-33　底座零件

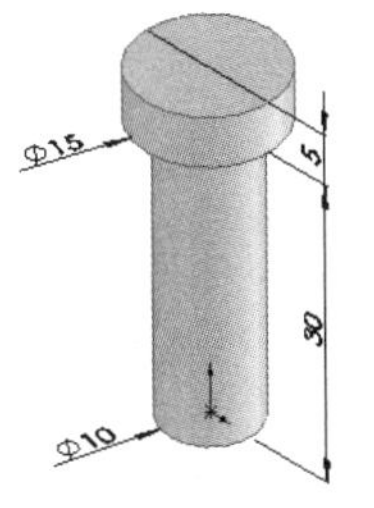

图 7-34　圆柱零件

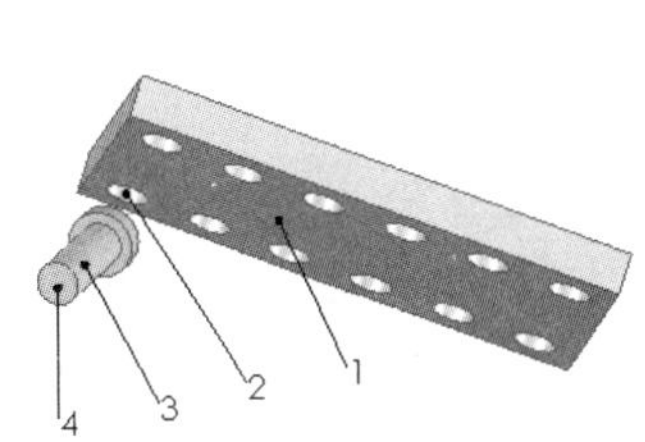

图 7-35　插入零件后的装配体

（4）单击“装配体”控制面板中的“配合”按钮，系统弹出“配合”属性管理器。

（5）为如图7-35所示的平面1和平面4添加“重合”配合关系，为圆柱面2和圆柱面3添加“同轴心”配合关系，注意配合的方向。

（6）单击“确定”按钮✔，配合添加完毕。

（7）单击“标准视图”工具栏中的“等轴测”按钮，将视图以等轴测方向显示。配合后的等轴测视图如图7-36所示。

（8）单击“装配体”控制面板中的“线性零部件阵列”按钮，系统弹出“线性阵列”属性管理器，如图7-37所示。

（9）在“要阵列的零部件”选项组中选择如图7-36所示的圆柱；在“方向1”选项组的“阵列方向”列表框中选择如图7-36所示的边线1，注意设置阵列的方向；在“方向2”选项组的“阵列方向”列表框中选择如图7-36所示的边线2，注意设置阵列的方向；其他设置如图7-37所示。

（10）单击“确定”按钮✔，完成零件的线性阵列。线性阵列后的图形如图7-32所示，此时装配体的FeatureManager设计树如图7-38所示。

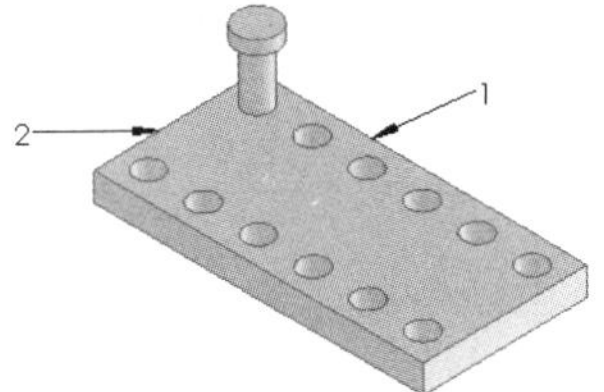

图 7-36　配合后的等轴测视图

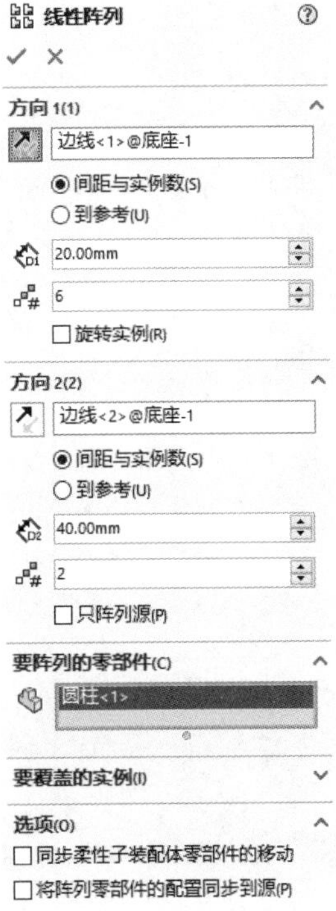

图 7-37　“线性阵列”属性管理器

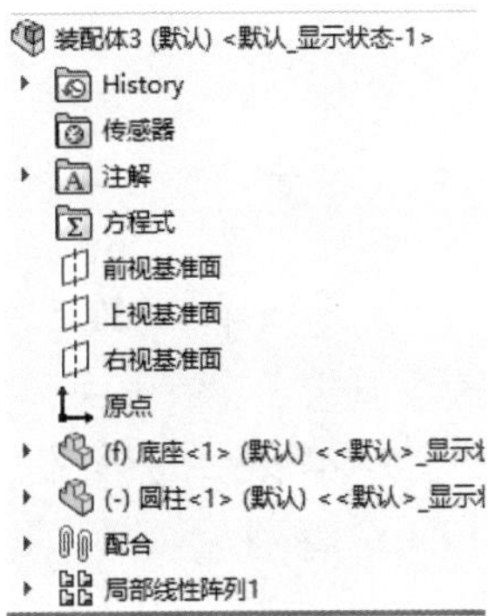

图 7-38　FeatureManager 设计树

扫一扫，看视频

7.3.4 零件的镜像

装配体环境中的镜像操作与零件设计环境中的镜像操作类似。在装配体环境中，有相同且对称的零部件时，可以使用镜像零部件操作来完成。

【执行方式】

- 工具栏：单击“装配体”工具栏中的“镜像零部件”按钮。
- 菜单栏：选择“插入”→“镜像零部件”菜单命令。
- 控制面板：单击“装配体”控制面板中的“镜像零部件”按钮。

【操作说明】

（1）单击“快速访问”工具栏中的“新建”按钮，创建一个装配体文件。

（2）在弹出的“开始装配体”属性管理器中插入已绘制的名为“底座.SLDPRT”的文件，并调节视图中零件的方向，底座平板零件的尺寸如图7-39所示。

（3）单击“装配体”控制面板中的“插入零部件”按钮，插入已绘制的名为“圆柱.SLDPRT”的文件，圆柱零件的尺寸如图7-40所示。调节视图中各零件的方向，插入零件后的装配体如图7-41所示。

（4）单击“装配体”控制面板中的“配合”按钮，系统将弹出“配合”属性管理器。

（5）为如图7-41所示的平面1和平面3添加“重合”配合关系，为圆柱面2和圆柱面4添加“同轴心”配合关系，注意配合的方向。

（6）单击“确定”按钮，配合添加完毕。

（7）单击“标准视图”工具栏中的“等轴测”按钮，将视图以等轴测方向显示。配合后的等轴测视图如图7-42所示。

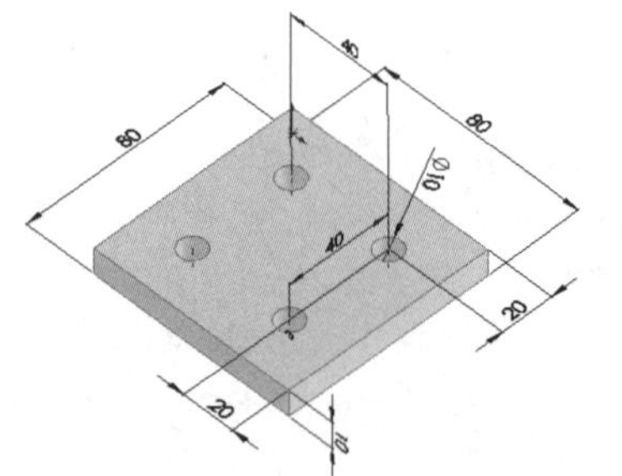

图 7-39 底座平板零件

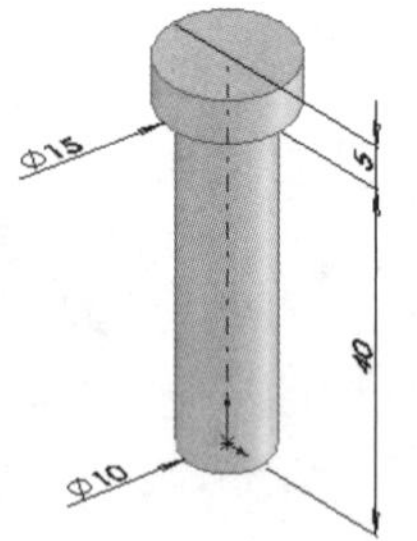

图 7-40 圆柱零件

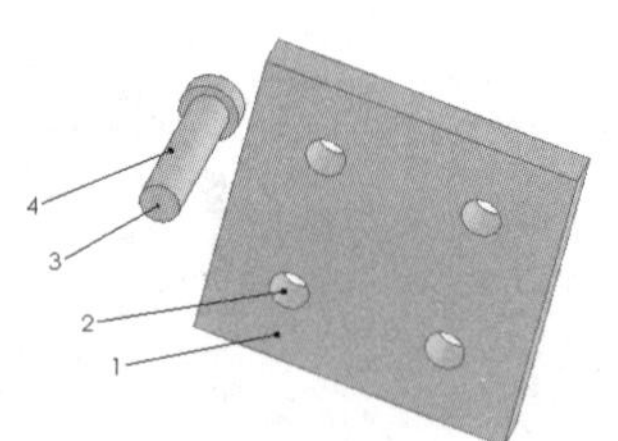

图 7-41 插入零件后的装配体

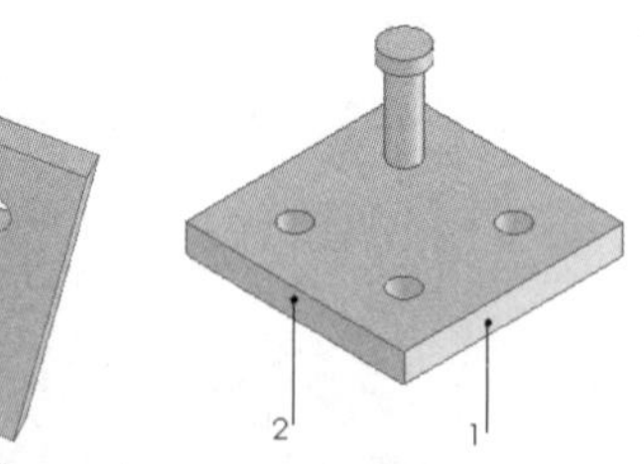

图 7-42 配合后的等轴测视图

（8）单击“装配体”控制面板的“参考几何体”下拉列表中的“基准面”按钮，打开“基准面”属性管理器。

（9）在“第一参考”列表框中，选择如图7-42所示的面1；在“距离”文本框中输入40.00mm，注意添加基准面的方向，其他设置如图7-43所示，添加如图7-44所示的基准面1。重复该命令，添加如图7-44所示的基准面2。

（10）单击“装配体”控制面板中的“镜像零部件”按钮，系统弹出“镜像零部件”属性管理器。

（11）在“镜像基准面”列表框中选择如图7-44所示的基准面1；在“要镜像的零部件”列表框

中选择如图7-44所示的圆柱，在图7-45中，单击“下一步”按钮，“镜像零部件”属性管理器如图7-46所示。

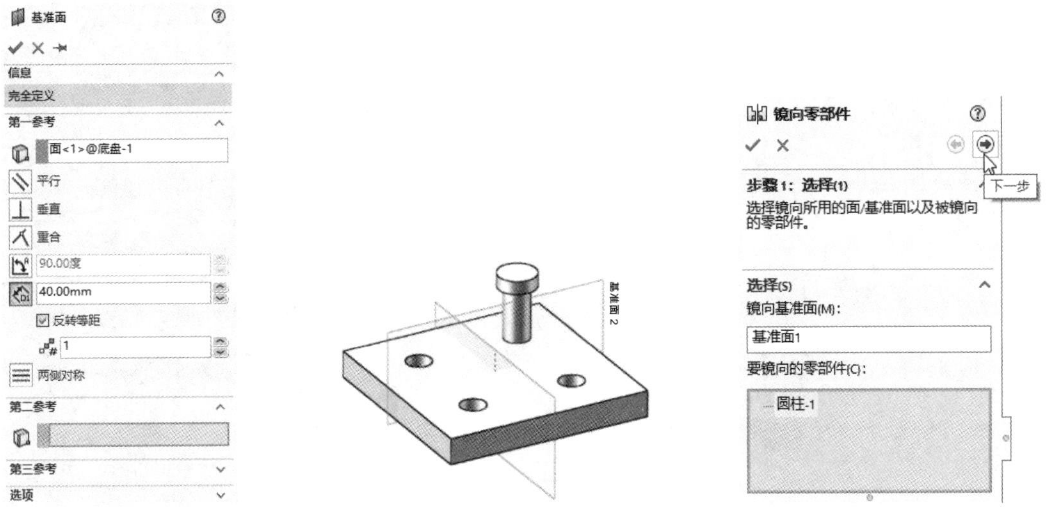

图 7-43　“基准面”属性管理器　　图 7-44　添加基准面　　图 7-45　“镜像零部件”属性管理器（1）

（12）单击“确定”按钮✔，零部件镜像完毕，镜像后的零部件如图7-47所示。

（13）单击“装配体”控制面板中的“镜像零部件”按钮，系统弹出“镜像零部件”属性管理器，如图7-48所示。

（14）在“镜像基准面”列表框中选择如图7-47所示的基准面2；在“要镜像的零部件”列表框中选择如图7-47所示的两个圆柱，单击“下一步”按钮。“镜像零部件”属性管理器如图7-48所示。

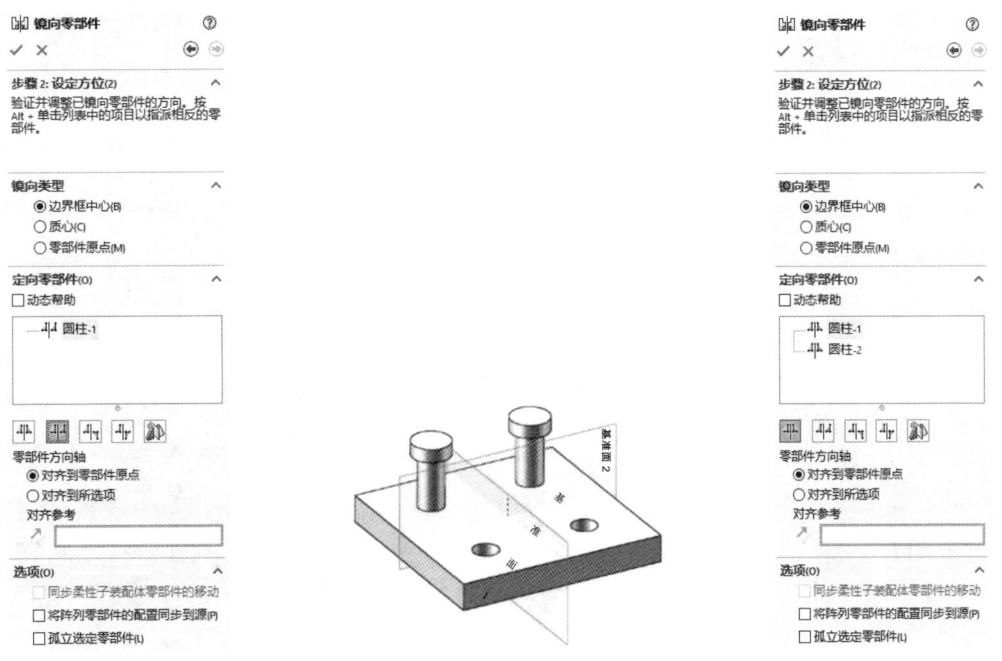

图 7-46　“镜像零部件”属性管理器（2）　　图 7-47　镜像零件　　图 7-48　“镜像零部件”属性管理器（3）

（15）单击“确定”按钮✔，零部件镜像完毕，镜像后的装配体图形如图7-49所示，此时装配体文件的FeatureManager设计树如图7-50所示。

技巧荟萃：

从上面的案例操作步骤可以看出，不但可以对称镜像原零部件，还可以反方向镜像零部件，要灵活运用该命令。

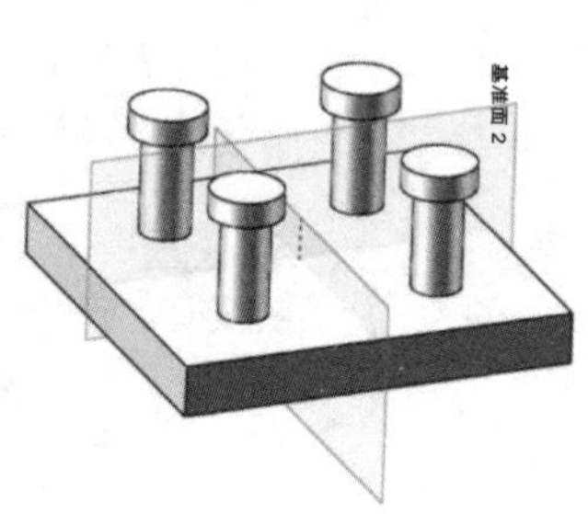

图 7-49　镜像后的装配体图形

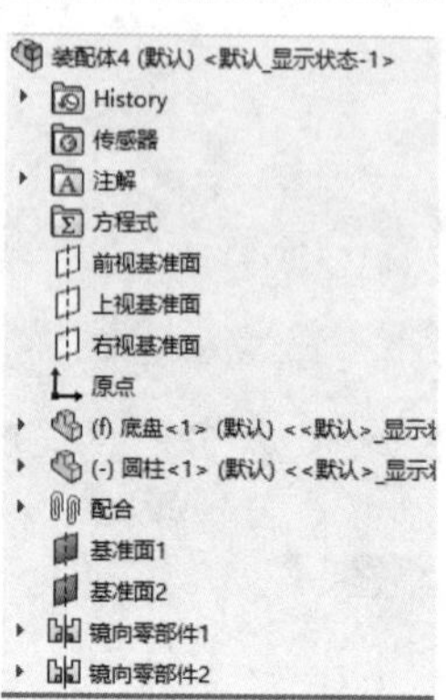

图 7-50　FeatureManager 设计树

7.4　爆 炸 视 图

在零部件装配体完成后，为了在制造、维修及销售中直观地分析各个零部件之间的相互关系，将装配图按照零部件的配合条件来产生爆炸视图。装配体爆炸以后，用户不可以对装配体添加新的配合关系。

7.4.1　生成爆炸视图

爆炸视图可以很形象地查看装配体中各个零部件的配合关系，常称为系统立体图。爆炸视图通常用于介绍零件的组装流程、仪器的操作手册及产品使用说明书中。

【执行方式】

- 工具栏：单击“装配体”工具栏中的“爆炸视图”按钮。
- 菜单栏：选择“插入”→“爆炸视图”菜单命令。
- 控制面板：单击“装配体”控制面板中的“爆炸视图”按钮。

此时系统弹出如图 7-51 所示的“爆炸”属性管理器。单击属性管理器中“爆炸步骤”“添加阶梯”“选项”各选项组右侧的箭头，并将其展开。

【操作说明】

装配体爆炸后，可以利用“爆炸”属性管理器进行编辑，也可以添加新的爆炸步骤。

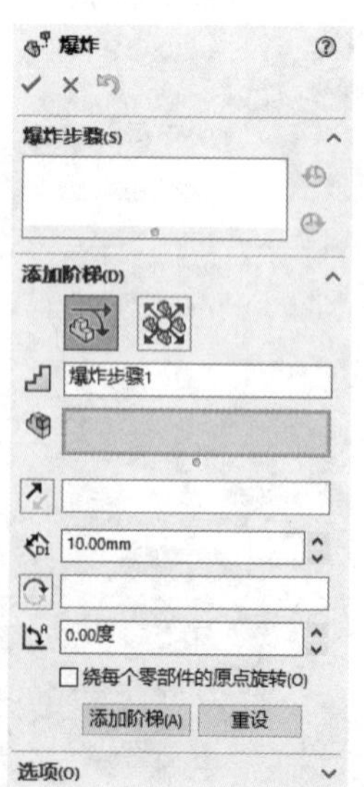

图 7-51　“爆炸”属性管理器

扫一扫，看视频

7.4.2 实例——移动轮爆炸视图

本例利用“爆炸视图”相关功能绘制“移动轮”装配体的爆炸视图，如图 7-52 所示。

操作步骤 视频文件：动画演示 \ 第 7 章 \ 移动轮爆炸视图 .avi

（1）打开“移动轮”装配体文件，如图7-53所示。

（2）单击“装配体”控制面板中的“爆炸视图”按钮，此时系统弹出如图7-51所示的“爆炸”属性管理器。单击属性管理器中“爆炸步骤”“添加阶梯”“选项”各选项组右侧的箭头，并将其展开。

（3）在“添加阶梯”选项组中的“爆炸步骤零部件”文本框，用鼠标单击图7-54中的“底座”零件，此时装配体中被选中的零件被亮显，并且出现一个设置移动方向的坐标，如图7-54所示。

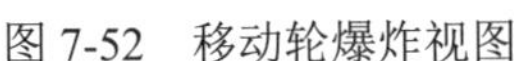

图 7-52 移动轮爆炸视图

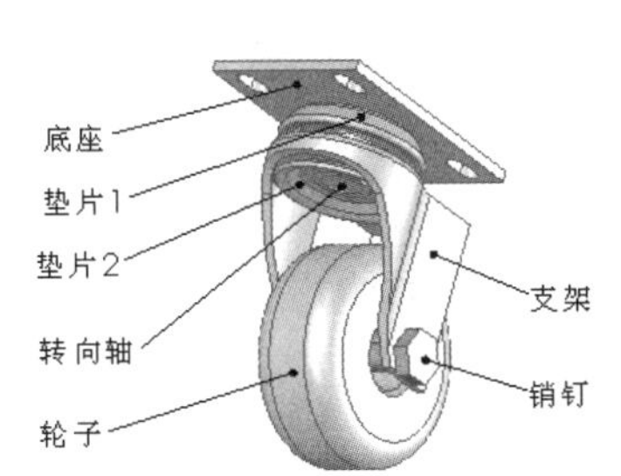

图 7-53 “移动轮”装配体文件

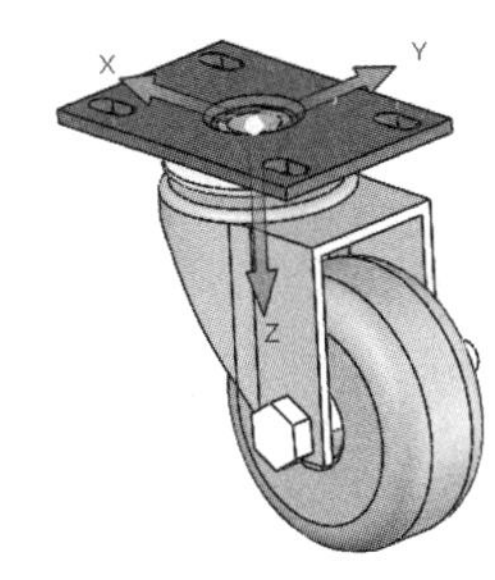

图 7-54 选择零件后的装配体

（4）单击图7-54中坐标的某一方向，确定要爆炸的方向，然后在“添加阶梯”选项组中的“爆炸距离”文本框中输入爆炸的距离值，如图7-55所示。

（5）单击“添加阶梯”选项组中的“添加阶梯”按钮，可在观测视图中预览爆炸效果，单击“爆炸方向”前面的“反向”按钮，可以反方向调整爆炸视图。单击“完成”按钮，第1个零件爆炸完成，结果如图7-56所示，并且在“爆炸步骤”选项组中生成“爆炸步骤1”，如图7-57所示。

（6）重复步骤（3）～步骤（5），将其他零部件爆炸生成的爆炸视图如图7-58所示。该爆炸视图的爆炸步骤如图7-59所示。

注意：

在生成爆炸视图时，建议对每一个零件在每一个方向上的爆炸设置为一个爆炸步骤。如果一个零件需要在 3 个方向上爆炸，建议使用3 个爆炸步骤，这样可以很方便地修改爆炸视图。

图 7-55 “添加阶梯”选项组

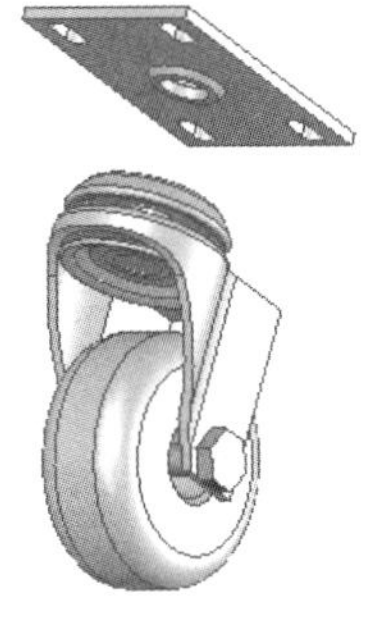

图 7-56 第 1 个爆炸零件视图

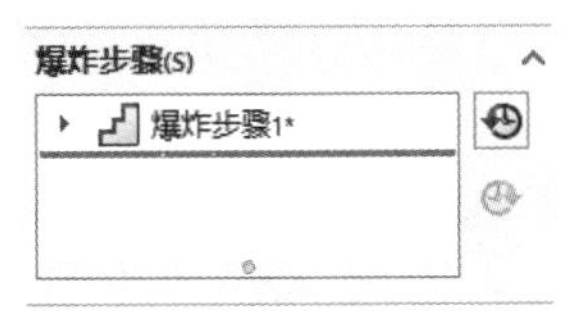

图 7-57 生成的爆炸步骤

（7）选取“爆炸步骤”选项组中的“爆炸步骤1”，此时“爆炸步骤1”的爆炸设置出现在如图7-60所示的“在编辑爆炸步骤1”选项组中。

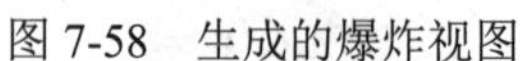
图 7-58　生成的爆炸视图

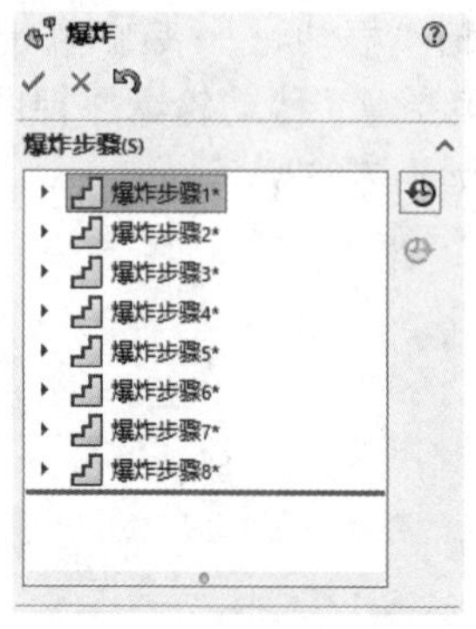

图 7-59　生成的爆炸步骤

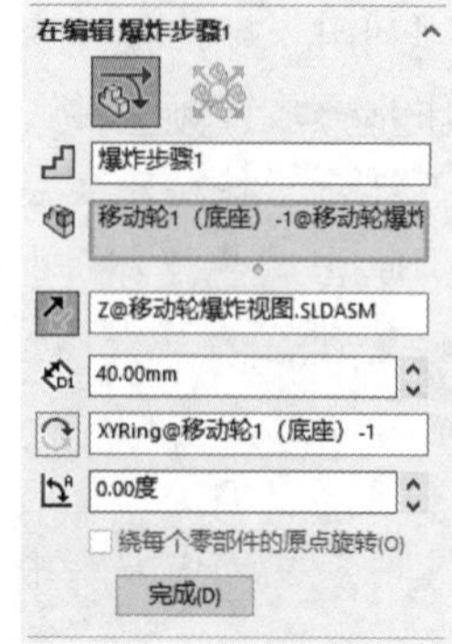

图 7-60　“在编辑爆炸步骤 1”选项组

（8）确认爆炸修改。修改“在编辑爆炸步骤1”选项组中的距离参数，或者拖动视图中要爆炸的零部件，然后单击“完成”按钮，即可完成对爆炸视图的修改。

（9）删除爆炸步骤。在“爆炸步骤1”的右键快捷菜单中选择“删除”命令，该爆炸步骤就会被删除，删除后的爆炸步骤如图7-61所示。零部件恢复爆炸前的配合状态，结果如图7-62所示。请对照图7-62与图7-58的异同。

扫一扫，看视频

练一练——传动体装配爆炸

试利用上面所学知识完成传动体装配爆炸视图，如图 7-63 所示。

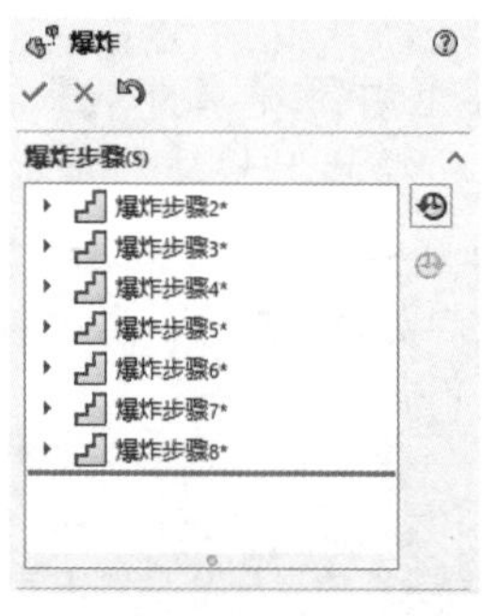

图 7-61　删除爆炸步骤 1 后的爆炸步骤

图 7-62　删除爆炸步骤 1 后的视图

图 7-63　传动体装配爆炸视图

思路点拨：

将各个零件分别进行爆炸处理。

扫一扫，看视频

7.5　综合实例——手压阀装配

本实例首先创建一个装配体文件，然后依次插入手压阀的零部件，最后添加零部件之间的配合关系。创建的装配体如图 7-64 所示。

操作步骤　视频文件：动画演示\第 7 章\手压阀装配.avi

1. 阀体-阀杆配合

（1）新建文件。单击“快速访问”工具栏中的“新建”按钮，在弹出的“新建SOLIDWORKS 文件”对话框中选择“装配体”图标，然后单击“确定”按钮，创建一个新的装配体文件。此时系统将弹出“开始装配体”属性管理器，如图7-65所示。

图 7-64　手压阀装配

图 7-65　“开始装配体”属性管理器

（2）定位阀体。在“开始装配体”属性管理器中单击“浏览”按钮，弹出“打开”对话框。选择前面创建的“阀体”零部件，这时在对话框的浏览区中将显示该零件的预览结果，如图7-66所示。在“打开”对话框中单击“打开”按钮，系统进入装配界面，光标变为形状。选择“视图”→“隐藏/显示”→“原点”命令，显示坐标原点。将光标移动至原点位置，光标变为形状。在目标位置单击，将阀体放入装配界面中，如图7-67所示。

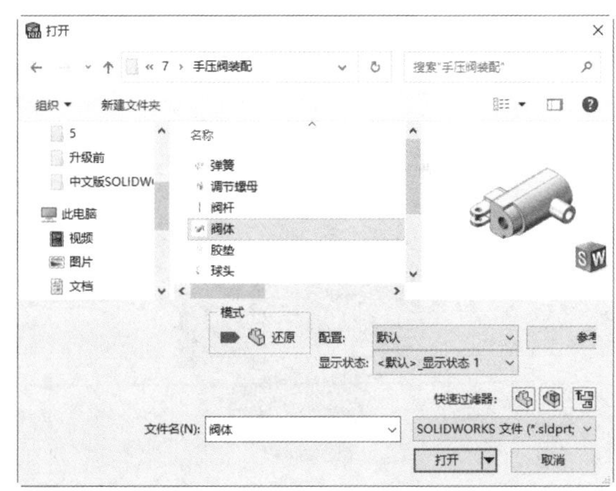

图 7-66　选择“阀体”零部件

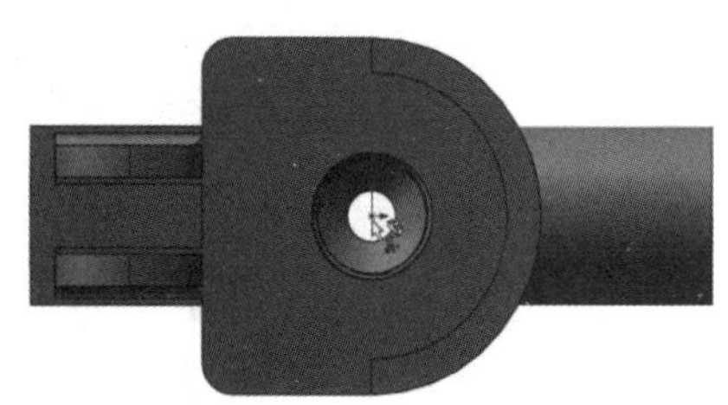

图 7-67　定位阀体

（3）插入阀杆。单击“装配体”控制面板中的“插入零部件”按钮，在弹出的“打开”对话框中选择“阀杆”，将其插入装配界面中，如图7-68所示。

（4）添加装配关系。单击“装配体”控制面板中的“配合”按钮，弹出“配合”属性管理器，如图7-69所示。选择图7-68中的面1和面3为配合面，在“配合”属性管理器中单击“同轴心”按钮，添加“同轴心”关系；选择面2和面4为配合面，在“配合”属性管理器中单击“距离”按钮，输入距离为48.00mm，添加“距离”关系；单击“确定”按钮。结果如图7-70所示。

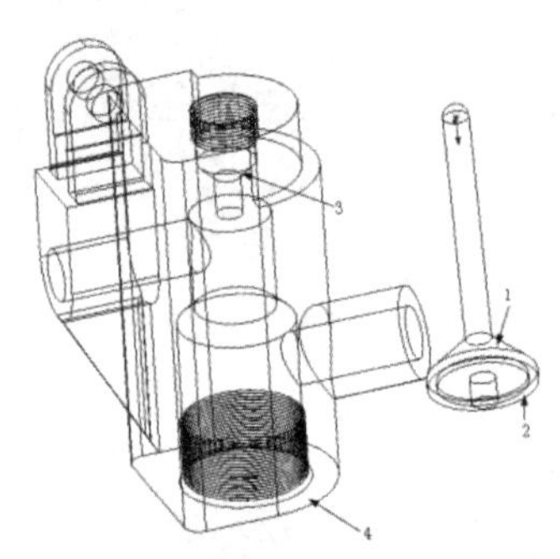

图 7-68　插入阀杆

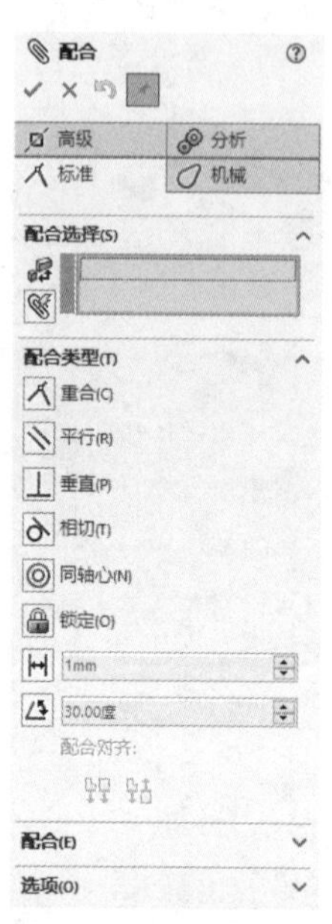

图 7-69　“配合”属性管理器

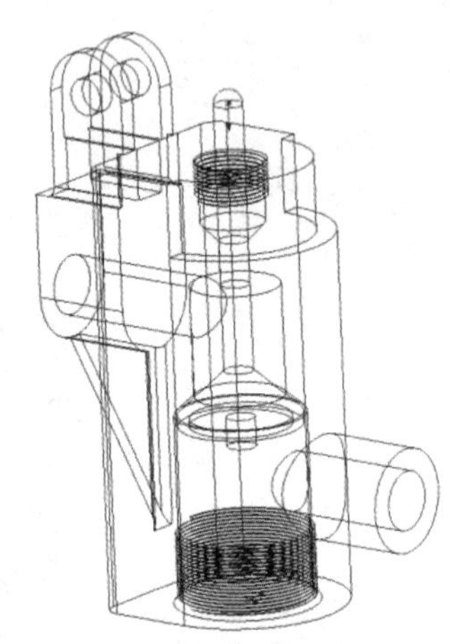
图 7-70　配合后的图形

2．阀体-胶垫配合

（1）插入胶垫。单击“装配体”控制面板中的“插入零部件”按钮，在弹出的“打开”对话框中选择“胶垫”，将其插入装配界面中的适当位置，如图7-71所示。

（2）添加装配关系。单击“装配体”控制面板中的“配合”按钮，选择图7-71中的面2和面4，在“配合”属性管理器中单击“同轴心”按钮，添加“同轴心”关系；选择图7-71中的面1和面3，在“配合”属性管理器中单击“重合”按钮，添加“重合”关系；单击“确定”按钮，完成阀体和胶垫的装配，如图7-72所示。

图 7-71　插入胶垫

图 7-72　装配胶垫

3．调节螺母-弹簧配合

（1）插入调节螺母。单击“装配体”控制面板中的“插入零部件”按钮，在弹出的“打开”

对话框中选择“调节螺母”命令，将其插入装配界面中的适当位置。

（2）插入弹簧。单击“装配体”控制面板中的“插入零部件”按钮，在弹出的“打开”对话框中选择“弹簧”，将其插入装配界面中的适当位置，如图7-73所示。

（3）添加装配关系。单击“装配体”控制面板中的“配合”按钮，选择图7-73中的面1和面2，在“配合”属性管理器中单击“重合”按钮，添加“重合”关系；选择调节螺母的上视基准面和弹簧的右视基准面，在“配合”属性管理器中单击“重合”按钮，添加“重合”关系；选择调节螺母的右视基准面和弹簧的上视基准面，在“配合”属性管理器中单击“重合”按钮，添加“重合”关系；单击“确定”按钮，完成调节螺母和弹簧的装配，如图7-74所示。

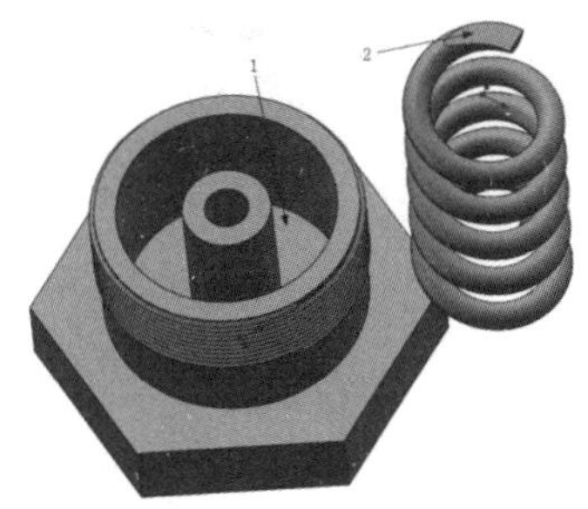

图 7-73　插入调节螺母和弹簧

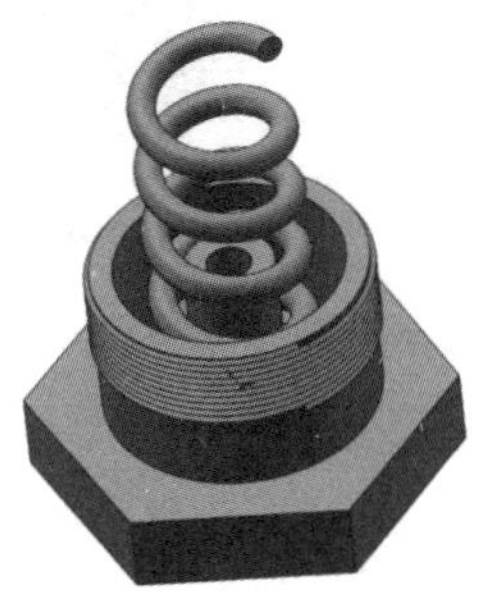

图 7-74　装配调节螺母和弹簧

4．胶垫和调节螺母的配合

单击“装配体”控制面板中的“配合”按钮，选择图 7-75 中的面 2 和面 4，在“配合”属性管理器中单击“同轴心”按钮，添加“同轴心”关系；选择图 7-75 中的面 1 和面 3，在“配合”属性管理器中单击“重合”按钮，添加“重合”关系；选择阀体的上视基准面和调节螺母的上视基准面，在“配合”属性管理器中单击“角度”按钮，输入角度为 78.00°，添加“角度”关系；单击“确定”按钮。结果如图 7-76 所示。

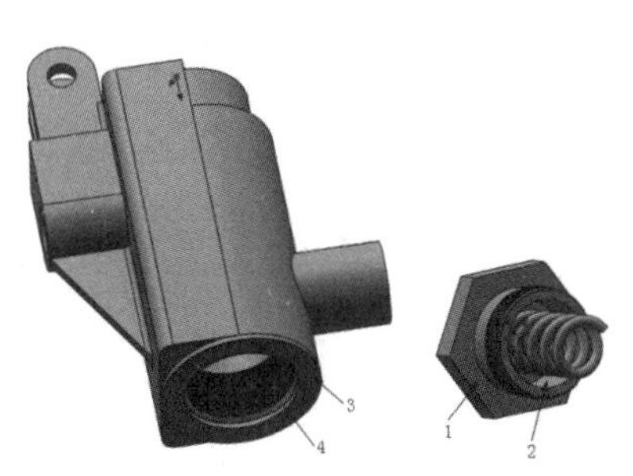

图 7-75　选择装配面

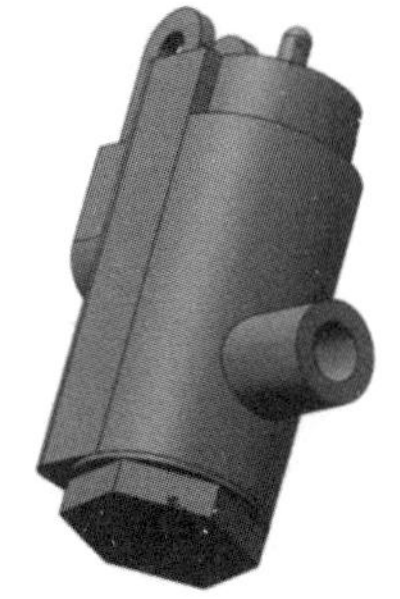

图 7-76　胶垫和调节螺母的配合

5．装配锁紧螺母

（1）插入锁紧螺母。单击“装配体”控制面板中的“插入零部件”按钮，在弹出的“打开”对话框中选择“锁紧螺母”命令，将其插入装配界面中，如图7-77所示。

（2）添加装配关系。单击“装配体”控制面板中的“配合”按钮，选择图7-77中的面2和面4，在“配合”属性管理器中单击“同轴心”按钮，添加“同轴心”关系；选择图7-77中的面1和面3，在“配合”属性管理器中单击“重合”按钮，添加“重合”关系；选择锁紧螺母的右视基准面和阀体的右视基准面，在“配合”属性管理器中单击“角度”按钮，输入角度为41.00°，选中“反转尺寸”复选框，添加“角度”关系；单击“确定”按钮✓。结果如图7-78所示。

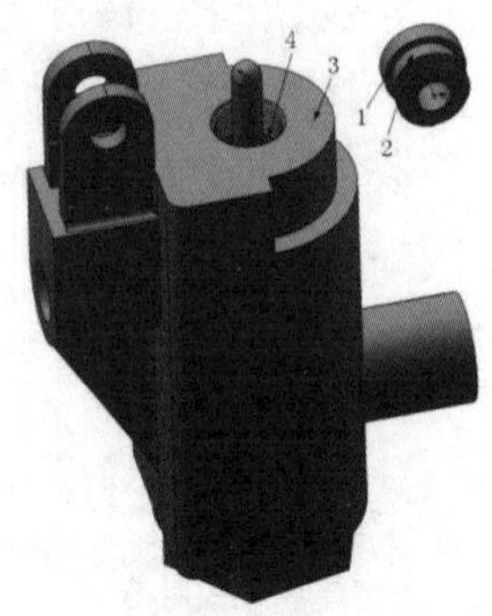

图 7-77　插入锁紧螺母

图 7-78　配合后的图形

6．装配手柄

（1）插入手柄。单击“装配体”控制面板中的“插入零部件”按钮，在弹出的“打开”对话框中选择“手柄”命令，将其插入装配界面中，如图7-79所示。

（2）添加装配关系。单击“装配体”控制面板中的“配合”按钮，选择图7-79中的面1和面3，添加“重合”关系；选择图7-79中的面2和面4，添加“同轴心”关系；单击“确定”按钮✓。结果如图7-80所示。

图 7-79　插入手柄

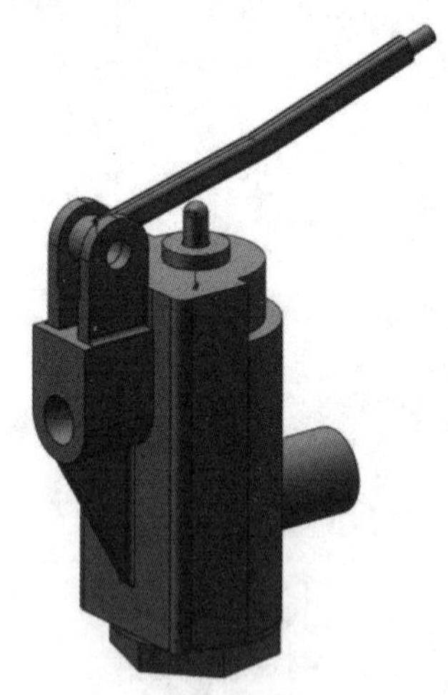
图 7-80　配合后的图形

7. 装配销钉

（1）插入销钉。单击“装配体”控制面板中的“插入零部件”按钮，在弹出的“打开”对话框中选择“销钉”，将其插入装配界面中，如图7-81所示。

（2）添加装配关系。单击“装配体”控制面板中的“配合”按钮，选择图7-81中的面2和面3，添加“同轴心”关系；选择图7-81中的面1和面4，添加“重合”关系；单击“确定”按钮✓。结果如图7-82所示。

8. 装配球头

（1）插入球头。单击“装配体”控制面板中的“插入零部件”按钮，在弹出的“打开”对话框中选择“球头”，将其插入装配界面中，如图7-83所示。

图 7-81　插入销钉

图 7-82　配合后的图形

图 7-83　插入球头

（2）添加装配关系。单击“装配体”控制面板中的“配合”按钮，选择图7-83中的面2和面4，添加“同轴心”关系；选择图7-83中手柄的前视基准面和球头的前视基准面，添加“平行”关系；选择图7-83中的面1和面3，添加“重合”关系；单击“确定”按钮。最终结果如图7-64所示。

扫一扫，看视频

练一练——机械臂装配

试利用上面所学知识完成机械臂装配，如图 7-84 所示。

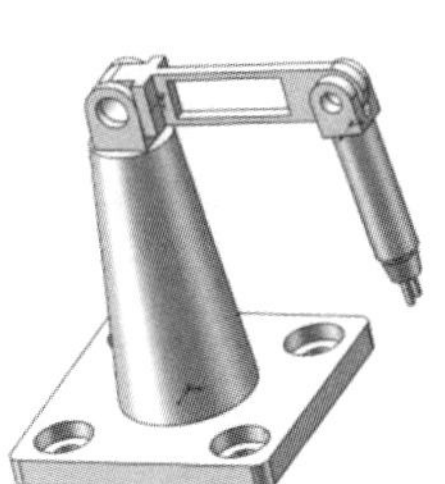
图 7-84　机械臂装配

思路点拨：

首先导入基座定位，然后插入大臂并装配，再插入小臂并装配，最后将零件旋转到适当角度。

第 8 章　工程图设计

内容简介

默认情况下，SOLIDWORKS 2022 系统在工程图和零件或装配体三维模型之间提供全相关的功能，全相关意味着无论什么时候修改零件或装配体的三维模型，所有相关的工程视图将自动更新，以反映零件或装配体的形状和尺寸变化；反之，当在一个工程图中修改一个零件或装配体尺寸时，系统会自动地将相关的其他工程视图及三维零件或装配体中的相应尺寸加以更新。

内容要点

- 工程图的绘制方法
- 定义图纸格式
- 标准三视图的绘制
- 模型视图的绘制
- 派生视图的绘制
- 编辑工程视图

案例效果

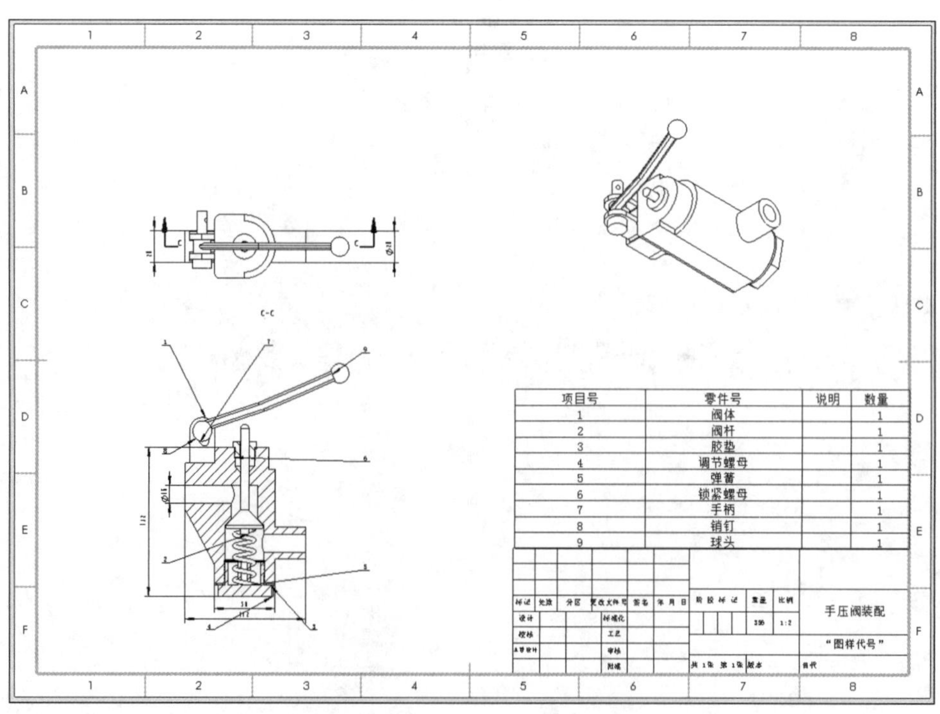

8.1　工程图的绘制方法

在安装 SOLIDWORKS 2022 软件时，可以设定工程图与三维模型间的单向链接关系，这样当在工程图中对尺寸进行修改时，三维模型并不更新。如果要改变此选项，则只有重新安装一次软件。

此外，SOLIDWORKS 系统提供多种类型的图形文件输出格式，包括最常用的 .DWG 和.DXF 格式以及其他几种常用的标准格式。

工程图包含一个或多个由零件或装配体生成的视图。在生成工程图之前，必须先保存与它有关的零件或装配体的三维模型。

下面介绍创建工程图的操作步骤。

（1）单击“快速访问”工具栏中的“新建”按钮。

（2）在弹出的“新建SOLIDWORKS文件”对话框的“模板”选项卡中单击“工程图”按钮，如图8-1所示。

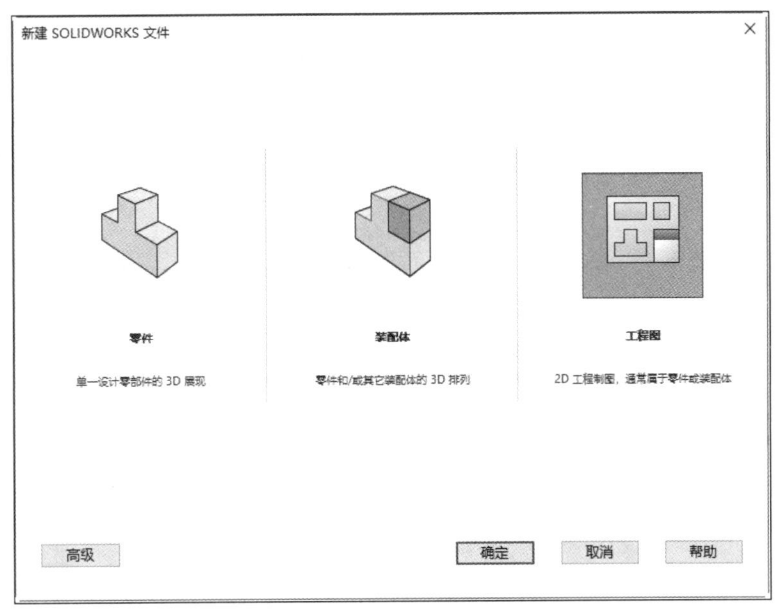

图 8-1　“新建 SOLIDWORKS 文件”对话框

（3）单击“确定”按钮，关闭该对话框。

（4）在设计树上右击“图纸格式1”，选择“属性”命令，弹出“图纸属性”对话框，如图8-2（a）所示。

- 标准图纸大小：在列表框中选择一个标准图纸大小的图纸格式。
- 自定义图纸大小：在“宽度”和“高度”文本框中设置图纸的大小。如果要选择已有的图纸格式，则单击“浏览”按钮导航到所需的图纸格式文件。

（5）在弹出的“图纸属性”对话框中选择“标准图纸大小”选项中的“A3（GB）”，单击“应用更改”按钮，完成图纸的设置，如图8-2（b）所示。

工程图窗口中也包括“FeatureManager 设计树”，它与零件和装配体窗口中的“Feature-Manager 设计树”相似，包括项目层次关系的清单。每张图纸有一个按钮，每张图纸下有图纸格式和每个视图的按钮。项目按钮旁边的符号▸表示它包含相关的项目，单击它将展开所有的项目并显示其内容。工程图窗口如图 8-3 所示。

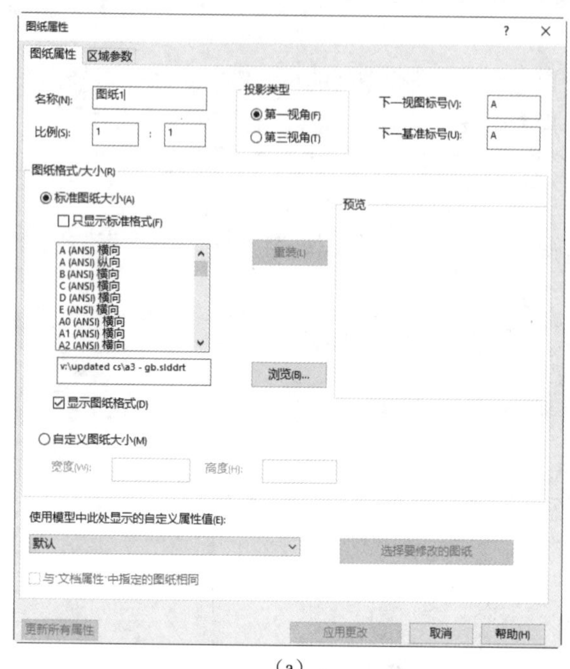

（a）

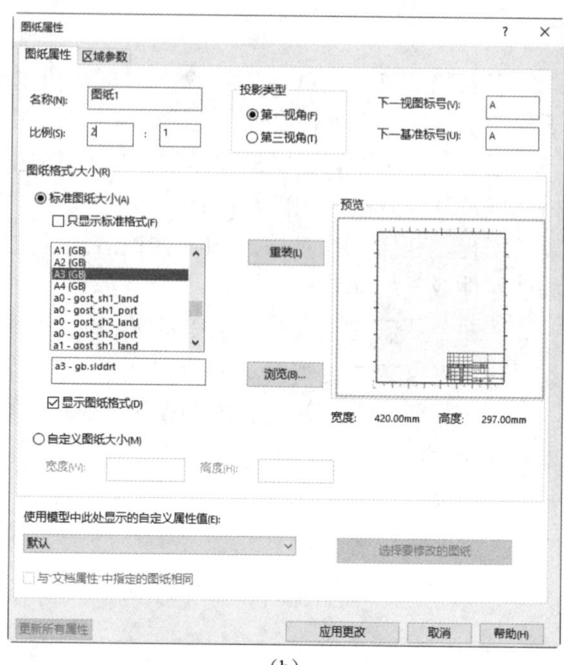

（b）

图 8-2 “图纸属性”对话框

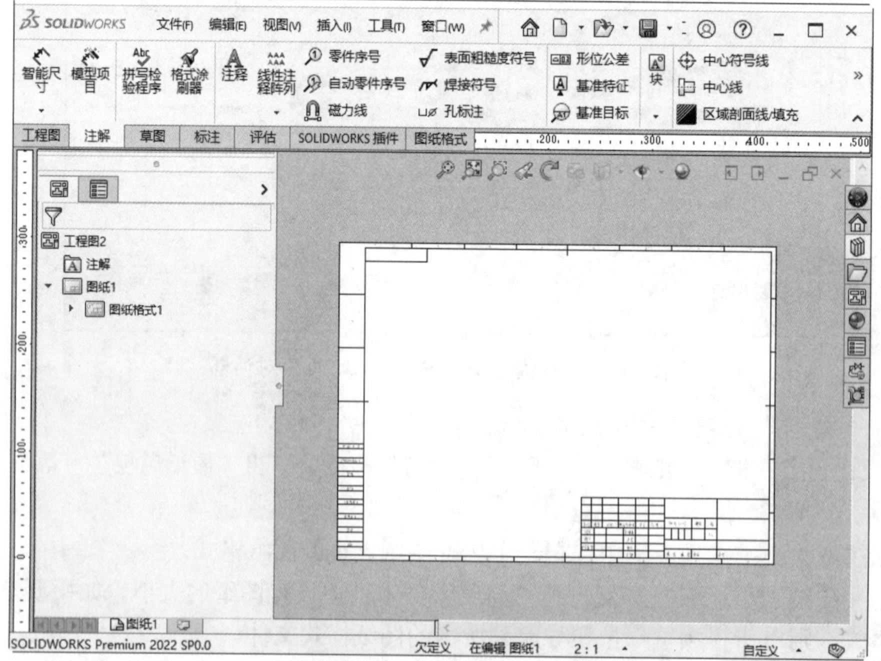

图 8-3 工程图窗口

标准视图包含视图中显示的零件和装配体的特征清单。派生的视图（如局部或剖面视图）包含不同的特定视图项目（如局部视图按钮、剖切线等）。

工程图窗口的顶部和左侧有标尺，标尺会报告图纸中光标指针的位置。选择菜单栏中的“视图”→“用户界面”→“标尺”命令，可以打开或关闭标尺。

如果要放大到视图，则在 FeatureManager 设计树中右击视图名称，在弹出的快捷菜单中选择“放大所选范围”命令。

用户可以在 FeatureManager 设计树中重新排列工程图文件的顺序，在图形区拖动工程图到指定的位置。

工程图文件的扩展名为.SLDDRW。新工程图使用所插入的第 1 个模型的名称。保存工程图时，模型名称作为默认文件名出现在“另存为”对话框中，并带有扩展名.SLDDRW。

扫一扫，看视频

8.2　定义图纸格式

SOLIDWORKS 2022 提供的图纸格式不符合任何标准，用户可以自定义工程图纸格式以符合本单位的标准格式。

进入工程图绘图过程中，右击工程图纸上的空白区域，或者在 FeatureManager 设计树中右击“图纸”按钮，在弹出的快捷菜单中显示图纸格式编辑常用命令，如图 8-4 所示。

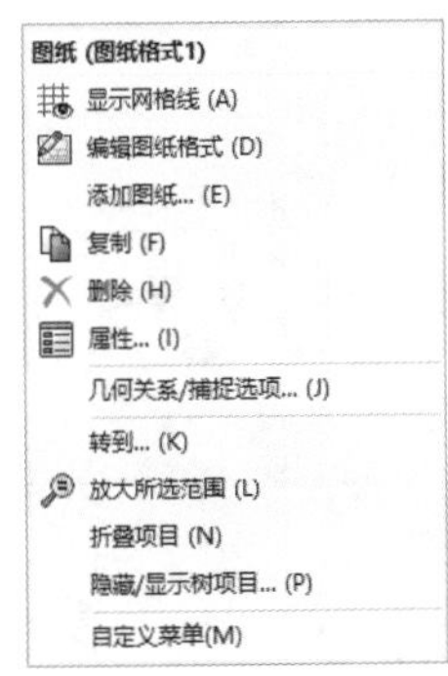

图 8-4　快捷菜单

8.2.1　编辑图纸格式

【执行方式】

右击“编辑图纸格式”命令，进入图纸编辑环境，如图 8-5 所示。

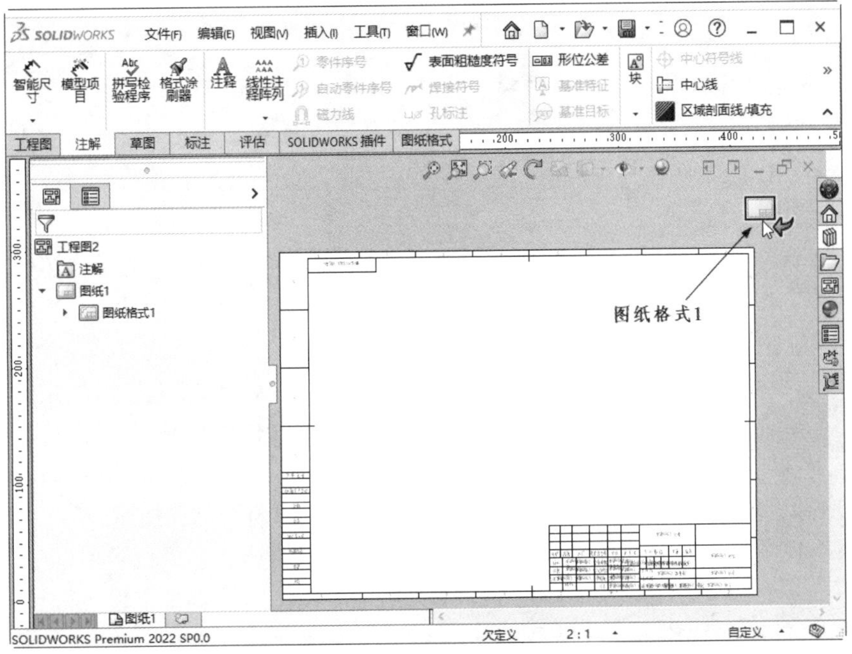

图 8-5　进入图纸编辑环境

【操作说明】

（1）双击标题栏中的文字即可修改文字。同时在“注释”属性管理器的“文字格式”选项组中可以修改对齐方式、文字旋转角度和字体等属性，如图8-6所示。

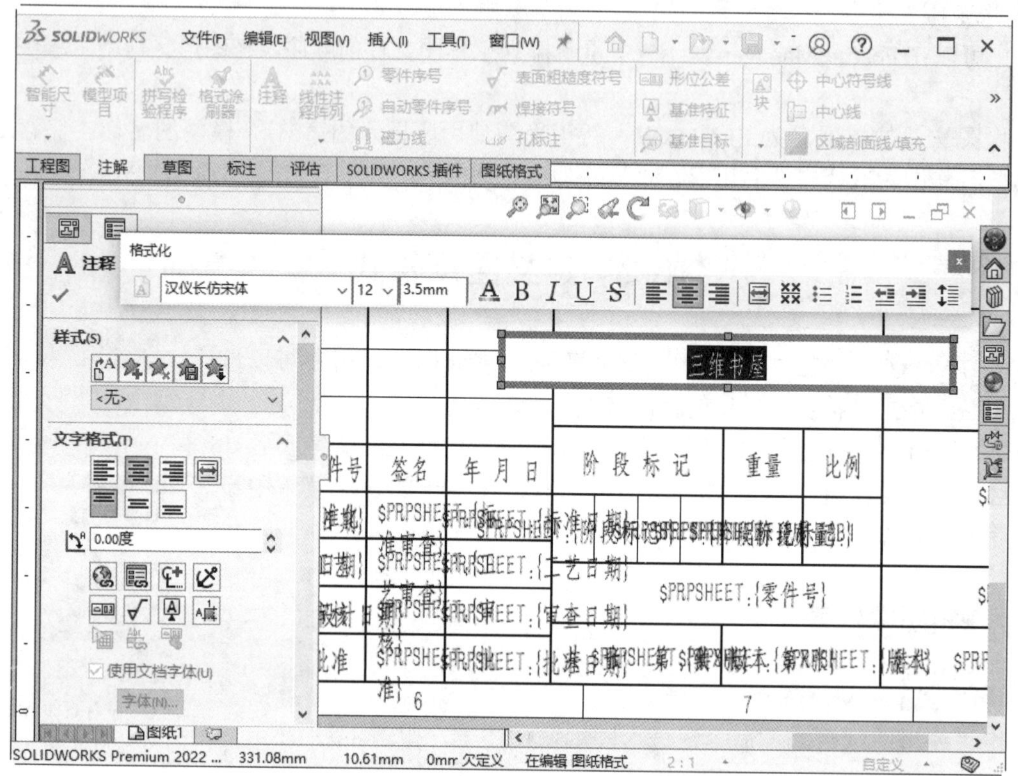

图 8-6 “注释”属性管理器

（2）如果要移动线条或文字，单击该项目后将其拖动到新的位置。

（3）如果要添加线条，则单击“草图”控制面板中的“直线”按钮，然后绘制线条。

（4）在FeatureManager设计树中右击“图纸”选项，在弹出的右键快捷菜单中选择“属性”命令。

（5）系统弹出的“图纸属性”对话框，如图8-7所示，具体设置如下。

- 在“名称”文本框中输入图纸的标题。
- 在“比例”文本框中指定图纸上所有视图的默认比例。
- 在“标准图纸大小”列表框中选择一种标准纸张（如 A4、B5 等）。如果选中“自定义图纸大小”单选按钮，则在下面的“宽度”和“高度”文本框中指定纸张的大小。
- 单击“浏览”按钮，可以使用其他图纸格式。
- 在“投影类型”选项组中选中“第一视角”或“第三视角”单选按钮。
- 在“下一视图标号”文本框中指定下一个视图要使用的英文字母代号。
- 在“下一基准标号”文本框中指定下一个基准标号要使用的英文字母代号。
- 如果图纸上显示了多个三维模型文件，在“使用模型中此处显示的自定义属性值”下拉列表框中选择一个视图，工程图将使用该视图包含模型的自定义属性。

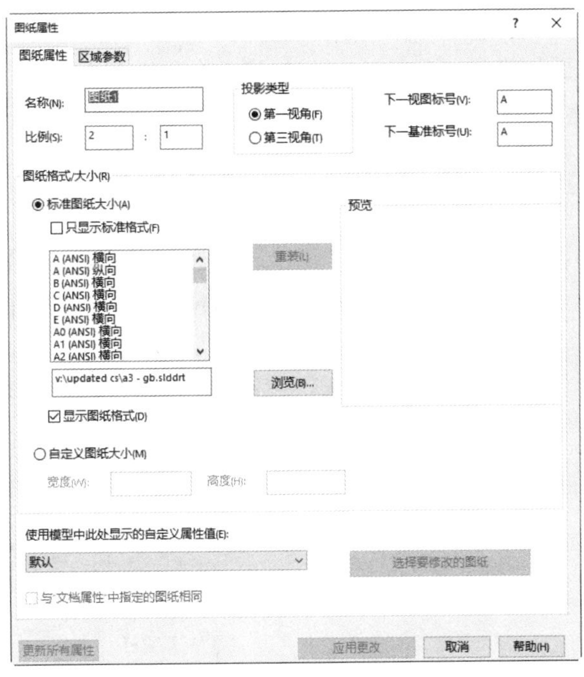

图 8-7　“图纸属性”对话框

8.2.2　保存图纸格式

【执行方式】

选择菜单栏中的“文件”→“保存图纸格式”命令，打开“保存图纸格式”对话框，如图 8-8 所示。

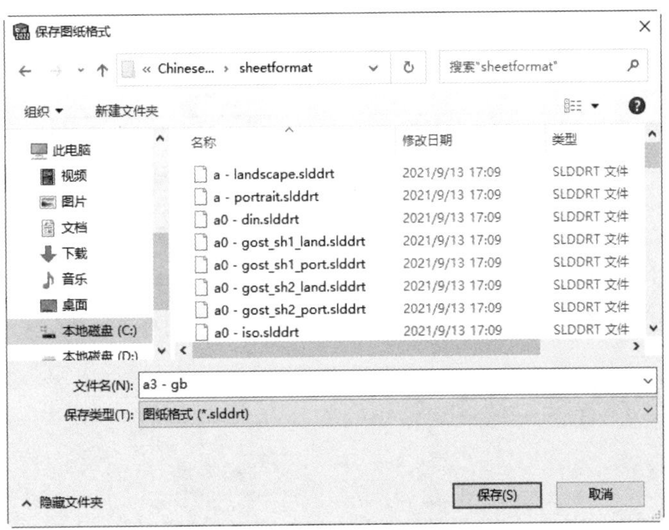

图 8-8　“保存图纸格式”对话框

【操作说明】

（1）如果要替换SOLIDWORKS 2022提供的标准图纸格式，则在下拉列表框中选择一种图纸格式。单击“保存”按钮，图纸格式将被保存在“安装目录\data”下。

（2）如果要使用新的图纸格式，可以输入图纸格式名称，最后单击“保存”按钮。

8.3　标准三视图的绘制

在创建工程图前，应根据零件的三维模型考虑和规划零件视图，如工程图由几个视图组成、是否需要剖视图等。考虑清楚后，再进行零件视图的创建工作，否则如同用手工绘图一样，可能创建的视图不能很好地表达零件的空间关系，给其他用户的识图、看图造成困难。

标准三视图是指从三维模型的主视、左视、俯视 3 个正交角度投影生成 3 个正交视图，如图 8-9 所示。

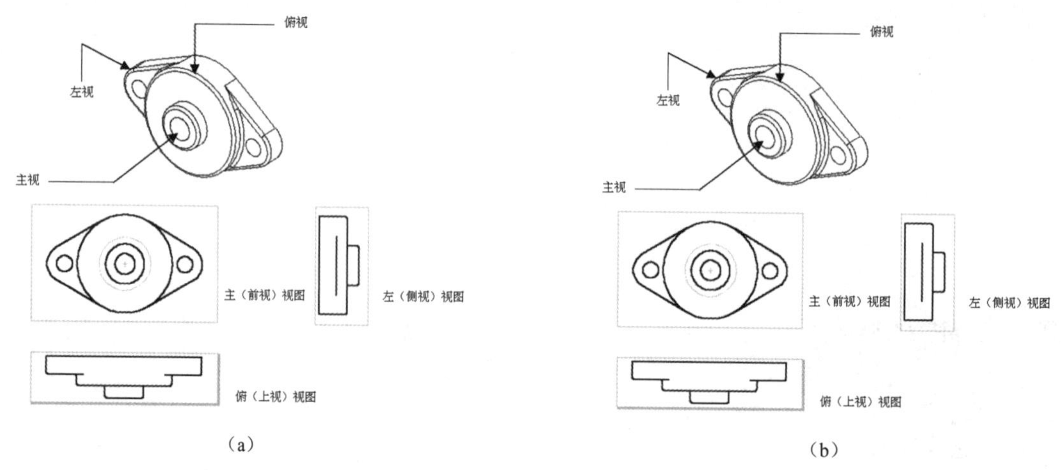

图 8-9　标准三视图

在控制面板空白处右击，在弹出的快捷菜单中选择“工程图”命令，弹出“工程图”工具栏，如图 8-10 所示，显示了各命令按钮。

图 8-10　“工程图”工具栏

在标准三视图中，主视图与俯视图及侧视图有固定的对齐关系。俯视图可以竖直移动，侧视图可以水平移动。SOLIDWORKS 2022 生成标准三视图的方法有多种，这里只介绍常用的两种。

扫一扫，看视频

8.3.1　用标准方法生成标准三视图

【执行方式】

- 工具栏：单击“工程图”工具栏中的“标准三视图”按钮。
- 菜单栏：选择“插入”→“工程图视图”→“标准三视图”菜单命令。
- 控制面板：单击“工程图”控制面板中的“标准三视图”按钮。

执行上述命令，打开“标准三视图”属性管理器，如图 8-11 所示。同时光标指针变为形状。

图8-11　“标准三视图”属性管理器

【操作说明】

（1）在“标准三视图”属性管理器中提供了3种选择模型的方法。

➘ 选择一个包含模型的视图。

➘ 从另一窗口的 FeatureManager 设计树中选择模型。

➘ 从另一窗口的图形区中选择模型。

（2）选择菜单栏中的“窗口”→“文件”命令，进入零件或装配体文件中。

（3）利用步骤（1）中的一种方法选择模型，系统会自动回到工程图文件中，并将三视图放置在工程图中。

（4）如果不打开零件或装配体模型文件，则用标准方法生成标准三视图的操作步骤如下。

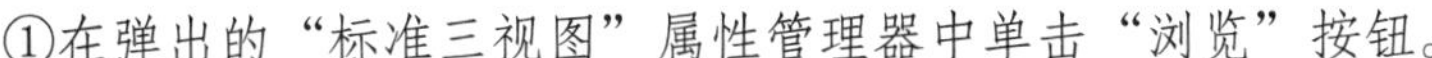

①在弹出的“标准三视图”属性管理器中单击“浏览”按钮。

②在弹出的“打开”对话框中浏览到所需的模型文件，单击“打开”按钮，标准三视图便会放置在图形区中。

扫一扫，看视频

8.3.2　利用拖动的方法生成标准三视图

利用拖动的方法生成标准三视图的操作步骤如下。

（1）新建一张工程图。

（2）执行以下操作之一。

➘ 将零件或装配体文档从“文件探索器”拖放到工程图窗口中。

➘ 将打开的零件或装配体文件的名称从 FeatureManager 设计树顶部拖放到工程图窗口中。

（3）将视图添加在工程图上。

（4）单击“保存”按钮，在出现的“另存为”对话框中保存零件模型到本地硬盘中，同时零件的标准三视图也被添加到工程图中。

扫一扫，看视频

8.3.3　实例——支承轴三视图

本实例是将支承轴零件图转化为工程图。首先打开零件图，再创建工程图，利用标准三视图命令创建三视图。最终结果如图 8-12 所示。

操作步骤　视频文件：动画演示\第 8 章\支承轴三视图.avi

（1）单击“快速访问”工具栏中的“打开”按钮，在弹出的“打开”对话框中选择零件文件“支承轴.SLDPRT”。单击“打开”按钮，在绘图区显示零件模型，如图8-13所示。

（2）单击“快速访问”工具栏中的“从零件/装配图制作工程图”按钮，打开SOLIDWORKS 2022工程图文件。

（3）单击“工程图”控制面板中的“标准三视图”按钮，在弹出的“标准三视图”属性管理器中显示打开的文档为“支承轴”文件，单击“确定”按钮✔，在绘图区显示三视图，如图8-12所示。

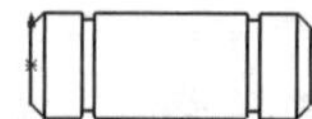

图 8-12　支承轴三视图

图 8-13　支承轴零件

（4）保存工程图。单击“快速访问”工具栏中的“保存”按钮，弹出“另存为”对话框，在“文件名”文本框中输入装配体名称“支承轴.SLDDRW”，单击“确定”按钮，退出对话框，保存文件。

8.4　模型视图的绘制

标准三视图是最基本也是最常用的工程图，但是它所提供的视角十分固定，有时不能很好地描述模型的实际情况。SOLIDWORKS 2022 提供的模型视图解决了这个问题。通过在标准三视图中插入模型视图，可以从不同的角度生成工程图。

扫一扫，看视频

8.4.1　模型视图

【执行方式】

- 工具栏：单击“工程图”工具栏中的“模型视图”按钮。
- 菜单栏：选择“插入”→“工程图视图”→“模型”菜单命令。
- 控制面板：单击“工程图”控制面板中的“模型视图”按钮。

【操作说明】

（1）和生成标准三视图中选择模型的方法一样，在零件或装配体文件中选择一个模型，如图8-14所示。

（2）当回到工程图文件中时，光标指针变为形状，用光标拖动一个视图方框表示模型视图的大小。

（3）在“模型视图”属性管理器的“方向”选项组中选择视图的投影方向。

（4）在绘图区单击，从而在工程图中放置模型视图，如图8-15所示。

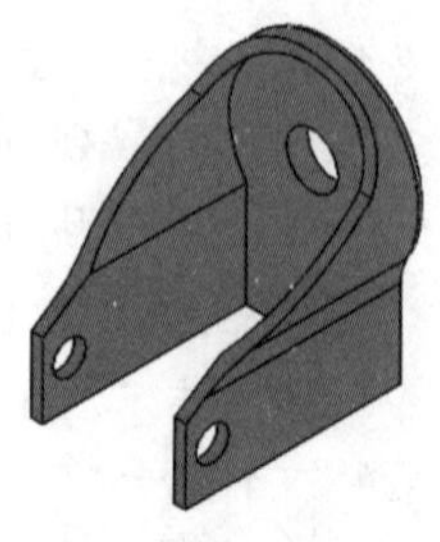

图 8-14　三维模型

（5）如果要更改模型视图的投影方向，则双击“方向”选项组中的视图方向进行更改。

（6）如果要更改模型视图的显示比例，则选中“使用自定义比例”单选按钮，然后输入显示比例。

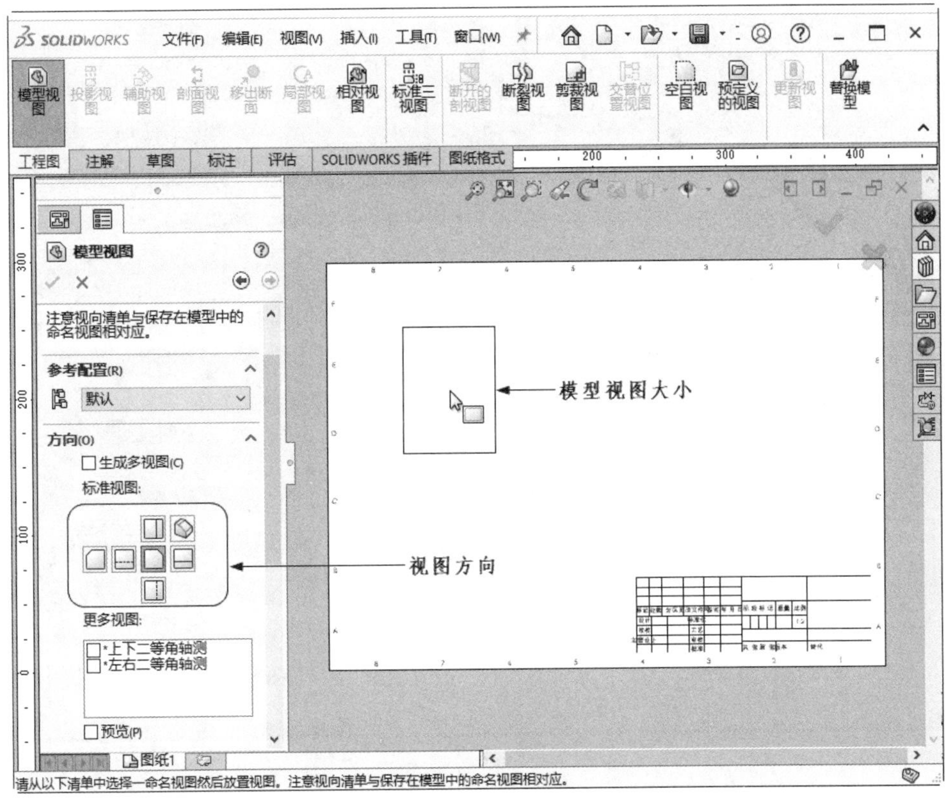

图 8-15　放置模型视图

8.4.2　实例——压紧螺母模型视图

本实例是将压紧螺母零件图转化为工程图。首先创建主视图，然后根据主视图创建俯视图，如图 8-16 所示。

操作步骤　视频文件：动画演示\第 8 章\压紧螺母模型视图.avi

（1）单击“快速访问”工具栏中的“新建”按钮，在弹出的“新建SOLIDWORKS文件”对话框中单击“工程图”按钮，新建工程图文件。

（2）单击“工程图”控制面板中的“模型视图”按钮，在弹出的“模型视图”属性管理器中单击“浏览”按钮，在弹出的“打开”对话框中选择零件文件“压紧螺母.sldprt”。单击“打开”按钮，在绘图区显示放置模型，如图8-17所示，在绘图区左侧显示“模型视图”属性管理器，如图8-18所示。

（3）在“模型视图”属性管理器中选择“前视图”，并在图纸中合适的位置放置主视图，如图8-19所示。

（4）完成主视图放置后，向下拖动鼠标放置其余模型，同时在绘图区左侧显示“投影视图”属性管理器，显示放置“俯视图”，如图8-20所示。在绘图区适当位置单击，放置模型，单击“确定”按钮，退出对话框。最终结果如图8-16所示。

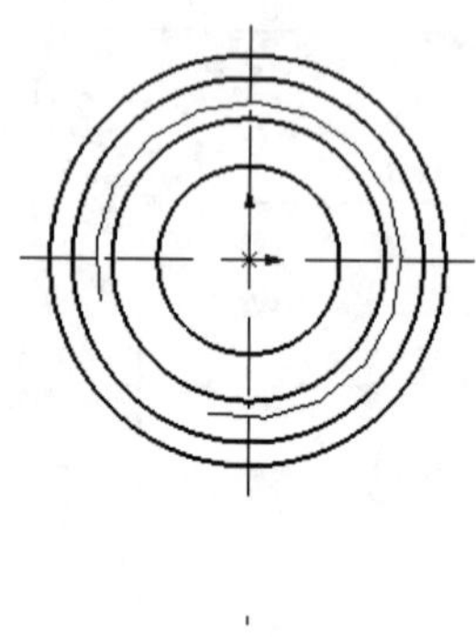

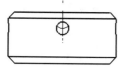

图 8-16　压紧螺母模型视图

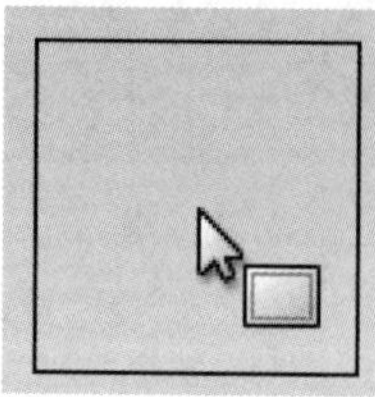

图 8-17　放置模型

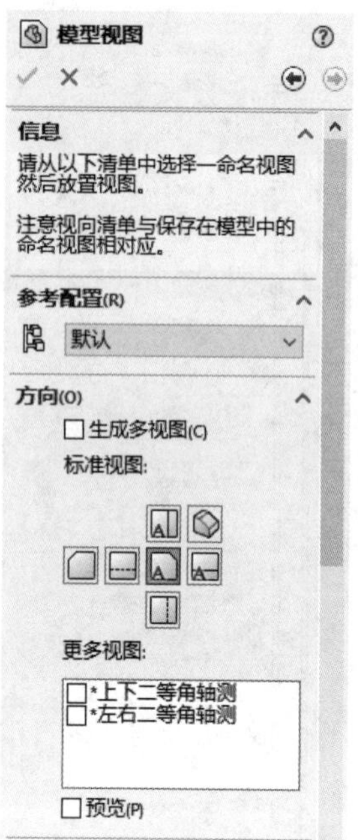

图 8-18　“模型视图”属性管理器

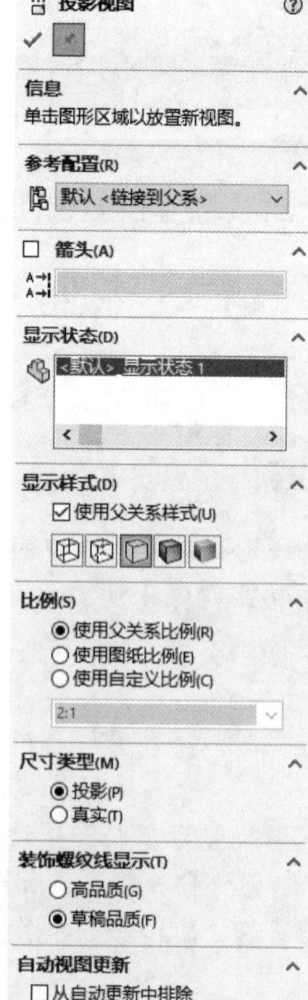

图 8-20　“投影视图”属性管理器

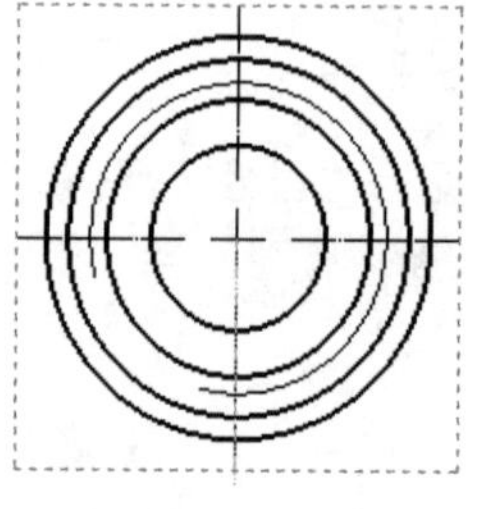

图 8-19　主视图

8.5 派生视图的绘制

派生视图是指从标准三视图、模型视图或其他派生视图中派生出来的视图，包括剖面视图、投影视图、辅助视图、局部视图、断裂视图等。

8.5.1 剖面视图

扫一扫，看视频

剖面视图是指用一条剖切线分割工程图中的一个视图，然后从垂直于剖面方向投影得到的视图，如图 8-21 所示。

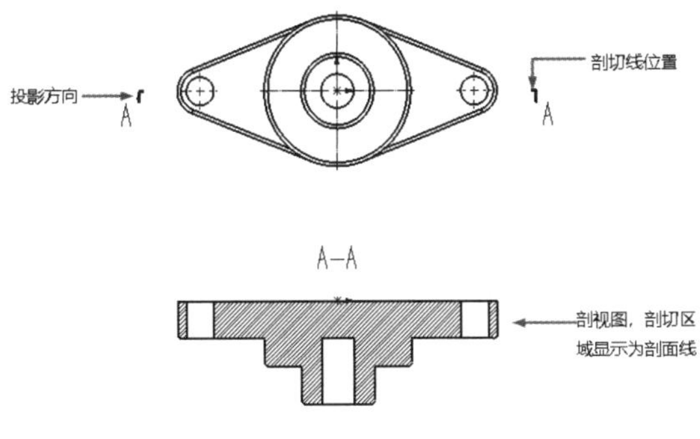

图 8-21 剖面视图举例

【执行方式】

- 工具栏：单击“工程图”工具栏中的“剖面视图”按钮。
- 菜单栏：选择“插入”→“工程图视图”→“剖面视图”菜单命令。
- 控制面板：单击“工程图”控制面板中的“剖面视图”按钮。

执行上述命令，打开“剖面视图辅助”属性管理器，选择剖切线的类型。

【操作说明】

（1）在图8-22所示的工程图上绘制剖切线。绘制完剖切线之后，弹出“剖面视图”属性管理器，系统会在垂直于剖切线的方向出现一个方框，表示剖切视图的大小。拖动这个方框到适当的位置，则剖切视图被放置在工程图中。

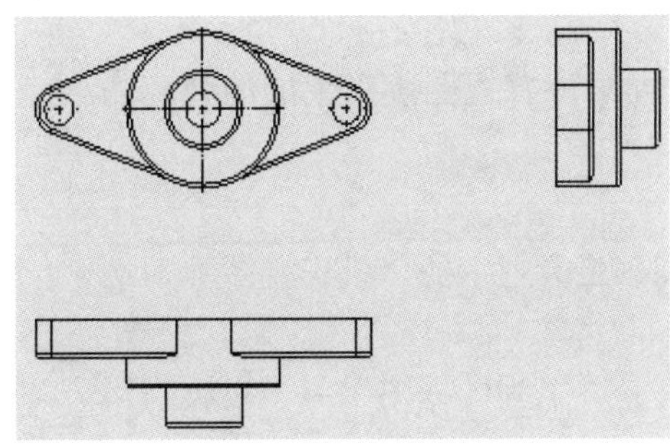

图 8-22 基本工程图

（2）在“剖面视图”属性管理器中设置相关选项，如图8-23（a）所示。

- 如果选中“自动反转”复选框，则会反转投影的方向。
- 在“名称”文本框中指定与剖面线或剖面视图相关的字母。
- 如果剖面线没有完全穿过视图，选中“部分剖面”复选框将会生成局部剖面视图。
- 如果选中“显示曲面实体”复选框，则只有被剖面线切除的曲面才会出现在剖面视图上。
- 如果选中“使用图纸比例”单选按钮，则剖面视图上的剖面线将会随着图纸比例的改变而改变。
- 如果选中“使用自定义比例”单选按钮，则可以自定义剖面视图在工程图纸中的显示比例。

（3）单击“确定”按钮，完成剖面视图的插入，如图8-23（b）所示。新剖面是由原实体模型计算得来的，如果模型更改，此视图将随之更新。

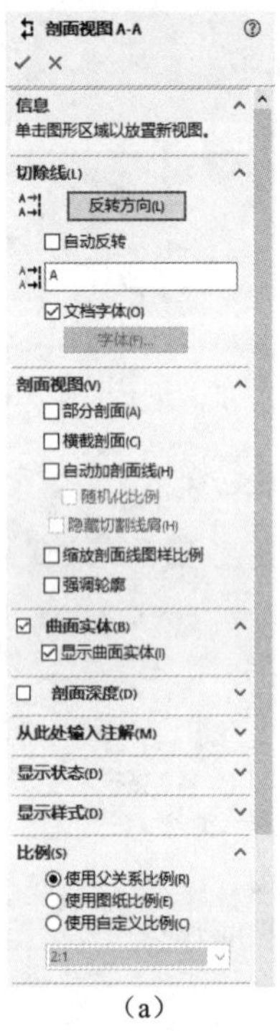

（a）

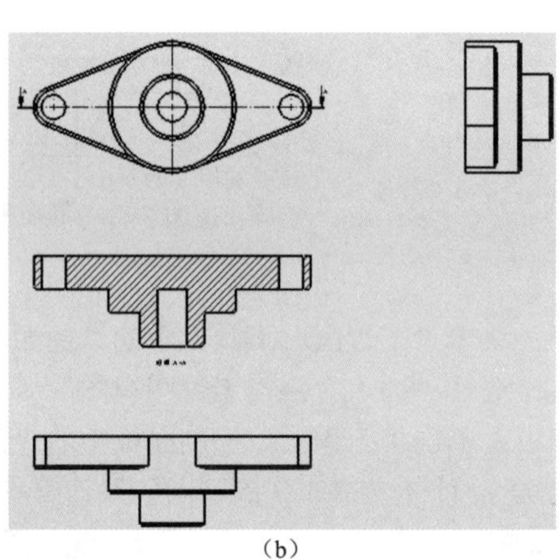

（b）

图 8-23　绘制剖面视图

扫一扫，看视频

8.5.2　投影视图

投影视图是通过从正交方向对现有视图投影生成的视图，如图 8-24 所示。

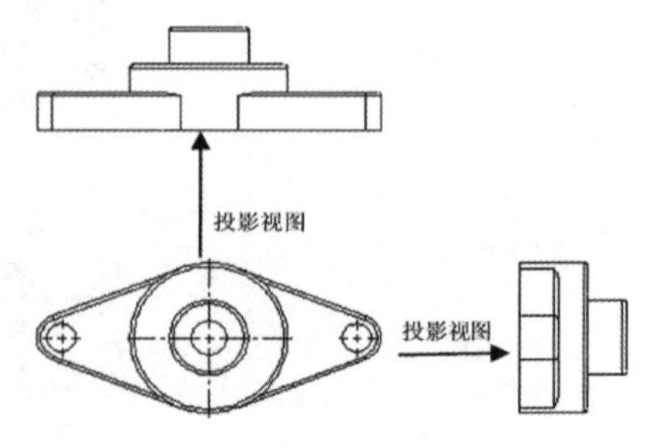

图 8-24　投影视图举例

【执行方式】

- 工具栏：单击“工程图”工具栏中的“投影视图”按钮。
- 菜单栏：选择“插入”→“工程图视图”→“投影视图”菜单命令。
- 控制面板：单击“工程图”控制面板中的“投影视图”按钮。

【操作说明】

（1）系统将根据光标指针在所选视图的位置决定投影方向。可以从所选视图的上、下、左、右4个方向生成投影视图。

（2）系统会在投影方向出现一个方框，表示投影视图的大小，拖动这个方框到适当的位置，则投影视图被放置在工程图中。

扫一扫，看视频

8.5.3　辅助视图

辅助视图类似于投影视图，它的投影方向垂直于所选视图的参考边线。

【执行方式】

- 工具栏：单击“工程图”工具栏中的“辅助视图”按钮。
- 菜单栏：选择“插入”→“工程图视图”→“辅助视图”菜单命令。
- 控制面板：单击“工程图”控制面板中的“辅助视图”按钮。

【操作说明】

（1）选择要生成辅助视图的工程视图中的一条直线作为参考边线，参考边线可以是零件的边线、侧影轮廓线、轴线或所绘制的直线。

（2）系统会在与参考边线垂直的方向出现一个方框，表示辅助视图的大小，拖动这个方框到适当的位置，则辅助视图被放置在工程图中。

（3）在“辅助视图”属性管理器中设置相关选项，如图8-25（a）所示。

- 在“名称”文本框中指定与剖面线或剖面视图相关的字母。
- 如果选中“反转方向”复选框，则会反转投影的方向。

（4）单击“确定”按钮，生成辅助视图，如图8-25（b）所示。

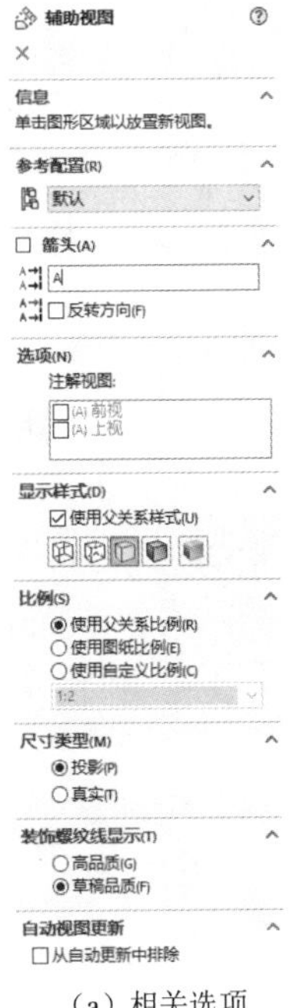

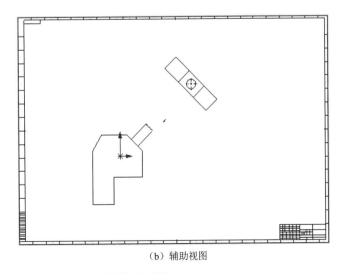

（a）相关选项

（b）辅助视图

图8-25　绘制辅助视图

扫一扫，看视频

8.5.4 局部视图

可以在工程图中生成一个局部视图来放大显示视图中的某个部分，如图 8-26 所示。局部视图可以是正交视图、三维视图或剖面视图。

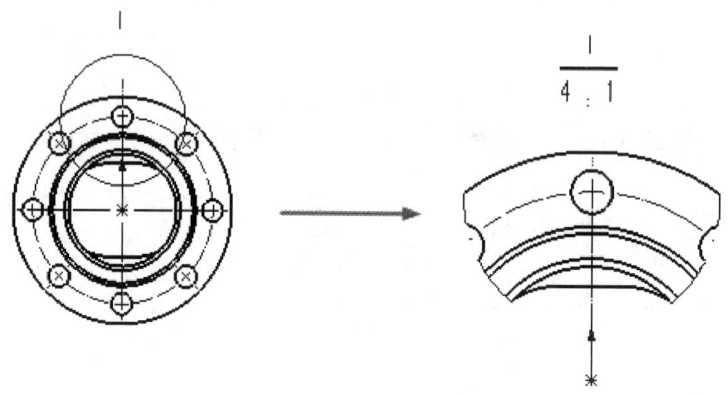

图 8-26 局部视图举例

【执行方式】

- 工具栏：单击“工程图”工具栏中的“局部视图”按钮。
- 菜单栏：选择“插入”→“工程图视图”→“局部视图”菜单命令。
- 控制面板：单击“工程图”控制面板中的“局部视图”按钮。

【操作说明】

（1）此时，“草图”控制面板中的“圆”按钮被激活，利用它在要放大的区域绘制一个圆。

（2）系统会弹出一个方框，表示局部视图的大小，拖动这个方框到适当的位置，则局部视图被放置在工程图中。

（3）在“局部视图”属性管理器中设置相关选项，如图8-27（a）所示。

- “样式”下拉列表框：在下拉列表框中选择局部视图按钮的样式，有“依照标准”“断裂圆”“带引线”“无引线”“相连”5 种样式。
- “名称”文本框：在文本框中输入与局部视图相关的字母。
- 如果在“局部视图”选项组中选中了“完整外形”复选框，则系统会显示局部视图中的轮廓外形。
- 如果在“局部视图”选项组中选中了“钉住位置”复选框，在改变派生局部视图的视图大小时，局部视图将不会改变大小。
- 如果在“局部视图”选项组中选中了“缩放剖面线图样比例”复选框，将根据局部视图的比例来缩放剖面线图样的比例。

（4）单击“确定”按钮，生成局部视图，如图8-27（b）所示。

技巧荟萃：

局部视图中的放大区域还可以是其他任何的闭合图形。其方法是首先绘制用来作放大区域的闭合图形，然后单击“局部视图”按钮，其余的步骤相同。

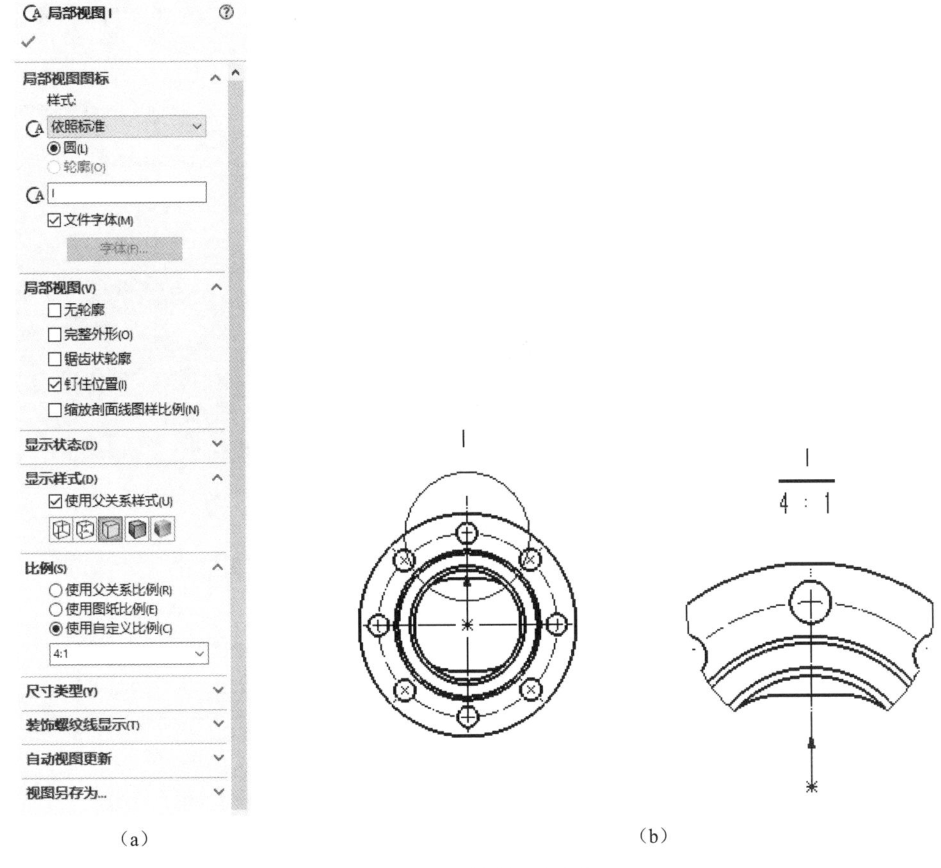

（a）　　　　　　　　　　　　（b）

图 8-27　绘制局部视图

扫一扫，看视频

8.5.5　断裂视图

工程图中有一些截面相同的长杆件（如长轴、螺纹杆等），这些零件在某个方向的尺寸比其他方向的尺寸大很多，而且截面没有变化。因此，可以利用断裂视图将零件用较大比例显示在工程图上，如图 8-28 所示。

【执行方式】

➘ 工具栏：单击“工程图”工具栏中的“断裂视图”按钮。

➘ 菜单栏：选择“插入”→“工程图视图”→“断裂视图”菜单命令。

➘ 控制面板：单击“工程图”控制面板中的“断裂视图”按钮。

执行上述命令，打开“断裂视图”属性管理器，如图 8-29 所示，此时折断线出现在视图中。

【操作说明】

（1）可以添加多组折断线到一个视图中，但所有折断线必须为同一个方向。

（2）将折断线拖动到希望生成断裂视图的位置。

（3）在适当的位置单击鼠标左键，生成断裂视图，如图8-28（b）所示。

（4）此时，折断线之间的工程图都被删除，折断线之间的尺寸变为悬空状态。如果要修改折断线的形状，则单击折断线，在弹出的属性管理器中选择一种折断线样式（直线、曲线、锯齿线和小锯齿线）。

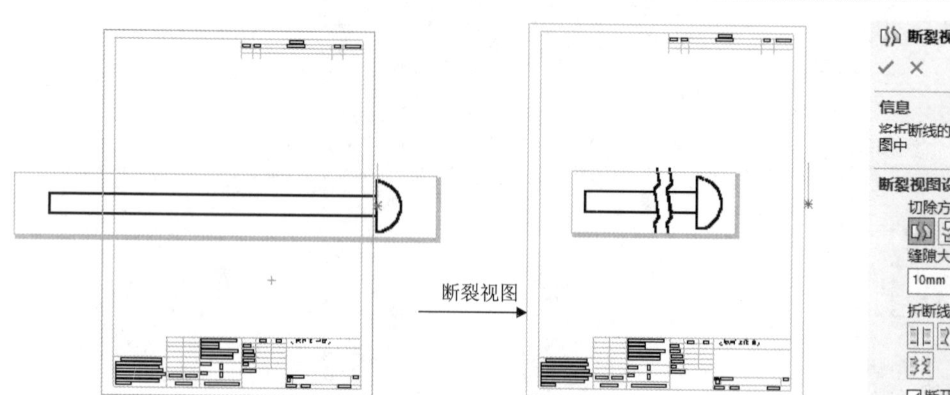

图 8-28　断裂视图举例

图 8-29　“断裂视图”属性管理器

8.6　编辑工程视图

工程图建立后，可以对视图进行一些必要的编辑。编辑工程视图包括：旋转/移动视图、对齐视图、删除视图、剪裁视图及隐藏/显示视图等。

8.6.1　旋转/移动视图

旋转/移动视图是工程图中常使用的方法，用来调整视图之间的距离。

【执行方式】

单击“视图（前导）”工具栏中的“旋转视图”按钮C。

打开“源文件/8/8.6.1.SLDDRW”工程图文件，如图 8-30 所示。选择要旋转的视图，单击选择如图 8-31 所示的左视图，视图框变为绿色。

执行上述命令，打开如图 8-32 所示的“旋转工程视图”对话框。

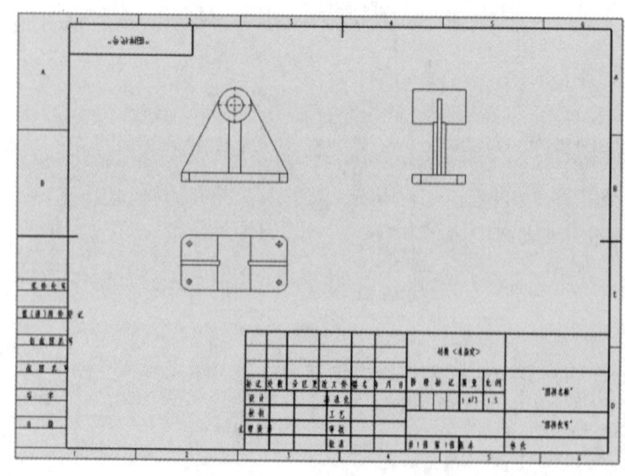

图 8-30　创建的工程图

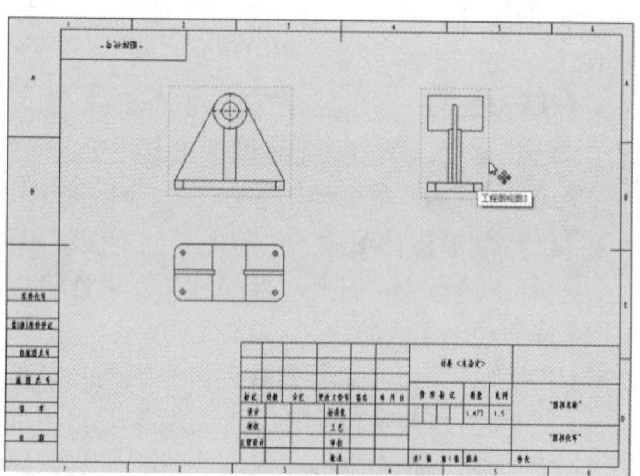

图 8-31　要旋转的视图

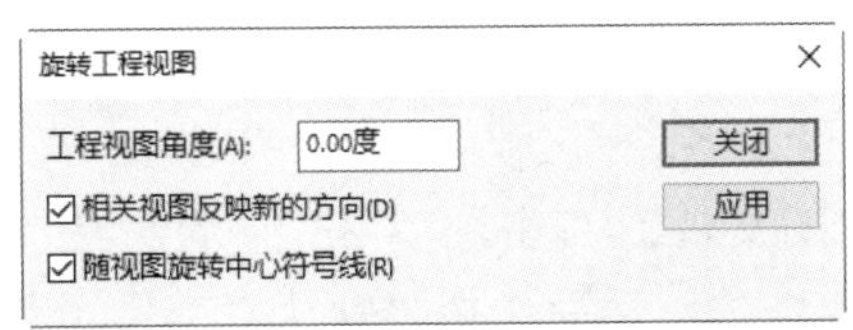

图 8-32　“旋转工程视图”对话框

【操作说明】

（1）在“工程视图角度”文本框中输入45.00°，然后单击“应用”按钮。结果如图8-33所示。

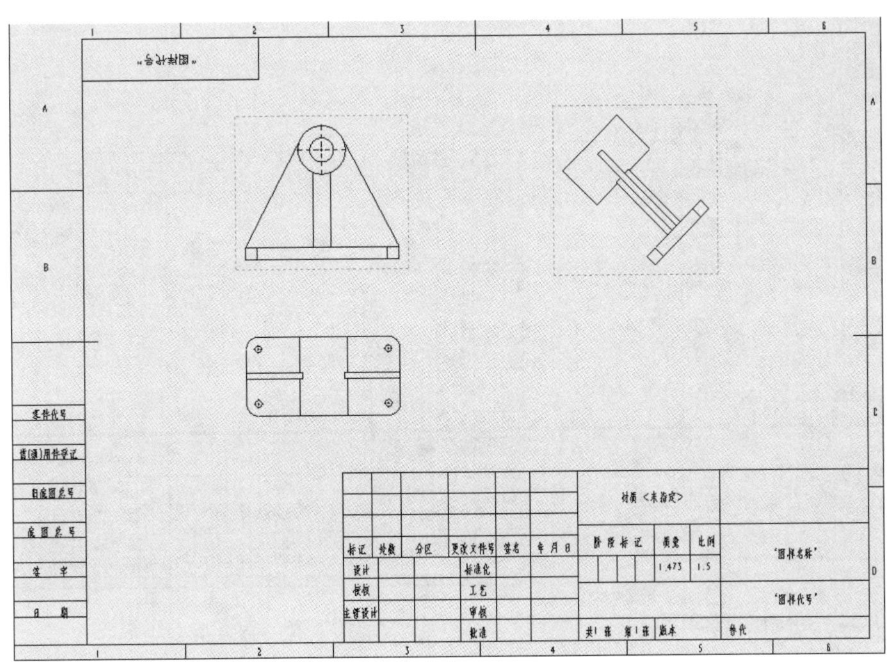

图 8-33　旋转后的工程图

注意：

对于被旋转过的视图，如果要恢复视图的原始位置，可以执行“旋转视图”命令，在“旋转工程视图”对话框中的“工程视图角度”文本框中输入值0即可。

（2）也可以移动视图。单击选择要移动的视图，视图框变为绿色。将鼠标移到该视图上，当鼠标指针变为✥时，按住鼠标左键拖动该视图到图中合适的位置，然后释放鼠标左键。

注意：

（1）在标准三视图中，移动主视图时，左视图和俯视图会跟着移动；左视图和俯视图可以单独移动，但始终与主视图保持对齐关系。

（2）投影视图、辅助视图、剖面视图及旋转视图与生成它们的母视图保持对齐，并且只能在投影方向移动。

8.6.2　对齐视图

扫一扫，看视频

建立标准三视图时，系统默认的方式为对齐方式。视图建立时可以设置与其他视图对齐，也可以设置为不对齐。要对齐没有对齐的视图，可以设置其对齐方式。

【执行方式】

选择右键快捷菜单中的“视图对齐”命令。

打开如图 8-33 所示的工程图文件。右击图 8-33 中的左视图，此时系统弹出快捷菜单，如图 8-34 所示。选择“视图对齐”选项，然后选择“默认对齐”子菜单命令。结果如图 8-35 所示。

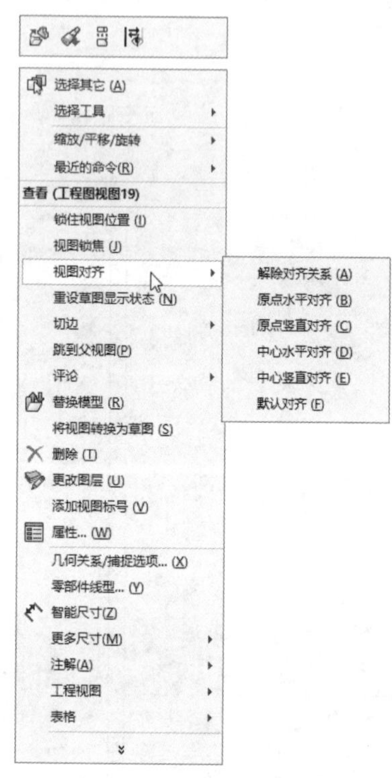

图 8-34 系统快捷菜单

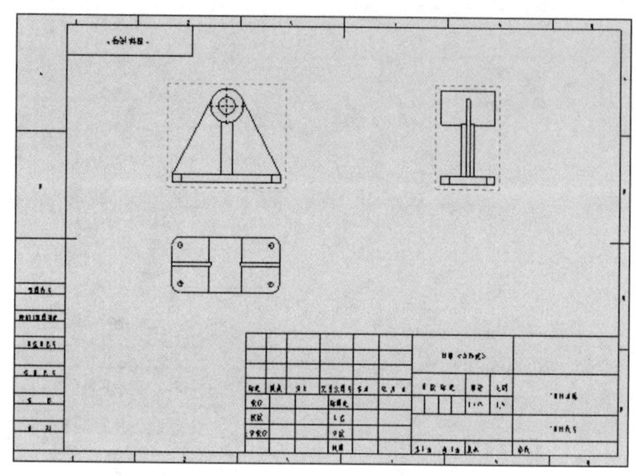

图 8-35 对齐后的工程图

【操作说明】

如果要解除已对齐视图的对齐关系，右击该视图，在系统弹出的快捷菜单中选择“视图对齐”选项，然后选择子菜单中的“解除对齐关系”选项即可。

扫一扫，看视频

8.6.3 删除视图

对于不需要的视图，可以将其删除。删除视图有两种方式：一种是键盘方式；另一种是右键快捷菜单方式。打开源文件“8.6.3.SLDDRW”。

1. 键盘方式

单击选择需要删除的视图，按 Delete 键，此时系统弹出如图 8-36 所示的“确认删除”对话框。单击对话框中的“是”按钮，删除该视图。

2. 右键快捷菜单方式

右击需要删除的视图，系统弹出如图 8-34 所示的系统快捷菜单，在其中选择“删除”命令。此时系统弹出“确认删除”对话

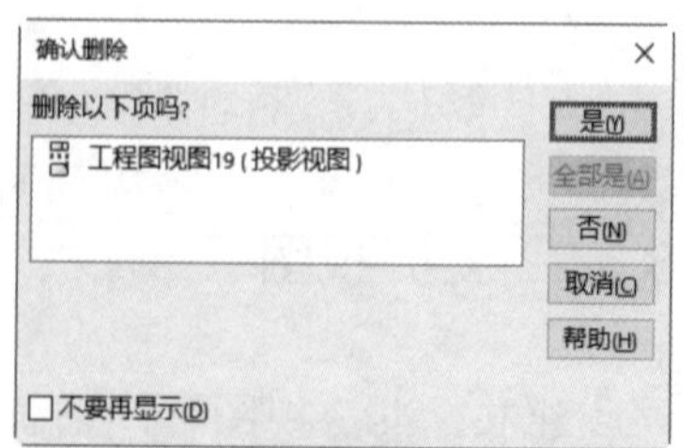

图 8-36 “确认删除”对话框

框，单击该对话框中的“是”按钮，删除该视图。

扫一扫，看视频

8.6.4　剪裁视图

如果一个视图太复杂或者太大，则可以利用剪裁视图命令将其剪裁，并保留需要的部分。

【执行方式】

- 工具栏：单击“工程图”工具栏中的“剪裁视图”按钮。
- 菜单栏：选择“插入”→“工程图视图”→“剪裁视图”菜单命令。
- 控制面板：单击“工程图”控制面板中的“剪裁视图”按钮。

打开如图 8-33 所示的工程图文件，选择主视图，如图 8-37 所示。单击“草图”控制面板中的“圆”按钮，在主视图中绘制一个圆，作为剪裁区域，如图 8-38 所示。执行上述命令。结果如图 8-39 所示。

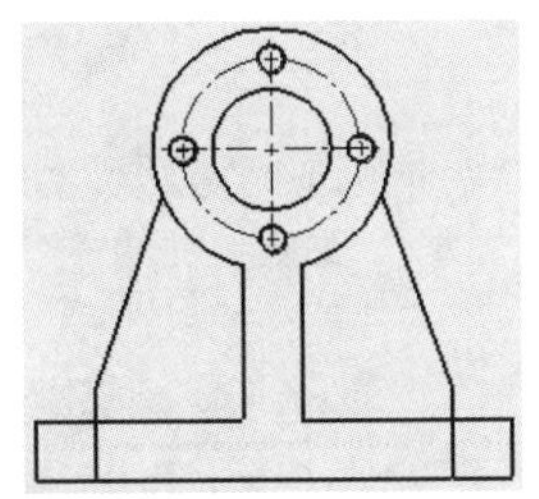

图 8-37　绘制的主视图

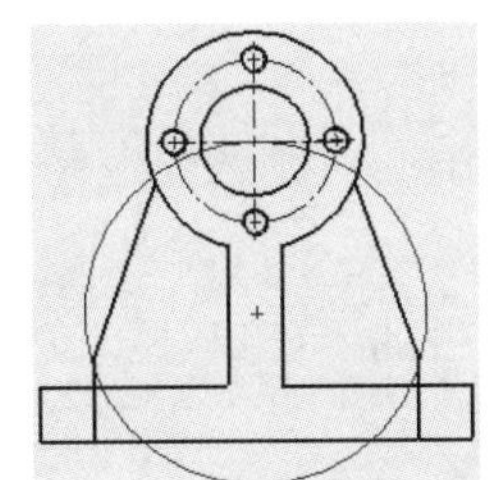

图 8-38　绘制圆后的主视图

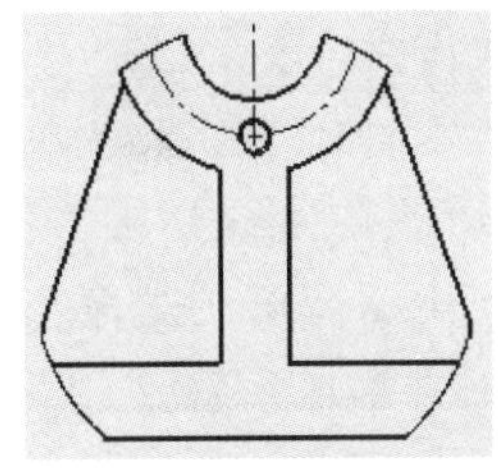

图 8-39　剪裁后的主视图

【操作说明】

（1）执行剪裁视图命令前，必须先绘制好剪裁区域。剪裁区域不一定是圆，可以是其他不规则的图形，但是其必须是不交叉并且封闭的图形。

（2）剪裁后的视图可以恢复为原来的形状。右击剪裁后的视图，此时系统弹出如图8-40所示的系统快捷菜单，在“剪裁视图”的子菜单中选择“移除剪裁视图”命令即可。

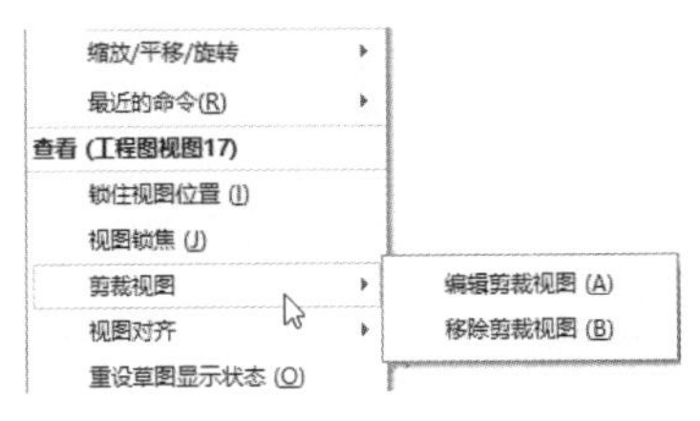

图 8-40　系统快捷菜单

扫一扫，看视频

8.6.5　隐藏/显示视图

在工程图中，有些视图需要隐藏，如某些带有派生视图的参考视图，这些视图是不能被删除的，否则将提示删除其派生视图。

【执行方式】

打开源文件“8.6.5.SLDDRW”。选择右键快捷菜单中的“隐藏”命令。

在图形界面或者在 FeatureManager 设计树中右击需要隐藏的视图，执行上述命令，隐藏视图。

【操作说明】

（1）如果该视图带有从属视图，则系统弹出如图8-41所示的提示框，根据需要进行相应的设置。

（2）对于隐藏的视图，工程图中不显示该视图的位置。选择菜单栏中的“视图”→“隐藏/显示”→“被隐藏视图”命令，可以显示工程图中被隐藏视图的位置，如图8-42所示。显示隐藏的视图可以在工程图中对该视图进行相应的操作。

图 8-41　系统提示框

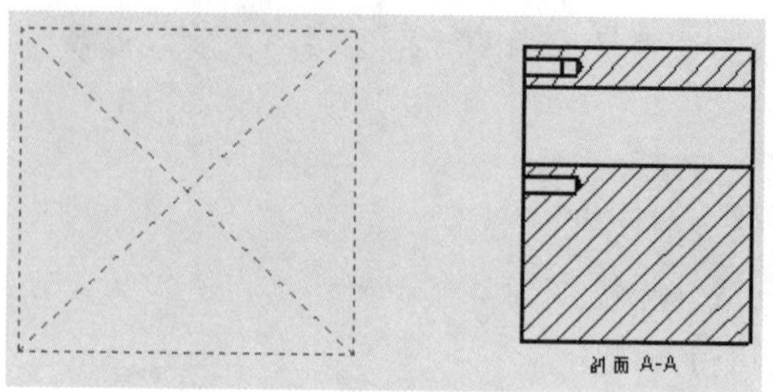

图 8-42　显示被隐藏视图的位置

（3）显示被隐藏的视图和隐藏视图是一对相反的过程，操作方法相同。

扫一扫，看视频

8.6.6　隐藏/显示视图中的边线

视图中的边线也可以隐藏和显示。

【执行方式】

- 工具栏：单击“线型”工具栏中的“隐藏/显示边线”按钮或预先选择边线，然后单击“隐藏/显示边线”按钮。
- 快捷菜单：选择右键快捷菜单中的“隐藏/显示边线”命令，如图 8-43 所示。

图 8-43　系统快捷菜单

打开如图 8-33 所示的工程图文件，选择主视图，如图 8-44 所示。执行上述命令，弹出如图 8-45 所示的“隐藏/显示边线”属性管理器。单击视图中的边线 1 和边线 2，然后单击“隐藏/显示边线”属性管理器中的“确定”按钮。结果如图 8-46 所示。

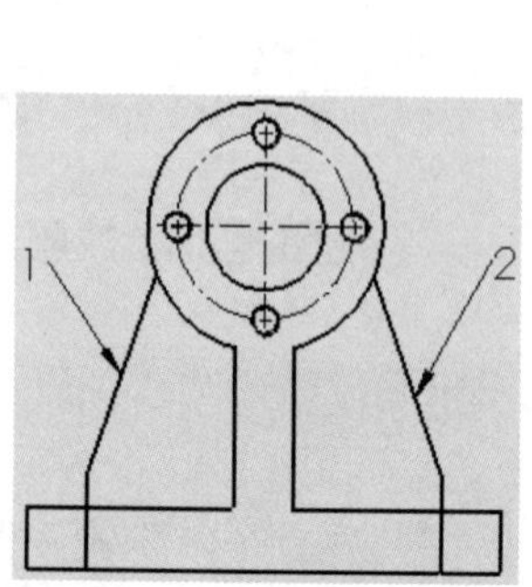

图 8-44　绘制的主视图

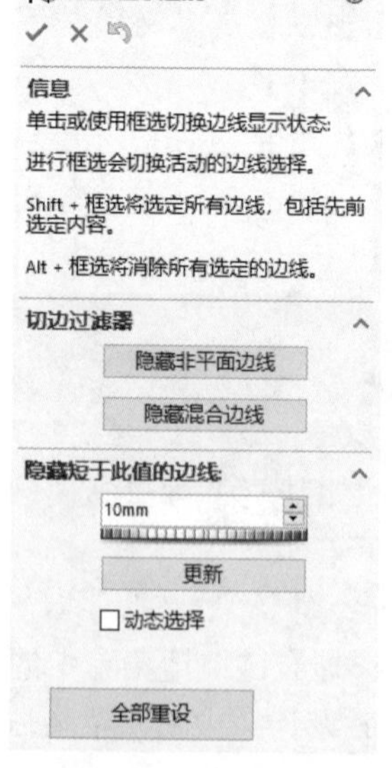

图 8-45　“隐藏/显示边线”属性管理器

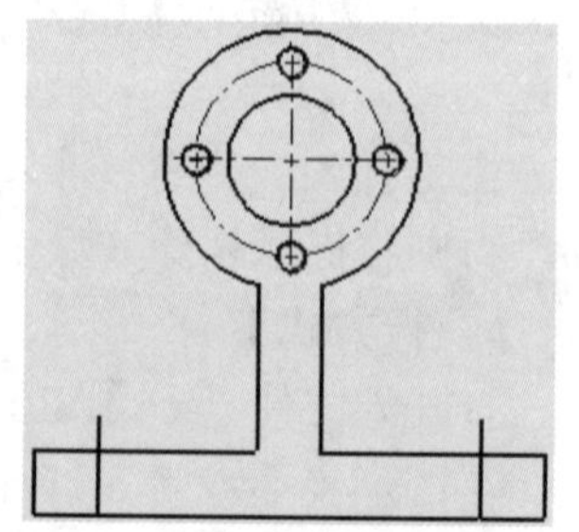

图 8-46　隐藏边线后的主视图

8.6.7　实例——手压阀装配工程图

扫一扫，看视频

本实例将通过前面所学的知识，利用图 8-47 所示手压阀装配讲述利用 SOLIDWORKS 2022 创建工程图的一般方法和技巧。

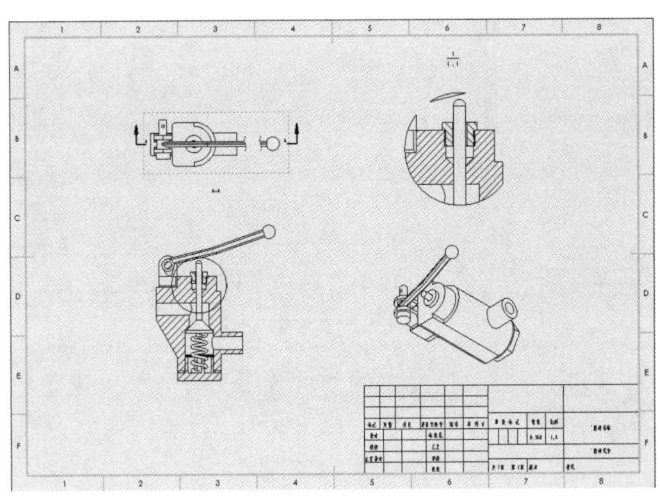
图 8-47　手压阀装配工程图

操作步骤　视频文件：动画演示\第 8 章\手压阀装配工程图.avi

（1）新建工程图。单击“快速访问”工具栏中的“新建”按钮，在弹出的“新建 SOLIDWORKS文件”对话框中选择“工程图”图标，再单击“确定”按钮，创建一个新的工程图。关闭左侧“模型视图”属性管理器。

（2）新建图纸。单击左下角的“添加图纸”按钮，弹出SOLIDWORKS对话框，如图8-48所示，单击“确定”按钮，弹出“图纸格式/大小”对话框，选中“标准图纸大小”选项中的A3（GB），如图8-49所示。单击“确定”按钮，完成图纸的设置，如图8-50所示。

图 8-48　SOLIDWORKS 对话框

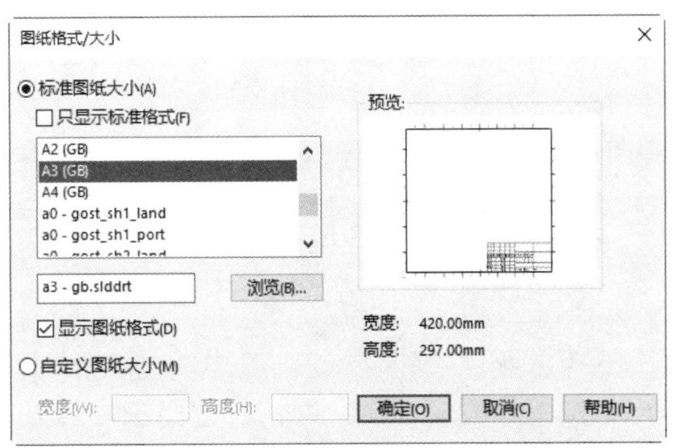

图 8-49　“图纸格式/大小”对话框

（3）新建前视图。单击“工程图”控制面板中的“模型视图”按钮，弹出“模型视图”属性管理器，如图8-51所示。单击“浏览”按钮，弹出“打开”对话框，选择“手压阀装配体”文件，单击“打开”按钮，在左侧弹出“模型视图”属性管理器，在绘图区选择合适的位置放置前视图，如图8-52所示。

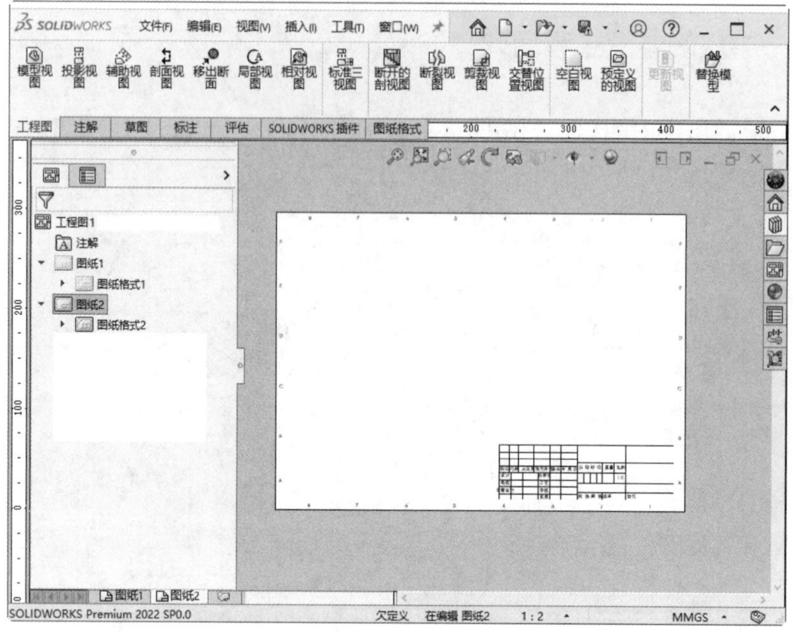

图 8-50　新建图纸

（4）创建投影视图。单击“工程图”控制面板中的“投影视图”按钮，向右下方拖动鼠标，生成投影视图，如图8-52所示。

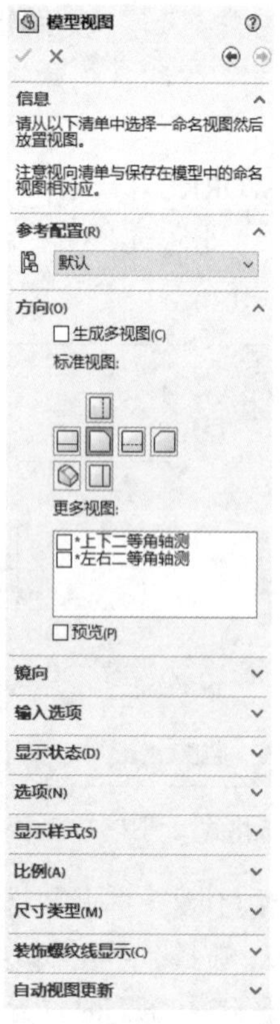

图 8-51　“模型视图”属性管理器

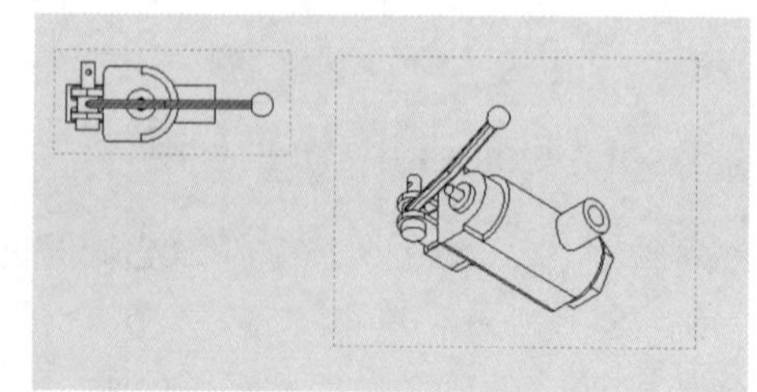

图 8-52　投影视图

（5）创建剖视图。单击“工程图”控制面板中的“剖面视图”按钮，弹出“剖面视图辅助”属性管理器，在管理器中选择“水平”剖切命令，将剖切线放到视图中间，弹出“剖面视图”对话框。单击左侧的FeatureManager设计树，选择“工程图视图1”中的阀杆、弹簧、手柄、销钉、球头，选中“剖面视图”对话框中的“自动打剖面线”复选框，如图8-53所示。单击“确定”按钮，退出对话框。拖动鼠标，在工程图中合适的位置放置剖视图。结果如图8-54所示。

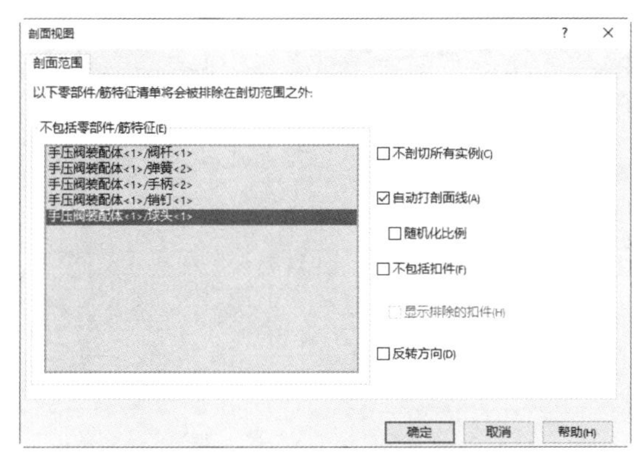

图 8-53 “剖面视图”对话框

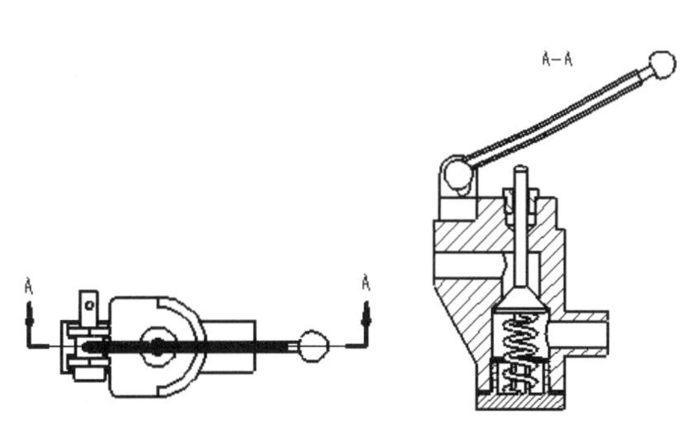

图 8-54 剖视图

（6）创建局部视图。单击“工程图”控制面板中的“局部视图”按钮，在剖面图上单击，向外拖动鼠标，绘制适当大小的圆，绘图区左侧弹出“局部视图1”属性管理器，如图8-55所示，同时绘图区显示局部视图，向右侧拖动鼠标，放置局部视图，如图8-56所示。

（7）创建断裂视图。单击“工程图”控制面板中的“断裂视图”按钮，弹出“断裂视图”属性管理器。在主视图上单击，在绘图区显示“竖直折线”符号，在相应位置单击，放置“竖直折线”，单击“确定”按钮，生成断裂视图，如图8-57所示。

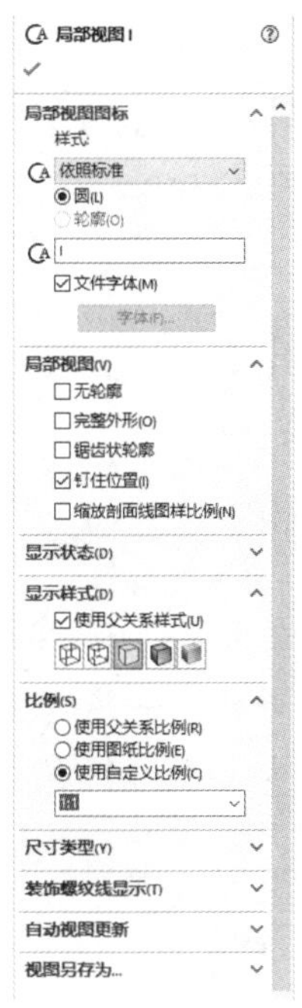

图 8-55 “局部视图 1”属性管理器

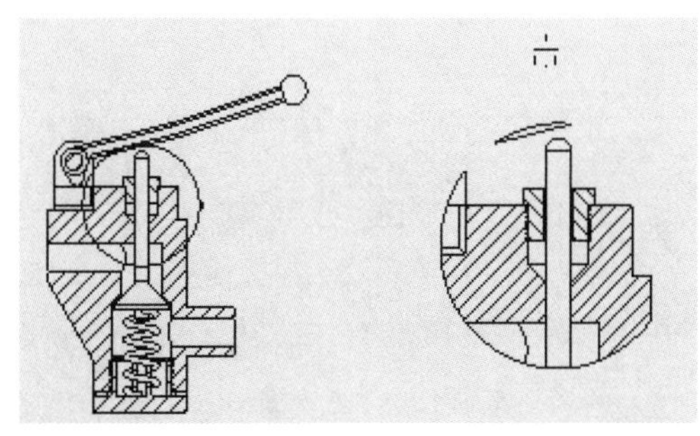

图 8-56 局部视图

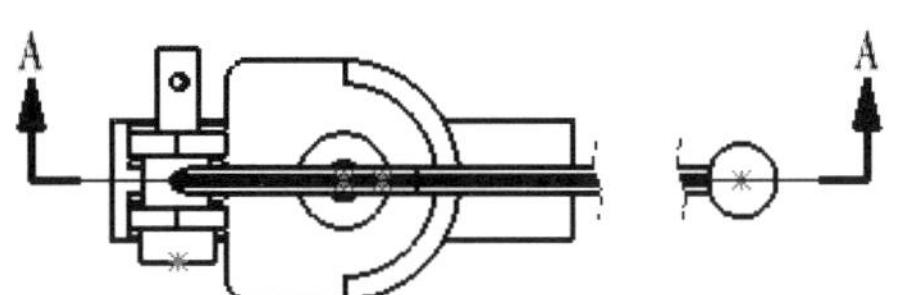

图 8-57 断裂视图

扫一扫，看视频

练一练——机械臂基座工程图

试利用上面所学知识绘制机械臂基座工程图，如图 8-58 所示。

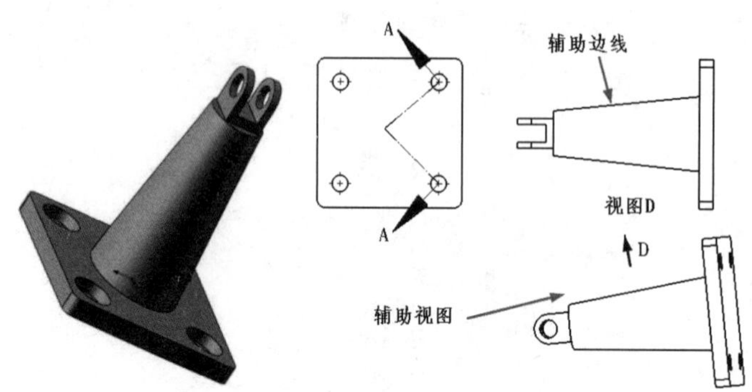

图 8-58　机械臂基座及工程图

思路点拨：

首先将零件图转换成工程视图，然后绘制旋转剖面视图，再绘制投影视图和辅助视图。

第 9 章　工程图标注

内容简介

完整的工程图不仅包括一组视图，必要的注释和尺寸标注也是工程图必不可少的组成部分。本章将讲述工程图标注的基础知识和典型应用案例。

内容要点

- 标注工程视图
- 综合实例——齿轮泵装配体工程图的创建

案例效果

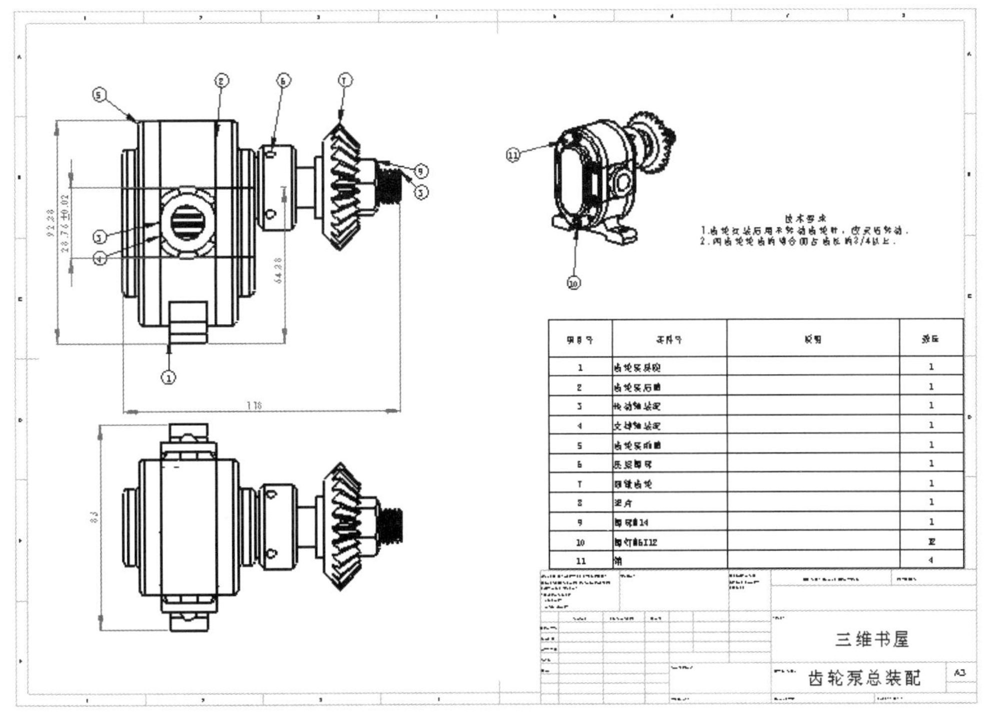

9.1　标注工程视图

工程图绘制完以后，必须在工程视图中标注尺寸、几何公差、形位公差、表面粗糙度符号及技术要求等其他注释，才算是一张完整的工程视图。本节主要介绍这些项目的设置和使用方法。

扫一扫，看视频

9.1.1 插入模型尺寸

SOLIDWORKS 2022 工程视图中的尺寸标注是与模型中的尺寸相关联的，模型尺寸的改变会导致工程图中尺寸的改变。同样，工程图中尺寸的改变会导致模型尺寸的改变。

【执行方式】

- 工具栏：单击“注解”工具栏中的“模型项目”按钮。
- 菜单栏：选择“插入”→“模型项目”菜单命令。
- 控制面板：单击“注解”控制面板中的“模型项目”按钮。

打开“源文件/9/9.1.1.slddrw”工程图文件，执行上述命令，打开如图 9-1 所示的“模型项目”属性管理器。

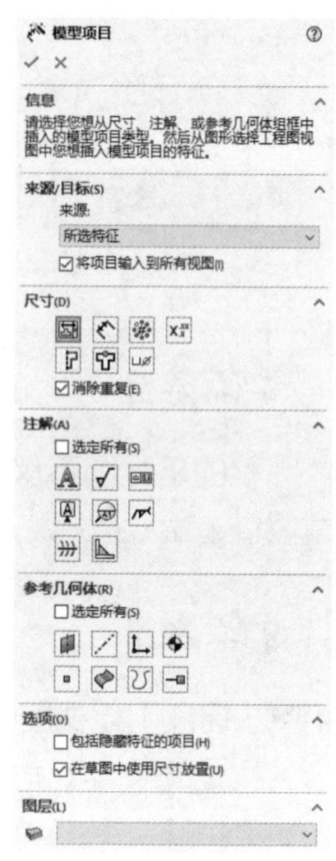

图 9-1 “模型项目”属性管理器

【操作说明】

（1）“尺寸”设置框中的“为工程图标注”一项自动被选中。

（2）如果只将尺寸插入指定的视图中，取消选择“将项目输入到所有视图”复选框，然后在工程图中选择需要插入尺寸的视图，此时“来源/目标”设置框如图9-2所示，自动显示“目标视图”列表框。

注意：

插入模型项目时，系统会自动将模型尺寸或者其他注解插入工程图中。当模型特征很多时，插入的模型尺寸会显得很乱，所以在建立模型时需要注意以下两点。

（1）因为只有在模型中定义的尺寸才能插入工程图中，所以，在建立模型特征时要养成良好的习惯，并且使草图处于完全定义状态。

（2）在绘制模型特征草图时，仔细地设置草图尺寸的位置，这样可以减少尺寸插入工程图后调整尺寸的时间。

如图 9-3 所示为插入模型尺寸并调整尺寸位置后的工程图。

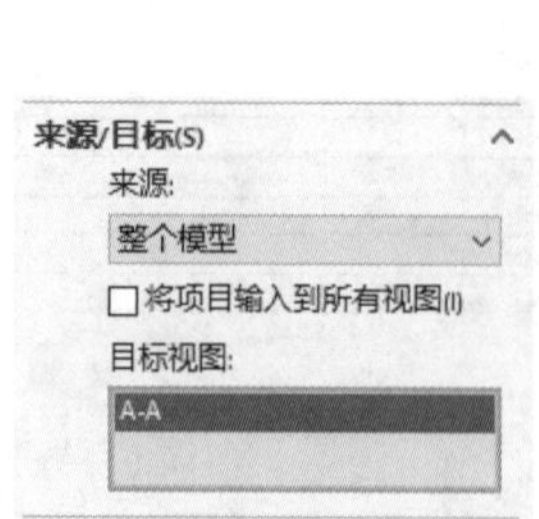

图 9-2 “来源/目标”设置框

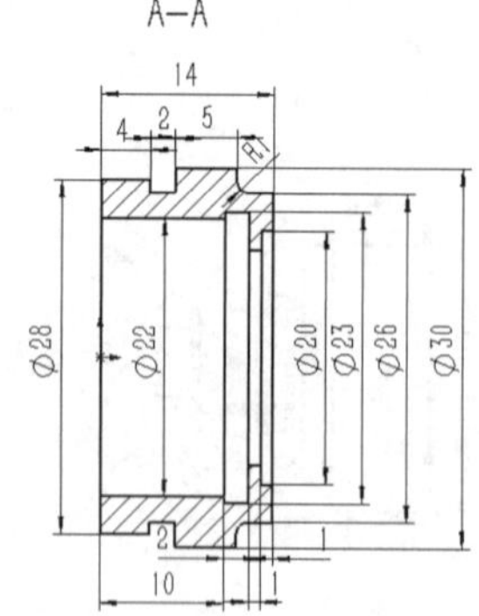

图 9-3 插入模型尺寸后的工程视图

扫一扫，看视频

9.1.2 修改尺寸属性

可以对插入工程图中的尺寸进行一些属性修改，如添加尺寸公差、改变箭头的显示样式、在尺寸上添加文字等。

打开源文件“9.1.2.SLDDRW”。单击工程视图中某一个需要修改的尺寸，此时系统弹出“尺寸”属性管理器。在属性管理器中，用来修改尺寸属性的通常有 3 个选项组，分别是“公差/精度”选项组，如图 9-4 所示；“标注尺寸文字”选项组，如图 9-5 所示；“尺寸界线/引线显示”选项组，如图 9-6 所示。

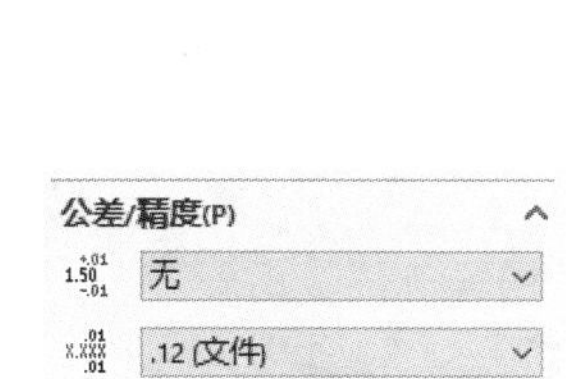

图 9-4　“公差/精度”选项组

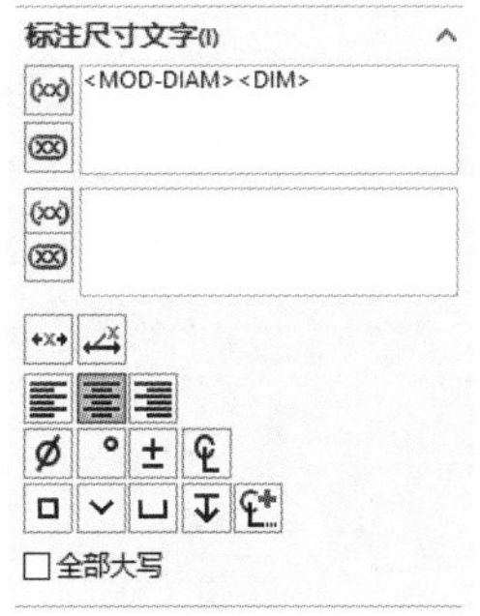

图 9-5　“标注尺寸文字”选项组

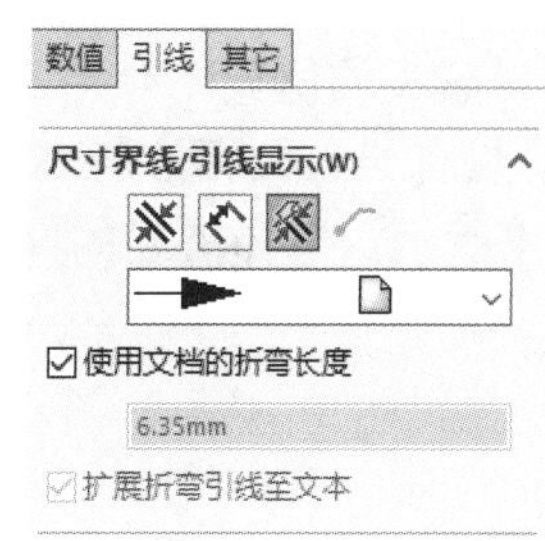

图 9-6　“尺寸界线/引线显示”选项组

1. 修改尺寸属性的公差和精度

尺寸的公差共有 10 种类型，单击“公差/精度”选项组中的“公差类型”下拉列表框即可显示，如图 9-7 所示。下面介绍几个主要公差类型的显示方式。

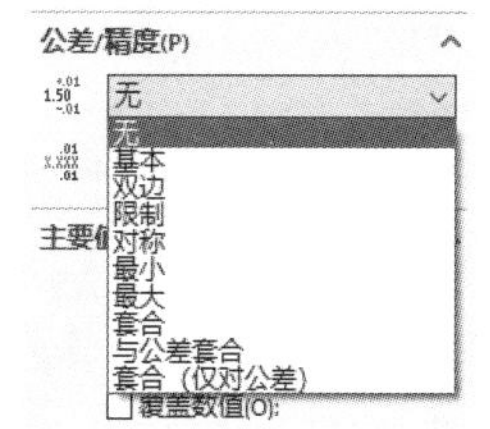

图 9-7　公差显示类型

- “无”显示类型。以模型中的尺寸显示插入工程视图中的尺寸，如图 9-8 所示。
- “基本”显示类型。以标准值方式显示标注的尺寸，为尺寸加一个方框，如图 9-9 所示。
- “双边”显示类型。以双边方式显示标注尺寸的公差，如图 9-10 所示。
- “对称”显示类型。以限制方式显示标注尺寸的公差，如图 9-11 所示。

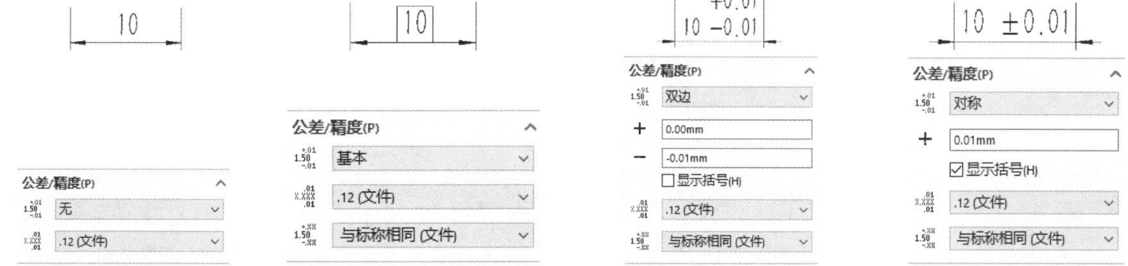

图 9-8　“无”显示类型　图 9-9　“基本”显示类型　图 9-10　“双边”显示类型　图 9-11　“对称”显示类型

2. 修改尺寸属性的标注尺寸文字

使用“标注尺寸文字”选项组，可以在系统默认的尺寸上添加文字和符号，也可以修改系统默认的尺寸。

选项组中的 DIM 是系统默认的尺寸，如果将其删除，可以修改系统默认的标注尺寸。将鼠标指针移到 DIM 前面或后面，可以添加需要的文字和符号。

3. 修改尺寸属性的箭头位置及样式

使用“尺寸界线/引线显示”选项组，可以设置标注尺寸的箭头位置和箭头样式。箭头位置有

3 种形式，分别介绍如下。

- 箭头在尺寸界线外面：单击选项组中的“外面”按钮，箭头在尺寸界线外面显示，如图 9-12 所示。
- 箭头在尺寸界线里面：单击选项组中的“里面”按钮，箭头在尺寸界线里面显示，如图 9-13 所示。
- 智能确定箭头的位置：单击选项组中的“智能”按钮，系统根据尺寸线的情况自动判断箭头的位置。

箭头有 11 种标注样式，可以根据需要进行设置。单击选项组中的“样式”下拉列表框，如图 9-14 所示，选择需要的标注样式。

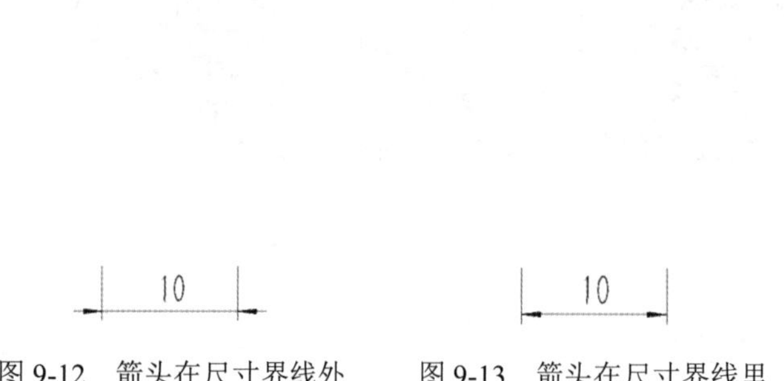

图 9-12　箭头在尺寸界线外　　图 9-13　箭头在尺寸界线里　　图 9-14　箭头标注样式选项

注意：

本节介绍的设置箭头样式只是对工程图中选中的标注进行修改，并不能修改全部标注的箭头样式。如果要修改整个工程图中的箭头样式，则选择菜单栏中的“工具”→“选项”命令，在系统弹出的对话框中按照图 9-15 所示进行设置。

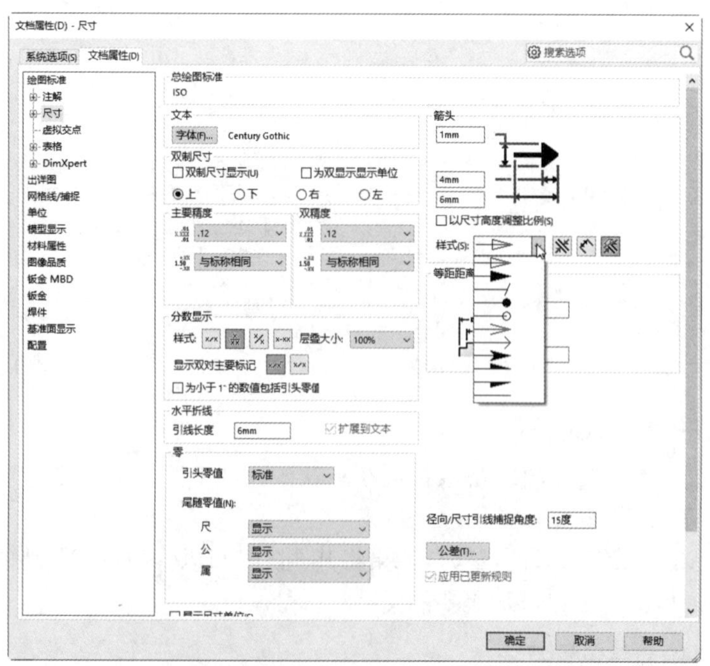

图 9-15　设置整个工程图的箭头样式对话框

9.1.3　标注基准特征符号

扫一扫，看视频

有些形位公差需要有参考基准特征，需要指定公差基准。

【执行方式】

➘ 工具栏：单击“注解”工具栏中的“基准特征”按钮。

➘ 菜单栏：选择“插入”→“注解”→“基准特征符号”菜单命令。

➘ 控制面板：单击“注解”控制面板中的“基准特征”按钮。

打开源文件“9.1.3.SLDDRW”。执行上述命令，打开“基准特征”属性管理器，并且在视图中出现标注基准特征符号的预览效果，如图 9-16 所示。在“基准特征”属性管理器中修改标注的基准特征。

【操作说明】

如果要编辑基准面符号，则双击基准面符号，在弹出的“基准特征”属性管理器中修改即可。

图 9-16　“基准特征”属性管理器

9.1.4　标注形位公差

扫一扫，看视频

为了满足设计和加工需要，需要在工程视图中添加形位公差，形位公差包括代号、公差值及原则等内容。SOLIDWORKS 软件支持 ANSI Y 14.5 几何和实际位置公差（ANSI Y 14.5 Geometric and True Position Tolerancing）准则。

【执行方式】

➘ 工具栏：单击“注解”工具栏中的“形位公差”按钮。

➘ 菜单栏：选择“插入”→“注解”→“形位公差”菜单命令。

➘ 控制面板：单击“注解”控制面板中的“形位公差”按钮。

打开源文件“9.1.4.SLDDRW”。执行上述命令，打开如图 9-17 所示的“形位公差”属性管理器。

（1）在图形区中单击，以放置形位公差。在弹出的下拉面板中选择形位公差符号，如图9-18所示。

（2）在弹出“公差”对话框中输入形位公差值，单击“完成”，如图9-19所示。

（3）单击“公差”文本框右侧的添加按钮，在弹出的快捷菜单中选择“基准”选项，如图9-20所示。

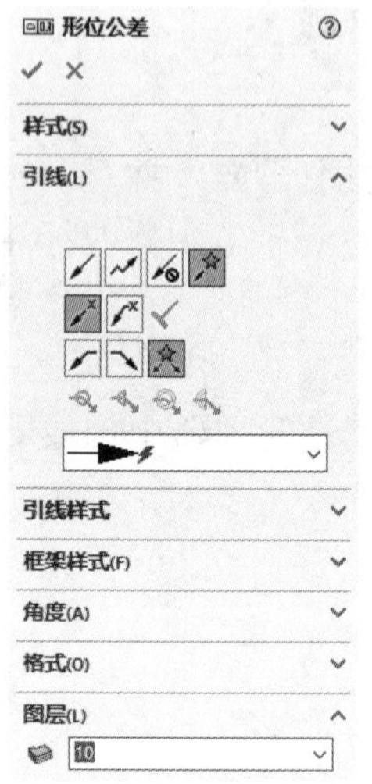

图 9-17 “形位公差”属性管理器

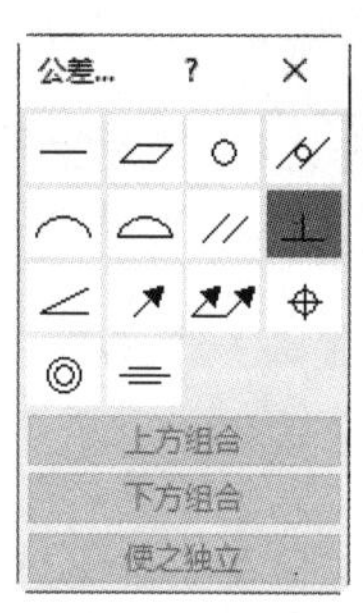

图 9-18 选择形位公差符号

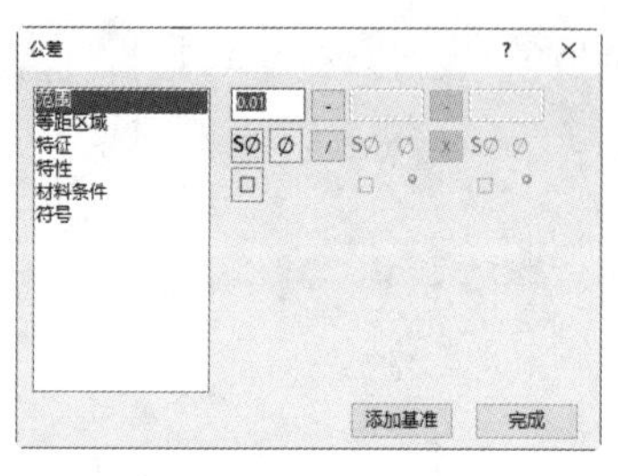

图 9-19 设置公差值

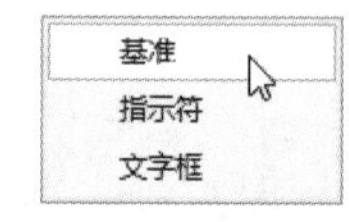

图 9-20 选择基准项

（4）在弹出的对话框中设置基准符号，如图9-21所示,单击“新添”按钮，继续添加基准符号，设置完基准符号之后，单击“完成”按钮。如图9-22所示为标注了形位公差的工程图。

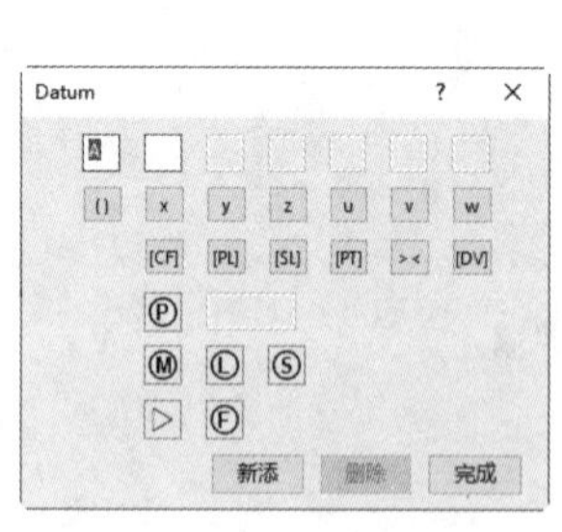

图 9-21 设置基准符号

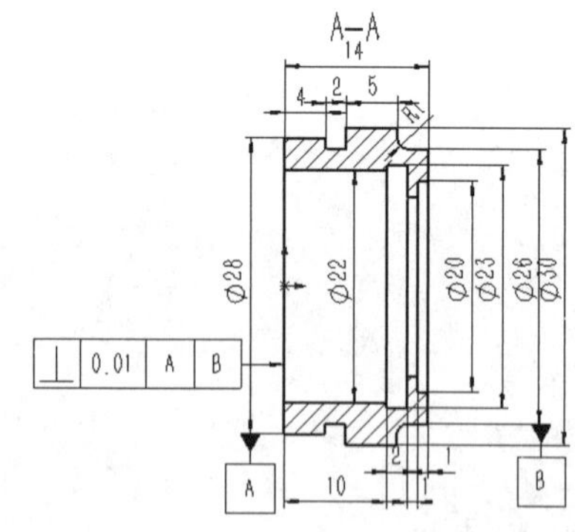

图 9-22 标注了形位公差的工程图

扫一扫，看视频

9.1.5 标注表面粗糙度符号

表面粗糙度表示零件表面加工的程度，因此，必须选择工程图中实体边线才能标注表面粗糙度符号。

【执行方式】

➘ 工具栏：单击“注解”工具栏中的“表面粗糙度”按钮√。

➘ 菜单栏：选择“插入”→“注解”→“表面粗糙度符号”菜单命令。

➘ 控制面板：单击“注解”控制面板中的“表面粗糙度符号”按钮√。

打开源文件“9.1.5.SLDDRW”。执行上述命令，打开“表面粗糙度”属性管理器，如图 9-23 所示。

【操作说明】

（1）单击“符号”选项组中的“要求切削加工”按钮√；在“符号布局”选项组中输入值 Ra3.2。

（2）选取要标注表面粗糙度符号的实体边缘位置，然后单击确认。

（3）在“角度”选项组中的“角度”文本框中输入值90，或者单击“旋转90°”按钮，标注的粗糙度符号旋转90°，然后单击确认标注的位置，如图9-24所示。

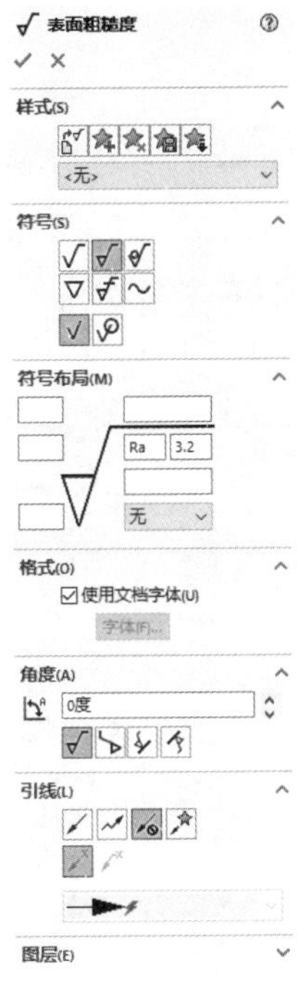

图 9-23 “表面粗糙度”属性管理器

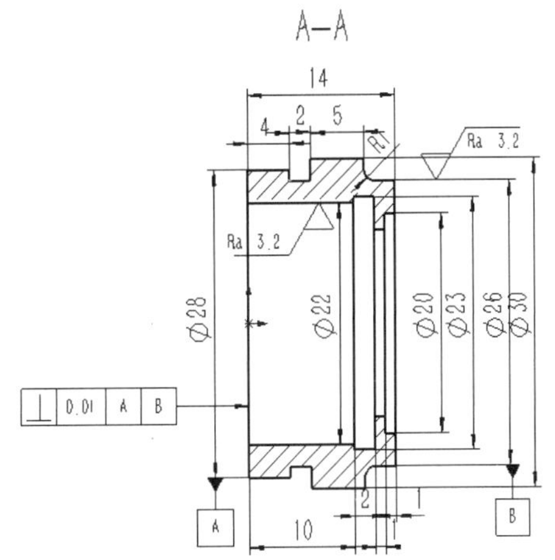

图 9-24 标注粗糙度符号后的工程图

9.1.6 添加注释

在尺寸标注的过程中，注释是很重要的因素，如技术要求等。

【执行方式】

➘ 工具栏：单击“注解”工具栏中的“注释”按钮A。

➘ 菜单栏：选择“插入”→“注解”→“注释”菜单命令。

➘ 控制面板：单击“注解”控制面板中的“注释”按钮A。

打开源文件“9.1.7.SLDDRW”。执行上述命令，打开“注释”属性管理器，单击“引线”选项组中的“无引线”按钮，然后在视图合适位置单击，确定添加注释的位置，如图 9-25 所示。此时系统弹出如图 9-26 所示的“格式化”工具栏，设置需要的字体和字号后，输入需要的注释文字。单击“确定”按钮✔，注释文字添加完毕。

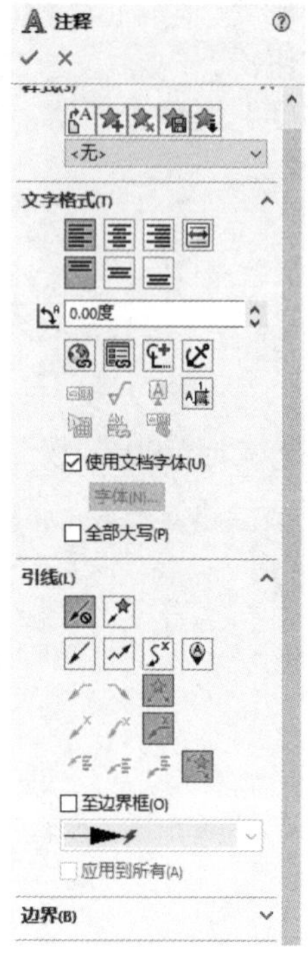

图 9-25　添加注解

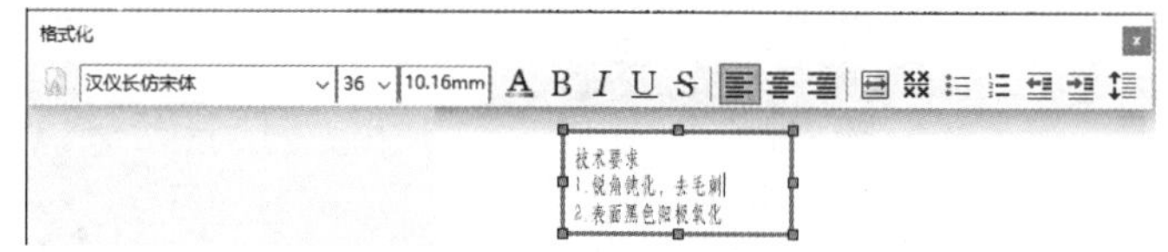

图 9-26　“格式化”工具栏

扫一扫，看视频

9.1.7　添加中心线

中心线常应用在旋转类零件的工程视图中，本节以添加如图 9-27 所示工程视图的中心线为例说明添加中心线的操作步骤。

【执行方式】

- 工具栏：单击“注解”工具栏中的“中心线”按钮。
- 菜单栏：选择“插入”→“注解”→“中心线”菜单命令。
- 控制面板：单击“注解”控制面板中的“中心线”按钮。

打开源文件“9.1.7.SLDDRW”。执行上述命令，打开如图 9-28 所示的“中心线”属性管理器。

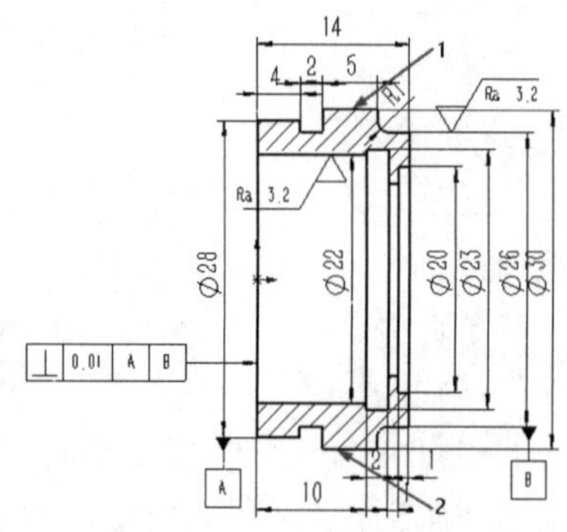

图 9-27　需要标注的视图

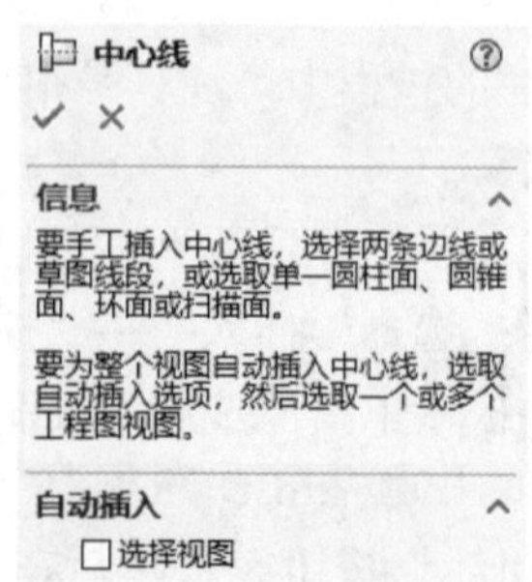

图 9-28　“中心线”属性管理器

【操作说明】

（1）单击如图9-27所示的边线1和边线2，添加中心线。结果如图9-29所示。

（2）单击添加的中心线，然后拖动中心线的端点，将其调节到合适的长度。结果如图9-30所示。

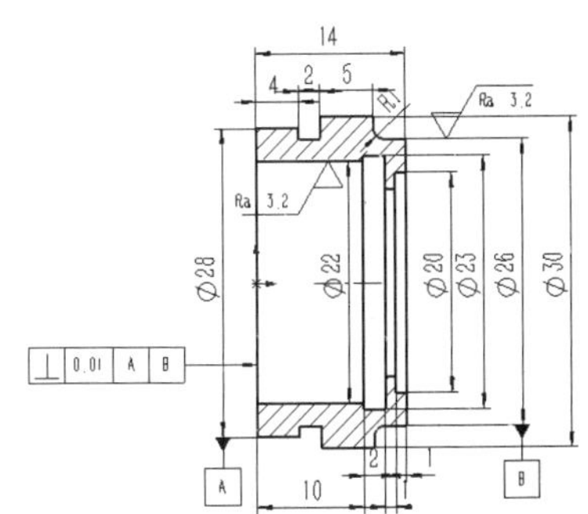

图 9-29　添加中心线后的视图

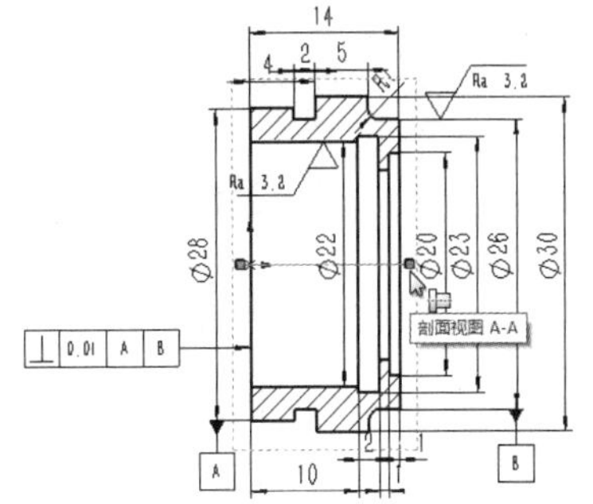

图 9-30　调节中心线长度后的视图

注意：

在添加中心线时，如果添加对象是旋转面，直接选择即可；如果投影视图中只有两条边线，则选择两条边线即可。

在工程视图中除了上面介绍的标注类型外，还有其他注解。例如，零件序号、装饰螺纹线、几何公差、孔标注、焊接符号等，这里不再赘述。如图 9-31 所示为一幅完整的工程图。

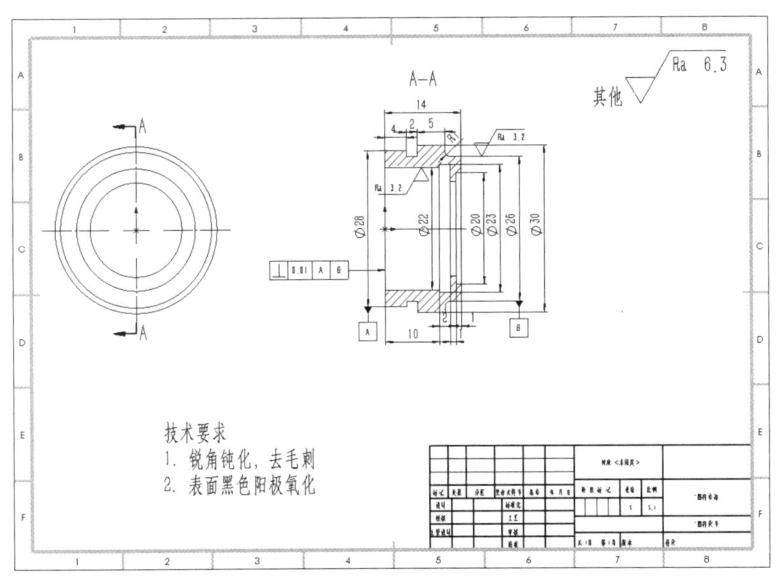

图 9-31　完整的工程图

9.1.8　实例——支撑轴零件工程图的创建

本实例是将如图 9-32 所示的齿轮泵支撑轴机械零件转化为工程图。零件图是用来表示零件结构形状、大小及技术要求的图样，是直接指导制造和检验零件的重要技术文件。首先放置一组视图，清晰合理地表达零件的各尺寸，标注粗糙度，最后标注基准符号。创建齿轮泵支撑轴零件工程图的过程如图 9-33 所示。

图 9-32　齿轮泵支撑轴机械零件

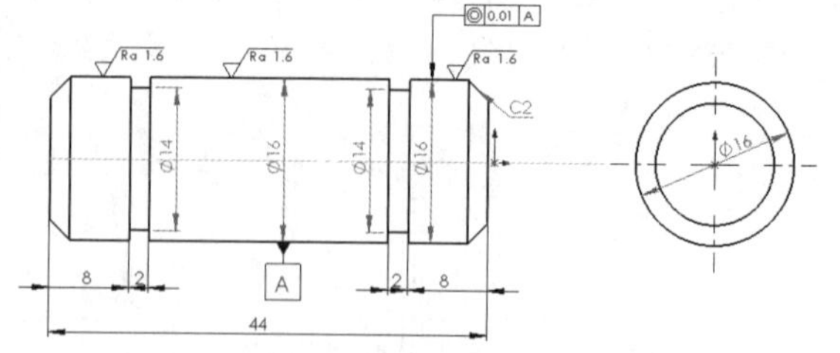

图 9-33　齿轮泵支撑轴零件工程图的创建过程

操作步骤　视频文件：动画演示\第 9 章\支撑轴零件工程图的创建.avi

（1）启动SOLIDWORKS 2022，单击“快速访问”工具栏中的“打开”按钮，在弹出的“打开”对话框中选择将要转化为工程图的零件文件。

（2）单击“快速访问”工具栏中的“从零件/装配图制作工程图”按钮，新建一张新图纸，在选中设计树中的“图纸1”上右击，选择“属性”命令，弹出“图纸属性”对话框，取消“显示图纸格式”复选框的选择（注：对于不同的系统设置，弹出的对话框会出现不同的结果）。选中“自定义图纸大小”单选按钮，并设置图纸尺寸，如图9-34所示。单击“应用更改”按钮，完成图纸设置。

（3）此时在右侧面将出现此零件的所有视图，如图9-35所示。将主视图拖动到图形编辑窗口，会出现如图9-36所示的放置框，在图纸中合适的位置放置主视图，如图9-37所示。

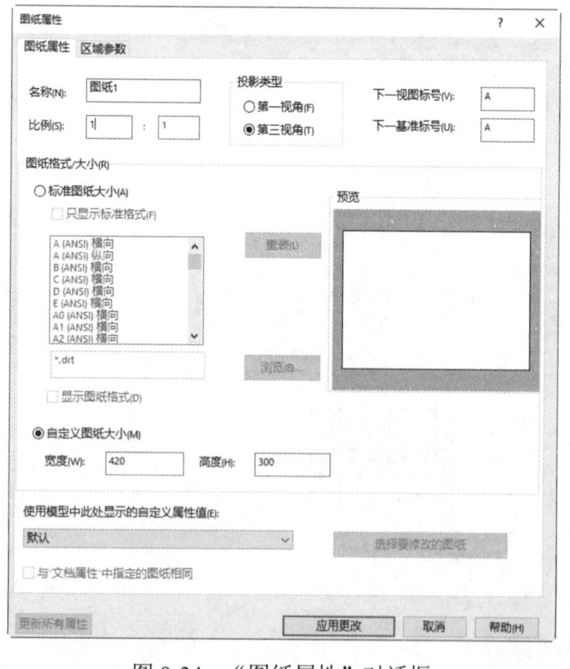

图 9-34　“图纸属性”对话框

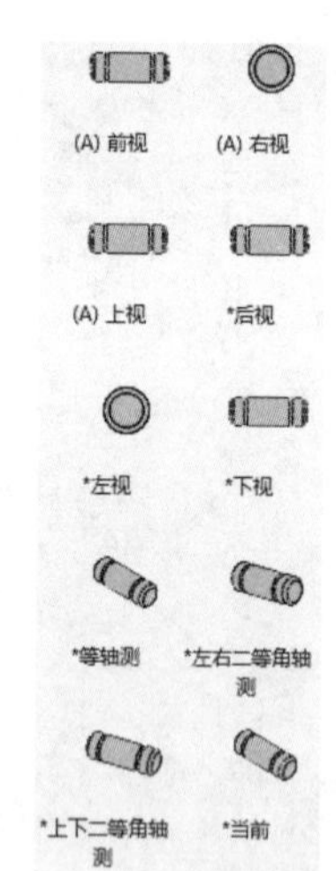

图 9-35　零件的所有视图

图 9-36　放置框

（4）利用同样的方法，在图形区放置左视图（由于该零件图比较简单，故俯视图没有标出），视图的相对位置如图9-38所示。

（5）在选中设计树中右击“图纸1”，在弹出的快捷菜单中单击“属性”按钮，弹出“图纸属性”对话框。在“比例”文本框中将比例设置成2:1，如图9-39所示，单击“应用更改”按钮，三视图将在图形区显示成放大一倍的状态。

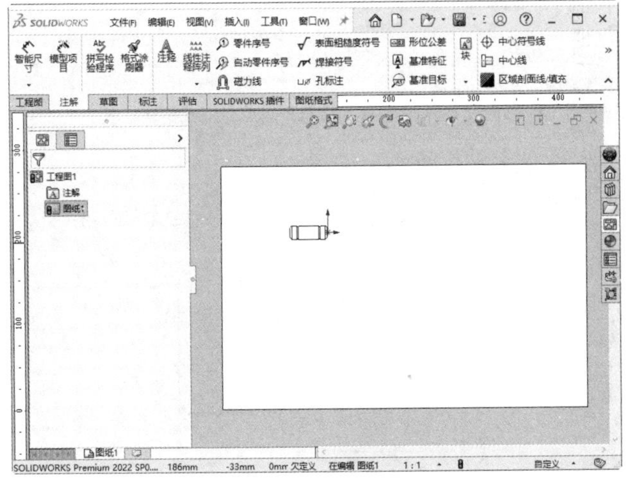

图 9-37　主视图

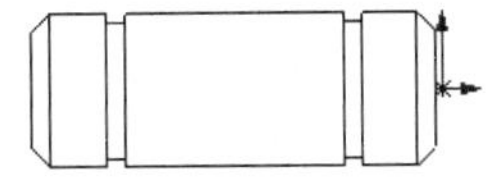

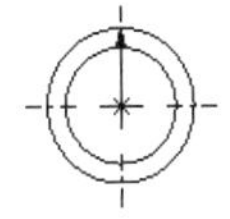

图 9-38　视图的相对位置

（6）单击“注解”控制面板中的“模型项目”按钮，弹出“模型项目”属性管理器。各参数设置如图9-40所示，单击“确定”按钮，此时在视图中会自动显示尺寸，如图9-41所示。

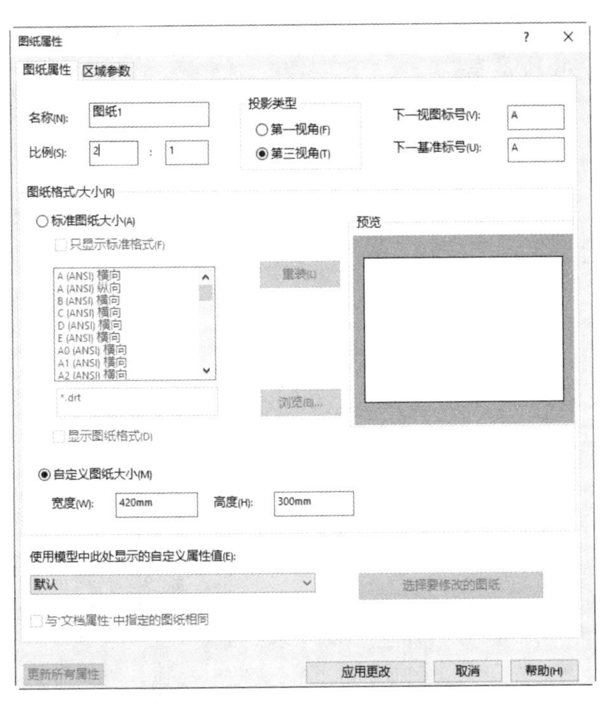

图 9-39　“图纸属性”对话框

图 9-40　“模型项目”属性管理器

（7）在主视图中单击选取要移动的尺寸，按住鼠标左键移动光标位置，即可在同一视图中动态地移动尺寸位置。选中多余的尺寸，然后按Delete键即可将多余的尺寸删除，调整后的主视图如图9-42所示（若标注尺寸的字体不合适，则可以通过以下步骤更改：“工具”→“选项”→“文档属性”→“尺寸”→“字体”）。

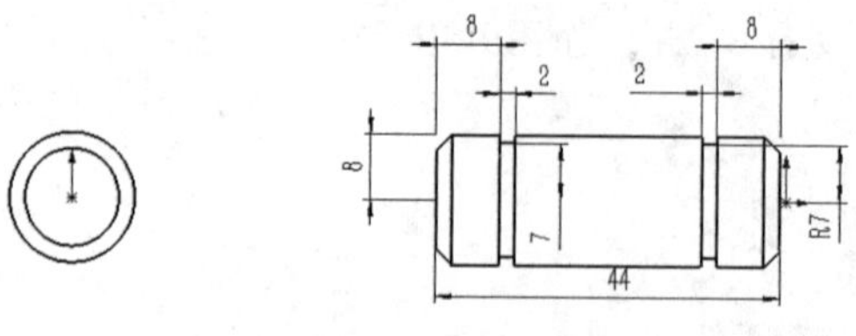

图 9-41　显示尺寸

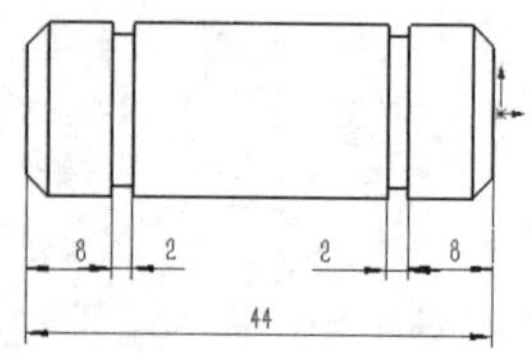

图 9-42　调整后的主视图

（8）利用同样的方法可以调整左视图，调整尺寸后的左视图如图9-43所示。

（9）单击"草图"控制面板中的"中心线"按钮，在主视图中绘制中心线，如图9-44所示。

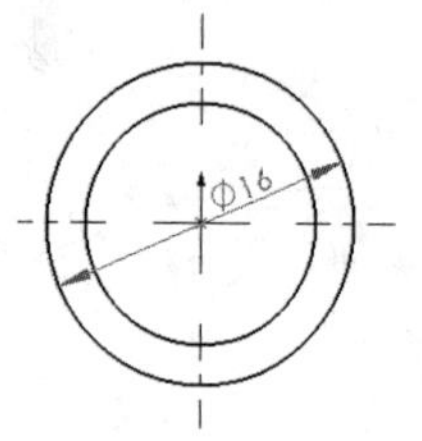

图 9-43　调整尺寸后的左视图

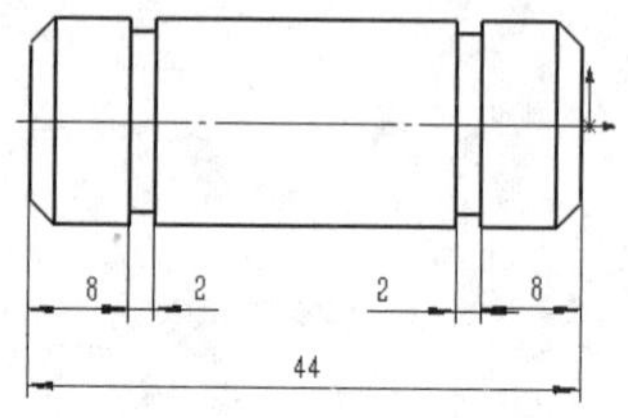

图 9-44　绘制中心线

（10）单击"草图"控制面板中的"智能尺寸"按钮，标注视图中的尺寸，在标注过程中将不符合国标的尺寸删除。在标注尺寸时会弹出"尺寸"属性管理器，如图9-45所示，可以修改尺寸的公差、符号等。例如，要在尺寸前加直径符号，只需在"标注尺寸文字"选项组的DIM前单击，在下面选取直径符号即可。添加尺寸如图9-46所示。

（11）单击"注解"控制面板中的"表面粗糙度符号"按钮，系统弹出"表面粗糙度"属性管理器，各参数设置如图9-47所示。

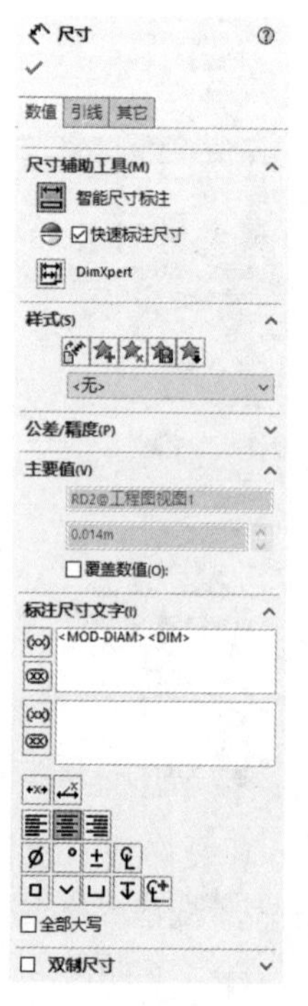

图 9-45　"尺寸"属性管理器

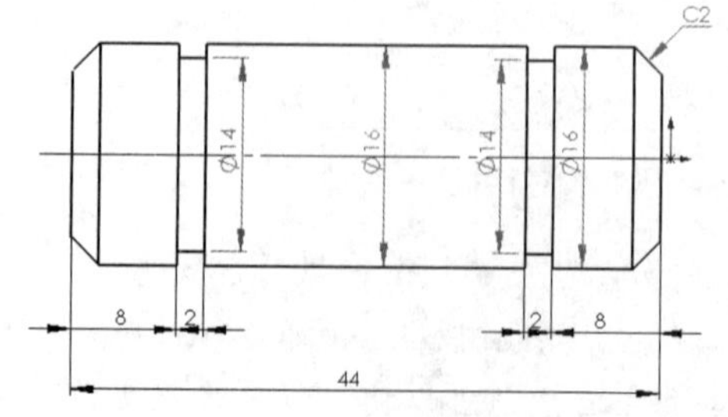

图 9-46　添加尺寸

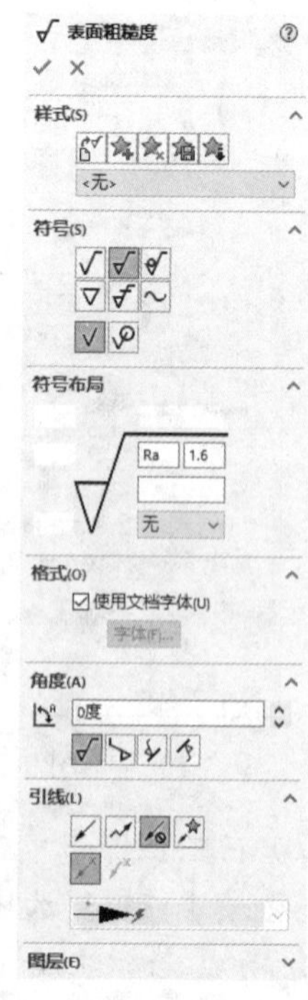

图 9-47　"表面粗糙度"属性管理器

（12）设置完成后，移动光标到需要标注表面粗糙度的位置并单击，然后单击“确定”按钮✔，表面粗糙度即可标注完成，标注表面粗糙度效果如图9-48所示。

（13）单击“注解”控制面板中的“基准特征”按钮，弹出“基准特征”属性管理器，各参数设置如图9-49所示。

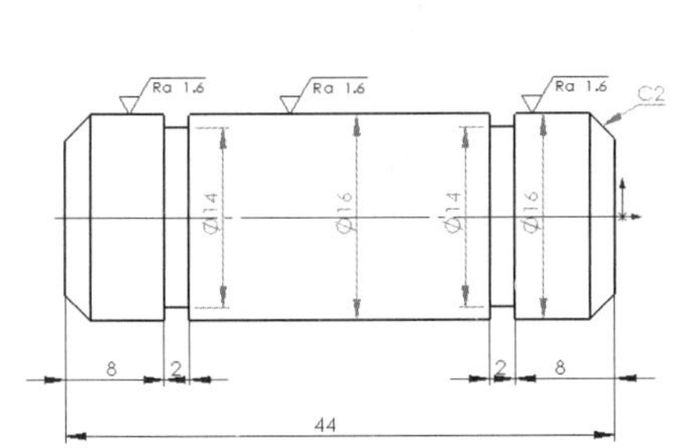

图 9-48　标注表面粗糙度效果

图 9-49　“基准特征”属性管理器

（14）设置完成后，移动光标到需要添加基准特征的位置并单击，然后拖动光标到合适的位置再次单击即可完成标注。单击“确定”按钮✔即可在图中添加基准符号，如图9-50所示。

（15）单击“注解”控制面板中的“形位公差”按钮，弹出“形位公差”属性管理器。在“形位公差”属性管理器中设置各参数，如图9-51所示；设置完成后，移动光标到需要添加形位公差的位置单击，弹出“公差”对话框，如图9-52所示。

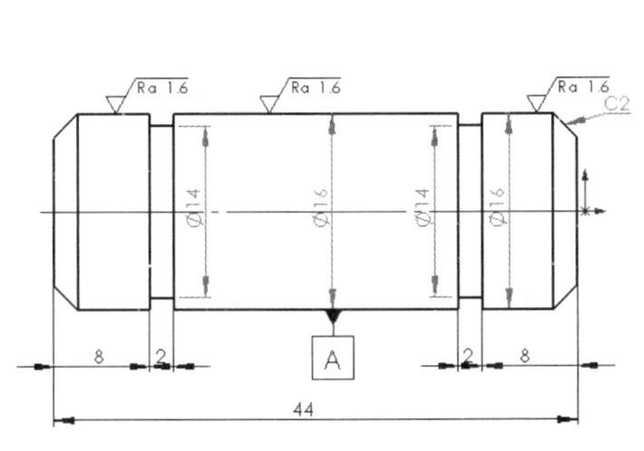

图 9-50　添加基准符号

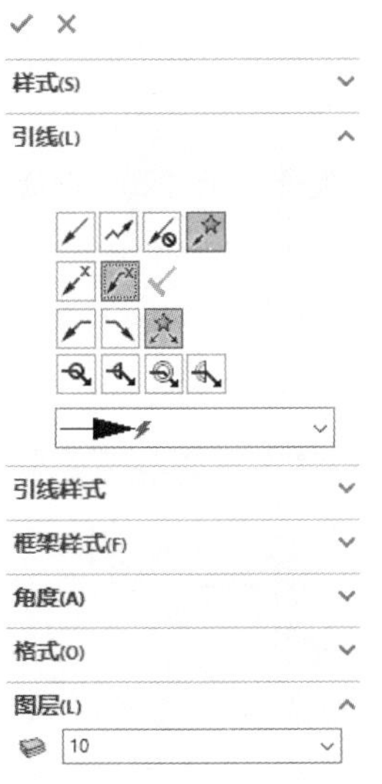

图 9-51　“形位公差”属性管理器

图 9-52　“公差”对话框

（16）依次设置公差符号、公差值和基准符号，即可在图中添加形位公差符号，如图9-53所示。

（17）选择主视图中的所有尺寸，在“尺寸”属性管理器的“尺寸界线/引线显示”选项组中选择实心箭头，如图9-54所示。单击“确定”按钮✔，修改后的主视图如图9-55所示。

（18）利用同样的方法修改左视图中尺寸的属性，最终可以得到如图9-56所示的工程图。

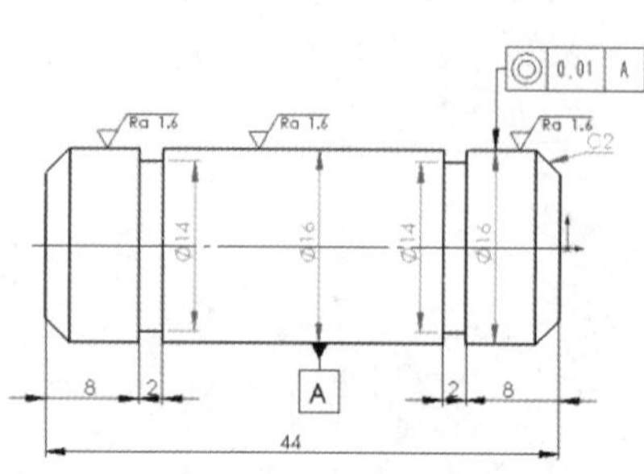

图 9-53　添加形位公差

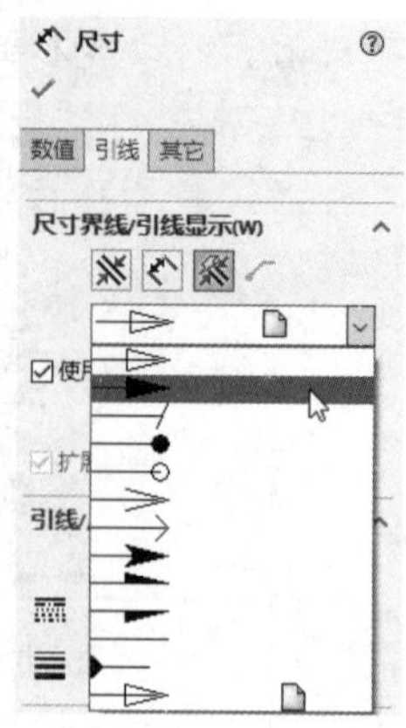

图 9-54　“尺寸”属性管理器

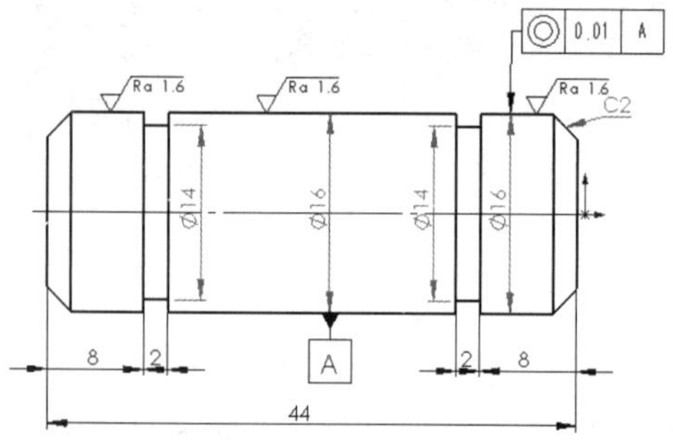

图 9-55　修改后的主视图

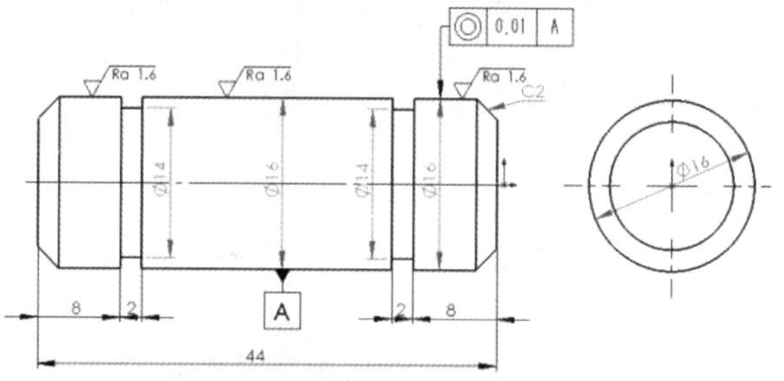

图 9-56　工程图

扫一扫，看视频

练一练——标注阀体工程图

思路点拨：

打开原始文件中的阀体视图，对其标注尺寸和粗糙度并添加技术要求，如图 9-57 所示。

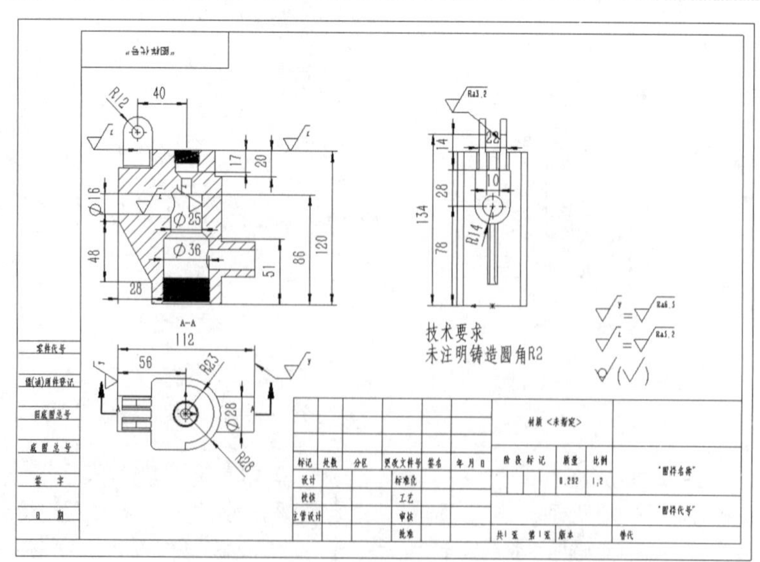

图 9-57　标注阀体工程图

扫一扫，看视频

9.2 综合实例——齿轮泵装配体工程图的创建

本实例将图 9-58 所示的齿轮泵总装配体机械零件转化为工程图。装配图是表达机器或部件的图样，通常用来表达机器或部件的工作原理及零件、部件间的装配关系。装配体工程图的创建过程与创建支撑轴零件工程图的创建过程和步骤基本相同，创建齿轮泵总装配体工程图的过程如图 9-59 所示。

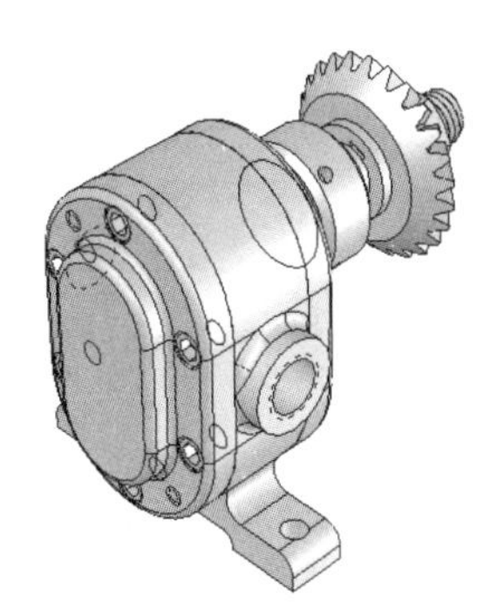
图 9-58 齿轮泵总装配体机械零件

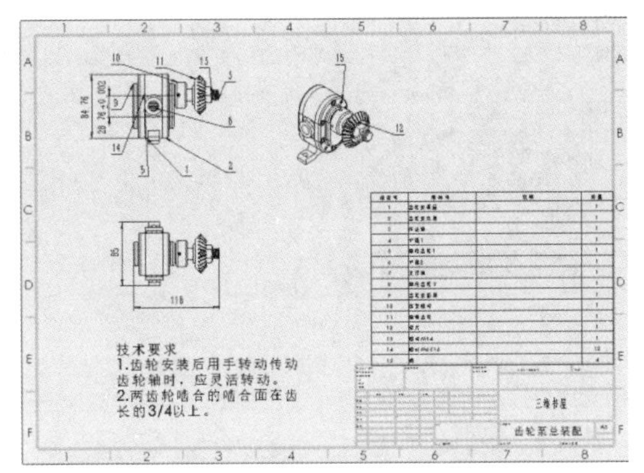

图 9-59 齿轮泵总装配体工程图的创建过程

操作步骤 视频文件：动画演示\第 9 章\齿轮泵装配体工程图的创建.avi

（1）启动SOLIDWORKS 2022，单击“快速访问”工具栏中的“打开”按钮，在弹出的“打开”对话框中选择将要转化为工程图的总装配图文件。

（2）单击“快速访问”工具栏中的“从零件/装配体制作工程图”按钮，新建一张新图纸，在选中设计树中右击“图纸1”，选择“属性”命令，弹出“图纸属性”对话框。选中“标准图纸大小”单选按钮并设置图纸尺寸，如图9-60所示。单击“应用更改”按钮，完成图纸设置。

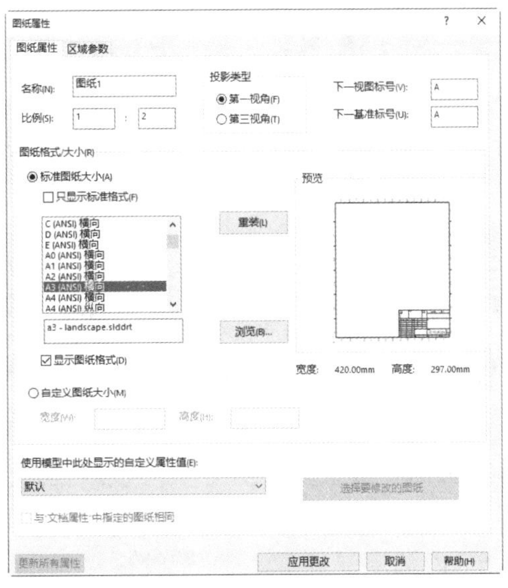

图 9-60 “图纸属性”对话框

（3）在图形区放入主视图。单击“工程图”控制面板中的“模型视图”按钮，弹出的“模型视图”属性管理器如图 9-61 所示。双击“齿轮泵总装配图”文件。选择完成后单击“模型视图”属性管理器中的“下一步”按钮。参数设置如图 9-62 所示。此时在图形区会出现如图 9-63 所示的放置框，在图纸中合适的位置放置主视图，如图 9-64 所示。放置完主视图后将光标下移，发现俯视图的预览会跟随光标出现（主视图与其他两个视图有固定的对齐关系，当移动它时，其他的视图也会跟着移动。其他两个视图可以独立移动，但是只能水平或垂直于主视图移动）。选择合适的位置放置俯视图，如图 9-65 所示。

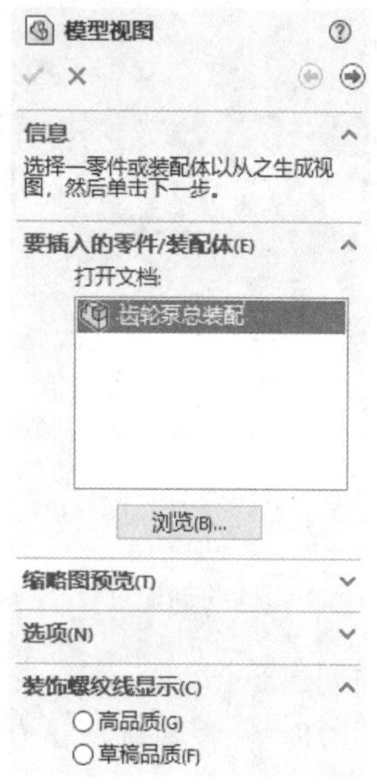

图 9-61　“模型视图”属性管理器

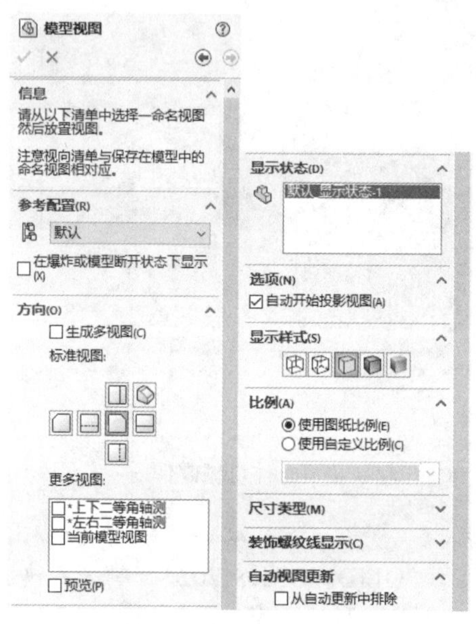

图 9-62　模型视图参数设置

（4）利用同样的方法在图形区右上角放置轴测图，如图9-66所示。

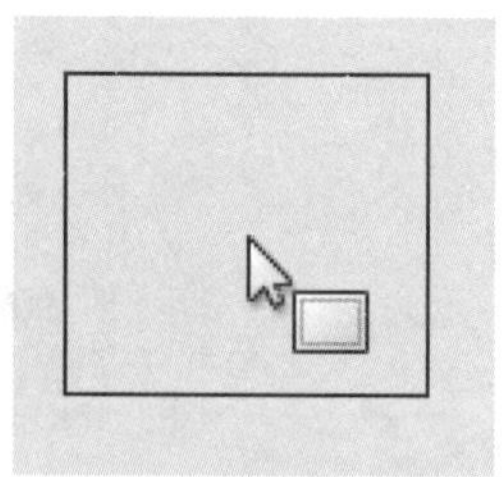

图 9-63　放置框

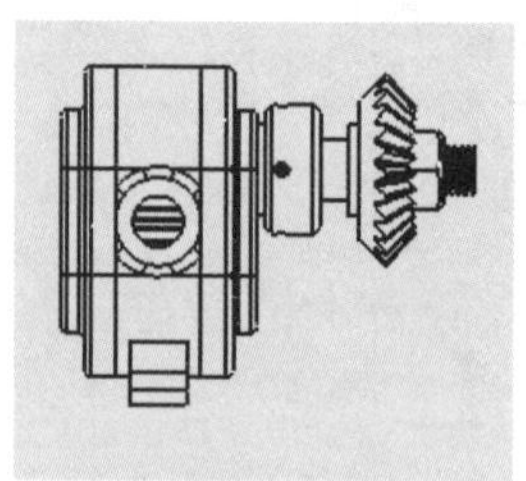

图 9-64　主视图

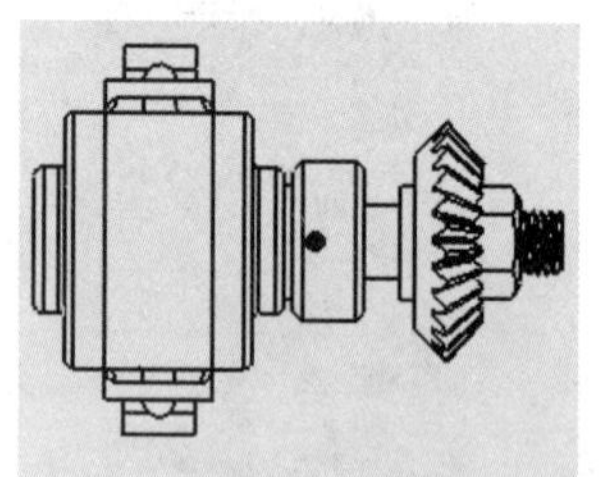

图 9-65　俯视图

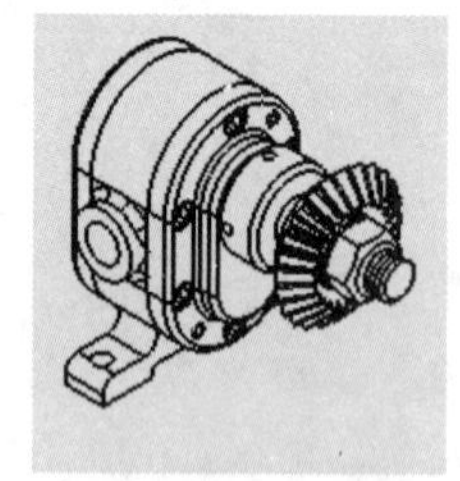

图 9-66　轴测图

（5）单击“注解”控制面板中的“自动零件序号”按钮，在图形区分别单击主视图和轴测图将自动生成零件的序号，零件序号会插入适当的视图中，不会重复。在弹出的“自动零件序号”属性管理器中可以设置零件序号的布局、样式等，具体参数设置如图9-67所示，自动生成的零件序号如图9-68所示。

（6）下面为视图生成材料明细表，工程图可包含基于表格的材料明细表或基于Excel的材料明细表，但不能包含两者。选择菜单栏中的“插入”→“表格”→“材料明细表”命令，单击“表格”工具栏中的“材料明细表”按钮，或者单击“注解”控制面板的“表格”下拉列表中的“材料明细表”按钮，选择刚才创建的主视图，弹出“材料明细表”属性管理器，设置如图9-69

所示。单击“确定”按钮✔，在图形区将出现跟随光标的材料明细表表格，在图框的右下角单击确定定位点。创建明细表后的效果如图9-70所示。

图 9-67 “自动零件序号”属性管理器

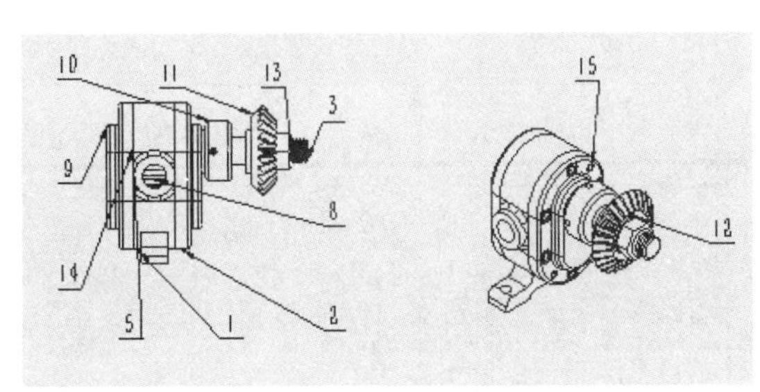

图 9-68 自动生成的零件序号

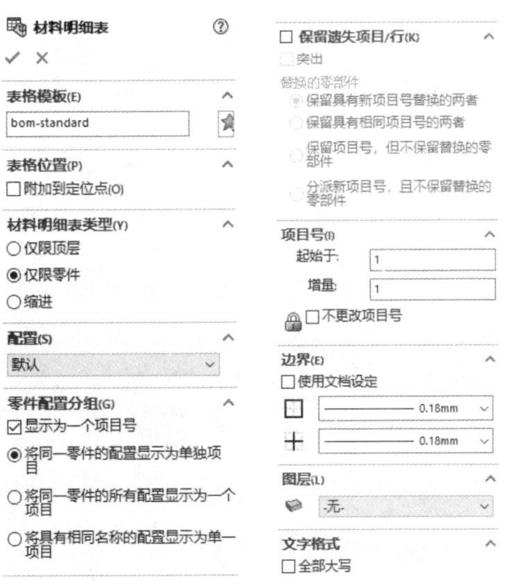

图 9-69 “材料明细表”属性管理器

（7）下面为视图创建装配必要的尺寸。单击“草图”控制面板中的“智能尺寸”按钮，标注视图中的尺寸，如图9-71所示。

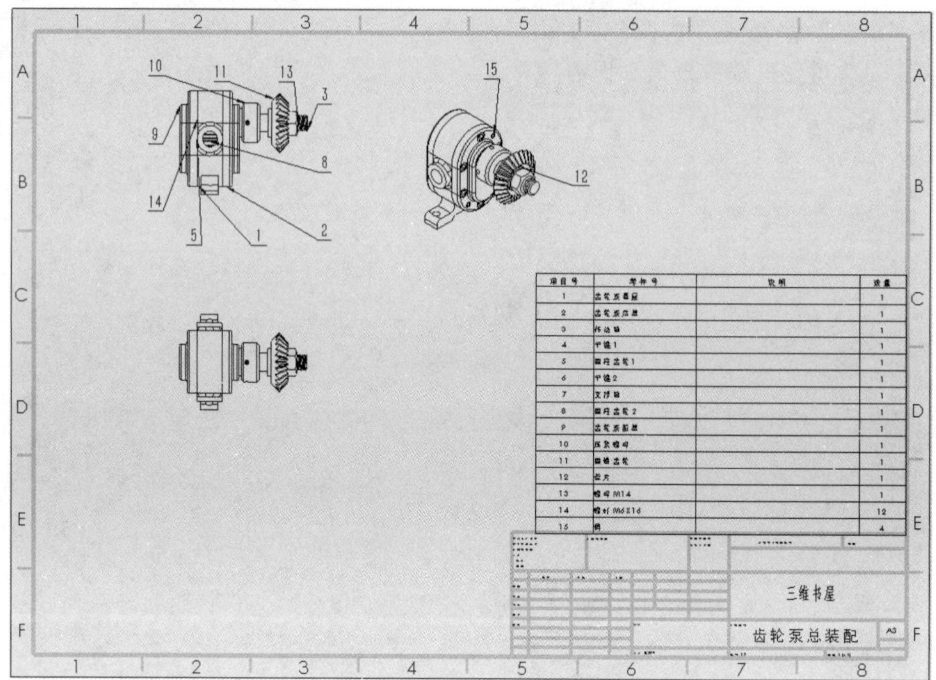

图 9-70　创建明细表

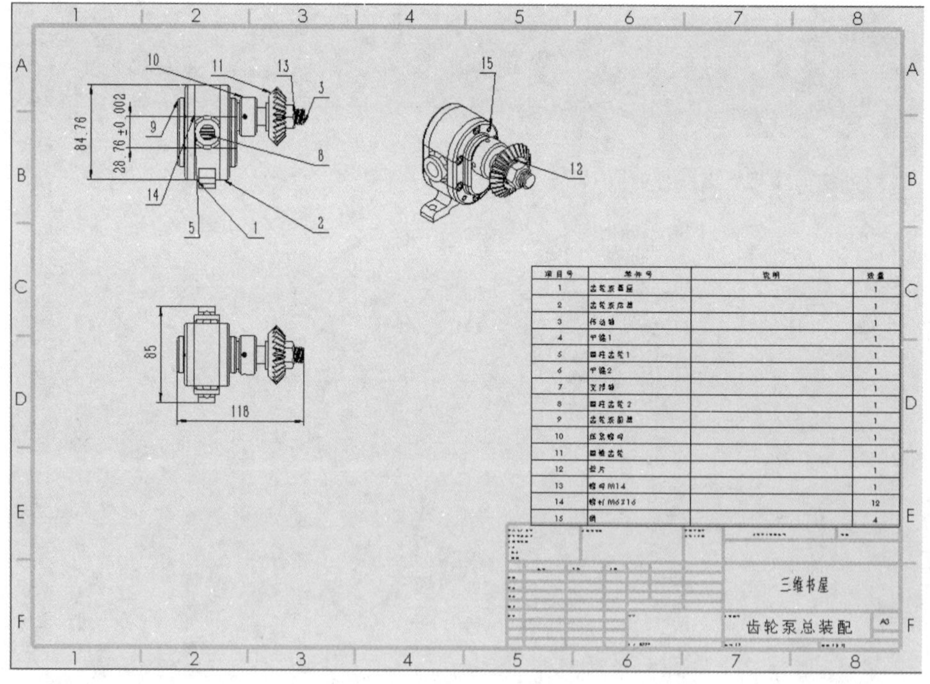

图 9-71　标注尺寸

（8）选择视图中的所有尺寸，在“尺寸”属性管理器的“尺寸界线/引线显示”选项组中选择实心箭头。单击“确定”按钮✔，修改后的视图如图9-72所示。

（9）单击“注解”控制面板中的“注释”按钮**A**，为工程图添加注释部分。最终结果如图9-59所示。

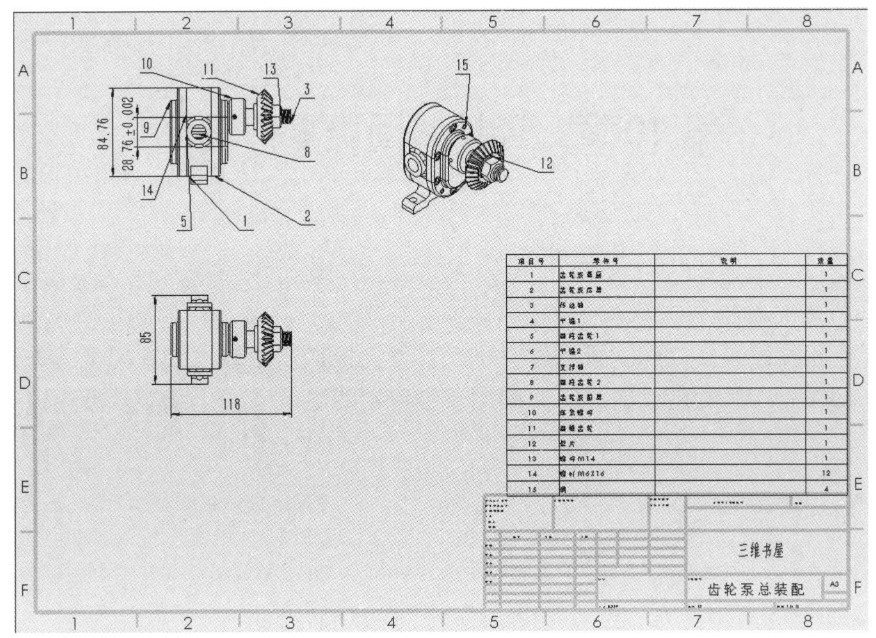

图 9-72　修改后的视图

扫一扫，看视频

练一练——机械臂装配体工程图

绘制机械臂装配体工程图。

思路点拨：

本例将通过如图 9-73 所示机械臂装配体的工程图创建实例，综合利用前面所学的知识讲述利用 SOLIDWORKS 的工程图功能创建工程图的一般方法和技巧。绘制的工程图如图9-74 所示。

图 9-73　机械臂装配体

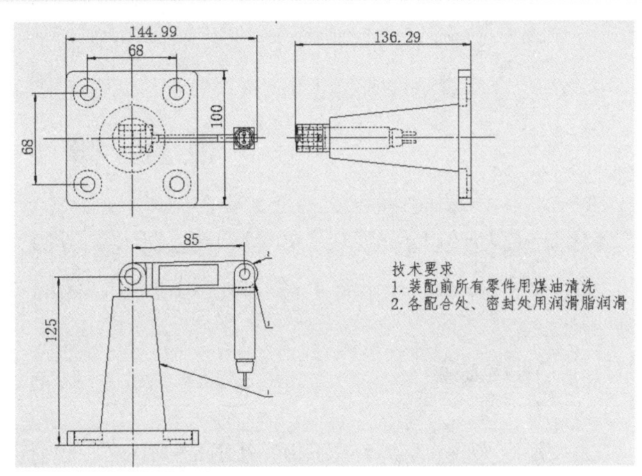

图 9-74　机械臂装配工程图

第 10 章　连接紧固类零件设计

内容简介

螺钉、螺栓和螺母是最常用的紧固件之一，这种连接构造简单、成本较低、安装方便、使用不受被连接材料限制。因而应用广泛，一般用于被连接厚度尺寸较小或能从被连接件两边进行安装的场合。

内容要点

- 螺栓
- 管接头类零件

案例效果

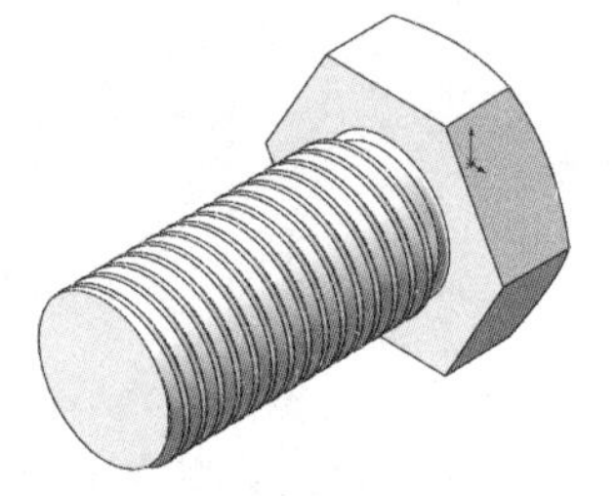
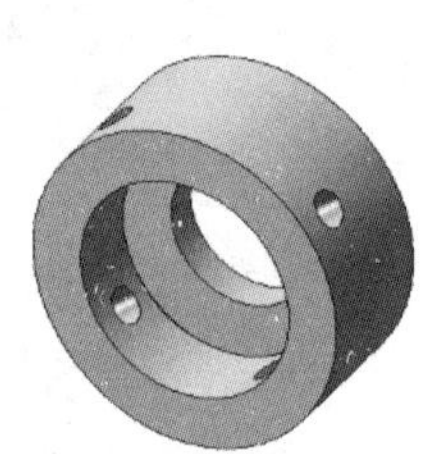

扫一扫，看视频

10.1　螺　　栓

本例严格按照螺栓的基本尺寸建模，利用了拉伸、切除-旋转、圆角、切除-扫描等建模特征，并讲解了螺旋线的生成。创建的螺栓如图 10-1 所示。

图 10-1　螺栓

10.1.1　创建螺帽

（1）新建文件。启动 SOLIDWORKS 2022，选择菜单栏中的“文件”→“新建”命令，或单击“快速访问”工具栏中的“新建”按钮，在弹出的“新建SOLIDWORKS文件”对话框中依次单击“零件”按钮和“确定”按钮，创建一个新的零件文件。

（2）设置基准面。在FeatureManager设计树中选择“前视基准面”作为绘图基准面，单击“草图绘制”按钮，新建一张草图。

（3）绘制螺帽草图。单击“草图”控制面板中的“多边形”按钮，绘制一个以原点为中心、内切圆直径为30mm的正六边形。

（4）创建拉伸实体。单击“特征”控制面板中的“拉伸凸台/基体”按钮，弹出如图10-2所示的“凸台-拉伸”属性管理器，在“深度”文本框中输入12.50mm，单击“确定”按钮。结果如图10-3所示。

图 10-2 “凸台-拉伸”属性管理器

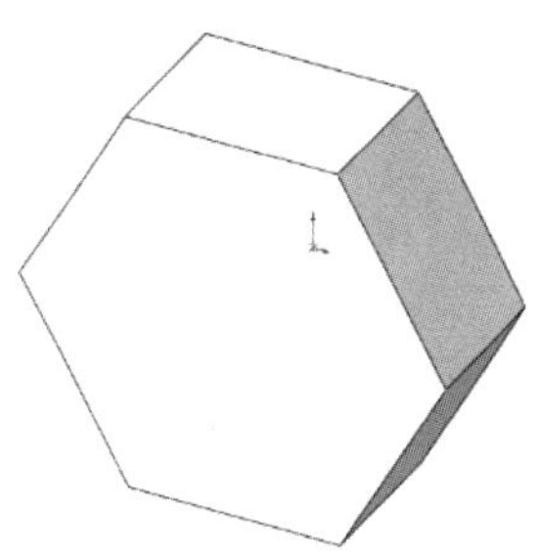

图 10-3 拉伸实体

10.1.2 创建螺柱及倒角

1. 创建螺柱

（1）设置基准面。选择基体的顶面，然后单击“视图（前导）”工具栏中的“正视于”按钮，将该表面作为绘制图形的基准面。

（2）绘制螺柱草图。单击“草图”控制面板中的“圆”按钮。绘制一个以原点为圆心、直径为20mm的圆作为螺柱的草图轮廓。

（3）创建拉伸实体。单击“特征”控制面板中的“拉伸凸台/基体”按钮。系统弹出“凸台-拉伸”属性管理器，在“深度”文本框中输入40，单击“确定”按钮。拉伸实体如图10-4所示。

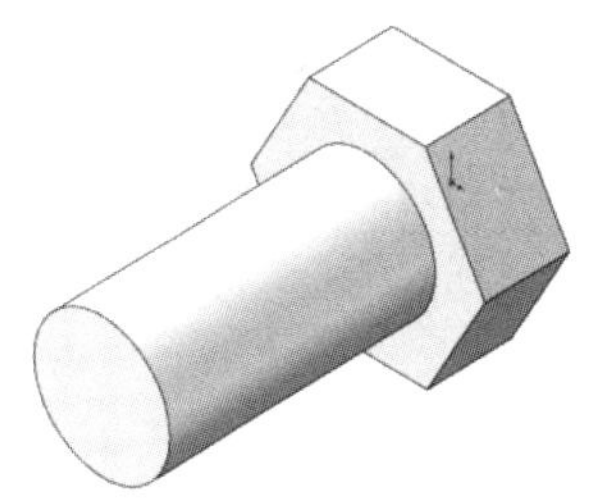

图 10-4 拉伸实体

2. 创建倒角

（1）设置基准面。在FeatureManager设计树中选择“上视基准面”作为绘图基准面。单击“草图绘制”按钮，新建一张草图。

（2）绘制草图中心线。单击“草图”控制面板中的“中心线”按钮，绘制一条与原点相距3mm的水平中心线和竖直中心线。

（3）绘制轮廓。单击“草图”控制面板中的“直线”按钮并标注尺寸，绘制如图 10-5 所示的直 线轮廓。

（4）切除旋转实体。单击“特征”控制面板中的“旋转切除”按钮。在弹出的提示对话框中单 击“是”按钮，如图 10-6 所示。在弹出的“切除-旋转”属性管理器中保持各种默认选项，即旋转类型为“给定深度”，旋转角度为 360.00 度，如图 10-7 所示。单击“确定”按钮，生成切

除 - 旋转特征，如图 10-8 所示。

（5）绘制轮廓。单击“草图”工具栏中的“直线”按钮并标注尺寸，绘制如图10-5所示的直线轮廓。

（6）切除旋转实体。单击“特征”控制面板中的“切除旋转”按钮。在弹出的提示对话框中单击“是”按钮，如图10-6所示。在弹出的“旋转”属性管理器中保持各种默认选项，即旋转类型为“给定深度”，旋转角度为360.00°，如图10-7所示。单击“确定”按钮，生成切除-旋转特征，如图10-8 所示。

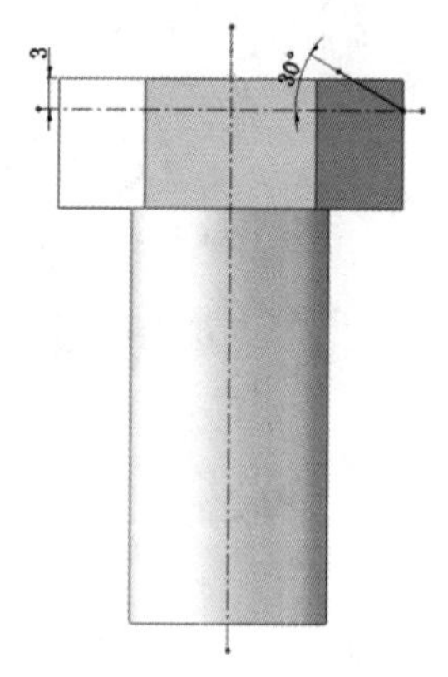

图 10-5　切除 - 旋转草图轮廓

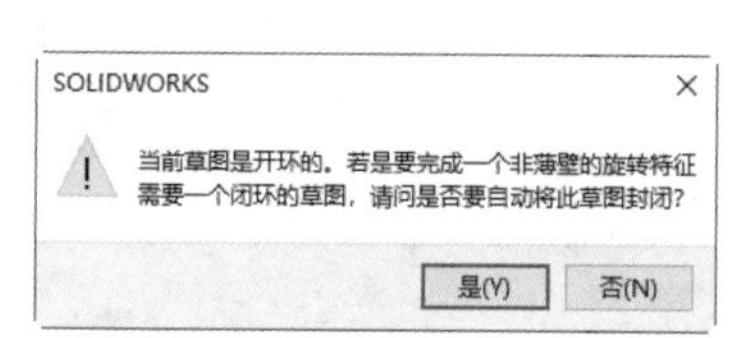

图 10-6　提示对话框

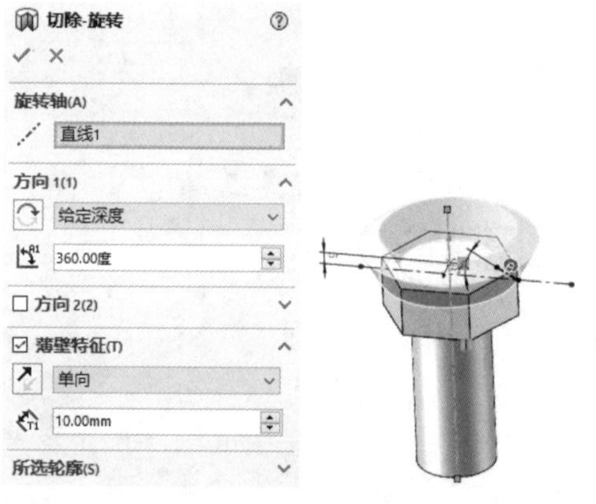

图 10-7　旋转切除实体图

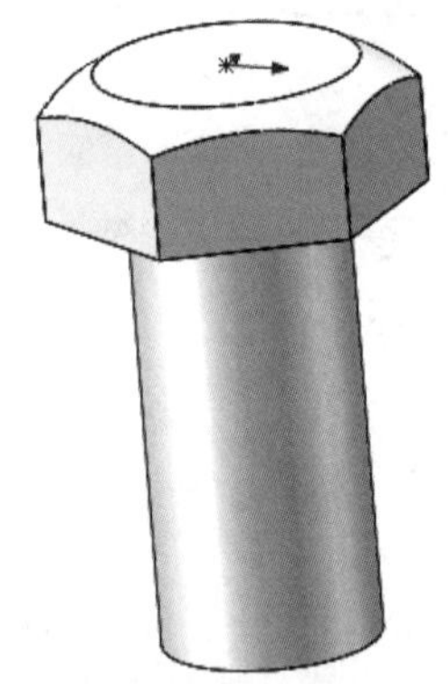

图 10-8　切除实体结果

10.1.3　创建螺纹及生成退刀槽

1. 创建螺纹

（1）设置基准面。在FeatureManager设计树中选择“上视基准面”作为绘图基准面。单击“草图绘制”按钮，新建一张草图。

（2）绘制螺纹草图。单击“草图”控制面板中的“直线”按钮和“中心线”按钮，绘制切除轮廓并标注尺寸，如图10-9所示，如图10-10所示为其放大图。然后单击绘图区右上角的“退出草图”按钮。

（3）设置基准面。选择螺柱的底面，单击“草图绘制”按钮，新建一张草图。

（4）转换实体引用。单击“草图”控制面板中的“转换实体引用”按钮，将该底面的轮廓圆转换为草图轮廓。

（5）绘制螺旋线。单击“特征”控制面板“曲线”下拉列表中的“螺旋线/涡状线”按钮，弹出“螺旋线/涡状线”属性管理器。选择定义方式为“高度和螺距”，设置螺纹高度为38.00mm、螺距为2.50mm、起始角度为0.00°，选中“反向”复选框，选择方向为“顺时针”，如图10-11所示。最后单击“确定”按钮，生成螺旋线作为切除特征的路径，如图10-12所示。

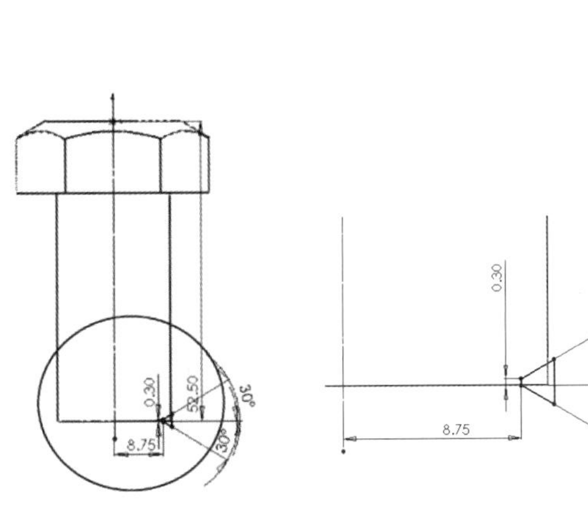

图 10-9　绘制草图

图 10-10　草图放大图

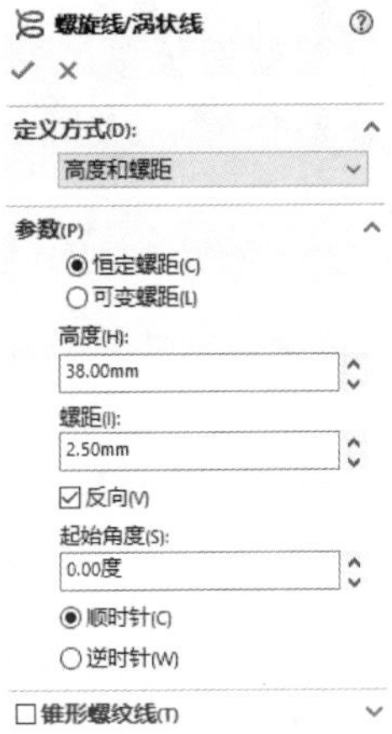

图 10-11　“螺旋线/涡状线”属性管理器

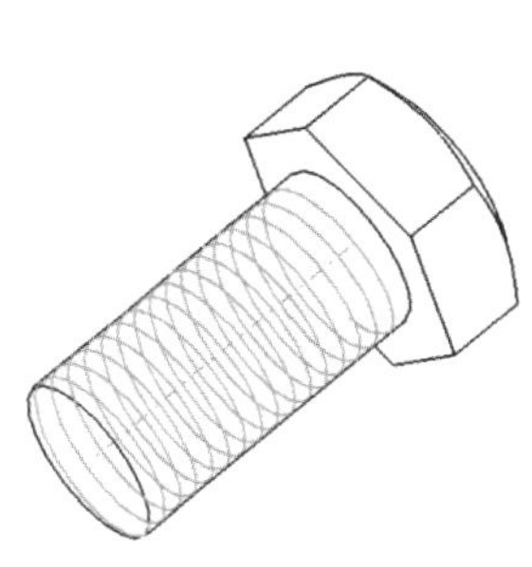

图 10-12　生成的螺旋线作为切除特征的路径

（6）生成螺纹。单击“特征”控制面板中的“切除扫描”按钮，弹出“切除-扫描”属性管理器。单击“轮廓”按钮，选择绘图区中的牙形草图。单击“路径”按钮，选择螺旋线作为路径草图，如图10-13所示。单击“确定”按钮，生成的螺纹如图10-14所示。

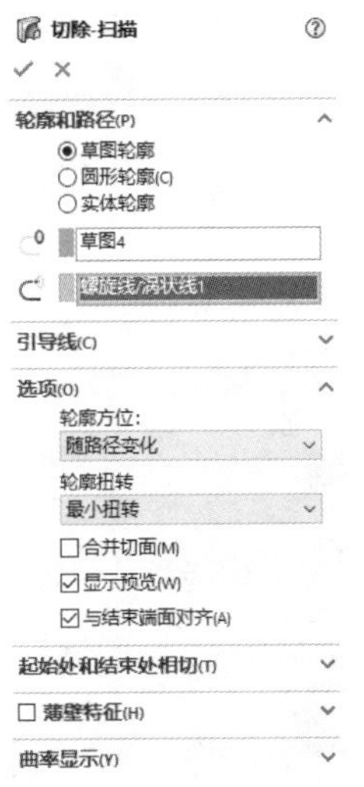

图 10-13　“切除-扫描”属性管理器

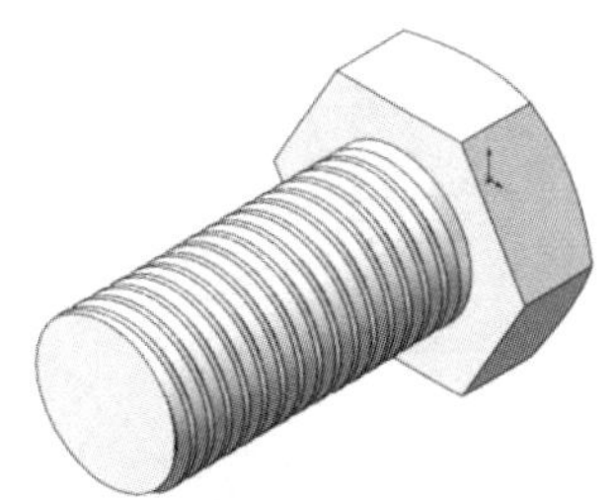

图 10-14　生成的螺纹

2. 生成退刀槽

（1）设置基准面。在FeatureManager设计树中选择“上视基准面”作为绘图基准面。然后单击

“视图（前导）”工具栏中的“正视于”按钮，将该表面作为绘制图形的基准面，新建一张草图。

（2）绘制草图。单击“草图”控制面板中的“中心线”按钮，绘制一条通过原点的竖直中心线作为切除-旋转特征的旋转轴。单击“草图”控制面板中的“边角矩形”按钮并对其进行标注，如图10-15所示，图10-16为其放大图。

（3）创建切除旋转实体。单击“特征”控制面板中的“切除旋转”按钮，弹出如图10-17所示的“切除-旋转”属性管理器，保持默认设置。单击“确定”按钮，生成退刀槽。效果如图10-18所示。

（4）圆角。单击“特征”控制面板中的“圆角”按钮，弹出“圆角”属性管理器。选择退刀槽的边线为倒圆角边，设置圆角半径为0.80mm，单击“确定”按钮，如图10-19所示。

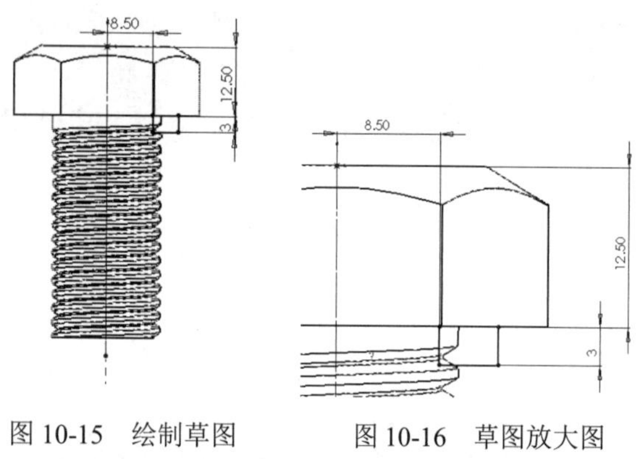

图 10-15 绘制草图

图 10-16 草图放大图

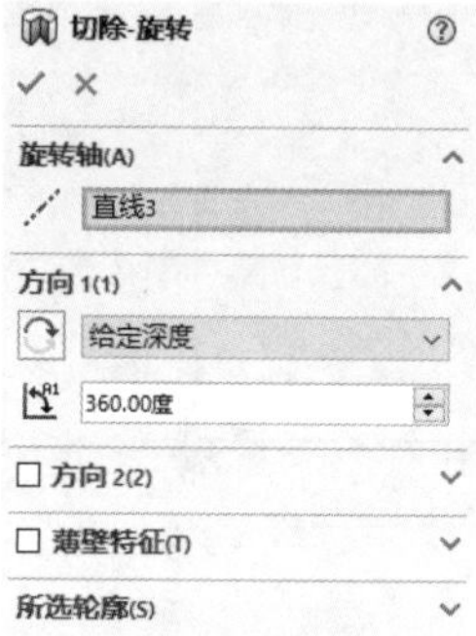

图 10-17 “切除-旋转”属性管理器

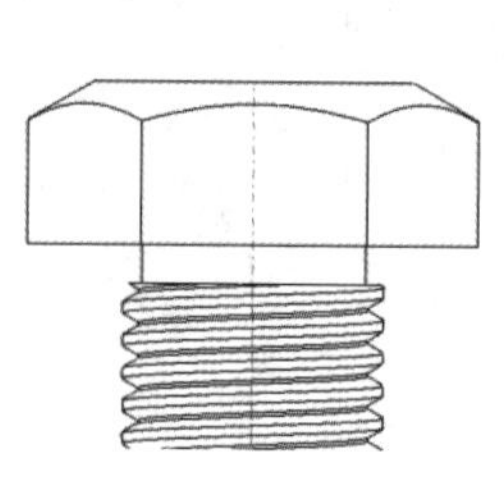

图 10-18 退刀槽效果

（5）保存文件。选择菜单栏中的“文件”→“保存”命令，将零件文件保存为“螺栓M 20.SLDPRT”。最后的效果如图10-20所示。

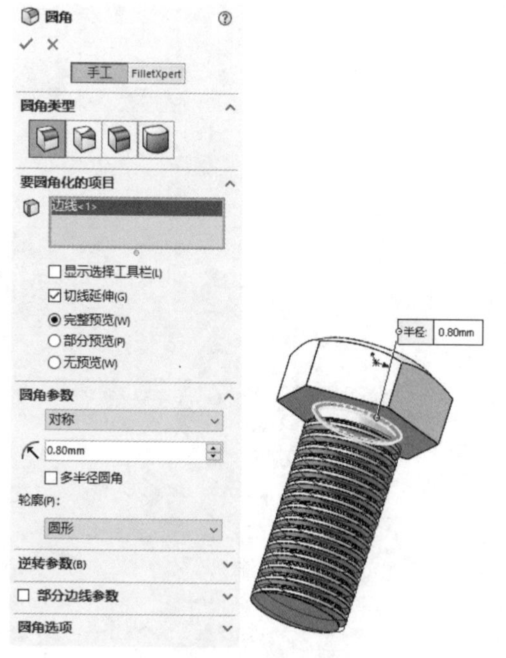

图 10-19 设置圆角特征

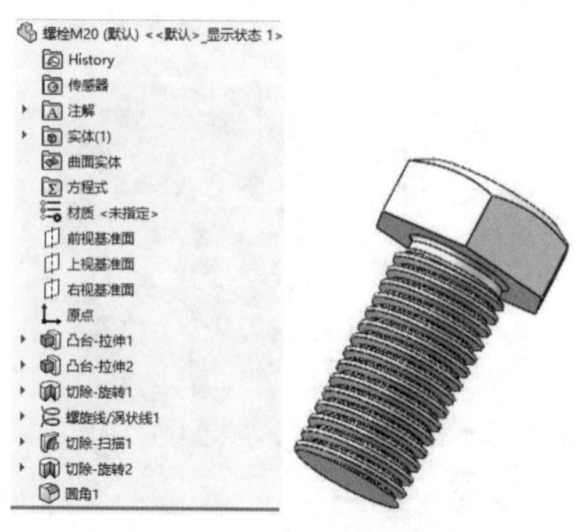

图 10-20 零件“螺栓 M 20.SLDPRT”

10.2　管接头类零件

三通管是机械生产中经常用到的零件，作为一种转接结构，广泛应用于水、气管路中。三通管基本造型利用拉伸方法可以很容易地创建。

图 10-21 所示为三通管的二维工程图，创建的三通管模型如图 10-22 所示。

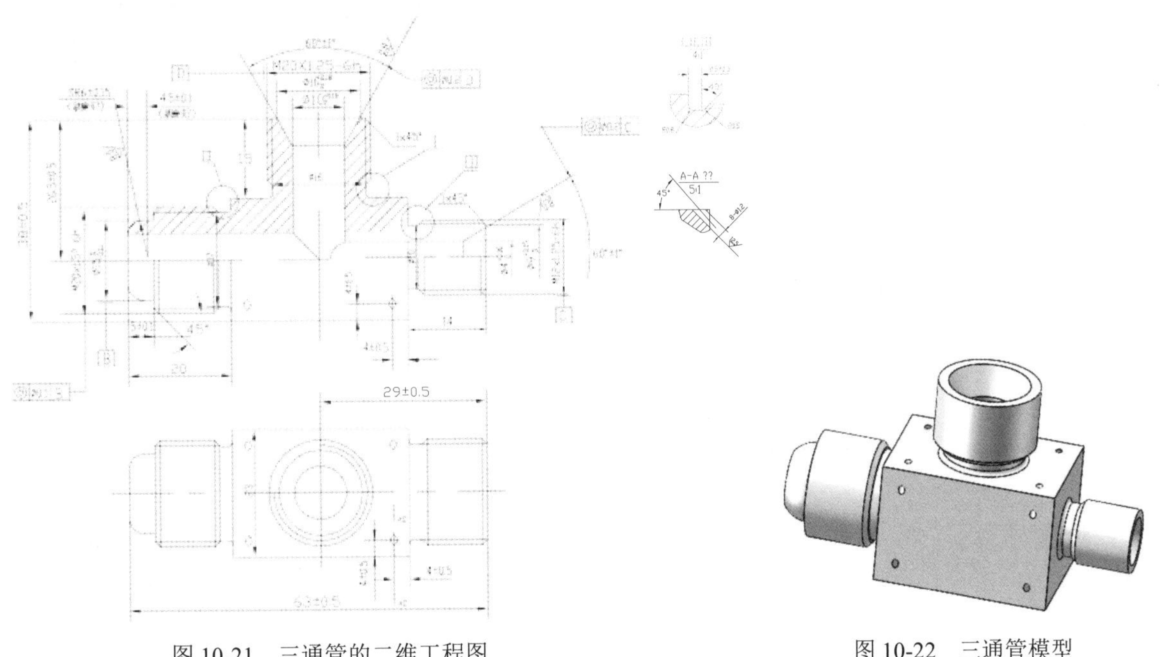

图 10-21　三通管的二维工程图　　图 10-22　三通管模型

10.2.1　创建长方形基体

（1）新建文件。选择菜单栏中的“文件”→“新建”命令，或单击“快速访问”工具栏中的“新建”按钮，在弹出的“新建SOLIDWORKS文件”对话框中单击“零件”按钮，然后单击“确定”按钮，创建一个新的零件文件。

（2）绘制草图。在FeatureManager设计树中选择“前视基准面”作为绘图基准面，单击“草图”控制面板中的“草图绘制”按钮，新建一张草图，单击“草图”控制面板中的“中心矩形”按钮，以原点为中心绘制一个矩形。

（3）标注矩形尺寸。单击“草图”控制面板中的“智能尺寸”按钮，标注矩形草图轮廓的尺寸，如图10-23所示。

（4）拉伸实体。单击“特征”控制面板中的“拉伸凸台/基体”按钮，在弹出的“凸台-拉伸”属性管理器中设置拉伸终止条件为“两侧对称”，在“深度”文本框中输入23.00mm，其他选项保持系统默认设置，如图10-24所示；单击“确定”按钮，完成长方形基体的创建，如图10-25所示。

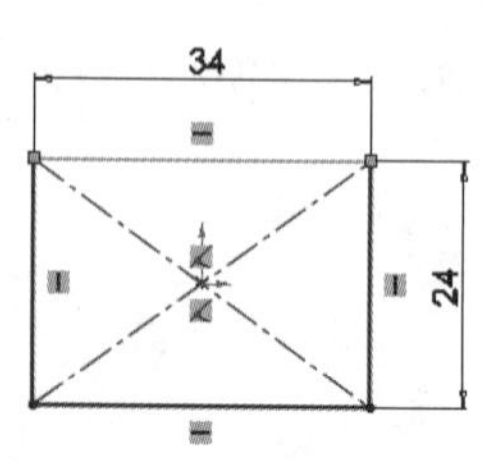

图 10-23　标注矩形尺寸

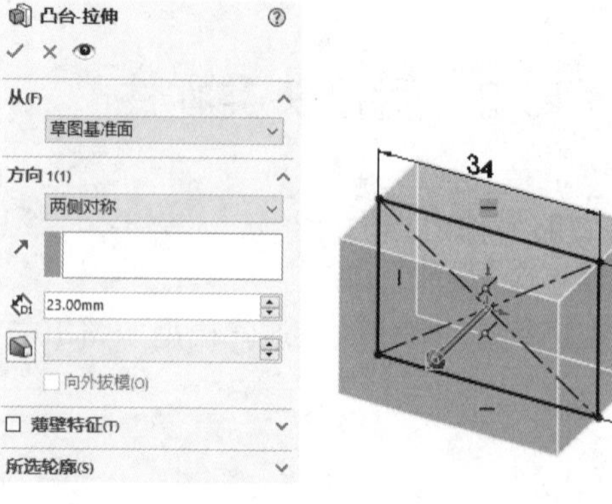

图 10-24　设置拉伸参数

图 10-25　创建长方形基体

10.2.2　创建喇叭口基体

1. 创建直径为 10mm 的喇叭口基体

（1）新建草图。选择长方形基体上34mm×24mm的面，单击“草图”控制面板中的“草图绘制”按钮，在其上创建草图。

（2）绘制圆。单击“草图”控制面板中的“圆”按钮，以坐标原点为圆心绘制一个圆。

（3）标注圆的尺寸。单击“草图”控制面板中的“智能尺寸”按钮，标注圆的直径尺寸为16mm。

（4）拉伸凸台。单击“特征”控制面板中的“拉伸凸台/基体”按钮，在弹出的“凸台-拉伸”属性管理器中设置拉伸终止条件为“给定深度”，在“深度”文本框中输入2.50mm，其他选项保持系统默认设置，如图10-26所示。单击“确定”按钮，生成退刀槽圆柱。

（5）绘制草图。选择退刀槽圆柱的端面，单击“草图”控制面板中的“草图绘制”按钮，在其上新建一张草图；单击“草图”控制面板中的“圆”按钮，以原点为圆心绘制一个圆。

（6）标注尺寸。单击“草图”控制面板中的“智能尺寸”按钮，标注圆的直径尺寸为20mm。

（7）拉伸实体。单击“特征”控制面板中的“拉伸凸台/基体”按钮，在弹出的“凸台-拉伸”属性管理器中设置拉伸终止条件为“给定深度”，在“深度”文本框中输入12.50mm，其他选项保持系统默认设置，单击“确定”按钮，生成喇叭口基体1，如图10-27所示。

图 10-26　拉伸凸台

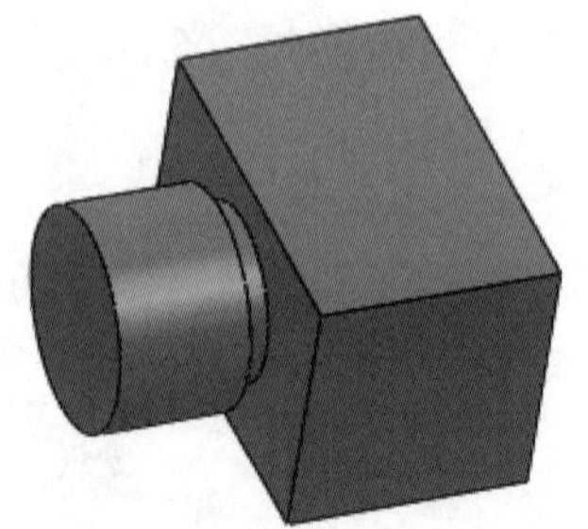

图 10-27　生成喇叭口基体 1

2. 创建直径为 4mm 的喇叭口基体

（1）新建草图。选择长方形基体上的24mm×23mm面，单击“草图”控制面板中的“草图绘制”按钮，在其上新建一张草图。

（2）绘制圆。单击“草图”控制面板中的“圆”按钮，以坐标原点为圆心绘制一个圆。

（3）标注圆的尺寸。单击“草图”控制面板中的“智能尺寸”按钮，标注圆的直径尺寸为10mm。

（4）拉伸实体。单击“特征”控制面板中的“拉伸凸台/基体”按钮，在弹出的“凸台-拉伸”属性管理器中设置拉伸终止条件为“给定深度”，在“深度”文本框中输入2.50mm，其他选项保持系统默认设置，单击“确定”按钮，创建的退刀槽圆柱如图10-28所示。

（5）新建草图。选择退刀槽圆柱的平面，单击“草图”控制面板中的“草图绘制”按钮，在其上新建一张草图。

（6）绘制圆。单击“草图”控制面板中的“圆”按钮，以坐标原点为圆心绘制一个圆。

（7）标注圆的尺寸。单击“草图”控制面板中的“智能尺寸”按钮，标注圆的直径尺寸为12mm。

（8）创建喇叭口基体。单击“特征”控制面板中的“拉伸凸台 / 基体”按钮，在弹出的“凸台-拉伸”属性管理器中设置拉伸终止条件为“给定深度”，在“深度”文本框中输入11.5mm，其他选项保持系统默认设置，单击“确定”按钮，生成喇叭口基体2，如图10-29所示。

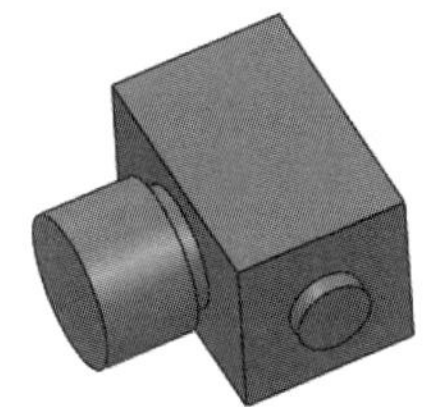

图 10-28　创建退刀槽圆柱

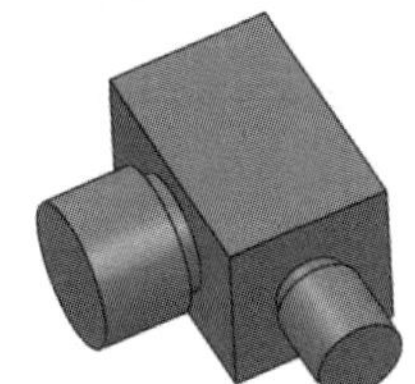

图 10-29　生成喇叭口基体 2

10.2.3　创建球头基体

（1）新建草图。选择长方形基体上24mm×23mm的另一个面，单击“草图”控制面板中的“草图绘制”按钮，在其上新建一张草图。

（2）绘制圆。单击“草图”控制面板中的“圆”按钮，以坐标原点为圆心绘制一个圆。

（3）标注圆的尺寸。单击“草图”控制面板中的“智能尺寸”按钮，标注圆的直径尺寸为17mm。

（4）创建退刀槽圆柱。单击“特征”控制面板中的“拉伸凸台/基体”按钮，在弹出的“凸台-拉伸”属性管理器中设置拉伸终止条件为“给定深度”，在“深度”文本框中输入2.50mm，其他选项保持系统默认设置，单击“确定”按钮，生成退刀槽圆柱，如图10-30所示。

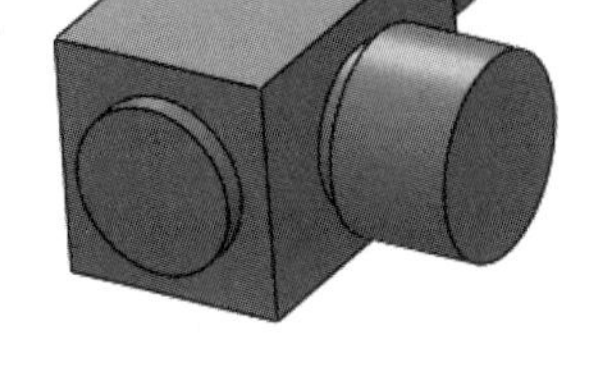

图 10-30　创建退刀槽圆柱

（5）新建草图。选择退刀槽圆柱的端面，单击“草图”控制面板中的“草图绘制”按钮，在其上新建一张草图。

（6）绘制圆。单击“草图”控制面板中的“圆”按钮，以坐标原点为圆心绘制一个圆。

（7）标注圆的尺寸。单击“草图”工具栏中的“智能尺寸”按钮，标注圆的直径尺寸为 20mm。

（8）创建球头螺柱基体。单击“特征”控制面板中的“拉伸凸台/基体”按钮，在弹出的“凸台-拉伸”属性管理器中设置拉伸终止条件为“给定深度”，在“深度”文本框中输入12.50mm，其他选项保持系统默认设置，单击“确定”按钮，生成球头螺柱基体，如图10-31所示。

（9）新建草图。选择球头螺柱基体的外侧面，单击“草图”控制面板中的“草图绘制”按钮，在其上新建一张草图。

（10）绘制圆。单击“草图”控制面板中的“圆”按钮，以坐标原点为圆心绘制一个圆。

（11）标注圆的尺寸。单击“草图”控制面板中的“智能尺寸”按钮，标注圆的直径尺寸为15mm。

（12）创建球头基体。单击“特征”控制面板中的“拉伸凸台/基体”按钮，在弹出的“凸台-拉伸”属性管理器中设置拉伸终止条件为“给定深度”，在“深度”文本框中输入5.00mm，其他选项保持系统默认设置，单击“确定”按钮，生成的球头基体如图10-32所示。

图 10-31　创建球头螺柱基体

图 10-32　创建球头基体

10.2.4　打孔

（1）新建草图。选择直径为20mm的喇叭口基体平面，单击“草图”控制面板中的“草图绘制”按钮，在其上新建草图。

（2）绘制圆。单击“草图”控制面板中的“圆”按钮，以坐标原点为圆心绘制一个圆，作为拉伸切除孔的草图轮廓。

（3）标注圆的尺寸。单击“草图”控制面板中的“智能尺寸”按钮，标注圆的直径尺寸为10mm。

（4）拉伸切除实体。单击“特征”控制面板中的“切除拉伸”按钮，系统弹出“切除-拉伸”属性管理器；设定切除终止条件为“给定深度”，在“深度”文本框中输入26.00mm，其他选项保持系统默认设置，如图10-33所示。单击“确定”按钮，生成直径为10mm的孔。

（5）新建草图。选择球头上直径为15.00mm的端面，单击“草图”控制面板中的“草图绘制”按钮，在其上新建一张草图。

（6）绘制圆。单击“草图”控制面板中的“圆”按钮，以坐标原点为圆心绘制一个圆，作为拉伸切除孔的草图轮廓。

（7）标注圆的尺寸。单击“草图”控制面板中的“智能尺寸”按钮，标注圆的直径尺寸为10mm。

（8）创建直径为10mm的孔。单击“特征”控制面板中的“切除拉伸”按钮，系统弹出“切除-拉伸”属性管理器；设定切除终止条件为“给定深度”，在“深度”文本框中输入39.00mm，其他选项保持系统默认设置，单击“确定”按钮，生成直径为10mm的孔，如图10-34所示。

图 10-33 拉伸切除实体

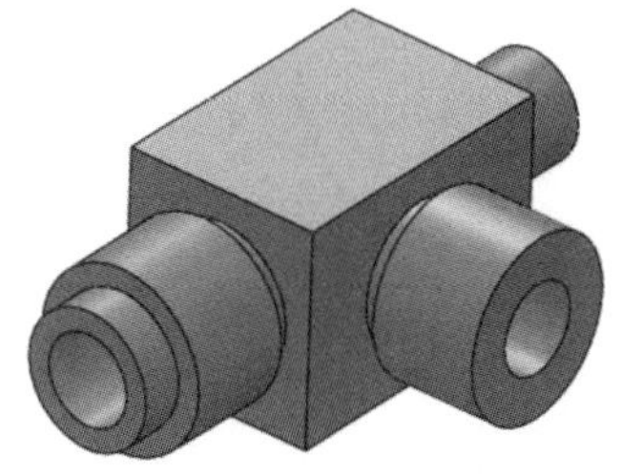

图 10-34 创建直径为 10mm 的孔

（9）新建草图。选择直径为12mm的喇叭口端面，单击“草图”控制面板中的“草图绘制”按钮，在其上新建一张草图。

（10）绘制圆。单击“草图”控制面板中的“圆”按钮，以坐标原点为圆心绘制一个圆，作为拉伸切除孔的草图轮廓。

（11）标注圆的尺寸。单击“草图”控制面板中的“智能尺寸”按钮，标注圆的直径尺寸为4mm。

（12）创建直径为4mm的孔。单击“特征”控制面板中的“拉伸切除”按钮，系统弹出“切除-拉伸”属性管理器；设定拉伸终止条件为“完全贯穿”，其他选项保持系统默认设置，如图10-35所示。单击“确定”按钮，生成直径为4mm的孔。

图 10-35 创建直径为 4mm 的孔

到此，孔的建模就完成了。为了更好地观察所建孔的正确性，通过剖视来观察三通模型。单击“视图（前导）”工具栏中的 SectionView 按钮，在弹出的“剖面视图”属性管理器中选择

“上视基准面”作为参考剖面，其他选项保持系统默认设置，如图 10-36 所示。单击“确定”按钮✓，得到以剖面视图观察模型的效果。剖面视图效果如图 10-37 所示。

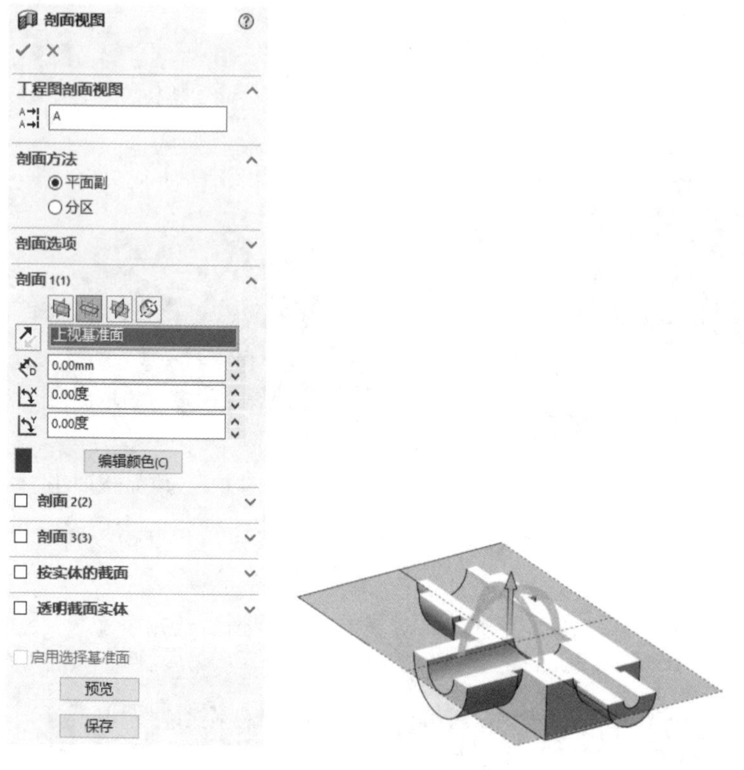

图 10-36　设置剖面视图参数

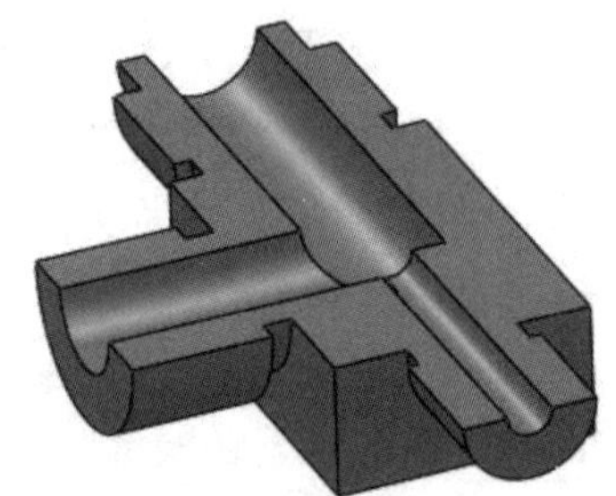

图 10-37　剖面视图效果

10.2.5　创建工作面

1. 创建喇叭口工作面

（1）选择倒角边。在绘图区选择直径为10mm的喇叭口的内径边线。

（2）创建倒角特征。单击“特征”控制面板中的“倒角”按钮，弹出“倒角”属性管理器；在“距离”文本框中输入3.00mm，在“角度”文本框中输入60.00°，其他选项保持系统默认设置，单击“确定”按钮✓，创建直径为10mm的密封工作面，如图10-38所示。

（3）选择倒角边。在绘图区选择直径为4mm喇叭口的内径边线。

（4）创建倒角特征。单击“特征”控制面板中的“倒角”按钮，弹出“倒角”属性管理器；在“距离”文本框中输入2.50mm，在“角度”文本框中输入60.00°，其他选项保持系统默认设置，如图10-39所示。单击“确定”按钮✓，生成直径为4mm的密封工作面。

2. 创建球头工作面

（1）新建草图。在FeatureManager设计树中选择“上视基准面”作为草图绘制基准面，单击“草图”控制面板中的“草图绘制”按钮，在其上新建一张草图。

（2）绘制中心线。单击“草图”控制面板中的“中心线”按钮，过坐标原点绘制一条水平中心线作为旋转中心轴。

（3）取消剖面视图观察。单击“视图（前导）”工具栏中的SectionView按钮，取消剖面视图观察。这样做是为了可以将模型中的边线投影到草绘平面上，剖面视图上的边线是不能被转换实体引用的。

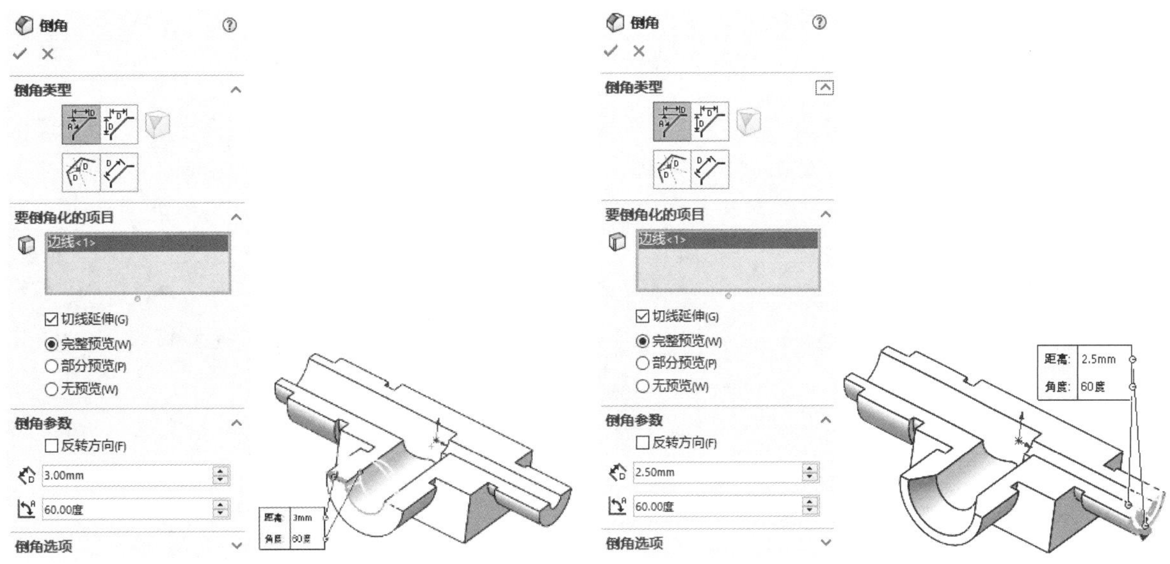

图 10-38　创建倒角特征 1　　图 10-39　创建倒角特征 2

（4）转换实体引用。选择球头上最外端拉伸凸台左上角的两条轮廓线，单击“草图”控制面板中的“转换实体引用”按钮，将该轮廓线投影到草图中。

（5）绘制圆。单击“草图”控制面板中的“圆”按钮，绘制一个圆。

（6）标注尺寸“ϕ12”。单击“草图”控制面板中的“智能尺寸”按钮标注尺寸，如图10-40所示。

（7）剪裁图形。单击“草图”控制面板中的“剪裁实体”按钮，将草图中的部分多余线段裁剪掉。

（8）旋转切除特征。单击“特征”控制面板中的“切除旋转”按钮，弹出“切除-旋转”属性管理器，参数设置如图10-41所示，单击“确定”按钮，生成球头工作面。

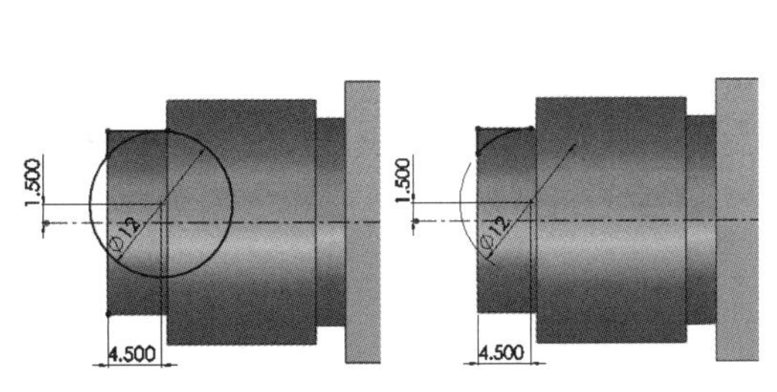

图 10-40　标注尺寸“ϕ12”

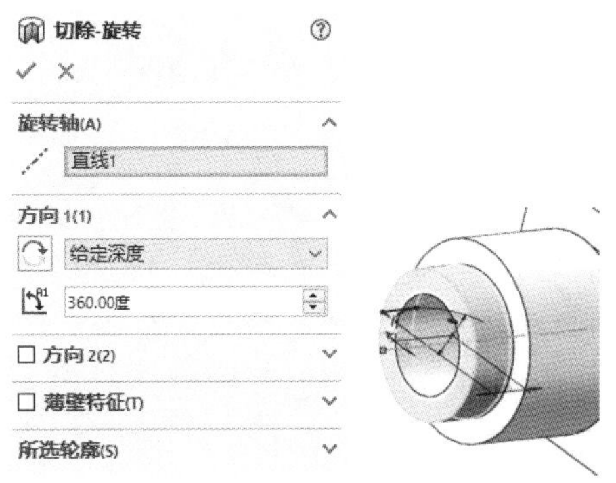

图 10-41　旋转切除特征

10.2.6 完成创建

1. 创建倒角和圆角特征

（1）单击“视图（前导）”工具栏中的SectionView按钮，选择“上视基准面”作为参考剖面观察视图。

（2）创建倒角特征。单击“特征”控制面板中的“倒角”按钮，弹出“倒角”属性管理器；在“距离”文本框中输入1.00mm，在“角度”文本框中输入45.00°，其他选项保持系统默认设置，如图10-42所示。选择三通管中需要倒“1×45°”角的边线，单击“确定”按钮，生成倒角特征。

（3）创建圆角特征。单击“特征”控制面板中的“圆角”按钮，弹出“圆角”属性管理器；在“半径”文本框中输入0.80mm，其他选项设置如图10-43所示，在绘图区选择要生成0.80mm圆角的3条边线，单击“确定”按钮，生成圆角特征。

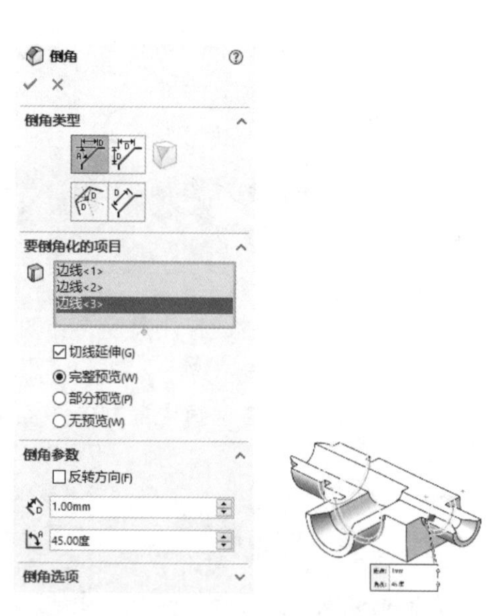

图 10-42　创建倒角特征

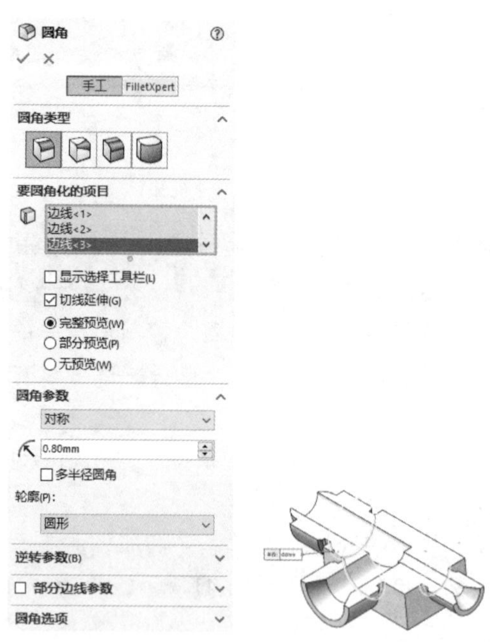

图 10-43　创建圆角特征

2. 创建保险孔

（1）创建基准面。单击“特征”控制面板的“参考几何体”下拉列表中的“基准面”按钮，弹出“基准面”属性管理器。在绘图区选择如图10-44所示的长方体面和边线，单击“两面夹角”按钮，然后在右侧的文本框中输入45.00°，选中“反转等距”复选框，单击“确定”按钮，创建通过所选长方体边线并与所选面成45°角的参考基准面。

（2）取消剖面视图观察。单击“视图（前导）”工具栏中的“剖面视图”按钮，取消剖面视图观察。

（3）新建草图。选择刚创建的基准面1，单击“草图”控制面板中的“草图绘制”按钮，在其上新建一张草图。

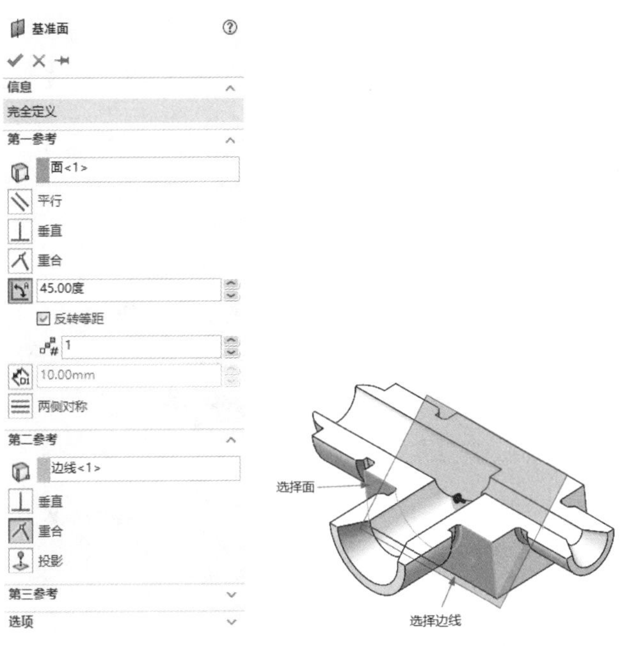

图 10-44　创建基准面 1

（4）设置视图方向。单击“视图（前导）”工具栏中的“正视于”按钮，使视图正视于草图平面。

（5）绘制圆。单击“草图”控制面板中的“圆”按钮，绘制两个圆。

（6）标注尺寸“ϕ1.2”。单击“草图”控制面板中的“智能尺寸”按钮，标注两个圆的直径均为1.2mm，并标注定位尺寸，如图10-45所示。

（7）创建保险孔。单击“特征”控制面板中的“切除拉伸”按钮，系统弹出“切除-拉伸”属性管理器；设置切除终止条件为“两侧对称”，在“深度”文本框中输入20.00mm，如图10-46所示，单击“确定”按钮，完成两个保险孔的创建。

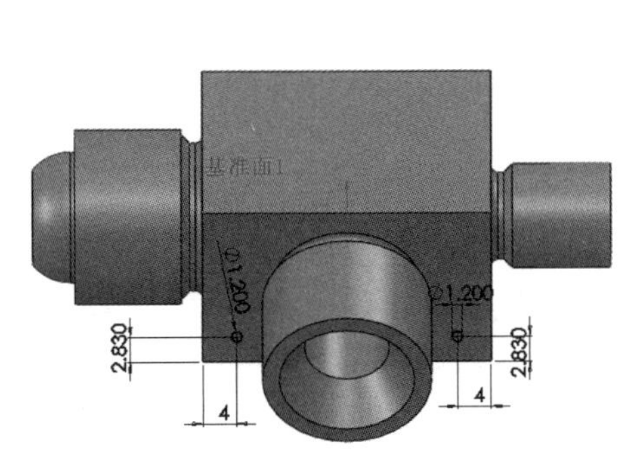

图 10-45　标注尺寸“ϕ1.2”

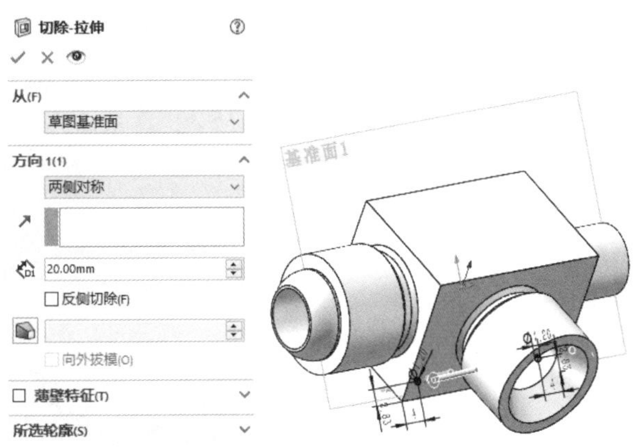

图 10-46　创建保险孔

（8）保险孔前视基准面的镜像。单击“特征”控制面板中的“镜像”按钮，弹出“镜像”属性管理器。在“镜像面/基准面”文本框中选择“前视基准面”作为镜像面，在“要镜像的特征”选项框中选择生成的保险孔作为要镜像的特征，其他选项设置如图10-47所示，单击“确定”

按钮✔，完成保险孔前视基准面的镜像。

（9）保险孔上视基准面的镜像。单击“特征”控制面板中的“镜像”按钮，弹出“镜像”属性管理器，在“镜像面/基准面”文本框中选择“上视基准面”作为镜像面，在“要镜像的特征”选项框中选择保险孔特征和对应的镜像特征，如图10-48所示。单击“确定”按钮✔，完成保险孔上视基准面的镜像。

（10）保存文件。单击“快速访问”工具栏中的“保存”按钮，将零件保存为“三通.SLDPRT”，使用旋转观察功能观察模型。最终效果如图10-22所示。

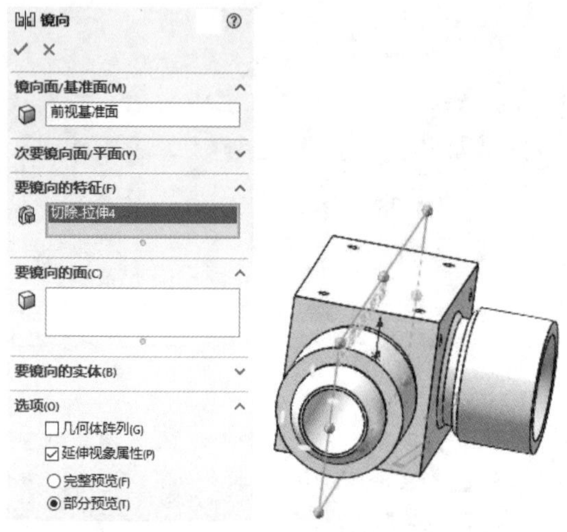

图 10-47　保险孔前视基准面的镜像

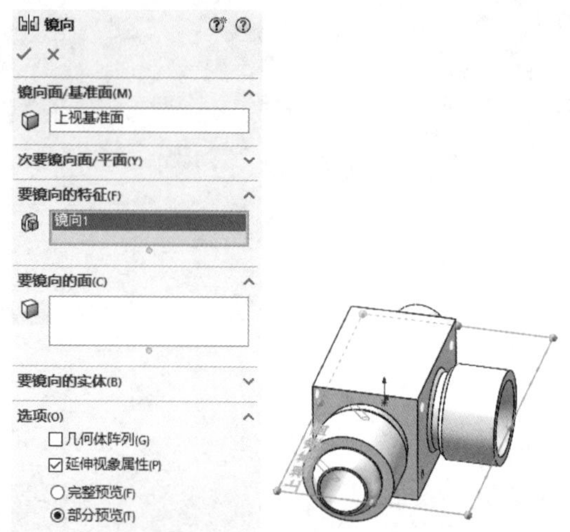

图 10-48　保险孔上视基准面的镜像

第 11 章　箱盖零件设计

内容简介

箱盖类零件是机械设计中常见的一类零件，它一方面作为轴系零部件的载体，如用来支承轴承、安装密封端盖等；同时，箱体也是传动件的润滑装置——下箱体的容腔可以加注润滑油，用以润滑齿 轮等传动件。

内容要点

- 法兰盘
- 手轮
- 壳体

案例效果

11.1　法　兰　盘

法兰盘主要起传动、连接、支撑、密封等作用。其主体为回转体或其他平板型实体，厚度方向的尺寸比其他两个方向的尺寸小，其上常有凸台、凹坑、螺孔、销孔、轮辐等局部结构。由于法兰盘要和一段圆环焊接，所以其根部采用压制后再使用铣刀加工圆弧沟槽的方法加工。

图 11-1 所示为法兰盘的二维工程图。本例创建的法兰盘如图 11-2 所示。

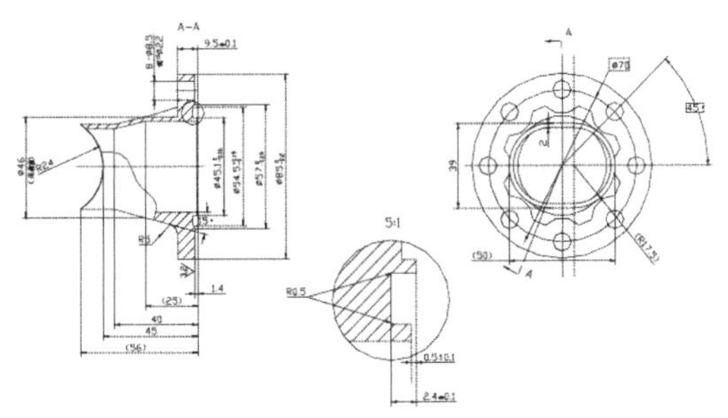

图 11-1　法兰盘的二维工程图

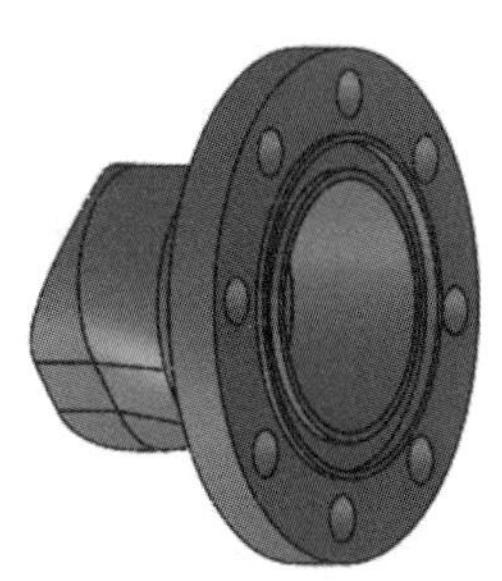

图 11-2　法兰盘

11.1.1　创建基础特征

1. 创建法兰盘基体端部特征

（1）新建文件。启动SOLIDWORKS 2022，单击“快速访问”工具栏中的“新建”按钮，或选择菜单栏中的“文件”→“新建”命令，在弹出的“新建SOLIDWORKS文件”对话框中单击“零件”按钮，然后单击“确定”按钮，创建一个新的零件文件。

（2）新建草图。在FeatureManager设计树中选择“前视基准面”作为草图绘制基准面，单击“草图”控制面板中的“草图绘制”按钮，创建一张新草图。

（3）绘制草图。单击“草图”控制面板中的“中心线”按钮，过坐标原点绘制一条水平中心线作为基体旋转的旋转轴；然后单击“直线”按钮，绘制法兰盘轮廓草图。单击“草图”控制面板中的“智能尺寸”按钮，为草图添加尺寸标注，如图11-3所示。

（4）创建法兰盘基体端部实体。单击“特征”控制面板中的“旋转凸台/基体”按钮，弹出“旋转”属性管理器；SOLIDWORKS 2022会自动将草图中唯一的一条中心线作为旋转轴，设置旋转类型为“给定深度”，在“角度”文本框中输入360.00°，其他选项设置如图11-4所示，单击“确定”按钮，生成法兰盘基体端部实体。

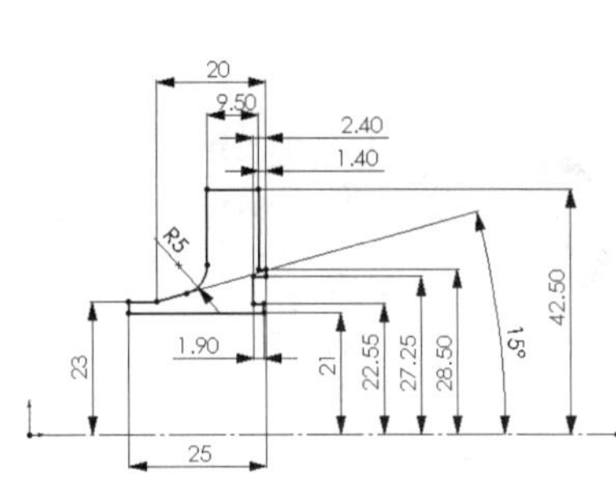

图 11-3　绘制草图并标注尺寸

图 11-4　创建法兰盘基体端部实体

2. 创建法兰盘根部特征

法兰盘根部的长圆段是从距法兰盘密封端面 40mm 处开始的，所以这里要先创建一个与密封端面相距 40mm 的参考基准面。

（1）创建基准面。单击“特征”控制面板的“参考几何体”下拉列表中的“基准面”按钮，弹出“基准面”属性管理器，如图11-5所示；在“第一参考”选项框中选择法兰盘的密封面作为参考平面，如图11-6所示，在“偏移距离”文本框中输入40.00mm，选中“反转等距”复选框，其他选项设置如图11-5所示，单击“确定”按钮，创建基准面。

（2）新建草图。选择生成的基准面，单击“草图”控制面板中的“草图绘制”按钮，在其上新建一张草图。

（3）绘制草图。单击“草图”控制面板中的“直槽口”按钮和“智能尺寸”按钮，绘制根部的长圆段草图，如图11-7所示。

（4）拉伸实体。单击“特征”控制面板中的“拉伸凸台/基体”按钮，弹出“凸台-拉伸”属性管理器。

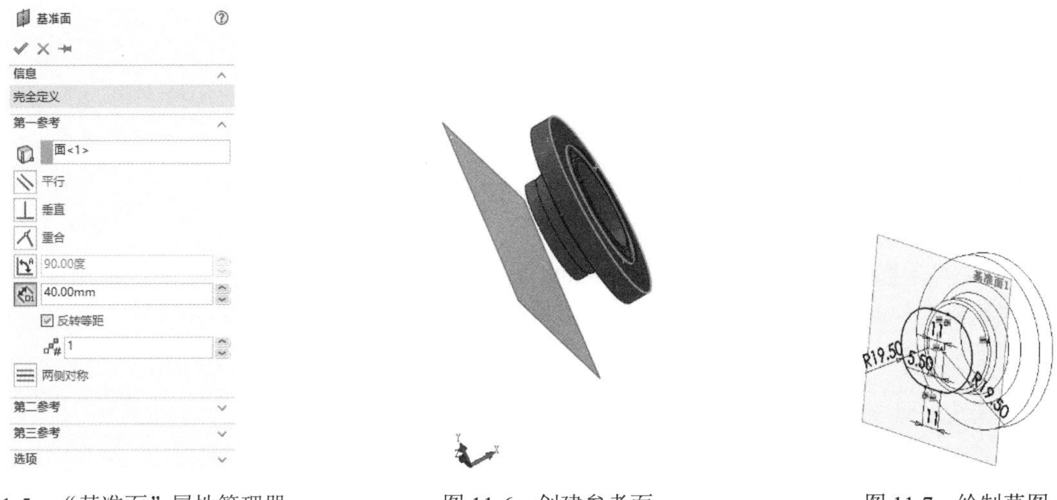

图 11-5　“基准面”属性管理器　　图 11-6　创建参考面　　图 11-7　绘制草图

（5）设置拉伸方向和深度。单击“反向”按钮，使根部向外拉伸，指定拉伸类型为“单向”，在“深度”文本框中设置拉伸深度为12.00mm。

（6）生成法兰盘根部特征。选中“薄壁特征”复选框，在“薄壁特征”面板中单击“反向”按钮，使薄壁的拉伸方向指向轮廓内部，选择拉伸类型为“单向”，在“厚度”文本框中输入2.00mm，其他选项设置如图11-8所示，单击“确定”按钮，生成法兰盘根部特征。

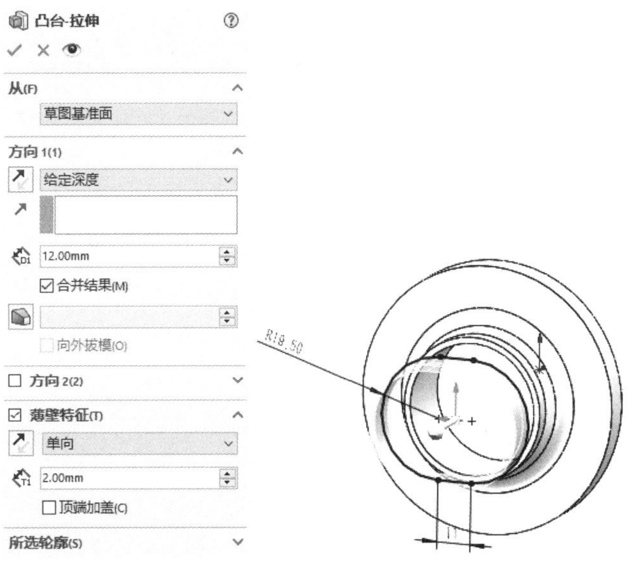

图 11-8　生成法兰盘根部特征

11.1.2　创建细节特征

1. 创建长圆段与端部的过渡段

（1）选择放样工具。单击“特征”控制面板中的“放样凸台/基体”按钮，系统弹出“放样”属性管理器。

（2）生成放样特征。选择法兰盘基体端部的外扩圆（草图2）作为放样的一个轮廓，在FeatureManager设计树中选择刚刚绘制的“草图3”作为放样的另一个轮廓；选中“薄壁特征”复选框，展开“薄壁特征”面板，单击“反向”按钮，使薄壁的拉伸方向指向轮廓内部，选择拉伸类型为“单向”，在“厚度”文本框中输入2.00mm，其他选项设置如图11-9所示，单击“确定”按钮，创建长圆段与基体端部圆弧段的过渡特征。

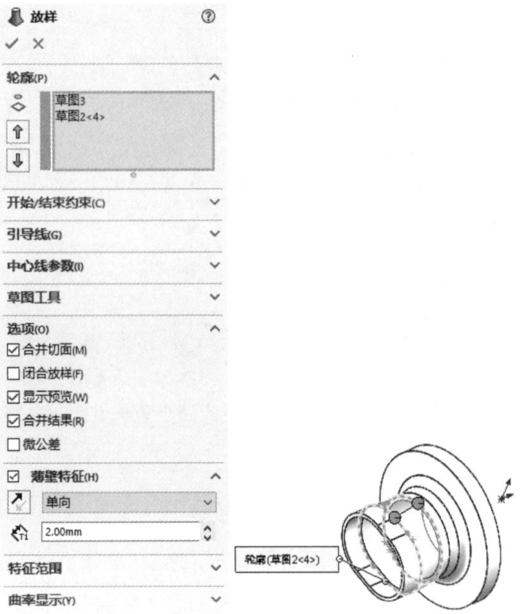

图 11-9　生成放样特征

2. 创建法兰盘根部的圆弧沟槽

（1）新建草图。在FeatureManager设计树中选择“前视基准面”作为草图绘制基准面，单击“草图”控制面板中的“草图绘制”按钮，在其上新建一张草图。单击“视图（前导）”工具栏中的“正视于”按钮，使视图方向正视于草图平面。

（2）绘制中心线。单击“草图”控制面板中的“中心线”按钮，过坐标原点绘制一条水平中心线。

（3）绘制圆。单击“草图”控制面板中的“圆”按钮，绘制一圆心在中心线上的圆。

（4）标注尺寸。单击“草图”控制面板中的“智能尺寸”按钮，标注圆的直径为48mm。

（5）添加“重合”几何关系。单击“草图”控制面板中的“添加几何关系”按钮，弹出“添加几何关系”属性管理器；为圆和法兰盘根部的角点添加“重合”几何关系，如图11-10所示，定位圆的位置。

（6）拉伸切除实体。单击“特征”控制面板中的“切除拉伸”按钮，或选择菜单栏中的“插入”→“切除”→“拉伸”命令，弹出“切除-拉伸”属性管理器。

（7）创建根部的圆弧沟槽。在“切除-拉伸”属性管理器中设置切除终止条件为“两侧对称”，在“深度”文本框中输入100.00mm，其他选项设置如图11-11所示。单击“确定”按钮，生成根部的圆弧沟槽。

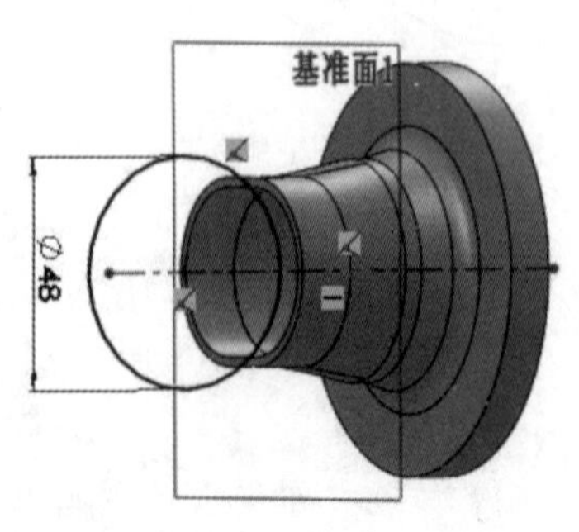

图 11-10　添加“重合”几何关系

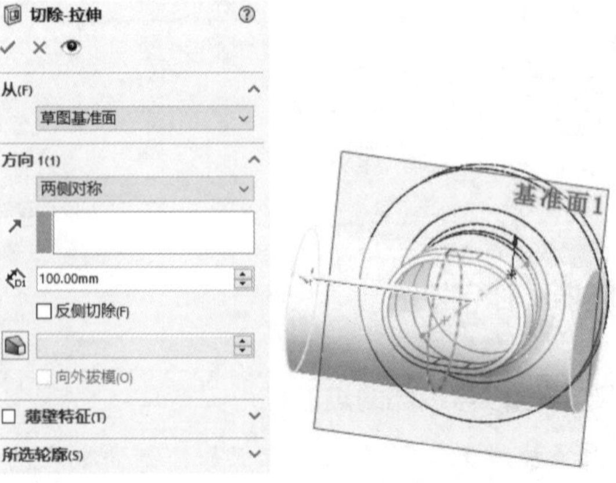

图 11-11　生成根部的圆弧沟槽

11.1.3 创建螺栓孔

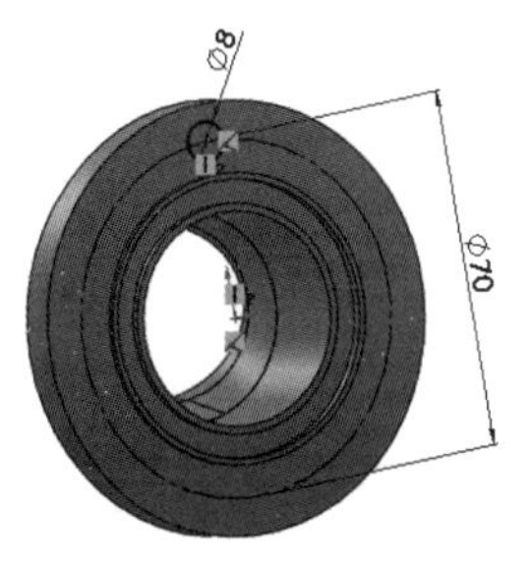

图 11-12 设置圆为构造线

（1）新建草图。选择法兰盘的基体端面，单击“草图”控制面板中的“草图绘制”按钮，在其上新建一张草图。单击“视图（前导）”工具栏中的“正视于”按钮，使视图方向正视于草图平面。

（2）绘制构造线。单击“草图”控制面板中的“圆”按钮，利用SOLIDWORKS 2022的自动跟踪功能绘制一个圆，使其圆心与坐标原点重合，在“圆”属性管理器中选中“作为构造线”复选框，将圆设置为构造线，如图11-12所示。

（3）标注尺寸。单击“草图”控制面板中的“智能尺寸”按钮，标注圆的直径为70mm。

（4）绘制圆。单击“草图”控制面板中的“圆”按钮，利用SOLIDWORKS 2022的自动跟踪功能绘制圆，使其圆心落在所绘制的构造圆上，并且其X坐标值为0。

（5）拉伸切除实体。单击“特征”控制面板中的“切除拉伸”按钮，弹出“切除-拉伸”属性管理器；设置切除的终止条件为“完全贯穿”，其他选项设置如图11-13所示。单击“确定”按钮，创建一个法兰盘螺栓孔。

（6）显示临时轴。选择菜单栏中的“视图”→“隐藏/显示”→“临时轴”命令，显示模型中的临时轴，为进一步阵列特征做准备。

（7）阵列螺栓孔。单击“特征”控制面板中的“圆周阵列”按钮，弹出“阵列（圆周）1”属性管理器；在绘图区选择法兰盘基体的临时轴作为圆周阵列的阵列轴，在“角度”文本框中输入360.00°，在“实例数”文本框中输入8，选中“等间距”单选按钮，在绘图区选择步骤（5）中创建的螺栓孔，其他选项设置如图11-14所示，单击“确定”按钮，完成螺栓孔的圆周阵列。

（8）保存文件。单击“快速访问”工具栏中的“保存”按钮，将零件保存为“法兰盘.SLDPRT”。使用旋转观察功能观察零件图。最终效果如图11-15所示。

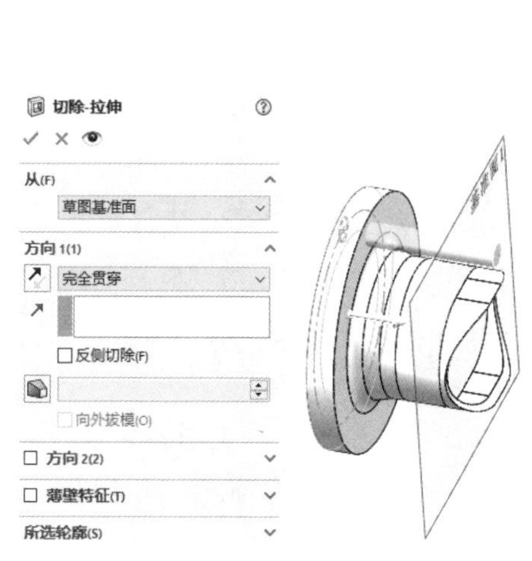

图 11-13 拉伸切除实体

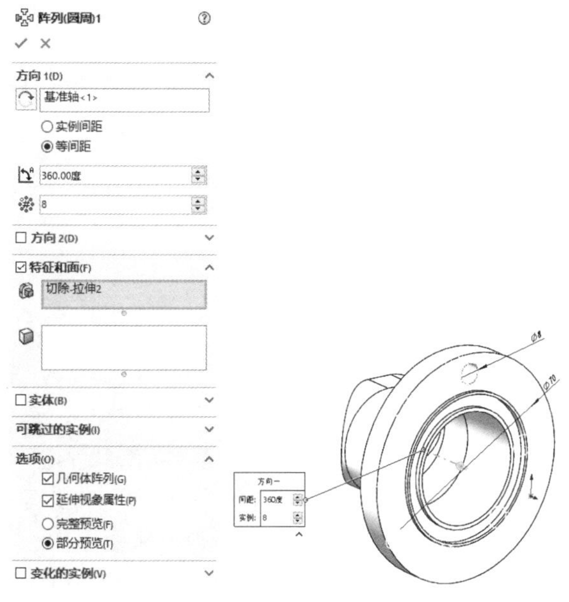

图 11-14 阵列螺栓孔

图 11-15 法兰盘的最终效果图

扫一扫，看视频

11.2 手 轮

本例通过创建一个典型的操作件类零件——圆轮缘手轮来介绍操作件类零件的建模方法。操作件是用来操纵仪器、设备、机器等的一种常用零件，如手柄、手轮、扳手等。它们的结构和外形应满足操作方便、安全、美观、轻便等要求。

操作件已部分标准化，大多可直接外购，有时也需要自行建模绘制图样进行加工制造。有时会用到非标准的，则需要绘制其零件图。

圆轮缘手轮的二维工程图如图 11-16 所示。本例创建的圆轮缘手轮如图 11-17 所示。

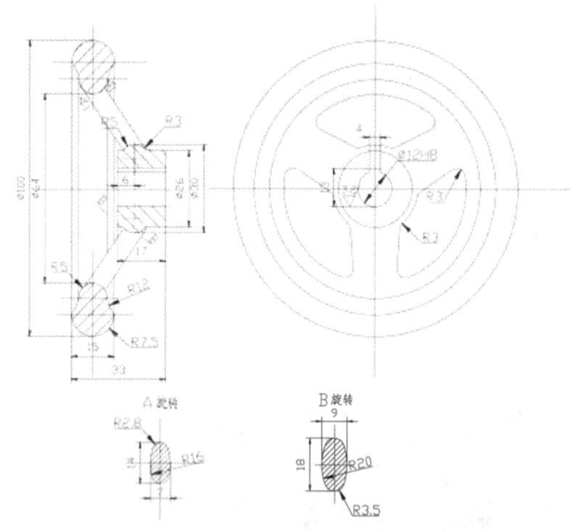

图 11-16 圆轮缘手轮的二维工程图

图 11-17 圆轮缘手轮

11.2.1 创建圆轮

（1）新建文件。启动SOLIDWORKS 2022，单击“快速访问”工具栏中的“新建”按钮，或者选择菜单栏中的“文件”→“新建”命令，在弹出的“新建SOLIDWORKS文件”对话框中单击“零件”按钮，然后单击“确定”按钮，新建一个零件文件。

（2）新建草图。选择“前视基准面”作为草图绘制平面，单击“草图”控制面板中的“草图绘制”按钮，进入草图绘制状态；单击“草图”控制面板中的“中心线”按钮，绘制4条中心线，其中，两条为通过坐标原点的水平中心线和竖直中心线，第3条、第4条为水平中心线（位于过原点的水平中心线之下）。

（3）标注尺寸。单击“草图”控制面板中的“智能尺寸”按钮，标注第3条中心线到坐标原点的距离为37mm，标注第4条中心线到坐标原点的距离为42.5mm。

（4）绘制圆。单击“草图”控制面板中的“圆”按钮，分别以第3条、第4条中心线与竖直中心线的交点为圆心绘制圆。

（5）裁剪曲线。单击“草图”控制面板中的“剪裁实体”按钮，将两个圆裁剪为上、下两个半圆。

（6）添加智能尺寸。单击“草图”控制面板中的“智能尺寸”按钮，标注两个圆弧的半径分别为5mm和7.5mm，如图11-18所示。

（7）绘制圆弧。单击“草图”控制面板中的“3点圆弧”按钮，以两圆的两个端点为圆弧起点和终点，以任意点为圆心绘制两段圆弧。

（8）添加智能尺寸。单击“草图”控制面板中的“智能尺寸”按钮，标注所绘制圆弧的半径为12mm，得到的圆轮草图如图11-19所示。

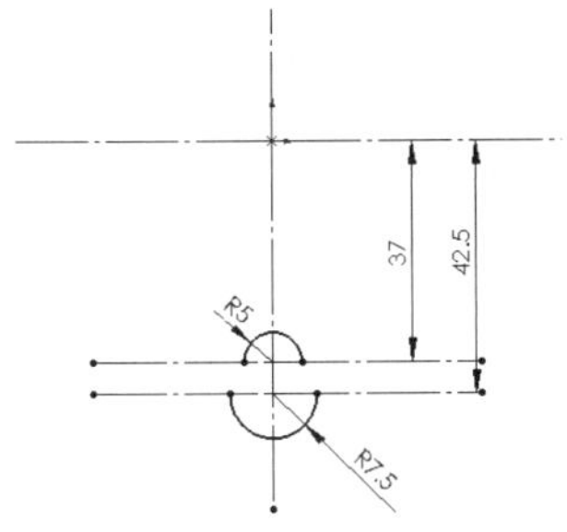

图11-18　添加智能尺寸

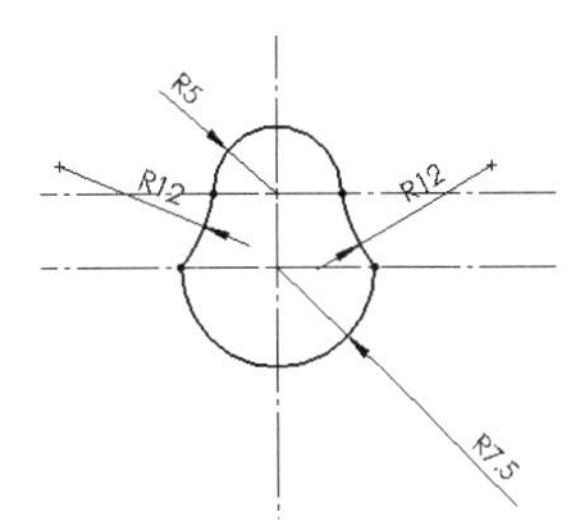

图11-19　圆轮草图

（9）创建圆轮。单击“特征”控制面板中的“旋转凸台/基体”按钮，弹出“旋转”属性管理器；在绘图区选择通过坐标原点的中心线作为旋转轴，选择旋转类型为“给定深度”，在“角度”文本框中输入360.00°，其他选项设置如图11-20所示。单击“确定”按钮，完成圆轮的创建，如图11-21所示。

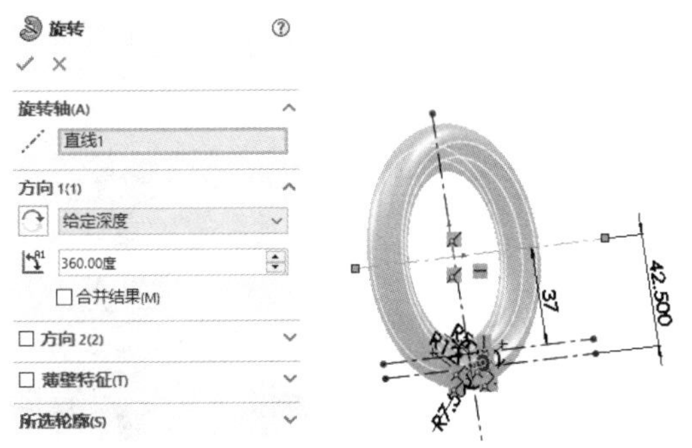

图11-20　“旋转”属性管理器

图11-21　创建圆轮

11.2.2　创建安装座

（1）新建草图。选择“前视基准面”作为草图绘制平面，单击“草图”控制面板中的“草图绘制”按钮，进入草图绘制状态。

（2）绘制中心线。单击“草图”控制面板中的“中心线”按钮，绘制一条过坐标原点的水平中心线，作为旋转轴。

（3）绘制草图轮廓。利用草图工具绘制旋转特征的草图轮廓，并标注草图轮廓的尺寸，如图11-22所示。

（4）创建安装座基体。单击“特征”控制面板中的“旋转凸台/基体”按钮，弹出“旋转”属性管理器；在绘图区选择过坐标原点的中心线作为旋转轴，选择旋转类型为“给定深度”，在“角度”文本框中输入360.00°，其他选项设置如图11-23所示；单击“确定”按钮，完成安装座基体的创建。

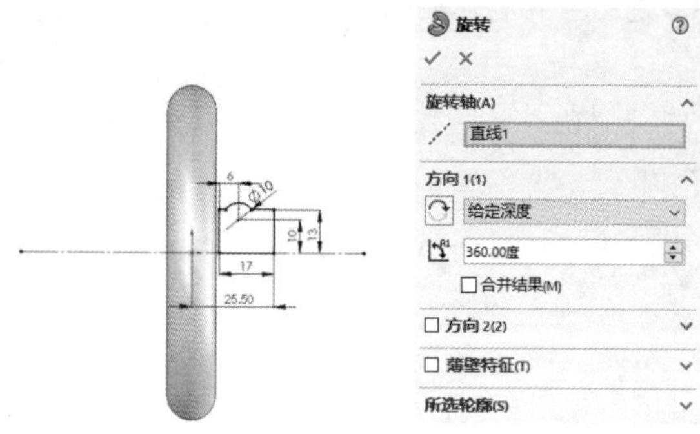

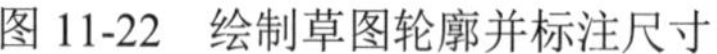
图 11-22　绘制草图轮廓并标注尺寸

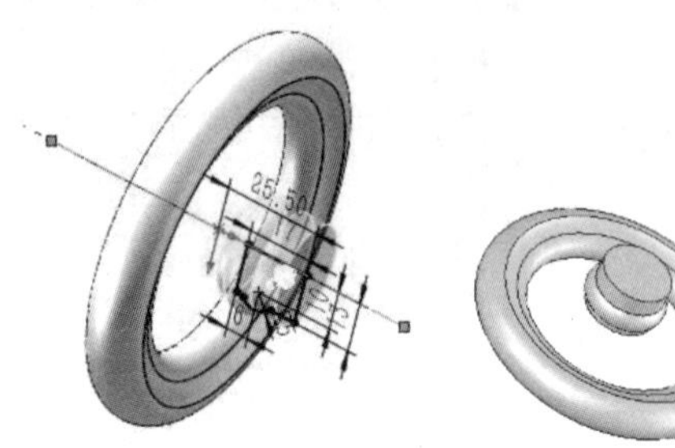

图 11-23　创建安装座基体

（5）新建草图。选择安装座的一个端面，单击“草图”控制面板中的“草图绘制”按钮，在其上新建一张草图。单击“视图（前导）”工具栏中的“正视于”按钮，使视图方向正视于该草图，以方便绘制草图。

（6）绘制安装孔草图。利用草图工具绘制安装孔的草图轮廓，并标注草图轮廓的尺寸，如图11-24所示。

（7）创建安装座。单击“特征”控制面板中的“切除拉伸”按钮，弹出“切除-拉伸”属性管理器；设置切除终止条件为“完全贯穿”，其他选项设置如图11-25所示，单击“确定”按钮，完成安装座的创建。

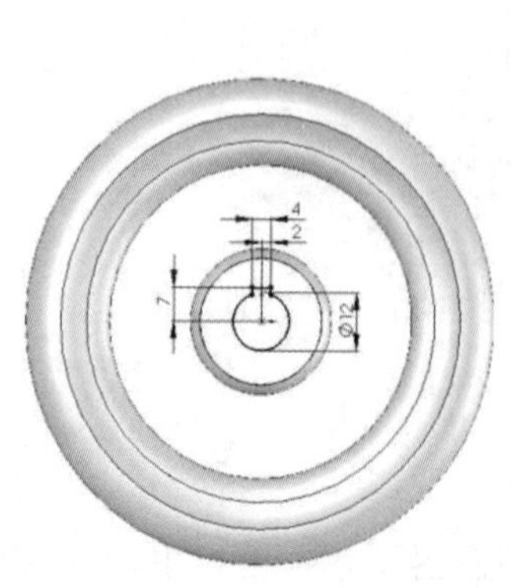

图 11-24　绘制安装孔草图

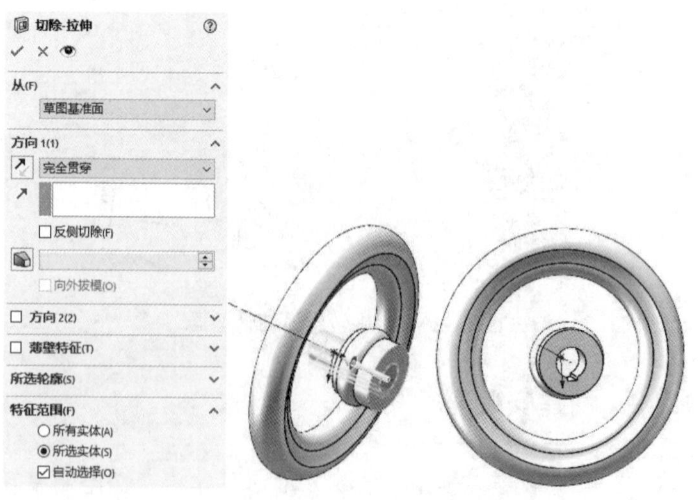

图 11-25　创建安装座

11.2.3 创建轮辐

（1）新建草图。选择“前视基准面”作为草图绘制平面，单击“草图”控制面板中的“草图绘制”按钮，进入草图绘制状态。

（2）绘制轮辐草图1。按Ctrl键，选择圆轮的内圆弧和安装座的外圆弧。单击“草图”控制面板中的“中心线”按钮，绘制一条以两个圆心为端点的线段，如图11-26所示；单击“草图”控制面板中的“退出草图”按钮，完成轮辐草图1的绘制。

（3）变换视角。单击“视图（前导）”工具栏中的“等轴测”按钮，以等轴测视图观察模型；如果在绘图区看不到所绘制的草图，可以选择菜单栏中的“视图”→“隐藏/显示”→“草图”命令，从而显示草图。

（4）创建基准面1。单击“特征”控制面板的“参考几何体”下拉列表中的“基准面”按钮，弹出“基准面”属性管理器，在绘图区选择所绘制的中心线和草图中圆轮圆弧的圆心，此时会自动激活“垂直”按钮和“重合”按钮，如图11-27所示；单击“确定”按钮，创建通过所选圆弧圆心并垂直于所选中心线的基准面1。

（5）创建基准面2。单击“特征”控制面板的“参考几何体”下拉列表中的“基准面”按钮，弹出“基准面”属性管理器，然后在绘图区选择草图中安装座圆弧的圆心和所绘制的中心线。单击“确定”按钮，创建通过所选圆弧圆心并垂直于所选中心线的基准面2，如图11-28所示。

（6）新建草图。选择“基准面1”作为草绘平面，单击“草图”控制面板中的“草图绘制”按钮，在其上新建一张草图；单击“视图（前导）”工具栏中的“正视于”按钮，正视于基准面1，以方便绘制草图。

（7）绘制轮辐草图2。利用草图工具绘制如图11-29所示的草图轮廓；单击“草图”控制面板中的“退出草图”按钮，完成轮辐草图2的绘制。

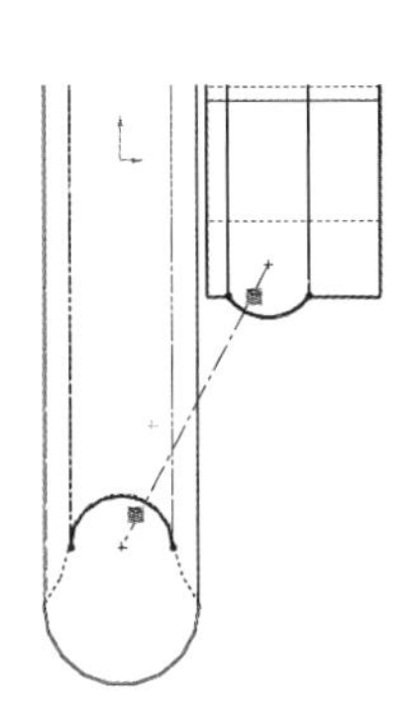

图 11-26　绘制轮辐草图 1

图 11-27　创建基准面 1

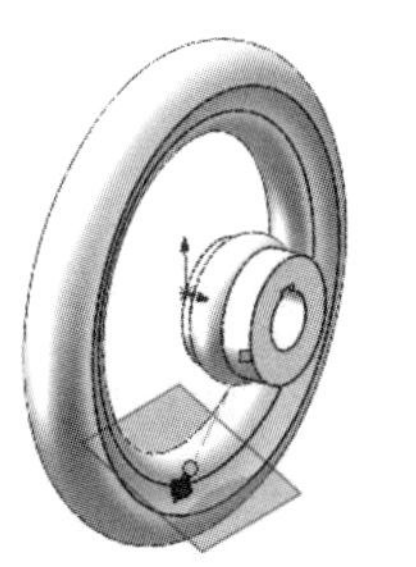
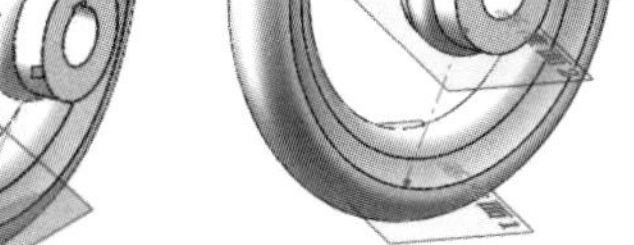

图 11-28　创建基准面 2

（8）新建草图。选择基准面2作为草绘平面，单击“草图”控制面板中的“草图绘制”按钮，在其上新建一张草图；单击“视图（前导）”工具栏中的“正视于”按钮，正视于基准面2，以方便绘制草图。

（9）绘制轮辐草图3。利用草图工具绘制如图11-30所示的草图轮廓；单击“草图”控制面板中的“退出草图”按钮，完成轮辐草图3的绘制。

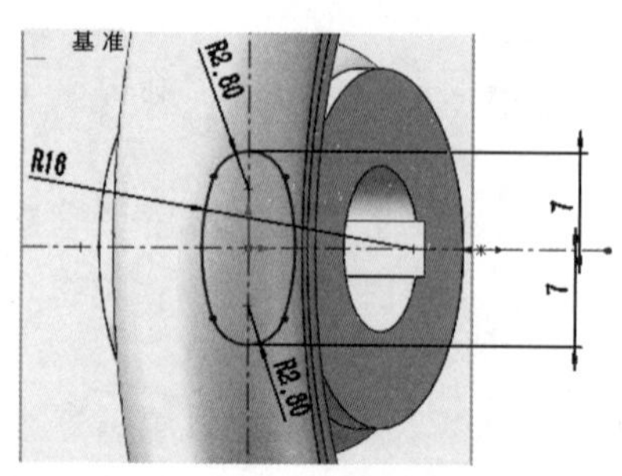

图 11-29　绘制轮辐草图 2

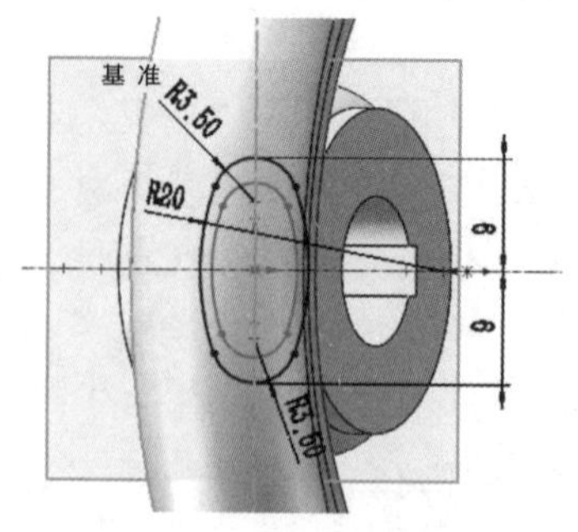

图 11-30　绘制轮辐草图 3

（10）创建放样特征。单击“特征”控制面板中的“放样凸台/基体”按钮，弹出“放样”属性管理器；在绘图区选择刚刚绘制的两个草图作为放样轮廓，其他选项设置如图11-31所示，单击“确定”按钮，完成放样特征的创建。

（11）显示临时轴。选择菜单栏中的“视图”→“隐藏/显示”→“临时轴”命令，在绘图区显示临时轴，为圆周阵列特征做准备。

（12）圆周阵列。单击“特征”控制面板中的“圆周阵列”按钮，弹出“阵列（圆周）1”属性管理器，选择圆轮的旋转临时轴作为阵列轴，在“实例数”文本框中设置实例数为3，单击“要阵列的特征”选项框，然后在绘图区选择放样特征作为要阵列的特征，其他选项设置如图11-32所示；单击“确定”按钮，创建圆周阵列特征，完成轮辐的创建。

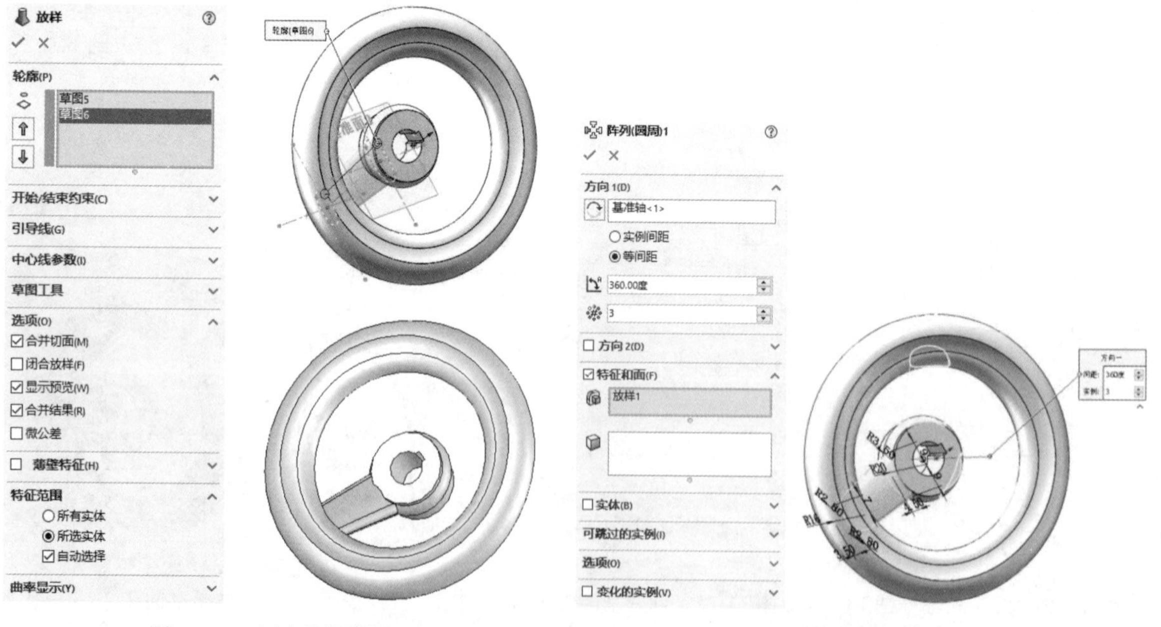

图 11-31　创建放样特征

图 11-32　圆周阵列

（13）创建铸造圆角。单击“特征”控制面板中的“圆角”按钮，弹出“圆角”属性管理器；选择圆角类型为“固定大小圆角”，在“半径”文本框中输入1.00mm，在绘图区选择轮辐与圆轮和安装座相交的边线，其他选项设置如图11-33所示。单击“确定”按钮，完成圆角特征的创建，如图11-34所示。

（14）保存文件。单击“快速访问”工具栏中的“保存”按钮，将零件保存为“圆轮缘手轮.SLDPRT”。

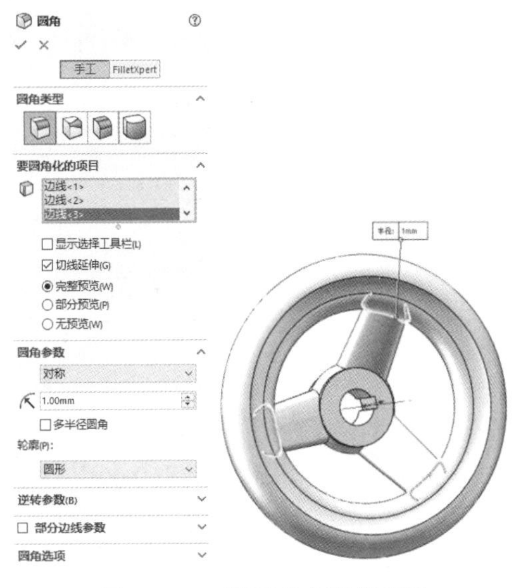

图 11-33　“圆角”属性管理器

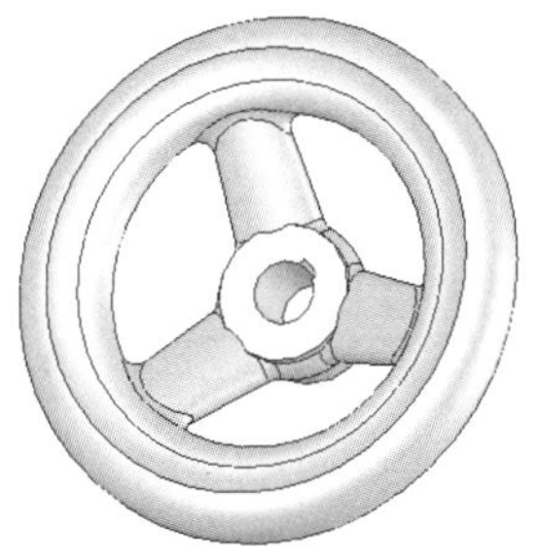

图 11-34　创建铸造圆角

11.3　壳　　体

扫一扫，看视频

壳体类零件大多为铸件，起支撑、容纳、定位、密封等作用，形状一般较为复杂。创建壳体模型时，先利用旋转、拉伸及拉伸切除命令来创建壳体的底座主体，然后主要利用拉伸命令来创建壳体上半部分，之后生成安装沉头孔及其他工作部分用孔，最后生成壳体的筋及其倒角和圆角特征。

图 11-35 所示为壳体的二维工程图。本例创建的壳体模型如图 11-36 所示。

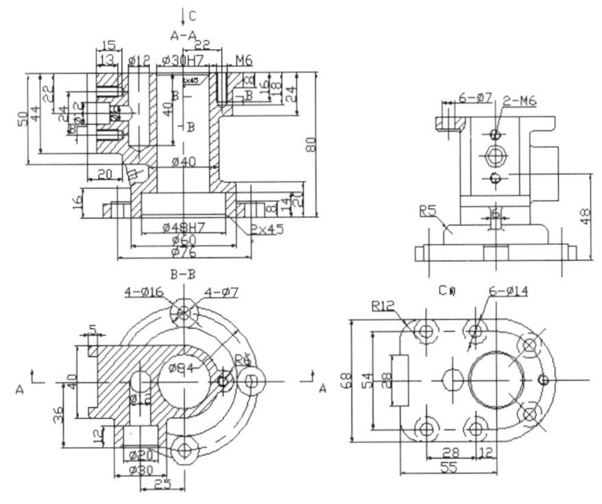

图 11-35　壳体的二维工程图

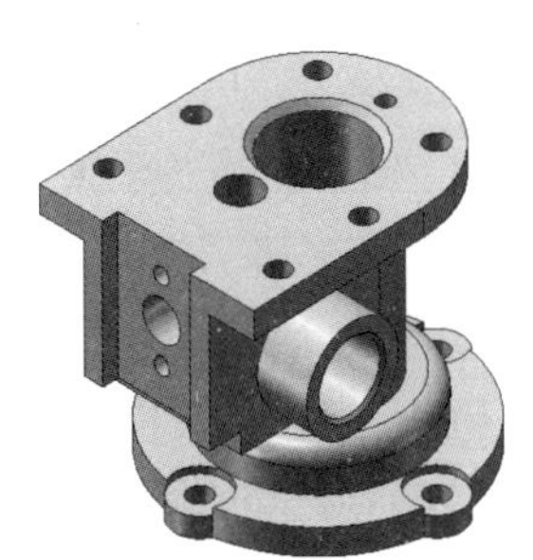

图 11-36　壳体模型

11.3.1 创建基体

（1）新建文件。启动SOLIDWORKS 2022，单击“快速访问”工具栏中的“新建”按钮，在弹出的“新建SOLIDWORKS文件”对话框中单击“零件”按钮，再单击“确定”按钮，创建一个新的零件文件。

（2）绘制中心线。在左侧的FeatureManager设计树中选择“前视基准面”作为绘图基准面，然后单击“草图”控制面板中的“中心线”按钮，绘制一条竖直中心线。

（3）绘制草图。单击“草图”控制面板中的“直线”按钮，在绘图区域绘制底座的外形轮廓线。

（4）标注尺寸。单击“草图”控制面板中的“智能尺寸”按钮，对草图进行尺寸标注，调整草图尺寸，结果如图11-37所示。

（5）旋转生成底座实体。单击“特征”控制面板中的“旋转凸台/基体”按钮，系统弹出“旋转”属性管理器，如图11-38所示。在属性管理器中单击“旋转轴”列表框，然后单击拾取草图竖直中心线；旋转类型为“给定深度”，在“旋转角度”文本框中输入360.00°，单击“确定”按钮，结果如图11-39所示。

（6）绘制草图。在左侧的FeatureManager设计树中选择“上视基准面”作为绘图基准面，然后单击“草图”控制面板中的“圆”按钮，绘制如图11-40所示的草图，并标注尺寸。

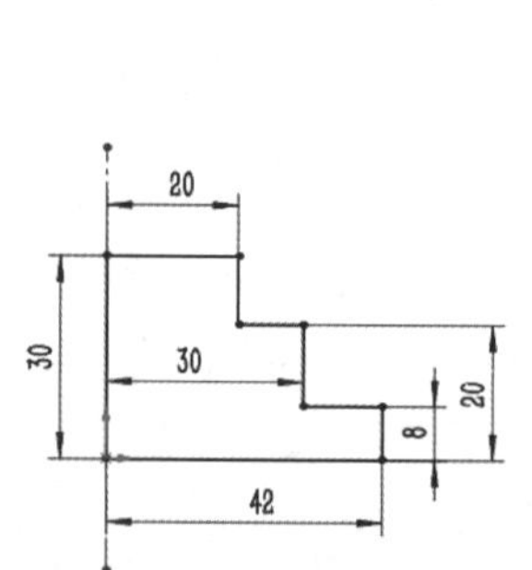

图 11-37　绘制底座轮廓草图

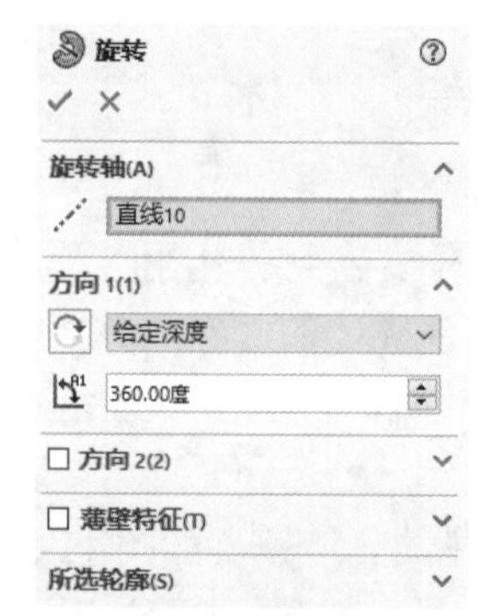

图 11-38　拉伸草图参数设置

图 11-39　旋转生成的实体

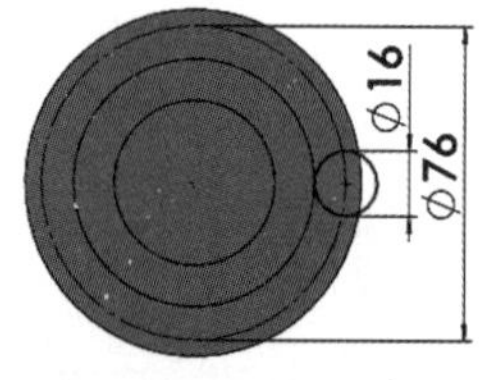

图 11-40　绘制草图 1

（7）拉伸实体。单击“特征”控制面板中的“拉伸凸台/基体”按钮，此时系统弹出“凸台-拉伸”属性管理器，在“深度”文本框中输入值6.00mm，其他设置如图11-41所示，单击“确定”按钮。结果如图11-42所示。

（8）设置基准面。单击刚才创建的圆柱实体顶面，然后单击“视图（前导）”工具栏中的“正视于”按钮，将该表面作为绘制图形的基准面。选择圆柱的草图，然后单击“草图”控制面板中的“转换实体引用”按钮，拖动圆弧端点使其闭合，生成草图。

（9）拉伸切除实体。单击“特征”控制面板中的“切除拉伸”按钮，此时系统弹出“切除-拉伸”属性管理器，在“深度”文本框中输入值2mm，单击“反向”按钮，然后单击“确定”按钮。结果如图11-43所示。

（10）设置基准面。选择图11-43所示的面1，单击“视图（前导）”工具栏中的“正视于”按钮，将该表面作为绘制图形的基准面。绘制如图11-44所示的草图并标注尺寸。

图 11-41　拉伸参数设置

图 11-42　拉伸后效果

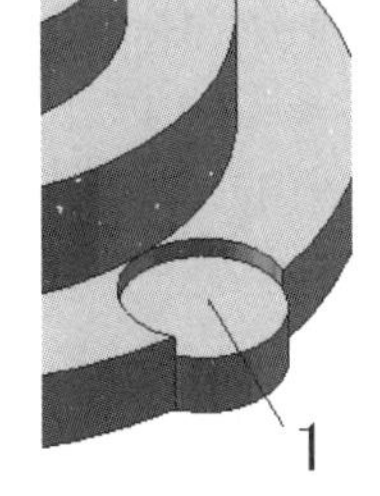

图 11-43　拉伸切除特征

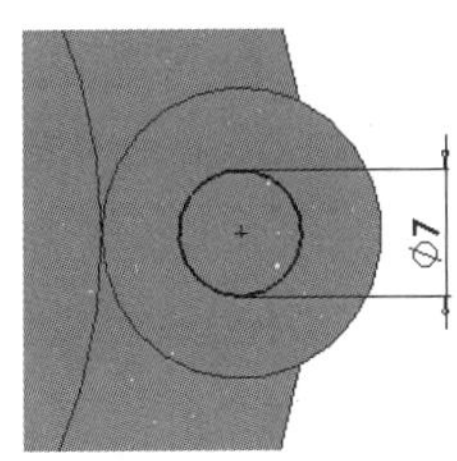

图 11-44　绘制草图 2

（11）切除拉伸实体。切除拉伸 ϕ7圆孔特征，设置切除终止条件为“完全贯穿”，得到切除拉伸2特征。

（12）显示临时轴。选择菜单栏中的“视图”→“隐藏/显示”→“临时轴”命令，将隐藏的临时轴显示出来。

（13）圆周阵列实体。单击“特征”控制面板中的“圆周阵列”按钮，单击图11-45中的临时轴1，输入角度值360.00°，输入实例数为4；在“要阵列的特征”选项栏中通过设计树选择刚才创建的一个凸台拉伸和两个拉伸切除特征，单击“确定”按钮。

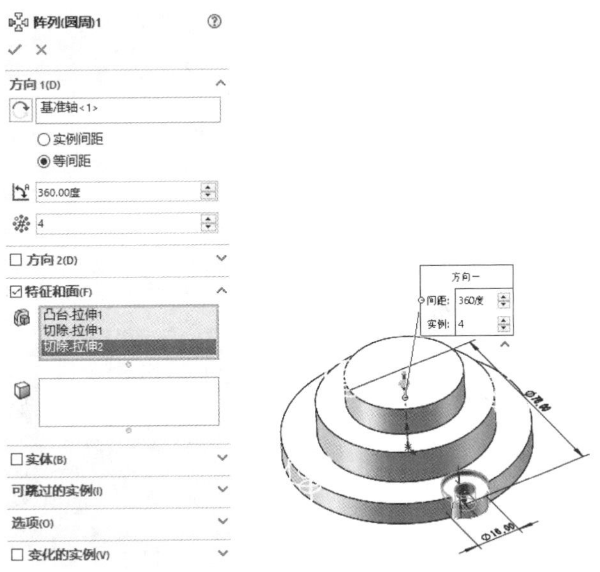

图 11-45　圆周阵列实体

11.3.2　创建主体部分

（1）设置基准面1。单击底座实体顶面，然后单击“视图（前导）”工具栏中的“正视于”按钮，将该表面作为绘制图形的基准面。

（2）绘制草图1。单击“草图”控制面板中的“直线”按钮和“圆”按钮。绘制凸台草图，如图11-46所示。

（3）拉伸实体1。单击“特征”控制面板中的“拉伸凸台/基体”按钮，拉伸生成实体，拉伸深度为6mm，结果如图11-47所示。

（4）设置基准面2。单击上面所建的凸台顶面，然后单击“视图（前导）”工具栏中的“正视于”按钮，将该表面作为绘制图形的基准面。

（5）绘制草图2。单击“草图”控制面板中的“直线”按钮和“圆”按钮，绘制如图11-48所示凸台草图，单击“草图”控制面板中的“智能尺寸”按钮，对草图进行尺寸标注，调整草图尺寸。结果如图11-48所示。

（6）拉伸实体2。单击“特征”控制面板中的“拉伸凸台/基体”按钮，拉伸生成实体，拉伸深度为36mm。结果如图11-49所示。

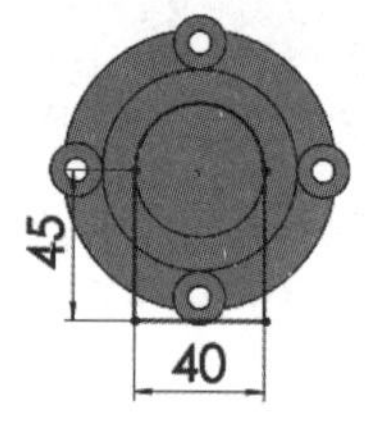

图 11-46　绘制草图 1

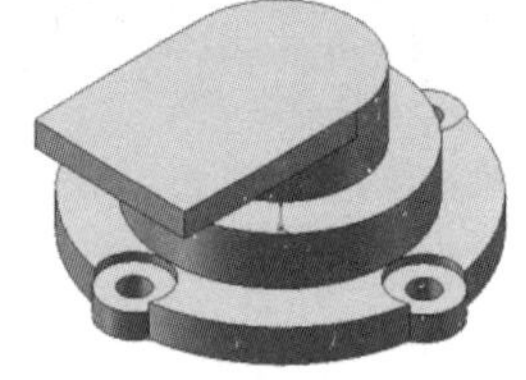
图 11-47　拉伸实体 1

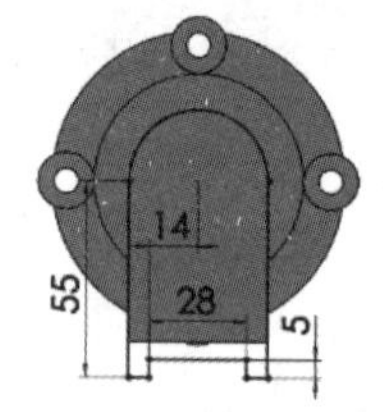

图 11-48　绘制草图 2

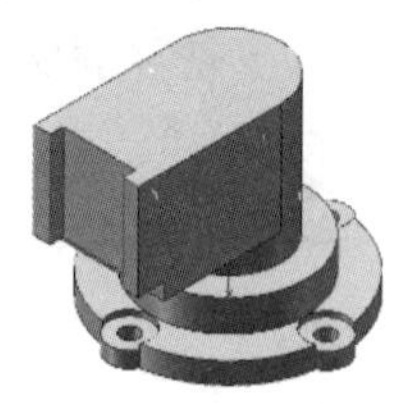
图 11-49　拉伸实体 2

（7）设置基准面 3。单击上面所建凸台顶面，然后单击“视图（前导）”工具栏中的“正视于”按钮，将该表面作为绘制图形的基准面。

（8）绘制草图3。单击“草图3”控制面板中的“圆”按钮，绘制如图11-50所示凸台草图，单击“草图”控制面板中的“智能尺寸”按钮，对草图进行尺寸标注，调整草图尺寸。结果如图11-50所示。

（9）拉伸实体3。单击“特征”控制面板中的“拉伸凸台/基体”按钮，拉伸生成实体，拉伸深度为16mm。结果如图11-51所示。

（10）设置基准面4。单击上面所建的凸台顶面，然后单击“视图（前导）”工具栏中的“正视于”按钮，将该表面作为绘制图形的基准面。

（11）绘制草图4。利用草图绘制工具绘制如图11-52所示的凸台草图，单击“草图”控制面板中的“智能尺寸”按钮，对草图进行尺寸标注，调整草图尺寸。结果如图11-52所示。

（12）拉伸实体4。单击“特征”控制面板中的“拉伸凸台/基体”按钮，拉伸生成实体，拉伸深度为8mm。结果如图11-53所示。

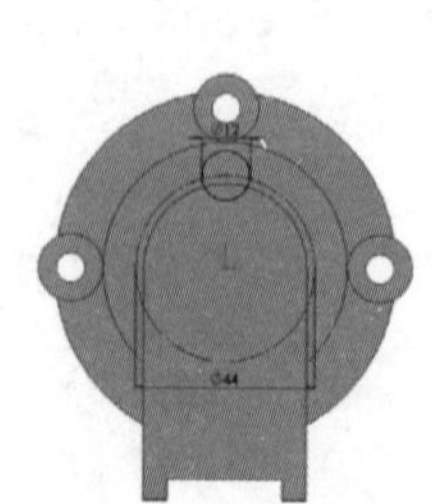
图 11-50　绘制草图 3

图 11-51　拉伸实体 3

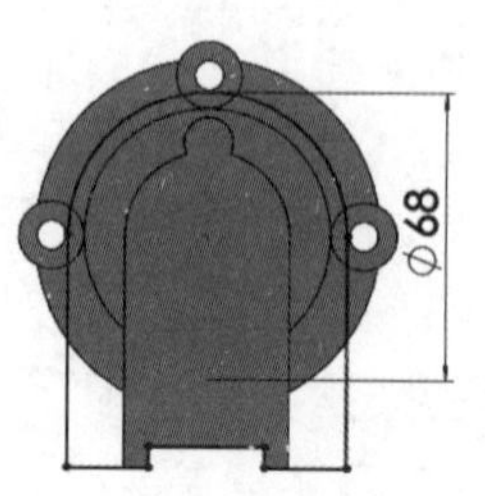

图 11-52　绘制草图 4

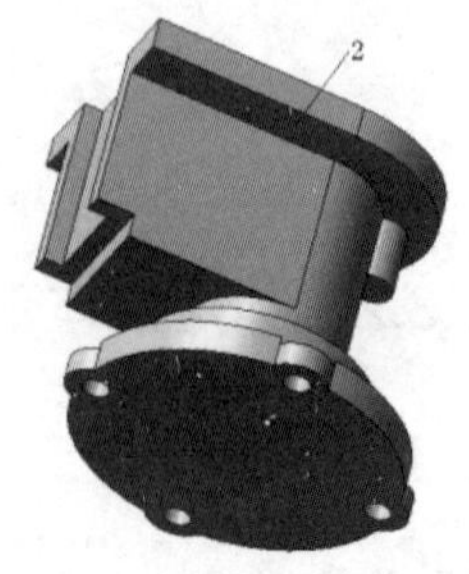

图 11-53　拉伸实体 4

11.3.3　生成顶部安装孔

（1）设置基准面1。单击如图11-53中所示面2，然后单击“视图（前导）”工具栏中的“正视于”按钮，将该表面作为绘制图形的基准面。

（2）绘制草图1。单击“草图”控制面板中的“直线”按钮和“圆”按钮。绘制凸台草图，单击“草图”控制面板中的“智能尺寸”按钮，对草图进行尺寸标注，调整草图尺寸，如图11-54所示。

（3）拉伸切除实体1。单击“特征”控制面板中的“拉伸切除”按钮，拉伸切除深度为2mm，单击“确定”按钮，结果如图11-55所示。

（4）设置基准面2。单击如图11-55所示的沉头孔底面，然后单击“视图（前导）”工具栏中的“正视于”按钮，将该表面作为绘制图形的基准面。

（5）显示隐藏线。单击“视图（前导）”工具栏中的“隐藏线可见”按钮，再单击“草图”控制面板中的“圆”按钮，利用自动捕捉功能绘制安装孔草图，单击“草图”控制面板中的“智能尺寸”按钮，对圆进行尺寸标注，如图11-56所示。

（6）拉伸切除实体2。单击“特征”控制面板中的“切除拉伸”按钮，拉伸切除深度为6mm，然后单击“确定”按钮，生成沉头孔。单击“视图（前导）”工具栏中的“带边线上色”按钮。结果如图11-57所示。

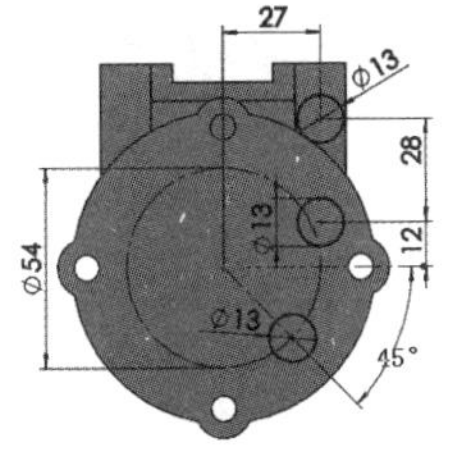

图11-54　绘制草图1

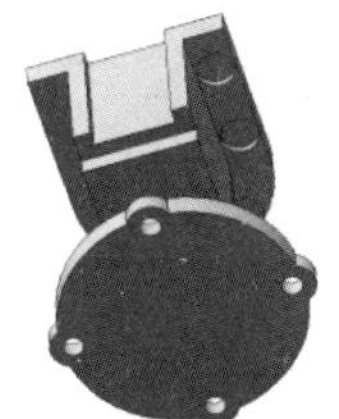
图11-55　拉伸切除实体1

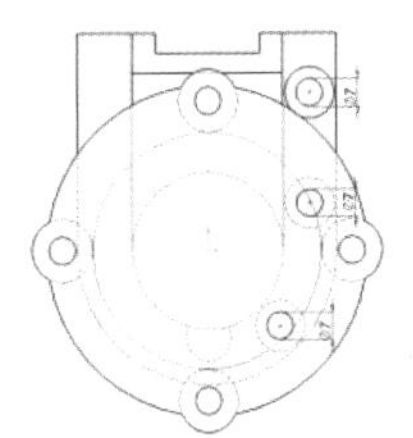
图11-56　绘制草图2

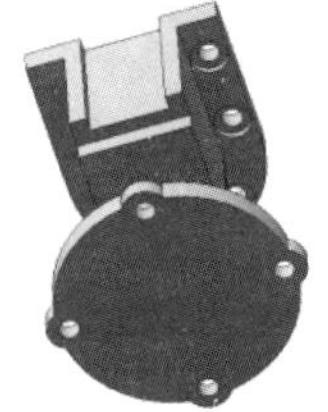
图11-57　拉伸切除实体2

（7）镜像实体。单击“特征”控制面板中的“镜像”按钮，系统弹出“镜像”属性管理器。在“镜像面/基准面”选项组中选择右视基准面作为镜像面；在“要镜像的特征”选项组中选择前面步骤建立的所有特征，其余参数如图11-58所示。单击“确定”按钮，完成顶部安装孔特征的镜像。

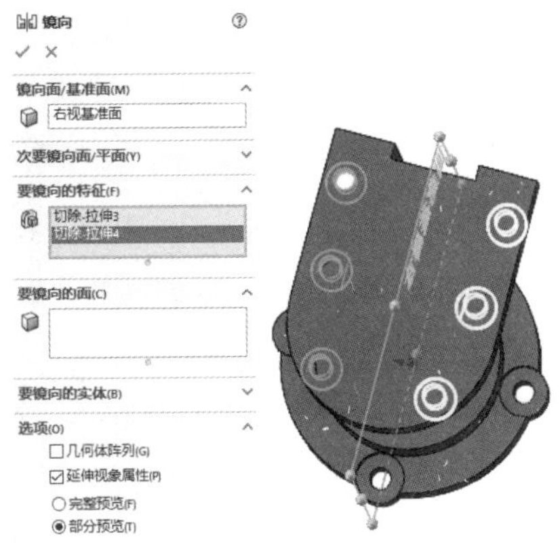

图11-58　镜像实体

11.3.4 壳体内部孔的生成

（1）设置基准面。单击所建壳体底面作为绘图基准面，然后单击“草图”控制面板中的“圆”按钮，绘制一个圆。单击“草图”控制面板中的“智能尺寸”按钮，标注圆的直径，结果如图11-59所示。

（2）拉伸切除实体。单击“特征”控制面板中的“切除拉伸”按钮，拉伸切除深度为2mm，单击“确定”按钮。结果如图11-60所示。

（3）设置基准面。单击所建底孔底面作为绘图基准面，然后单击“草图”控制面板中的“圆”按钮，绘制一个圆。单击“草图”控制面板中的“智能尺寸”按钮，标注圆的直径为30mm。结果如图11-61所示。

（4）拉伸切除实体。单击“特征”控制面板中的“切除拉伸”按钮，拉伸选项为“完全贯穿”，单击“确定”按钮。结果如图11-62所示。

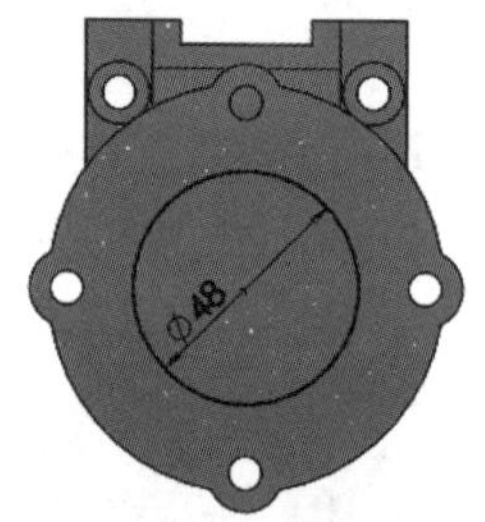

图 11-59　绘制草图 1

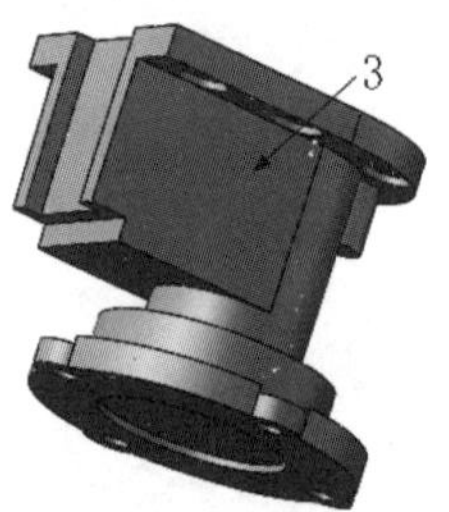

图 11-60　生成底孔

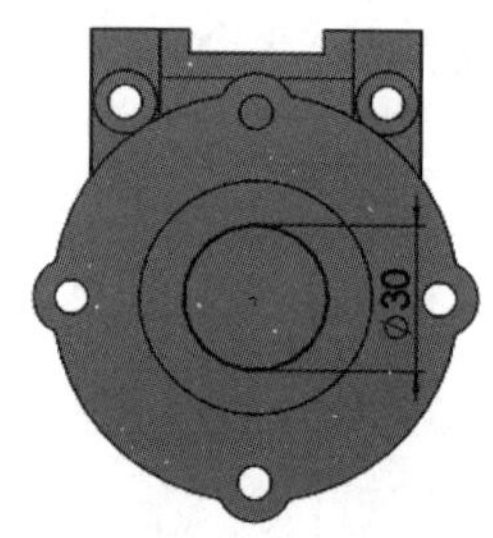

图 11-61　绘制草图 2

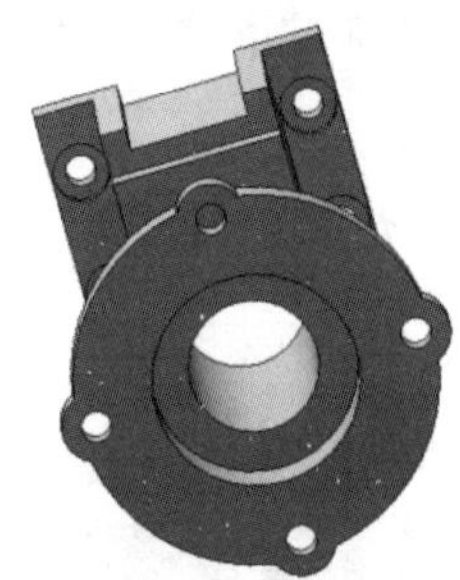
图 11-62　生成通孔

11.3.5 创建其余工作用孔

（1）设置基准面。单击图11-60中的侧面3，然后单击“视图（前导）”工具栏中的“正视于”按钮，将该表面作为绘制图形的基准面。

（2）绘制草图1。单击“草图”控制面板中的“圆”按钮，绘制一个圆。单击“草图”控制面板中的“智能尺寸”按钮，标注圆的直径为30mm。结果如图11-63所示。

（3）拉伸实体。单击“特征”控制面板中的“拉伸凸台/基体”按钮，拉伸生成实体，拉伸深度为16mm。结果如图11-64所示。

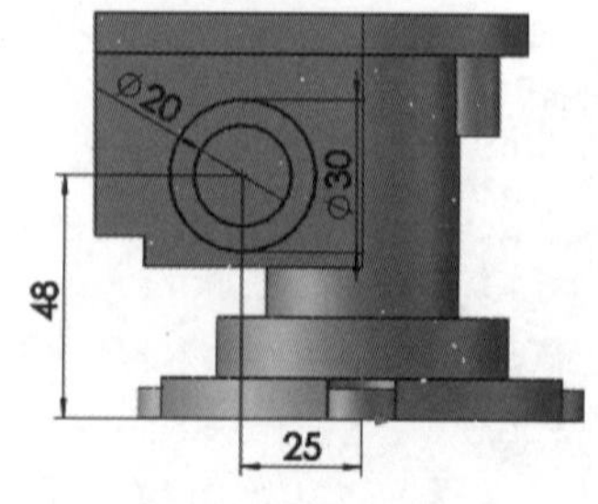

图 11-63　绘制草图 1

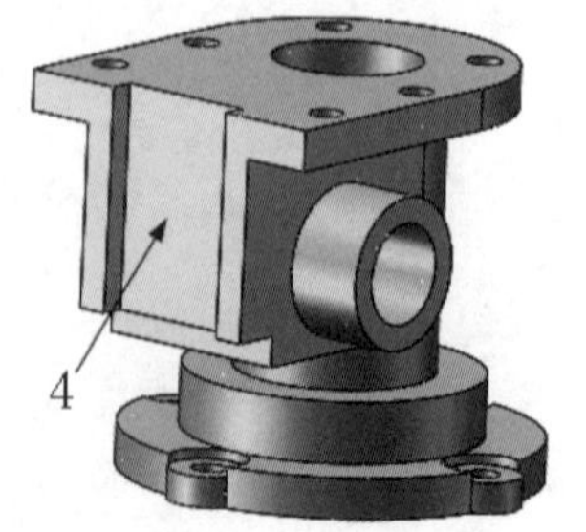

图 11-64　拉伸侧面凸台孔

（4）设置基准面。单击壳体的上表面的平面，然后单击“视图（前导）”工具栏中的“正视于”按钮，将该表面作为绘制图形的基准面。

（5）添加孔。单击“特征”控制面板中的“异型孔向导”按钮，选择普通孔，在“孔规格”属性管理器的“大小”下拉列表框中选择“ϕ12.0”规格，“终止条件”下拉列表框中选择“给定深度”，深度设为40.00mm，其他设置如图11-65所示。单击“孔规格”属性管理器中的“位置”选项卡。利用草图绘制工具确定孔的位置，如图11-66所示，最后单击“确定”按钮，结果如图11-67所示（利用钻孔工具添加的孔具有加工时生成的底部倒角）。

（6）设置基准面。单击如图11-64所示的面4，然后单击“视图（前导）”工具栏中的“正视于”按钮，将该表面作为绘制图形的基准面。

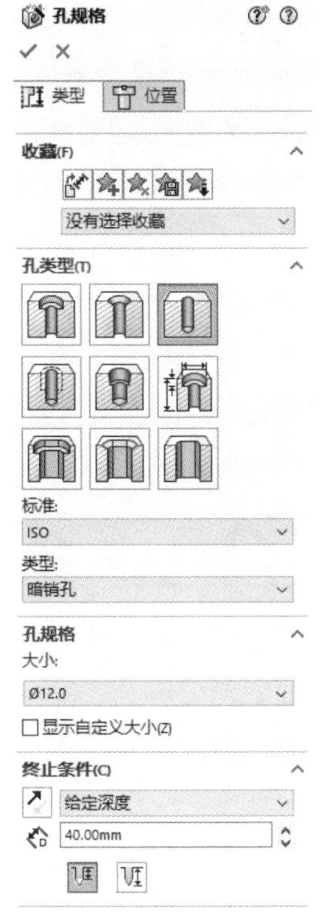

图 11-65　孔规格参数设置 1

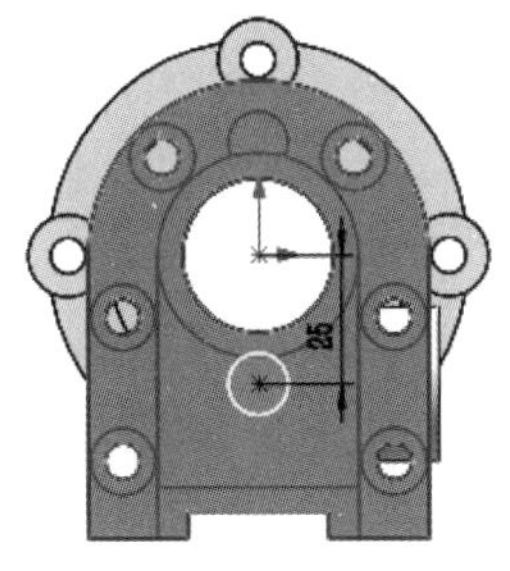

图 11-66　孔位置设置

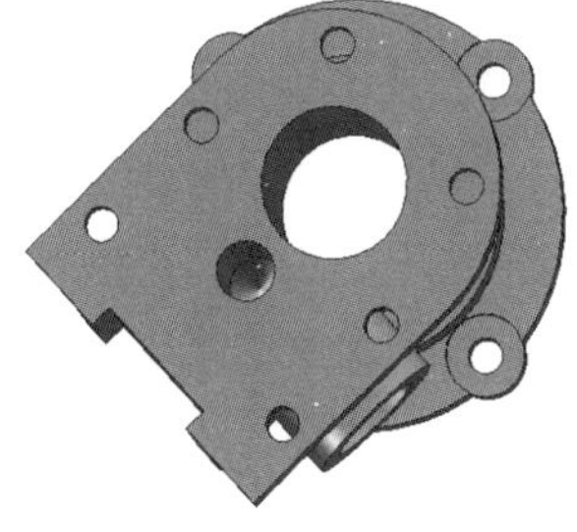

图 11-67　添加孔后效果

（7）绘制草图2。单击“草图”控制面板中的“圆”按钮，绘制一个圆。单击“草图”工具栏中的“智能尺寸”按钮，标注圆的直径为12mm。结果如图11-68所示。

（8）拉伸切除实体。单击“特征”控制面板中的“切除拉伸”按钮，拉伸生成实体，拉伸深度为10mm，结果如图11-69所示。

（9）设置基准面。单击刚才建立的ϕ12.0孔的底面，然后单击“视图”工具栏中的“正视于”按钮，将该表面作为绘制图形的基准面。

（10）绘制草图。单击“草图”控制面板中的“圆”按钮，绘制一个圆。单击“草图”控制面板中的“智能尺寸”按钮，标注圆的直径为8mm。结果如图11-70所示。

（11）拉伸实体。单击“特征”控制面板中的“切除拉伸”按钮，拉伸生成实体，拉伸深度为12mm，结果如图11-71所示。

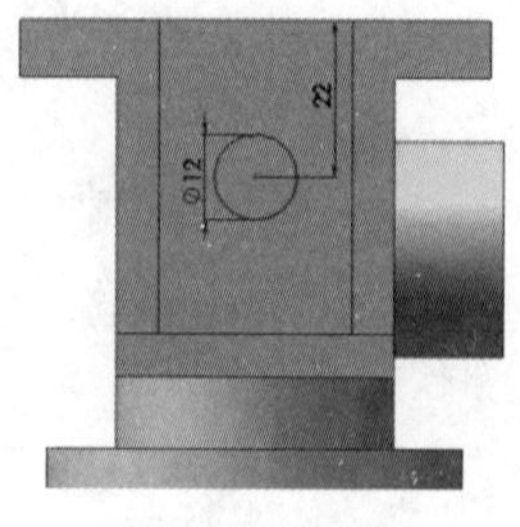

图 11-68　绘制草图 2

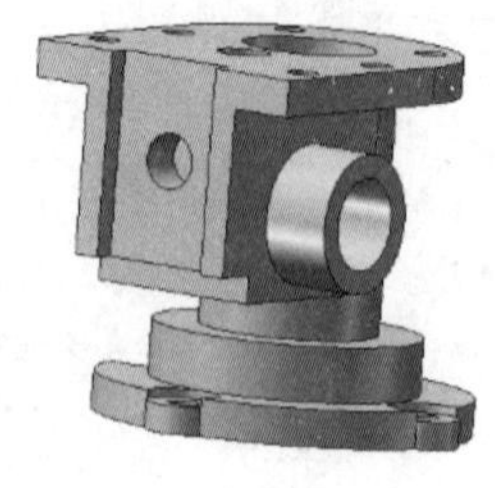

图 11-69　创建正面 ϕ12 孔

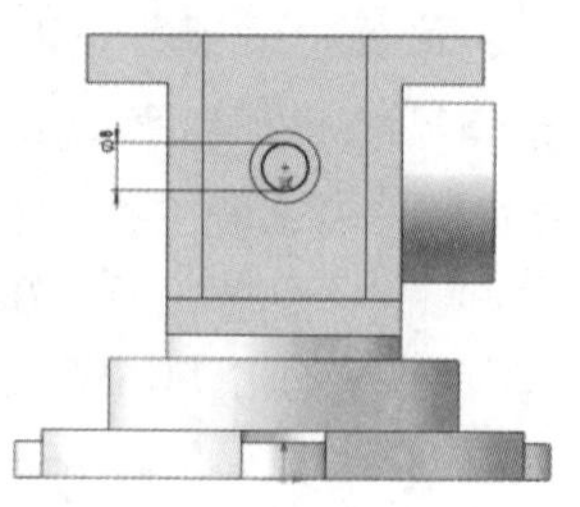

图 11-70　绘制草图 3

图 11-71　创建正面 ϕ18 孔

（12）设置基准面。单击所建壳体的顶面，然后单击“视图（前导）”工具栏中的“正视于”按钮，将该表面作为绘制图形的基准面。

（13）添加孔1。单击“特征”控制面板中的“异型孔向导”按钮，选择普通螺纹孔，在“孔规格”属性管理器的“大小”下拉列表框中选择M6规格，“终止条件”下拉列表框中选择“给定深度”，深度设为18.00mm，其他设置如图11-72所示。单击“确定”按钮，在左侧的FeatureManager设计树中右击选择的“M6螺纹孔1”中的第1个草图，在弹出的快捷菜单中选择“编辑草图”，利用草图绘制工具确定孔的位置，如图11-73所示。单击“确定”按钮,完成草图修改。

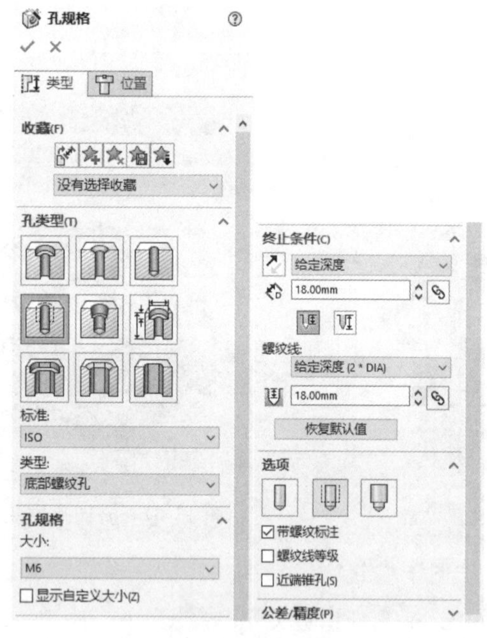

图 11-72　孔规格参数设置 2

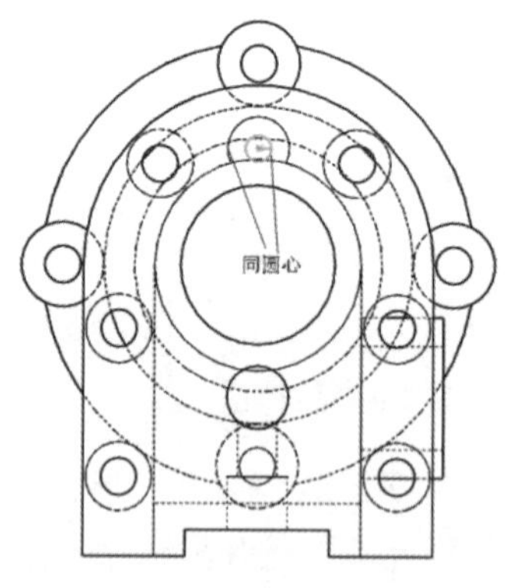

图 11-73　确定孔位置 1

（14）设置基准面。单击如图11-64所示的面4，然后单击“视图（前导）”工具栏中的“正视于”按钮，将该表面作为绘制图形的基准面。

（15）添加孔2。单击“特征”控制面板中的“异型孔向导”按钮，选择普通螺纹孔，在“孔规格”属性管理器的“大小”下拉列表框中选择M6规格，“终止条件”下拉列表框中选择“给定深度”，深度设为15.00mm，其他设置如图11-74所示。单击“孔规格”属性管理器中的“位置”选项卡，在添加孔的所建平面上适当位置单击，再添加一个M6孔，利用草图绘制工具确定两孔的位置，如图11-75所示。单击“孔规格”属性管理器中的“确定”按钮。结果如图11-76所示。

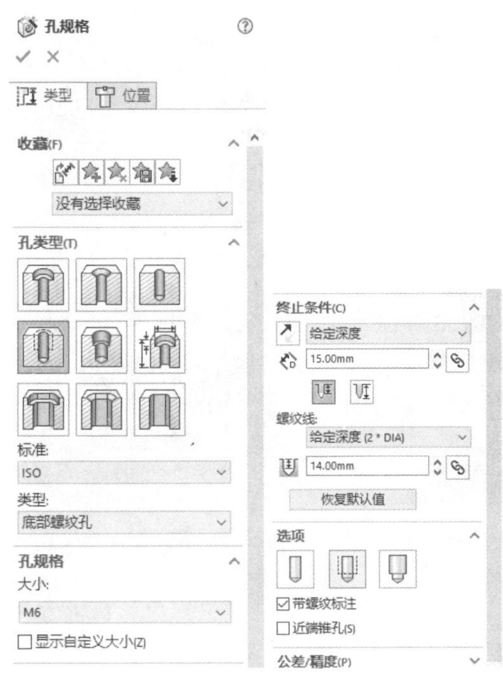

图 11-74　“孔规格”属性管理器

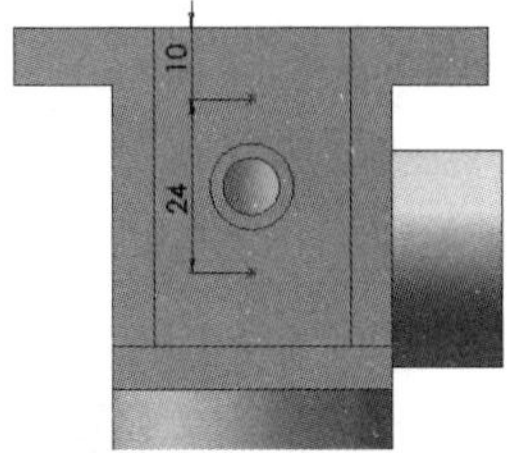

图 11-75　确定孔位置 2

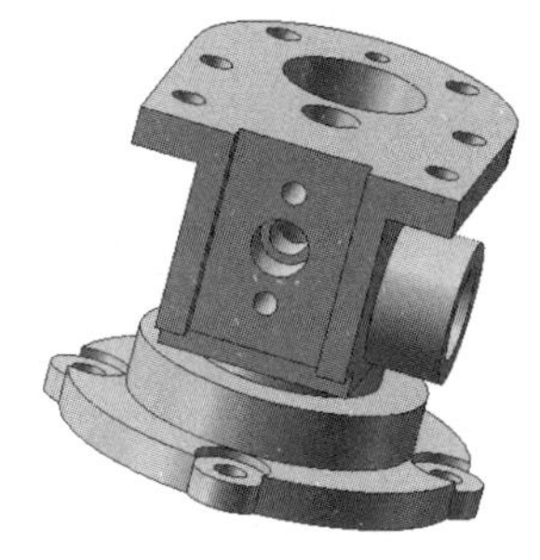

图 11-76　绘制孔

11.3.6　筋的创建及倒角、圆角的添加

1. 创建筋

（1）在FeatureManager设计树中选择“右视基准面”，然后单击“视图（前导）”工具栏中的“正视于”按钮，将该表面作为绘制图形的基准面。单击“特征”控制面板中的“筋”按钮，系统自动进入草图绘制状态。

（2）单击“草图”控制面板中的“直线”按钮，在绘图区域绘制筋的轮廓线，如图11-77所示。单击“确定”按钮，完成筋草图的生成，如图11-78所示。

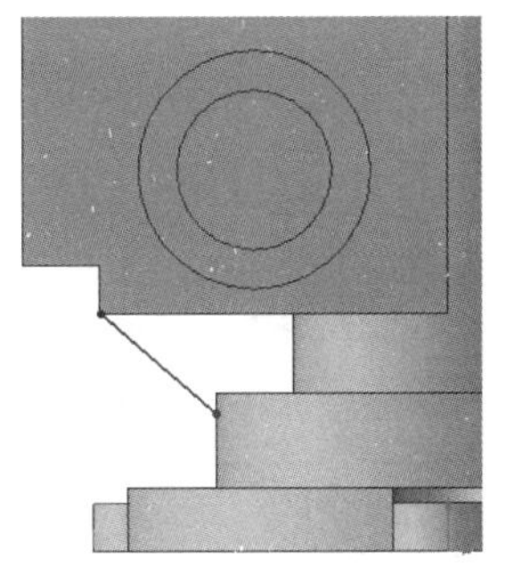

图 11-77　绘制筋草图

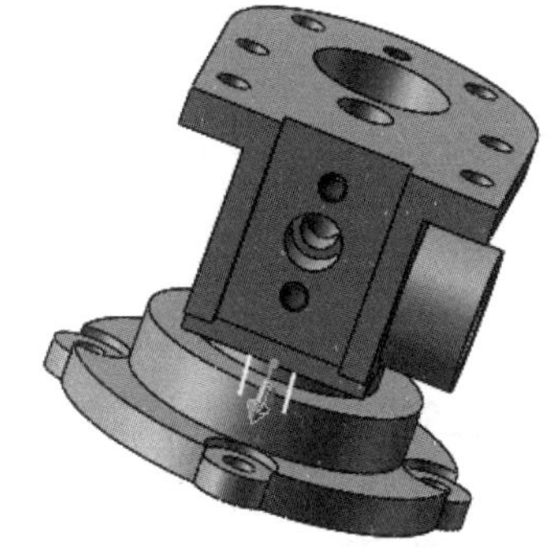

图 11-78　绘制草图

（3）系统弹出“筋1”属性管理器，在属性管理器中单击“两侧”按钮，然后输入距离为3.00mm；其余选项如图11-79所示。然后单击“确定”按钮。

2. 圆角与倒角

（1）单击“特征”控制面板中的“圆角”按钮，弹出“圆角”属性管理器。在右侧的图形区域中选择如图11-80所示的边线；在按钮右侧的文本框中设置圆角半径为5.00mm；具体选项如图11-81所示。单击“确定”按钮，完成底座部分圆角的创建。

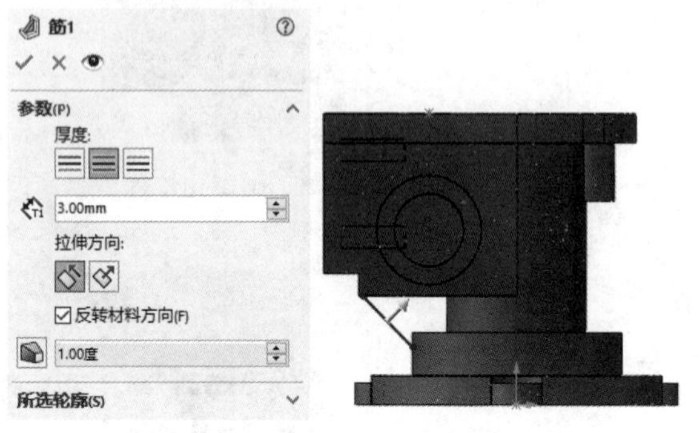

图 11-79　生成筋

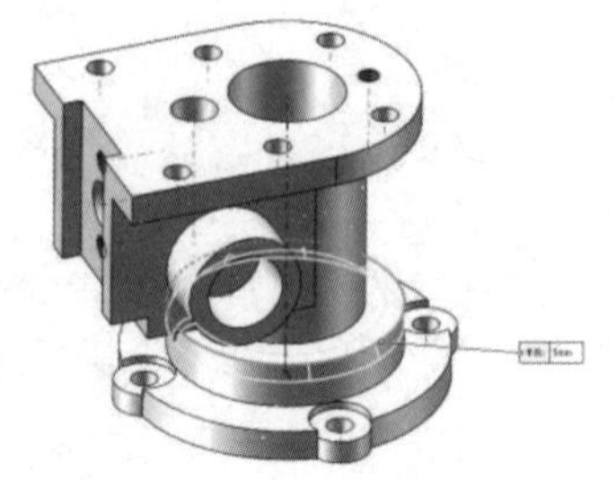

图 11-80　圆角边线选择

（2）倒角1。单击“特征”控制面板中的“倒角”按钮，弹出“倒角”属性管理器。在右侧的图形区域中选择如图11-82所示顶面与底面的两条边线；在按钮右侧的文本框中设置倒角距离2.00mm，具体选项如图11-83所示。单击“确定”按钮，完成倒角的创建。

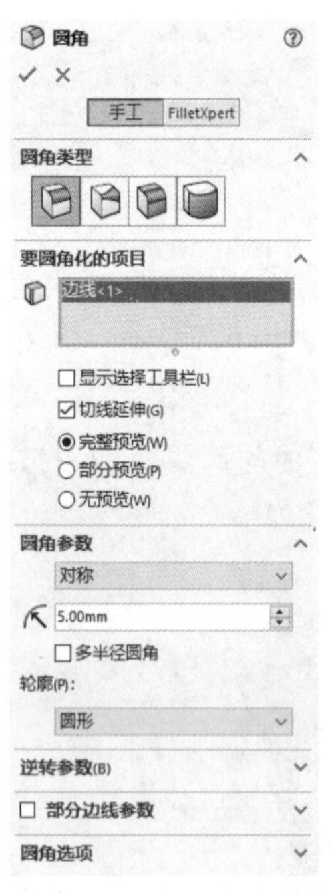

图 11-81　设置圆角选项

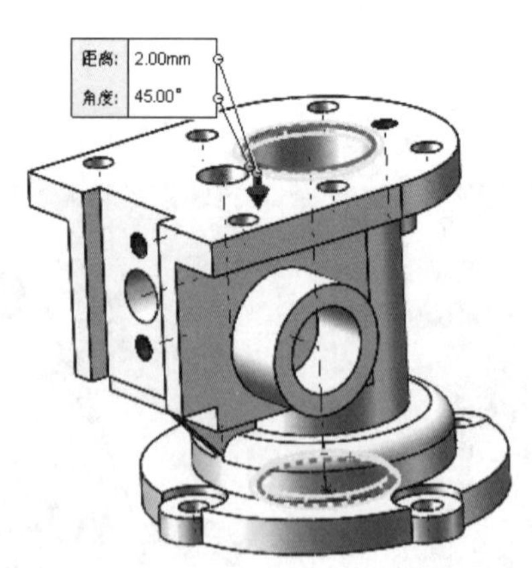

图 11-82　倒角 1 边线选择

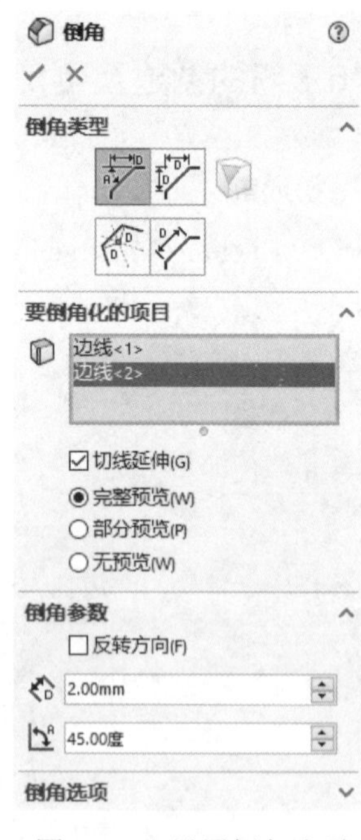

图 11-83　设置倒角选项

（3）倒角2。单击“特征”控制面板中的“倒角”按钮，弹出“倒角”属性管理器。在右侧的图形区域中选择如图11-84所示的边线；在按钮右侧的文本框中设置倒角距离1.00mm，具体选项如图11-85所示。单击“确定”按钮，完成倒角的创建。

最后完成效果如图 11-86 所示。

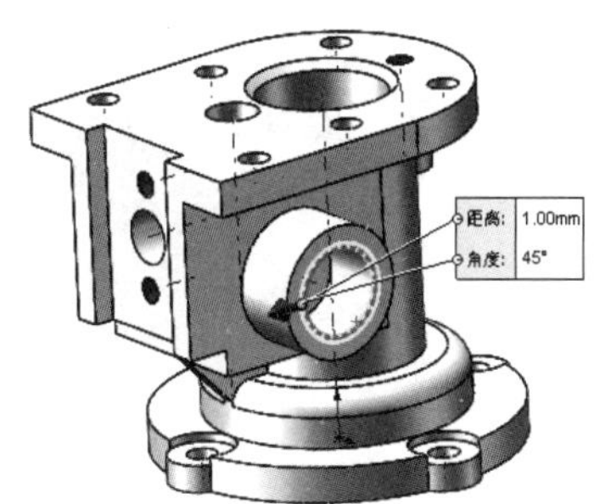

图 11-84　倒角 2 边线选择

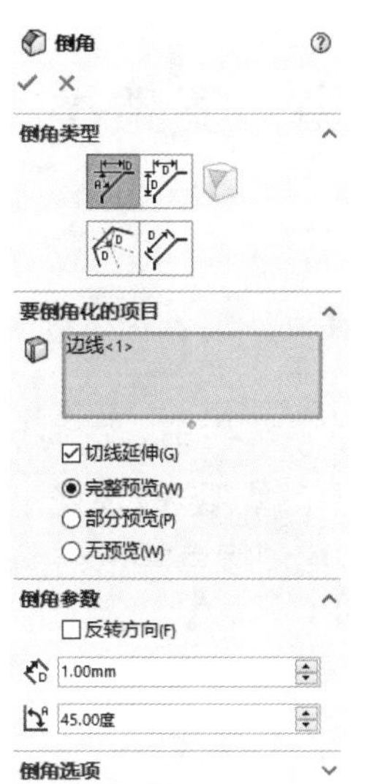

图 11-85　“倒角”属性管理器

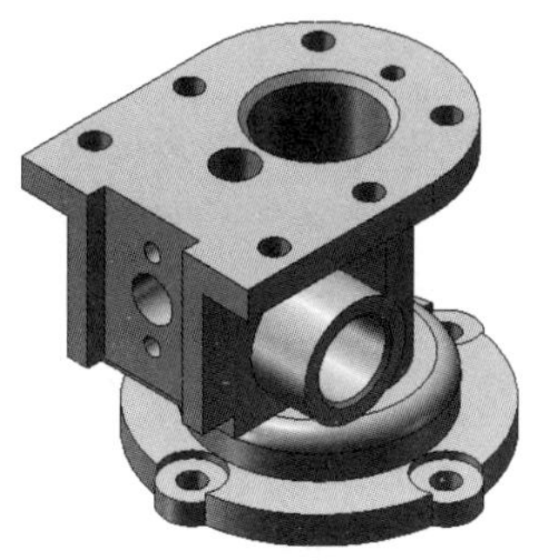
图 11-86　壳体最后效果图

第 12 章　叉架类零件设计

内容简介

叉架类零件主要起连接、拨动、支承等作用，它包括拨叉、连杆、支架、摇臂、杠杆等零件。其结构形状多样，差别较大，但都是由支承部分、工作部分和连接部分组成，多数为不对称零件，具有凸台、凹坑、铸（锻）造圆角、拔模斜度等常见结构。

内容要点

- 铸锻毛坯零件
- 叉架类零件

案例效果

扫一扫，看视频

12.1　铸锻毛坯零件

以铸锻毛坯开始制造的零件，有许多结构是不需要切削加工的。从毛坯到最后零件的制造过程中，毛坯的某些结构需要担任加工中的“粗基准”角色。因此，在创建这样的零件模型时，应当从毛坯开始，而对于每一个加工部位，都应 是一个单独的特征。

造型过程中为了准确地表达设计构思，要尽量与制造过程相一致，并构建对应的结构特征，才能使整个模型在以后的设计中发挥充分的作用。这样，不仅能延续使用设计数据，还能保证设计数据的统一与准确。

铸锻毛坯零件的二维工程图如图 12-1 所示。本例创建的铸锻毛坯零件如图 12-2 所示。

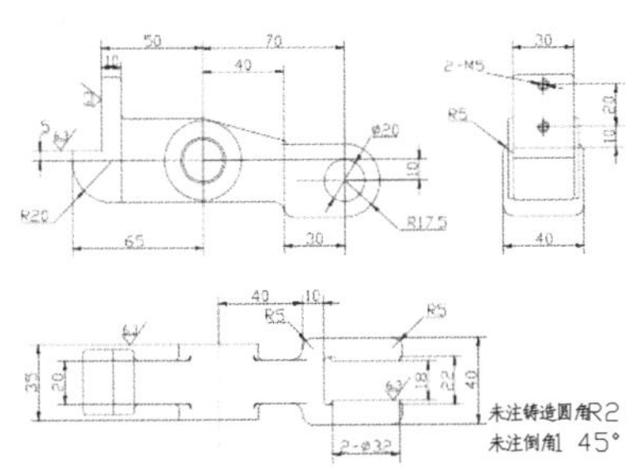

图 12-1 铸锻毛坯零件的二维工程图

图 12-2 铸锻毛坯零件

12.1.1 创建毛坯

（1）新建文件。启动SOLIDWORKS 2022，单击“快速访问”工具栏中的“新建”按钮，或选择菜单栏中的“文件”→“新建”命令，在弹出的“新建SOLIDWORKS文件”对话框中单击“零件”按钮，然后单击“确定”按钮，新建一个零件文件。

（2）拉伸毛坯主体。以下的步骤仅是一种可能的建模过程，并不是唯一的方法。造型过程中先后次序并无严格要求，但是，从基础到上层的关系还是要遵守的。因此，该零件的建模可以参照图12-3所示的次序进行。

（3）新建草图。在FeatureManager设计树中选择“前视基准面”作为草图绘制基准面，单击“草图”控制面板中的“草图绘制”按钮，进入草图绘制状态。

（4）绘制草图。单击“草图”控制面板中的“直线”按钮，绘制①板的拉伸轮廓，如图12-4所示。

（5）标注尺寸。单击“草图”控制面板中的“智能尺寸”按钮，对草图进行尺寸标注，如图12-4所示。

（6）拉伸①板。单击“特征”控制面板中的“拉伸凸台/基体”按钮，在弹出的“凸台-拉伸”属性管理器中设置拉伸终止条件为“两侧对称”，在“深度”文本框中输入20.00mm，其他选项保持系统默认设置，单击“确定”按钮，完成①板的拉伸操作。

（7）倒圆角。单击“特征”控制面板中的“圆角”按钮，给①板倒半径为5mm的圆角，完成①板的创建，如图12-5所示。

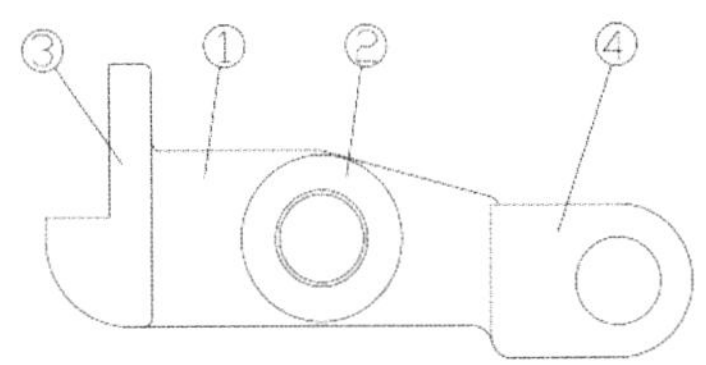

图 12-3 模型的建模次序

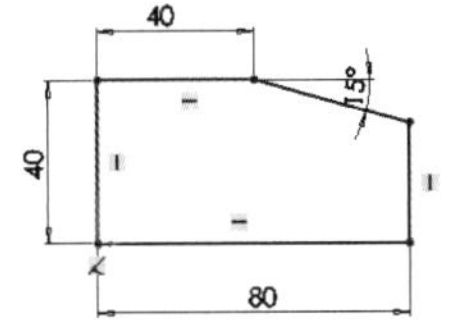

图 12-4 绘制①板草图

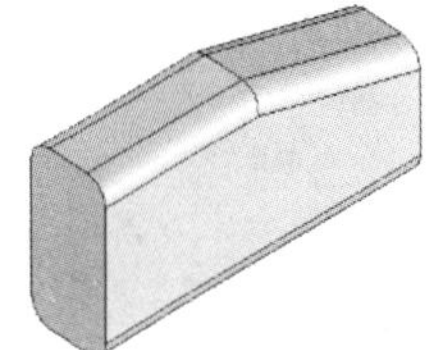

图 12-5 倒圆角

12.1.2 创建②圆柱

（1）以“前视基准面”作为草绘平面，绘制②圆柱的草图轮廓，并添加几何关系和尺寸，如图12-6所示。

（2）拉伸圆柱。单击“特征”控制面板中的“拉伸凸台 / 基体”按钮，在弹出的“凸台-拉伸”属性管理器中设置拉伸终止条件为“两侧对称”，在“深度”文本框中输入35.00mm，其他选项保持系统默认设置，如图12-7所示（在工程图纸上，②圆柱的高度为25.00mm，这里设置拉伸深度为35.00mm是为了给两面各预留5.00mm的加工余量）；单击“确定”按钮，完成②圆柱的拉伸操作。

（3）倒圆角。单击“特征”控制面板中的“圆角”按钮，为②圆柱与①板的相交线倒半径为2.00mm的圆角，完成②圆柱的创建，如图12-8所示。

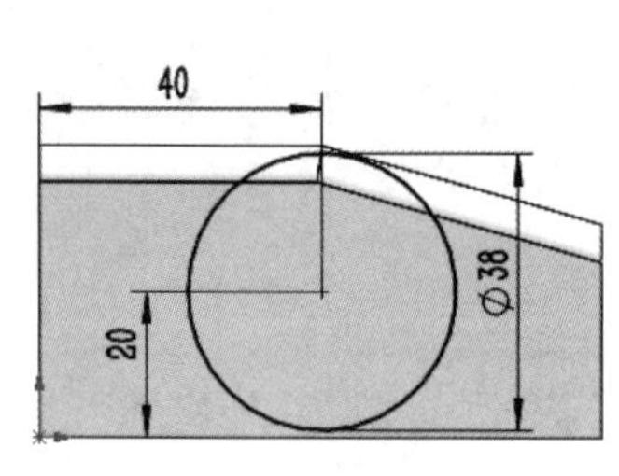

图 12-6　②圆柱草图

图 12-7　“凸台-拉伸”属性管理器

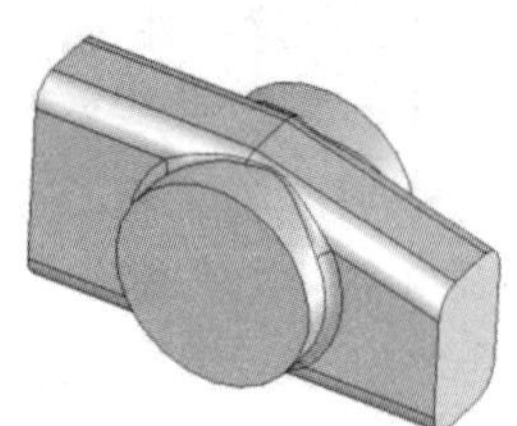

图 12-8　倒圆角

12.1.3　创建③夹紧块

（1）仍以“前视基准面”为草绘平面，绘制③夹紧块连接部分的草图轮廓，并添加几何关系和尺寸，如图12-9所示。在草图中要给两个加工面各预留5.00mm的加工余量。

（2）拉伸③夹紧块。单击“特征”控制面板中的“拉伸凸台/基体”按钮，在弹出的“凸台-拉伸”属性管理器中设置拉伸终止条件为“两侧对称”，在“深度”文本框中输入30.00mm，其他选项保持系统默认设置，如图12-9所示，单击“确定”按钮，完成③夹紧块的拉伸操作。

（3）倒圆角。单击“特征”控制面板中的“圆角”按钮，为③夹紧块与①板的相交线倒半径为2.00mm的圆角，完成③夹紧块的创建，如图12-10所示。

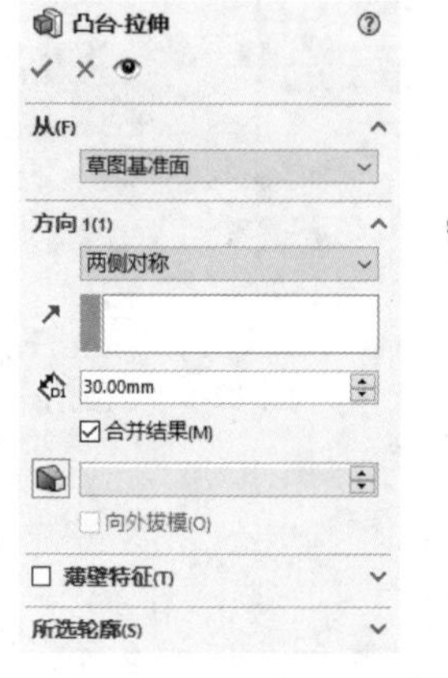

图 12-9　拉伸③夹紧块

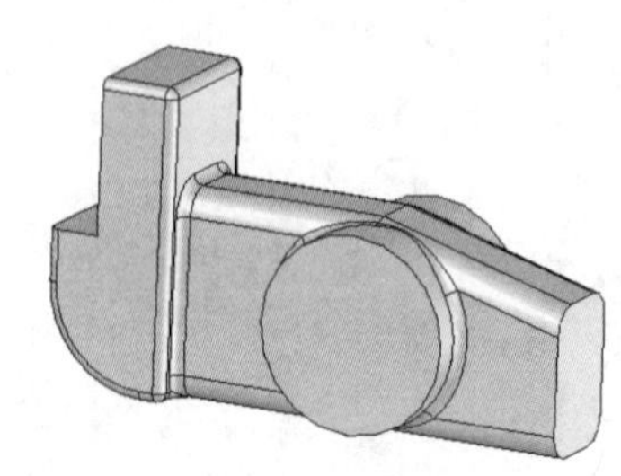

图 12-10　倒圆角

12.1.4　创建④端部结构

（1）绘制“墙”草图。零件上U形结构的底部有1.00mm高的“墙”，以“前视基准面”为草绘基准面，绘制“墙”的草图轮廓，如图12-11所示。

（2）生成“墙”特征。单击“特征”控制面板中的“拉伸凸台/基体”按钮，在“凸台-拉伸”属性管理器中设置拉伸终止条件为“两侧对称”，在“深度”文本框中输入22.00mm，其他选项保持系统默认设置，单击“确定”按钮✔，生成“墙”特征，如图12-12所示。

（3）绘制U形结构草图。以“墙”的端面为草图平面，借助“墙”的轮廓投影，绘制加强板轮廓，并标注尺寸和几何约束，绘制U形结构一侧的草图，如图12-13 示。

（4）生成U形结构。单击“特征”控制面板中的“拉伸凸台/基体”按钮，在弹出的“凸台-拉伸”属性管理器中设置拉伸终止条件为“给定深度”，在“深度”文本框中输入9mm，其他选项保持系统默认设置，单击“确定”按钮✔，生成U形结构，如图12-14所示。

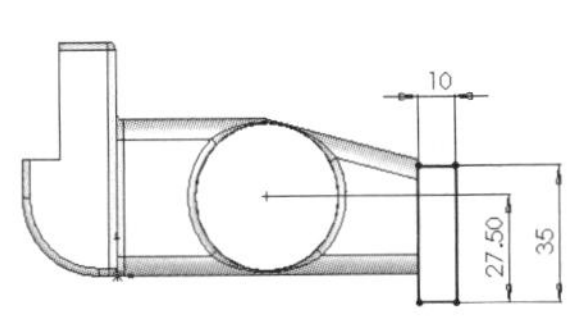

图 12-11　绘制“墙”草图

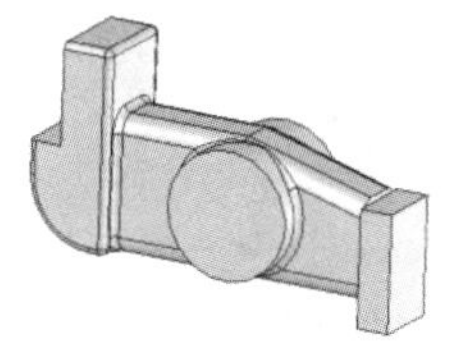
图 12-12　生成“墙”特征

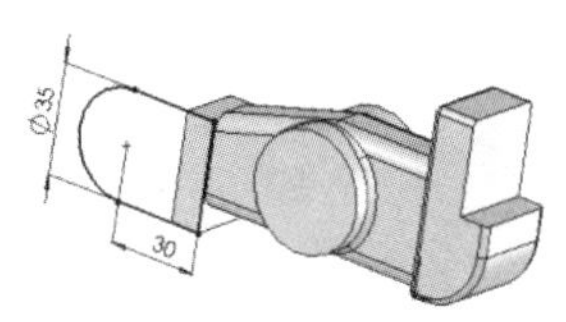

图 12-13　绘制 U 形结构草图

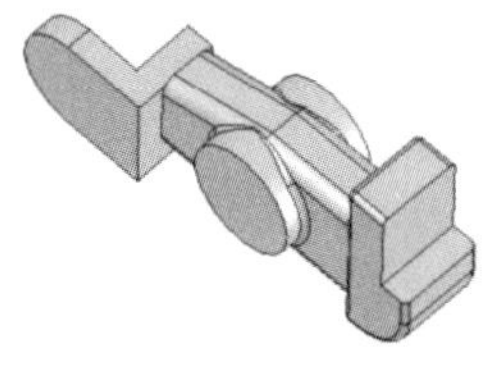
图 12-14　生成 U 形结构

（5）生成脐子。以U形结构的内端面作为草图绘制基准面，创建直径为32mm的脐子，其高度为7mm（2+5），留出5mm的加工余量，如图12-15所示。

（6）镜像特征。单击“特征”控制面板中的“镜像”按钮，弹出“镜像”属性管理器；选择“前视基准面”作为镜像面，选择U形结构及其上的脐子作为要镜像的特征，其他选项保持系统默认设置，如图12-16所示，单击“确定”按钮✔，生成镜像特征。

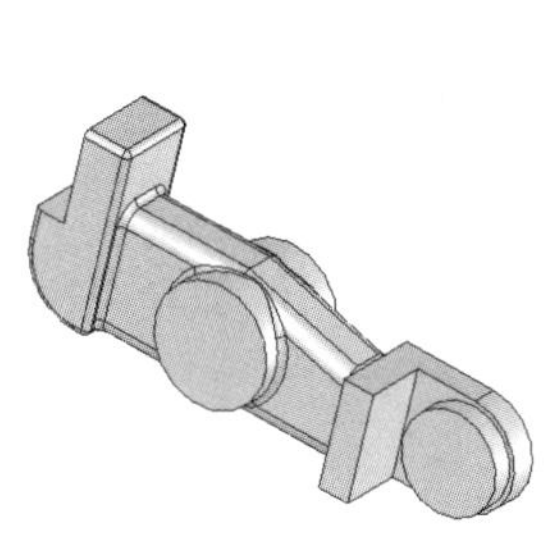
图 12-15　生成脐子

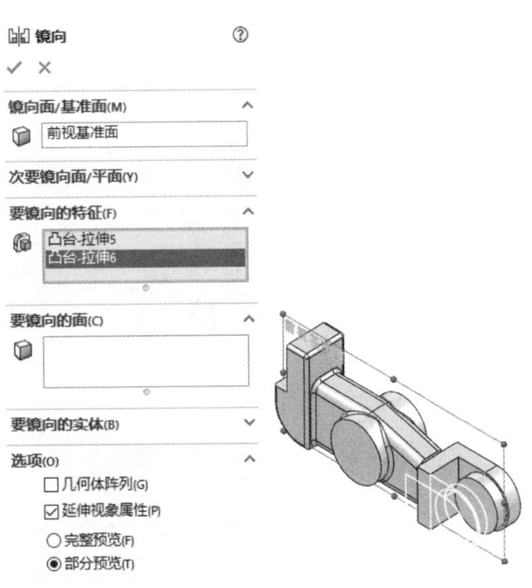

图 12-16　设置镜像特征

（7）倒圆角。单击“特征”控制面板中的“圆角”按钮，根据图12-1所示的二维工程图中的尺寸，为④端部结构各边线分别设置半径为5mm和2mm的圆角。

（8）指定毛坯材质。选择菜单栏中的“编辑”→“外观”→“材质”命令，弹出“材料”对话框。在“材料”对话框中指定毛坯的材质为ABS塑料，如图12-17所示，单击“应用”按钮，完成毛坯材料的指定。

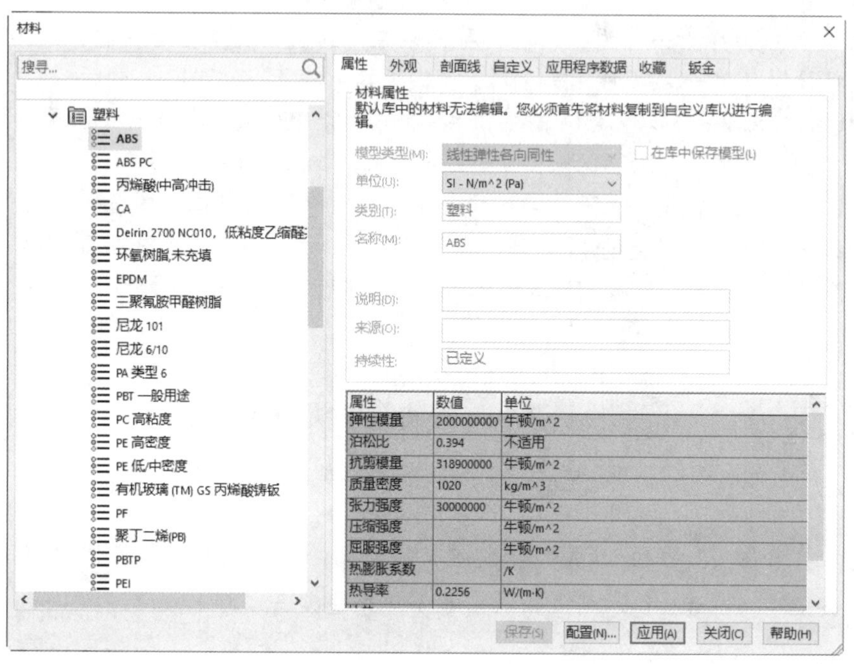

图 12-17　指定毛坯材质

12.1.5　铣切加工面造型

（1）转换实体引用。选择“前视基准面”作为草绘平面，单击“草图”控制面板中的“转换实体引用”按钮，将③夹紧块的边线投影到草绘平面，并将其转换为几何构造线。

（2）绘制草图轮廓。单击“草图”控制面板中的“等距实体”按钮，绘制与投影边线相距5mm的轮廓线；再单击“草图”控制面板中的“直线”按钮，延长并封闭草图轮廓，如图12-18所示。

（3）拉伸切除实体。单击“特征”控制面板中的“切除拉伸”按钮，在弹出的“切除-拉伸”属性管理器中设置切除终止条件为“两侧对称”，在“深度”文本框中输入30mm，其他选项保持系统默认设置，单击“确定”按钮，切削得到③夹紧块的加工面。

（4）新建草图。选择直径为32mm的脐子端面，单击“草图”控制面板中的“草图绘制”按钮，在其上新建一张草图。

（5）转换实体引用。单击“草图”控制面板中的“转换实体引用”按钮，将脐子的边线轮廓投影到草图上。

（6）创建脐子切削面。单击“特征”控制面板中的“切除拉伸”按钮，在弹出的“切除-拉伸”属性管理器中设置切除终止条件为“给定深度”，在“深度”文本框中输入5mm，其他选项保持系统默认设置，单击“确定”按钮，生成脐子切削面。

（7）重复步骤（4）～步骤（6），创建另一侧的脐子切削面。切削面加工造型最终效果如图12-19所示。

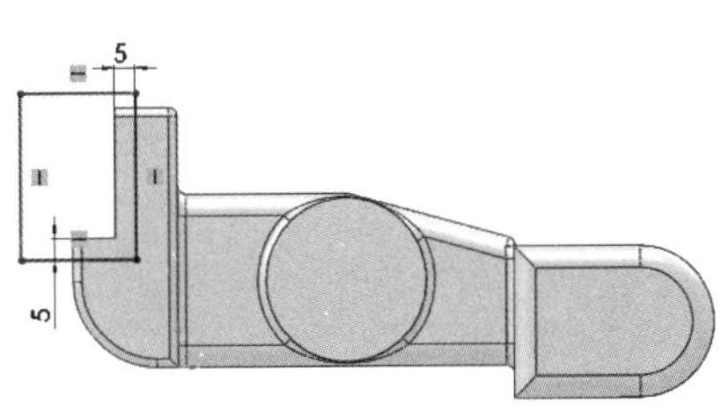

图 12-18　绘制草图轮廓

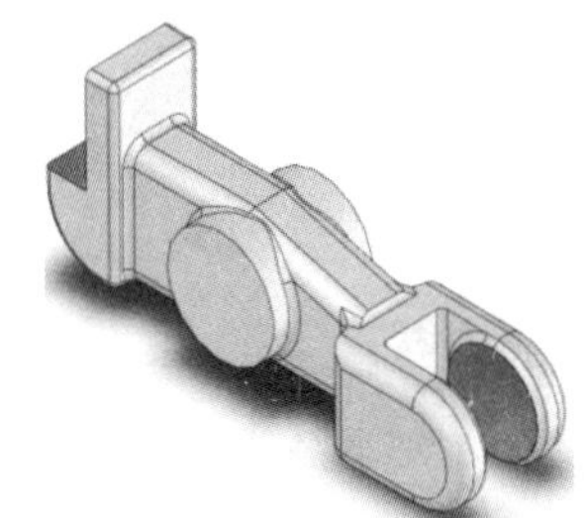

图 12-19　切削面加工造型最终效果

12.1.6　钻镗孔和螺纹孔造型

（1）新建草图。单击“草图”控制面板中的“草图绘制”按钮，在直径为20mm的脐子上新建一张草图。

（2）绘制草图。单击“草图”控制面板中的“圆”按钮，绘制一个直径为20mm的圆。

（3）添加几何关系。单击“草图”控制面板中的“添加几何关系”按钮，为直径为20mm的圆和脐子轮廓添加“同心”几何关系。

（4）拉伸孔特征。单击“特征”控制面板中的“切除拉伸”按钮，在弹出的“切除-拉伸”属性管理器中设置切除终止条件为“两侧对称”，输入切除深度为65.00mm，其他选项保持系统默认设置，如图12-20所示；单击“确定”按钮，生成④端部结构的拉伸孔特征。

（5）用同样的方法在②圆柱上创建直径为20mm的孔。

（6）倒圆角。单击“特征”控制面板中的“倒角”按钮，为孔的边线添加“1×45°”的倒角，最终的钻镗孔造型如图12-21所示。

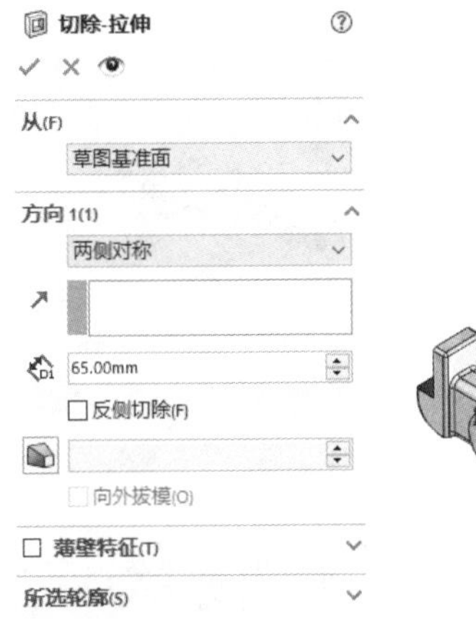

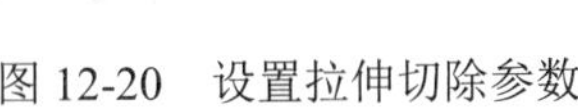

图 12-20　设置拉伸切除参数

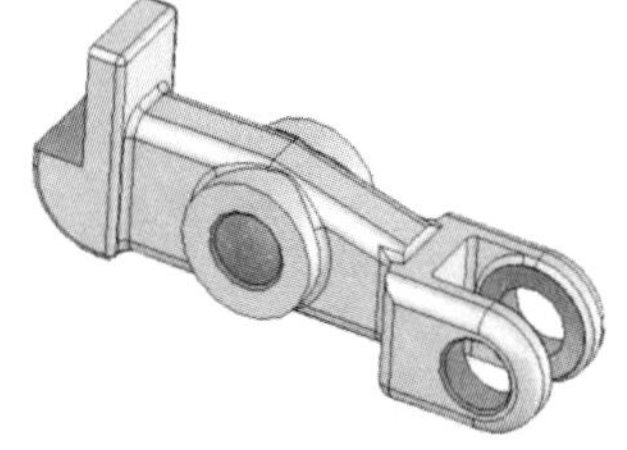

图 12-21　钻镗孔造型

（7）定义螺纹孔参数。选择③夹紧块的切削面作为螺纹孔的生成面。单击“特征”控制面板中的“异型孔向导”按钮，在弹出的“孔规格”属性管理器中定义螺纹孔的参数，如图12-22所示，孔位置如图12-23所示。

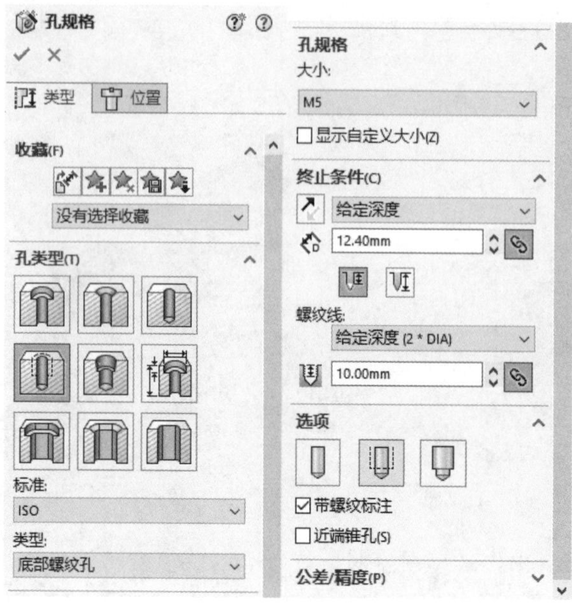

图 12-22　定义螺纹孔参数

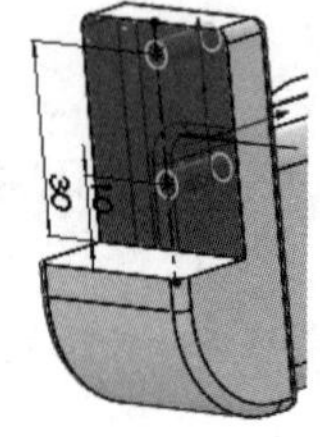
图 12-23　孔位置

（8）定位螺纹孔位置。单击“位置”选项卡，在螺纹孔生成面上创建孔的中心点，并利用“智能尺寸”按钮对孔的中心点进行约束定位，如图12-24所示；单击“确定”按钮，完成螺纹孔的创建。

（9）保存文件。单击“快速访问”工具栏中的“保存”按钮，将零件保存为“铸锻毛坯零件.SLDPRT”；使用旋转观察功能观察模型。最终效果如图12-25所示。

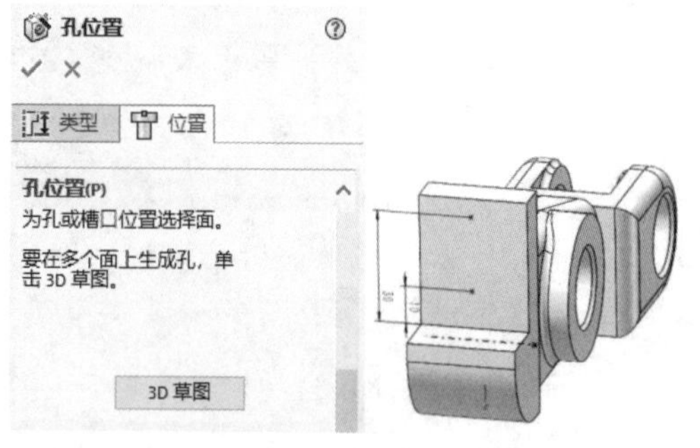

图 12-24　定位螺纹孔位置

图 12-25　铸锻毛坯零件最终效果

扫一扫，看视频

12.2　叉架类零件

叉架类零件主要起支撑和连接的作用，其形状结构按功能的不同分为 3 部分：工作部分、固定部分和连接部分。

叉架的二维工程图如图 12-26 所示。本例创建的叉架如图 12-27 所示。

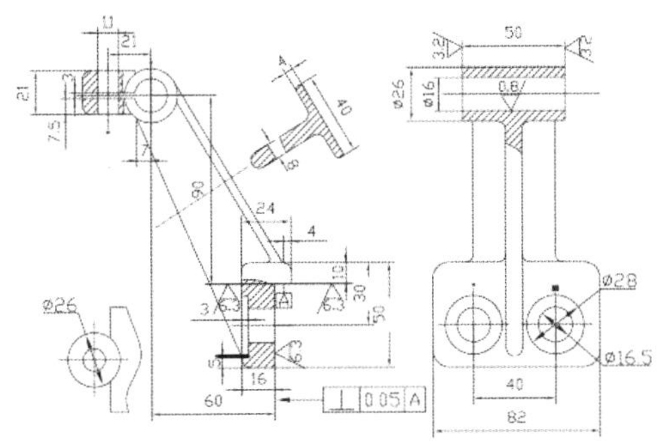

图 12-26　叉架的二维工程图

图 12-27　叉架

12.2.1　创建固定部分基体

（1）新建文件。启动SOLIDWORKS 2022，单击“快速访问”工具栏中的“新建”按钮，或选择菜单栏中的“文件”→“新建”命令，在弹出的“新建SOLIDWORKS文件”对话框中单击“零件”按钮，然后单击“确定”按钮，创建一个新的零件文件。

（2）新建草图。选择“前视基准面”作为草图绘制基准面，单击“草图”控制面板中的“草图绘制”按钮，进入草图绘制状态。

（3）绘制草图。单击“草图”控制面板中的“中心矩形”按钮，以坐标原点为中心绘制一个矩形。

（4）标注尺寸。单击“草图”控制面板中的“智能尺寸”按钮，为所绘制的矩形添加几何尺寸，如图12-28所示。

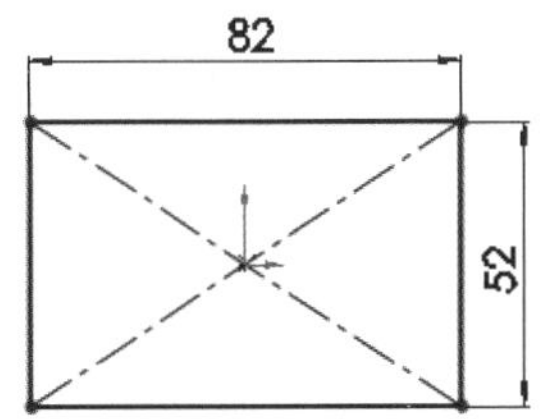

图 12-28　添加几何尺寸后的矩形草图

（5）创建固定部分基体。单击“特征”控制面板中的“拉伸凸台/基体”按钮，在弹出的“凸台-拉伸”属性管理器中设置拉伸终止条件为“给定深度”，在“深度”文本框中输入24.00mm，单击“确定”按钮，生成固定部分的基体。

12.2.2　创建工作部分基体

（1）新建草图。选择“右视基准面”作为草图绘制平面，单击“草图”控制面板中的“草图绘制”按钮，进入草图绘制状态。

（2）绘制圆。单击“草图”控制面板中的“圆”按钮，绘制一个圆。

（3）标注尺寸。单击“草图”控制面板中的“智能尺寸”按钮，为圆标注直径尺寸和定位尺寸，如图12-29所示。

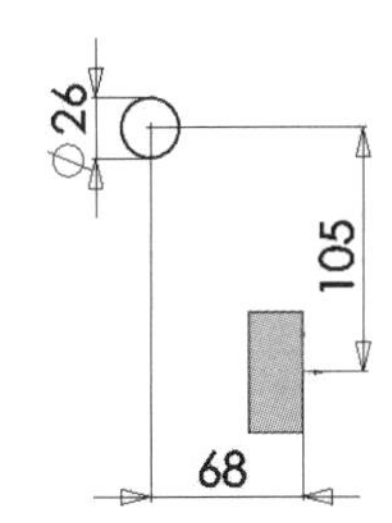

图 12-29　标注尺寸

（4）创建拉伸基体。单击“特征”控制面板中的“拉伸凸台/基体”按钮，在弹出的“凸台-拉伸”属性管理器中设置拉伸终止条件为“两侧对称”，在“深度”文本框中输入50.00mm，其他选项设置如图12-30所示，单击“确定”按钮，创建拉伸基体。

（5）创建基准面。单击“特征”控制面板的“参考几何体”下拉列表中的“基准面”按钮，弹出“基准面”属性管理器；在FeatureManager设计树中选择“上视基准面”

作为参考基准面，单击“偏移距离”按钮，在其其右侧的文本框中输入距离为105.00mm，其他选项设置如图12-31所示，单击“确定”按钮✓，完成基准面1的创建。

图 12-30　创建拉伸基体

图 12-31　创建基准面

（6）新建草图。选择创建的基准面1，单击“草图”控制面板中的“草图绘制”按钮，在其上新建一张草图；单击“视图（前导）”工具栏中的“正视于”按钮，使视图方向正视于该草图。

（7）绘制草图。单击“草图”控制面板中的“圆”按钮，绘制一个圆，使其圆心的X坐标为0。

（8）添加智能尺寸。单击“草图”控制面板中的“智能尺寸”按钮，标注圆的直径尺寸，并对其进行定位，如图12-32所示。

（9）创建工作部分基体。单击“特征”控制面板中的“拉伸凸台/基体”按钮，弹出“凸台-拉伸”属性管理器；在“方向1”面板中设置拉伸终止条件为“给定深度”，在“深度”文本框中输入12.00mm；在“方向2”面板中设置拉伸终止条件为“给定深度”，在“深度”文本框中输入9.00mm，其他参数设置如图12-32所示，单击“确定”按钮✓，生成工作部分的基体。

12.2.3　创建连接部分的基体

（1）新建草图。选择“右视基准面”作为绘图基准面，单击“草图”控制面板中的“草图绘制”按钮，在其上新建一张草图；单击“视图（前导）”工具栏中的“正视于”按钮，使视图方向正视于该草图平面。

（2）投影轮廓。按住Ctrl键，选择固定部分的轮廓（投影形状为矩形）和工作部分中的支撑孔基体（投影形状为圆形），单击“草图”控制面板中的“转换实体引用”按钮，将该轮廓投影到草图上。

（3）绘制直线。单击“草图”控制面板中的“直线”按钮，绘制一条由圆到矩形的直线，直线的一个端点落在矩形直线上。

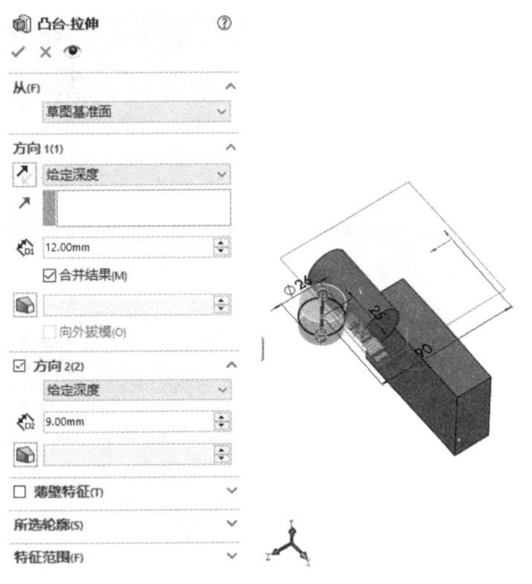

图 12-32　创建工作部分基体

（4）添加“相切”几何关系。按住Ctrl键，选择所绘直线和轮廓投影圆，在弹出的“属性”属性管理器中单击“相切”按钮，为所选元素添加“相切”几何关系，如图12-33所示。单击“确定”按钮，完成几何关系的添加。

（5）添加智能尺寸。单击“草图”控制面板中的“智能尺寸”按钮，标注落在矩形上的直线端点到坐标原点的距离为4mm。

（6）绘制等距直线。选择所绘制的直线，单击“草图”控制面板中的“等距实体”按钮，在弹出的“等距实体”属性管理器中设置等距距离为4.00mm，其他选项设置如图12-34所示，单击“确定”按钮，完成等距直线的绘制。

（7）裁剪曲线。单击“草图”控制面板中的“剪裁实体”按钮，裁剪掉多余的曲线，生成T形筋中截面为40mm×4mm的筋板轮廓，如图12-35所示。

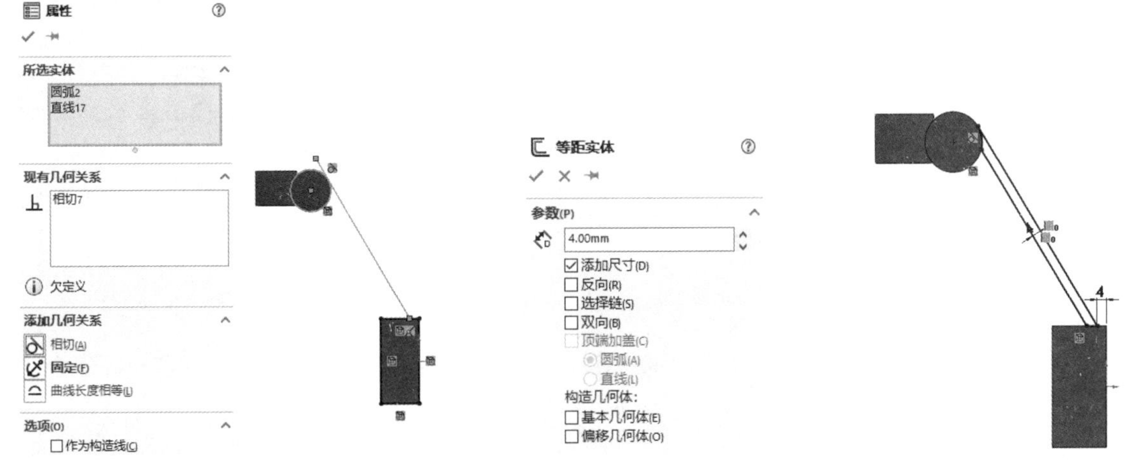

图 12-33　添加“相切”几何关系　　图 12-34　设置等距实体选项　　图 12-35　剪裁曲线

（8）创建筋板。单击“特征”控制面板中的“拉伸凸台/基体”按钮，在弹出的“凸台-拉伸”属性管理器中设置拉伸终止条件为“两侧对称”，在“深度”文本框中输入40.00mm，其他选项设置如图12-36所示，单击“确定”按钮，创建T形筋中的一个筋板。

（9）新建草图。选择“右视基准面”作为绘图基准面，单击“草图”控制面板中的“草图绘制”按钮，在其上新建一张草图；单击“视图（前导）”控制面板中的“正视于”按钮，使视图方向正视于该草图平面。

（10）投影轮廓线。按住Ctrl键，选择固定部分（投影形状为矩形）左上角的两条边线、工作部分中的支撑孔基体（投影形状为圆形）和筋板中内侧的边线，单击“草图”控制面板中的“转换实体引用”按钮，将该轮廓投影到草图上。

（11）绘制草图轮廓。单击“草图”控制面板中的“直线”按钮，绘制一条由圆到矩形的直线，直线的一个端点落在矩形的左侧边线上，另一个端点落在投影圆上。

（12）标注尺寸。单击“草图”控制面板中的“智能尺寸”按钮，为所绘制的直线标注定位尺寸，如图12-37所示。

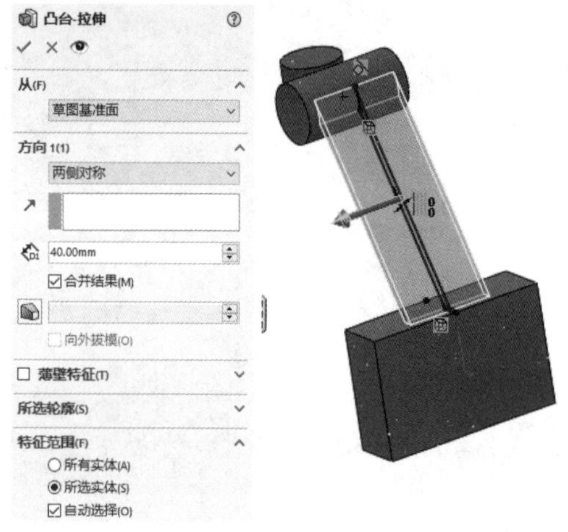

图 12-36　创建筋板

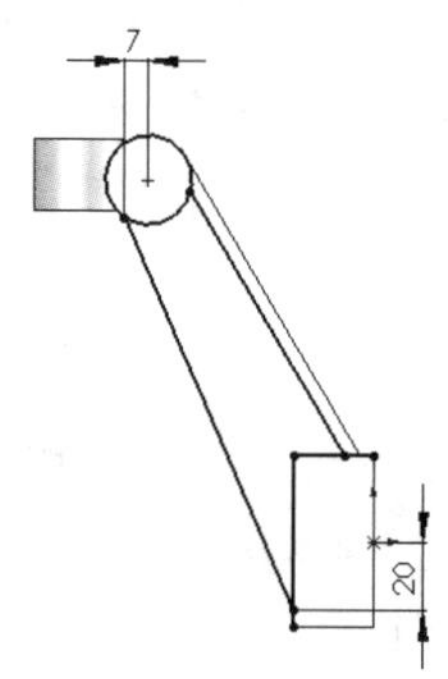

图 12-37　标注直线定位尺寸

（13）裁剪轮廓。单击“草图”控制面板中的“剪裁实体”按钮，裁剪掉轮廓中多余的部分，生成T形筋中的另一个筋板。

（14）拉伸实体。单击“特征”控制面板中的“拉伸凸台/基体”按钮，在弹出的“凸台-拉伸”属性管理器中设置拉伸终止条件为“两侧对称”，在“深度”文本框中设置拉伸深度为8.00mm，其他选项设置如图12-38所示，单击“确定”按钮，创建筋板。

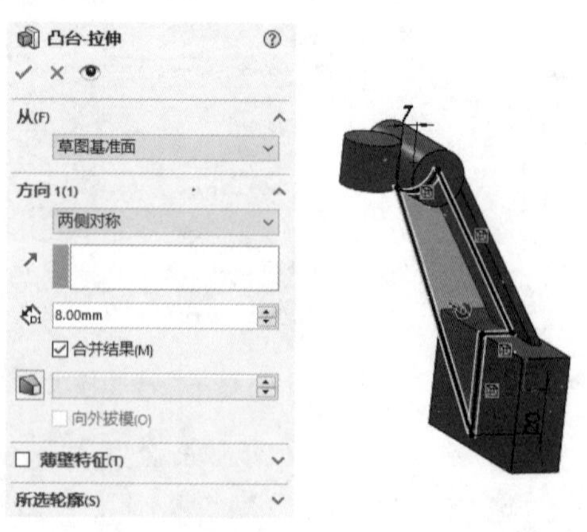

图 12-38　拉伸实体

12.2.4　切除固定部分基体

（1）新建草图。选择固定部分基体的侧面，单击“草图”控制面板中的“草图绘制”按钮，在其上新建一张草图。

（2）绘制草图轮廓并标注尺寸。单击“草图”控制面板中的“边角矩形”按钮，绘制一个矩形作为拉伸切除的草图轮廓；然后单击“草图”控制面板中的“智能尺寸”按钮，标注矩形定位尺寸（注意：矩形的大小只需大于要切除部分即可），如图12-39（b）所示。

（3）拉伸切除实体。单击“特征”控制面板中的“切除拉伸”按钮，在弹出的“切除-拉伸”属性管理器中设置切除终止条件为“完全贯穿”，其他选项设置如图12-39（a）所示，单击“确定”按钮，创建固定部分基体的切除部分。

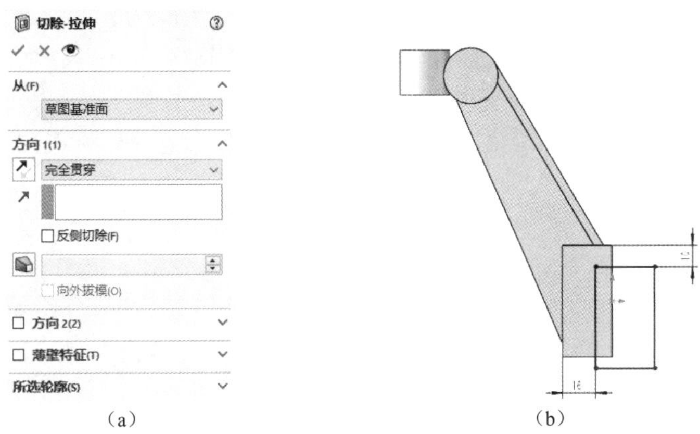

（a）　　　　　　　　　　（b）

图 12-39　拉伸切除实体

12.2.5　创建光孔、沉头孔和圆角

（1）新建草图。选择托架固定部分的正面，单击“草图”控制面板中的“草图绘制”按钮，在其上新建一张草图。

（2）绘制圆。单击“草图”控制面板中的“圆”按钮，绘制两个圆。

（3）标注尺寸。单击“草图”控制面板中的“智能尺寸”按钮，为两个圆标注尺寸并对其进行定位，如图12-40（b）所示。

（4）创建孔特征。单击“特征”控制面板中的“切除拉伸”按钮，在弹出的“切除-拉伸”属性管理器中设置切除终止条件为“给定深度”，在“深度”文本框中输入3.00mm，其他选项设置如图12-40（a）所示，单击“确定”按钮，生成孔特征。

（5）新建草图。选择新创建的沉头孔底面，单击“草图”控制面板中的“草图绘制”按钮，在其上新建一张草图。

（6）绘制圆。单击“草图”控制面板中的“圆”按钮，绘制两个圆。

（7）添加几何关系。单击“草图”控制面板中的“添加几何关系”按钮，弹出“属性”属性管理器；在绘图区选择所绘制的圆和边线，单击“同心”按钮，为其添加“同心”几何关系，如图12-41所示。

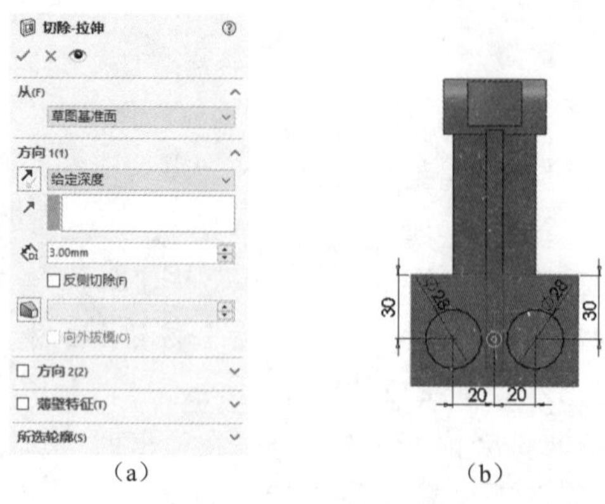

（a）　　（b）

图 12-40　创建孔特征

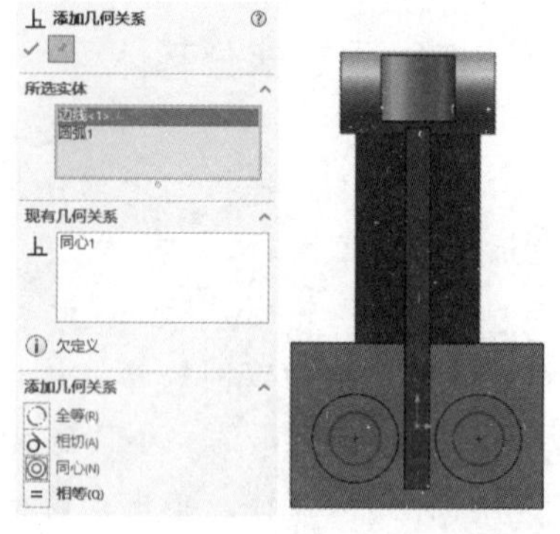

图 12-41　添加“同心”几何关系

（8）标注尺寸。单击“草图”控制面板中的“智能尺寸”按钮，标注刚绘制的两个圆的直径尺寸为16.50mm，单击“确定”按钮，完成几何关系的添加。

（9）创建沉头孔特征。单击“特征”控制面板中的“切除拉伸”按钮，在弹出的“切除-拉伸”属性管理器中设置切除终止条件为“完全贯穿”，其他选项设置如图12-42所示，单击“确定”按钮，完成沉头孔特征的创建。

（10）新建草图。选择工作部分中高度为50mm的圆柱的一个侧面，单击“草图”控制面板中的“草图绘制”按钮，在其上新建一张草图。

（11）绘制圆。单击“草图”控制面板中的“圆”按钮，绘制一个与圆柱轮廓同心的圆。

（12）标注尺寸。单击“草图”控制面板中的“智能尺寸”按钮，标注圆的直径尺寸为16mm。

（13）创建“ϕ16”孔。单击“特征”控制面板中的“切除拉伸”按钮，在弹出的“切除-拉伸”属性管理器中设置切除终止条件为“完全贯穿”，其他选项设置如图12-43所示，单击“确定”按钮，完成孔的创建。

（14）新建草图。选择工作部分另一个圆柱段的上端面，单击“草图”控制面板中的“草图绘制”按钮，在其上新建一张草图。

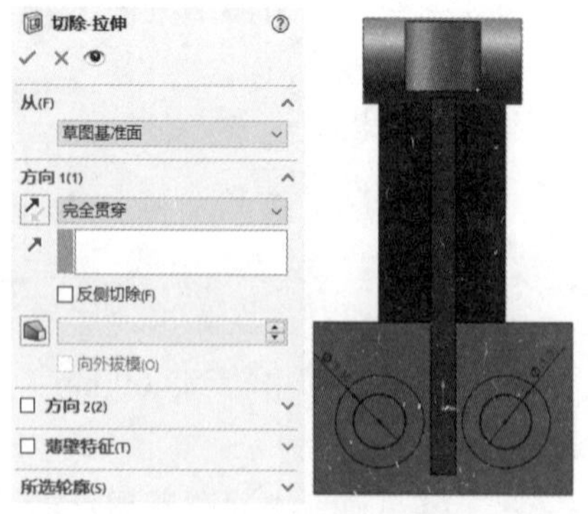

图 12-42　创建沉头孔特征

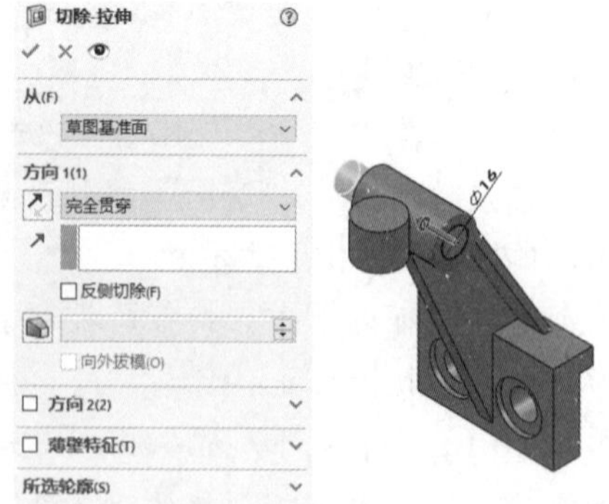

图 12-43　创建“ϕ16”孔

（15）绘制圆。单击“草图”控制面板中的“圆”按钮，绘制一个与圆柱轮廓同心的圆。

（16）单击“草图”控制面板中的“智能尺寸”按钮，标注圆的直径尺寸为11mm。

（17）创建“ϕ11”孔。单击“特征”控制面板中的“切除拉伸”按钮，在弹出的“切除-拉伸”属性管理器中设置拉伸切除终止条件为“完全贯穿”，其他选项设置如图12-44所示，单击

“确定”按钮✓，完成孔的创建。

（18）新建草图。选择基准面 1，单击“草图”控制面板中的“草图绘制”按钮，在其上新建一张草图。

（19）绘制边角矩形。单击“草图”控制面板中的“边角矩形”按钮，绘制一个矩形，覆盖特定区域，如图12-45（b）所示。

（20）拉伸切除实体。单击“特征”控制面板中的“切除拉伸”按钮，在弹出的“切除-拉伸”属性管理器中设置切除终止条件为“给定深度”，在“深度”文本框中输入3.00mm，其他选项设置如图12-45（a）所示，单击“确定”按钮✓，完成夹紧用间隙的创建。

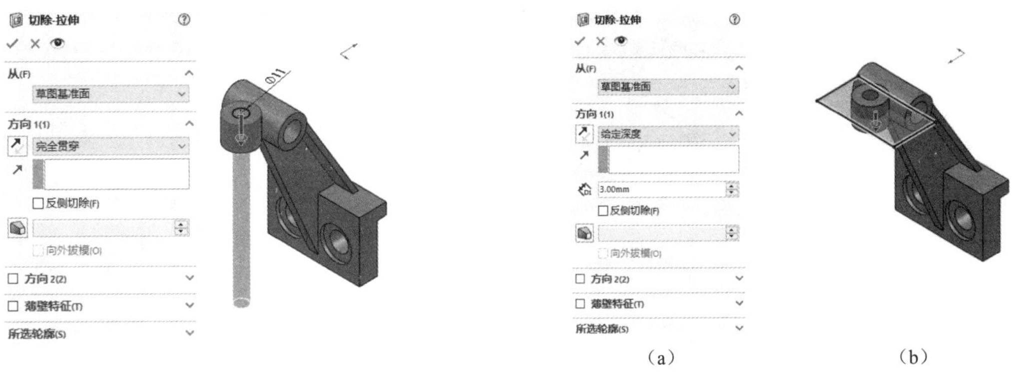

（a）　（b）

图 12-44　创建“φ11”孔　　图 12-45　绘制边角矩形

（21）倒圆角。单击“特征”控制面板中的“圆角”按钮，弹出“圆角”属性管理器；在绘图区选择所有非机械加工边缘，在“半径”文本框中输入2.00mm，其他选项设置如图12-46所示，单击“确定”按钮✓，完成铸造圆角的创建。

（22）保存文件。单击“快速访问”工具栏中的“保存”按钮，将零件保存为“叉架.SLDPRT”。最终效果如图12-47所示。

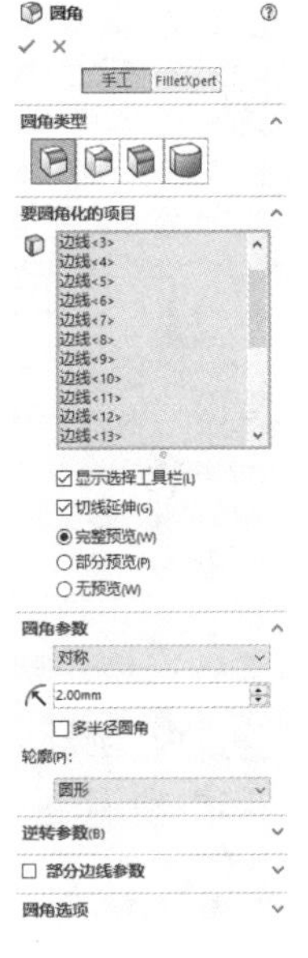

图 12-46　设置圆角参数

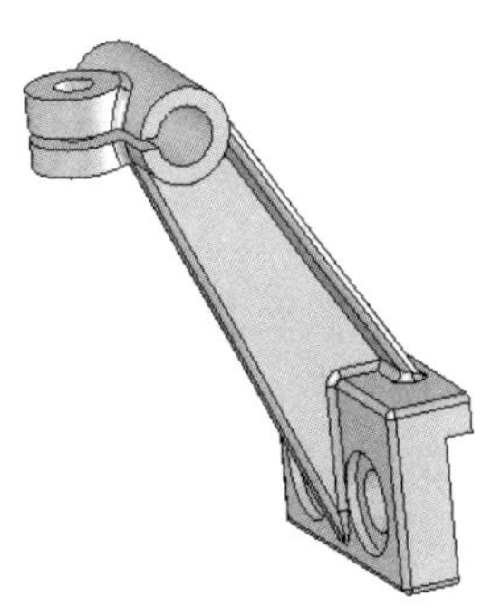
图 12-47　叉架最终效果

第 13 章　轴系零件设计

内容简介

轴是机器的重要零件之一，用来支持旋转的机械零件，如齿轮、带轮等。不同结构形式的轴类零件存在着一些共同特点，如一般来说都是由相同或不同直径的圆柱段连接而成，由于装配齿轮、带轮等旋转零件的需要，轴类零件上一般要开有键槽，同时还有轴端倒角、圆角等特征。这些共同的特征是进行实体建模的基础。

齿轮是现代机械制造和仪表制造等工业中的重要零件，齿轮传动应用很广，类型也很多，主要是圆柱齿轮传动，圆锥齿轮传动，齿轮、齿条传动和蜗杆传动等，而最常用的是渐开线齿轮圆柱齿轮传动（包括直齿和斜齿）。

内容要点

- 花键轴
- 齿条

案例效果

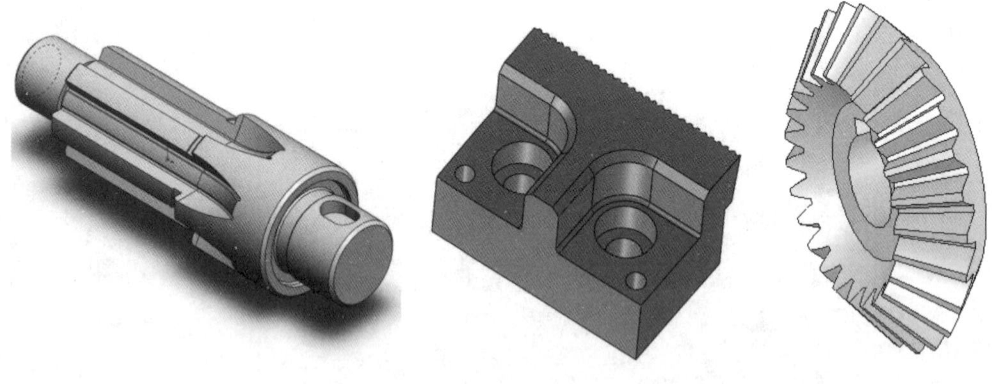

扫一扫，看视频

13.1　花　键　轴

创建花键轴时首先要绘制花键轴的草图，通过旋转生成轴的基础造型，然后创建轴端的倒角，再设置基准面、创建键槽，最后绘制花键草图，通过扫描生成花键再进行圆周阵列。

如图 13-1 所示为花键轴的二维工程图，本例创建的花键轴如图 13-2 所示。

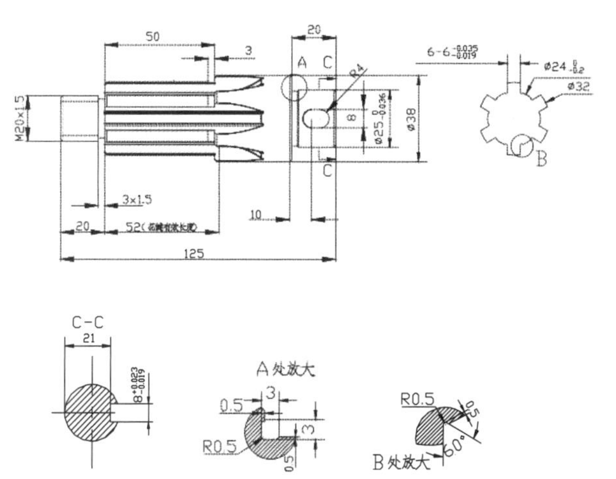

图 13-1　花键轴的二维工程图

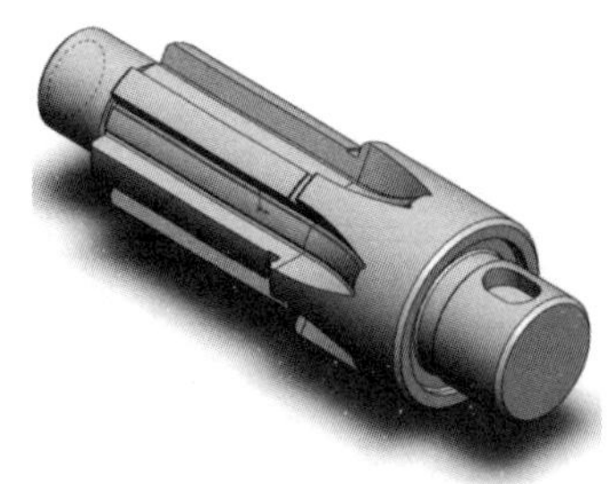

图 13-2　花键轴

13.1.1　创建轴基础造型

（1）新建文件。启动SOLIDWORKS 2022，单击“快速访问”工具栏中的“新建”按钮，或选择菜单栏中的“文件”→“新建”命令，在弹出的“新建SOLIDWORKS文件”对话框中单击“零件”按钮，然后单击“确定”按钮，创建一个新的零件文件。

（2）绘制草图。在FeatureManager设计树中选择“前视基准面”作为草图绘制基准面，单击“草图”控制面板中的“草图绘制”按钮，将其作为草绘平面；单击“草图”控制面板中的“直线”按钮，在绘图区绘制轴的外形轮廓线。

（3）标注尺寸。单击“草图”控制面板中的“智能尺寸”按钮，为草图轮廓添加驱动尺寸，如图13-3所示。首先标注花键轴的全长为125mm，再标注细节尺寸，这样可以有效避免草图轮廓在添加驱动尺寸前几何关系的变化。

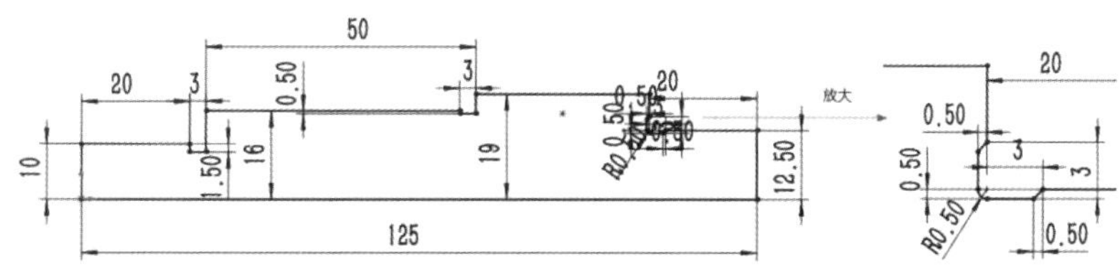

图 13-3　草图轮廓

（4）旋转生成实体。单击“特征”控制面板中的“旋转凸台/基体”按钮，弹出“旋转”属性管理器；选择长度为125mm的直线作为旋转轴，单击“确定”按钮，完成花键轴的基础造型。

（5）创建倒角特征。单击“特征”控制面板中的“倒角”按钮，弹出“倒角”属性管理器。选择倒角类型为“角度距离”，在“距离”文本框中输入倒角距离为1.00mm，在“角度”文本框中输入倒角角度为45.00°，在绘图区选择各轴截面的棱边，单击“确定”按钮，生成1×45°的倒角，如图13-4所示。

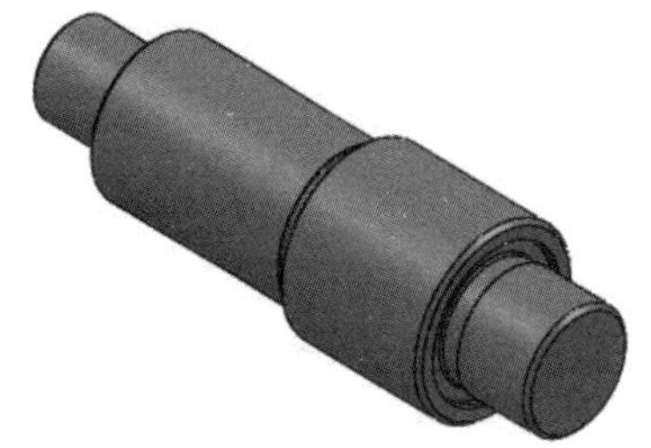

图 13-4　创建倒角特征

13.1.2 创建键槽

（1）创建基准面。单击“特征”控制面板的“参考几何体”下拉列表中的“基准面”按钮，弹出“基准面”属性管理器，如图13-5所示；第一参考选择直径为25mm的轴段圆柱面，第二参考选择前视基准面，如图13-6所示，单击“确定”按钮✔，生成与所选轴段圆柱面相切并垂直于前视基准面的基准面1。

图 13-5 “基准面”属性管理器

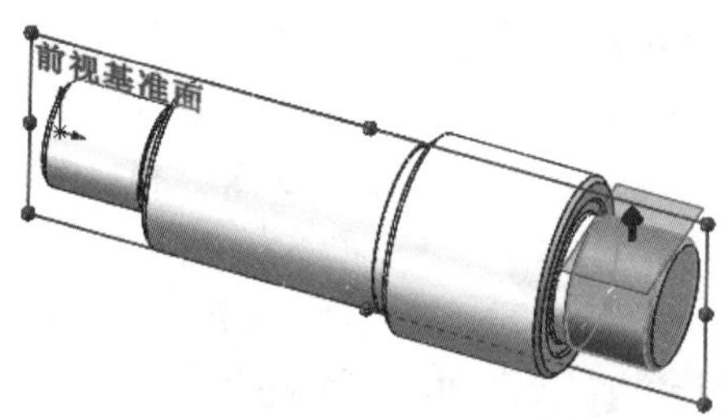

图 13-6 选择参考面

（2）新建草图。选择基准面1，单击“草图”控制面板中的“草图绘制”按钮，在该面上创建草图；单击“视图（前导）”工具栏中的“正视于”按钮，使视图方向正视于所选基准面。

（3）绘制键槽草图。单击“草图”控制面板中的“直槽口”按钮和“智能尺寸”按钮，绘制键槽草图轮廓，如图13-7所示。

（4）创建键槽。单击“特征”控制面板中的“切除拉伸”按钮，系统弹出“切除-拉伸”属性管理器，设置切除的终止条件为“给定深度”，在“深度”文本框中输入切除深度为4.00mm，如图13-8所示，单击“确定”按钮✔，完成键槽的创建。

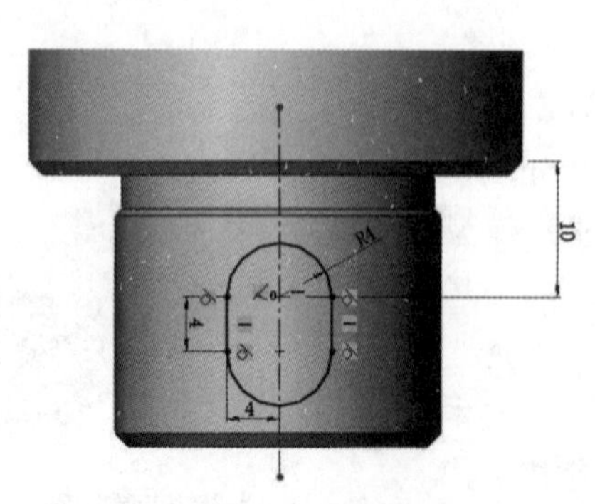

图 13-7 绘制键槽草图

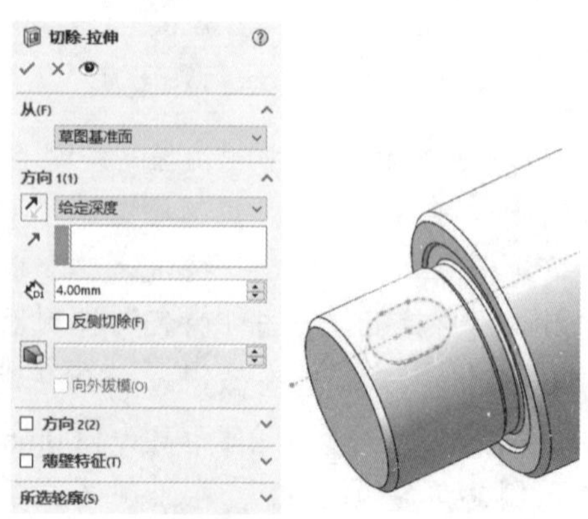

图 13-8 创建键槽

13.1.3 创建花键草图

（1）新建草图。选择直径为32mm轴段的左端面，单击“草图”控制面板中的“草图绘制”按钮，创建一张新的草图；单击“视图（前导）”工具栏中的“SectionView”按钮，打开“剖面视图”属性管理器，各选项设置如图13-9所示，选择如图13-10所示位置为剖面，单击“确定”按钮，完成剖面观察设置。

图 13-9 “剖面视图”属性管理器

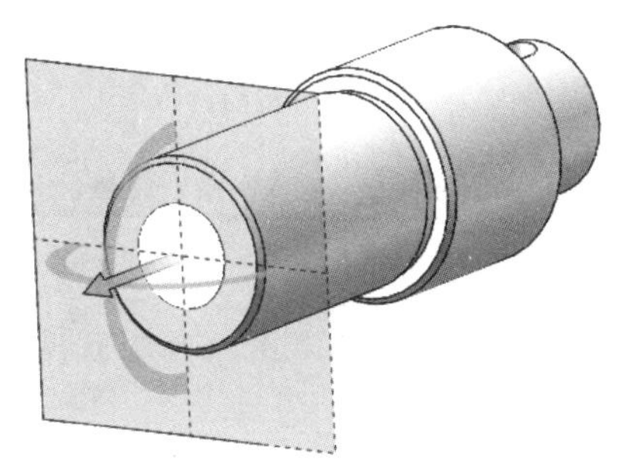

图 13-10 确定剖面位置

（2）绘制构造线。在剖面观察中，在草图上绘制过圆心的 3 条构造线，其中一条是竖直直线，另两条标注角度驱动尺寸为30°。

（3）绘制键槽空刀的定位线。以剖切面的前端面作为绘图基准面，单击“草图”控制面板中的“圆”按钮，绘制一个与轴同心的圆，并将其设置为构造线，标注尺寸为23mm，作为键槽空刀的定位线，如图13-11所示。

（4）绘制切削截面的初始草图。单击“草图”控制面板中的“直线”按钮和“圆心/起/终点画弧”按钮，绘制如图13-12所示的草图。

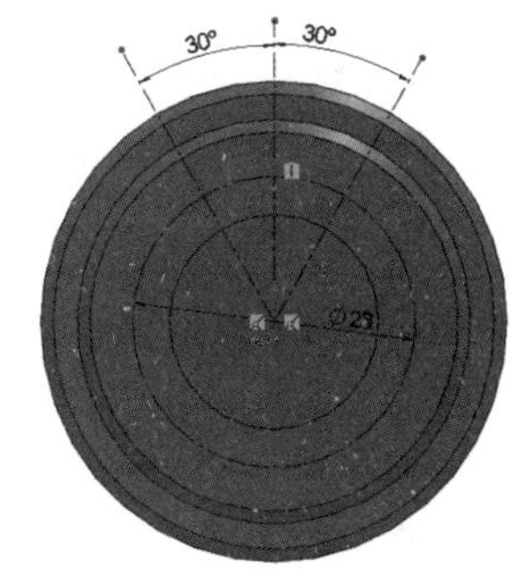

图 13-11 绘制键槽空刀的定位线

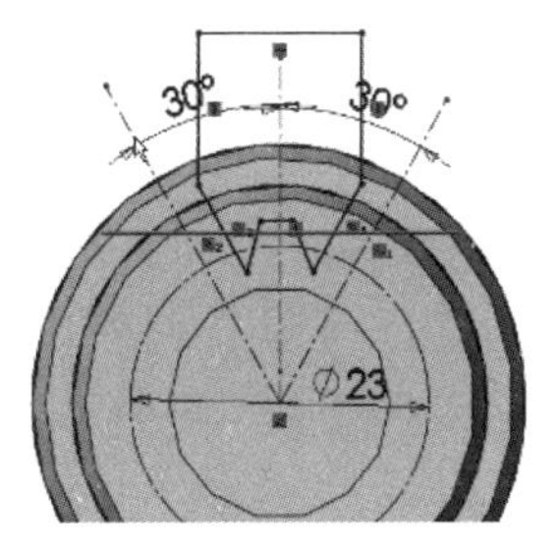

图 13-12 绘制切削截面的初始草图

（5）添加“平行”几何关系。单击“草图”控制面板中的“添加几何关系”按钮，为所绘制的初始草图添加与构造线“平行”的几何关系。

（6）标注尺寸。单击“草图”控制面板中的“智能尺寸”按钮，为草图添加驱动尺寸。

（7）绘制圆角。单击“草图”控制面板中的“绘制圆角”按钮，为键槽空刀截面添加0.5mm的圆角。

（8）添加“相切”几何关系。单击“草图”控制面板中的“添加几何关系”按钮，为键槽空刀截面0.5mm的圆角和直径为23mm的构造圆添加“相切”几何关系。切削截面的最终效果如图13-13所示。

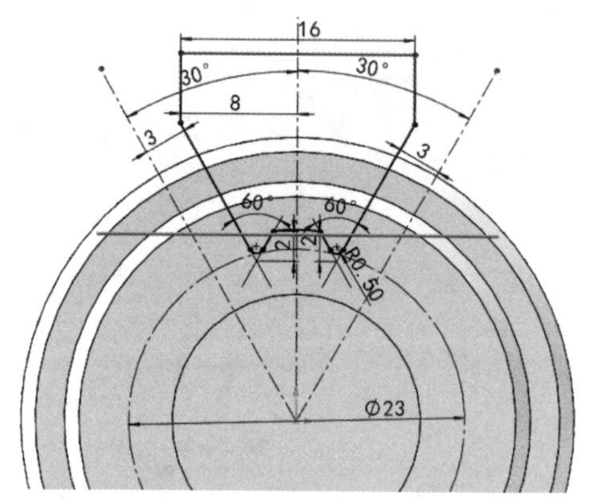

图13-13　切削截面的最终效果

（9）退出草图。单击“草图”控制面板中的“退出草图”按钮，结束切除扫描特征中轮廓草图的绘制。

13.1.4　创建花键

（1）在FeatureManager设计树中选择“前视基准面”作为草图绘制基准面，单击“草图”控制面板中的“草图绘制”按钮，新建一张草图。之所以选择该面，是因为前视基准面垂直于前面绘制的轮廓草图，并与草图轮廓相交。

（2）绘制切除扫描的路径。单击“草图”控制面板中的“直线”按钮，绘制切除扫描的路径（注意：扫描路径与作为轮廓的草图必须有一个交点）。

（3）标注尺寸。单击“草图”控制面板中的“智能尺寸”按钮，标注扫描路径的水平尺寸为52mm，圆弧大小根据刀具实际尺寸设置为30mm，如图13-14所示（注意：弧部分一定要超出直径为38mm的轴径表面，才能反映实际的加工状态）。单击“草图”控制面板中的“退出草图”按钮，退出草图绘制。

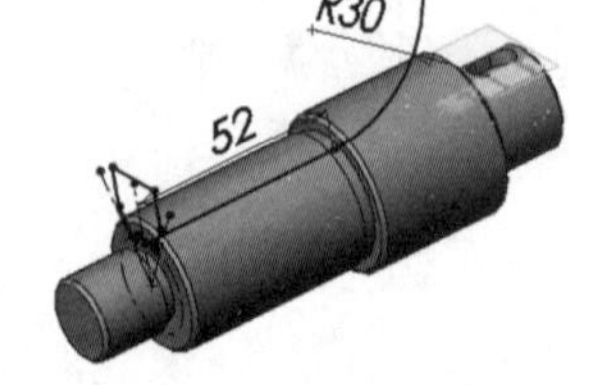

图13-14　标注尺寸

（4）扫描切除。单击“特征”控制面板中的“切除扫描”按钮，弹出“切除-扫描”属性管理器；选择作为扫描切除轮廓的“草图3”作为轮廓草图，选择“草图4”作为扫描路径，如图13-15所示，单击“确定”按钮，完成一个花键的创建。

（5）取消剖面观察。再次单击“视图（前导）”工具栏中的SectionView按钮，取消剖面观察。花键效果如图13-16所示。

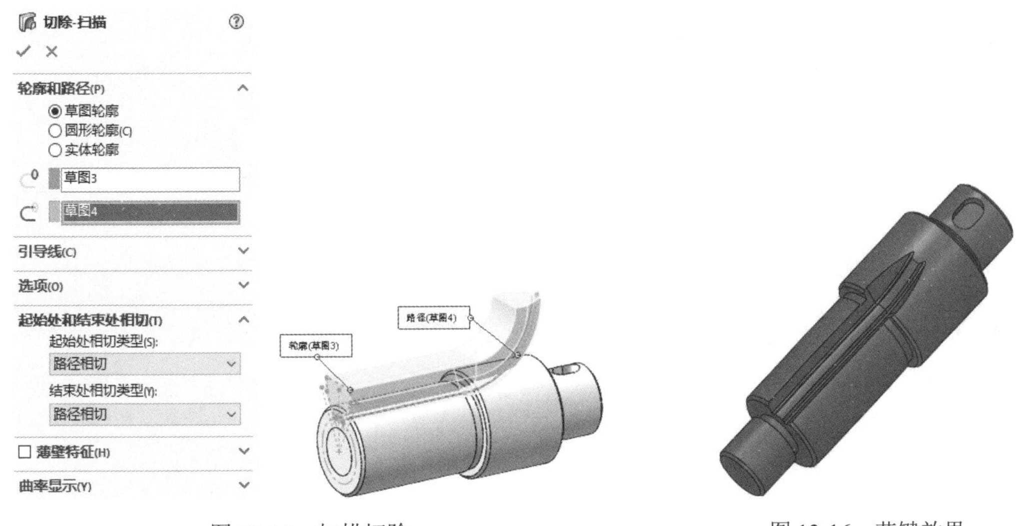

图 13-15　扫描切除　　　　图 13-16　花键效果

（6）创建临时轴。选择菜单栏中的“视图”→“隐藏/显示”→“临时轴”命令，显示临时轴线，将其作为圆周阵列的中心轴。

（7）圆周阵列。单击“特征”控制面板中的“圆周阵列”按钮，弹出“阵列（圆周）1”属性管理器；选择中心轴线作为圆周阵列的中心轴，在“实例数”文本框中输入6，在“要阵列的特征”选项框中选择“切除-扫描1”特征作为要阵列的特征，其他参数设置如图13-17所示，单击“确定”按钮，完成圆周阵列。最终效果如图13-18所示。

（8）保存文件。单击“快速访问”工具栏中的“保存”按钮，将文件保存为“花键轴.SLDPRT”。

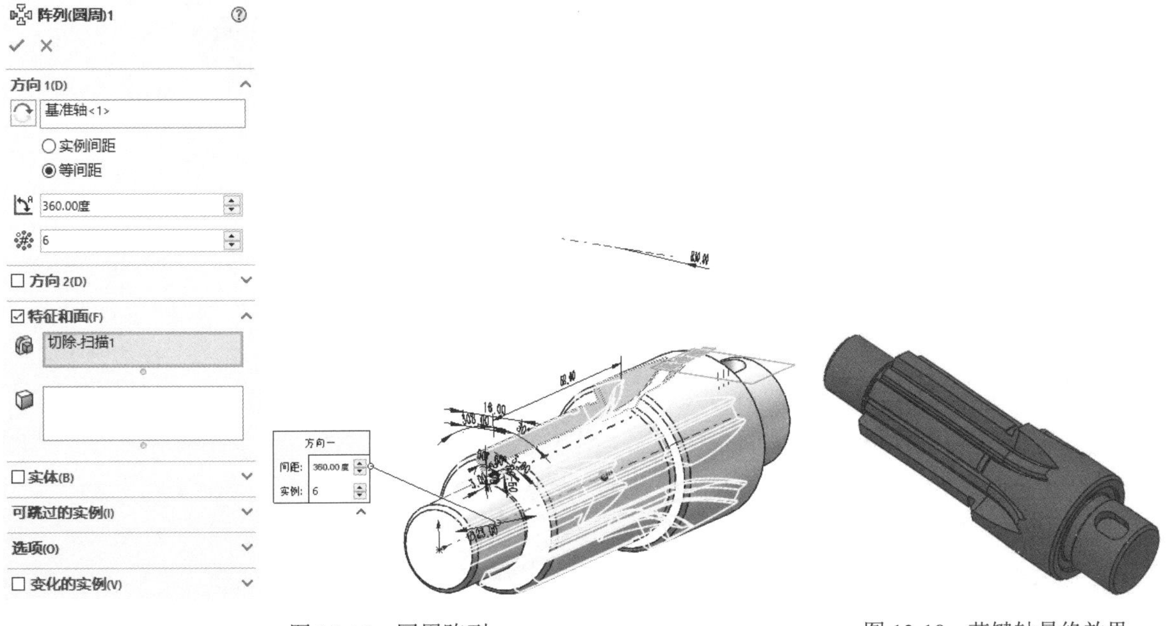

图 13-17　圆周阵列　　　　图 13-18　花键轴最终效果

扫一扫，看视频

13.2 齿　　条

“怎样加工，就怎样建模”，这里所说的“加工”，并不仅仅是指机械加工，而是泛指制造的过程。对于齿条零件来说，一般的制造过程如下。

- 毛坯是圆钢或粗略锻造的方块。
- 完成轮廓设计。
- 挖掉图中 25mm 的部分。
- 钻 M8 的沉头螺钉孔。
- 钻 5mm 的销孔。
- 加工 90°的齿槽。
- 制作倒角等修饰。

这样做不仅用相关的特征清楚地表达了设计者的意图，还预留了准确的加工数据，使后面的工艺设计者能够根据这些素材准确地理解设计的意图。这样，CAD 设计数据作为整个设计数据源头的作用才能被确保。

无论使用何种 CAD 软件，操作者的设计能力、设计知识、设计经验都是最关键的因素，这些因素将决定 CAD 系统的作用大小，软件的能力不能起决定性作用。

齿条的二维工程图如图 13-19 所示，本例创建的齿条如图 13-20 所示。

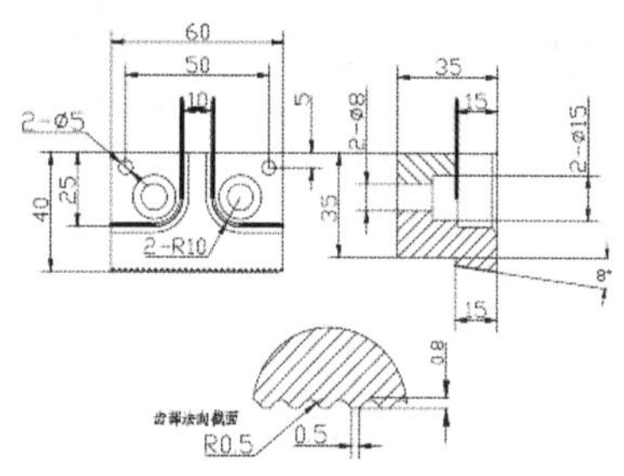

图 13-19　齿条的二维工程图

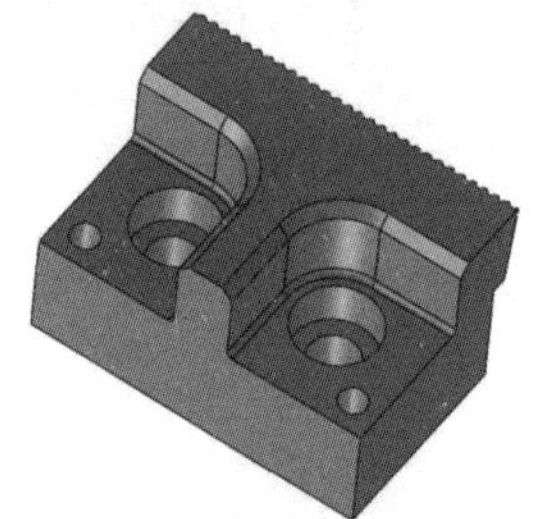

图 13-20　齿条

13.2.1　创建主体部分

（1）新建文件。启动SOLIDWORKS 2022，单击“快速访问”工具栏中的“新建”按钮或选择菜单栏中的“文件”→“新建”命令，弹出“新建SOLIDWORKS文件”对话框，单击“零件”按钮，然后单击“确定”按钮，创建一个新的零件文件。

（2）新建草图。在FeatureManager设计树中选择“前视基准面”作为草图绘制基准面，单击“草图”控制面板中的“草图绘制”按钮，将其作为草绘平面。

（3）绘制草图轮廓。单击“草图”控制面板中的“直线”按钮，绘制如图13-21所示的图形，不必考虑大小，只需考虑相对位置。

（4）标注尺寸。单击“草图”控制面板中的“智能尺寸”按钮，为草图标注尺寸，如图13-22所示。

（5）创建凸台拉伸特征。单击“特征”控制面板中的“拉伸凸台/基体”按钮，在弹出的

“凸台-拉伸”属性管理器中输入拉伸深度数据并确认其他选项，具体参数设置如图13-23所示。单击“确定”按钮✔，完成凸台拉伸特征的创建，如图13-24所示。

（6）右击零件顶面，SOLIDWORKS 2022将自动选定该平面，在弹出的右键快捷菜单中列出了以后可能进行的操作，如图13-25所示。

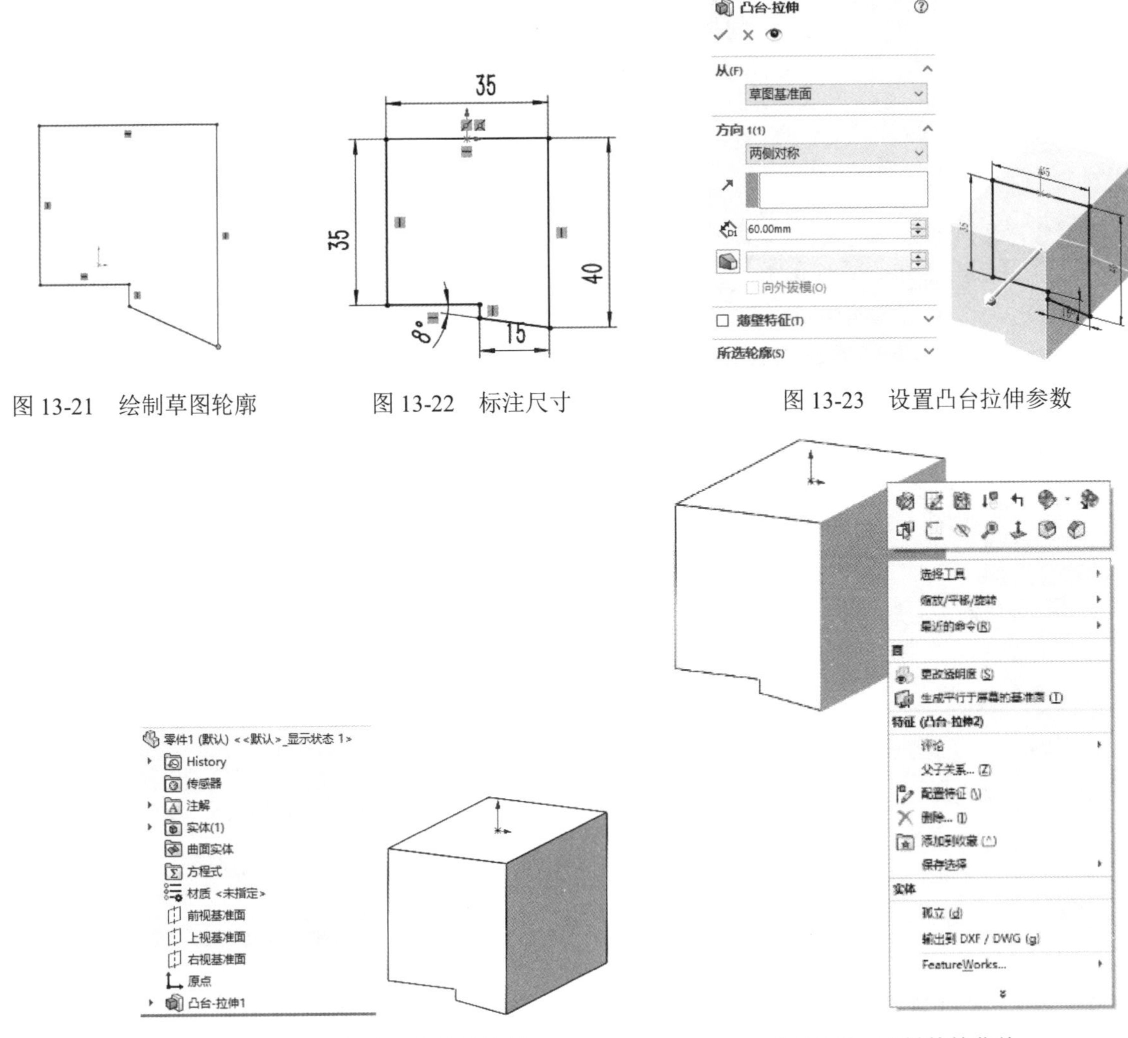

图13-21　绘制草图轮廓

图13-22　标注尺寸

图13-23　设置凸台拉伸参数

图13-24　创建凸台拉伸特征

图13-25　右键快捷菜单

（7）新建草图。在弹出的快捷菜单中单击“草图绘制”按钮，SOLIDWORKS 2022将以这个平面为基础，新建一张草图。

（8）绘制边角矩形。单击“草图”控制面板中的“边角矩形”按钮，绘制相关的草图。效果如图13-26所示。这里可以利用SOLIDWORKS 2022中直线工具的自动过渡功能绘制切线弧：使用直线工具，在直线、圆弧、椭圆或样条曲线的端点处单击，然后将光标移开，预览显示将生成一条直线，将光标移回到终点，然后再移开，预览则会显示生成一条切线弧，拖动光标可以绘制切线弧。

（9）添加尺寸。单击“草图”控制面板中的“智能尺寸”按钮，为草图添加尺寸，如图13-27所示。

（10）绘制圆角。单击“草图”控制面板中的“绘制圆角”按钮，添加圆角半径为10mm。最终的草图轮廓如图13-28所示。

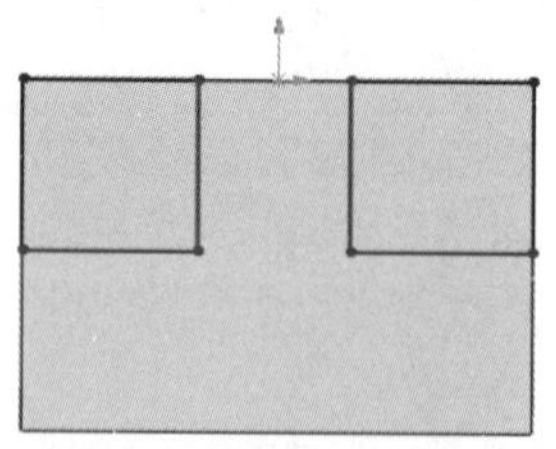

图 13-26　绘制边角矩形

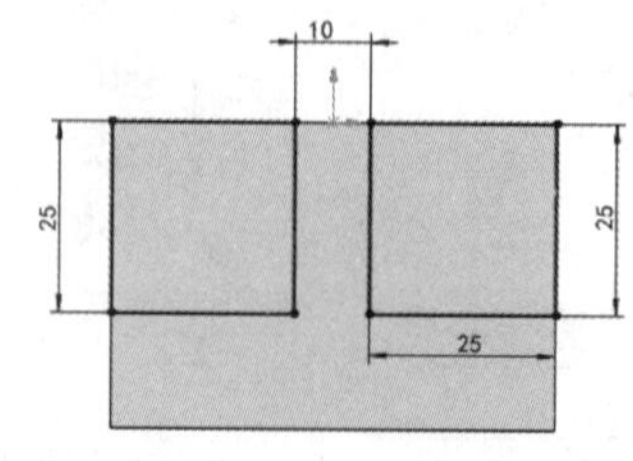

图 13-27　添加尺寸

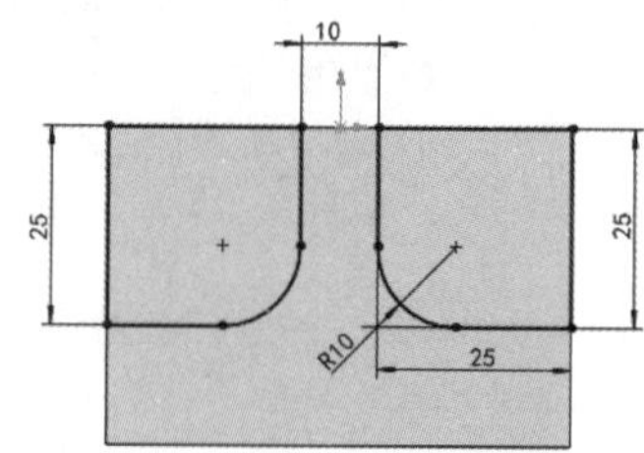

图 13-28　绘制圆角

（11）创建切除拉伸特征1。单击“特征”控制面板中的“切除拉伸”按钮，在弹出的“切除-拉伸”属性管理器中设置切除拉伸参数，如图13-29所示，单击“确定”按钮，完成切除拉伸特征1的创建。

（12）旋转观察模型。单击“视图（前导）”工具栏中的“旋转视图”按钮观察零件模型，效果如图13-30所示。

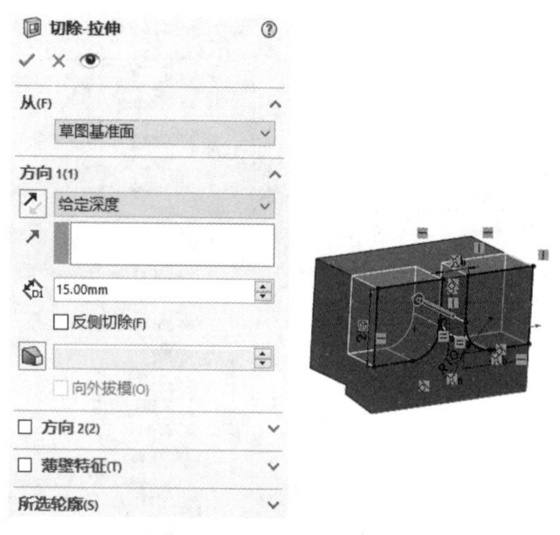

图 13-29　设置切除拉伸参数

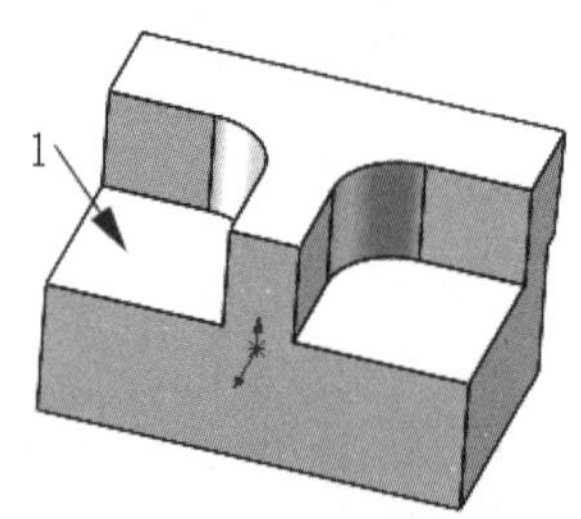

图 13-30　旋转观察模型

13.2.2　创建螺钉孔及销孔

（1）选择草绘平面。以图13-30中所示的平面1作为新的草绘平面，开始绘制草图，如图13-31所示。

（2）转换实体引用。单击“草图”控制面板中的“转换实体引用”按钮，将草绘平面上的棱边投影到新草图中，作为相关设计的参考图线。

（3）选择与步骤（1）中选择的面对称的平面，单击“转换实体引用”按钮，将平面上的棱边投影到草图上作为参考图线。

（4）转换构造线。单击“标准”工具栏中的“全选”按钮，将所有参考图线选中，在弹出的“属性”属性管理器中选择“作为构造线”复选框，如图13-32所示；单击“确定”按钮，使其成为虚线形式的构造线。

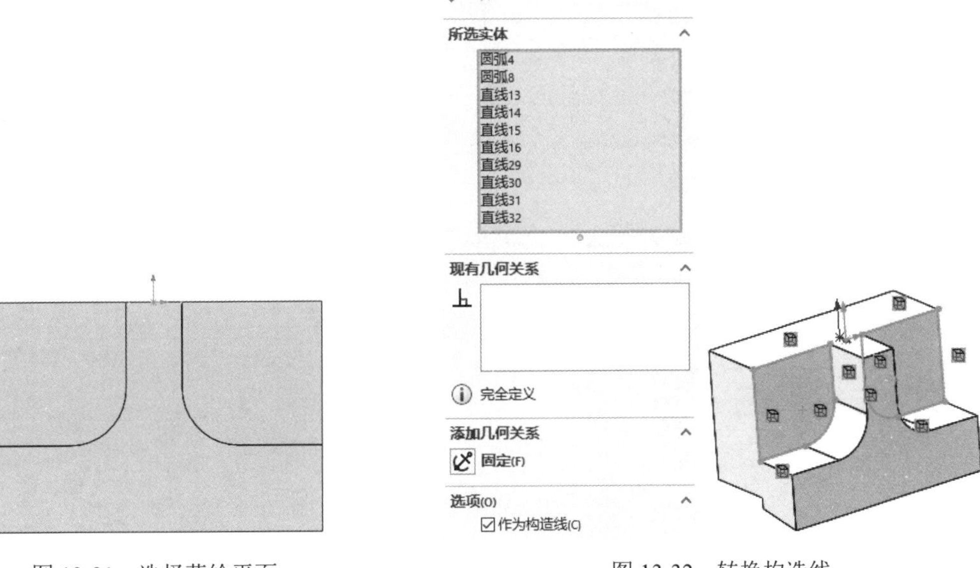

图 13-31 选择草绘平面 图 13-32 转换构造线

（5）退出草图。在绘图区的空白处右击，在弹出的快捷菜单中选择“退出草图”命令，从而生成用来放置和定位沉头螺钉孔的草图，在FeatureManager设计树中，默认情况下该草图被命名为“草图3”。

（6）设置沉头螺钉孔参数。在FeatureManager设计树中选择“草图3”；将该草图平面作为螺钉孔放置面。单击“特征”控制面板中的“异型孔向导”按钮，在弹出的“孔规格”属性管理器中设置沉头螺钉孔的参数，如图13-33所示。

（7）定位沉头螺钉孔。单击“位置”选项卡，选择两段圆弧构造线的中心点作为要生成孔的中心位置，如图13-34所示。单击“确定”按钮✔，完成沉头螺钉孔特征的创建，结果如图13-35所示。

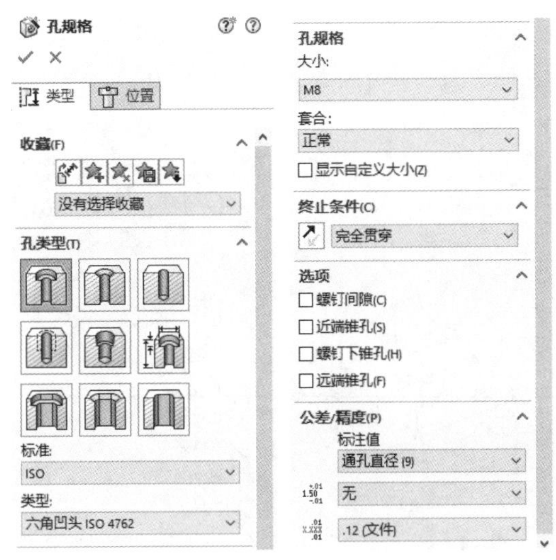

图 13-33 设置沉头螺钉孔参数

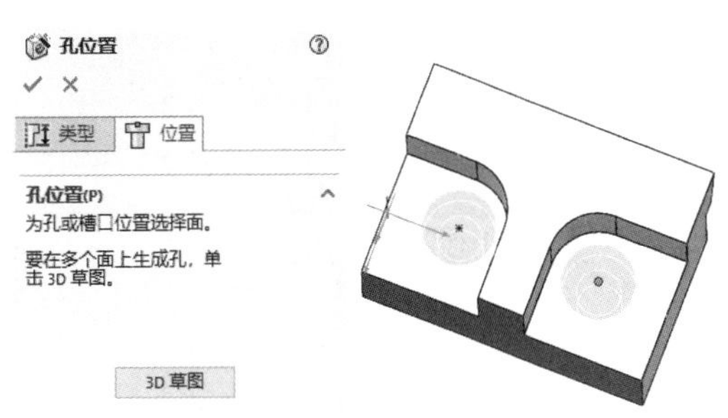

图 13-34 定位沉头螺钉孔位置

（8）创建销孔特征。销孔的创建方法与沉头螺钉孔相似，不同之处在于销孔中心要单独创建中心点，并用尺寸约束定位。选择螺钉孔创建平面作为草图绘制平面，单击“草图”控制面板中的“草图绘制”按钮，新建一张草图。

（9）绘制定位点。单击“草图”控制面板中的“点”按钮，在草图平面上绘制两个定位点。

（10）约束定位点。单击“草图”控制面板中的“智能尺寸”按钮，用尺寸约束两个点的位置，如图13-36所示，退出草图绘制。

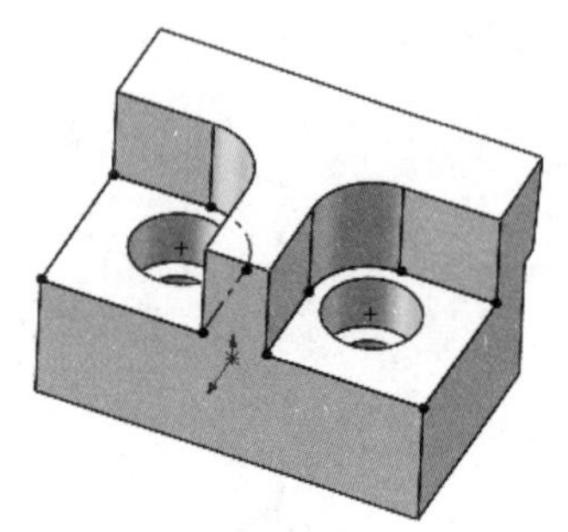

图 13-35　创建沉头螺钉孔

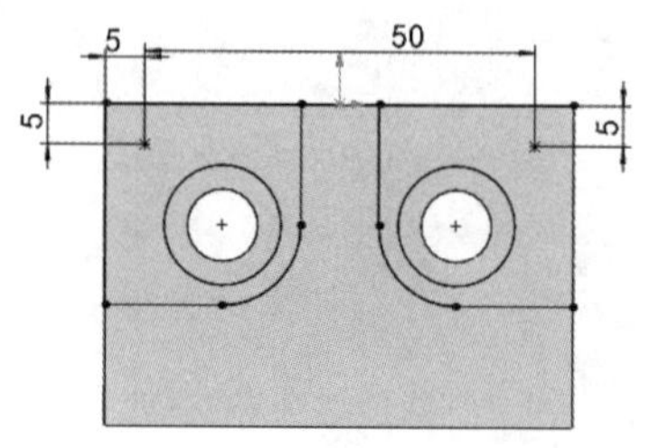

图 13-36　约束定位点

（11）设置销孔参数。单击“特征”控制面板中的“异型孔向导”按钮，在“孔规格”属性管理器中设置销孔参数，如图13-37所示。

（12）生成销孔特征。单击“位置”选项卡，将孔的中心位置定位到草图中所绘制的两个点上，单击“确定”按钮，生成两个销孔，如图13-38所示。

图 13-37　设置销孔参数

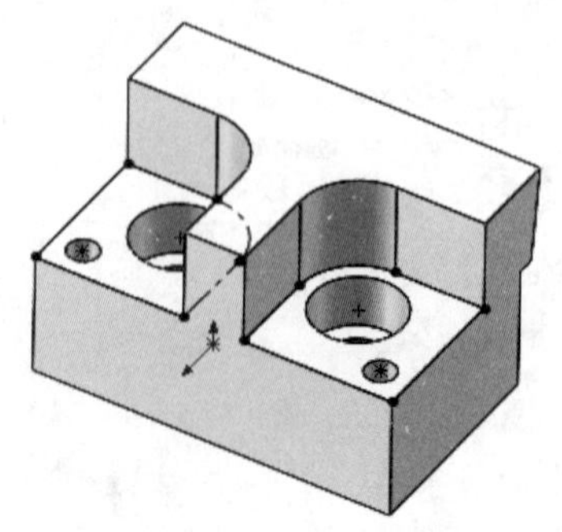

图 13-38　生成销孔特征

13.2.3 创建齿部特征

齿部是沿着零件中 8° 的斜面加工出来的，因此要在与斜面垂直的草图平面中进行齿槽法向轮廓的描述。所以先创建一个与 8° 斜面垂直的基准面作为生成齿槽特征的草图平面。

（1）旋转图形。选择菜单栏中的“视图”→“修改”→“旋转”命令，将8°的斜面显示出来。

（2）创建基准面。单击“特征”控制面板的“参考几何体”下拉列表中的“基准面”按钮，弹出“基准面”属性管理器。

（3）设置基准面参数。分别选择8°斜面和面的棱边作为参考实体，单击“两面夹角”按钮，在右侧的文本框中输入角度90.00°，如图13-39所示，单击“确定”按钮，生成与8°斜面垂直并通过所选棱边的基准面。

（4）将光标放在新生成的基准面边框附近，SOLIDWORKS 2022将自动感应拾取这个工作面，显示上会有明显反馈，右击，在弹出的快捷菜单中选择“草图绘制”命令；单击“视图（前导）”工具栏中的“正视于”按钮，转换视图到草图的正视状态（默认状态下并不能自动将显示转换到草图的正投影状态）。

（5）绘制齿槽草图。靠着8°的斜面轮廓的边绘制齿槽草图，单击“草图”控制面板中的“智能尺寸”按钮，标注齿槽草图的尺寸；标注较小的图线，可能不能感应所要选定的对象，应当进一步放大显示才行，如图13-40所示。

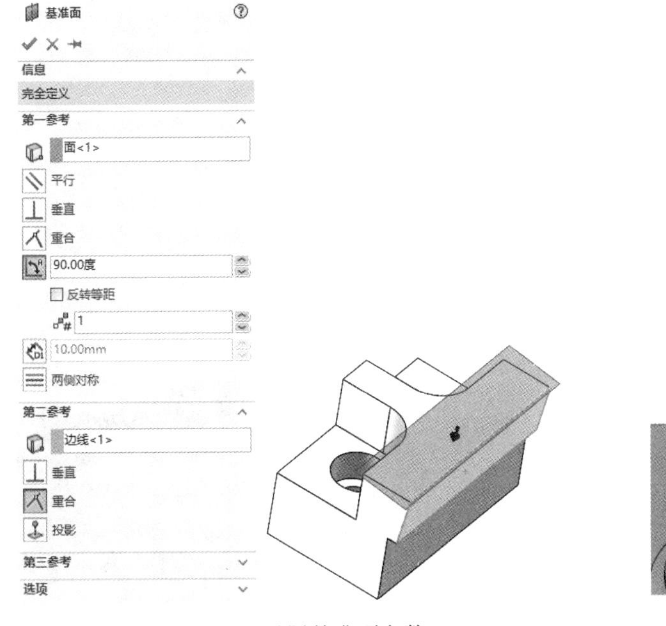

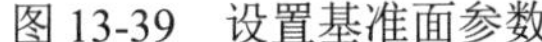
图 13-39　设置基准面参数

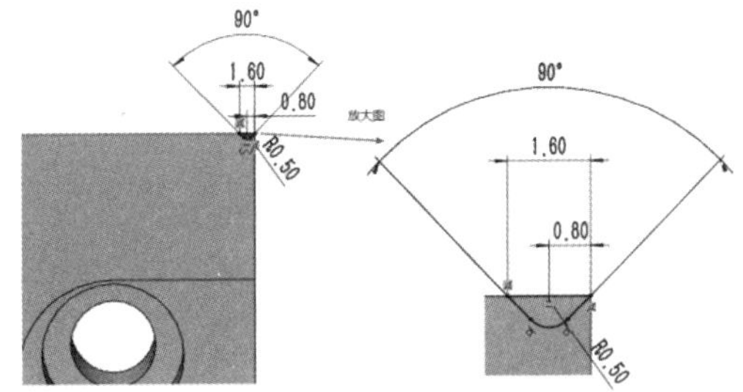

图 13-40　绘制齿槽草图

（6）生成分割线。单击“曲线”工具栏中的“分割线”按钮，在绘图区选择“投影”要分割的面，如图13-41 所示；单击“确定”按钮，从而在所选面上生成分割线。

（7）投影分割线。在分割线所在的面右击，在弹出的快捷菜单中选择“草图绘制”命令；选择分割线所分割的区域，单击“草图”控制面板中的“转换实体引用”按钮，将分割线所在的区域投影到新草图中，如图13-42所示。

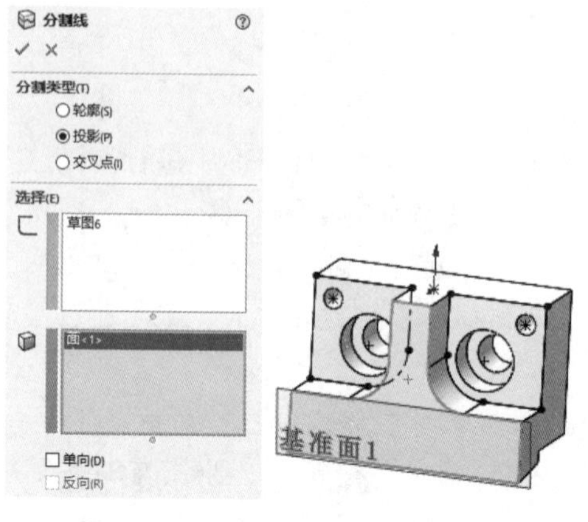

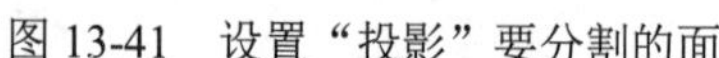
图 13-41　设置“投影”要分割的面

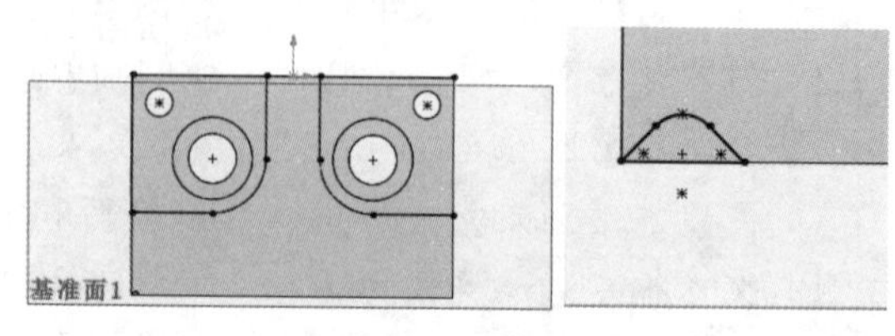

图 13-42　投影分割线

（8）创建切除拉伸特征2。单击“特征”控制面板中的“切除拉伸”按钮，在弹出的“切除-拉伸”属性管理器中设置切除的终止条件为“成形到下一面”，选择“基准面1”作为切除方向，如图13-43所示，单击“确定”按钮，生成单个齿槽。

（9）线性阵列。在FeatureManager设计树中选择齿槽特征“切除-拉伸2”，单击“特征”控制面板中的“线性阵列”按钮，在绘图区选择如图13-44所示的零件棱边作为阵列方向，在弹出的“线性阵列”属性管理器的“阵列间距”文本框中输入2.10mm，单击“实例数”文本框中的微调按钮，并在绘图区观察预览效果，从而确定阵列的实例数（大约为29个）；单击“确定”按钮，生成线性阵列特征，效果如图13-45所示。

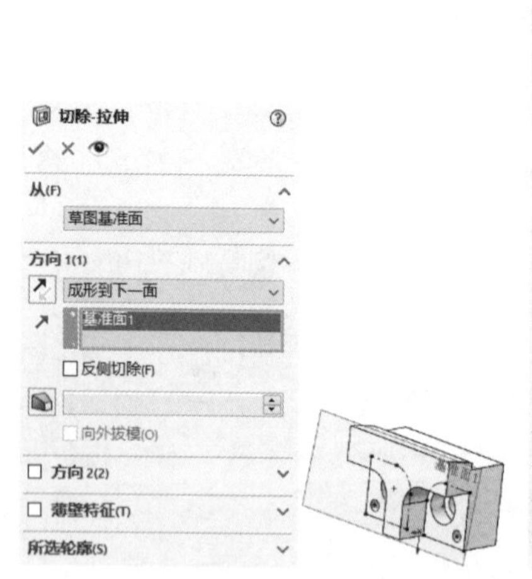

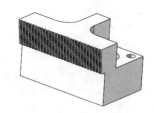

图 13-43　创建切除拉伸特征 2

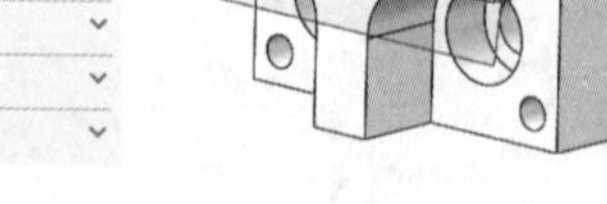

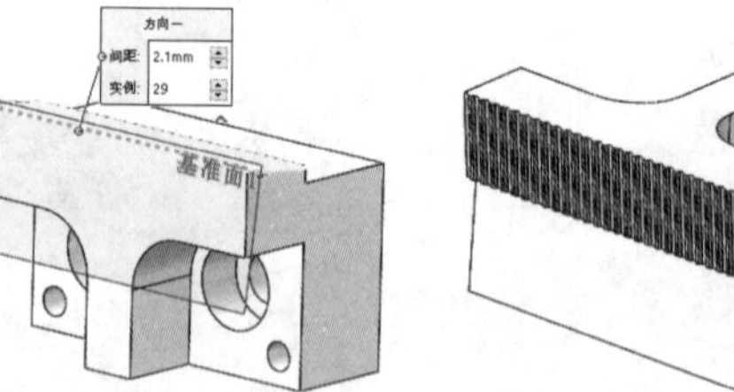

图 13-44　线性阵列

图 13-45　线性阵列效果

13.2.4　创建其他修饰性特征

（1）创建倒角特征。单击“特征”控制面板中的“倒角”按钮，弹出“倒角”属性管理器。选择倒角参数为“角度距离”，在“距离”文本框中输入2.00mm，在“角度”文本框中输入45.00°，在绘图区选择要生成倒角的零件棱边，如图13-46所示。单击“确定”按钮，完成倒角特征的创建。

（2）创建圆角特征。单击“特征”控制面板中的“圆角”按钮，弹出“圆角”属性管理器；在“圆角类型”面板中选择“固定大小圆角”按钮，在“半径”文本框中输入1.00mm，在绘图区选择要生成圆角的零件棱边，如图13-47所示。单击“确定”按钮，完成圆角特征的创建。

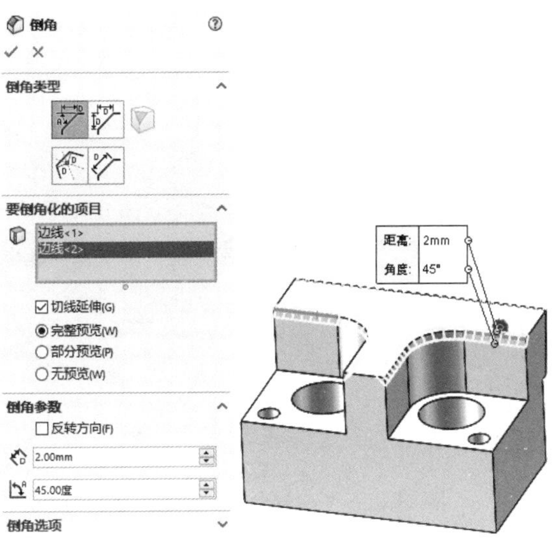

图13-46 创建倒角特征

（3）保存文件。单击“快速访问”工具栏中的“保存”按钮，将零件保存为“齿条.SLDPRT”。利用旋转功能观察模型。最终效果如图13-48所示。

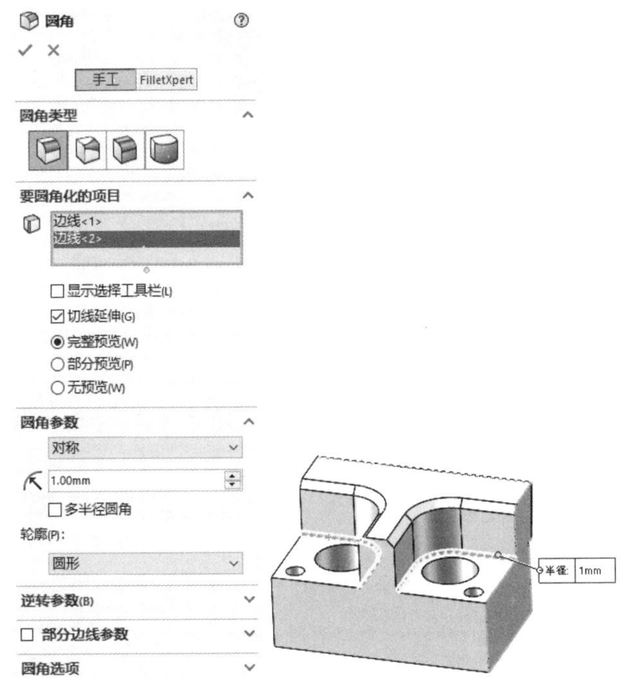

图13-47 创建圆角特征图

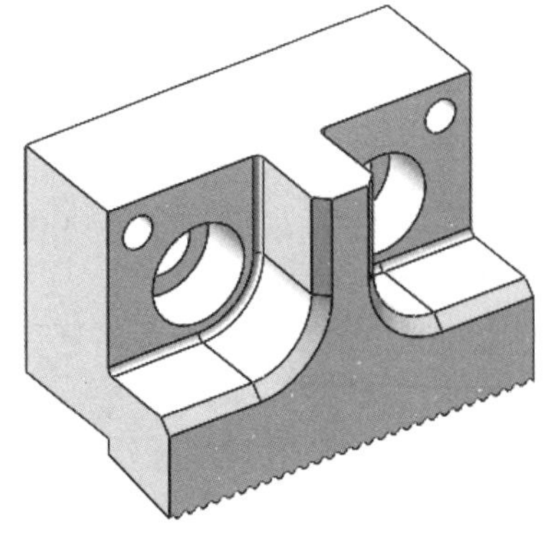

图13-48 齿条最终效果

第 14 章　SOLIDWORKS Motion 2022 运动仿真

内容简介

本章介绍了虚拟样机技术和运动仿真的关系，并给出了 SOLIDWORKS Motion 2022 运动仿真的实例。通过对工程实例的分析，读者将进一步理解和掌握 SOLIDWORKS Motion 2022 工具。

内容要点

- 虚拟样机技术及运动仿真
- Motion 分析运动算例

案例效果

14.1　虚拟样机技术及运动仿真

14.1.1　虚拟样机技术

如图 14-1 所示表明了虚拟样机技术在企业开展新产品设计及生产活动中的地位。进行产品三维结构设计的同时，运用分析仿真软件（CAE）对产品工作性能进行模拟仿真，发现设计缺陷。根据分析仿真结果，用三维设计软件对产品设计结构进行修改。重复上述仿真、找错、修改的过程，不断对产品设计结构进行优化，直至达到一定的设计要求。

虚拟产品开发有如下 3 个特点。

- 以数字化方式进行新产品的开发。
- 开发过程涉及新产品开发的全生命周期。
- 虚拟产品的开发是开发网络协同工作的结果。

为了实现上述 3 个特点，虚拟样机的开发工具一般实现如下 4 个技术功能。

- 采用数字化的手段对新产品进行建模。

- 以产品数据管理（PDM）/产品全生命周期管理（PLM）的方式控制产品信息的表示、存储和操作。
- 产品模型的本地/异地的协同技术。
- 开发过程的业务流程重组。

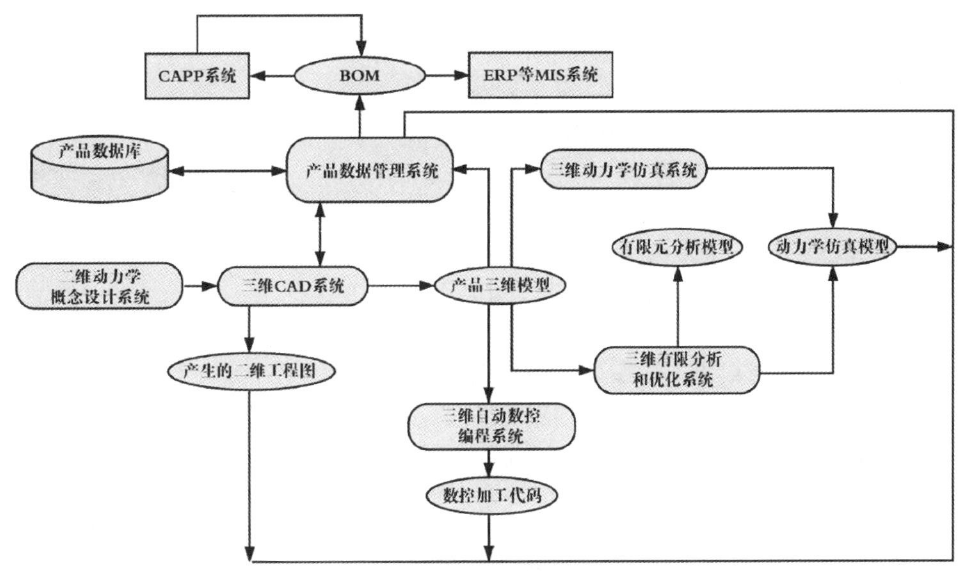

图 14-1　虚拟样机设计、分析仿真、设计管理、制造生产一体化解决方案

传统的仿真一般是针对单个子系统的仿真，而虚拟样机技术则是强调整体的优化，它通过虚拟整机与虚拟环境的耦合，对产品多种设计方案进行测试、评估，并不断改进设计方案，直到获得最优的整机性能。而且，传统的产品设计方法是一个串行的过程，各子系统（如整机结构、液压系统、控制系统等）的设计都是独立的，忽略了各子系统之间的动态交互与协同求解，因此设计的不足往往到产品开发的后期才被发现，造成严重浪费。运用虚拟样机技术可以快速地建立包括控制系统、液压系统、气动系统在内的多体动力学虚拟样机，实现产品的并行设计，可在产品设计初期及时发现问题、解决问题，把系统的测试分析作为整个产品设计过程的驱动。

14.1.2　数字化功能样机及机械系统动力学分析

在虚拟样机的基础上，人们又提出了数字化功能样机（Functional Digital Prototyping）的概念，这是在 CAD/CAM/CAE 技术和一般虚拟样机技术的基础上发展起来的。其理论基础为计算多体系动力学、结构有限元理论、其他物理系统的建模与仿真理论，以及多领域物理系统的混合建模与仿真理论。该技术侧重于在系统层次上的性能分析与优化设计，并通过虚拟试验技术，预测产品性能。基于多体系统动力学和有限元理论，解决产品的运动学、动力学、变形、结构、强度和寿命等问题。而基于多领域的物理系统理论，解决较复杂产品的机、电、液、控等系统的能量流和信息流的耦合问题。

数字化功能样机的内容如图 14-2 所示，它包括计算多体系统动力学的运动/动力特性分析、有限元疲劳理论的应力疲劳分析、有限元非线性理论的非线性变形分析、有限元模态理论的噪声和振动分析、有限元热传导理论的传导/热传导分析、基于有限元大变形理论的碰撞和冲击的仿真、计算流体动力学分析、液压/气动的控制仿真以及多领域混合模型系统的仿真等。

多个物体通过运动副的连接便组成了机械系统，系统内部有弹簧、阻尼器、制动器等力学元件的作用，系统外部受到外力和外力矩的作用，以及驱动和约束。物体有柔性和刚性之分，而实际上的工程研究对象多为混合系统。机械系统动力学分析和仿真主要是为了解决系统的运动学、动力学和静力学问题。其过程主要包括以下几点。

- 物理建模：用标准运动副、驱动/约束、力元和外力等要素抽象出同实际机械系统具有一致性的物理模型。
- 数学建模：通过调用专用的求解器生成数学模型。
- 问题求解：迭代求出计算解。

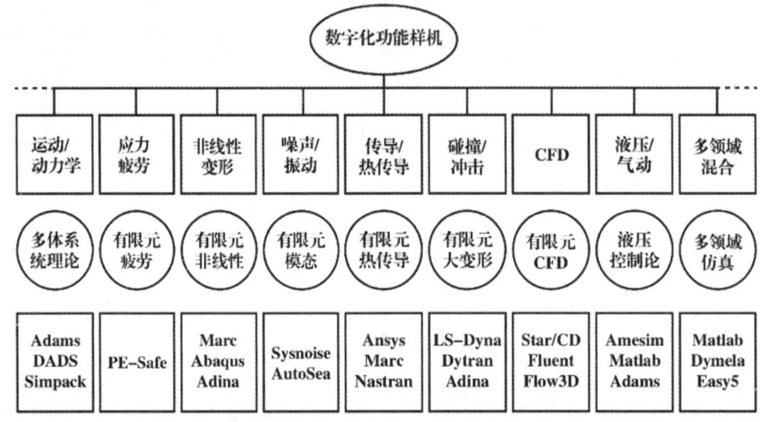

图 14-2　数字化功能样机的内容

实际上，在软件操作过程中的数学建模和问题求解过程都是软件自动完成的，内部过程并不可见，最后系统会给出曲线显示、曲线运算和动画显示过程。

美国 MDI（Mechanical Dynamics Inc.）最早开发了 ADAMS（Automatic Dynamic Analysis of Mechanical Systems）软件，应用于虚拟方针领域，后被美国的 MSC 公司收购为 MSC.ADAMS。SOLIDWORKS Motion 正是基于 ADAMS 解决方案引擎创建的。通过 SOLIDWORKS Motion 可以在 CAD 系统构建的原型机上查看其工作情况，从而检测设计的结果。例如，电动机尺寸、连接方式、压力过载、凸轮轮廓、齿轮传动率、运动零件干涉等设计中可能出现的问题。进而修改设计，得到进一步的优化结果。同时，SOLIDWORKS Motion 用户界面是 SOLIDWORKS 界面的无缝扩展，它使用 SOLIDWORKS 数据存储库，不需要 SOLIDWORKS 数据的复制/导出，给用户带来了方便性和安全性。

14.2　Motion 分析运动算例

在 SOLIDWORKS 2022 中 SOLIDWORKS Motion 比之前的 Cosmos Motion 版本大大简化了操作步骤，所建装配体的约束关系不用再重新添加，只需使用建立装配体时的约束即可，新的 SOLIDWORKS Motion 是集成在运动算例中的。运动算例是 SOLIDWORKS 中对装配体模拟运动的统称，运动算例不更改装配体模型或其属性运动算例。运动算例包括动画、基本运动与 Motion 分析，在这里将重点讲解 Motion 分析的内容。

14.2.1 马达

运动算例马达模拟作用于实体上的运动，由马达所应用。下面结合实例介绍马达运动分析的操作步骤。

操作步骤 视频文件：动画演示\第 14 章\14.2.1 马达.avi

（1）打开源文件“曲柄滑块机构.SLDASM”。单击MotionManager工具栏上的“马达”按钮，弹出“马达”属性管理器，如图14-3所示。

（2）在属性管理器“马达类型”选项组中，选择“旋转马达”或者“线性马达（驱动器）”类型。

（3）在“马达”属性管理器“零部件/方向”选项组中选择要做动画的表面或零件，通过“反向”按钮来调节。

（4）在“马达”属性管理器“运动”选项组中，在类型下拉列表框中选择运动类型，包括等速、距离、振荡、线段、数据点、表达式和伺服马达。

- 等速：马达速度为常量。输入速度值。
- 距离：马达以设定的距离和时间帧运行。为位移开始时间及持续时间输入值，如图 14-4 所示。
- 振荡：为振幅和频率输入值，如图 14-5 所示。

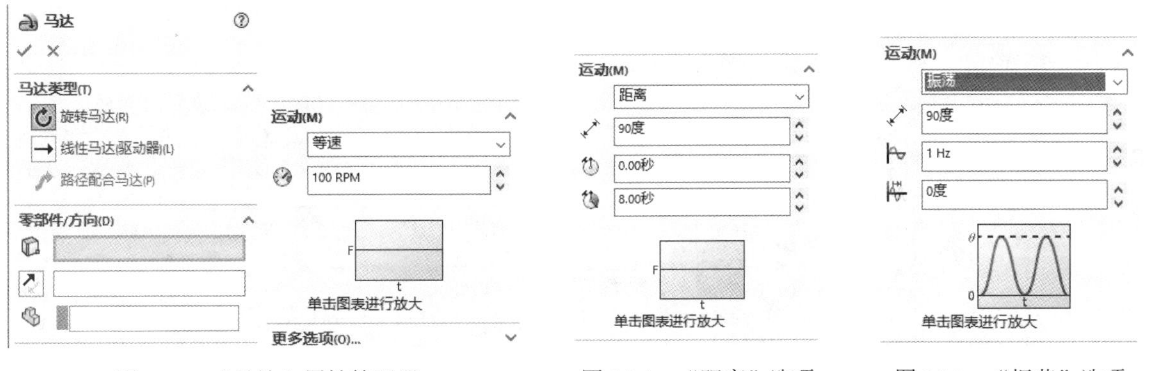

图 14-3 “马达”属性管理器　　图 14-4 “距离”选项　　图 14-5 “振荡”选项

- 线段：选定线段（位移、速度、加速度）为插值时间和数值设定值，线段“函数编制程序”对话框如图 14-6 所示。
- 数据点：输入表达数据（位移、时间、立方样条曲线），数据点“函数编制程序”对话框如图 14-7 所示。
- 表达式：选取马达运动表达式所应用的变量（位移、速度、加速度），表达式“函数编制程序”对话框如图 14-8 所示。
- 伺服马达：运动类型为伺服马达，利用位移、速度、加速度，使用基于事件的运动视图来控制此马达的值。

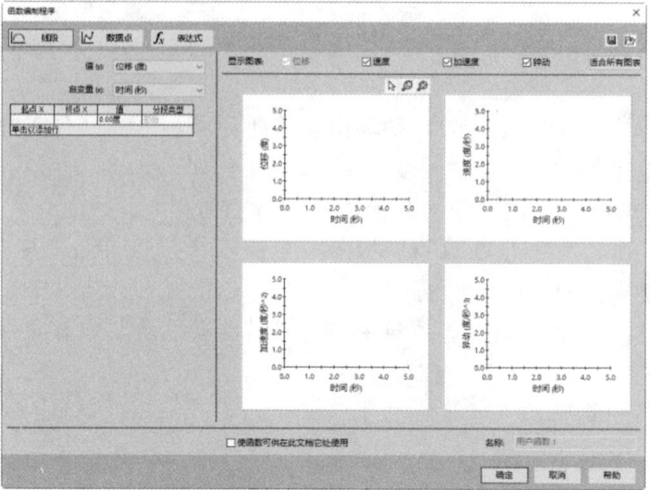

图 14-6 “线段”运动

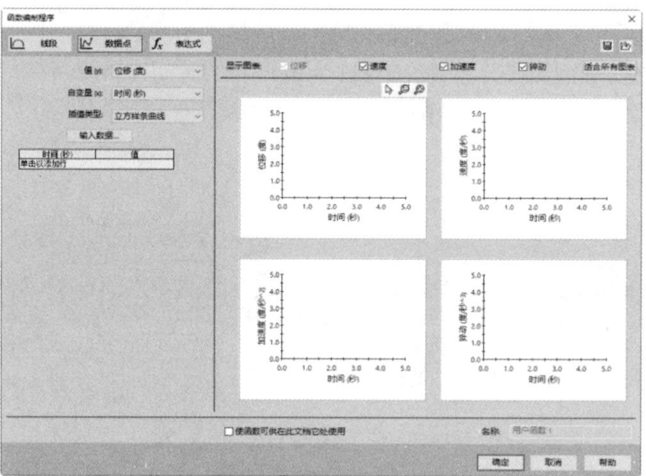

图 14-7 “数据点”运动

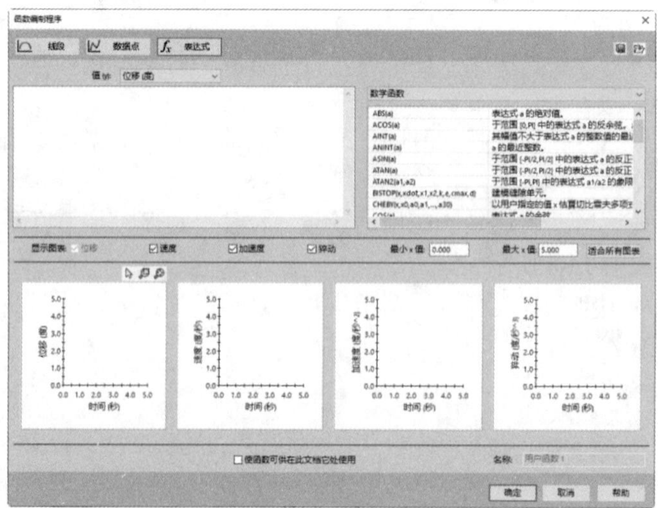

图 14-8 “表达式”运动

（5）单击“马达”属性管理器中的“确定”按钮✔，动画设置完毕。

扫一扫，看视频

14.2.2　弹簧

弹簧为通过模拟各种弹簧类型的效果而绕装配体移动零部件的模拟单元。弹簧属于基本运动，在计算运动时需考虑弹簧的质量。下面结合实例介绍弹簧质量分析的操作步骤。

操作步骤　视频文件：动画演示\第 14 章\14.2.2 弹簧.avi”

（1）打开源文件“装配体1 SLDASM”。单击MotionManager工具栏中的“弹簧”按钮，弹出“弹簧”属性管理器。

（2）在“弹簧”属性管理器中选择“线性弹簧”类型，在视图中选择要添加弹簧的两个面，如图14-9所示。

（3）在“弹簧”属性管理器中设置其他参数，单击“确定”按钮✔，完成弹簧的创建。

（4）单击MotionManager工具栏中的“计算”按钮，计算模拟。MotionManager界面如图14-10所示。

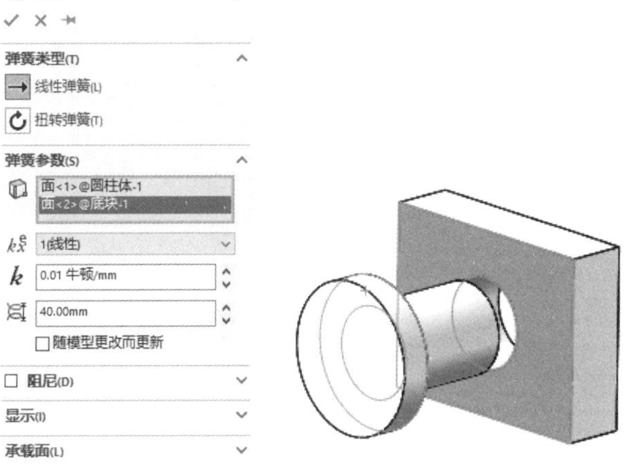

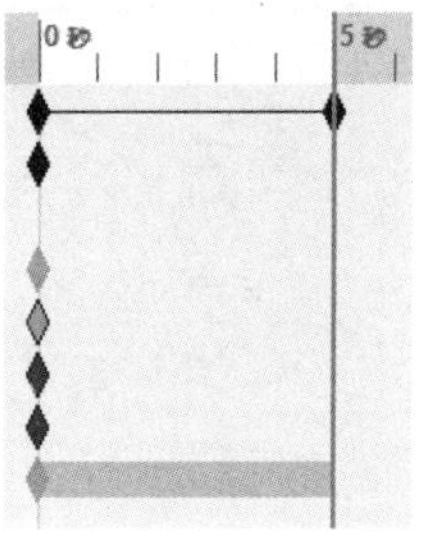

图 14-9　选择放置弹簧面　　　图 14-10　MotionManager 界面

扫一扫，看视频

14.2.3　阻尼

如果对动态系统应用了初始条件，则系统会以不断减小的振幅振动，直到最终停止。这种现象称为阻尼效应。阻尼效应是一种复杂的现象，它以多种机制（如内摩擦和外摩擦、轮转的弹性应变材料的微观热效应及空气阻力）消耗能量。下面结合实例介绍阻尼分析的操作步骤。

操作步骤　视频文件：动画演示\第 14 章\14.2.3 阻尼分析.avi

（1）打开源文件“装配体1 SLDASM”。单击MotionManager工具栏中的“阻尼”按钮，弹出如图14-11所示的“阻尼”属性管理器。

（2）在“阻尼”属性管理器中选择“线性阻尼”类型，然后在绘图区域选取零件上弹簧或阻尼一端所附加的面或边线。此时在绘图区域中被选中的特征将高亮显示。

（3）在“阻尼力表达指数”和“阻尼常数”中可以选择和输入基于阻尼的函数表达式，单击“确定”按钮✔，完成阻尼的创建。

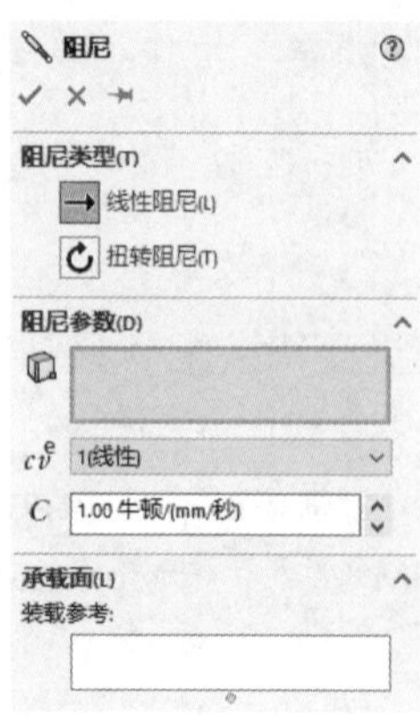

图 14-11 “阻尼”属性管理器

扫一扫，看视频

14.2.4 接触

接触仅限基本运动和运动分析，如果零部件碰撞、滚动或滑动，可以在运动算例中建模零部件接触。还可以使用接触来约束零部件在整个运动分析过程中保持接触。默认情况下零部件之间的接触将被忽略，除非在运动算例中配置了“接触”。如果不使用“接触”指定接触，零部件将彼此穿越。下面结合实例介绍接触分析的操作步骤。

操作步骤 视频文件：动画演示\第 14 章\14.2.4 接触.avi

（1）打开源文件“装配体1 SLDASM”。单击MotionManager工具栏中的“接触”按钮，弹出如图14-12所示的“接触”属性管理器。

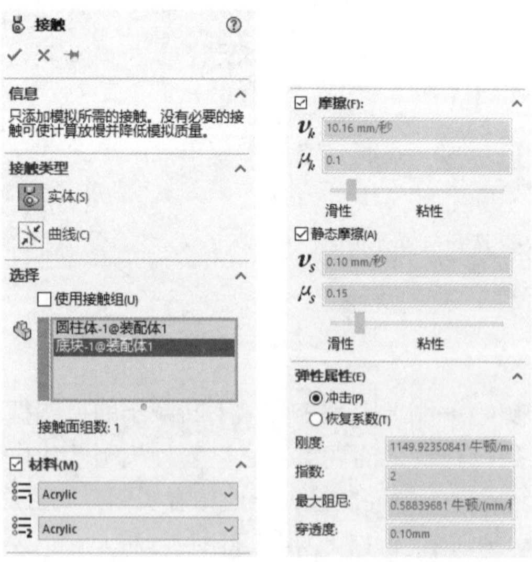

图 14-12 “接触”属性管理器

（2）在“接触”属性管理器中选择“实体”类型，然后在绘图区域选择两个相互接触的零件，添加它们的配合关系。

（3）在“材料”选项组中更改两个材料类型为 Acrylic，然后在“接触”属性管理器中设置其他参数，单击“确定”按钮，完成接触的创建。

14.2.5　力

扫一扫，看视频

力/扭矩对任何方向的面、边线、参考点、顶点和横梁应用均匀分布的力、力矩或扭矩，以供在结构算例中使用。下面结合实例介绍力分析的操作步骤。

操作步骤　视频文件：动画演示\第 14 章\14.2.5 力.avi

（1）打开源文件“装配体1 SLDASM”。单击MotionManager工具栏中的“力”按钮，弹出如图14-13所示的“力/扭矩”属性管理器。

（2）在“力/扭矩”属性管理器中选择“力”类型，单击“作用力与反作用力”按钮，在视图中选择如图14-14所示的作用力和反作用力面。

（3）在“力/扭矩”属性管理器中设置其他参数，如图14-15所示。单击“确定”按钮，完成力的创建。

（4）在时间线视图中设置时间点为5s，设置播放速度为0.1x。

（5）单击MotionManager工具栏中的“计算”按钮，计算模拟。单击“从头播放”按钮，动画如图14-16所示。MotionManager界面如图14-17所示。

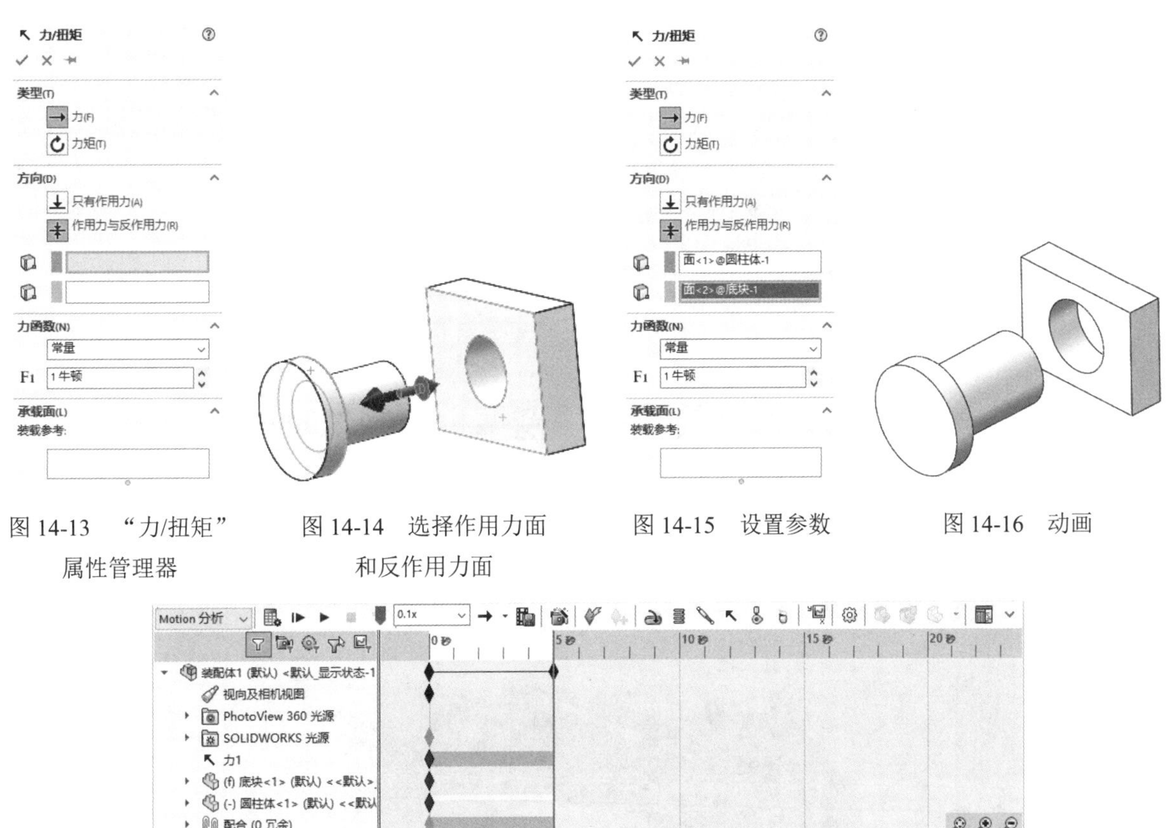

图 14-13　“力/扭矩”属性管理器　　图 14-14　选择作用力面和反作用力面　　图 14-15　设置参数　　图 14-16　动画

图 14-17　MotionManager 界面

“力/扭矩”属性管理器各选项说明如下。

- 力：指定线性力。
- 力矩：指定扭矩。

- 只有作用力⊥：为单作用力或扭矩指定参考特征和方向。
- 作用力与反作用力：为作用力与反作用力或扭矩指定参考特征和方向。

扫一扫，看视频

14.2.6 引力

引力（仅限基本运动和运动分析）为通过插入模拟引力而绕装配体移动零部件的模拟单元。下面结合实例介绍引力分析的操作步骤。

操作步骤 视频文件：动画演示\第 14 章\14.2.6 引力.avi

（1）打开源文件“装配体1 SLDASM”。单击MotionManager工具栏中的“引力”图标按钮，弹出“引力”属性管理器。

（2）在“引力”属性管理器中选中 Z 单选按钮，可以单击“反向”按钮调节方向，也可以在视图中选择线或面作为引力参考，如图14-18 所示。

（3）在“引力”属性管理器中设置其他参数，单击“确定”按钮✓，完成引力的创建。

（4）单击MotionManager工具栏中的“计算”按钮，计算模拟。MotionManager界面如图14-19所示。

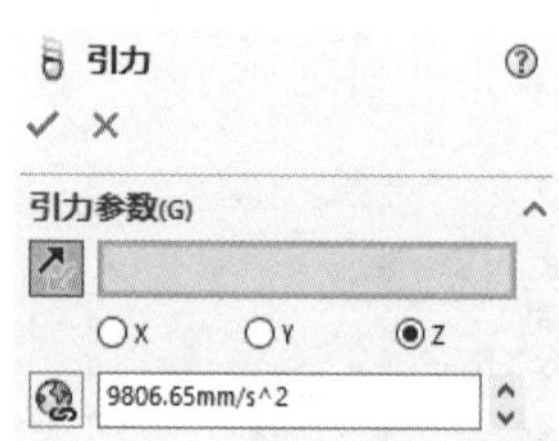

图 14-18 “引力”属性管理器

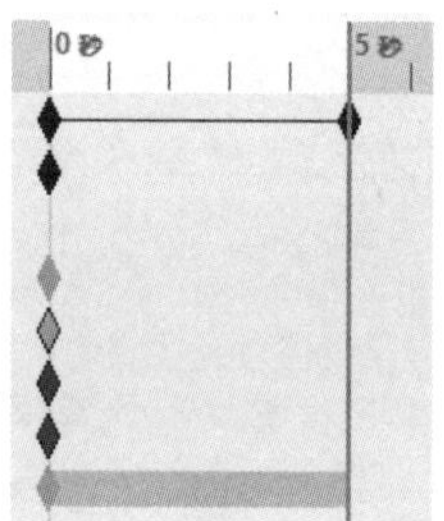

图 14-19 MotionManager 界面

扫一扫，看视频

14.3 综合实例——挖掘机运动仿真

本例说明了用 SOLIDWORKS Motion 2022 设定不同运动参数的方法。并通过可视化的方法检查运动参数的设定效果，其中一种方法是绘制运动参数的曲线。SOLIDWORKS Motion 可以通过常量、步进、谐波及样条的方法绘制驱动构件的力和运动。其机构结构图如图 14-20 所示。

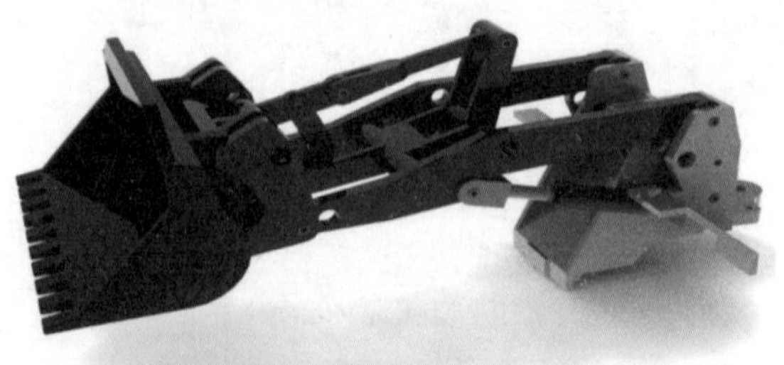
图 14-20 挖掘机机构结构图

操作步骤 视频文件：动画演示\第 14 章\挖掘机运动仿真.avi

14.3.1　调入模型设置参数

加载装配体模型的步骤如下。

（1）加载装配体文件：Plot_functions_exercise_start.SLDASM。该文件位于“挖掘机运动机构”文件夹。

（2）单击绘图区下部的“运动算例1”标签，切换到运动算例界面。

（3）单击MotionManager工具栏中的“马达”按钮，系统弹出“马达”属性管理器。

（4）在“马达”属性管理器的“马达类型”中，单击“线性马达（驱动器）”按钮，为挖土机添加线性类型的马达1。

（5）首先单击“马达位置”图标右侧的列表框，然后在绘图区单击IP 2的外圆，如图14-21所示为添加的马达位置。

（6）在“运动”选项组中选择马达运动类型为“数据点”，在弹出的“函数编制程序”窗口中选择“值”为“位移”，依照表14-1所示输入时间和位移参数，选择插值类型为“立方样条曲线”，得到图表的放大图（图14-22）。

图 14-21　添加马达位置

表 14-1　IP 2时间-位移参数

序　号	时间/s	位移/mm
1	0.00	0
2	1.00	3
3	2.00	3
4	3.00	4
5	4.00	−2
6	5.00	−3.8
7	6.00	−3.8
8	7.00	0

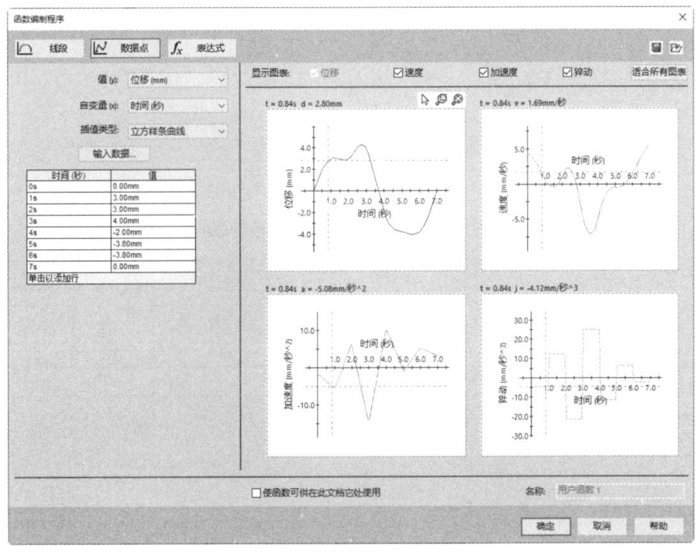

图 14-22　时间-位移参数图表

（7）参数设置完成后的“马达”属性管理器如图14-23所示。单击“确定”按钮✔，生成线性马达1。

（8）单击MotionManager工具栏中“马达”按钮，系统弹出“马达”属性管理器。

（9）在“马达”属性管理器的“马达类型”中，单击“线性马达（驱动器）”图标→，为挖掘机添加线性类型的马达2。

（10）首先单击“马达位置”图标右侧的列表框，然后在绘图区单击IP 1的外圆，如图14-24所示为添加的马达位置。

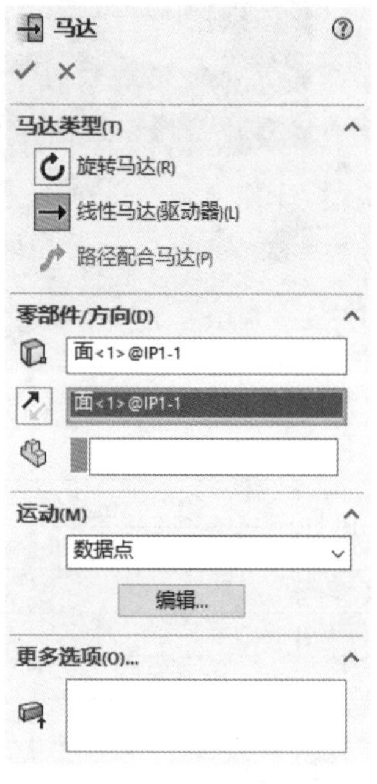

图 14-23 参数设置

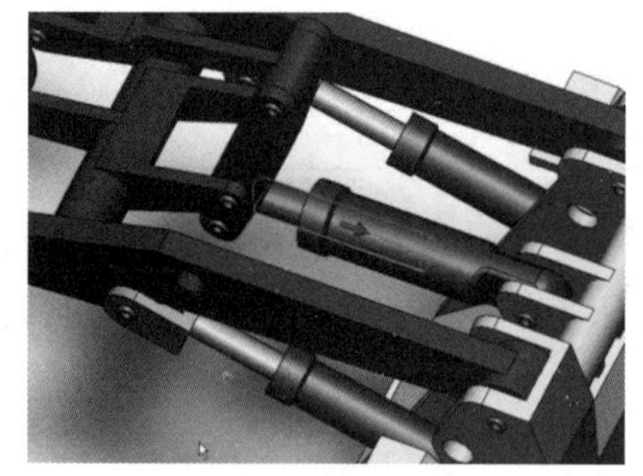

图 14-24 添加马达位置

（11）在“运动”选项组内选择马达运动类型为“数据点”，在弹出的“函数编制程序”对话框中选择“值”为“位移”，依照表14-2所示输入时间和位移参数，选择插值类型为“立方样条曲线”，得到图表的放大图（见图14-25）。

（12）参数设置完成后的“马达”属性管理器如图14-23所示。单击“确认”按钮✔，生成线性马达2。

表 14-2 IP 1时间-位移参数

序号	1	2	3	4	5	6	7	8
时间（s）	0.00	1.00	2.00	3.00	4.00	5.00	6.00	7.00
位移	0	−0.5	−0.5	−1	−3	4	4	0

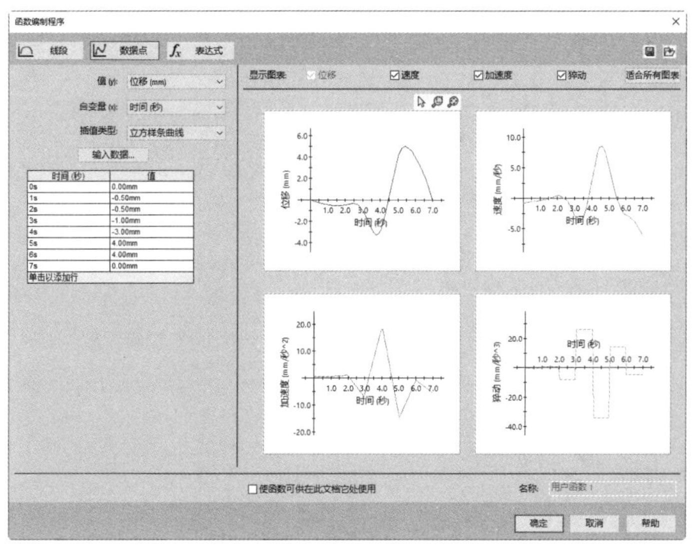

图 14-25　时间-位移参数图表

14.3.2　仿真求解

当完成模型动力学参数的设置后，就可以仿真求解题设问题。

1. 仿真参数设置及计算

（1）单击MotionManager工具栏中的“运动算例属性”按钮，系统弹出如图14-26所示的“运动算例属性”属性管理器。它是对冲压机构进行仿真求解的设置。

（2）在“动画”选项组内输入“每秒帧数”为50，其余参数采用默认的设置。参数设置完成后的“运动算例属性”属性管理器如图14-27所示。

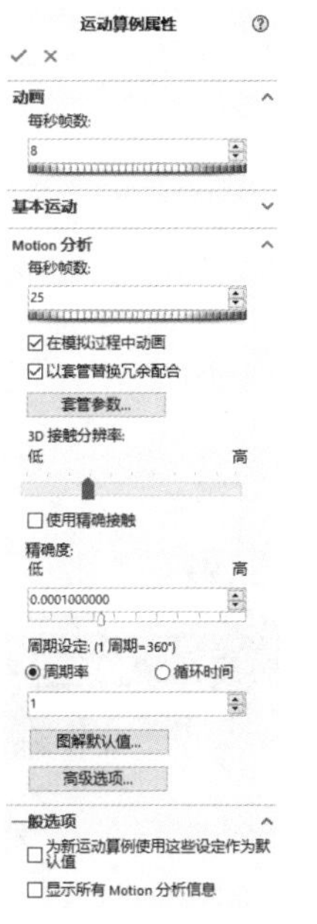

图 14-26　“运动算例属性”属性管理器

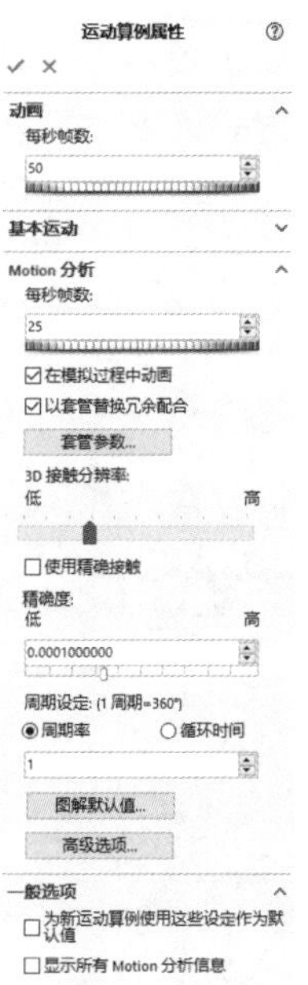

图 14-27　参数设置

（3）在MotionManager界面将时间轴的长度拉到7s，如图14-28所示。

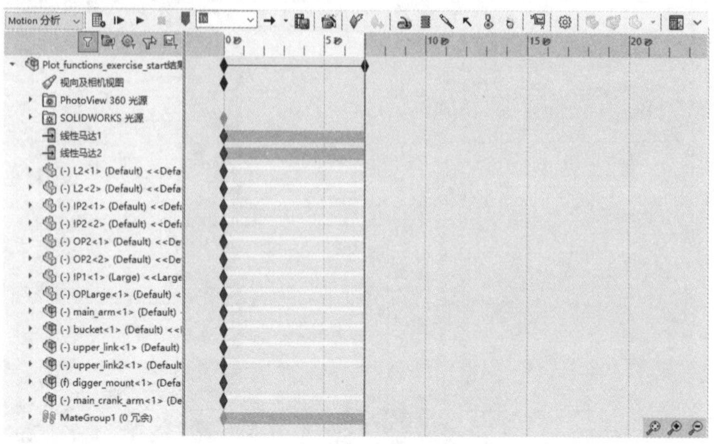

图 14-28　MotionManager 界面

（4）单击MotionManager工具栏中的“计算”按钮，对冲压机构进行仿真求解的计算。

通过观察不难发现，挖掘机具有明显不同的运动状态。铲斗运动描述如下：铲斗首先缓慢运动（即正在铲东西）；然后铲斗抬高并旋转，为的是确保材料在铲斗中保持不动；而后抬到最高的高度，倾倒铲斗的材料；最后回到铲斗的初始位置。这样铲斗就完成了整个的“铲土—保持—倾倒—回位”的运动过程。

2. 添加结果曲线

分析计算完成后可以对分析的结果进行后处理，分析计算的结果和进行图解。

（1）单击MotionManager工具栏中的“结果和图解”按钮，系统弹出如图14-29所示的“结果”属性管理器。对挖土机进行仿真结果分析。

（2）在“结果”选项组内的“选取类别”下拉列表框中选择分析的类别为“力”；在“选取子类别”下拉列表框中选择分析的子类别为“反作用力”；在“选取结果分量”下拉列表框中，选择分析的结果分量为“幅值”。

（3）首先单击“面”图标右侧的列表框，然后在FeatureManager设计树中单击IP 2与main_arm的同心配合Concentric 55，如图14-30所示。

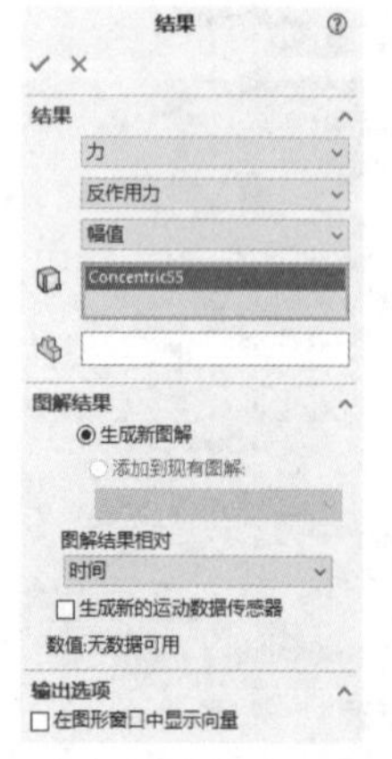

图 14-29　“结果”属性管理器

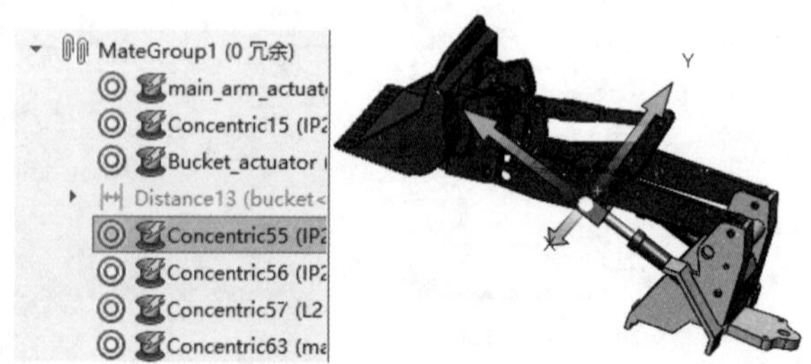

图 14-30　选择同心配合

（4）单击“确认”按钮✔，生成新的反作用力-时间曲线图解，如图14-31所示。

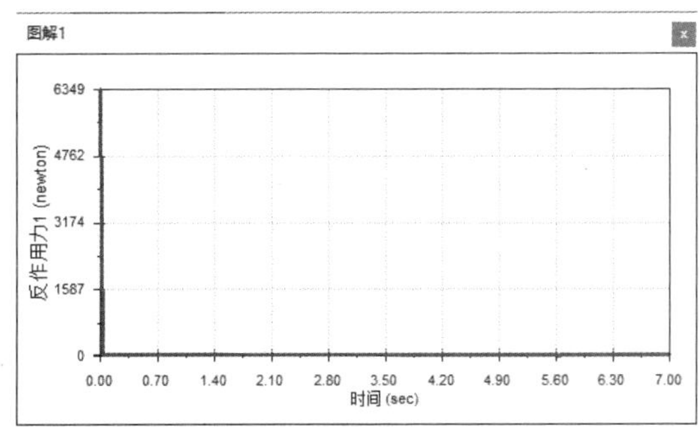

图 14-31　反作用力-时间曲线

扫一扫，看视频

练一练——自卸车斗驱动

试利用上面所学知识对如图 14-32 所示的自卸车斗运动进行仿真。

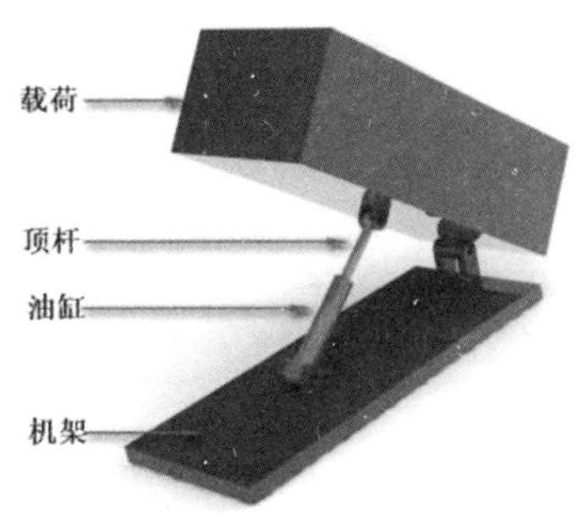

图 14-32　“自卸车斗”结构组成

✍思路点拨：

先加载模型，然后定义运动参数，再进行仿真求解。

第 15 章　SOLIDWORKS Simulation 2022 有限元分析

内容简介

本章首先介绍有限元法和自带的有限元分析工具 SOLIDWORKS SimulationXpress。利用一个手轮的受力分析说明该工具的具体使用方法。然后简要说明了 SOLIDWORKS Simulation 2022 的具体使用方法。最后根据不同学科和工程应用分别采用实例说明 SOLIDWORKS Simulation 2022 的应用。

内容要点

- 有限元法
- 有限元分析法（FEA）的基本概念
- SOLIDWOEKS Simulation 2022 的功能和特点
- SOLIDWOEKS Simulation 2022 的启动

案例效果

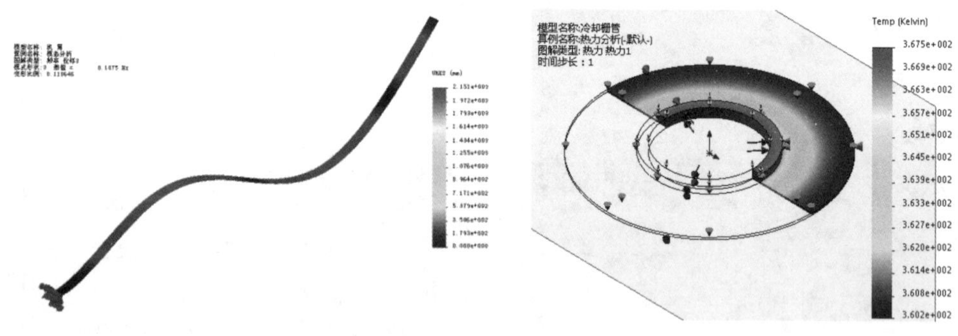

15.1　有 限 元 法

有限元法是随着电子计算机的发展而迅速发展起来的一种现代计算方法。它是 20 世纪 50 年代首先在连续体力学领域——飞机结构静、动态特性分析中应用的一种有效的数值分析方法，随后很快应用于求解热传导、电磁场、流体力学等连续性问题。

有限元法简单地说，就是将一个连续的求解域（连续体）离散化即分割成彼此用节点（离散点）互相联系的有限个单元，在单元体内假设近似解的模式，用有限个结点上的未知参数表征单元的特性，然后用适当的方法，将各个单元的关系式组合成包含这些未知参数的代数方程，得出有限个结点的未知参数，再利用插值函数求出近似解。这是一种使用有限的单元离散某连续体，

求近似解的数值 计算方法。

由于单元可以被分割成各种形状和大小的不同尺寸，所以它能很好地适应复杂的几何形状、复杂的材料特性和复杂的边界条件，再加上成熟的大型软件系统支持，使它成为一种非常受欢迎的、应用极广的数值计算方法。

有限单元法发展到今天，已成为工程数值分析的有力工具。特别是在固体力学和结构分析的领域，有限单元法取得了巨大的进展，利用它已经成功地解决了一大批有重大意义的问题，很多通用程序和专用程序投入了实际应用。同时有限单元法又是一个快速发展的科学领域，它的理论，特别是在应用方面的文献经常大量地出现在各种刊物和文献中。

15.2　有限元分析法的基本概念

有限元模型是真实系统理想化的数学抽象。如图 15-1 所示说明了有限元模型对真实模型的理想化后的数学抽象。

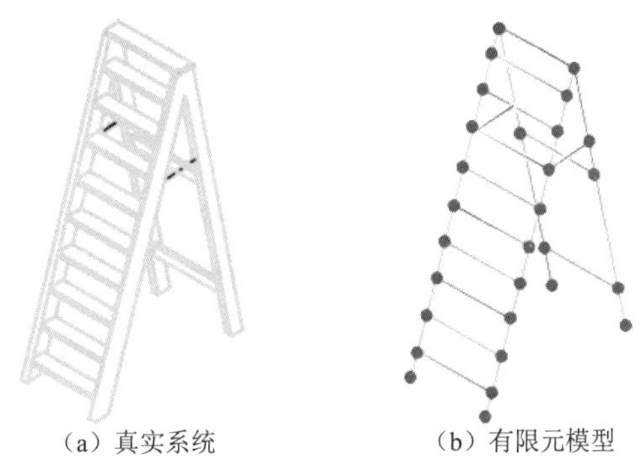

（a）真实系统　　（b）有限元模型

图 15-1　对真实系统理想化后的有限元模型

在有限元分析中，如何对模型进行网格划分以及网格的大小都直接关系到有限元求解结果的正确性和精度。

进行有限元分析时，应该注意以下事项。

（1）制定合理的分析方案。

- 对分析问题力学概念的理解。
- 结构简化的原则。
- 网格疏密与形状的控制。
- 分步实施的方案。

（2）目的与目标明确。

- 初步分析还是精确分析。
- 分析精度的要求。
- 最终需要获得的是什么。

（3）不断学习与积累经验。

利用有限元分析问题时的简化方法与原则：划分网格时主要考虑结构中对结果影响不大，但建模又十分复杂的特殊区域的简化处理。同时需要明确进行简化对计算结果的影响是有利还是无利的。在装配体的有限元分析中，首先明确装配关系。对于装配后不出现较大装配应力同时结构变形时装配处不发生相对位移的连接，可采用两者之间连为一体的处理方法，但连接处的应力是不准确的，这一结果并不影响远处的应力与位移。如果装配后出现较大应力或结构变形时装配处发生相对位移的连接，需要按接触问题进行处理。如图 15-2 所示说明了有限元法与其他学科之间的关系。

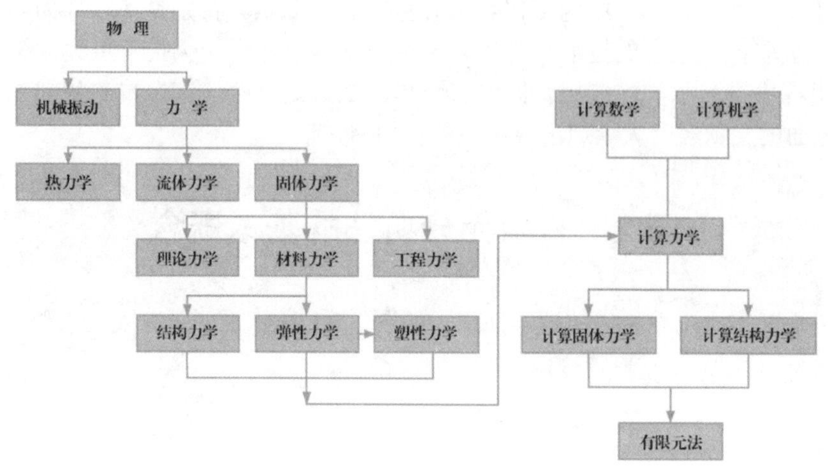

图 15-2　有限元法与其他课程之间的关系

15.3　SOLIDWORKS Simulation 2022 的功能和特点

Structure Research and Analysis Corporation（SRAC）成立于 1982 年，是一家有限元分析软件公司，其目的是开发高品质并具有最新技术、价格低廉的有限元分析软件。

1998 年，SRAC 公司开始以 Parasolid 为几何核心对有限元分析软件进行全新开发。以 Windows 视窗界面为平台，为使用者提供有操作简便的友好界面，包含实体建构能力的前、后处理器的有限元分析软件——GEOSTAR。GEOSTAR 根据用户的需要可以单独存在，也可以与所有基于 Windows 平台的 CAD 软件无缝衔接。这项全新标准的出台，使 SRAC 公司开发出了为计算机三维 CAD 软件的领导者——SOLIDWORKS 服务的全新嵌入式有限元分析软件 SOLIDWORKS Simulation。

SOLIDWORKS Simulation 使用 SRAC 公司开发的当今世上最快的有限元分析算法——快速有限元算法（FFE），完全集成在 Windows 环境并与 SOLIDWORKS 软件无缝衔接。从最近的测试可以看出，快速有限元算法提升了解题速度，是传统算法的 50～100 倍；并降低了磁盘存储空间，只需原来的 5%；更重要的是，它在计算机上可以解决复杂的分析问题，节省使用者在硬件上的投资。

快速有限元算法的优点如下。

（1）参考以往有限元求解算法的经验，用 C++语言重新编写程序，程序代码中尽量减少循环语句，并且引入软件程序设计新技术的精华，因此极大地提高了求解器的速度。

（2）使用新的技术开发、管理其资料库，使程序在读、写、打开、保存资料及文件时能够大幅提升速度。

（3）按独家数值分析经验，搜索所有可能的预设条件组合（经大型复杂运算测试无误者）来解题，所以求解快速且能收敛。

SRAC 公司为 SOLIDWORKS 提供了 3 个插件，分别是 SOLIDWORKS Motion、COSMOSFloWorks 和 SOLIDWORKS Simulation。

- SOLIDWORKS Motion：是一个全功能运动仿真软件，可以对复杂机械系统进行完整的运动学和动力学仿真，得到系统中各零部件的运动情况，包括位移、速度、加速度和作用力及反作用力等。并以动画、图形、表格等多种形式输出结果，还可将零部件在复杂运动情况下的复杂载荷情况直接输出到主流有限元分析软件中，以做出正确的强度和结构分析。
- COSMOSFloWorks：是一个流体动力学和热传导分析软件，可以在不同雷诺数范围上，建立跨音速、超音速和压音速的可压缩与不可压缩的气体和流体的模型，以确保获得真实的计算结果。
- SOLIDWORKS Simulation：为设计工程师在 SOLIDWORKS 的环境下，提供比较完整的分析手段。凭借先进的快速有限元算法，工程师能非常迅速地实现对大规模的复杂设计的分析和验证，并且获得修正和优化设计所需的必要信息。

SOLIDWORKS Simulation 的基本模块可以对零件或装配体进行静力学分析、固有频率和模态分析、失稳分析和热应力分析等。

- 静力学分析：算例零件在只受静力的情况下，零组件的应力、应变分布。
- 固有频率和模态分析：确定零件或装配的造型与其固有频率的关系，在需要共振效果的场合，如超声波焊接喇叭、音叉等都能获得最佳设计效果。
- 失稳分析：当压应力没有超过材料的屈服极限时，薄壁结构件发生的失稳情况。
- 热应力分析：在存在温度梯度的情况下，零件的热应力分布情况及算例热量在零件和装配中的传播。
- 疲劳分析：预测疲劳对产品全生命周期的影响，确定可能发生疲劳破坏的区域。
- 非线性分析：用于分析橡胶类或塑料类的零件或装配体的行为，还用于分析金属结构在达到屈服极限后的力学行为。也可以用于考虑大扭转和大变形，如突然失稳。
- 间隙/接触分析：在特定载荷下，两个或更多运动零件相互作用。例如，在传动链或其他机械系统中接触间隙未知的情况下分析应力和载荷传递。
- 优化：在保持满足其他性能判据（如应力失效）的前提下，自动定义最小体积设计。

15.4 SOLIDWORKS Simulation 2022 的启动

（1）打开源文件“法兰盘.SLDPRT”，选择菜单栏中的“工具”→“插件”命令。

（2）在打开的“插件”对话框中，选中SOLIDWORKS Simulation复选框，单击“确定”按钮，如图15-3所示。

（3）在SOLIDWORKS的主菜单中添加一个新的菜单SOLIDWORKS Simulation，如图15-4所示。当SOLIDWORKS Simulation生成新算例后在管理程序窗口的下方会出现SOLIDWORKS Simulation模型树，绘图区的下方出现新算例的标签栏。

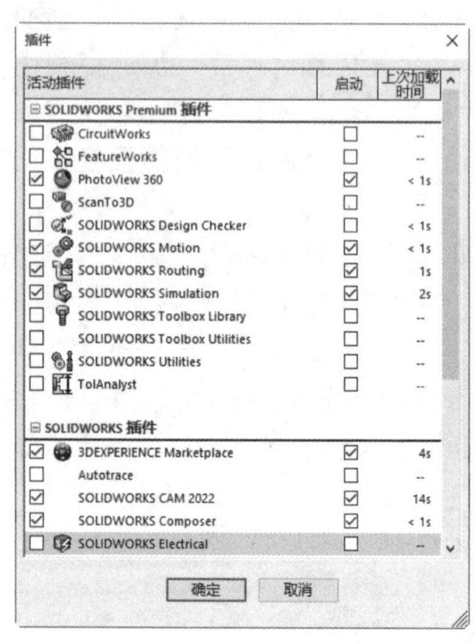

图 15-3 “插件”对话框

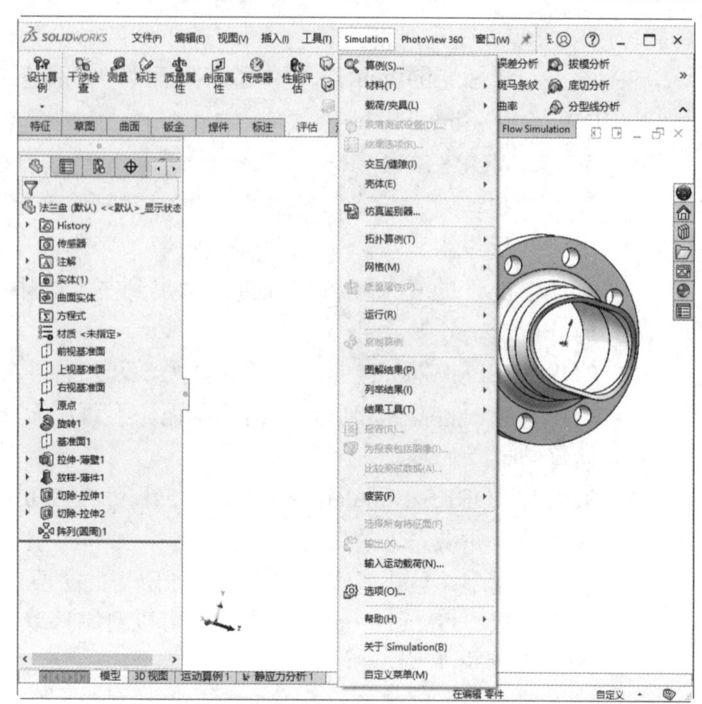

图 15-4 加载 SOLIDWORKS Simulation 后的 SOLIDWORKS

15.5 SOLIDWORKS Simulation 2022 的使用

15.5.1 算例专题

在用 SOLIDWORKS 设计完几何模型后，就可以使用 SOLIDWORKS Simulation 2022 对其进行分析。

分析模型的第一步是建立一个算例专题。算例专题是由一系列参数定义的，这些参数完整地表述了该物理问题的有限元模型。

当对一个零件或装配体进行分析时，典型的问题就是要研究零件或装配体在不同工作条件下的不同反应。这就要求运行不同类型的分析，如实验不同的材料，或指定不同的工作条件。每个算例专题都描述其中的一种情况。

一个算例专题的完整定义包括以下几方面。

- 分析类型和选项。
- 材料。
- 载荷和约束。
- 网格。要确定算例专题，可按以下步骤操作。

（1）继续接15.5节法兰盘案例。单击Simulation控制面板中的“新算例”按钮，或者单击菜单栏中的Simulation→“算例”命令，如图15-5所示。

（2）在弹出的“算例”属性管理器中，定义“名称”和“类型”，如图15-6 所示。

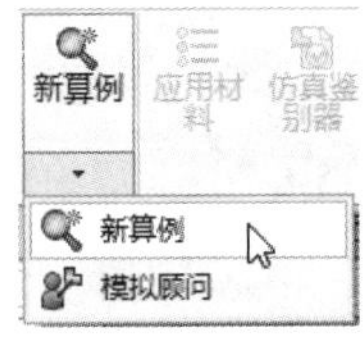

图 15-5　新算例

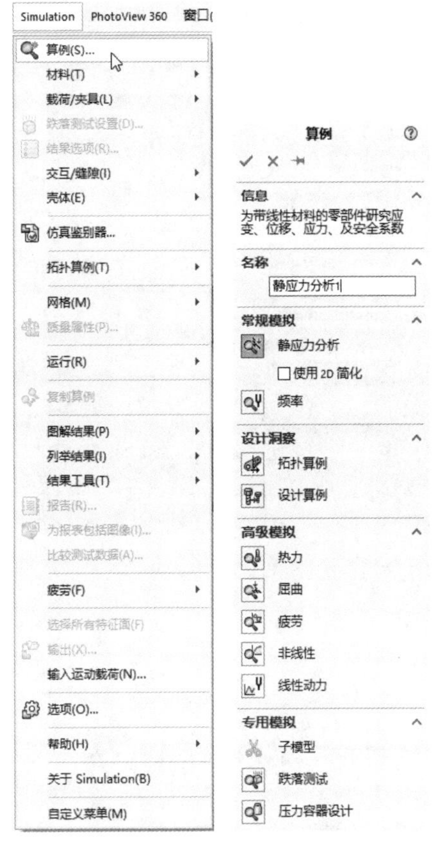

图 15-6　定义算例专题

（3）SOLIDWORKS Simulation 2022的基本模块提供了多种分析类型。

- 静应力分析：可以计算模型的应力、应变和变形。
- 频率：可以计算模型的固有频率和模态。
- 屈曲：计算危险的屈曲载荷，即屈曲载荷分析。
- 热力：计算由于温度、温度梯度和热流影响产生的应力。
- 跌落测试：模拟零部件掉落后的变形和应力分布。
- 疲劳：计算材料在交变载荷作用下产生的疲劳破坏情况。
- 非线性：为带有诸如橡胶之类非线性材料的零部件研究应变、位移、应力。
- 线性动力：使用频率和模式形状来研究对动态载荷的线性响应。
- 压力容器设计：在压力容器设计算例中，将静应力分析算例的结果与所需因素组合。每个静应力分析算例都具有不同的一组可以生成相应结果的载荷。
- 子模型：不可能获取大型装配体或多实体模型的精确结果，因为使用足够小的元素大小可能会使问题难以解决。使用粗糙网格或拔模网格解决装配体或多实体模型后，子模型算例允许使用高品质网格或更精细的网格增加选定实体的求解精确度。

（4）在SOLIDWORKS Simulation 2022模型树中右击新建的“算例”，在弹出的快捷菜单中选择“属性”命令，在打开的“静应力分析”对话框中进一步定义它的属性，如图15-7所示。每一种“分析类型”都对应不同的属性。

（5）定义完算例专题后，单击“确定”按钮✔。

在定义完算例专题后，就可以进行下一步的工作了，此时在 SOLIDWORKS Simulation 2022 模型树中可以看到定义好的算例专题，如图 15-8 所示。

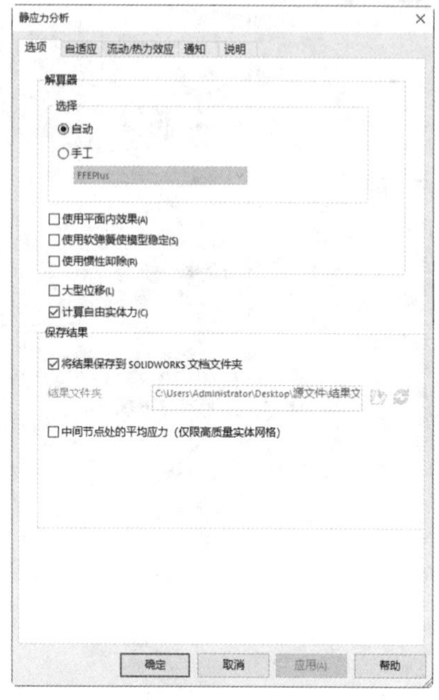

图 15-7　定义算例专题的属性

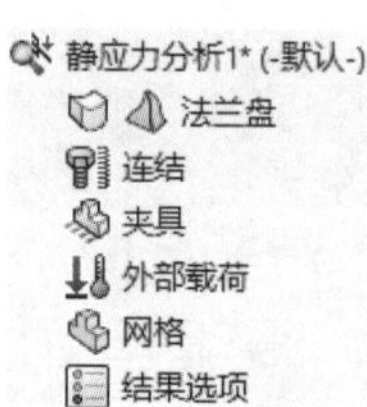

图 15-8　定义好的算例专题

15.5.2　定义材料属性

在运行一个算例专题前，必须定义好指定的分析类型所对应需要的材料属性。在装配体中，每一个零件可以是不同的材料。对于网格类型是“使用曲面的外壳网格”的算例专题，每一个壳体可以具有不同的材料和厚度。

要定义材料属性，可按以下步骤操作。

（1）在SOLIDWORKS Simulation 2022的管理设计树中选择要定义材料属性的算例专题，并选择要定义材料属性的零件或装配体。

（2）选择菜单栏中的Simulation→“材料”→“应用材料到所有”命令，或者右击要定义材料属性的零件或装配体，在弹出的快捷菜单中选择“应用/编辑材料”命令，或者单击Simulation控制面板中的“应用材料”按钮☰。

（3）在弹出的“材料”对话框中选择一种方式定义材料属性，如图15-9所示。

- 使用 SOLIDWORKS 中定义的材料属性：如果在建模过程中已经定义了材料属性，则此时在“材料”对话框中会显示该材料的属性。如果选择了该选项，则定义的所有算例专题都将选择这种材料属性。
- 自定义材料：可以自定义材料的属性，用户只要单击要修改的属性，然后输入新的属性值即可。对于各向同性的材料，弹性模量和泊松比（中泊松比）是必须被定义的变量。如果材料的应力产生是因为温度变化引起的，则材料的传热系数必须被定义。如果在分析中，要考虑重力或者离心力的影响，则必须定义材料的密度。对于各向异性材料，则必须定义各个方向的弹性模量和泊松比等材料属性。

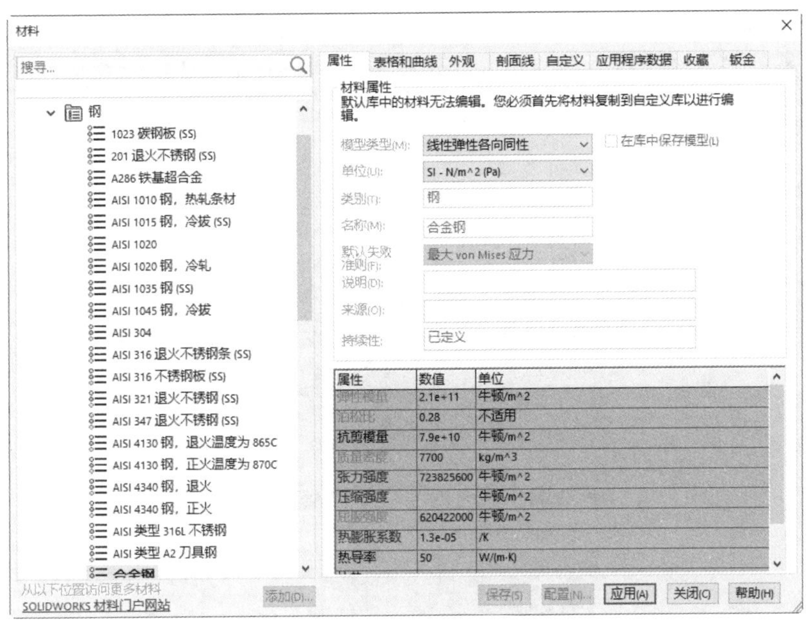

图 15-9　定义材料属性

（4）在“材料属性”选项组中，可以定义材料的类型和单位。其中，在“模型类型”下拉列表框中可以选择“线性弹性各向同性”（即各向同性材料），也可以选择“线性弹性异向性”（即各向异性材料）。“单位”下拉列表框中可选择SI（即国际单位）、“英制”和“公制”单位体系。

（5）单击“应用”按钮即可将材料属性应用于算例专题。

15.5.3　载荷和约束

在进行有限元分析中，必须模拟具体的工作环境对零件或装配体规定边界条件（位移约束）和施加对应的载荷。也就是说实际的载荷环境必须在有限元模型上定义出来。

如果给定了模型的边界条件，则可以模拟模型的物理运动。如果没有指定模型的边界条件，则模型可以自由变形。对边界条件必须给予足够的重视，有限元模型的边界既不能欠约束，也不能过约束。加载的位移边界条件可以是零位移，也可以是非零位移。

每个约束或载荷条件都以图标的方式在载荷/制约文件夹中显示。SOLIDWORKS Simulation 2022 提供一个智能的 PropertyManager 来定义负荷和约束。只有被选中的模型具有的选项才被显示，其不具有的选项则为灰色的不可选项。举例说明，如果选择的面是圆柱面或是轴，PropertyManager 允许定义半径、圆周、轴向抑制和压力。载荷和约束是与几何体相关联的，当几何体改变时，它们会自动调节。

在运行分析前，可以在任意时间指定负荷和约束。运用拖动（或复制粘贴）功能，SOLIDWORKS Simulation 2022 允许在管理树中将条目或文件夹复制到另一个兼容的算例专题中。

要设定载荷和约束，可按以下步骤操作。

（1）选择一个面、边线或顶点，作为要加载或约束的几何元素。如果需要，则可以按住Ctrl键选择更多的顶点、边线或面。

（2）在Simulation→“载荷/夹具”中选择一种加载或约束类型，如图15-10所示。

（3）在对应的载荷或约束PropertyManager中设置相应的选项、数值和单位。

（4）单击“确定”按钮✔，完成加载或约束。

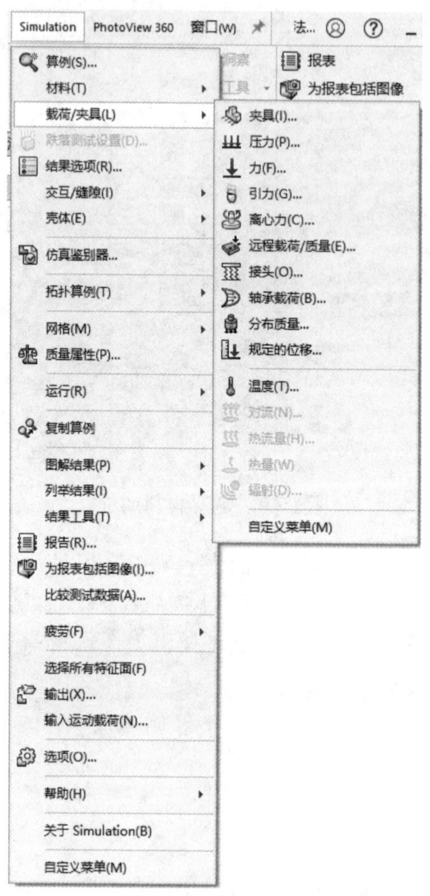

图 15-10　“载荷/夹具”菜单栏

15.5.4　网格的划分和控制

有限元分析提供了一个可靠的数字工具进行工程设计分析。首先，要建立几何模型。然后，程序将模型划分为许多具有简单形状的小的块（elements），这些小块通过节点（node）连接，这个过程称为网格划分。有限元分析程序将集合模型视为一个网状物，这个网是由离散的互相连接在一起的单元构成的。精确的有限元结果在很大程度上依赖于网格的质量，通常来说，优质的网格决定优秀的有限元结果。

网格质量主要靠以下几点保证。

- 网格类型：在定义算例专题时，针对不同的模型和环境，选择一种适当的网格类型。
- 适当的网格参数：选择适当的网格大小和公差，可以做到节约计算资源和时间与提高精度的完美结合。
- 局部的网格控制：对于需要精确计算的局部位置，采用加密网格可以得到比较好的结果。

在定义完材料属性和载荷/约束后，就可以划分网格了。下面结合实例介绍网格的划分操作步骤。

（1）单击Simulation控制面板“运行此算例”下拉列表中的“生成网格”按钮，或者在SOLIDWORKS Simulation 2022的管理设计树中右击网格图标，然后在弹出的快捷菜单中选择“生成网格”命令。

（2）在弹出的“网格”属性管理器中设置网格的大小和公差，如图15-11所示。

（3）单击“确定”按钮，程序会自动划分网格。

如果需要对零部件局部应力集中的地方或者对结构比较重要的部分进行精确的计算，就要对这个部分进行网格的细分。SOLIDWORKS Simulation 2022 本身会对局部几何形状变化较大的地方进行网格的细化，但有时候用户需要手动控制网格的细化程度。

要手动控制网格的细化程度，可按以下步骤操作。

（1）选择Simulation 2022→“网格”→“应用控制”命令。

（2）选择要手动控制网格的几何实体（可以是线或面），此时所选几何实体会出现在“网格控制”属性管理器中的“所选实体”列表框中，如图15-12所示。

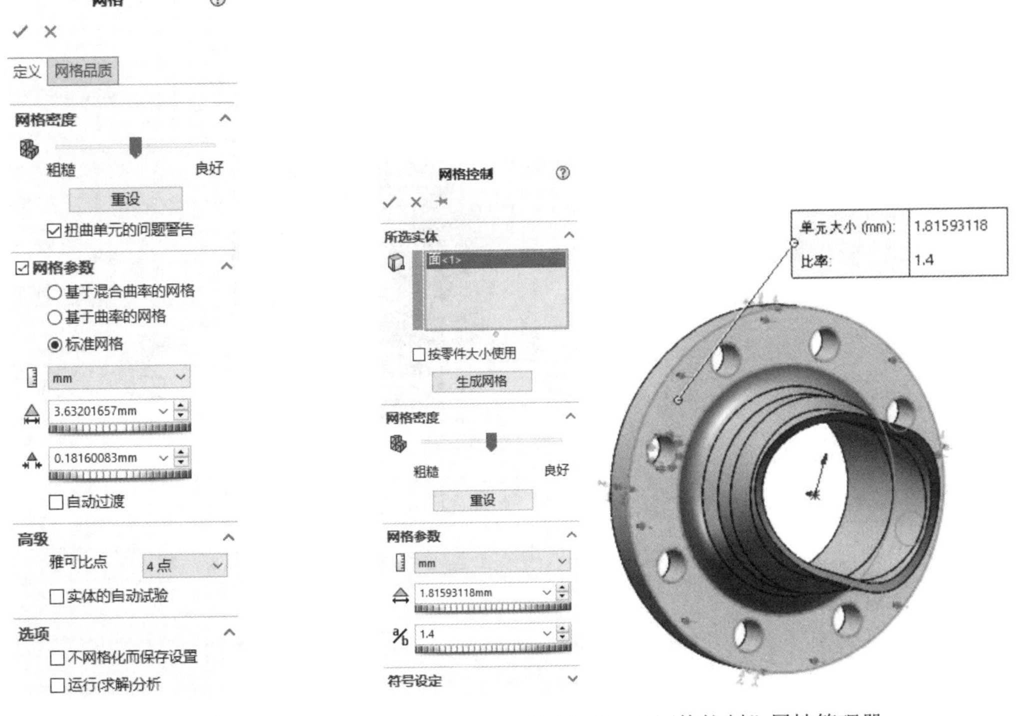

图 15-11 设置网格

图 15-12 “网格控制”属性管理器

（3）在“网格参数”选项组中图标右侧的组合框中输入网格的大小。这个参数是指步骤（2）中所选几何实体最近一层网格的大小。

（4）在图标右侧的组合框中输入网格梯度，即相邻两层网格的放大比例。

（5）单击“确定”按钮后，在SOLIDWORKS Simulation 2022的模型树中的网格文件夹下会出现控制图标。

（6）如果在手动控制网格前，已经自动划分了网格，需要重新对网格进行划分。

15.5.5 运行分析与观察结果

（1）在SOLIDWORKS Simulation 2022的管理设计树中选择要求解的有限元算例专题。

（2）选择菜单栏中的Simulation控制面板中的“运行此算例”命令，或者在SOLIDWORKS Simulation 2022的模型树中右击要求解的算例专题图标，然后在弹出的快捷菜单中选择“运行”命令。

（3）系统会自动弹出调用的解算器对话框。对话框中显示解算器的求解进度、时间、内存使用情况等，如图15-13所示。

（4）如果要中途停止计算，则单击“取消”按钮；如果要暂停计算，则单击“暂停”按钮。

运行分析后，系统自动为每种类型的分析生成一个标准的结果报告。用户可以通过在SOLIDWORKS Simulation 2022管理设计树上单击相应的输出项，观察分析的结果。例如，程序为静力学分析产生5个标准的输出项，在SOLIDWORKS Simulation 2022的管理设计树中对应的算例专题中会出现对应的 5 个文件夹，分别为应力、位移、应变、变形和设计检查。单击这些文件夹下对应的图解图标，就会以图的形式显示分析结果，如图 15-14 所示。

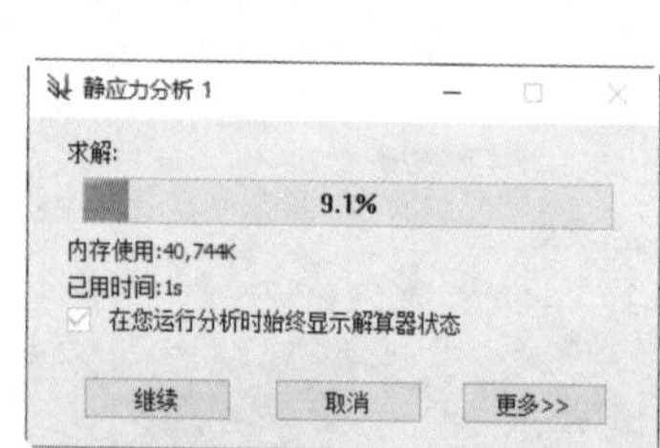

图 15-13　解算器对话框

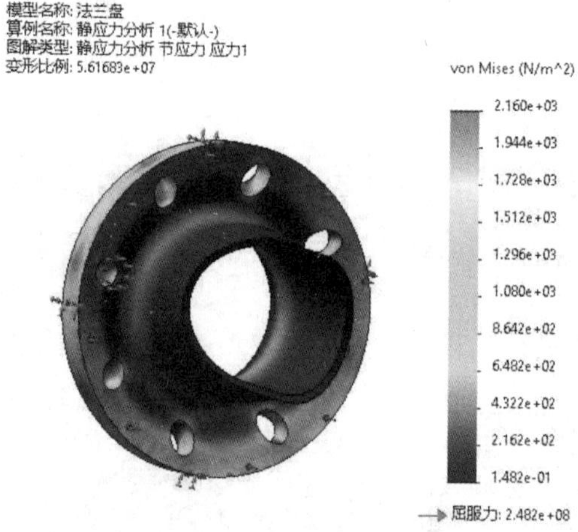

图 15-14　静力学分析中的应力分析图

在显示结果中的左上角会显示模型名称、图解类型和变形比例。模型也会以不同的颜色表示应力、应变等的分布情况。

为了更好地表达出模型的有限元结果，SOLIDWORKS Simulation 2022 会以不同的比例显示模型的变形情况。

用户也可以自定义模型的变形比例。

（1）在SOLIDWORKS Simulation 2022的管理设计树中右击要改变变形比例的输出项，如应力、应变等，在弹出的快捷菜单中选择“编辑定义”命令，或者选择菜单栏中的Simulation→“图解结果”命令，在下一级子菜单中选择要更改变形比例的输出项。

（2）在出现的“位移图解”对话框中选择更改位移图解结果，如图15-15所示。

（3）在“变形形状”选项组中选中“用户定义”单选按钮，然后在右侧的文本框中输入变形比例。

（4）单击“确定”按钮✔，关闭对话框。

对于每一种输出项，根据物理结果可以有多个对应的物理量显示。图 15-14 所示的应力结果中显示的是 von Mises 应力，还可以显示其他类型的应力，如不同方向的正应力、切应力等。在“显示”选项组中图标右侧的下拉列表框中可以选择更改应力的显示物理量。

SOLIDWORKS Simulation 2022 除了可以以图解的形式表达有限元结果，还可以将结果以数值的形式表示。可按以下步骤操作。

（1）在SOLIDWORKS Simulation 2022的模型树中选择算例专题。

（2）选择菜单栏中的Simulation→“列举结果”命令，在下一级子菜单中选择要显示的输出项。子菜单共有5项，分别为位移、应力、应变、模式和热力。

（3）在出现的对应列表对话框中设置要显示的数值属性，这里选中“位移”单选按钮，如图15-16所示。

（4）每一种输出项都对应不同的设置，这里不再赘述。

（5）单击“确定”按钮后，会自动出现结果的数值列表，如图15-17所示。

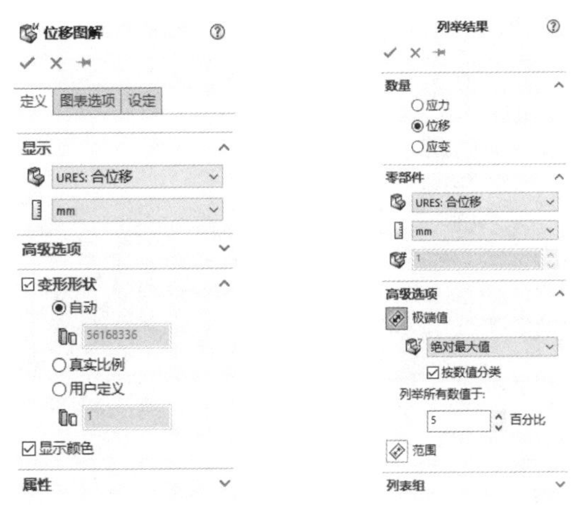

图 15-15　设定变形比例　　图 15-16　列表应力

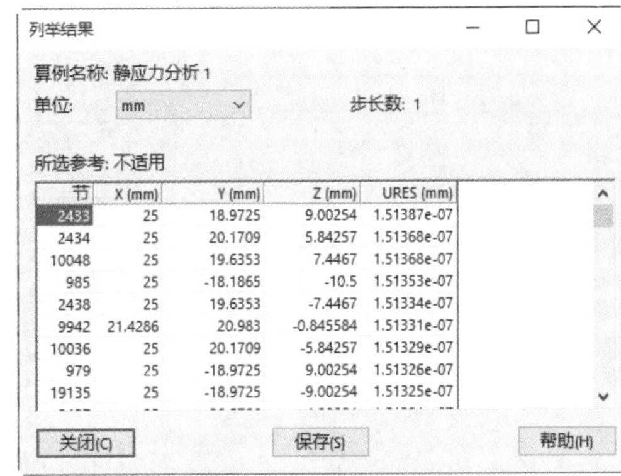

节	X (mm)	Y (mm)	Z (mm)	URES (mm)
2433	25	18.9725	9.00254	1.51387e-07
2434	25	20.1709	5.84257	1.51368e-07
10048	25	19.6353	7.4467	1.51368e-07
985	25	-18.1865	-10.5	1.51353e-07
2438	25	19.6353	-7.4467	1.51334e-07
9942	21.4286	20.983	-0.845584	1.51331e-07
10036	25	20.1709	-5.84257	1.51329e-07
979	25	-18.9725	9.00254	1.51326e-07
19135	25	-18.9725	-9.00254	1.51325e-07

图 15-17　数值列表

（6）单击“保存”按钮，可以将数值结果保存到文件中。在出现的“另存为”对话框中可以选择将数值结果保存为文本文件或者Excel列表文件。

扫一扫，看视频

15.6　综合实例——简单拉压杆结构

本节分析均布载荷作用下杆的变形和应力分布情况。

两端简支，长度 l=5m，高度 h=1m，在均布载荷 q=5000N/m^2 的作用下发生平面弯曲，如图 15-18 所示。已知弹性模量 E= 30GPa，泊松比 NUXY= 0.3。

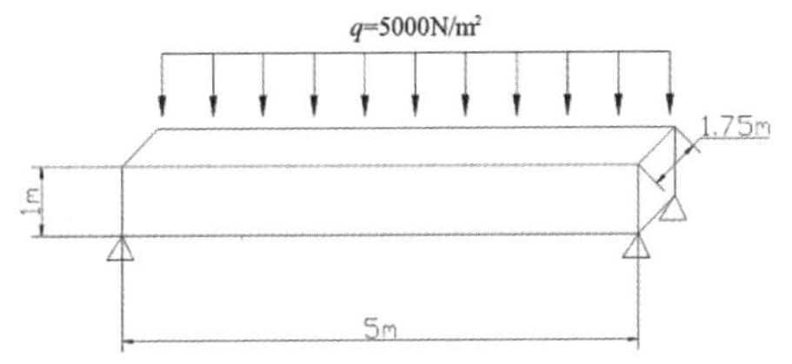

图 15-18　均布载荷作用下杆的计算模型

有限元方法的最广泛应用即结构分析，结构不仅包含桥梁、建筑物等建筑工程结构，而且包括活塞、机械零件和工具等。主要用来分析由于稳态外载荷所引起的系统或零部件的位移、应力、应变和作用力。

操作步骤　视频文件：动画演示\第 15 章\简单拉压杆结构.avi

15.6.1 建模

（1）启动SOLIDWORKS 2022，选择菜单栏中的“文件”→“新建”命令或单击快速访问工具栏中的“新建”按钮，在打开的“新建SOLIDWORKS文件”对话框中依次单击“零件”按钮和“确定”按钮。

（2）选择菜单栏中的“工具”→“选项”命令，在“文档属性”标签下的“单位”选项卡中选择单位系统为“MKS（米、公斤、秒）”，如图15-19所示。单击“确定”按钮，从而将系统的长度单位改变为“米”，方便建模。

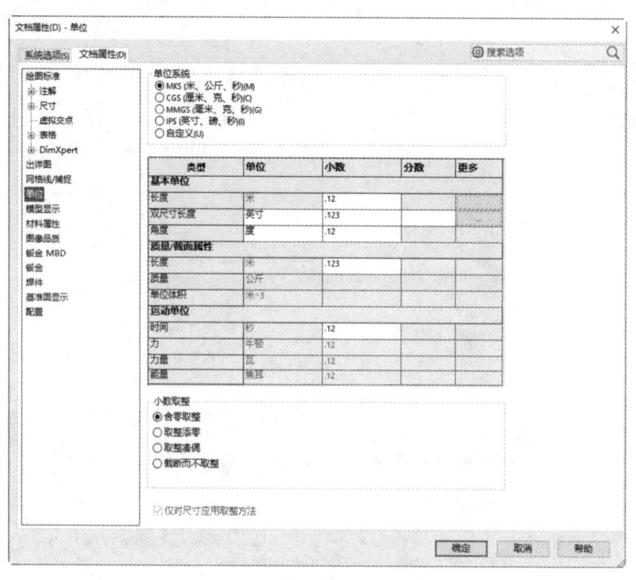

图 15-19　设置系统的单位系统为 MKS

（3）在FeatureManager设计树中选择“前视基准面”，单击“草图”控制面板中的“草图绘制”按钮，将其作为草绘平面。

（4）单击“草图”控制面板中的“中心矩形”按钮，绘制一个以原点为中心的矩形。

（5）单击“草图”控制面板中的“智能尺寸”按钮，标注矩形的长、宽尺寸分别为5、1.75，如图15-20所示。

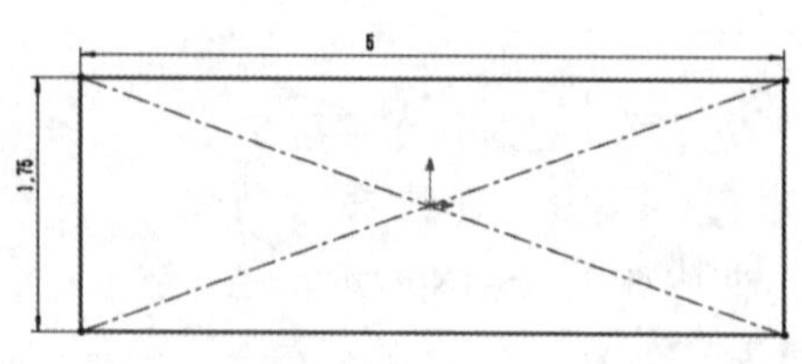

图 15-20　矩形草图

（6）单击“草图”控制面板中的“拉伸凸台/基体”按钮，在“凸台-拉伸”属性管理器中（见图15-21），设置“终止条件”为“给定深度”；在图标右侧的“深度”文本框中设置拉伸深度为1.00m。

（7）单击“确定”按钮，从而生成深梁模型，如图15-22所示。

图 15-21　“凸台-拉伸”属性管理器

图 15-22　深梁模型

（8）单击“保存”按钮，将模型保存为“深梁.SLDPRT”。

15.6.2　分析

1. 建立研究并定义材料

（1）单击Simulation控制面板中的“新算例”按钮，打开“算例”属性管理器（见图15-23）。定义名称为梁变形，分析类型为“静应力分析”，单击“确定”按钮。

（2）单击SOLIDWORKS Simulation 2022模型树中的 梁变形*(-默认-)图标，然后右击“深梁”图标 深梁，再单击“应用/编辑材料”按钮，打开“材料”对话框。创建自定义新材料，设置“模型类型”为“线性弹性各向同性”；定义材料的弹性模量为3×10^9 N/m^2（因版本原因图中为牛顿/m^2，为阅读习惯，此处用N/m^2，下同），泊松比为0.3，如图15-24所示。单击“应用”按钮，然后关闭对话框。

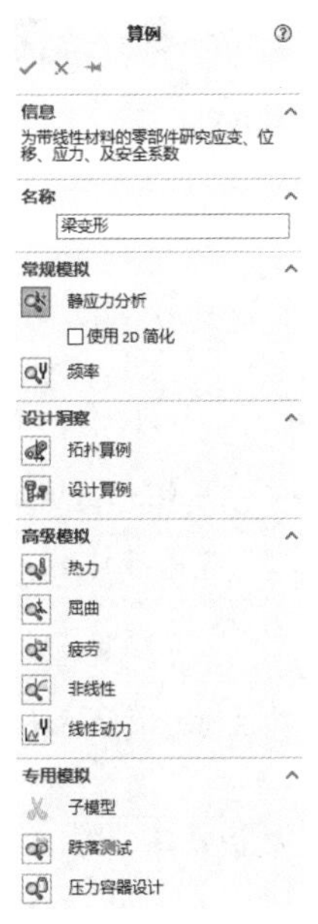

图 15-23　“算例”属性管理器

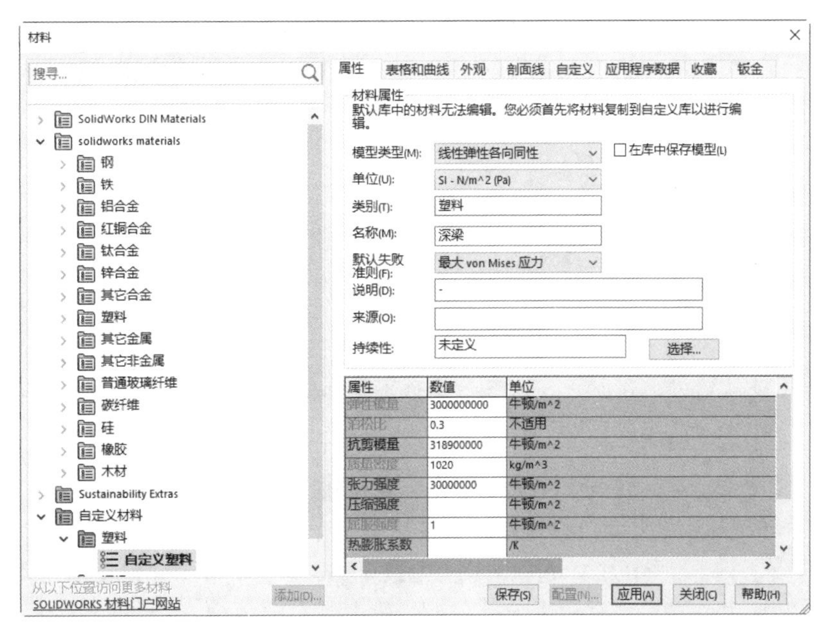

图 15-24　定义材料

2. 建立约束并施加载荷

（1）单击Simulation控制面板中的“夹具顾问”按钮，弹出“Simulation顾问”对话框，在其中单击添加夹具按钮，然后在图形区域中选择5m×1.75m面上的两条长为1.75m的边线；默认夹具下拉列表框中的夹具类型为“固定几何体”；在“符号设定”选项组中设置符号的大小为300，从而更好地显示夹具，如图15-25所示。

（2）单击“确定”按钮，完成该约束的建立。

（3）单击Simulation控制面板中“外部载荷顾问”下拉列表中的“压力”按钮，选择深梁中5m×1.75m的上端面作为加载平面；在“类型”选项组中选中“垂直于所选面”单选按钮；在“压强值”选项组中选择压强单位为N/m^2；图标右侧的文本框中输入5000，单击“确定”按钮，如图15-26所示。

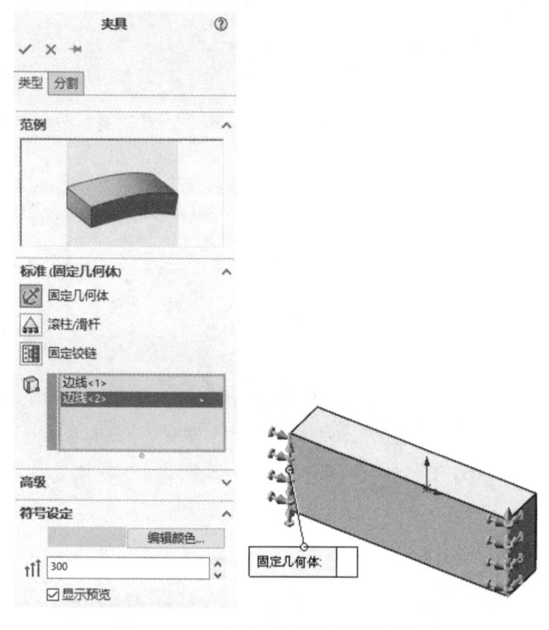

图 15-25　定义梁两端的固支约束

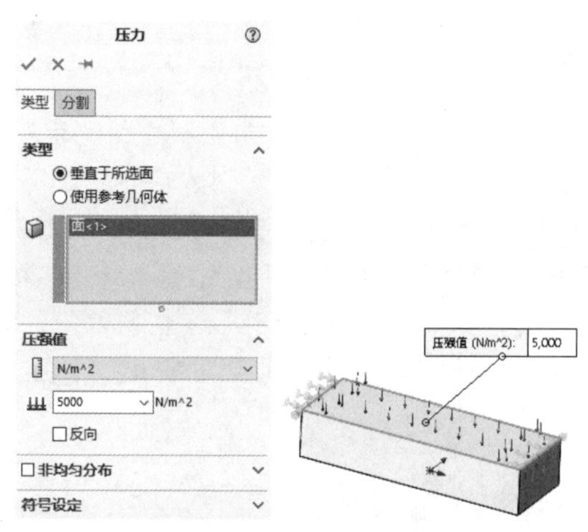

图 15-26　定义深梁的载荷

3. 划分网格并运行

（1）单击Simulation控制面板中“运行此算例”下拉列表中的“生成网格”按钮，打开“网格”属性管理器，保持网格的默认粗细程度，如图15-27所示。

（2）单击“确定”按钮，为模型划分网格。划分完网格的模型如图15-28所示。

（3）单击Simulation控制面板中的“运行此算例”按钮，SOLIDWORKS Simulation 则调用解算器进行有限元分析，此时会出现如图15-29所示的“梁变形”对话框显示计算进度与过程。

4. 观察结果

（1）在有限元分析完成之后，会在SOLIDWORKS Simulation 模型树中自动生成几个结果文件夹，如图15-30所示。通过这几个文件夹就可以查看分析的图解结果。

（2）双击SOLIDWORKS Simulation模型树中结果文件夹下的“应力1”图标应力1，则可以观察深梁在给定约束和加载下的应力分布图解，如图15-31所示。图15-31中左上端的文字是该图解对应的研究和分析类型及图中的变形比例，右侧的标尺则表示不同颜色深度所对应的应力值。

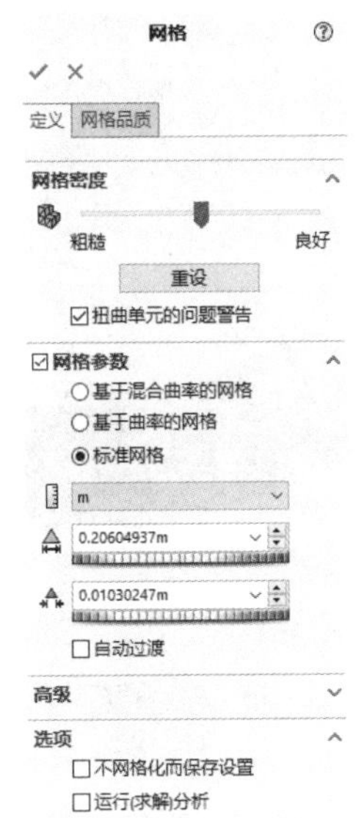

图 15-27　设置自动划分网格

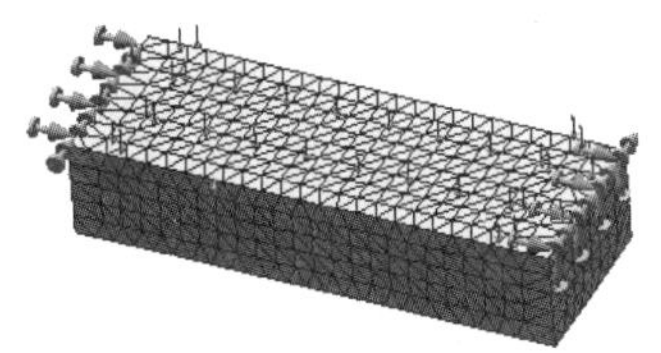

图 15-28　划分网格后的模型

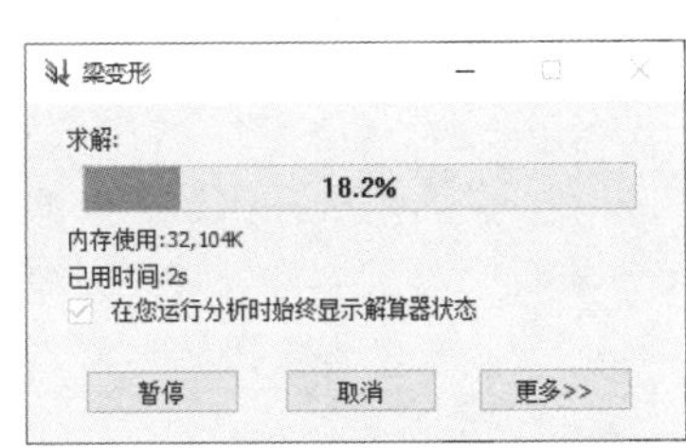

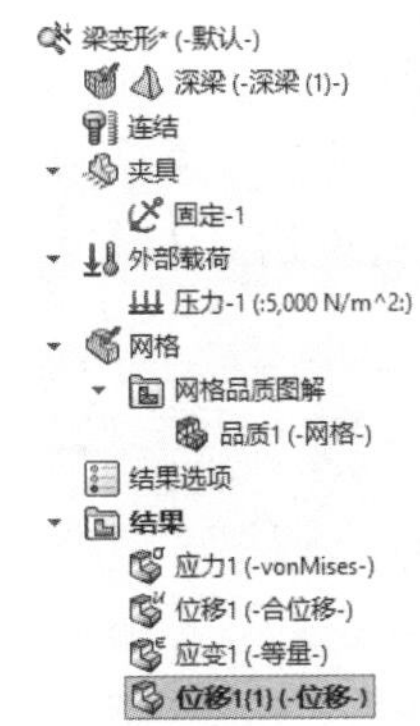

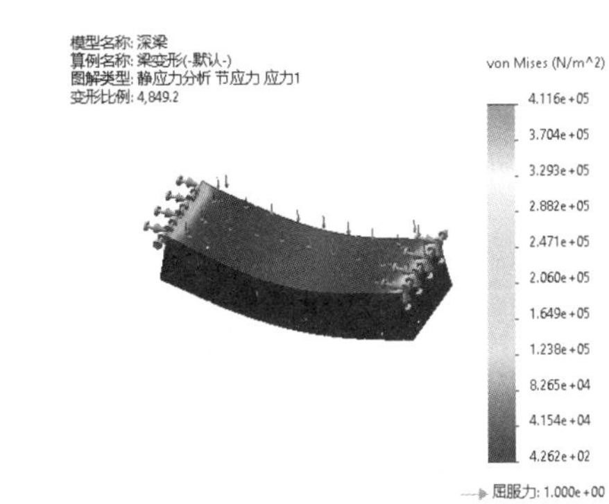

图 15-29　显示计算进度与过程　图 15-30　在模型树中添加的结果文件夹　　图 15-31　深梁的应力分布

（3）要自定义图解中表示的不同类型的应力或者变形比例，则在SOLIDWORKS Simulation 模型树中右击图解图标 应力1，在快捷菜单中选择“编辑定义”命令，打开“应力图解”属性管理器，如图15-32所示，重新定义。定义后的结果如图15-33所示。

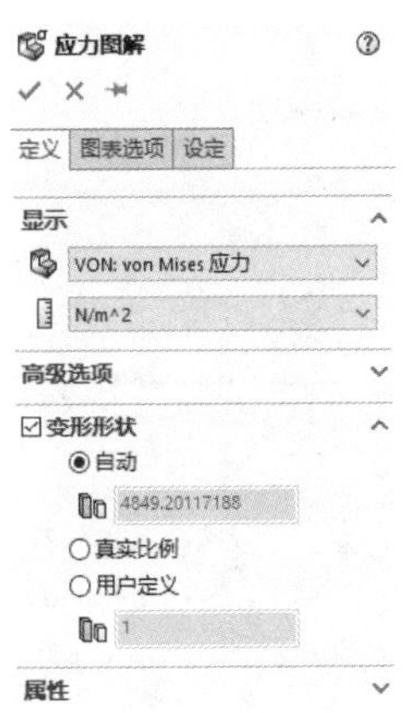

图 15-32　“应力图解”属性管理器

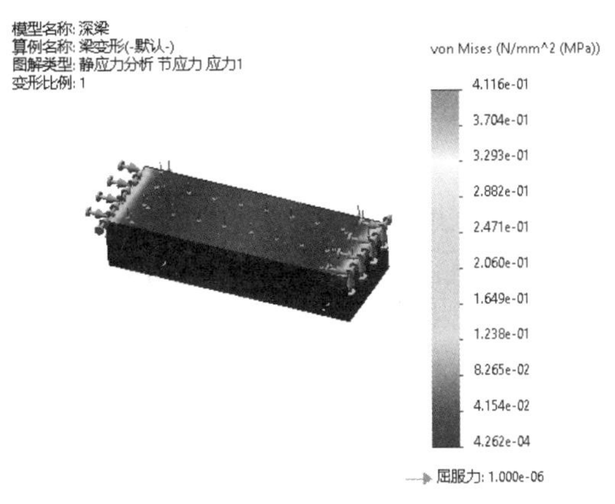

图 15-33　深梁的应力分布

如图 15-34 和图 15-35 所示分别是深梁的位移和应变云图。

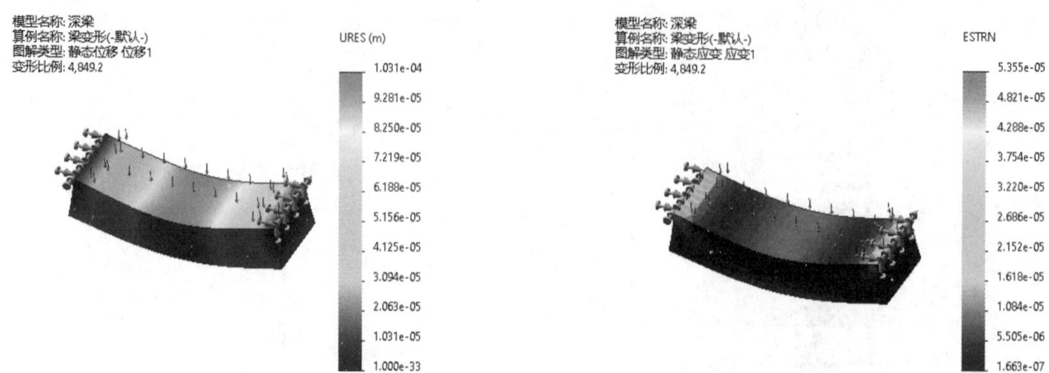

图 15-34　深梁的位移云图　　　　图 15-35　深梁的应变云图

扫一扫，看视频

15.7　综合实例——机翼振动分析

本节分析机翼模型的振动模态和固有频率。

长度为 2540mm 的机翼模型，横截面形状和尺寸如图 15-36 所示。其一端固定，另一端自由。已知弹性模量 E=206MPa，密度为 887kg/m^3，泊松比为 0.3。计算分析该机翼自由振动的前 5 阶频率和振型。

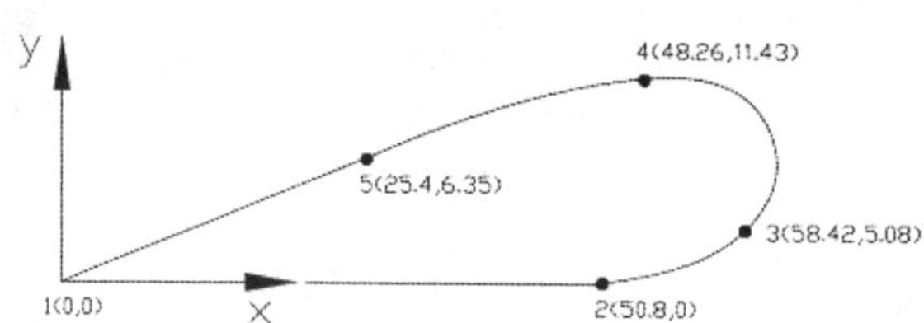

图 15-36　机翼模型横截面尺寸示意图

用模态分析可以确定一个结构的固有频率和振型，固有频率和振型是承受动态载荷结构设计中的重要参数。如果要进行模态叠加法谐响应分析或瞬态动力学分析，固有频率和振型也是必要的。

操作步骤　视频文件：动画演示\第 15 章\机翼振动分析.avi

15.7.1　建模

（1）启动SOLIDWORKS 2022，选择菜单栏中的“文件”→“新建”命令或单击快速访问工具栏中的“新建”按钮，在打开的“新建SOLIDWORKS文件”对话框中单击“零件”按钮，单击“确定”按钮。

（2）在FeatureManager设计树中选择“前视基准面”，单击“草图绘制”按钮，将其作为草绘平面。

（3）使用“草图”控制面板中的“直线”按钮和“样条曲线”按钮绘制如图15-37所示的曲线，可以通过定义样条点的坐标来控制曲线，如图15-37所示。

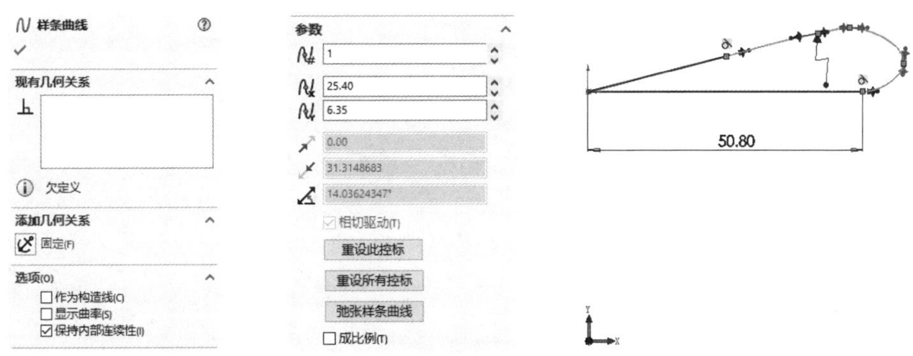

图 15-37 定义样条曲线

（4）单击“特征”控制面板中的“拉伸凸台/基体”按钮，在“凸台-拉伸”属性管理器中设置终止类型为“给定深度”，输入深度为2540.00mm。其他选项如图15-38所示。

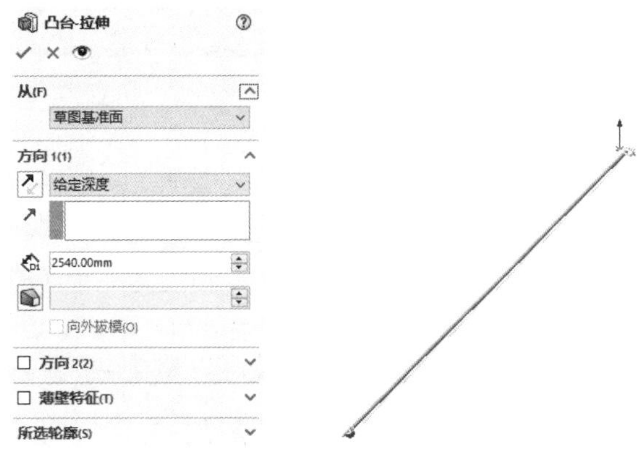

图 15-38 设置拉伸参数

（5）单击“确定”按钮，生成模型。

（6）单击“保存”按钮，将模型保存为“机翼 .SLDPRT”。

15.7.2 分析

1. 建立研究

（1）单击“新算例”按钮，打开“算例”属性管理器。定义名称为“模态分析”，如图15-39所示。

（2）在SOLIDWORKS Simulation模型树中右击新建的模态分析*(-默认-)图标，在弹出的快捷菜单中选择“属性”命令，打开“频率”对话框。在“选项”标签下“频率数”文本框中设置要计算的模态阶数为5，如图15-40所示。

（3）单击“确定”按钮，关闭对话框。

（4）在SOLIDWORKS Simulation模型树中选中“机翼”图标 机翼并右击，单击“应用/编辑材料”按钮，打开“材料”对话框。选择“选择材料来源”为“自定义”；设置“模型类型”为“线性弹性各向同性”；定义材料的名称为“机翼材料”；定义材料的弹性模量为2.06×10^6N/m^2，泊松比为0.3，质量密度为887kg/m^3，如图15-41所示。

图 15-39　定义算例

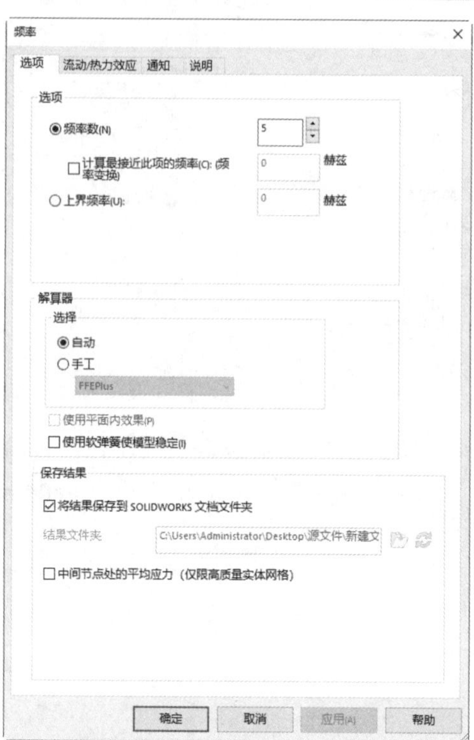

图 15-40　定义频率属性

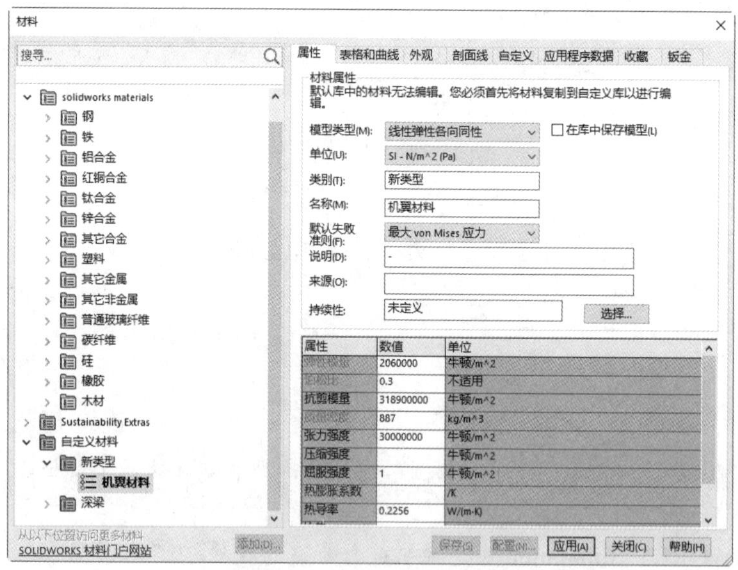

图 15-41　定义机翼材料

（5）单击“应用”按钮，关闭“材料”对话框。

2. 建立约束并施加载荷

（1）单击Simulation控制面板中的“夹具顾问”下拉列表中的“固定几何体”按钮，弹出“夹具”属性管理器，然后选择机翼的端面作为约束元素。选择夹具类型为“固定几何体”，如图15-42所示。

（2）单击“确定”按钮✔，完成机翼的固支约束。

3. 划分网格并运行

（1）单击Simulation控制面板中的“运行此算例”下拉列表中的“生成网格”按钮，打开“网格”属性管理器。保持网格的默认粗细程度。

（2）单击“确定”按钮✔，开始划分网格，划分网格后的模型如图15-43所示。

（3）单击“运行此算例”按钮，运行分析。

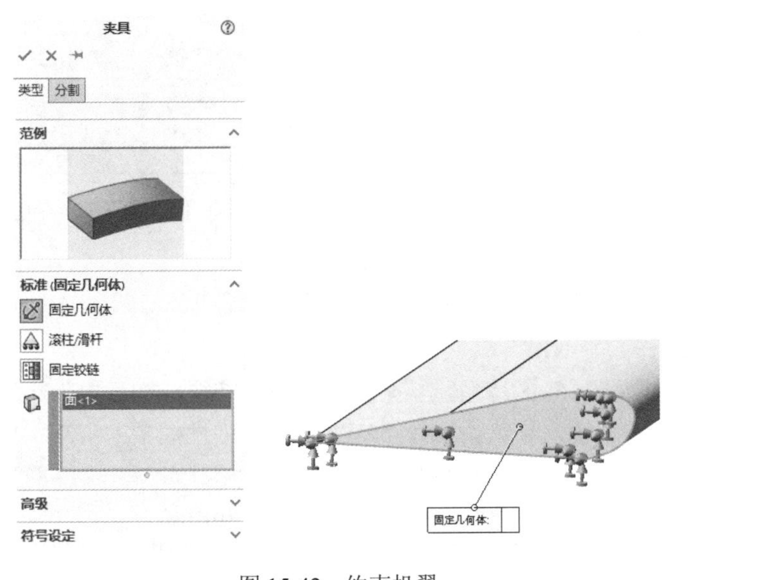

图 15-42　约束机翼

图 15-43　划分网格后的机翼

4. 观察结果

（1）双击SOLIDWORKS Simulation 模型树中结果文件夹下的 振幅1 图标，观察机翼在给定约束下的一阶变形图解，如图15-44所示。

（2）双击SOLIDWORKS Simulation 模型树中结果文件夹下的 振幅2 图标，观察机翼在给定约束下的二阶变形图解，如图15-45所示。

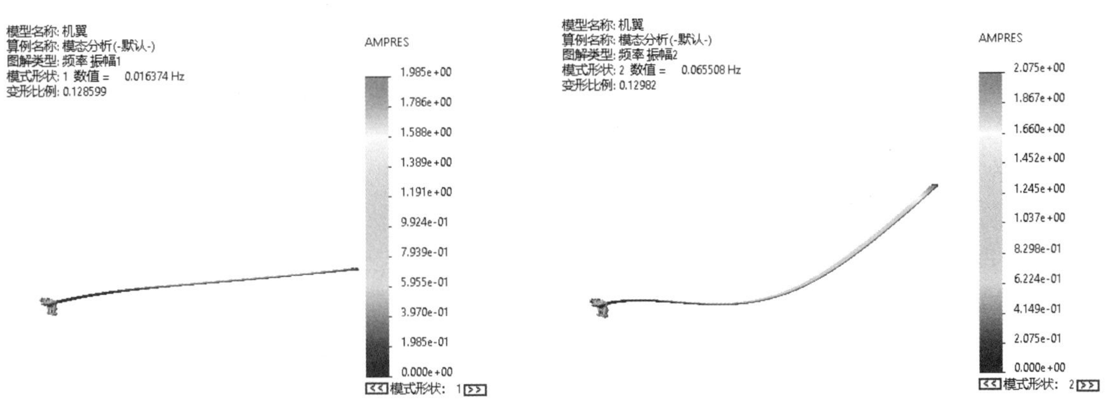

图 15-44　给定约束下的机翼一阶振型　　图 15-45　机翼的二阶振型

如图 15-46 所示为机翼的三阶振型。

（3）选择菜单栏中的Simulation→“列举结果”→“模式”命令，弹出“列举模式”对话框，显示计算得出的前5阶振动频率，如图15-47所示。

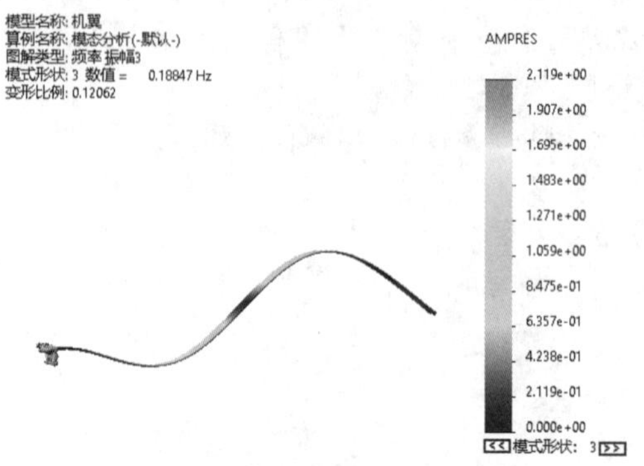

图 15-46　机翼的三阶振型

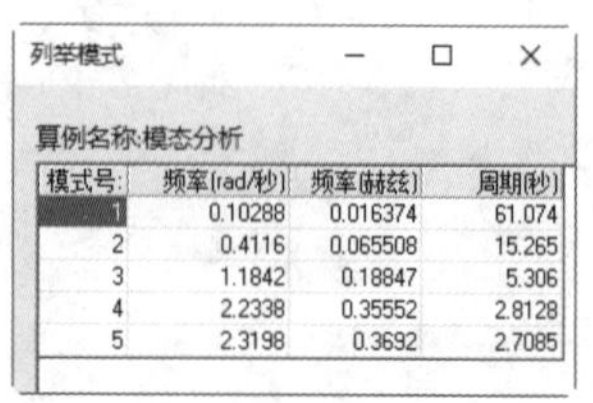

列举模式

算例名称:模态分析

模式号	频率(rad/秒)	频率(赫兹)	周期(秒)
1	0.10288	0.016374	61.074
2	0.4116	0.065508	15.265
3	1.1842	0.18847	5.306
4	2.2338	0.35552	2.8128
5	2.3198	0.3692	2.7085

图 15-47　前 5 阶振动频率

扫一扫，看视频

15.8　综合实例——冷却栅温度场分析

本例确定一个冷却栅的温度场分布。如图 15-48 所示，一个轴对称的冷却栅结构管内为热流体，管外流体为空气，管道机冷却栅材料均为不锈钢，导热系数为 52W/(m·K)，弹性模量为 1.93e 11Pa，热膨胀系数为 1.42e–5/K，泊松比为 0.3，管内压强为 6.89MPa，管内流体温度为 523K（249.85℃），对流系数为 100W/(m^2℃)，外界流体（空气）温度为 39℃，对流系数为 25W/(m^2·K)。

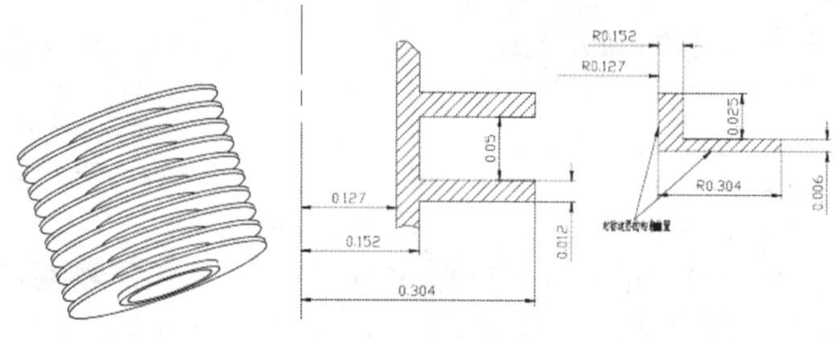

图 15-48　冷却栅结构

热分析用于计算一个系统或部件的温度分布及其他热物理参数，如热量的获取或损失、热梯度及热流密度（热通量）等。它在许多工程引用中扮演重要角色，如内燃机、涡轮机、换热器、管路系统及电子元件等。

操作步骤　视频文件：动画演示\第 15 章\冷却栅温度场分析.avi

15.8.1　建模

（1）在FeatureManager设计树中选择“前视基准面”，单击“草图”控制面板中的“草图绘制”按钮，将其作为草绘平面。

（2）单击“草图”控制面板中的“中心线”按钮，绘制通过原点的竖直直线作为旋转特征的中心线。

（3）单击“草图”控制面板中的“直线”按钮，绘制冷却栅的旋转图形，如图15-49所示。

（4）单击“特征”控制面板中的“旋转凸台/基体”按钮，选择中心线作为旋转轴；设置旋转角度为360°。

（5）单击“确定”按钮，创建模型，如图15-50所示。

（6）单击“保存”按钮，将模型保存为“冷却栅管.SLDPRT”。

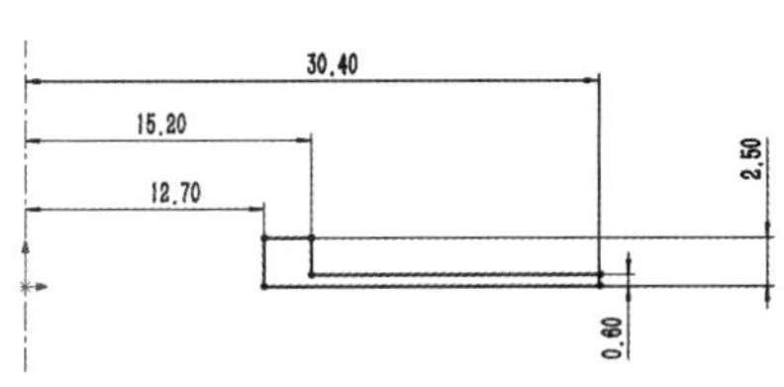

图 15-49　旋转轮廓

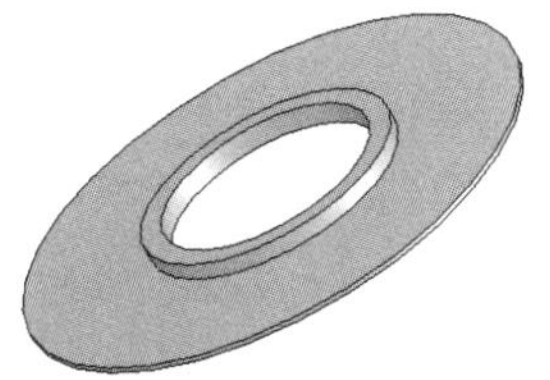

图 15-50　冷却栅管模型

15.8.2　分析

1. 建立研究

（1）单击“新算例”按钮，打开“算例”属性管理器。定义名称为 “热力分析”；分析类型为“热力”，如图15-51所示。

（2）在SOLIDWORKS Simulation模型树中右击新建的“热力分析”选项，单击“属性”按钮，打开“热力”对话框，设置解算器为FFEPlus，并选择求解类型为“稳态”，即计算稳态传热问题，如图15-52所示。单击“确定”按钮，关闭对话框。

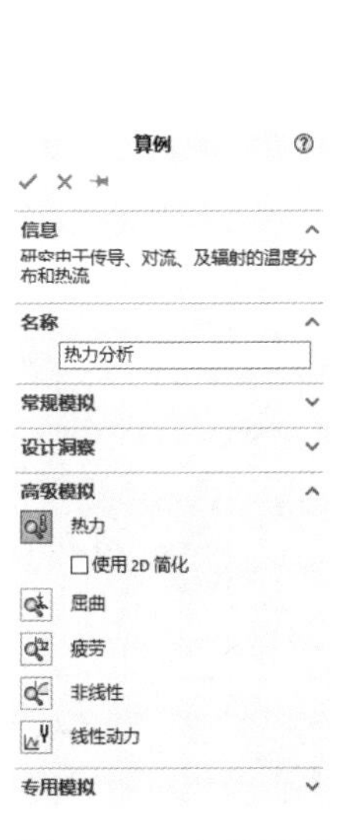

图 15-51　定义算例

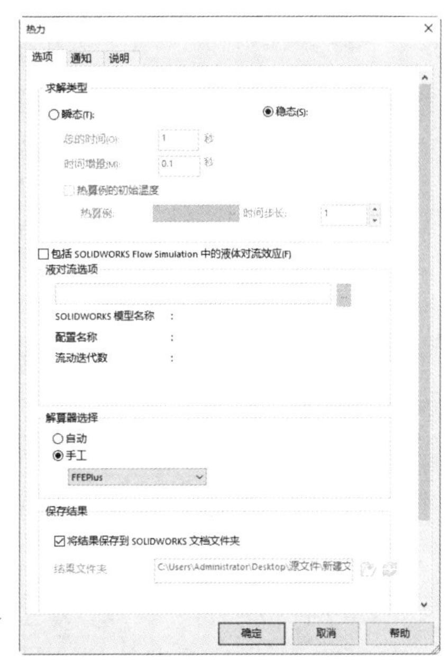

图 15-52　设置热力研究属性

（3）选择菜单栏中的Simulation→“材料”→“应用材料到所有”命令，打开“材料”对话框。选择“选择材料来源”为“自定义材料”，在右侧的“材料属性”选项组中定义弹性模量

$E=2\times10^7$N/m²，泊松比为0.3，热导率为52W/(m·K)，热膨胀系数为1.42e–05/K，如图15-53所示。

（4）单击“应用”按钮，关闭对话框。

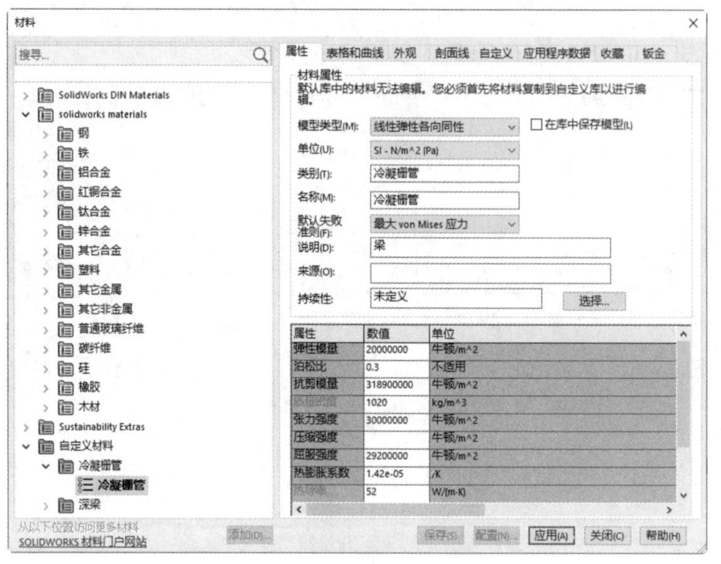

图 15-53　设置冷却栅管的材料

2. 建立约束并施加载荷

（1）单击Simulation控制面板中的“热载荷”下拉列表中的“对流”按钮，打开“对流”属性管理器。单击图标右侧的列表框，在图形区域中选择冷却栅管的内侧面作为对流面，设置对流系数为100W/(m²·K)，总环境温度为523K（249.85℃），具体如图15-54所示。

（2）单击“确定”按钮，完成“对流-1”热载荷的创建。

（3）单击Simulation控制面板中的“热载荷”下拉列表中的“对流”按钮，打开“对流”属性管理器。单击图标右侧的列表框，在图形区域中选择冷却栅管的外部3个侧面作为对流面；设置对流系数为25W/(m²·K)，总环境温度为312K（38.85℃），具体如图15-55所示。

（4）单击“确定”按钮，完成“对流-2”热载荷的创建。

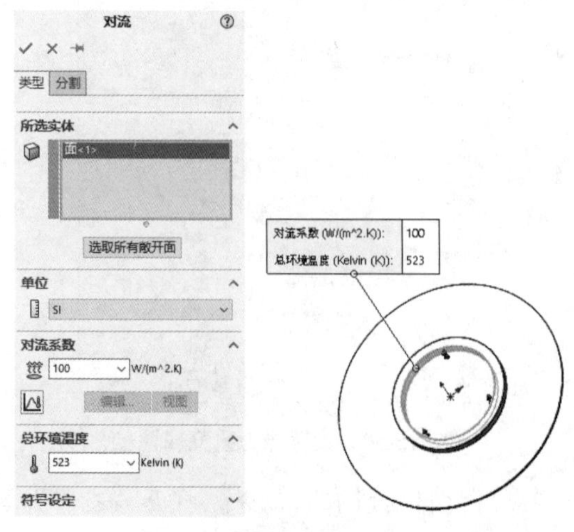

图 15-54　设置管道内流体对流参数

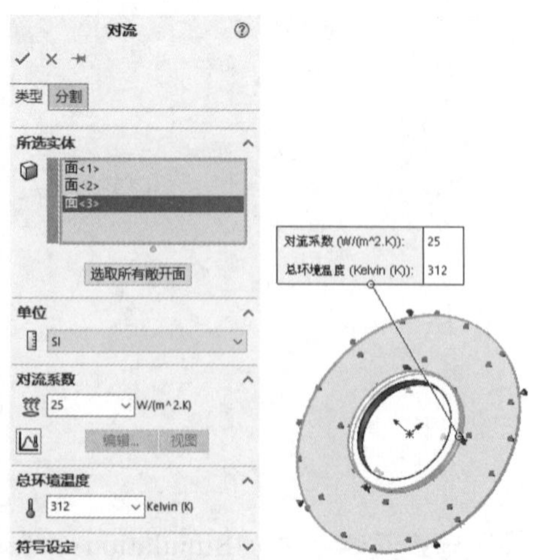

图 15-55　设置管道外空气对流参数

3. 划分网格并运行

（1）单击Simulation控制面板中的“运行此算例”下拉列表中的“生成网格”按钮，打开“网格”属性管理器。保持网格的默认粗细程度。

（2）单击“确认”按钮，开始划分网格，划分网格后的模型如图15-56所示。

（3）单击Simulation控制面板中的“运行此算例”按钮，SOLIDWORKS Simulation 2022则调用解算器进行有限元分析。

4. 观察结果

（1）双击 SOLIDWORKS Simulation模型树中“结果”文件夹下的“热力 1” 热力1(-温度-)图标，则可以观察冷却栅管的温度分布图解，如图15-57所示。

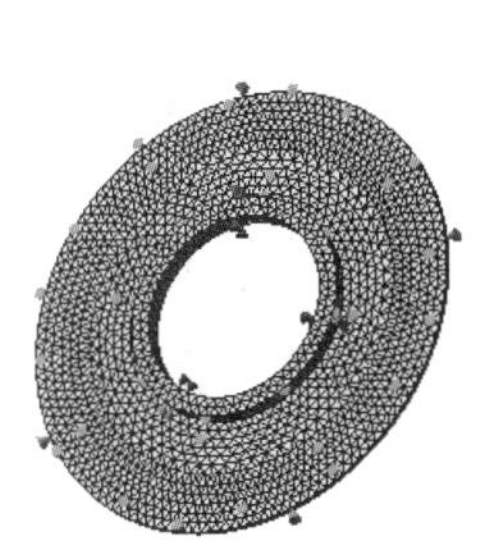

图 15-56 划分网格后的模型

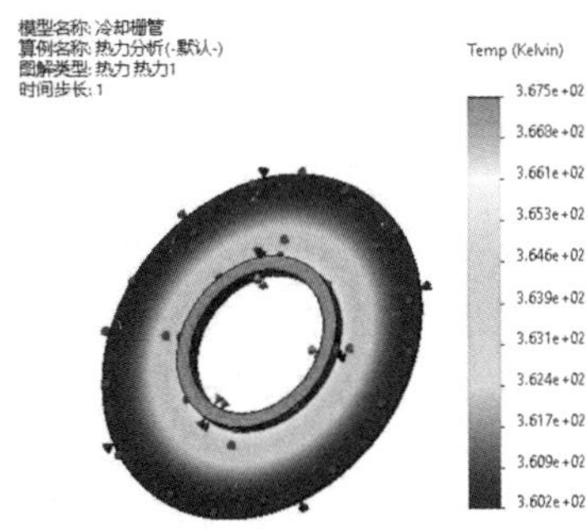

图 15-57 冷却栅管的温度分布图解

（2）选择菜单栏中的Simulation→“结果工具”→“截面剪裁”命令，打开“截面”属性管理器。选择“前视基准面”作为参考实体。其他选项如图15-58所示。

（3）单击“确定”按钮，从而以“前视基准面”作为截面剖视图解。

（4）单击Simulation控制面板“图解工具”下拉列表中的“探测”按钮，或右击“结果”文件夹下的图标 热力1(-温度-)，在弹出的快捷菜单中选择“探测”选项。

（5）单击视图（前导）中的“视图定向”按钮，打开“视图定向”快捷菜单，如图15-59所示。在对话框中单击“前视”按钮，从而以“前视”视图方向观察模型。

图 15-58 截面裁剪选项

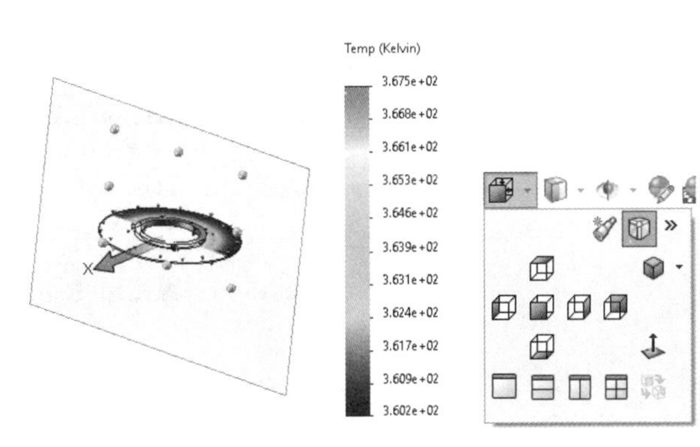

图 15-59 “视图定向”快捷菜单

（6）在图形区域中沿冷却栅管的半径方向依次选择几个节点作为探测目标，这些节点的序号、坐标及其对应的温度都显示在“探测结果”对话框中，如图15-60所示。

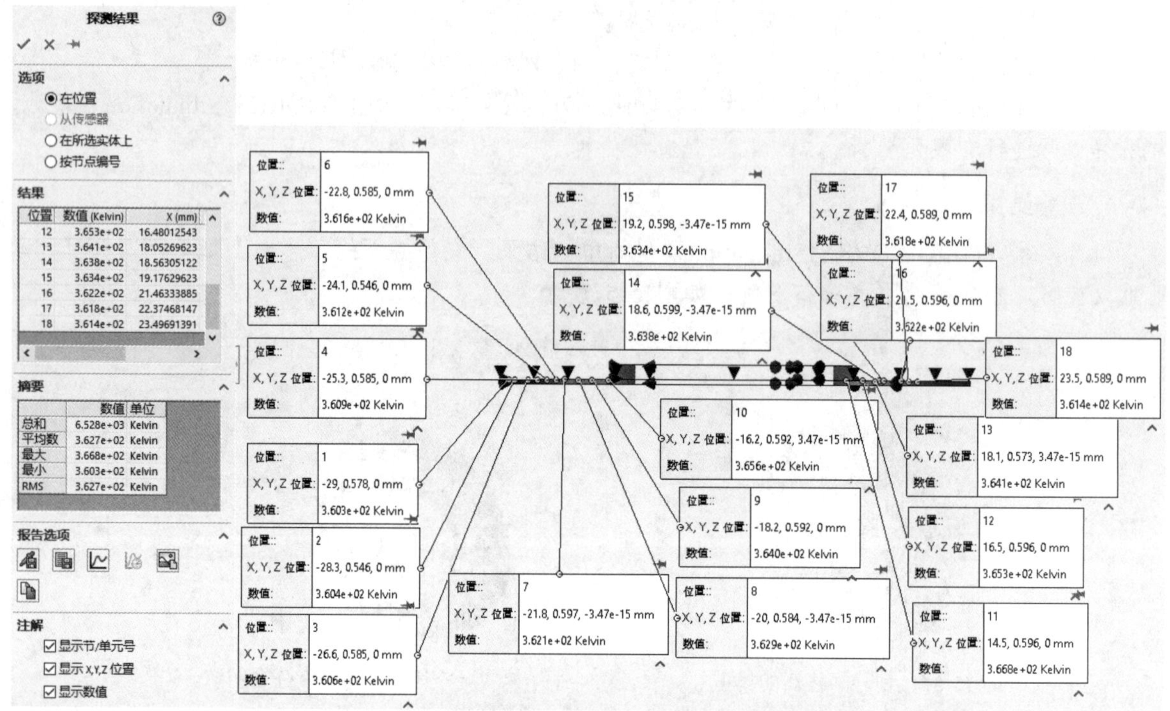

图 15-60　选择节点

（7）单击“图解”按钮，可以观察随冷却栅管半径变化的温度分布曲线，如图15-61所示。

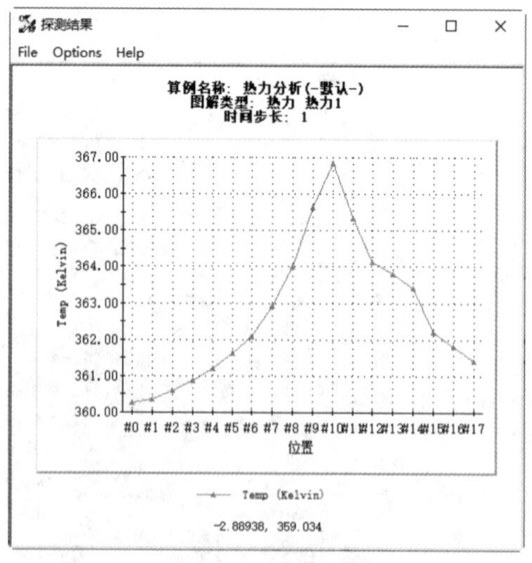

图 15-61　温度梯度曲线

第 16 章　交互式动画制作

内容简介

SOLIDWORKS Composer 是一种优秀的交互式动画制作工具，可以与 SOLIDWORKS 完美结合。本章首先介绍该软件的图形用户界面及所能实现的功能，然后结合具体实例讲述视图和标记、爆炸图、矢量图及动画的制作等。

内容要点

- SOLIDWORKS Composer 概述
- 爆炸图和矢量图
- 动画制作

案例效果

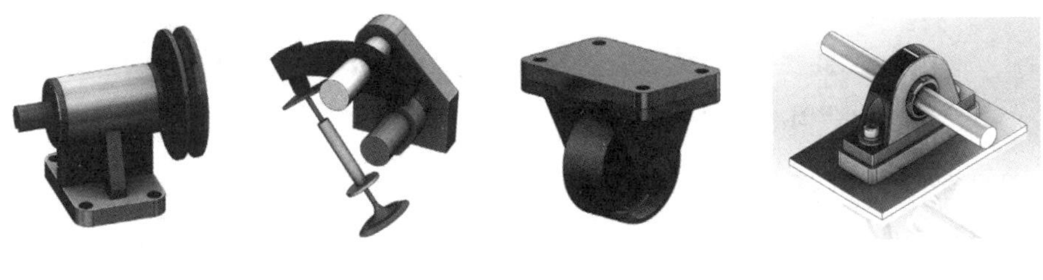

16.1　概　　述

扫一扫，看视频

本节为基础知识部分，首先对 SOLIDWORKS Composer 进行简单介绍，然后通过图形用户界面讲述各部分的功能，最后说明 SOLIDWORKS Composer 的文件格式。

16.1.1　SOLIDWORKS Composer 简介

SOLIDWORKS Composer 是 SOLIDWORKS 公司推出的一款动画制作软件，它可以直接应用于 SOLIDWORKS 创建的模型，以无缝的方式直接更新到产品的文档中，以创建精确的和最新的印刷及交互材料。使用 SOLIDWORKS Composer 可以创建装配说明、客户服务程序、市场营销资料、现场服务维修手册、培训教材和用户手册。

利用 SOLIDWORKS Composer 可创建基于 EXE 格式、Word 格式、PDF 格式、PPT 格式、AVI 格式和网页格式的文件。SOLIDWORKS Composer 具有强大的功能，但并不复杂和难以使用，相反它带给用户的体验往往是轻松的，而且效果可立见。

16.1.2 图形用户界面

如图 16-1 所示为 SOLIDWORKS Composer 的图形用户界面（GUI）。

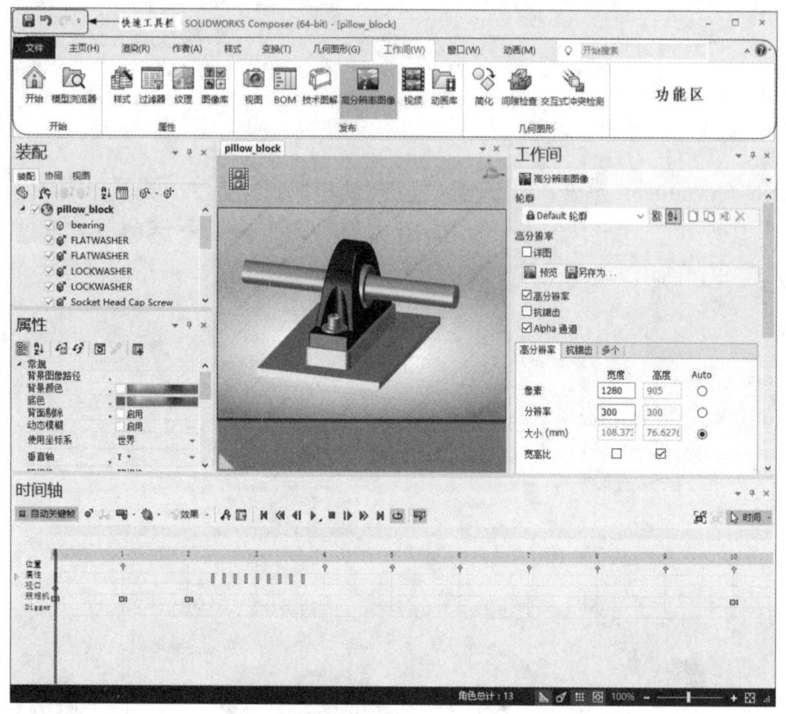

图 16-1　SOLIDWORKS Composer 的图形用户界面

1. 快速工具栏

快速工具栏提供了使用常用命令的快捷方式，默认情况下，包括保存、撤销和前进命令图标。快速工具栏中的命令是可以配置的。可以通过单击快速工具栏中的“展开”图标▾，从下拉菜单中选择命令或选择“更多命令”（More Commands）来配置，如图 16-2 所示。

图 16-2　配置快速工具栏

2. 功能区

功能区是显示基于任务的工具和控件的选项板。在打开文件时，会默认显示功能区，提供一个包括创建或修改图形所需的所有工具的小型选项板。它由选项卡、面板及按钮命令组成，如图 16-3 所示。

在 SOLIDWORKS Composer 中功能区包含文件、主页、渲染、作者、样式、变换、几何图形、工作间、窗口、动画 10 个选项卡，各个选项卡下包含各自的面板。

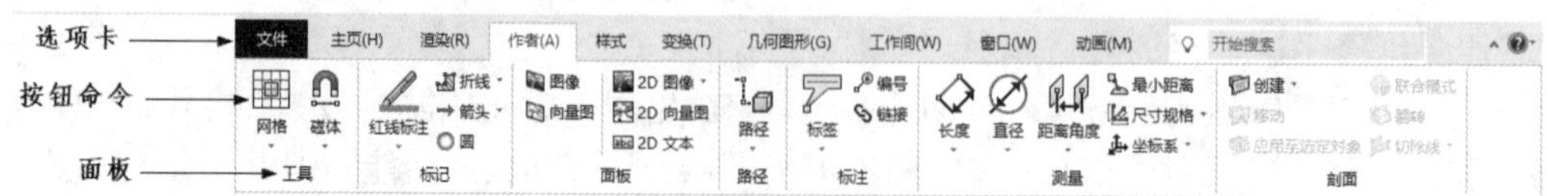

图 16-3　功能区

可以通过最小化功能区的方式来增加视图区或其他面板的有效空间。单击功能区右上角的“最小化功能区”图标^或使用快捷键 Ctrl+F11 可以将功能区进行最小化。

3. 左面板

在默认情况下，左面板包括装配、协同和视图 3 个面板，也可以添加其他面板，如 BOM 和标记等。还可以通过功能区的“窗口”选项卡中的“显示/隐藏”面板中的各个选项来控制左面板中各个面板的显示情况。拖动面板上的标签可调节各个面板的位置。

4. 视图区

视图区是 SOLIDWORKS Composer 的主要工作区。它显示的是三维场景，场景中包含所有 SOLIDWORKS Composer 中的对象（几何模型、协同对象、照相机、灯光等）。视图区还包含文档标签、切换模式图标、图纸空间、激活视图符号、罗盘和地面等，如图 16-4 所示。

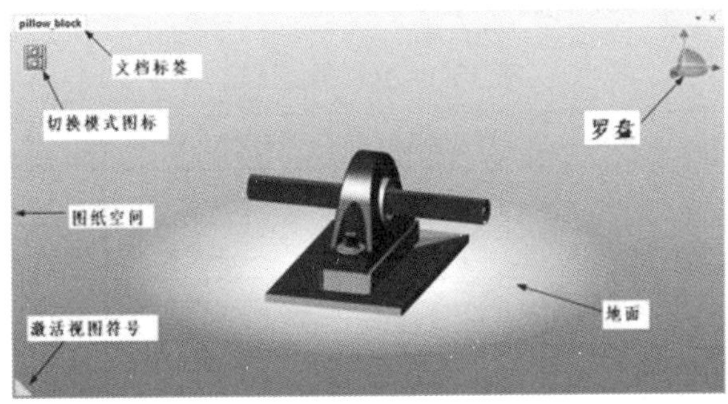

图 16-4　视图区

5. 工作间

工作间面板提供了 SOLIDWORKS Composer 特征设置参数。要显示工作间面板，可以选择“窗口”→“显示/隐藏”→“工作间”命令或在“工作间”选项卡中单击需要显示的工作间按钮。“工作间”选项卡中包括开始、模型浏览器、样式、过滤器、纹理、图像库、视图、BOM、技术图解、高分辨率图像、视频、简化、间隙检查和交互式冲突检测等工具命令。

6. 属性面板

属性面板允许查看和编辑所选择对象的属性。每个对象含有中性属性，默认的是导入时文件的属性（CAD 属性）。可以修改并保存其中性属性。当选择的对象为一个时，属性面板中显示的是该对象的所有属性；而选择的对象为多个时，属性面板中显示的是它们的共同属性。

7. 时间轴

时间轴允许用户创建、修改和播放三维动画。SOLIDWORKS Composer 是基于关键帧的界面。创建的关键帧捕获对象的属性和位置，然后软件将通过计算来播放两帧之间的过渡。

8. 状态栏

初始情况下，状态栏固定在 SOLIDWORKS Composer 界面的底部，显示使用命令的指示性信息和其他有用的信息。它还包含一些命令，如“照相机透视模式”，利用此命令可以将视图在透视模式和正交投影模式中进行切换；而利用“显示/隐藏纸张”命令，可以调整纸张的显示和隐藏。

16.1.3 文件格式

SOLIDWORKS Composer 默认保存的文件类型为 SMG（*.smg），SMG 文件是一种独立的文件，包含所有属性、几何模型、视图和动画信息。利用解压缩类软件，如 WinRAR，可以对该类型文件进行解压缩，解压缩后的文件包含.smgXml、.smgGeom 及其他渲染所需的文件。其中，.smgXml 文件包含装配结构、对象的位置信息及视图的性能等；.smgGeom 文件为对象的模型。

SOLIDWORKS Composer 也可以生成打包文件，该类型文件仅含有一个 EXE（*.exe）文件。EXE 文件包内除含有 SMG 文件外，还含有 SOLIDWORKS Composer Player 扩展文件及帮助文件。

方案文件（.smgProj）可以存放于不同的方案文件夹中，其中.smgXml、.smgView、.smgSce 文件可以被命名为不同的文件和存放于不同的文件夹中，而.smgXml 和.smgGeom 文件名称必须相同且位于同一目录中。各文件之间的比较如表 16-1 所示。

表 16-1 文件类型比较

特 点	SMG	打包文件	产品	方案
最小的文件数量	√	√		
包含 SOLIDWORKS Composer Player		√		
可编辑 XML			√	√
单独的产品、场景和视图文件			√	√
产品、场景和视图文件可存放于不同的文档				√

SOLIDWORKS Composer 支持的三维文件类型比较广泛，目前市面上比较流行的三维文件格式基本都可以导入软件中进行操作。如下面的三维模型都可以导入 SOLIDWORKS Composer 中。

- 所有 SOLIDWORKS Composer 格式。
- CATIA V 4 4.13.9 到 CATIA V 4 4.2.4。
- CATIA V 5 R 2 到 CATIA V 5 R 20。
- SOLIDWORKS 2006 到 SOLIDWORKS 2022。
- 3DXML V 2 到 3DXML V 4。
- ACIS 一直到 ACIS R 21 都支持。
- IGES 一直到 IGES 5.3 都支持。
- STEP AP 203 及 STEP AP 214。
- VDA 13. 0 及 VDA 2. 0。
- Pro/ENGINEER 16 到 Wildfire 5。
- U 3D ECMA 1 到 U 3D ECMA 3。
- STL。
- VRML 2. 0（VRML 13. 0 不支持，并且不支持动画）。
- Alias Wavefront。
- XAML。
- 3D Studio 一直到 3D Studio MAX 4（不支持动画和场景）都支持。

16.2 功　能　区

功能区中几乎包含 SOLIDWORKS Composer 的所有命令，要使用 SOLIDWORKS Composer，首先需要掌握功能区的各个命令。学好本节内容，可为以后的学习打下良好的基础，达到事半功倍的效果。

扫一扫，看视频

16.2.1 “文件”选项卡

利用“文件”选项卡中的命令，可以管理文件，包括发布到各种格式、设置应用程序集及文档的属性等。“文件”选项卡固定于 SOLIDWORKS Composer 功能区的左上角，包含的命令如图 16-5 所示。

1. 新建方案

创建一个新的 SOLIDWORKS Composer 方案文件。选择“新建方案”命令后，会弹出“新方案”对话框，如图 16-6 所示，需要在其中设置方案的名称、位置及加载选项，然后单击“确定”按钮。系统会弹出“添加产品”对话框，可在对话框中选择一个或多个产品文件（.smgXml）添加到方案中。

图 16-5　“文件”选项卡

图 16-6　“新方案”对话框

2. 打开

打开一个 SOLIDWORKS Composer 文件、CAD 或其他三维格式的文件。

3. 保存

将文档保存为 SMG（.smg）格式或产品（.smgXml）格式文件。

4. 另存为

使用“另存为”命令可以将文档保存为一个副本，还可以将文档更改为其他格式的文件来保存，包括 SOLIDWORKS Composer 各种文件及其他交互格式的文件，如 U 3D、3dsMax 及 XAML 等。

5. 打印

可以更改打印设置，然后进行文档打印。还可以进行快速打印或打印预览。

6. 发布

任务完成后，可以将结果进行发布操作。不仅可以将文件发布为 HTML 和 PDF 格式，还可以直接发布到 SOLIDWORKS.com 网站，或用 E-mail 发送至该网站。发布的具体设置将在后续章节中介绍。

7. 属性

“属性”命令包含“文档属性”和“默认文档属性”两种，它们的区别是：修改文档属性仅更改当前文件的各个属性；而修改默认文档属性，则会修改当前及以后所保存的文档。

例如，选择“文档属性”命令会弹出如图 16-7 所示的“文档属性”对话框，在对话框中可以进行安全性、签名、视口、视口背景和选定对象等属性的更改。

另外，在“属性”命令中还包含“显示 XML”命令，利用此命令可以打开 XML 场景描述文件。一般情况下，打开此文件使用系统中默认的 XML 编辑器，如果未安装，则使用 IE 打开。

8. 关闭

关闭当前文档。

9. 首选项

单击“首选项”按钮，弹出如图 16-8 所示的“应用程序首选项”对话框，从中可以进行应用程序设置的修改和用户配置文件的管理。“应用程序首选项”对话框包含常规、输入、视口、照相机、选定对象、切换、硬件支持、应用程序路径、Data Paths 和高级设置 10 个功能页面。

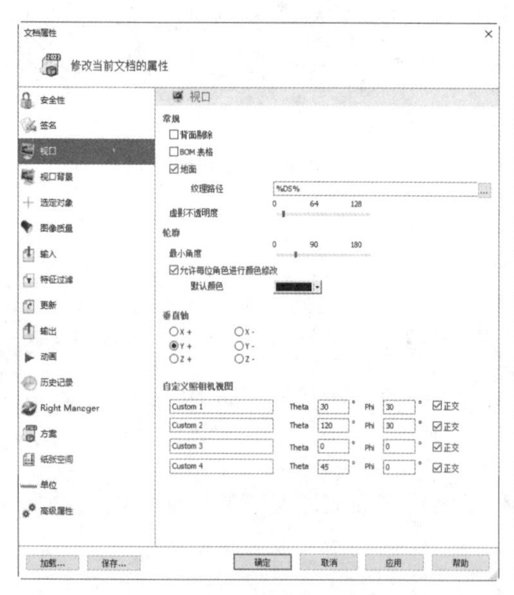

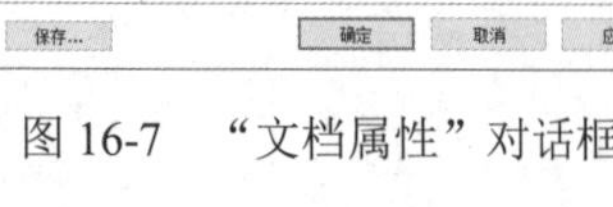
图 16-7 “文档属性”对话框

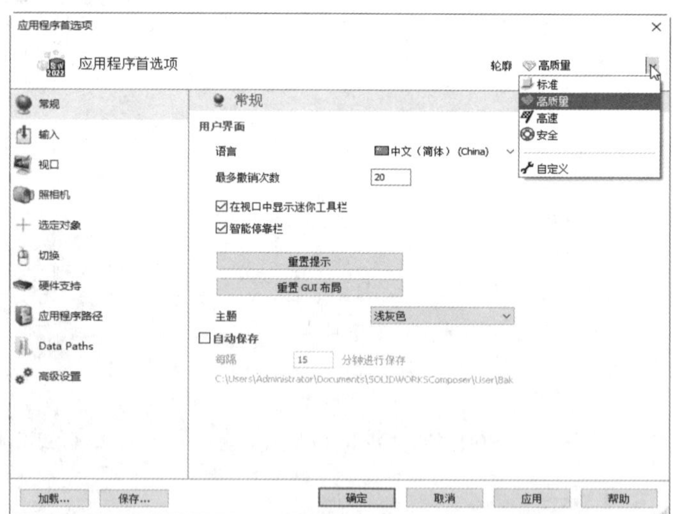

图 16-8 “应用程序首选项”对话框

在“应用程序首选项”对话框的右上角，有默认的 4 个配置文件可以选取，分别为标准、高质量、高速和安全。这 4 个配置文件是经过优化配置的。例如，选择“默认”配置，表示将所有的设置返回到安装的初始状态；在“高质量”配置中，“显示/隐藏边”选项是启用的；在“高速”配置中，“选中突出显示”选项为禁用状态。

单击“应用程序首选项”对话框左下角的按钮，可以对定义好的配置文件进行加载和保存。

16.2.2　“主页”选项卡

扫一扫，看视频

在“主页”选项卡中，提供了在程序中经常使用的命令，包括“复制/粘贴”、“可视性”、Digger、“切换”和“显示/隐藏”5 个面板，如图 16-9 所示。

图 16-9　“主页”选项卡

1. 复制/粘贴

“复制/粘贴”面板中包含以下 3 个命令。

- 剪切：选择该命令后，可以剪切选中的对象。
- 复制：选择该命令，可以复制选中的对象。
- 粘贴：选择该命令，可以粘贴复制的角色。

2. 显示/隐藏

“显示/隐藏”面板中包含以下 3 个命令。

- 动画：切换为动画模式并显示时间轴。
- 技术图解：显示或隐藏技术图解工作间。
- 高分辨率图像：显示或隐藏高分辨率图形工作间。

3. 可视性

在“可视性”面板中可以调节管理对象的可视性状况。对象可以可见、隐藏或虚化。如图 16-10 所示为面板展开后的情况。

图 16-10　“可视性”面板

4. Digger

用于显示或隐藏 Digger 放大工具。Digger 为 SOLIDWORKS 特有的十分好用的一个工具。利用 Digger 不仅可以移动、拖动 Digger 环，还可以调节缩放比例、查看洋葱皮效果、切换到 X 光模式、改变光源及 2D 图像截图。

5. 切换

利用“切换”面板中的命令，可控制导航绘图区及照相机的方向。

- 缩放模式：选择该命令，使用鼠标左键进行缩放操作。
- 旋转模式：选择该命令，可以使用鼠标左键进行模型视图的旋转。
- 平移模式：选择该命令，可以对模型视图进行平移。
- 缩放面积模式：选择该命令，用鼠标左键选取一个区域进行放大。
- 漫游模式：在该命令下，视图进入飞行状态。
- 惯性模式：旋转模型后，模型会因为惯性继续旋转。

扫一扫，看视频

16.2.3 “渲染”选项卡

在“渲染”选项卡中，提供控制灯光和渲染对象的命令，含有“模式”“景深”“照明”“地面”“需要时”5 个面板，如图 16-11 所示。

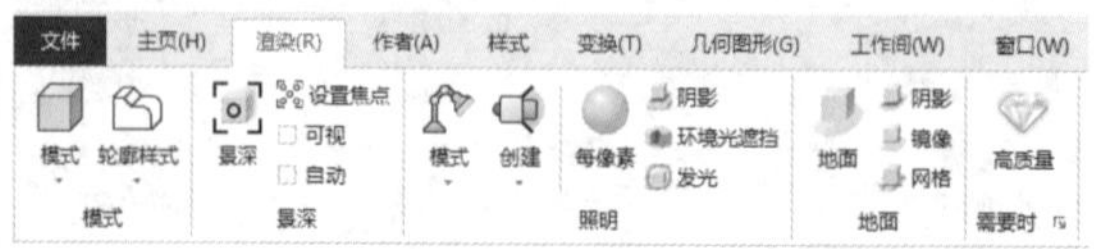

图 16-11 “渲染”选项卡

1. 模式

在“模式”面板中，可以调节模型的显示模式。如图 16-12 所示列举了部分渲染样式。除整体显示模式外，还可以使用自定义显示模式。自定义显示模式可以对不同的对象调整设置不同的显示模式，也可以设置在矢量图中可视或隐藏线类型。

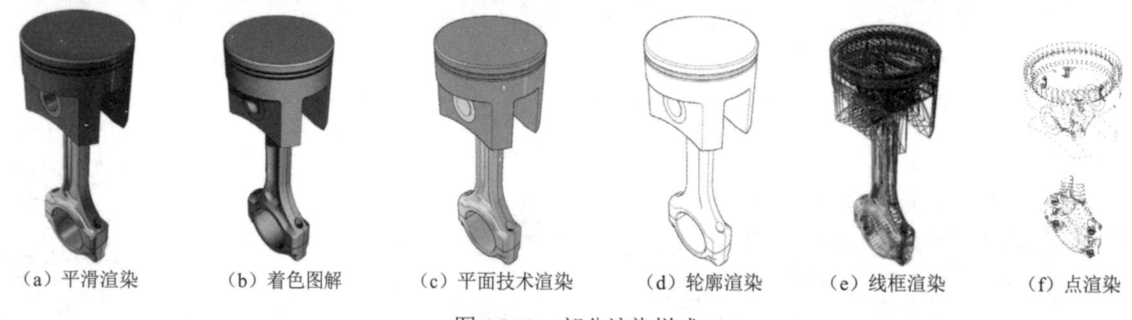

（a）平滑渲染 （b）着色图解 （c）平面技术渲染 （d）轮廓渲染 （e）线框渲染 （f）点渲染

图 16-12 部分渲染样式

在使用自定义显示模式时，首先在“模式”中调整为自定义模式，然后选中要调整的模型。在属性面板中将会出现“自定义渲染”组，含有“优先级”“不透明性”“渲染”“技术图解的可见线样式”“技术图解的隐藏线样式”选项，如图 16-13 所示。

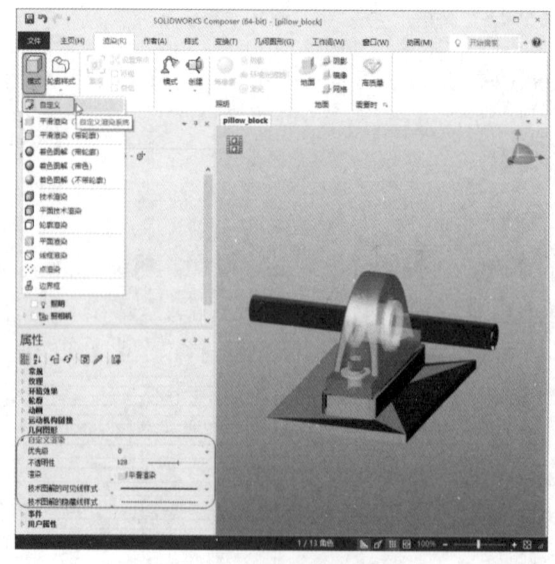

图 16-13 自定义渲染模式

2. 景深

利用“景深”命令可以让视图具有景深效果，并且可以调整焦点。“景深”面板中包含 4 个命令。

- 景深：使用该命令定义景深是否可用，要使用景深的效果，除了执行本命令外，还需要将照相机透视模式设置为可用，在“首选项”中将 Hardware-Support.Advanced 参数设置为可用（需硬件支持）。另外，在视频（.avi）输出模式中是不支持景深的。如图 16-14 所示为使用景深前后的效果。
- 设置焦点：可以手动设置景深焦点。要设置焦点，首先单击焦点，然后单击视口中的几何对象。焦点与对象相关联，对象移动，焦点也相应移动。要设置无对象关联的焦点，单击空视口背景或在单击对象前按 Alt 键。与对象关联时，焦点图标为红色，反之为白色。
- 可视：设置焦点在视图中是否可视，如图 16-15 所示。
- 自动：选中该复选框，可保持先前在平移或旋转视口时自动更改 DOF 焦点的行为。

（a）未使用景深　（b）使用景深

图 16-14　景深

图 16-15　焦点可视

3. 照明

“照明”面板中包含的命令可以控制模型的照明情况。可以选择预定义的灯光模式，也可以创建自定义灯光模式，还可以应用灯光的效果。

- 模式：定义了几种模式的灯光效果，包括柔和、中度、金属、重金属等。
- 创建：创建灯光，包含聚光灯、定向光源和定位光源。
- 每像素：调节表面显示的颜色和灯光，是否为“每像素”显示。选中此选项将提高显示的效果。如图 16-16 所示为显示效果对比。

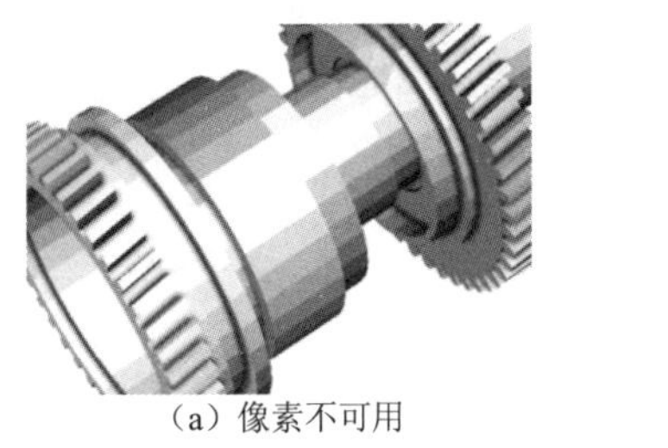

（a）像素不可用　（b）像素可用

图 16-16　像素

4. 地面

利用“地面”面板中的命令可以调节地面对象，可以为场景添加深度和真实性。各命令的具体效果可以通过单击各个命令进行查看。

5. 需要时

“需要时”面板仅包含“高质量”命令，使用此命令可以为视图创建高质量的图形。也可以直接按 A 键，执行此命令。

扫一扫，看视频

16.2.4　“作者”选项卡

在“作者”选项卡中，提供各种协同对象的创建和编辑的命令，含有“工具”“标记”“面板”“路径”“标注”“测量”“剖面”面板，如图 16-17 所示。

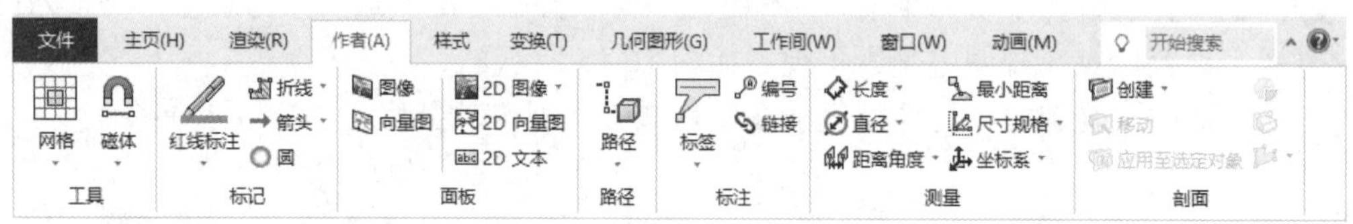

图 16-17　“作者”选项卡

1. 工具

“工具”面板中含有“网格”和“磁体”命令，可以帮助用户在场景中放置和对齐对象。

- 网格：是一个平面，可以精确位置和对齐对象。使用此命令可限制对象到网格上。可拖动网格角上的锚点，重新调整网格，按住 Shift 键拖动，会保持矩形网格长宽的比率；可通过定义矢量的方式来创建网格。另外，还可以使用变形网格命令来变形网格。变形网格可以利用其他几何图形为单元来变形或进行整体的变形。
- 磁体：利用磁体线可以非常容易地对齐协同对象，如图 16-18 所示。

2. 标记

使用“标记”面板中的命令可以创建和管理对象来增强模型，如添加箭头和标注，如图 16-19 所示。在这里创建的所有对象均为协同对象，标记的显示方式可通过属性面板进行调节。

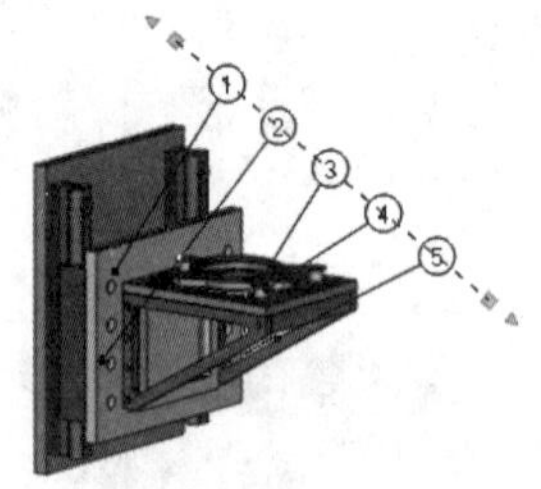

图 16-18　磁体线对齐

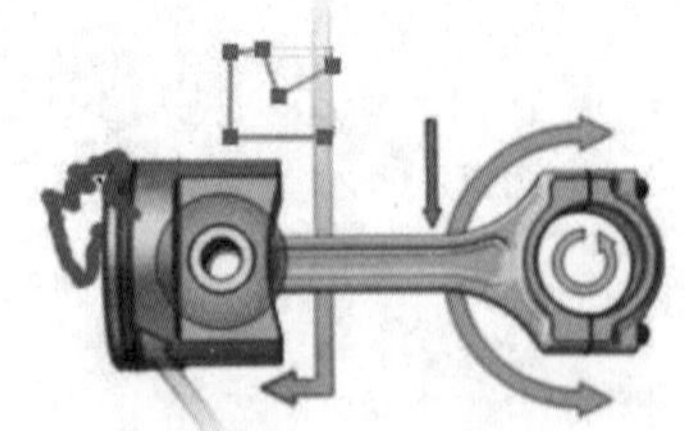

图 16-19　添加标记

3. 面板

利用面板命令可以为三维场景添加二维图像、二维文本或二维向量图，如图 16-20 所示。

4. 路径

利用路径命令可以创建关联的或非关联的线，用来显示对象在动画中位置的变动。当动画中的对象移动时，关联的路径也会相应改变，而非关联的路径不会自动更新。

5. 标注

利用“标注”面板中的命令可以添加标签、编号及链接等，如图 16-21 所示。

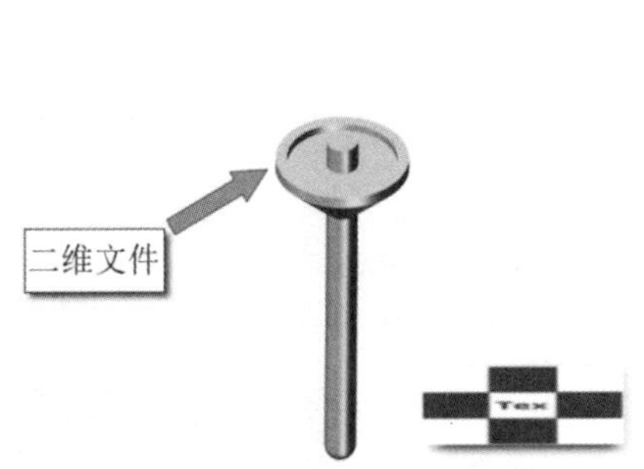

图 16-20　添加二维图像和二维文本

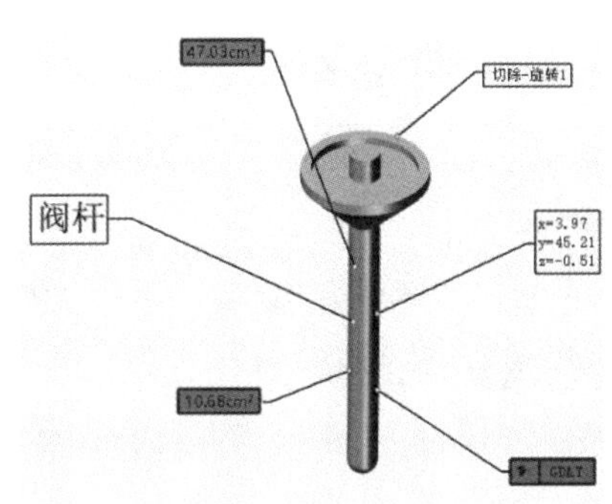

图 16-21　添加标注

6. 测量

利用“测量”面板中的命令可以创建模型尺寸的标签，如角度和距离等。大多数的测量协同对象为关联的。另外，还可以在默认文档属性中更改测量显示的单位。同样，测量的显示也是通过属性面板进行定义的。

7. 剖面

可以利用“剖面”面板中的命令创建剖面，还可以对剖面进行移动、旋转及应用至选定对象等操作。另外，在联合模式中可以创建高级别的剖面图。

16.2.5　“样式”选项卡

扫一扫，看视频

在“样式”选项卡中，允许查看样式库、为角色应用样式以及为角色定制样式。使用样式工作间创建和管理样式，如图 16-22 所示。

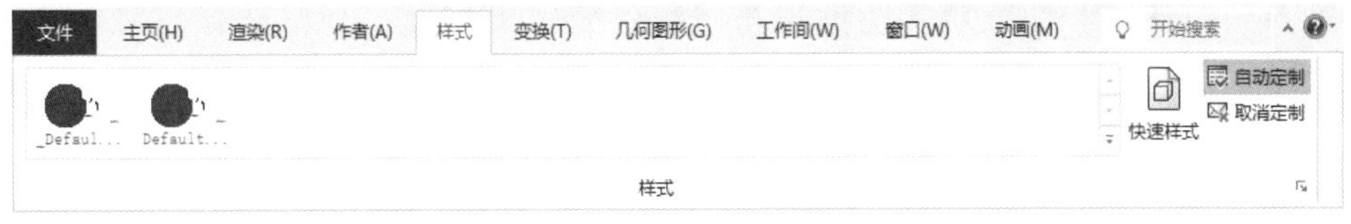

图 16-22　“样式”选项卡

1. 样式预览

显示定义的样式库。样式预览图像反映许多而非所有样式属性。

2. 快速样式

根据选定角色的所有属性（名称和位置除外）创建新样式。当选择了多个角色时，样式只包含通用属性。

3. 自动定制

启用样式定制。当为角色定制了样式时，角色在修改样式时自动更新。当“自动定制”被选中时有以下情况。

（1）为新角色自动定制默认系列样式，或者在没有定义系列默认值时定制默认常规样式。

（2）单击样式库中的样式会为选定角色定制该样式。

当“自动定制”被清除时有以下情况。

（1）为新角色应用默认样式，但不定制。未来对样式的更改不影响角色。

（2）单击样式库中的样式会应用样式，但不创建定制。

4. 取消定制

从选定角色移除样式定制。样式更改不再影响角色。

5. 显示/隐藏样式工作间

显示样式工作间，可以在此创建和管理样式。

扫一扫，看视频

16.2.6 “变换”选项卡

在“变换”选项卡中，提供线性移动或旋转对象的命令，并且可以进行爆炸图的操作，含有“对齐”“爆炸”“移动”“对齐枢轴”“运动机构”面板，如图 16-23 所示。

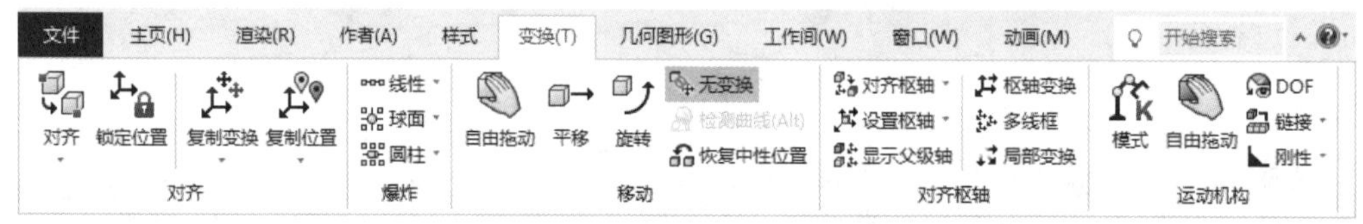

图 16-23　“变换”选项卡

1. 对齐

“对齐”命令帮助放置模型对象的位置。例如，可以通过与另外一个对象的面对齐的方式来确定一个对象的位置。对齐命令仅移动对象的位置并不会将其附到其他对象之上。

要对齐一个对象，首先激活一个对齐工具，然后单击想要对齐的特征（如线、面和点等），再单击要对齐到的特征。如果对齐的结果与想得到的结果相反，则在选择第 2 个对象时按住 Shift 键。

2. 爆炸

“爆炸”命令将在对象之间添加空间，形成爆炸图。可以使用的分解命令有“线性”分解命令、“球面”分解命令和“圆柱”分解命令。

3. 移动

“移动”面板中的命令用于平移、旋转和自由拖动场景中的零件。在自由拖动模式下，可以在二维空间方向下移动几何对象到视口的任何地方，当鼠标指针变为时，就可以自由拖动。此模式不支持拖动协同对象。平移模式则允许在三维空间移动对象。

选中一个或多个对象时，将出现一个三角导航，如图 16-24（a）所示。选择一个轴，可以控制在此方向上移动。旋转模式下允许在三维空间旋转对象。失去一个或更多的对象则出现一个球形导航，如图 16-24（b）所示。选择一个面，则可以在此面上旋转模型。

（a）三角导航　　（b）球形导航

图 16-24　导航

4. 对齐枢轴

使用“对齐枢轴”面板中的命令可以调节变换所需的枢轴，其中的命令包括“对齐枢轴”“设置枢轴”“显示父级轴”“枢轴变换”“多线框”“局部变换”。如图 16-25 所示，要以其中一个小圆孔为中心旋转零件，因为默认的旋转中心为零件的中心，所以首先要定义枢轴为小圆孔中心，然后进行旋转操作。

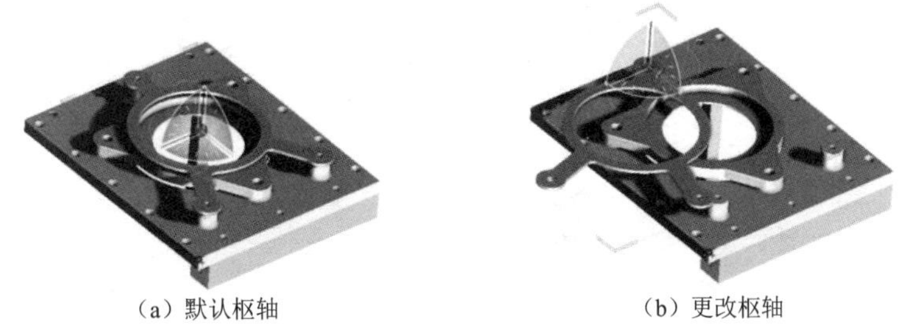

（a）默认枢轴　　（b）更改枢轴

图 16-25　对齐枢轴

5. 运动机构

“运动机构”面板中的命令可用于创建具有运动机构的装配树结构及装配动画。用户可以应用运动机构链接到零件或动画。运动机构的链接类型可以是自由、枢轴、球面、线性或刚性的，并且可以调节受限接合来控制运动的上下限。

16.2.7　“几何图形”选项卡

扫一扫，看视频

使用“几何图形”选项卡中的命令用来控制几何图形，这些命令不可以对协同对象进行操作。“几何图形”选项卡如图 16-26 所示。

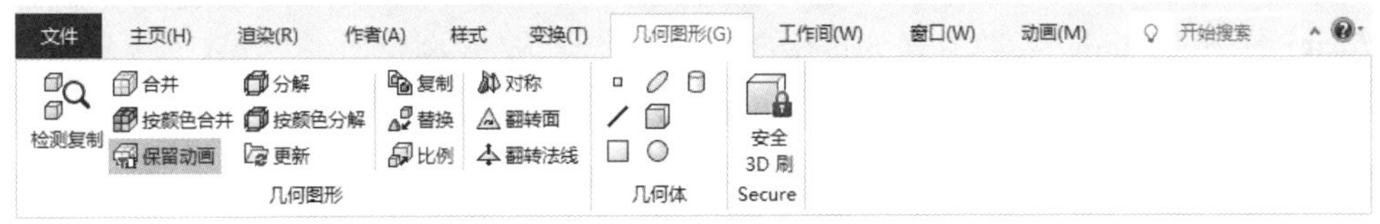

图 16-26　“几何图形”选项卡

1. 几何图形

“几何图形”面板中的“合并”、“按颜色合并”、“分解”、“按颜色分解”命令可以对模型进行合并及分解，如果导入的模型有缺陷或在分解后导入，就可以使用这些命令。利用“更新”

命令可以对导入的零件进行更换。而“复制”“替换”“比例”“对称”“翻转面”“翻转法线”命令可以对零件的几何图形进行修改操作。

2. 几何体

利用几何体命令可以创建点、直线、正方形、圆盘、立方体、球体及圆柱体。

3. Secure

安全 3D 刷（3D 安全刷）工具可以在保持整体一致性的情况下智能保护几何图形的安全。在“安全 3D 刷”窗口中可以调节半径精度值，微调零件模型的尺寸。

扫一扫，看视频

16.2.8 “工作间”选项卡

“工作间”选项卡提供了打开工作间的命令，用于打开或关闭工作间面板。“工作间”选项卡如图 16-27 所示。其具体应用方法将在后面使用时进行介绍。

图 16-27 “工作间”选项卡

扫一扫，看视频

16.2.9 “窗口”选项卡

“窗口”选项卡中的命令用来管理 SOLIDWORKS Composer 窗格面板和文档窗口。“窗口”选项卡如图 16-28 所示。

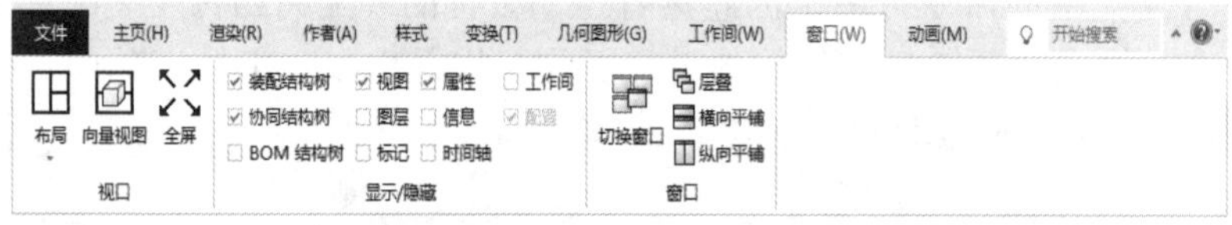

图 16-28 “窗口”选项卡

1. 视口

在“视口”面板中包含“布局”“向量视图”“全屏”命令。“布局”命令可以调节视图中窗格的布局；“向量视图”命令可以调节矢量视图的显示或隐藏（如果首选项高级设置中 ExternalVector ViewWindow 参数设置为启用，则会以默认 Web 浏览器的方式打开）；“全屏”命令可以将视图区填充整个计算机屏幕，要退出全屏模式，可以单击“关闭全屏”按钮或按 F11 键。

2. 显示/隐藏

在“显示/隐藏”面板中，可以对面板中的标记、属性、时间轴和工作间的显示或隐藏进行设置。

3. 窗口

“窗口”面板中的命令用于对 Windows 窗口进行调节，包括“切换窗口”“层叠”“横向平铺”“纵向平铺”命令。

16.2.10　“动画”选项卡

扫一扫，看视频

在“动画”选项卡中，提供了在创建动画过程中应用到的各种命令，如图 16-29 所示。“动画”选项卡在视图模式中是不显示的，仅在切换为动画模式时才显示。显示方法为在视图模式下，单击“视图”区域左上角的“切换到动画模式”按钮，将当前模式转换为动画模式。

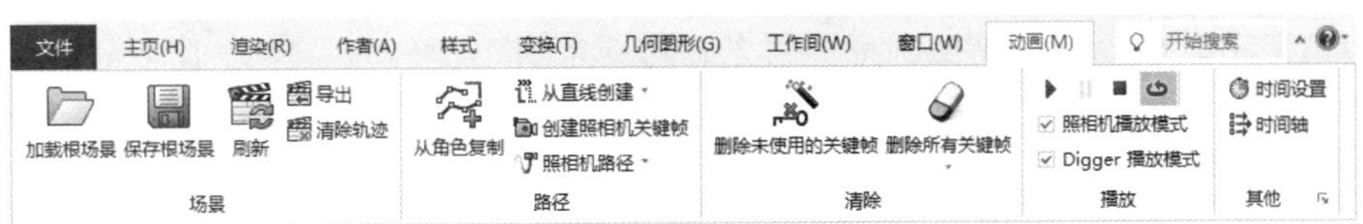

图 16-29　“动画”选项卡

（1）场景

“场景”面板中包含关于场景的一些命令，如“加载根场景”“保存根场景”“刷新”“导出”“清除轨迹”等。

（2）路径

“路径”面板中包含关于动画路径的一些命令，可以使用这些命令对动画中零件的路径进行调整。

（3）清除

“清除”面板中包含“删除未使用的关键帧”和“删除所有关键帧”命令。“删除未使用的关键帧”命令在完成动画后使用，可以优化动画。

（4）播放

“播放”面板中包含播放控制的命令。这些命令也存在于时间轴面板中。

（5）其他

“其他”面板中含有“时间设置”和“时间轴”命令。“时间设置”命令可以调整动画的时间，包括开始时间、结束时间及持续时间；“时间轴”命令可调整时间轴面板是否显示。

16.3　导 航 视 图

使用 SOLIDWORKS Composer 首先要了解如何导入模型、对模型进行导航及选中。下面将逐一介绍 SOLIDWORKS Composer 中的导航视图基础。

扫一扫，看视频

16.3.1　导入模型

选择“打开”命令，将弹出如图 16-30 所示的“打开”对话框。可以通过该对话框直接导入模型，导入的模型可以是通过 SOLIDWORKS 2022 或其他三维建模类软件所创建的。

下面对“打开”对话框中的一些选项进行介绍。

- “打开”单选按钮：作为单独的文件来打开选择的文件，如果选择的文件为一个，则打开一个文件；如果选择的文件为多个，则分别打开多个文件。
- “合并到当前文档”单选按钮：将所选择的文件打开并且放于当前打开的文档中，其实相当于将所选择的文件插入当前活动文档的操作。

- SOLIDWORKS：如果选择的文件为 SOLIDWORKS 所生成的文件，则会出现 SOLIDWORKS 配置选项；如果 SOLIDWORKS 具有多个配置的文件，则可以选择需要导入 SOLIDWORKS 中的其中一个配置。
- 导入：在导入选项中，可以对所导入的文件进行选项的设置，包括将文件合并到零件角色、导入实例名称、导入元属性和作为几何体导入等。
- 精化：定义面的精度，可以通过调整精化选项达到模型的显示精度和文件大小之间的平衡，一般情况下，如果模型简单则提高显示精度，而模型比较复杂则降低显示精度，以缩小文件的体积，使程序运行更加快捷。

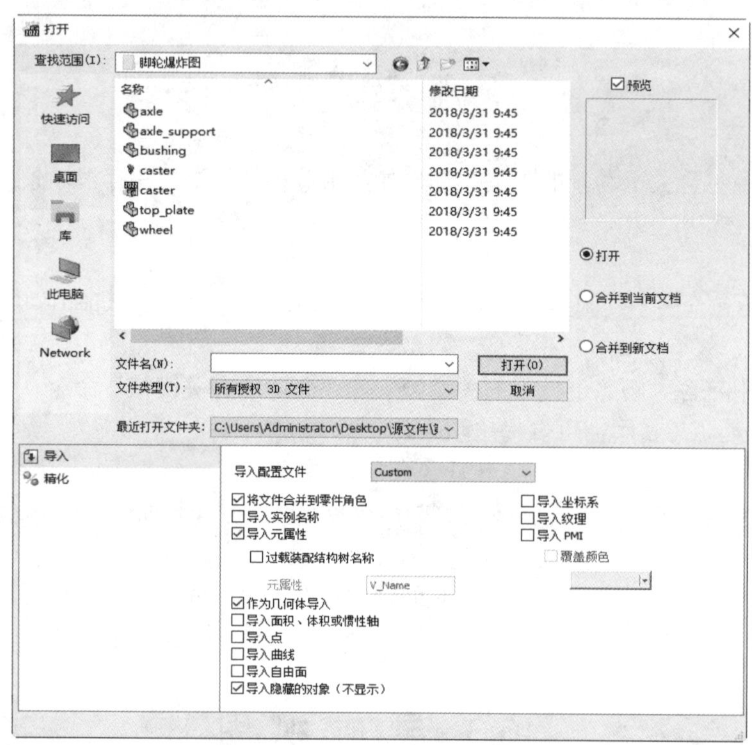

图 16-30　“打开”对话框

扫一扫，看视频

16.3.2　使用导航视图

打开模型后，至少还要对模型进行查看和导航，这就需要了解导航视图中的一些命令。SOLIDWORKS Composer 具有两个模式，分别是视图模式和动画模式。动画模式将在 16.6 节进行介绍，这里所进行的操作均在视图模式中执行。如果要转换为动画模式，则单击“视图”区域左上角的“切换到动画模式”图标即可。

1. 使用功能区命令导航

如前面所述，在功能区的“主页”选项卡下的“切换”面板中包含有导航视图的各种命令，如图 16-31 所示。

- 将照相机与面对齐：选择该命令后，鼠标指针会变为一个箭头样式，使用该箭头选择一个平面，即可将视图切换为选中的面方向上的视图。

- X 视图：包括正视图/背视图、右视图/左视图和俯视图/仰视图。选择相应命令，可以直接切换为这 6 种视图。
- 轴测图：在 X 视图命令下的 4 个命令则为 4 个方向的轴测图。
- 自定义视图：在 SOLIDWORKS Composer 中还可以自定义 4 个视图。具体设置为“文件”→“属性”→“文档属性/默认文档属性”，如图 16-32 所示。在“视口”选项卡中可以设置 4 个自定义的视图，以极坐标的方式来定义。

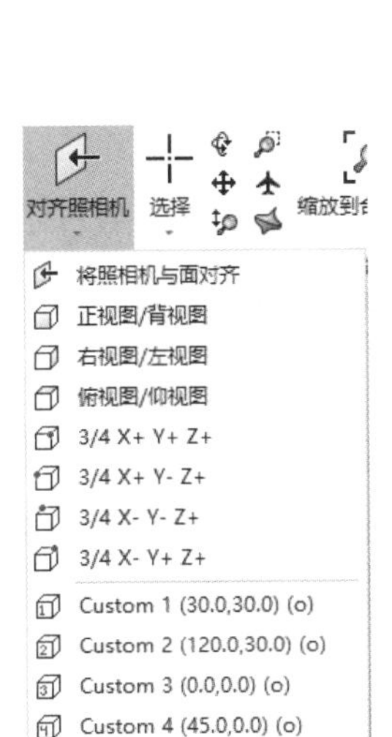

图 16-31　功能区中导航视图命令

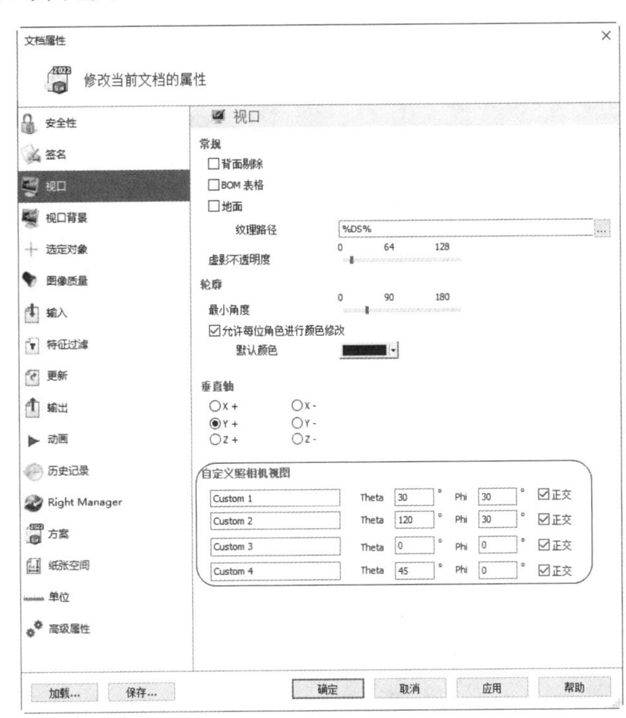

图 16-32　自定义视图

2. 使用视图区中的罗盘工具进行导航

罗盘提供了一个快速查看模型的 X、Y 和 Z 平面的方法。单击罗盘上的其他轴和面可改变视口的方向。默认情况下罗盘在视图区的右上角，可以在左面板中的“协同”面板内选中“罗盘”选项进行显示，如图 16-33 所示。选中后可以直接在绘图区拖动并将其放于视图区的任何位置，另外在属性面板中可以对罗盘的参数进行调整。如可以调整罗盘的大小、固定于某位置或将它重置回默认等。

3. 使用鼠标进行导航

（1）放大和缩小。

- 要缩放视口的部分，将指针移动到感兴趣的区域，并滚动鼠标中键。
- 同时按下鼠标左、右键并在视口中向上或向下拖动鼠标。
- 要缩放一个对象，双击该对象。
- 要缩放整个模型以适合视口，双击视口背景。

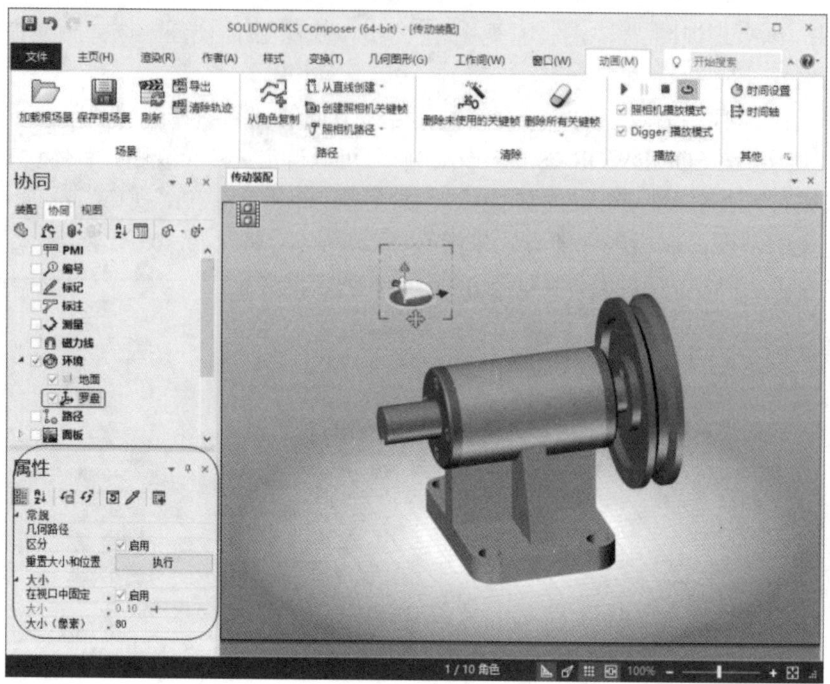

图 16-33　罗盘

（2）旋转对象。

- 要旋转模型，在视口背景中按住中键并拖动。默认情况下，是相对于垂直轴的旋转。
- 要绕模型上的一个点旋转，中击一个对象并拖动，则围绕这个点旋转。

（3）平移，按住 Ctrl 键和中键，然后拖动鼠标。

扫一扫，看视频

16.3.3　预选取和选中对象

在视图区中，一般会利用鼠标高亮显示或选中对象，鼠标指针移动到零件对象上面时，此零件外围会被绿色覆盖，表示零件被预选取，预选取状态不是选中状态，仅仅为了在后续的操作中指示方便。在预选取状态下单击鼠标左键，则预选取的零件将会被选中，此时的零件外围具有橙色线框。

除了使用鼠标选择零件，还可以通过装配面板或键鼠结合选择零件对象。

1. 装配面板

用装配面板可查看和管理模型的结构，还可以管理视图、可视性、热点和选择集。装配面板中的模型树与 SOLIDWORKS 或其他三维软件的模型树功能相似，可以通过直接单击树中的节点来选择零件。在装配面板中还可以创建选择集，选择要创建选择集的几个零件或部件后，单击装配面板中的“创建选择集”按钮，即可创建一个选择集。选中一个选择集，会选中集合中的所有对象，并且在属性面板中显示选择集中所有对象的共同属性。要反复操作相同的对象，则可使用选择集。

2. 键鼠结合

下面列举使用键盘或鼠标选取零件的方法（包括组合键）。

- 使用鼠标单击可以选中单个对象。
- 可使用 Ctrl 键选择多个对象。
- 使用 Shift 键去除选择。
- 使用 Ctrl+A 组合键可以选择所有对象。
- 使用 Ctrl+I 组合键可以反向选择对象。
- 使用鼠标框选，包括从左至右框选和从右至左框选两种。
- 使用 Tab 键可以暂时隐藏鼠标指针下的零件，这样就可以直接选取所隐藏零件下的不易被选取的零件。

扫一扫，看视频

16.3.4 Digger

Digger 能够放大图像的部分区域，剥离部分图像，看到它们后面的区域。要显示 Digger 工具，可以选择“主页”选项卡 Digger 面板中的 Digger 命令或按 Space 键、X 键或 Ctrl+D 组合键。打开的 Digger 工具如图 16-34 所示。

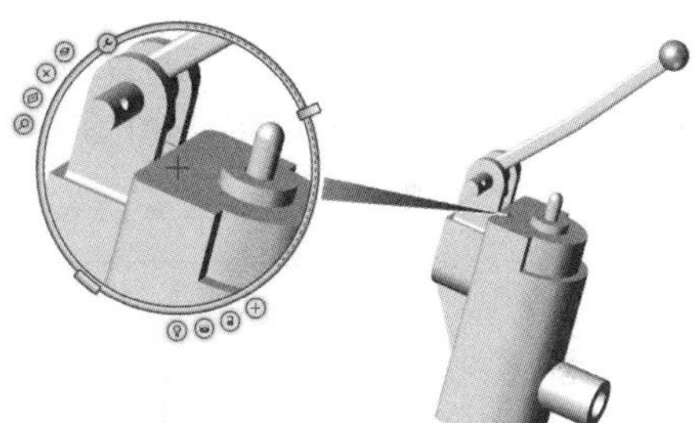

图 16-34　Digger 工具

下面对 Digger 中的工具按钮进行简单介绍。

- 半径：调整 Digger 工具的区域大小。拖动此手柄可以向框里或框外移动来调整 Digger 工具的区域大小。
- 百分率：利用该手柄可改变洋葱皮、X 射线、剖面和缩放效果的工具。在 Digger 的圆环上拖动此手柄即可。
- 显示/隐藏：显示或隐藏 Digger 工具，如洋葱皮和 X 射线等。
- 缩放：在 Digger 工具中缩放物体。单击此工具按钮激活缩放功能后，拖动百分率手柄来调节缩放比率。
- 切除面：显示切除面，切除面平行于屏幕。单击此工具按钮激活切除面后，拖动百分率手柄来调节切除面比率。
- X 射线：随着图层以 X 射线方式剥离模型。随着深度的增长，模型改变虚化外框然后直至消失。
- 洋葱皮：利用洋葱皮工具剥离模型。随着深度的增长，对象逐步消失。
- 改变光源：在 Digger 区域中显示临时的灯光。在区域中拖动该工具按钮可以调节照明效果。
- 对二维图像进行截图：创建一个二维图像面板。可以在场景中任意拖动并可在属性面板中改变其属性。
- 锁定/解锁深度方向：当锁定时，洋葱皮、X 射线和切除面工具保持在它们原始的层深；当解锁后，工具视口将随工具更新。
- 更改兴趣点：改变要缩放图形的中心点。要改变兴趣的中心点，拖动此工具到场景中的合适位置即可。

16.3.5 实例——查看传动装配体

下面以实例的形式来练习导航视图中命令的操作，传动装配体模型如图 16-35 所示。

图 16-35 传动装配体模型

【操作步骤】

1. 打开模型

（1）启动软件。选择“开始”→“所有程序”→SOLIDWORKS 2022→SOLIDWORKS Composer 2022命令，或者双击桌面图标，启动 SOLIDWORKS Composer 2022。

（2）在打开的SOLIDWORKS Composer 2022界面中选择“文件”→“打开”命令，系统弹出如图16-36所示的“打开”对话框。

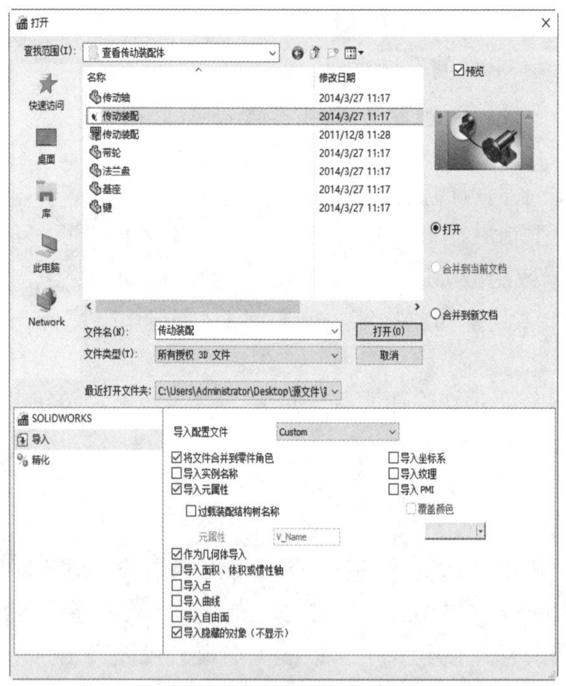

图 16-36 “打开”对话框

（3）在“打开”对话框中选择光盘源文件中的“传动装配”文件。单击“打开”按钮，打开模型。此时会弹出如图16-37所示的SOLIDWORKS Converter（转换）对话框。转换完成后的SOLIDWORKS Composer 2022软件界面如图16-38所示。

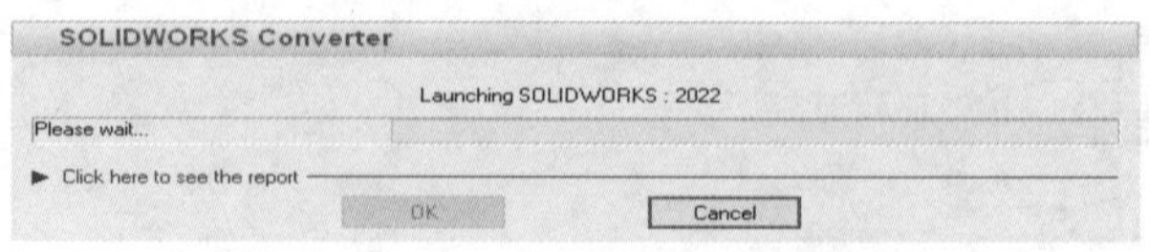

图 16-37 SOLIDWORKS Converter 对话框

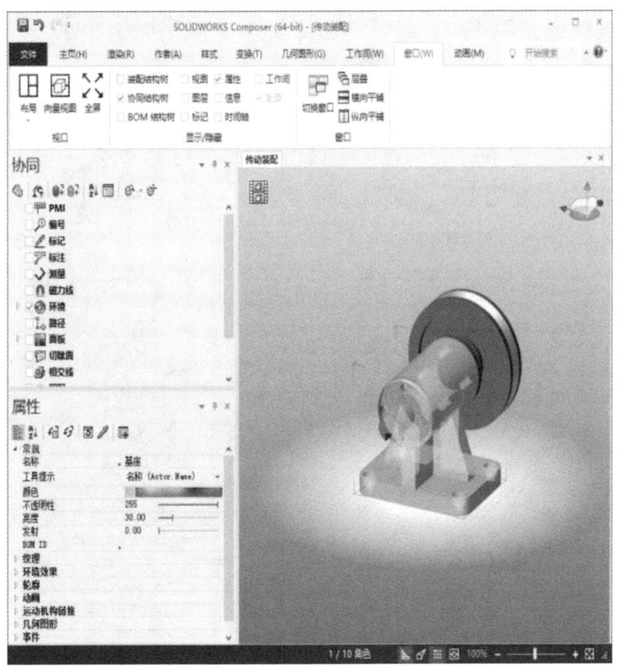

图 16-38　SOLIDWORKS Composer 2022 软件界面

（4）保存文件。单击快速工具栏中的“保存”按钮，系统会以文件名为“传动装配”，类型为smg的形式保存。

2. 导航视图

（1）更改视觉效果。选择功能区的“渲染”选项卡“模式”面板中的“平滑渲染（带轮廓）”命令，将视图模式改为带轮廓的平滑渲染模式，如图16-39所示。

（2）将照相机与面对齐。选择功能区的“主页”选项卡“切换”面板“将照相机与面对齐”命令，然后单击模型基座零件的筋板斜面，此时视图将显示为此斜面正视于屏幕。再次使用此命令，单击基座底座的一个侧面，与之前的模型显示情况进行对比，如图16-40所示。

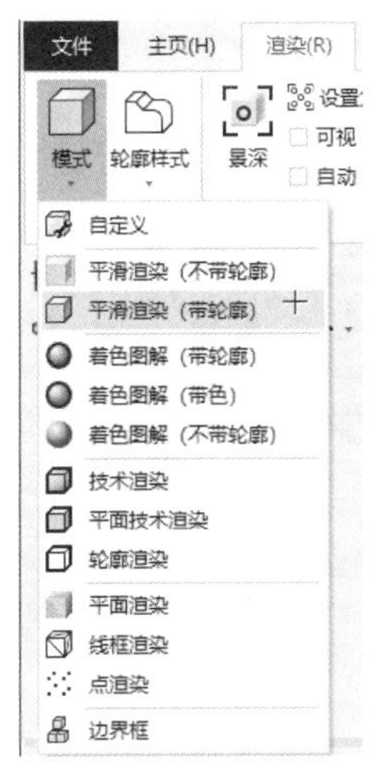

图 16-39　平滑渲染

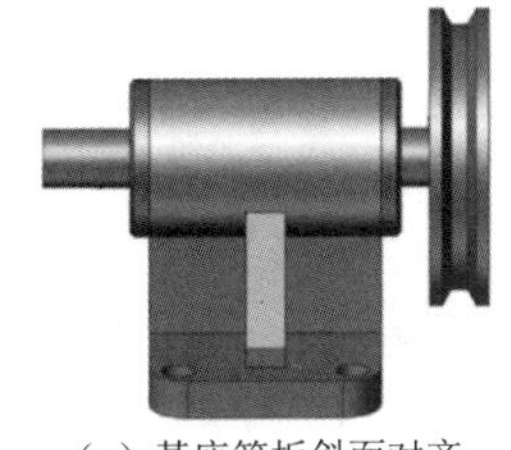

（a）基座筋板斜面对齐

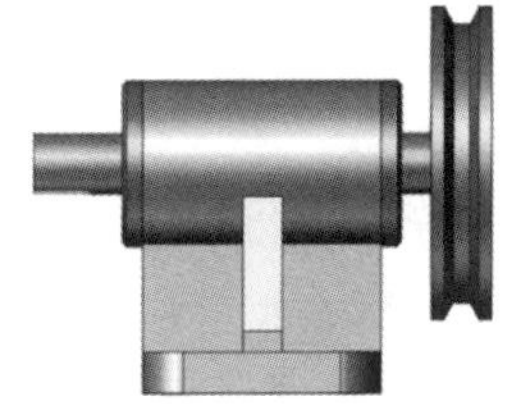

（b）基座底座侧面对齐

图 16-40　照相机与面对齐

（3）等轴测显示。选择功能区的“主页”选项卡“切换”面板中的“3/4 X-Y-Z+”命令，将视图切换为等轴测图。

（4）自定义视图。选择功能区的“文件”→“属性”→“文档属性”命令，打开“文档属性”对话框，在左侧选择“视口”选项卡，如图16-41所示。在这里可以更改自定义视图的名称及视图的极坐标轴。将名称设置为“视图45”，Theta设置为45°，Phi设置为45°，单击“确定”按钮，定义视图45。

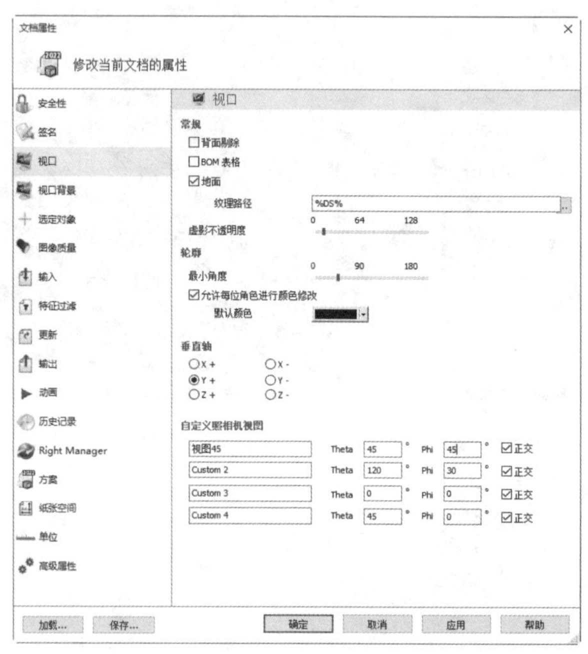

图 16-41　“文档属性”对话框

（5）视图45显示。选择功能区的“主页”选项卡“切换”面板中的“视图45（45.0 45.0）（o）”按钮，可将视图切换为视图45。

（6）使用罗盘导航。单击罗盘的0 X Z Plane面，将视图切换为俯视图状态，如图16-42所示。

（7）透视模式。单击状态栏右下方的“照相机透视模式”按钮，将视图切换为透视模式，如图16-43所示。

图 16-42　俯视图

图 16-43　透视模式

（8）调整为合适大小。尝试使用鼠标滚轮缩放、按住中键并拖动鼠标以旋转视图和左键切换视图方向。然后在视图的空白区域双击鼠标中键，将视图缩放到合适的大小。

3. 创建选择集

（1）选择一个法兰盘。可在视图区或装配树中选择一个法兰盘。

(2) 选择另一个法兰盘。按住Ctrl键来选择另一个法兰盘，此时两个法兰盘均为选中状态。

(3) 创建一个选择集。保持两个法兰盘为选中状态，单击左侧"装配"面板中的"创建选择集"按钮，将创建新的选择集，输入新的选择集名称为"法兰盘"，如图16-44所示。

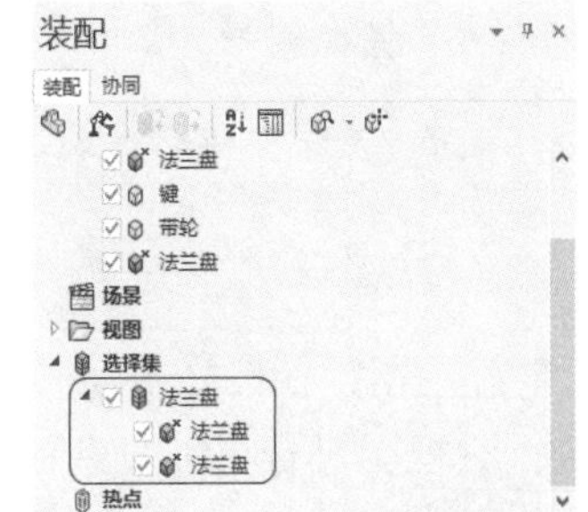

图 16-44 创建选择集

4. 创建 Digger 工具

(1) 打开Digger。首先调整传动装配体的视图方向，单击"主页"选项卡"切换"面板中的"视图45 (45.0 45.0) (o)"按钮，可将视图切换为视图45；然后选择"主页"选项卡Digger面板中的Digger命令或按空格键创建Digger工具。拖动Digger的圆环将其拖动到合适的位置，然后单击"显示/隐藏工具"按钮，将Digger中的工具按钮全部显示出来。

(2) 更改兴趣点。改变要缩放图形的中心点，按住鼠标左键拖动"更改兴趣点"按钮到视图的带轮上，如图16-45所示。

(3) 使用洋葱皮剥离模型。首先单击"洋葱皮"按钮，然后调节"百分率"手柄，将百分率调整为35%左右，此时视图中的带轮被剥下，如图16-46所示。

(4) 对二维图像进行截图。单击"对二维图像进行截图"按钮，对Digger图形进行截图操作，如图16-47所示。

图 16-45 更改兴趣点

图 16-46 洋葱皮工具

图 16-47 对二维图像进行截图

(5) 保存图像。在功能区中选择"文件"→"另存为"→"图像"命令，系统弹出如图16-48所示的"另存为"对话框，单击对话框中的"保存"按钮，将视图中的图像保存为"传动装配.jpg"图像文件。

图 16-48 "另存为"对话框

（6）保存图形。单击快速工具栏中的“保存”按钮，对文件进行保存。

16.4 视图和标记

在 16.3 节的实例中已经介绍了视图的操作，为了更加有效地管理视图，还需要利用“视图”面板对视图进行更加复杂的操作。为了更加有效地表达视图，通常还会添加一些标记或采用剖面图的形式显示。

扫一扫，看视频

16.4.1 视图

下面介绍利用“视图”面板进行视图的操作，“视图”面板如图 16-49 所示。下面介绍“视图”面板中的工具。

- 创建视图：创建一个视图，捕捉整个视口状态。此命令与在视图工作间创建一个视图的命令相同，均为捕获所有的项目。
- 创建照相机视图：创建一个仅捕捉照相机位置的自定义视图。此命令与仅在视图工作间中选择照相机选项创建一个视图相同。
- 更新视图：使用当前场景更新所有捕获的项目到所选择的视图。
- 用选定角色更新视图：更新选定对象的所有属性和可视性到所选择的视图。
- 重新绘制所有视图：刷新所有视图的缩略图。
- 转至上一个视图：显示之前的视图。
- 播放视图：依次逐个显示视图。要停止播放，单击“停止视图”按钮或按 Esc 键。
- 停止视图：停止播放视图。
- 转至下一个视图：显示下一个视图。也可以按空格键显示下一个视图。

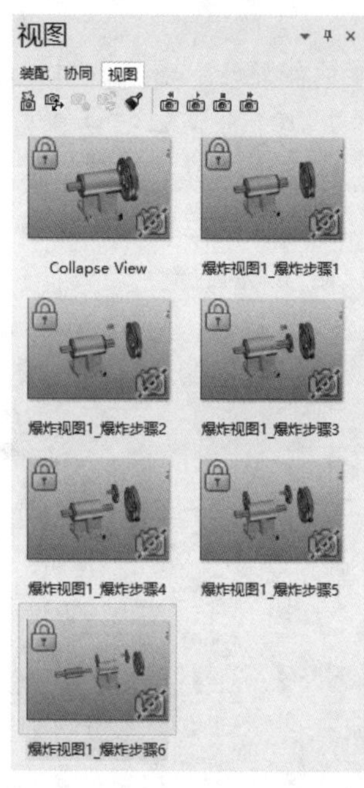

图 16-49 “视图”面板

扫一扫，看视频

16.4.2 标记及注释

为了得到更加清楚的表达方式，还可以在场景中添加标记和注释，在 SOLIDWORKS Composer 中将这些统称为协同对象。可以通过功能区的“作者”选项卡来创建协同的对象。

通常在“协同”面板中列举了协同的对象，如图 16-50 所示。下面对这些协同对象进行介绍。

- PMI：列举了产品制造信息（PMI），如从 CAD 中导入的几何尺寸与公差（GD and T）和功能公差与标注（FT and A）。
- 编号：列举了编号。可以从 BOM 工作间中自动创建 BOM 表的 ID 和编号。
- 标记：列举了场景标记的对象，如箭头、红线、圆和折线。
- 标注：列出场景中的标注，如标签和链接。

- 测量：列举了场景测量的对象。
- 磁力线：列举了磁力线。
- 环境：列举了环境对象，包括罗盘和地面。要拾取这些对象（例如，在属性面板中编辑它们的属性），在“协同”面板中单击“罗盘”或“地面”。也可以在视口中通过拖动一个拾取框来拾取这些对象，仅当它们是被选择的唯一对象。
- 路径：列举了关联和非关联路径。
- 面板：列举了包括 BOM 表格在内的二维面板和三维面板。
- 切除面：列举了切除面。
- 相交线：列举自碰撞测试中保存的相交线。
- 照明：列举了照明。
- 照相机：显示或隐藏照相机对象。要拾取照相机，单击协同树中的“照相机”。还可以在视口中拾取照相机，确保它为被选择的唯一对象。在动画模式中选中照相机时，视口中将显示照相机的路径（红色）和照相机关键帧的源/目标线（蓝色）。用户可以通过拖动红色锚点修改路径和目标。
- 坐标系：列举了用户定义的坐标系。

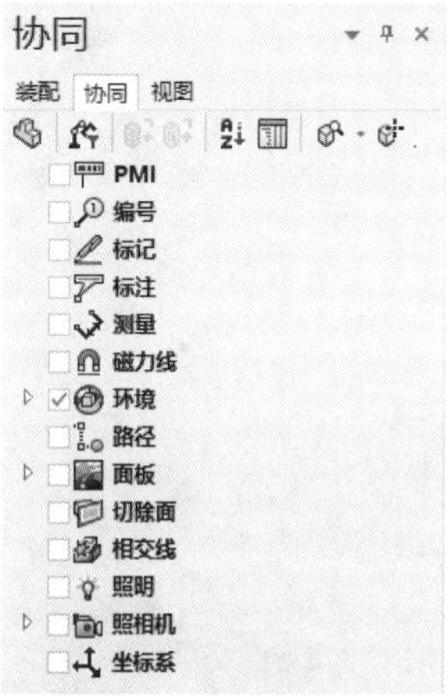

图 16-50 “协同”面板

16.4.3 实例——标记凸轮阀

扫一扫，看视频

下面以实例的形式来练习视图和标记命令的操作。凸轮阀模型如图 16-51 所示。

【操作步骤】

1. 打开模型

（1）启动软件。选择“开始”→“所有程序”→SOLIDWORKS 2022→SOLIDWORKS Composer 2022命令，或者双击桌面图标，启动SOLIDWORKS Composer 2022。

（2）在打开的SOLIDWORKS Composer 2022中选择“文件”→“打开”命令，系统弹出“打开”对话框。

（3）在“打开”对话框中选择光盘源文件中的valve_cam.sldasm文件。单击“打开”按钮打开模型。此时会弹出SOLIDWORKS Converter（转换）对话框。转换完成后的SOLIDWORKS Composer 2022软件界面如图16-52所示。

（4）保存文件。单击快速工具栏中的“保存”按钮，系统会以文件名为valve_cam，类型为smg的形式保存。

2. 创建视图

（1）创建视图。单击左侧“视图”面板中的“创建视图”按钮，新建一个视图，单击新视图的名称，稍后再单击一次，将视图重命名为“默认视图1”，如图16-53所示。

（2）自定义视图。选择功能区的“文件”→“属性”→“文档属性”命令，打开“文档属性”对话框，在左侧选择“视口”选项，如图16-54所示。在这里可以更改自定义视图的名称及视图的极坐标轴。将名称设置为“视图15”，Theta设置为15°，Phi设置为15°，单击“确定”按钮，定义视图15。

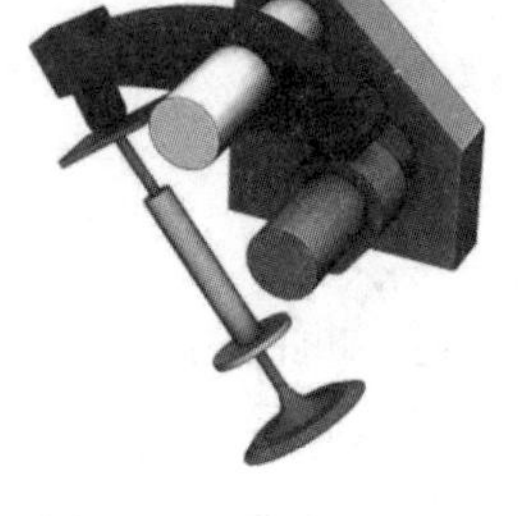

图 16-51　凸轮阀模型

图 16-52　SOLIDWORKS Composer 软件界面

图 16-53　创建视图

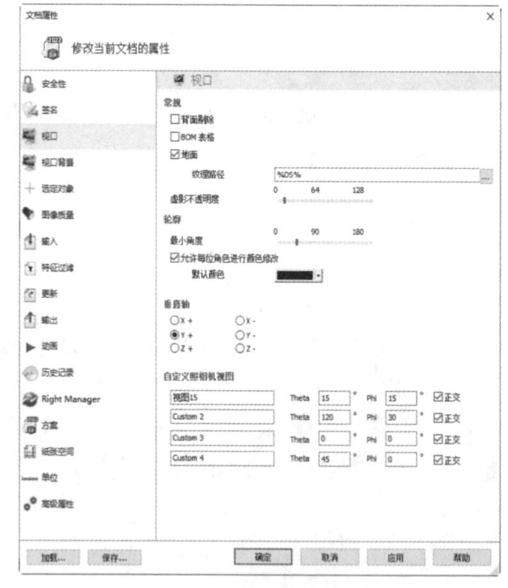

图 16-54　“文档属性”对话框

（3）显示视图15。选择功能区“主页”选项卡“切换”面板中的“视图15（15. 0 15. 0）(o)”命令，将视图切换为视图15。

（4）取消地面显示。单击左面板中的“协同”标签，打开“协同”面板。展开树形目录中的“环境”分支，取消选中“地面”复选框，如图16-55所示。此时视图区域地面会隐藏。

（5）更改背景颜色。在绘图区域的空白处单击，此时属性面板中显示的是背景的属性。可以看到在默认背景中底色为灰色，单击“底色”下拉列表框中的灰色方框，在打开的颜色选择面板中选择白色，将底色改为白色，如图16-56所示。

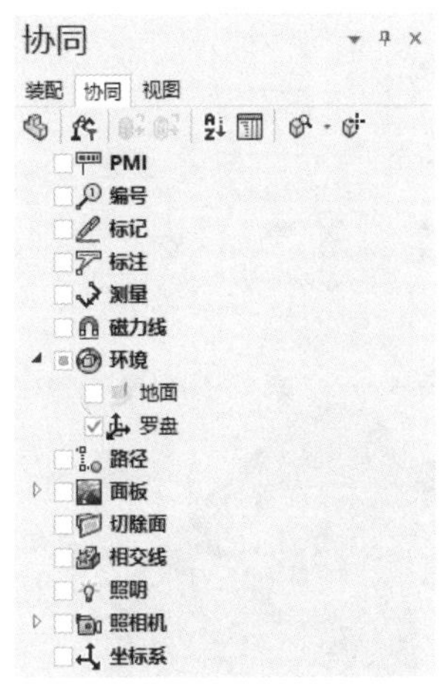

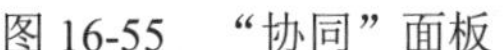

图 16-55 “协同”面板

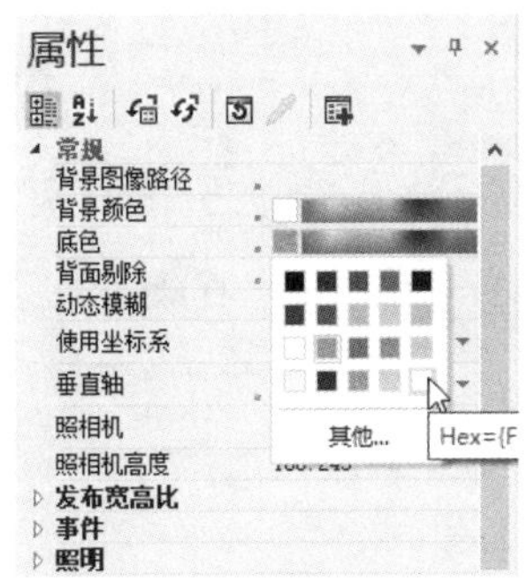

图 16-56 “属性”面板

（6）再次创建视图。单击左侧“视图”面板中的“创建视图”按钮，再次创建一个视图，单击新视图的名称，稍后再单击一次，将视图重命名为“协同视图1”。结果如图16-57所示。

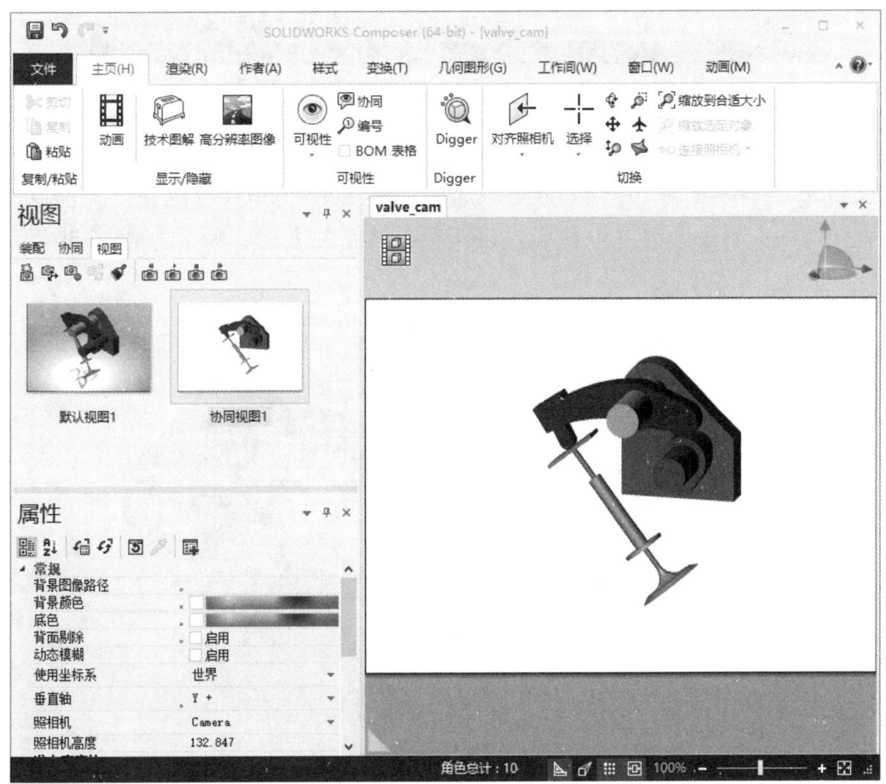

图 16-57 协同视图

3. 添加注释

（1）添加圆形箭头。选择功能区“作者”选项卡“标记”面板中的“圆形箭头”命令，如图16-58所示。此时光标上出现圆形箭头图样，选择camshaft零件的外圆端面来确定圆形箭头的平面，然后向外移动鼠标之后单击，确定圆形箭头的位置。采用同样的方式放置另外一个圆形箭头。

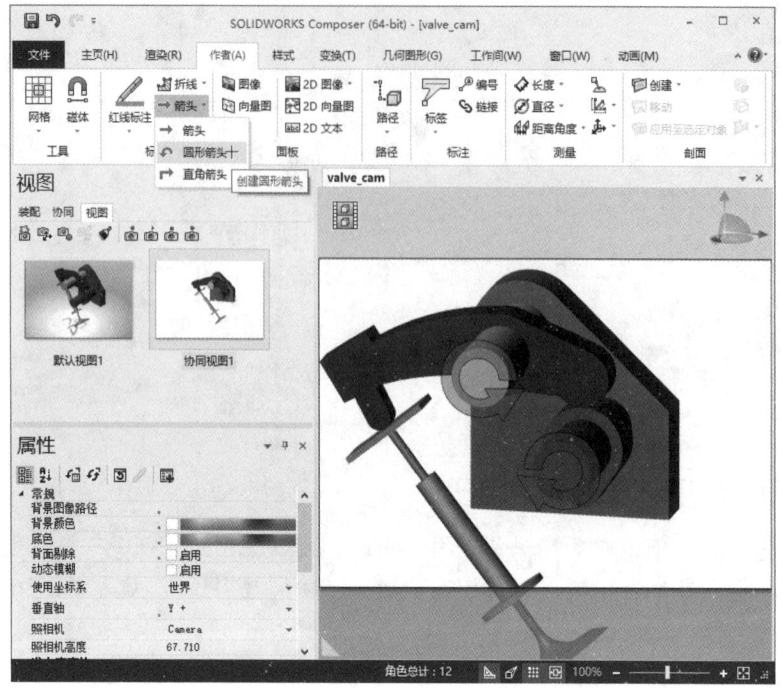

图 16-58　添加圆形箭头

（2）修改圆形箭头。单击其中一个圆形箭头，此时属性面板中显示的是圆形箭头的属性，如图16-59所示。更改“灯头宽度”为4.000，“灯头长度”为8.000，“半径”为8.00，“宽度”为4.000。采用同样的方式更改另外一个箭头。注意箭头所指的方向，如果与图16-59所示的方向不同，则更改属性面板中的“端点”为“结束”。

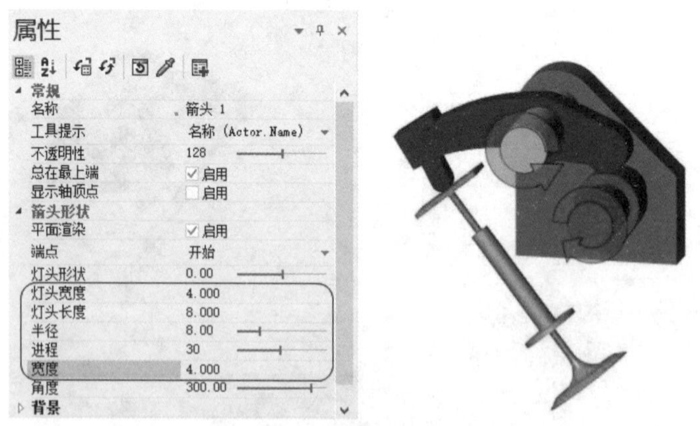

图 16-59　修改圆形箭头

（3）添加标签。选择功能区“作者”选项卡“标注”面板中的“标签”命令。此时光标上出现标签图样，选择camshaft零件确定标签所附着零件，然后确定标签位置。采用同样的方式在另外一个轴上放置标签。结果如图16-60所示。

（4）修改标签。单击其中一个标签，此时属性面板中显示的是此标签的属性。更改文本“大小”为25，“文本”为“字符串”，“文本字符串”为“主动轴”。采用同样的方式更改另外一个标签为从动轴。结果如图16-61所示。

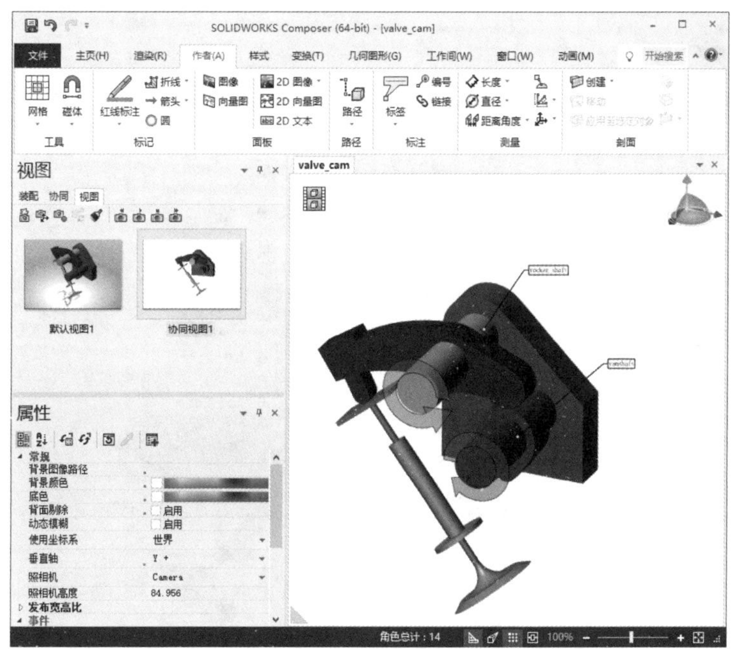

图 16-60　添加标签

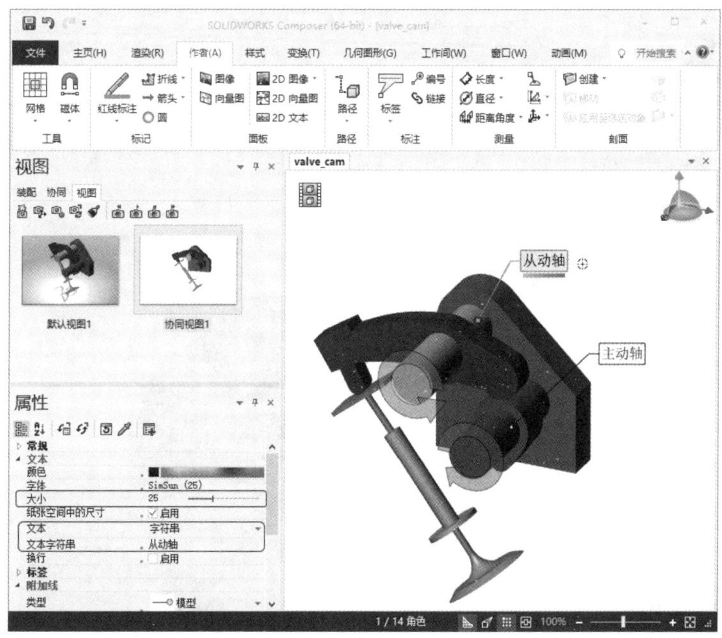

图 16-61　修改标签

（5）添加尺寸标注。选择功能区“作者”选项卡“测量”面板中的“两平面距离/角度”命令，如图16-61所示。分别选择valve的上表面与valve_guide的上表面，添加两个表面之间的距离尺寸标注，并在属性面板中将文本“大小”改为20。结果如图16-62所示。

（6）添加图像。选择功能区“作者”选项卡“面板”面板中的“图像”命令。在绘图区域的右下角拉动一个框，此时系统默认的SOLIDWORKS图像将添加到绘图区域中。在属性面板中将“图像填充模式”改为“不变形”，将“透明度”改为启用。结果如图16-63所示。

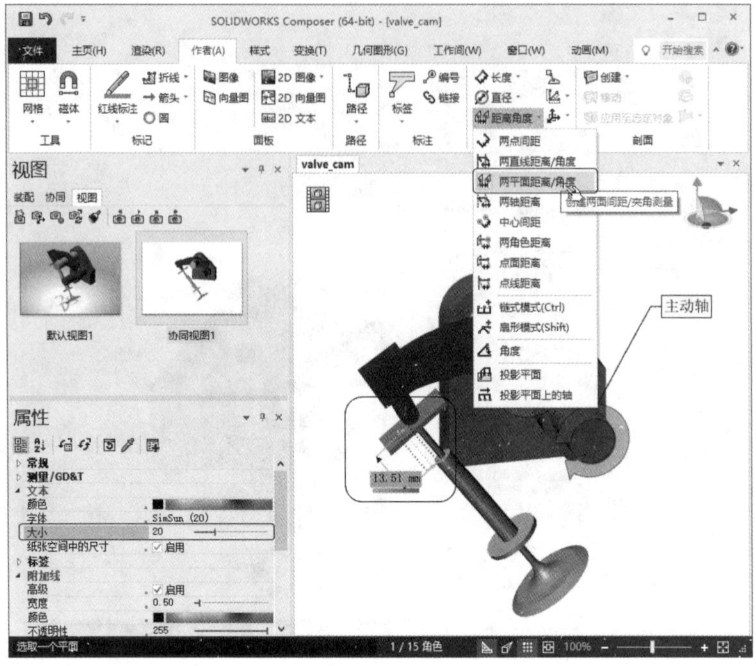

图 16-62　添加尺寸标注

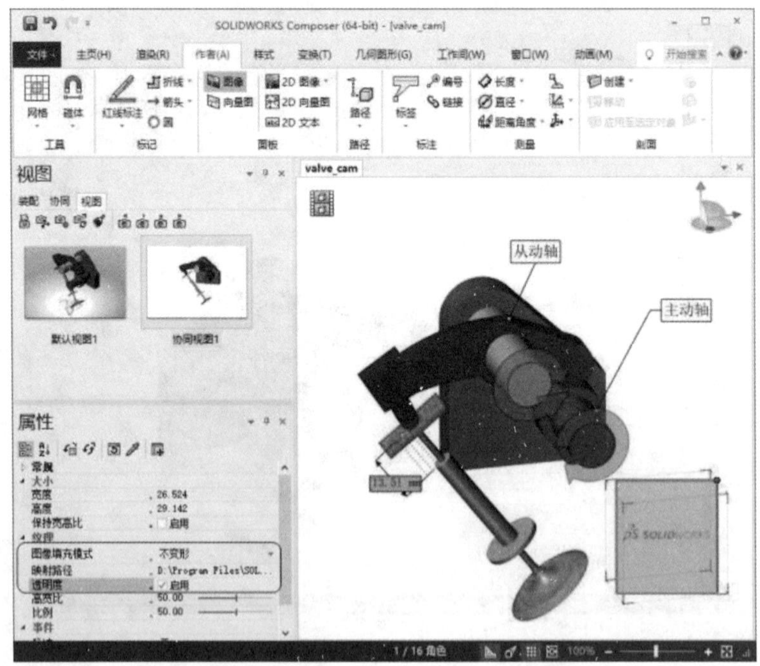

图 16-63　添加图像

（7）添加二维图像。选择功能区“作者”选项卡“面板”面板中的“二维图像”命令。在绘图区域的左下角拉动一个框，此时系统默认的Tex图像将添加到绘图区域中。单击“映射路径”文本框最右端的“...”，在打开的对话框中选择一个图片。结果如图16-64所示。添加完成后可以旋转视图查看添加的图像和二维图像，如图16-65所示。旋转后二维图像始终是不动的。查看完成后返回到视图15。

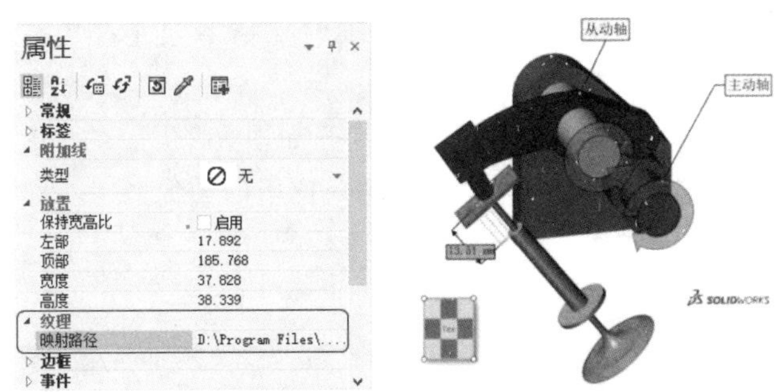

图16-64　添加2D图像

（8）添加文字。选择功能区“作者”选项卡“面板”面板中的“2D文本”命令。在绘图区域的左上角单击，在属性面板中的“文本字符串”中输入“凸轮阀传动”，将文本“大小”改为40，将“字体”改为“隶书”。添加完成后的结果如图16-66所示。

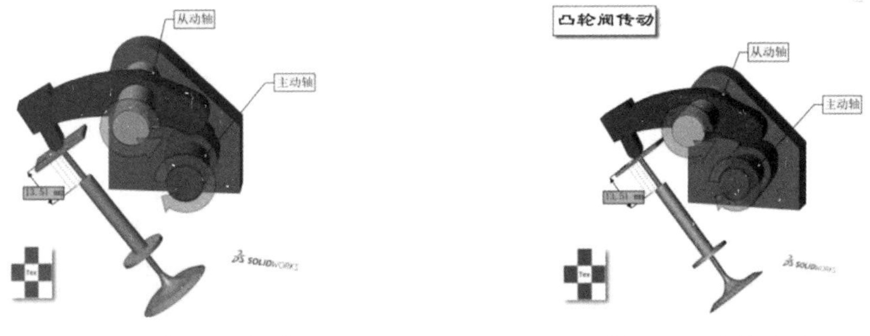

图16-65　图像和2D图像

图16-66　添加文字

（9）更新视图。单击左面板中的“视图”标签，打开“视图”面板。首先选中“协同视图1”，然后单击面板上的“更新视图”按钮，将视图进行更新，最终结果如图16-67所示。

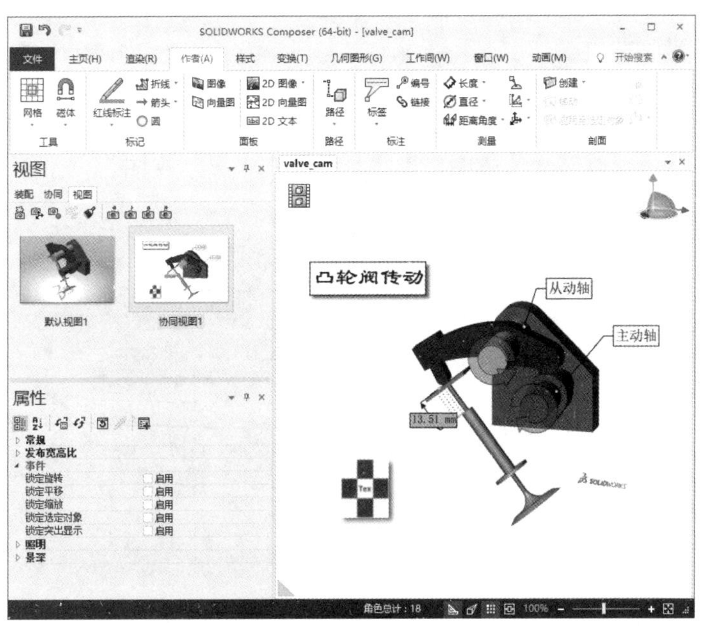

图16-67　最终结果

（10）导出为高分辨率图像。选择功能区“工作间”选项卡“发布”面板中的“高分辨率图像”命令，打开如图16-68所示的高分辨率图像工作间。选中“抗锯齿”复选框以使模型的边线平坦光滑，然后设置像素为2000。单击“另存为”按钮，打开如图16-69所示的“另存为”对话框。采取默认的文件名，单击“保存”按钮，将文件保存为高分辨率的图像。

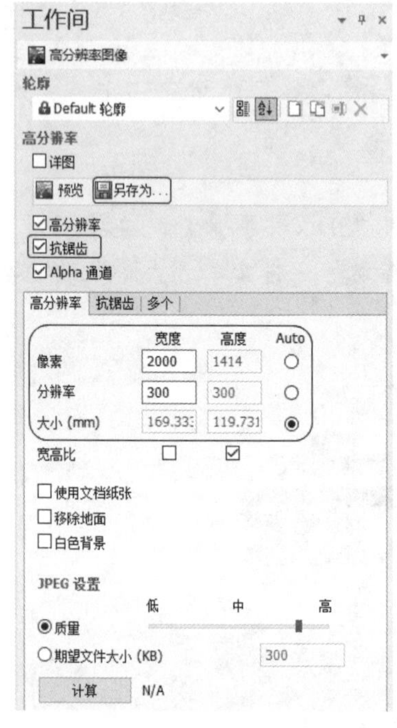

图 16-68 “高分辨率图像”工作间

图 16-69 “另存为”对话框

16.5 爆炸图和矢量图

在前面各节中介绍的都是视图的操作，接下来介绍如何移动零件及对象。通过移动变换可以将零件对象移动到合适的位置，并可以创建爆炸视图，如图 16-70 所示，在以后创建的动画中也会有很大的用途。另外，还可以创建矢量图，以线框的方式来显示视图。

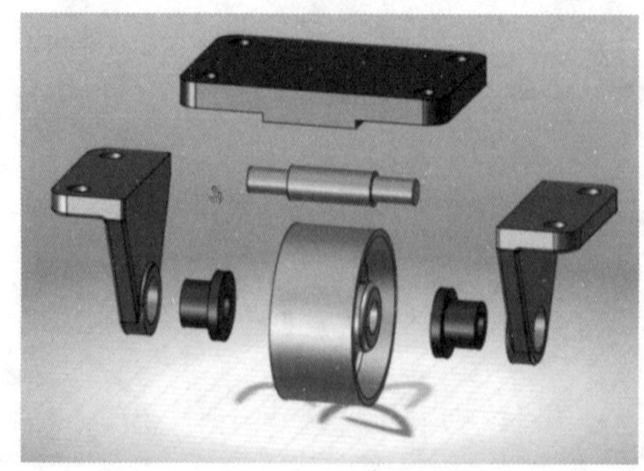

图 16-70 爆炸视图

16.5.1 移动

扫一扫，看视频

在对模型进行操作时，不可避免地要移动零件。移动零件的基本动作有平移和旋转两种方式。

1. 平移

选择功能区“变换”选项卡“移动”面板中的“平移”命令，就可以进入平移模式。在平移模式中，单击一个或多个对象，会弹出如图 16-71 所示的三角导航，可以选择三角导航中的任意一个轴，确定沿某一个轴的方向移动，在移动时可以直接拖动对象进行移动，也可以在属性面板中输入数值达到精确的控制。

除了在 3 个轴向方向上平移之外，还可以选择三角导航的 3 个平面中的任一平面，在该平面内任意移动对象。在此平面内拖动对象时，会分别显示两个轴向上移动的距离，如图 16-72 所示，而在属性面板中只可以输入移动的长度。

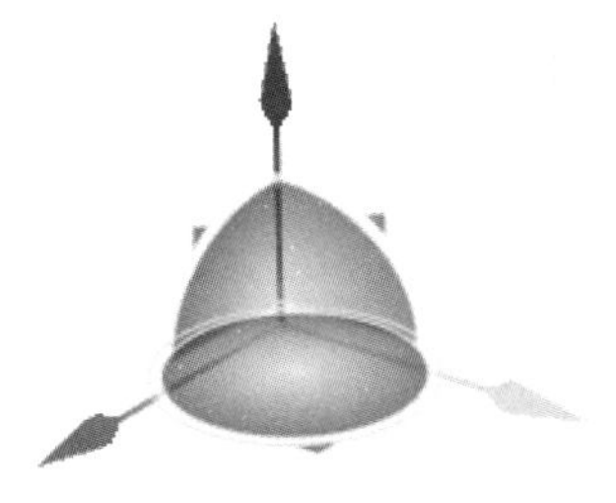
图 16-71 三角导航

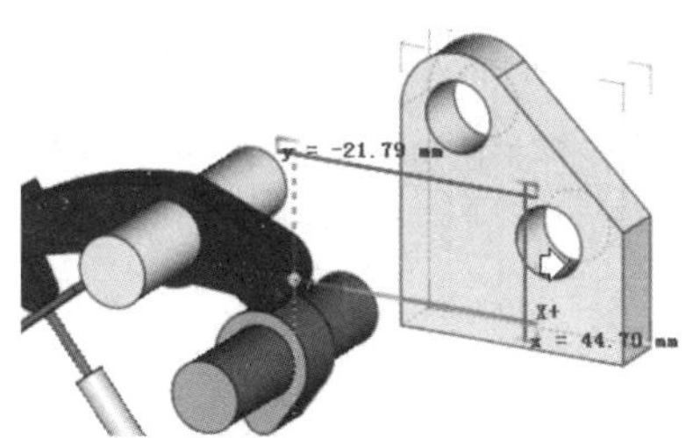

图 16-72 平面移动对象

2. 旋转

选择功能区“变换”选项卡“移动”面板中的“旋转”命令，就可以进入旋转模式。在旋转模式中会弹出如图 16-73 所示的球形导航。可以选择要旋转的面，选择一个面后就可以拖动零件，图中会显示旋转的角度，如图 16-74 所示。同样，在旋转时可以在属性面板中直接输入旋转的精确角度。

图 16-73 球形导航

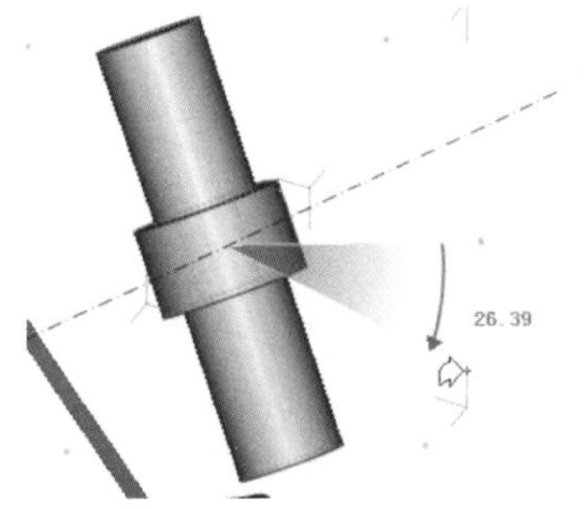

图 16-74 平面旋转对象

16.5.2 爆炸图

扫一扫，看视频

制作爆炸图会使用到各种分解命令，分解命令在功能区“变换”选项卡的“爆炸”面板内。其中包括线性、球面和圆柱分解 3 大类。采用这些命令可以使对象分别呈线性、球面或圆柱形自动分开。

在采用分解模式时，对象通过基于它们中心的轴向移动，以最后的对象为基准，该对象是不移动的，如图 16-75 所示为 4 个零件线性分解的过程。

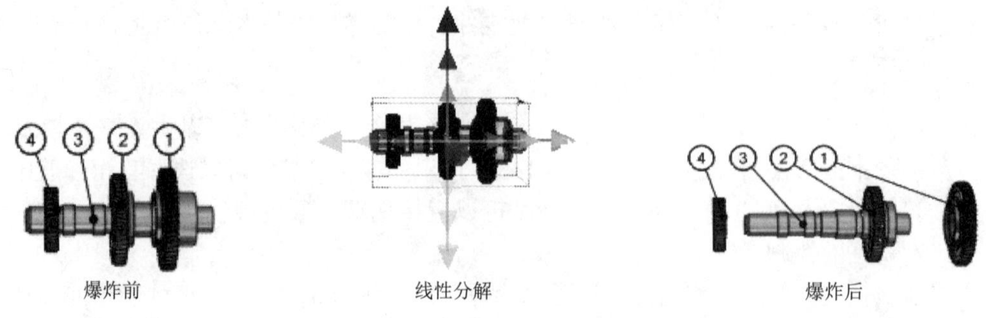

图 16-75　线性分解过程

1. 线性分解

线性分解创建轴向方向的爆炸图，当选择多个对象后，会出现如图 16-76 所示的导航轴，拖动想要爆炸方向上的导航轴中的一个轴，鼠标指针会变为一个箭头的符号，表示要爆炸的方向。也可以通过输入精确值的方式来生成线性分解图。首先单击导航轴中的一个轴，然后在属性面板中输入值，即可达到爆炸的效果。如果对 4 个零件进行线性爆炸，输入的数值为 300，则结果是每两个零件的间隙为 100。

2. 球面分解

球面分解以选择零件的中心点为中心向四周进行爆炸，当选择多个对象后，会出现如图 16-77 所示的导航轴，单击此导航轴，鼠标指针会变为一个箭头的符号，表示要爆炸的方向，拖动导航轴会进行爆炸。

图 16-76　线性分解导航轴

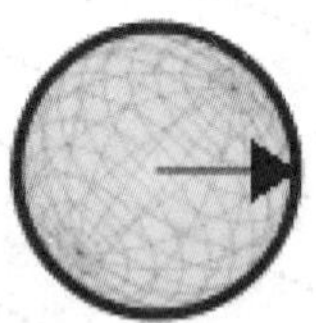

图 16-77　球形分解导航轴

3. 圆柱分解

圆柱分解围绕所选择的轴线创建一个圆柱形的爆炸视图，当选择多个对象后，会出现一个与线性分解导航轴一样的导航轴，单击此导航轴，鼠标指针会变为一个箭头的符号，表示要爆炸的方向，拖 动导航轴会进行爆炸。

扫一扫，看视频

16.5.3　BOM 表格

材料清单英文全称 the Bill Of Materials，简称 BOM。在创建 BOM 表格时，通常使用 BOM 工作间。选择功能区“工作间”选项卡“发布”面板中的 BOM 命令，就可以进入 BOM 工作间。如图 16-78 所示为 BOM 工作间及生成的 BOM 表格。

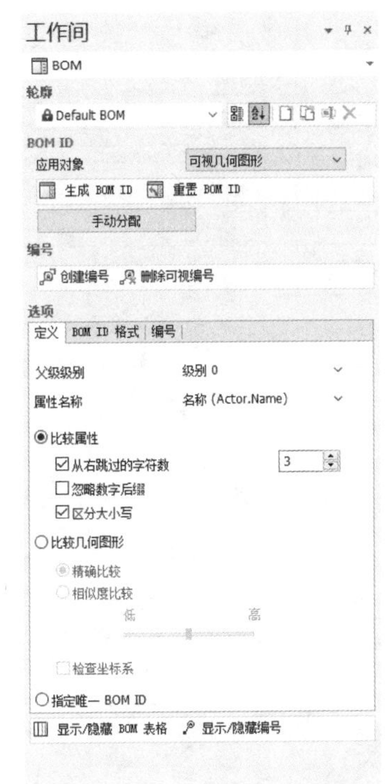

描述	BOM ID	数量
Antenna	1	1
Auxiliar Switch	2	1
Body	3	1
channel 1	4	1
channel 2	5	1
Crystal Mount	6	1
Grüne Lamp	7	1
Rote Lampe	8	1
Swicth On/Off	9	1
Trim Tab	10	1

图 16-78　BOM 工作间

- BOM ID：BOM ID 选项组中含有 BOM ID 的一些命令，包括“生成 BOM ID”“重置 BOM ID”“手动分配”等。其中，“生成 BOM ID”命令可应用对象范围内所选择的零件生成 BOM ID；“重置 BOM ID”命令可删除应用对象范围内所选择的 BOM ID；除了这些自动命令，还可以使用手动分配方式来创建 BOM ID。
- 编号：“编号”选项组中包括“创建编号”和“删除可视编号”两个命令。“创建编号”命令可以在视图中为所选择的对象创建编号。
- 选项：“选项”选项组内包含“定义”“BOM ID 格式”“编号”3 个选项卡。“定义”选项卡内指定如何将 BOM ID 指定到几何图形对象；利用“BOM ID 格式”选项卡可以定义 BOM ID 的规则，如指定前缀及后缀等；“编号”选项卡用来定义所创建的编号。

16.5.4　矢量图

扫一扫，看视频

在 SOLIDWORKS 2022 中可以创建矢量图。这些矢量图可以保存为 SVG、EPS、SVGZ、CGM 及 Tech Illustrator 等格式。矢量图利用边、多边形或文本来描绘图形，相对于光栅图像来说，矢量图具有很多优点，最突出的优点是可以放大图形到任意尺寸而不会像光栅图像一样丢失清晰度。另外，使用矢量图可以更加容易地补全缺失的图形文件，使用矢量图显示图形可以不用考虑照明、阴影、颜色及控制 dpi。

在 SOLIDWORKS Composer 2022 中，创建矢量图是通过“技术图解”工作间进行的。通过“技术图解”工作间可以创建和发布场景中的矢量图形。可以选择功能区的“工作间”选项卡“发布”面板中的“技术图解”命令进入“技术图解”工作间。如图 16-79 所示为“技术图解”工作间及创建的矢量图形。

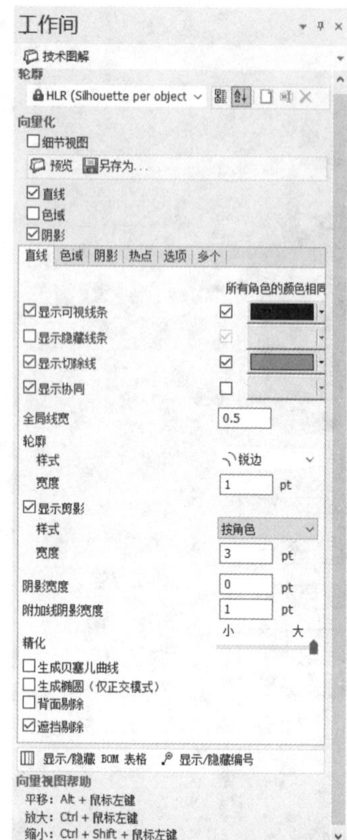

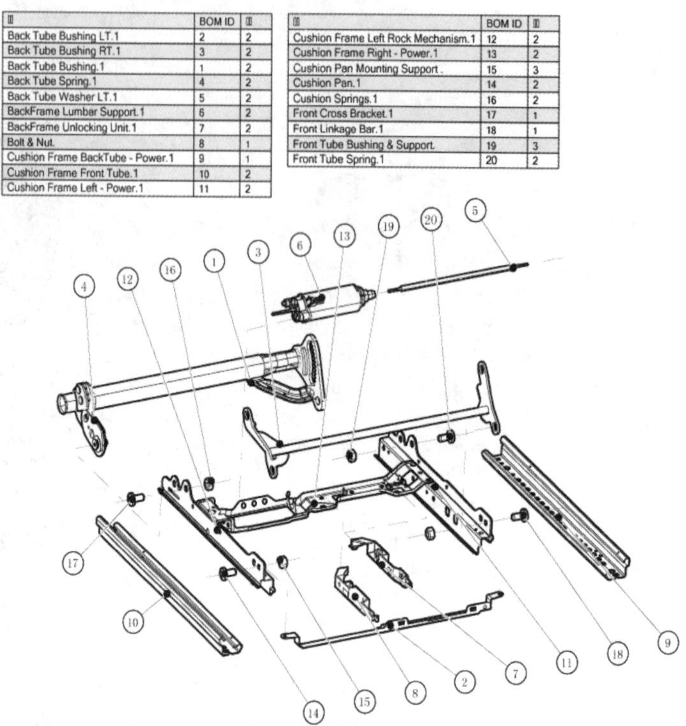

	BOM ID	
Back Tube Bushing LT.1	2	2
Back Tube Bushing RT.1	3	2
Back Tube Bushing.1	1	2
Back Tube Spring.1	4	2
Back Tube Washer LT.1	5	2
BackFrame Lumbar Support.1	6	2
BackFrame Unlocking Unit.1	7	2
Bolt & Nut.	8	1
Cushion Frame BackTube - Power.1	9	1
Cushion Frame Front Tube.1	10	2
Cushion Frame Left - Power.1	11	2

	BOM ID	
Cushion Frame Left Rock Mechanism.1	12	2
Cushion Frame Right - Power.1	13	2
Cushion Pan Mounting Support .	15	3
Cushion Pan.1	14	2
Cushion Springs.1	16	2
Front Cross Bracket.1	17	1
Front Linkage Bar.1	18	1
Front Tube Bushing & Support.	19	3
Front Tube Spring.1	20	2

图 16-79　“技术图解”工作间及创建的矢量图形

- 细节视图：为场景创建一个矢量的二维图像面板。在创建此二维图像面板前，可以调节选取所创建的二维图像面板包含图形的范围，创建完成后，可以通过属性面板调整此二维图像面板。
- “直线”选项卡：允许指定显示哪些模型直线（可视直线、隐藏直线、轮廓、轮廓渲染）和优化方法，如隐藏线条移除（HLR）。直线向量化选项必须启用，清除直线、色域和阴影会导致向量图变为空白。
- “色域”选项卡：使输出的矢量图形具有颜色。在该选项卡中，还可以调整灯光照明及色深等。
- “阴影”选项卡：在该选项卡中调节关于阴影的一些参数，如管理阴影轮廓和阴影的填充颜色。通过其中的“透明度”选项可以调节阴影的透明度。
- “热点”选项卡：该选项卡中可以设置矢量输出的热 点。热点为可激活区域，通过在 SOLIDWORKS Composer 2022 中创建的热点，可以访问文件、事件链接、BOM 信息或网页等。
- “选项”选项卡：通过该选项卡，可以设置管理输出的页面格式。

扫一扫，看视频

16.5.5　实例——脚轮爆炸图

下面以实例的形式来练习爆炸图和矢量图的操作。脚轮模型如图 16-80 所示。

【操作步骤】

1. 打开模型

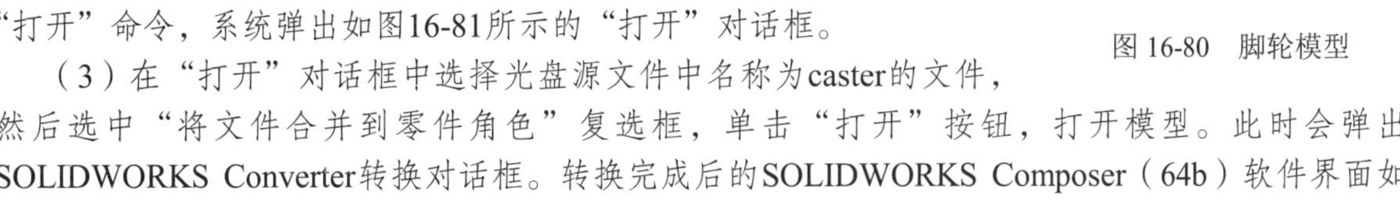

图 16-80 脚轮模型

（1）启动软件。选择“开始”→“所有程序”→SOLIDWORKS 2022→SOLIDWORKS Composer 2022命令，或双击桌面图标，启动SOLIDWORKS Composer 2022。

（2）在打开的SOLIDWORKS Composer 2022中选择“文件”→“打开”命令，系统弹出如图16-81所示的“打开”对话框。

（3）在“打开”对话框中选择光盘源文件中名称为caster的文件，然后选中“将文件合并到零件角色”复选框，单击“打开”按钮，打开模型。此时会弹出SOLIDWORKS Converter转换对话框。转换完成后的SOLIDWORKS Composer（64b）软件界面如图16-82所示。

（4）保存文件。单击快速工具栏中的“保存”按钮，系统会以caster.smg为文件名进行保存。

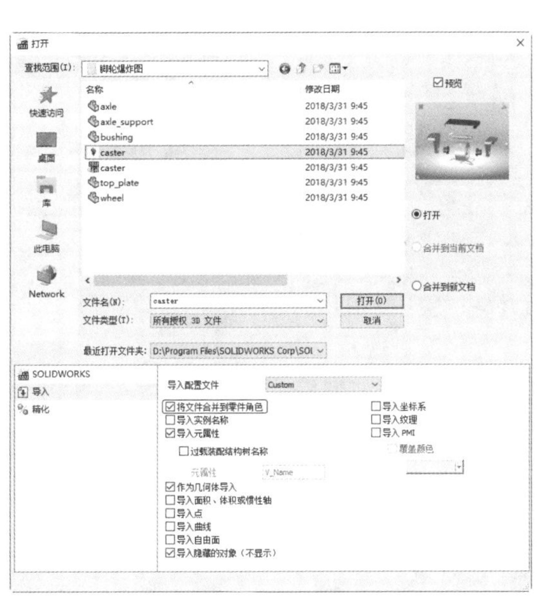

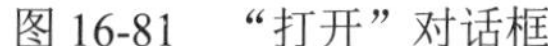

图 16-81 “打开”对话框

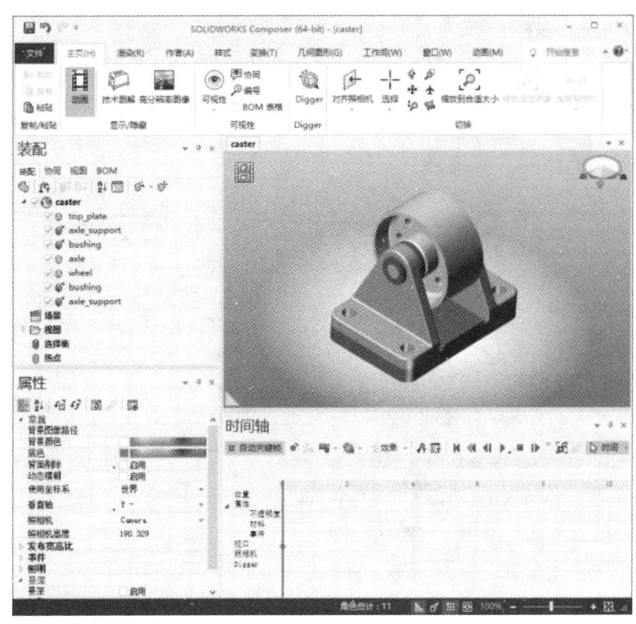

图 16-82 SOLIDWORKS Composer 软件界面

2. 创建视图

（1）更改坐标系。由于所得到的模型与实际中的相反，可以在SOLIDWORKS Composer 2022中对模型进行调整。在“属性”面板“垂直轴”选项中，将垂直轴更改为Y+，此时模型将翻转过来。

（2）创建视图。单击左侧面板中“视图”面板中的“创建视图”按钮，新建一个视图，单击新视图的名称，稍后再单击一次，将视图重命名为“默认视图”，如图16-83所示。

（3）自定义视图。选择功能区的“文件”→“属性”→“文档属性”命令，打开“文档属性”对话框，在左侧选择“视口”选项卡，如图16-84所示。在这里可以更改自定义视图的名称及视图的极坐标轴。将名称设置为“视图15”，Theta设置为15°，Phi设置为15°，单击“确定”按钮，定义视图15。

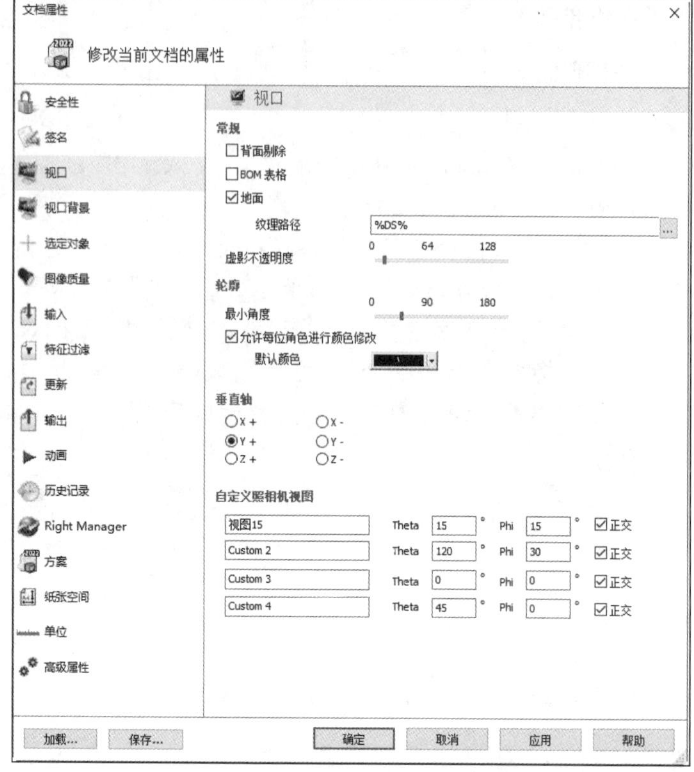

图 16-83　创建视图

图 16-84　“文档属性”对话框

（4）显示视图15。选择“主页”选项卡“切换”面板中的“视图15（15.0，15.0）（o）”命令，将视图切换为视图15。

（5）再次创建视图。单击左侧“视图”面板上的“创建视图”按钮，再次创建一个视图，单击新视图的名称，稍后再单击一次，将视图重命名为“爆炸视图”。结果如图16-85所示。

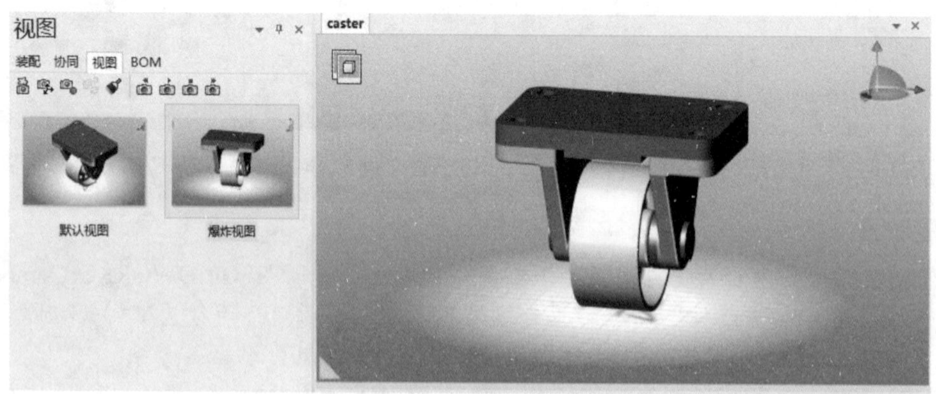

图 16-85　“视图”面板

3. 爆炸图

（1）线性爆炸。单击“变换”选项卡“爆炸”面板中的“线性”按钮，如图16-86所示。按Ctrl+A组合键选择所有模型，此时光标上出现导航轴，选择红色轴为爆炸方向，拖动鼠标到如图16-87所示的合适位置。

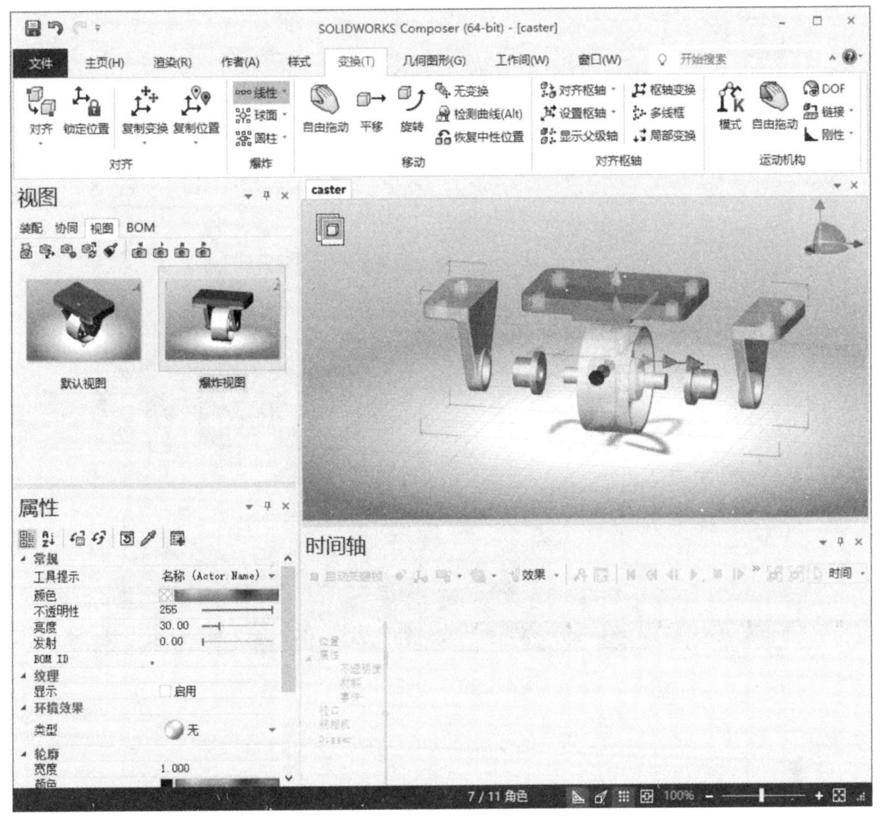

图 16-86　线性爆炸

（2）平移顶部平板零件。单击“变换”选项卡“移动”面板“平移”按钮。选择左侧面板的“装配”面板中的top_plate零件，拖动三角导航中的蓝色轴到合适的位置，如图16-87所示。

（3）平移轴。单击“变换”选项卡“移动”面板“平移”按钮。选择“装配”选项组中的Axle零件，然后单击绿色轴，直接在属性面板中输入长度为60，将轴平移到底轮的上方。结果如图16-88所示。

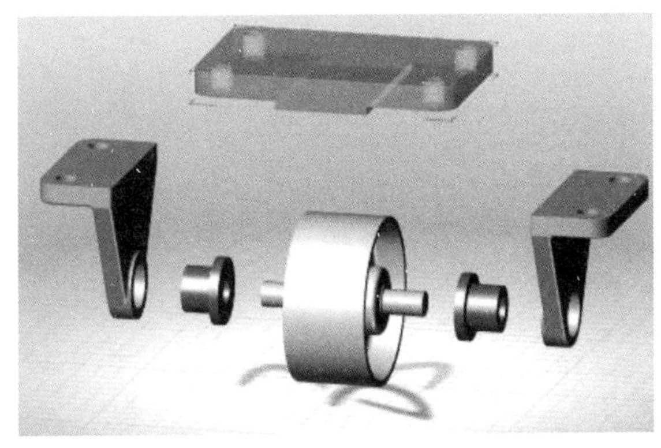

图 16-87　平移顶部平板零件

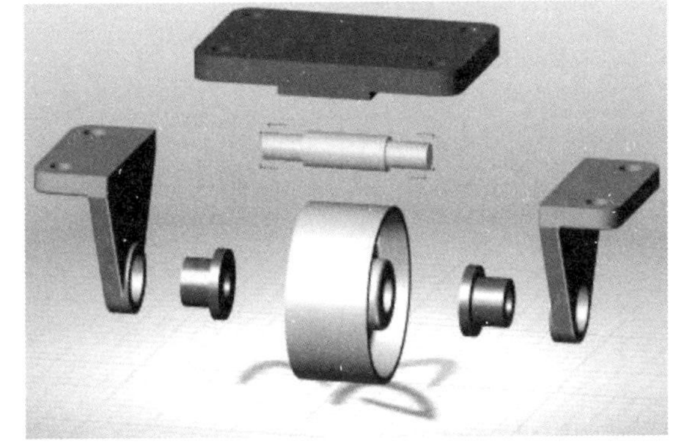

图 16-88　平移轴零件

（4）更新视图。首先选择左侧面板“视图”面板中的“爆炸视图”，然后单击“更新视图”按钮，将视图进行更新。最终结果如图16-89所示。

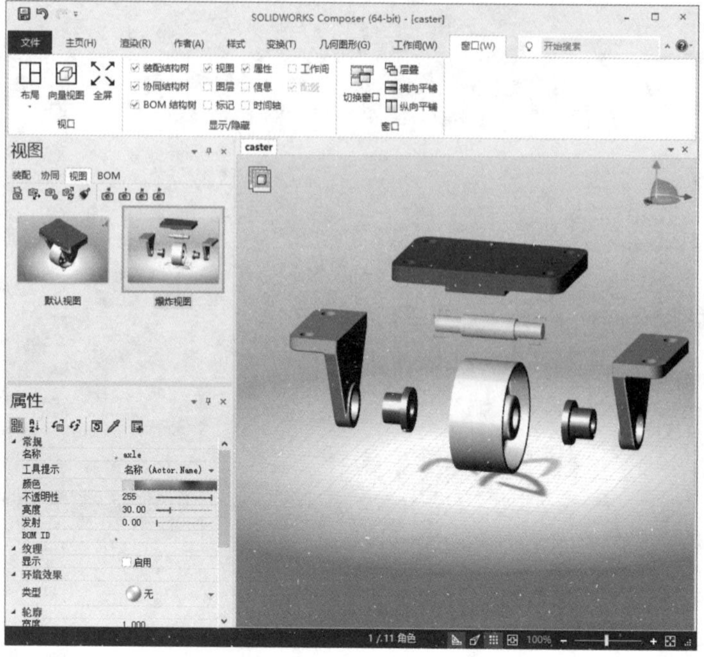

图 16-89　更新视图

4. BOM 表格

（1）打开BOM工作间。单击“工作间”选项卡“发布”面板中的“BOM”按钮，打开如图16-90所示的BOM工作间。首先选择应用对象为“可视几何图形”，然后单击“生成BOM ID”按钮，为模型生成BOM ID。在如图16-91所示的左侧BOM面板中可以查看零件的编号及数量。

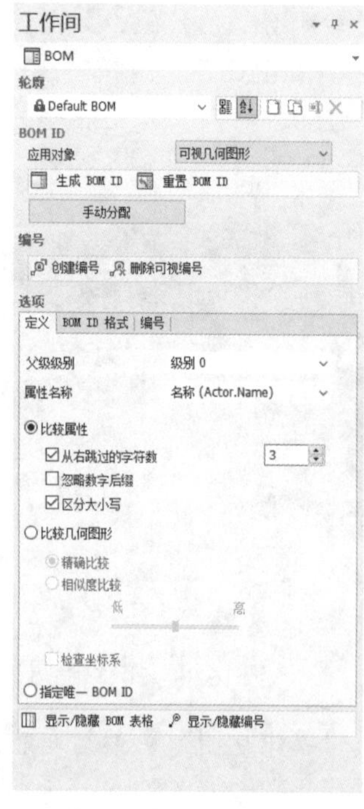

图 16-90　BOM 工作间

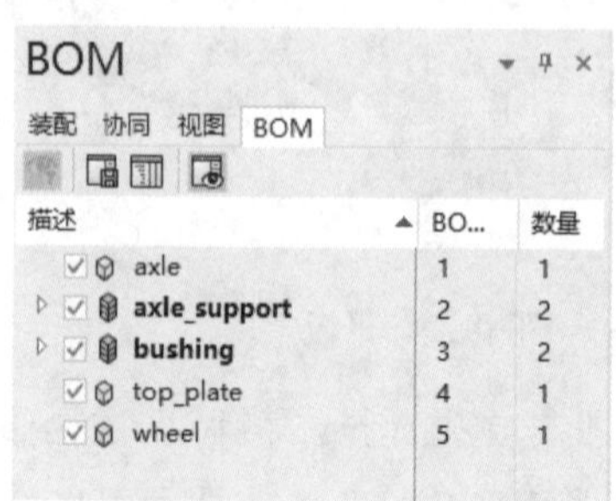

图 16-91　BOM 左面板

（2）更改BOM位置。首先单击“工作间”对话框中的“显示/隐藏BOM表格”按钮，将表格显示在图形区域，然后选中BOM表格，此时属性面板中将显示BOM的属性。更改其中的文本大小为20，放置位置为“右”，其余采用默认值，如图16-92所示。

（3）创建编号。在图形区中选择所有的零件，然后在右侧工作间中选择“编号”选项卡，在“创建”选项中选择“为每个BOM ID创建一个编号”选项，在“附加点”栏中选中“在中心最近处附近点”选项；单击“编号”选项组中的“创建编号”按钮，为所选的对象添加编号。最后在属性面板中将“大小”改为20。结果如图16-93所示。

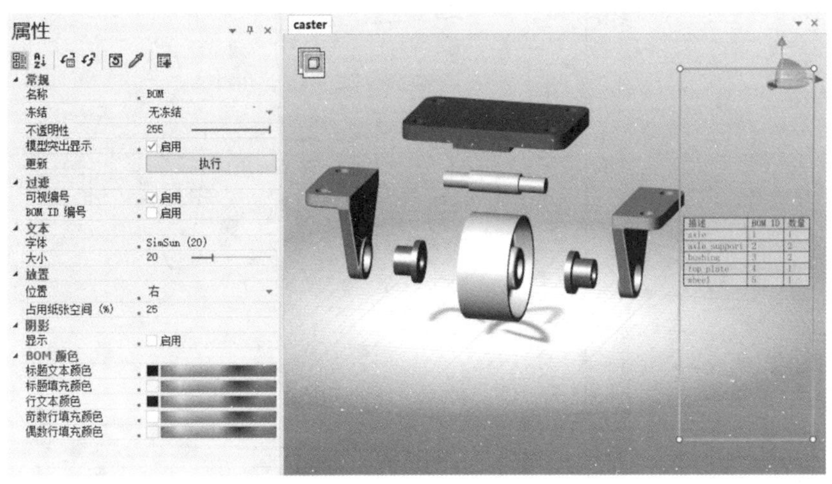

图16-92　BOM属性

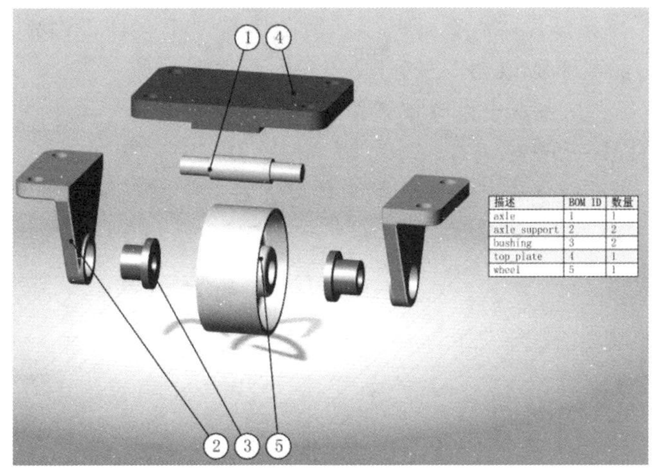

图16-93　创建编号

（4）更新视图。首先选择左侧面板“视图”面板中的“爆炸视图”，然后单击“更新视图”按钮，将视图进行更新。

5. 矢量视图

（1）打开“技术图解”工作间。单击“工作间”选项卡“发布”面板中的“技术图解”按钮，打开如图16-94所示的“技术图解”工作间。单击“预览”按钮，查看默认状态下的预览图，系统弹出IE浏览器，可以查看生成的技术图解。

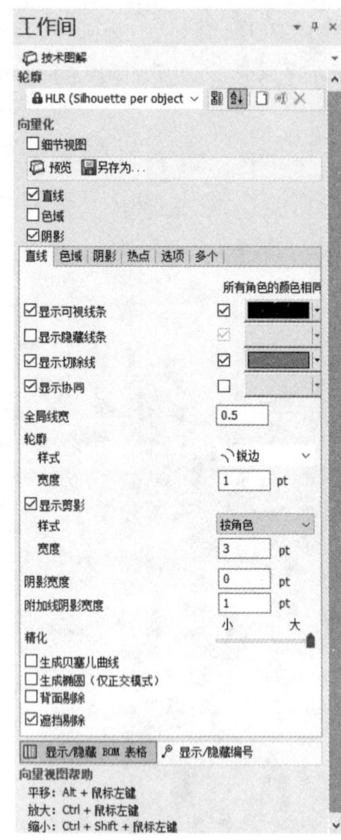

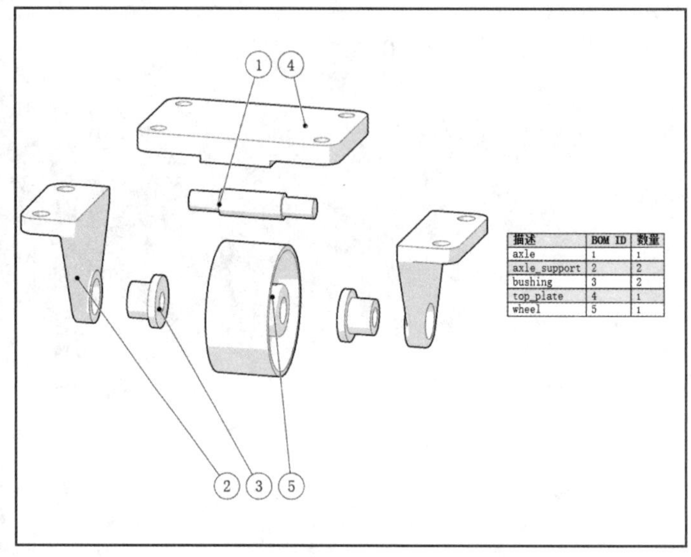

描述	BOM ID	数量
axle	1	1
axle_support	2	2
bushing	3	2
top_plate	4	1
wheel	5	1

图 16-94　技术图解

（2）取消BOM表格和编号显示。在“技术图解”工作间中，将“轮廓”方式更改为“构造边线”，然后单击“显示/隐藏BOM表格”按钮及“显示/隐藏编号”按钮，取消显示BOM表格及编号。最后在视图中的空白区域双击鼠标中键，将视图调整为合适的大小。单击“预览”按钮，查看预览的矢量图，如图16-95所示。

（3）另存图像。单击“技术图解”工作间中的“另存为”按钮，打开如图16-96所示的“向量化另存为”对话框。在这里采取默认的文件名，单击“保存”按钮，保存为svg格式的矢量图形。

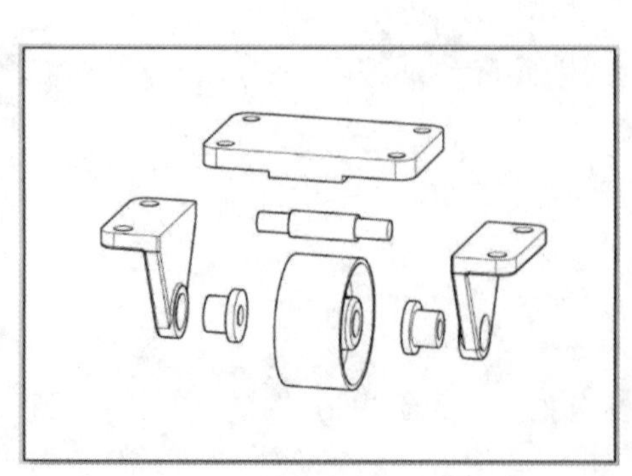

图 16-95　构造边线模式

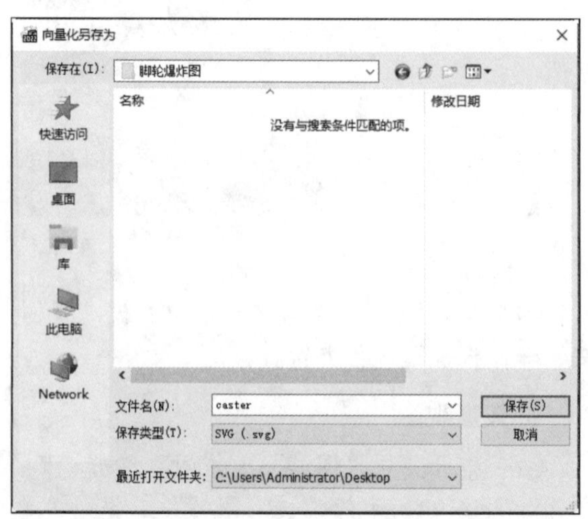

图 16-96　“向量化另存为”对话框

16.6　动画制作

SOLIDWORKS Composer 2022 采用框架界面创建时间轴。在“时间轴”面板中，可以通过键、过滤、播放工具等来创建和编辑动画。动画创作完成后，可以进行输出操作，还可以通过事件来增强动画的交互性。

扫一扫，看视频

16.6.1　“时间轴”面板

“时间轴”面板是创建动画的基本面板，可以在其中进行关键帧操作及动画的播放控制。“时间轴”面板只在动画模式中才可以被激活。如果在视图模式下，则单击“视图”区域左上角的“切换到动画模式”图标，将当前模式转换为动画模式。如图 16-97 所示，时间轴由工具栏、标记条、时间轴和轨道帧 4 部分构成。

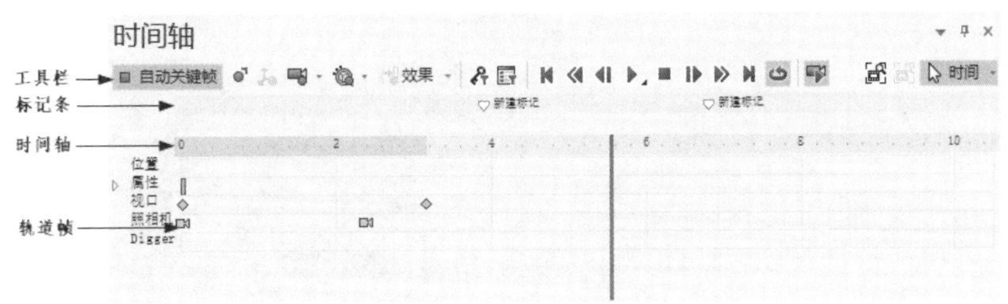

图 16-97　“时间轴”面板

1. 工具栏

工具栏中提供了许多制作动画的命令，其他附加的命令可以通过右击动画功能区或轨道帧来实现。

- 自动关键帧：当改变动画属性（位置、颜色等）时，在当前时间自动创建关键帧。使用自动关键帧模式，会导致创建多余的关键帧，在熟练使用此命令之前，建议取消自动关键帧模式。
- 设置关键帧：为选择的对象在当前时间创建关键帧，该关键帧包括选择对象的所有属性。
- 设置位置关键帧：在当前时间创建选择对象的位置关键帧。位置关键帧的颜色与对象的中性颜色相同。
- 设置照相机关键帧：在当前时间捕捉照相机的位置。照相机关键帧记录了方向和缩放的大小。
- 设置 Digger 关键帧：在当前时间捕捉 Digger 对象的关键帧。
- 效果：该命令中包含可以自动创建的效果，包括淡入、淡出、热点及恢复关键帧的初始属性。
- 仅显示选定角色的关键帧：仅显示选定对象的关键帧，此命令不会影响照相机关键帧和 Digger 帧。
- 仅显示选定属性的关键帧：仅显示选定对象在属性面板更改的属性关键帧，这些属性包括颜色和不透明度等。可以使用 Ctrl 键选择多个属性。如果没有选择属性，则显示所有属性帧。

2. 标记条

标记条用于显示动画的标记，标记指定了动画中的关键点。只需在要创建时间点的标记条中单击，即会创建新的标记。右击所创建的标记，在弹出的快捷菜单中选择“重命名标记”命令，即可对标记进行重命名。同样，可以在弹出的快捷菜单中选择“删除标记”命令，删除该标记。想要移动标记，选中并拖动即可。

3. 时间轴

时间轴是显示部分或全部的动画时间轴。要改变当前动画的时间，在时间轴中单击即可。在时间轴中的竖直红色条称为时间指示条。在查看动画时，通过拖动时间指示条来改变动画时间。

4. 轨道帧

轨道帧显示动画关键帧，分为 5 行，分别显示位置、属性、视口、照相机和 Digger 关键帧，如图 16-98 所示。可以直接对轨道帧中的关键帧进行操作，要移动一个关键帧，可以直接拖动；要复制一个关键帧，可以按住 Ctrl 键并拖动该帧；要删除一个帧，在其上右击并在弹出的快捷菜单中选择“删除关键帧”命令。

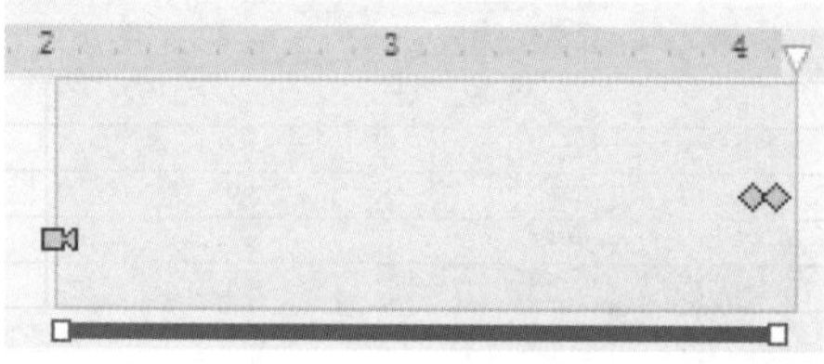

图 16-98　多选关键帧

要选择多个帧，只需在轨道帧上按住鼠标左键并拖动，包含在拖动框中的所有关键帧将被选中，此时在轨道帧的下面将出现一个黑条。要移动这些帧，可以拖动此黑条；要复制这些帧，按住 Ctrl 键并拖动黑条即可；要改变此段的时间，直接拖动黑条的端点，则关键帧将按比例更改时间。

扫一扫，看视频

16.6.2　事件

为了得到更好的表达和交互效果，可以在制作的动画中添加事件。事件不可应用于 AVI 形式，仅用于交互的平台形式，如网页格式、打包文件等。事件是通过属性面板配合时间轴进行创建的。一般在零件上单击，再更改属性面板中的“事件”选项组参数，如图 16-99 所示。在“属性”中，可定义的事件有脉冲和链接。

- 脉冲：可指定动画中对象闪烁的时间，指示此对象具有事件。可以设定无、200ms、400ms 及 800ms。对象闪烁完成后，动画会暂停等待响应。
- 链接：为对象定义链接，可定义的链接形式包括链接到文件、链接到网页、链接到 FTP、打开视图、下一标记、上一标记、转到开始、转到结束、链接到标记、播放及播放标记。单击“链接”选项空白处右端按钮 ...，打开如图 16-100 所示的“选择链接”对话框，在最下端的 URL 下拉列表框中可以选择要添加的链接。

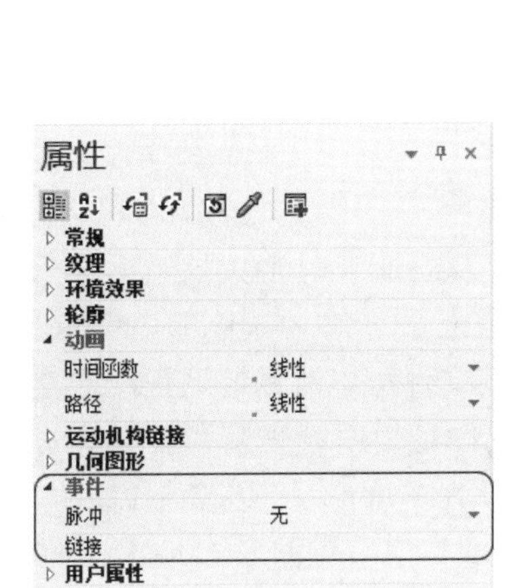

图 16-99 属性面板

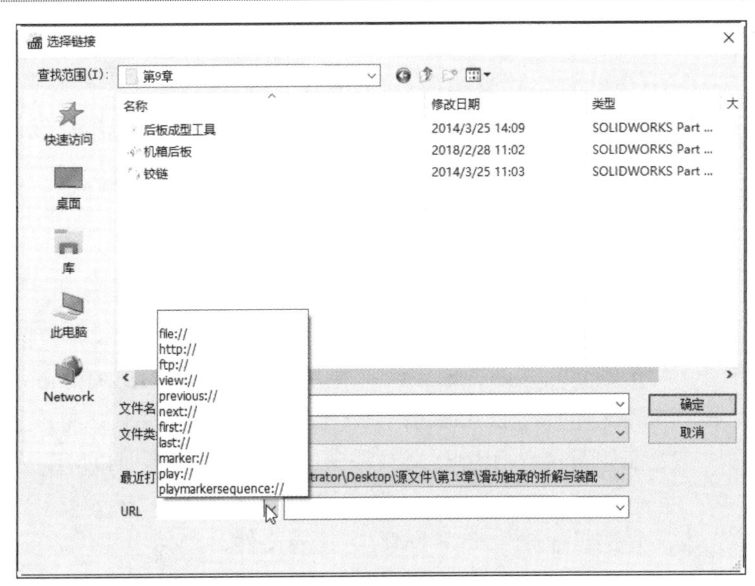

图 16-100 “选择链接”对话框

16.6.3 动画输出

动画完成后要进行输出。在 SOLIDWORKS Composer 2022 中使用“视频”工作间进行动画的输出控制。使用“视频”工作间可以将动画生成为 AVI 格式的视频。单击“工作间”选项卡“发布”面板中的“视频”按钮，就可以进入“视频”工作间，如图 16-101 所示。

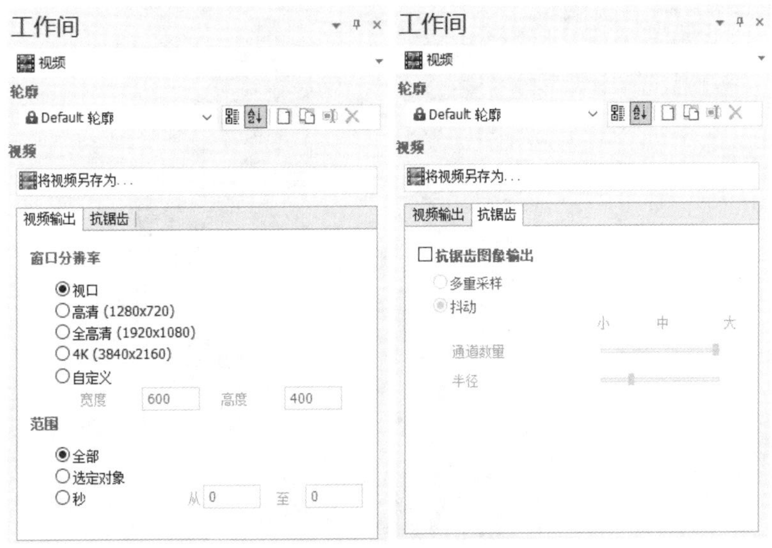

图 16-101 “视频”工作间

- 将视频另存为：单击该按钮，会弹出“保存视频”对话框。在此对话框中可输入保存的名称及路径。单击“保存”按钮后，将弹出“视频压缩”对话框，在该对话框中设置压缩的编码格式，默认为“全帧（非压缩的）”，采用此种格式生成的文件较大，一般不建议选取。

- 视频输出：在“视频输出”选项卡中可以更改窗口分辨率，设置要生成动画的范围，包括全部、选定对象和指定时间。
- 抗锯齿：在“抗锯齿”选项卡中可以更改抗锯齿图像输出，选择抗锯齿的方式，包括多重采样和抖动。另外，可以调整通道数量和半径。

16.6.4 发布交互格式

在 SOLIDWORKS Composer 2022 中，除了可以生成传统的图片及动画 AVI 形式的结果文件外，还可以发布成交互文件的形式，这也是 SOLIDWORKS Composer 2022 非常突出的优点，而且在创建复杂的装配体时，通过 SOLIDWORKS Composer 2022 生成的交互文件可以流畅地运行，这是其他软件无法比拟的。在所有交互格式类型的文件中，HTML 格式文件是使用最频繁和被支持的最多的格式，如图 16-102 所示为生成的 HTML 文件。在 SOLIDWORKS Composer 2022 中可以通过预先定义好的模板来生成 HTML 格式的文件，当然也可以定义模板或生成后再编辑 HTML 文件。选择功能区的“文件”→“发布”→HTML 命令，可以打开如图 16-103 所示的“另存为”对话框，在该对话框中可以设置输出为 HTML 格式的各个选项。选择“Html 输出”选项，则可在相应页面中选择要生成 HTML 的模板，如图 16-104 所示。单击对话框中的“保存”按钮，即可生成 HTML 格式的交互文件。

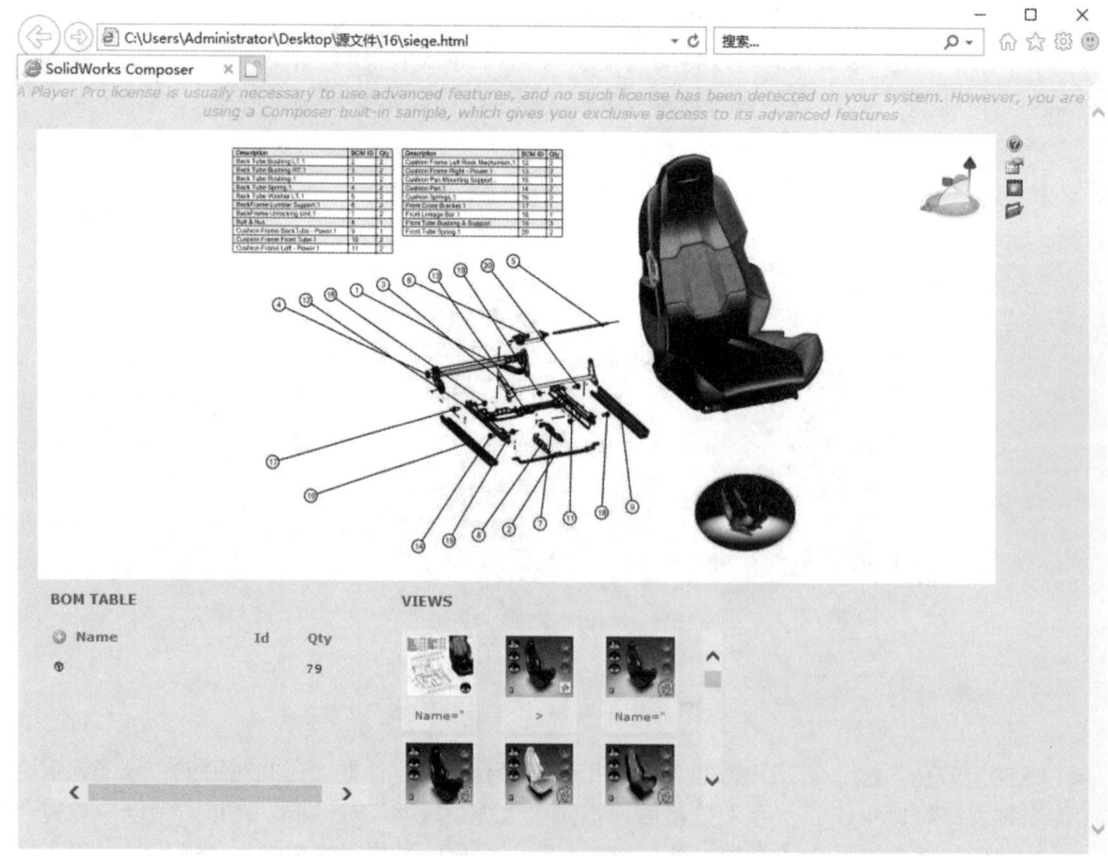

图 16-102　HTML 格式文件

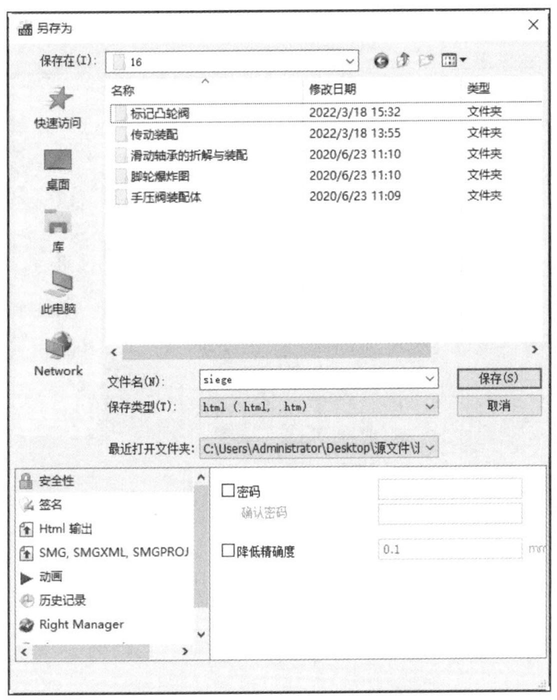

图 16-103　“另存为”对话框

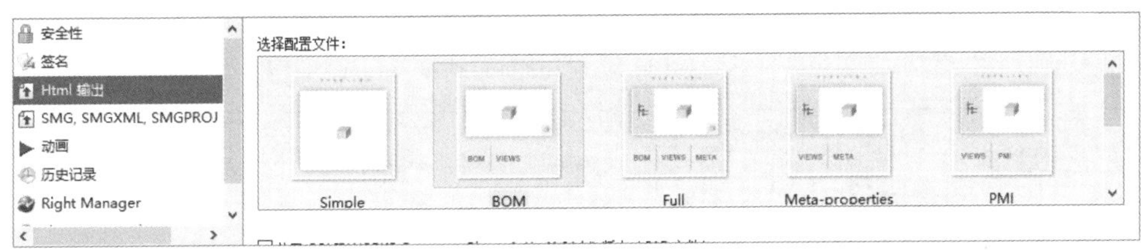

图 16-104　可选的默认模板

扫一扫，看视频

16.6.5　实例——滑动轴承的拆解与装配

下面以实例的形式来练习制作动画的操作。滑动轴承模型如图 16-105 所示。

图 16-105　滑动轴承模型

【操作步骤】

1. 打开模型

（1）启动软件。选择“开始”→“所有程序”→SOLIDWORKS 2022→SOLIDWORKS Composer 2022命令，或双击桌面图标，启动SOLIDWORKS Composer 2022。

（2）在打开的SOLIDWORKS Composer 2022中选择“文件”→“打开”命令，系统弹出如图16-106所示的“打开”对话框。

（3）在“打开”对话框中选择光盘源文件中的pillow_block文件，然后选中“将文件合并到零件角色”复选框，单击“打开”按钮，打开模型，此时会弹出SOLIDWORKS Converter 2022转换对话框。转换完成后的SOLIDWORKS Composer（64-bit）软件界面如图16-107所示。

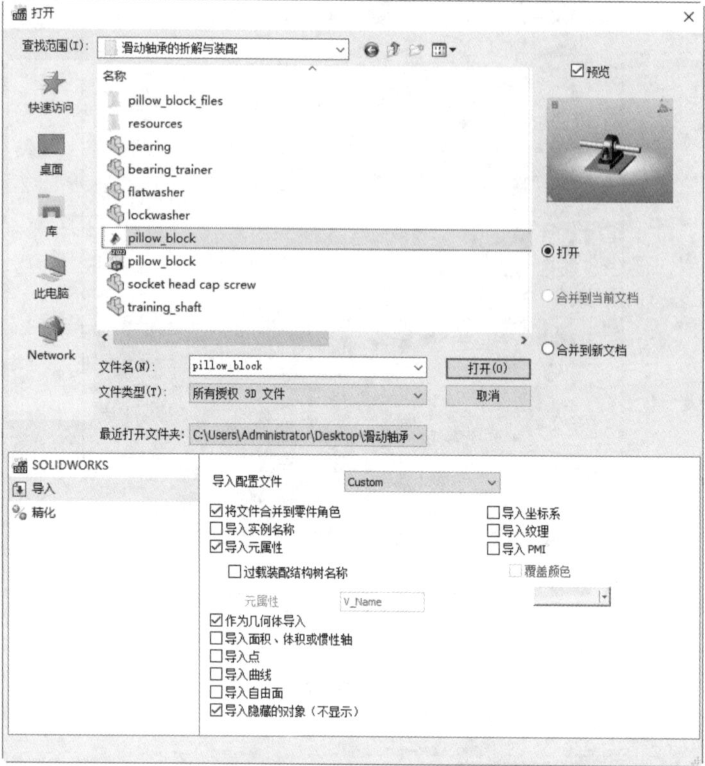

图 16-106 “打开”对话框

图 16-107 SOLIDWORKS Composer（64-bit）软件界面

（4）保存文件。单击快速工具栏中的“保存”按钮，系统会以pillow_block.smg为文件名进行保存。

2. 创建拆解动画

（1）创建动画。创建动画需要在动画模式中，如果当前在视图模式下，则单击视图区域左上角的“切换动画模式”图标，将当前模式转换为动画模式。

（2）移除长杆。首先在“时间轴”面板中0s处创建第一照相机关键帧，用来固定模型的位置，然后将时间指示条拖动到1s处，单击“变换”选项卡“移动”面板中的“平移”按钮，选择零件中的training_shaft，向左拖动三角导航中的红色轴到合适的位置，如图16-108所示。

图16-108　移除长杆

（3）捕捉照相机。保持时间指示条在1s上，单击“时间轴”面板中的“设置照相机关键帧”按钮，在1s处设置照相机关键帧。在此步放置照相机关键帧，表示在0～1s的时间内照相机视图（指移除长杆以后的部分）一直保持现在的状态不动。

（4）移动相机视图。在“时间轴”面板中将时间指示条拖动到2s处，将视图进行放大，重点突出显示螺钉部分。单击“时间轴”面板中的“设置照相机关键帧”按钮，在2s处设置照相机关键帧。在此步放置照相机关键帧，表示在1～2s的时间内照相机视图进行放大的过程。结果如图16-109所示。

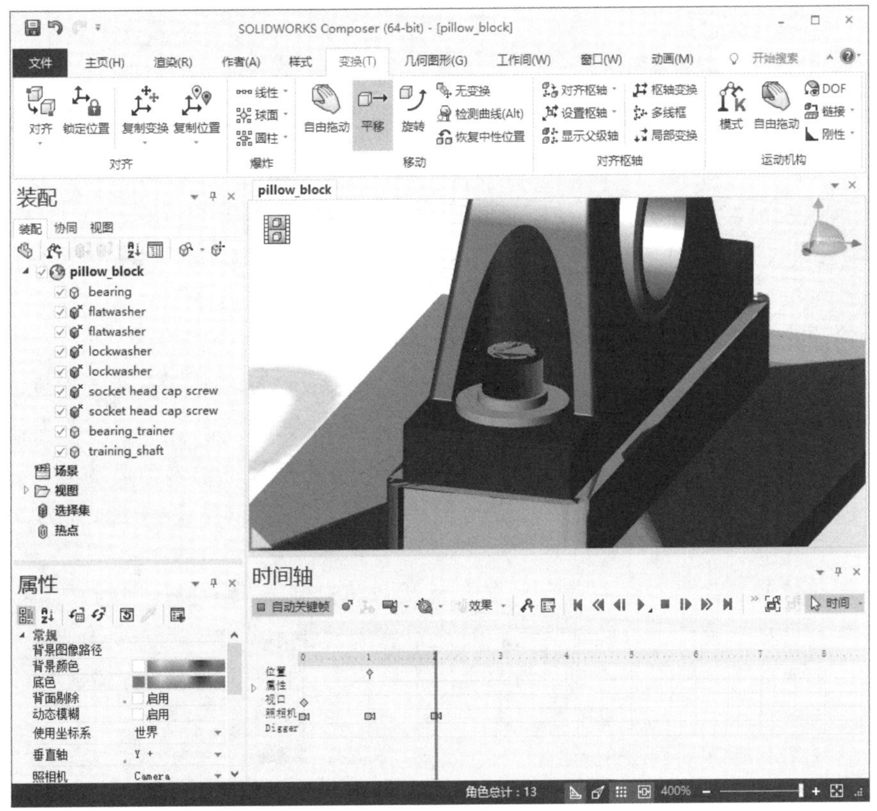

图16-109　移动相机视图

（5）添加热点效果。在“时间轴”面板中将时间指示条拖动到2.5s处，在视图中选择socket head cap screw（面向屏幕的）选项，选择“时间轴”面板中的“效果”→“热点”命令，在2.5s处添加热点效果。采用同样的方式，分别在3s和3.5s处添加热点效果。添加完成后，单击“时间轴”面板中的“播放”按钮▶，播放制作的动画。结果如图16-110所示。

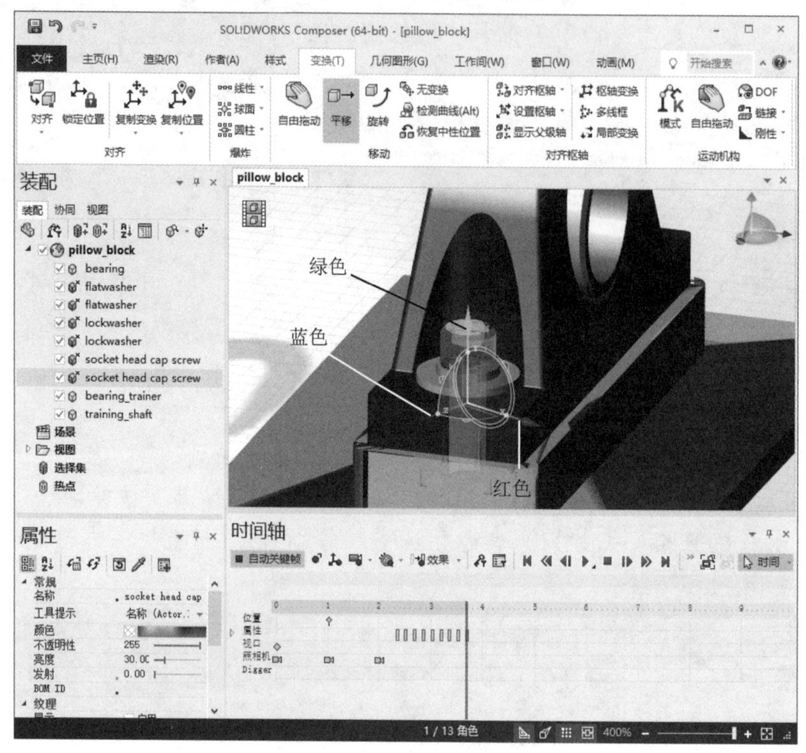

图 16-110　添加热点效果

（6）添加位置关键帧。在“时间轴”面板中将时间指示条拖动到4s处，在视图中选择socket head cap screw选项，单击“时间轴”面板中的“设置位置关键帧”按钮，在4s处添加位置关键帧。

（7）制作螺栓旋转动画。在“时间轴”面板中将时间指示条拖动到5s处，单击“变换”选项卡“移动”面板中的“平移”按钮。选择零件socket head cap screw选项，然后单击绿色轴，直接在属性面板中输入长度为5，将螺钉向上平移5。然后单击“变换”选项卡“移动”面板中的“旋转”按钮，单击蓝色轴与红色轴之间的平面，直接在属性面板中输入角度为120°，将螺钉旋转120°。完成后将时间指示条拖动到4s处，然后单击“播放”按钮▶，播放4～5s之间的动画，查看螺栓旋转出的效果。结果如图16-111所示。

（8）制作螺栓旋转其余动画。在“时间轴”面板中将时间指示条拖动到6s处，采用与步骤（7）相同的方式添加一段螺栓旋转出的动画。制作完成后将时间指示条拖动到7s处，再次添加一段螺栓旋转出的动画。完成后将时间指示条拖动到4s处，然后单击“播放”按钮▶，播放4～7s之间的动画，查看螺栓旋转出的效果，如图16-112所示。

（9）制作螺栓平移动画。在“时间轴”面板中将时间指示条拖动到8s处，单击“变换”选项卡“移动”面板中的“平移”按钮。单击选择零件socket head cap screw选项，然后单击绿色轴，直接在属性面板中输入长度为150，将螺栓向上平移150，添加螺栓平移出的动画。

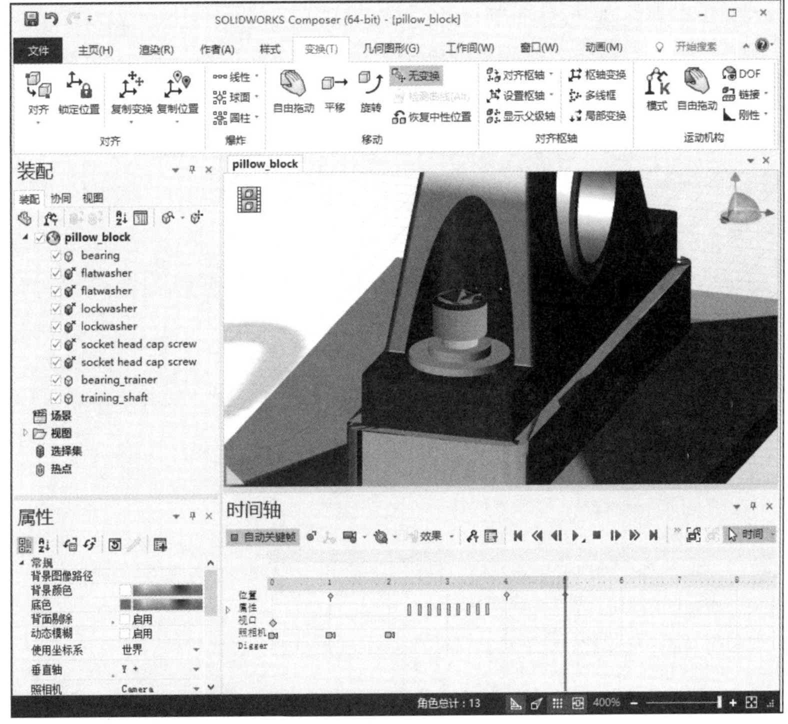

图 16-111　螺栓旋转动画 1

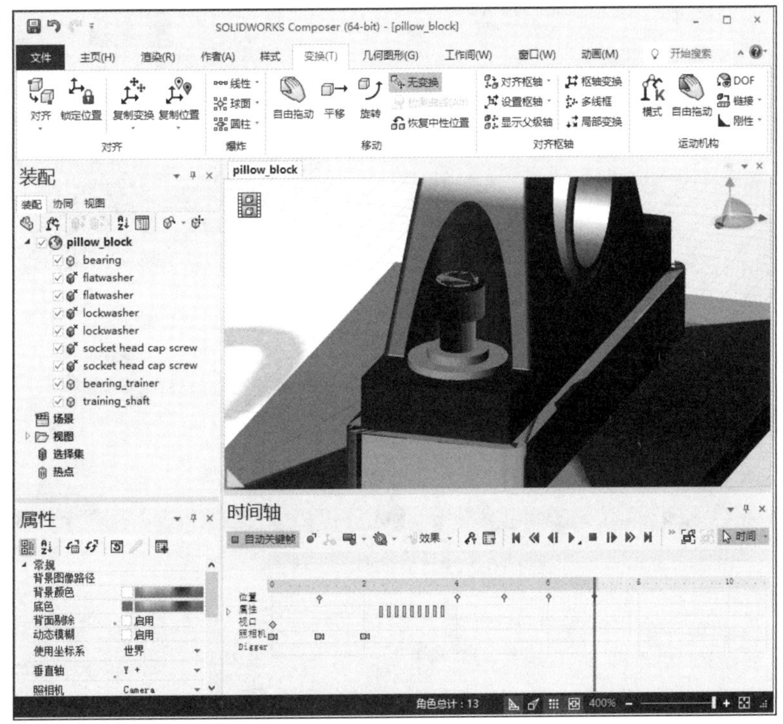

图 16-112　螺栓旋转动画 2

（10）锁紧垫片平移动画。在“时间轴”面板中将时间指示条拖动到9s处，单击“变换”选项卡“移动”面板中的“平移”按钮。单击选择零件lockwasher，然后单击绿色轴，直接在属性面板中输入长度为80，将锁紧垫片向上平移80，添加锁紧垫片平移出来的动画。完成后将时间指示条拖动到7s处，然后单击“播放”按钮▶，播放7～9s之间的动画，此时发现锁紧垫片并不是自8s开始移出，这是因为没有在8s处为锁紧垫片添加位置关键帧。

（11）恢复中性位置。在“时间轴”面板中将时间指示条拖动到8s处，选择零件lockwasher，单击“变换”选项卡“移动”面板中的“恢复中性位置”按钮。将8s处的锁紧垫片恢复到初始位置。再次播放7～9s之间的动画，查看最终的动画效果。

（12）制作平垫片平移动画。在“时间轴”面板中将时间指示条拖动到9s处，选择零件flatwasher，单击“时间轴”面板中的“设置位置关键帧”按钮，在9s处为平垫片添加位置关键帧。然后在“时间轴”面板中将时间指示条拖动到10s处，单击“变换”选项卡“移动”面板中的“平移”按钮，然后单击绿色轴，直接在属性面板中输入长度为40，将平垫片向上平移40，添加平垫片平移出来的动画。结果如图16-113所示。

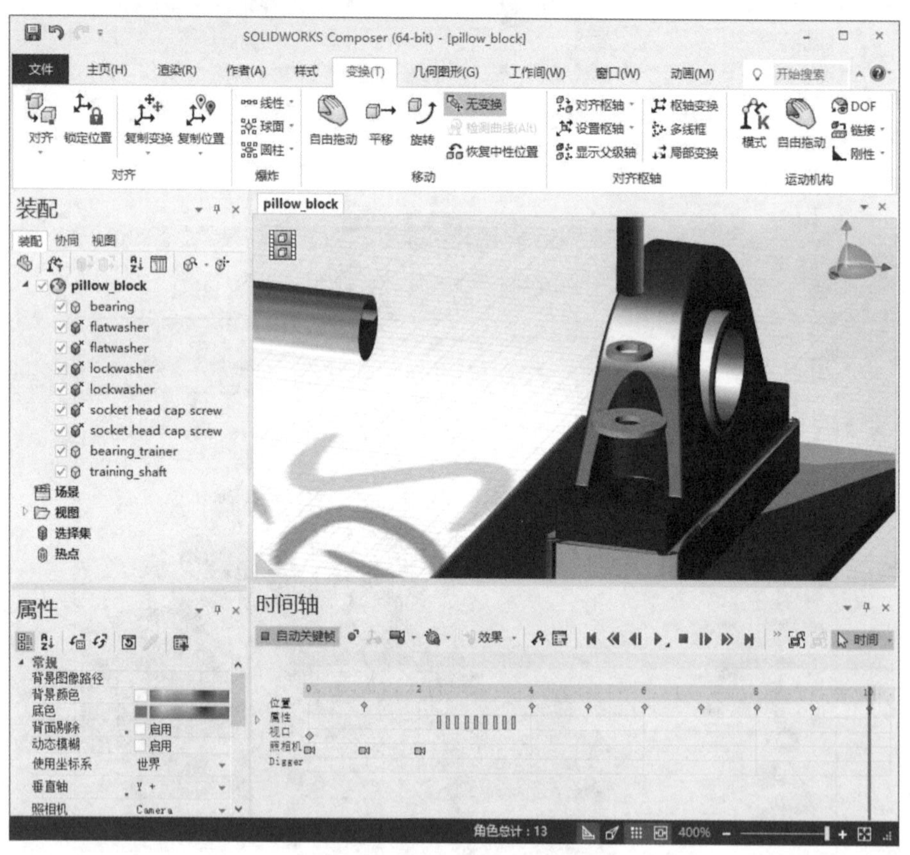

图16-113　平垫片平移动画

（13）旋转视图。保持时间指示条在10s处，单击“时间轴”面板中的“设置照相机关键帧”按钮，在10s处添加照相机关键帧。然后在“时间轴”面板中将时间指示条拖动到11s处，旋转视图突出显示另一侧的螺钉。单击“设置照相机关键帧”按钮，在11s处添加照相机关键帧。结果如图16-114所示。

（14）创建另一侧螺栓部分拆解。根据之前的步骤，将另一侧的螺栓、锁紧垫片和平垫片进行拆解。完成后的视图及时间轴如图16-115所示。

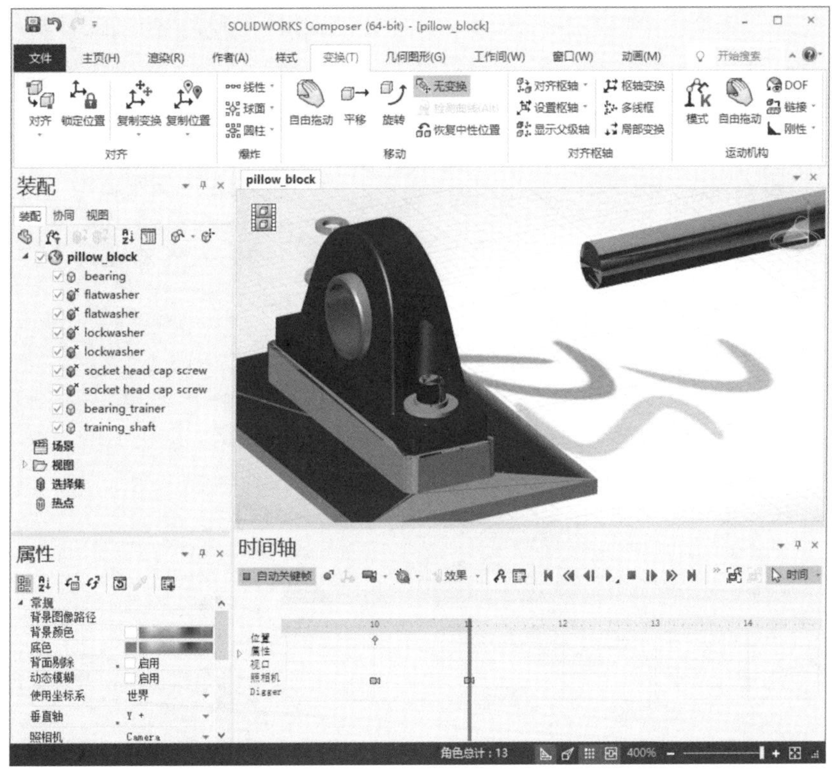

图 16-114　旋转视图

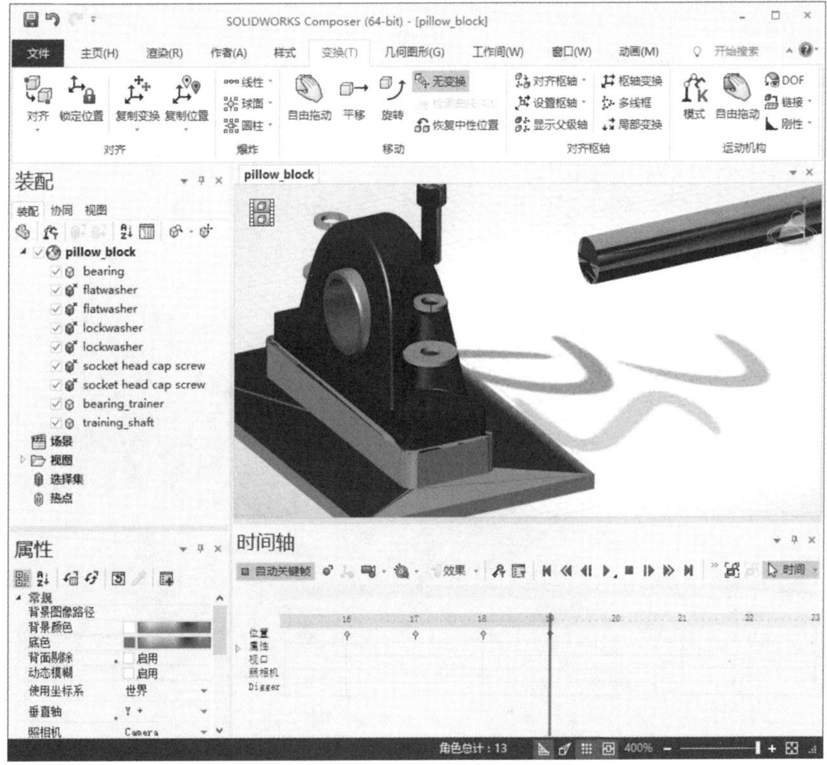

图 16-115　另一侧螺栓部分拆解

（15）缩小视图。保持时间指示条在19s处，单击“时间轴”面板中的“设置照相机关键帧”按钮，在19s处添加照相机关键帧。然后在“时间轴”面板中将时间指示条拖动到20s处，将视图缩小。单击“设置照相机关键帧”按钮，在20s处添加照相机关键帧。结果如图16-116所示。

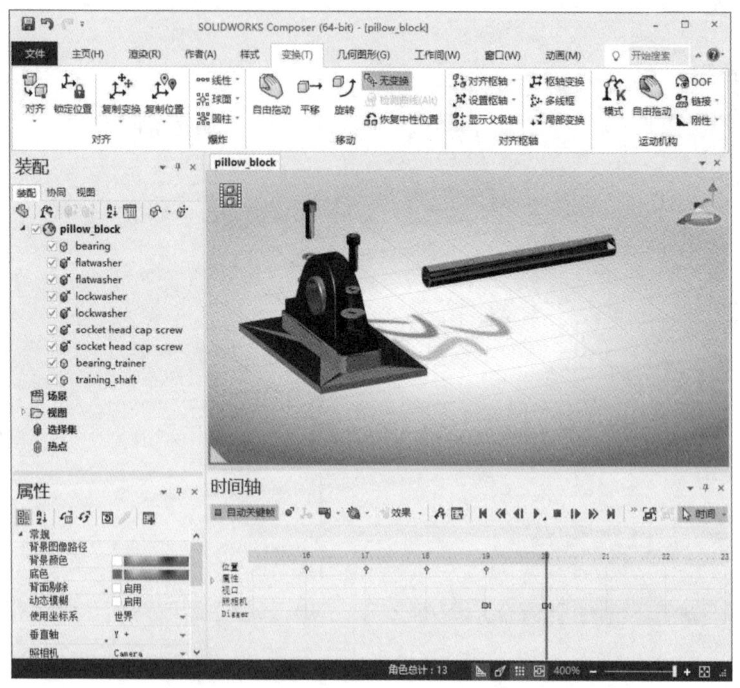

图 16-116　缩小视图

（16）制作轴承台平移动画。在时间轴面板中保持时间指示条在20s处，单击零件bearing_trainer，然后单击“时间轴”面板中的“设置位置关键帧”按钮，在20s处为轴承台添加位置关键帧。然后在“时间轴”面板中将时间指示条拖动到21s处，单击“变换”选项卡“移动”面板中的“平移”按钮，然后单击绿色轴，直接在属性面板中输入长度为-150，将轴承台向下平移150，添加轴承台向下平移出来的动画。结果如图16-117所示。

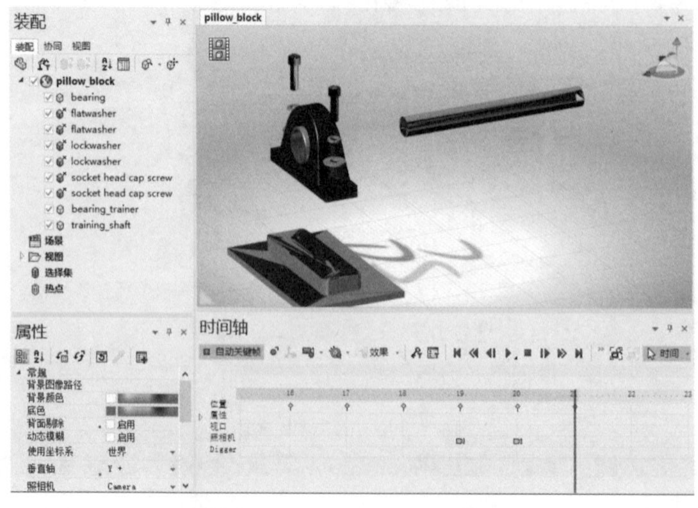

图 16-117　轴承台平移动画

（17）设置拆解结束帧。保持时间指示条在21s处，单击“时间轴”面板中的“设置照相机关键帧”按钮，在21s处添加照相机关键帧，然后在“时间轴”面板中保持时间指示条在22s处，将视图缩放到合适的尺寸，然后单击“设置照相机关键帧”按钮，如图16-118所示。

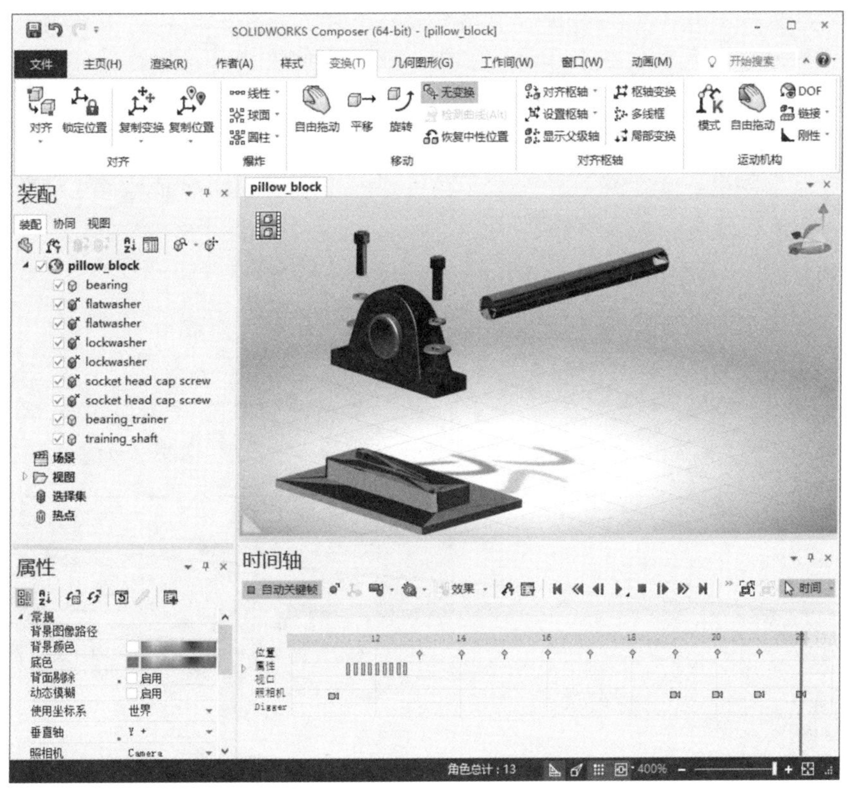

图 16-118　分解结果

3. 制作结合动画

（1）复制所有帧。在“时间轴”面板中框选轨道帧中的所有帧。按住Ctrl键的同时向后拖动轨道帧的黑色指示条，对创建的所有动画进行复制操作。

（2）反转动画。保持复制后的帧为选中状态，在蓝色框内右击，在弹出的快捷菜单中选择“反转时间选择”命令，如图16-119所示。

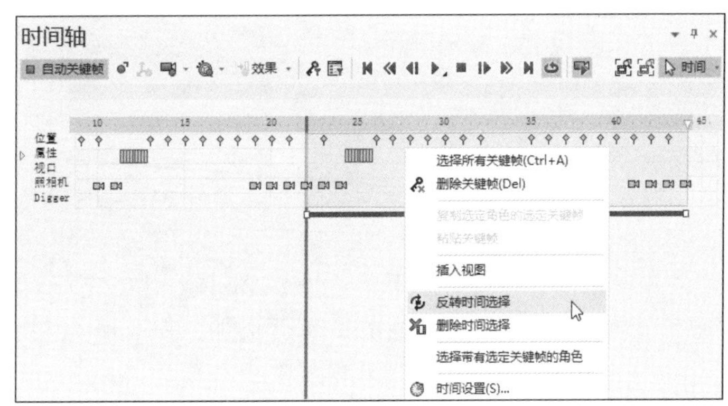

图 16-119　反转时间选择

（3）检查动画。利用“时间轴”面板中的播放工具播放反转后的动画，播放完成后发现最后一步中长杆并没有恢复到中性位置。在“时间轴”面板中保持时间指示条在结尾处，选择长杆并单击“变换”选项卡“移动”面板中的“恢复中性位置”按钮，将长杆恢复到初始位置。

（4）删除热点效果。在结合的动画中有两部分热点效果是多余的，需要将其删除。首先选择结合动画中的一部分热点效果，在蓝色框内右击，在弹出的快捷菜单中选择“删除时间选择”命令，此时后面的所有帧将自动向前平移。

（5）压缩动画时间。选择动画中后半段所有的结合动画部分，此时在轨道帧出现黑色指示条，拖动指示条的最右端方框向左平移，将结合动画时间进行压缩，压缩完成后可以利用“时间轴”面板中的播放工具播放动画，查看最终的效果。

4. 生成视频

（1）打开“视频”工作间。单击“工作间”选项卡“发布”面板中的“视频”按钮，打开如图16-120所示的“视频”工作间。

（2）设置分辨率。在“视频”工作间中，选中“更改窗口分辨率”复选框，输入分辨率为800×600。然后单击“将视频另存为”按钮，打开“保存视频”对话框，如图16-121所示。

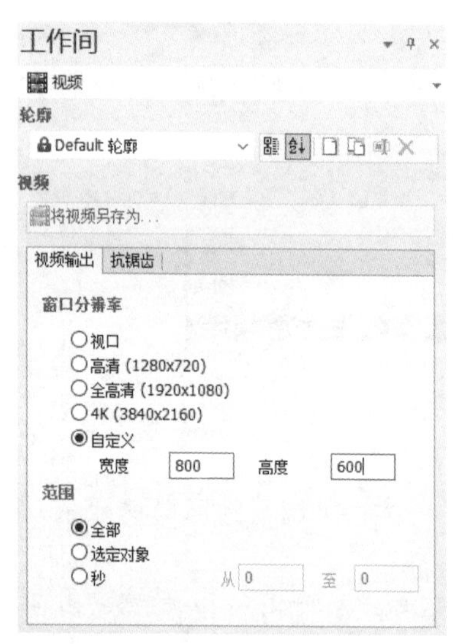

图 16-120　“视频”工作间

图 16-121　“保存视频”对话框

（3）压缩视频。单击“保存视频”对话框中的“保存”按钮，生成动画。生成动画需要一段时间，生成后会自动播放视频文件。

5. 发布

（1）打开“另存为”对话框。选择功能区的“文件”→“发布”→HTML命令，打开“另存为”对话框，如图16-122所示。

（2）选择模板。在“另存为”对话框的左下角选择“Html输出”选项，在HTML输出页面中选择BOM模板，单击“保存”按钮，生成Simple格式的交互文件，如图16-123所示。

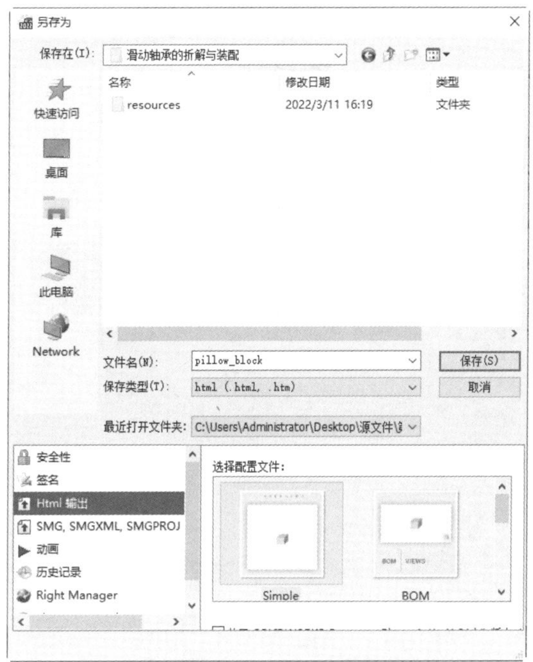

图 16-122　“另存为”对话框

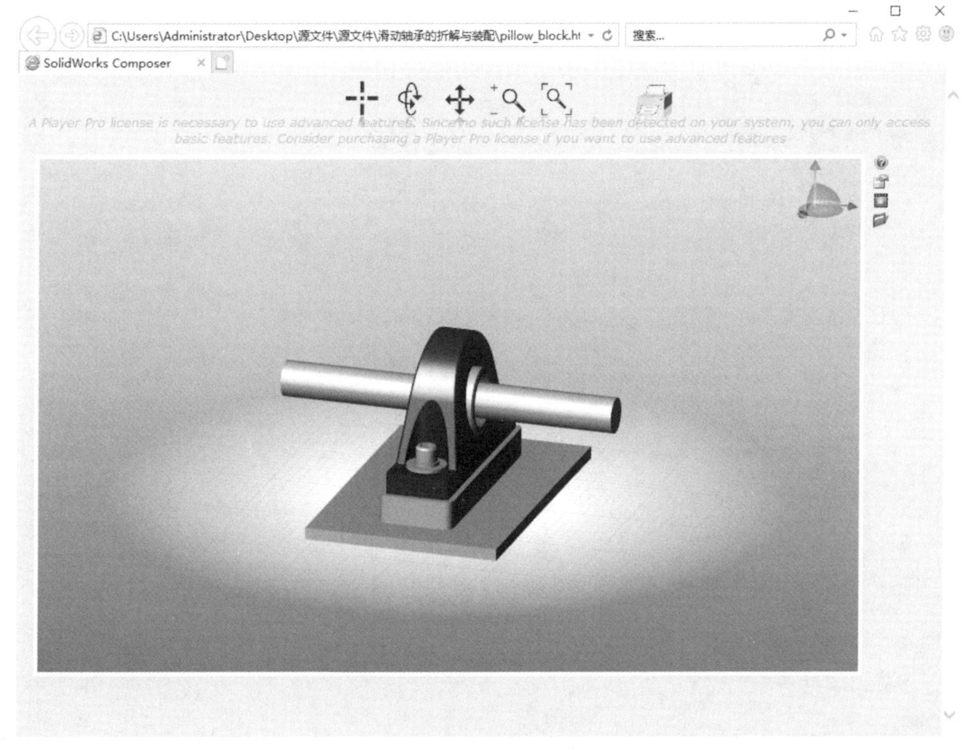

图 16-123　Simple 格式的浏览器页面

练一练——活塞闸交互动画制作

制作活塞闸模型的分解结合运动动画，如图 16-124 所示。

扫一扫，看视频

图 16-124　活塞闸模型

✍ **思路点拨：**

（1）分解装配体。首先利用“旋转”和“平移”命令拧下螺栓和螺母，然后再分解其余零件。

（2）结合动画。对制作好的分解动画利用“反转时间选择”命令制作结合动画，然后对结合动画进行修改。

第 17 章　流 场 分 析

内容简介

本章首先介绍了 SOLIDWORKS Flow Simulation 的应用领域、使用流程和网络技术。然后利用球阀实例重点学习流场分析的初始化设置、边界条件设置、求解处理和后处理命令。最后通过创建非牛顿流体的通道圆柱绕流而进一步掌握流场分析的应用。

内容要点

- SOLIDWORKS Flow Simulation 基础
- 球阀流场分析实例
- 非牛顿流体的通道圆柱绕流

案例效果

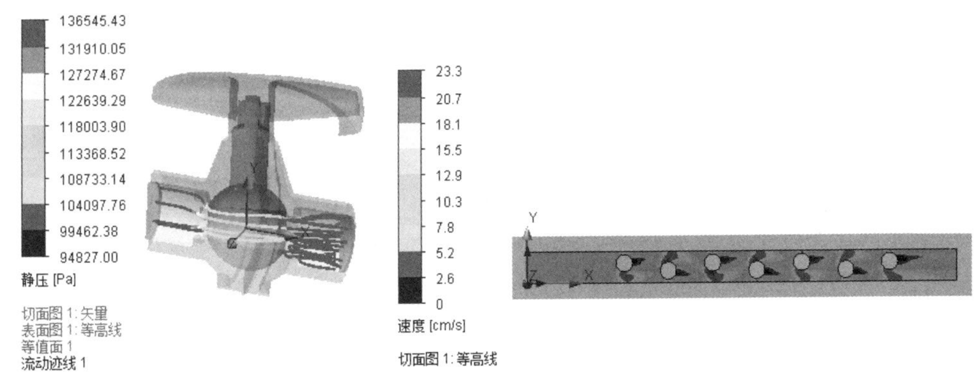

17.1　SOLIDWORKS Flow Simulation 基础

17.1.1　SOLIDWORKS Flow Simulation 的应用领域

SOLIDWORKS Flow Simulation 作为一种 CFD 分析软件，在流体流动和传热分析领域有着广泛的应用背景。典型的应用场合如下。

- 流体流动的内流和外流。
- 定常和非定常流动。
- 可压缩和不可压缩流动（在同一个项目中没有混合）。

- 自由、强迫和混合对流。
- 考虑边界层的流动，包括粗糙壁面的影响。
- 层流和湍流流动。
- 多组分流动和多体固体。
- 多种情况下流固的热传导。
- 多孔介质流动。
- 非牛顿流体流动问题。
- 可压液体流动问题。
- 两相（液体和固体颗粒）流动问题。
- 水蒸气的等体积压缩问题，以及对流动和传热的影响。
- 作用于移动或旋转壁面的流动问题。

17.1.2 SOLIDWORKS Flow Simulation 的使用流程

CFD 软件的使用有其固定的流程，SOLIDWORKS Flow Simulation 也不例外。

1. 确定求解几何区间和物性特征

用来描述问题的几何区间和物性特征极大地影响着计算的结果。在求解之前的建模工作中需要对问题进行一定的简化，即判断一些 SOLIDWORKS Flow Simulation 无法引入到计算过程中的工程问题参数的影响。

（1）如果问题包含运动的物体，那么就要考虑物体的运动对计算结果的影响。如果运动对计算结果影响很大，那么就要考虑使用准静态方法。

（2）如果问题包含若干种类的流体和固体，那么就要考虑这些成分之间的化学反应对计算结果的影响。如果化学反应有一定作用，即化学反应的速率很高，而且反应得到的物质很多，就可以考虑把反应结果当作另外一种物质考虑到计算过程中。

（3）如果问题包含多种流体，如气体和液体，那么就要考虑其界面存在的重要性，并进行处理。因为SOLIDWORKS Flow Simulation在计算过程中并不考虑液气界面的存在。

2. 构建 SOLIDWORKS Flow Simulation 求解项目

（1）将实际的工程问题简化，去除大量占用计算资源的约束。例如，在考察壁面特性时，一般假定为绝对光滑或具有相同的表面粗糙度特性。

（2）为模型加入辅助特征，如流入和流出通道。

（3）指定SOLIDWORKS Flow Simulation项目的类型。例如，问题类型（内流或外流）、流体和固体的物性、计算域的边界、边界条件和初始化条件、流体的子区域、旋转区域、基于体积或表面积的热源、风扇条件等。

（4）指定关注的物理参数作为 SOLIDWORKS Flow Simulation 项目的求解目标，这类参数可以是全局的，也可以是局部的。从而在计算后，考察其在求解过程中的变化情况。

3. 问题求解

（1）划分网格。可以使用系统自动生成的计算网格，也可以在其基础之上手工调整网格的特性，如全局精细网格或局部精细网格。这些将对求解时间和精度有绝对的影响。

（2）求解，并监测求解过程。
（3）用图表的形式观察计算结果。
（4）考察计算结果的可靠性和准确性。

17.1.3　SOLIDWORKS Flow Simulation 的网格技术

为了在计算机中求得数学模型的解，必须使用离散方法将数学模型离散成数值模型，主要包括计算空间的离散和物理方程的离散过程。

常用的物理方程离散方法有有限差分 法、有限体积法和有限单元法。SOLIDWORKS Flow Simulation 对物理方程的离散采用的方法是有限体积法。

对空间离散的方法就是所谓网格生成过程，用离散的网格来代替整个物理空间。网格生成是数值模拟的基础。提高网格质量、减少人工成本、易于编写程序、提高收敛速度是高效求解算法的几个主要目标。

目前普遍应用的网格法主要有贴体网格法、块结构化网格法和非结构化网格法。

（1）贴体网格法。通过变换，把物理平面的不规则区域变换到计算平面的规则区域的一种计算方法。这种方法的优点是在整个计算域为结构化网格，程序编写容易；离散方程的求解算法比较简单、成熟、收敛较快。但其网格生成的算法、技巧与具体的几何形状有关，不易做到自动生成。而且对于 特别复杂的区域，往往难以生成高质量的网格。

（2）块结构化网格法。把一个复杂的计算区域分成若干个比较简单的块，每一块内均采用各自的结构化网格。它可以大大减轻单个区域生成网格的难度，能生成高质量的网格。但对特别复杂的区域，整个区域的分块工作需要大量的人工干预，最终生成网格的质量在一定程度上依赖于工作人员的经验 水平。而且需要在块交界面处进行大量的信息交换，程序编写比较复杂。

（3）非结构化网格法。在有限元方法的影响下，并通过近十几年发展起来的网格法。该网格法可根据计算问题的特点自由布置网格系统，对任何复杂的区域，均可获得高质量的网格，而且可以实现网格生成自动化。但是非结构化网格的生成算法多采用四面体网格，对于大纵横比的计算问题，非结构 化网格法需要布置较多的网格才能保证网格的质量。而且非结构化网格法的程序组织及编写也比结构化网格系统复杂，离散方程收敛较慢。现有的方法各有优势，但也都存在需要改进之处，它们都未能同时满足高效求解算法的几个要求。

自适应直角坐标网格方法（又叫自适应直角网格）是近年来发展起来的一种能较好地处理复杂外形的计算方法。该方法概念简单易懂 , 易于生成高质量的网格，控制方程形式简单，不易发散。而且其自适应的特性可以最大限度地减少人工干预成本。自适应直角坐标网格方法在原始的均匀直角坐标网格的基础上，根据物面外形和物理量梯度场的特点，在边界附近及物理量梯度较大的局部区域内不断进行网格细化，因此可以用足够细密的阶梯形边界来逼近曲线边界并在物理量梯度较大处用较细密网格获得较高精度。只要不断进行网格细化，该方法可以以任意精度模拟边界曲线。而且该方法网格的建立简单省时、网格加密容易。

SOLIDWORKS Flow Simulation 正是采用这种自适应直角坐标网格方法，并以人工干预的方法来控制网格的生成和局部细化过程。

扫一扫，看视频

17.2 球阀流场分析实例

本实例通过对一个球阀装配体的内部流场的计算，说明 SOLIDWORKS Flow Simulation 的基本使用方法。同时，给出了在零件结构变化的情况下，SOLIDWORKS Flow Simulation 是如何工作的。

操作步骤 视频文件：动画演示\第 17 章\球阀流场分析.avi

17.2.1 初始化设置

1．打开 SOLIDWORKS 模型

（1）打开Ball Valve.SLDASM，该文件位于“球阀”文件夹内，如图17-1所示。

（2）在SOLIDWORKS特征树下单击Lid 1和Lid 2，观察Lids（盖子）。Lids用来定义出口和入口条件的边界。

2．构建 SOLIDWORKS Flow Simulation 项目

（1）单击Flow Simulation控制面板中的“向导”按钮，打开“向导-项目名称”对话框。

（2）取项目名称为Ball Valve，如图17-2所示。

图 17-1 球阀

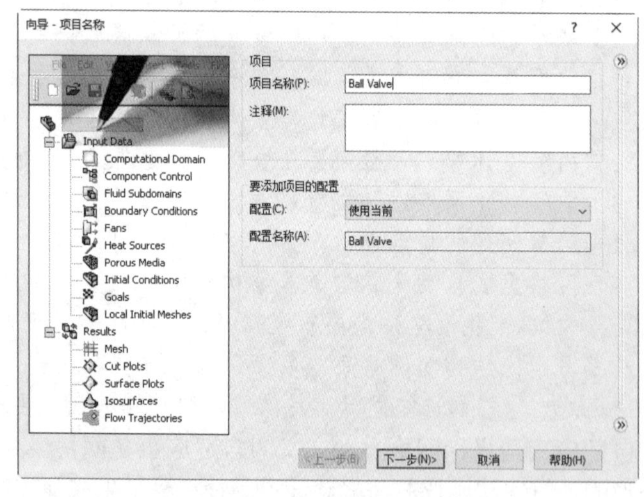

图 17-2 创建新的配置

SOLIDWORKS Flow Simulation 会创建新的配置文件，并存储在新建的文件夹里。

（3）单击“下一步”按钮进行下一步操作。

（4）选择计算的单位制，本例选为SI。注意，在完成项目向导后，仍然可以通过配置的方法来改变SOLIDWORKS Flow Simulation的单位系统，如图17-3所示。SOLIDWORKS Flow Simulation会创建一些预先定义好的单位系统，也可以定义自己的单位系统，然后来回切换。

（5）单击“下一步”按钮进行下一步操作。

（6）将分析类型设定为内部，同时不包括任何物理特征，如图17-4所示。在这里要分析的是在结构内部的流动，与之相对应的是外部流动。同时选择了“排除不具备流动条件的腔”，即忽略空穴的作用。

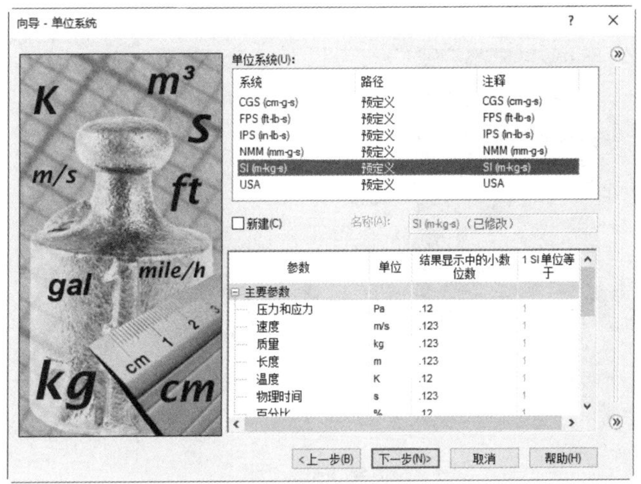

图 17-3　选择计算的单位制

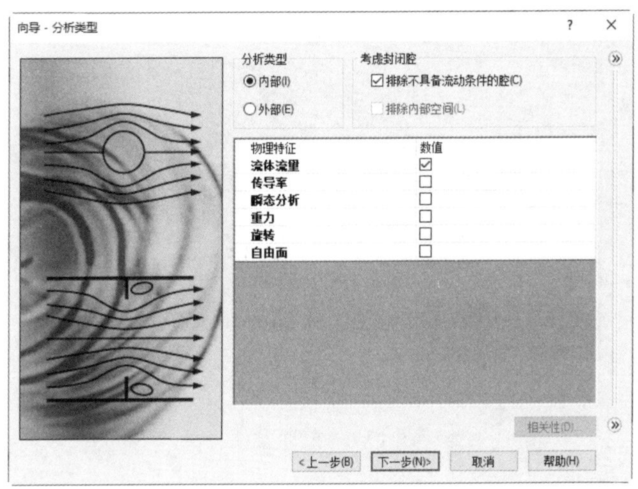

图 17-4　设置分析类型

（7）单击“下一步”按钮进行下一步操作。实际上，SOLIDWORKS Flow Simulation不仅会计算流体的流动，而且会把固体的传热条件考虑进去，如辐射，也可以进行瞬态分析。在自然对流时会考虑重力的因素。

（8）在Fluids树上，单击展开“液体”选项，选择“水”。可以通过双击，或者单击“添加”按钮实现，如图17-5所示。SOLIDWORKS Flow Simulation 可以在一个算例里分析多种性质的流体，但流体之间必须通过固壁隔离开来，只有同种流体才可以混合。

（9）单击“下一步”按钮进行下一步操作。SOLIDWORKS Flow Simulation能够分析的流动类型有：仅湍流、仅层流以及层流和湍流的混合状态。也可以用来计算不同Mach数条件的可压缩流体。

（10）单击“下一步”按钮接受默认的壁面条件，如图17-6所示。由于这里不关心流体流经固壁的传热条件，所以选择接受绝热壁面。可以自行定义壁面表面粗糙度值，表示为真实的壁面边界条件，其定义为表面粗糙度的Rz值。

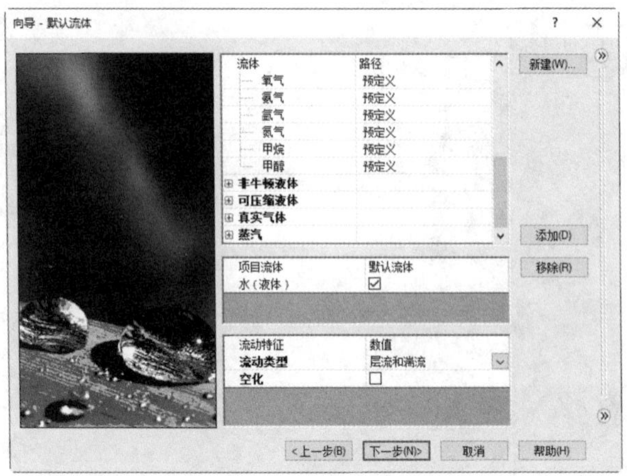

图 17-5　选择“水”

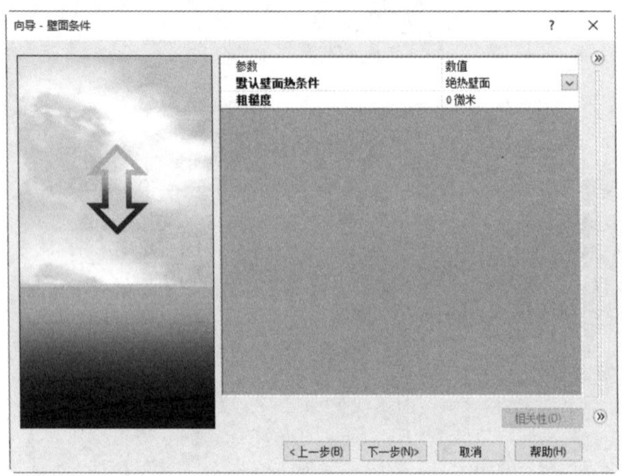

图 17-6　壁面条件

（11）单击“下一步”按钮接受默认的初始条件，如图17-7所示。这里定义的是P/v/T的初始条件。实际上，初始值与最终的计算值越接近，计算时间就越短。这里并不知道数值结果的最终值，所以接受默认设置。

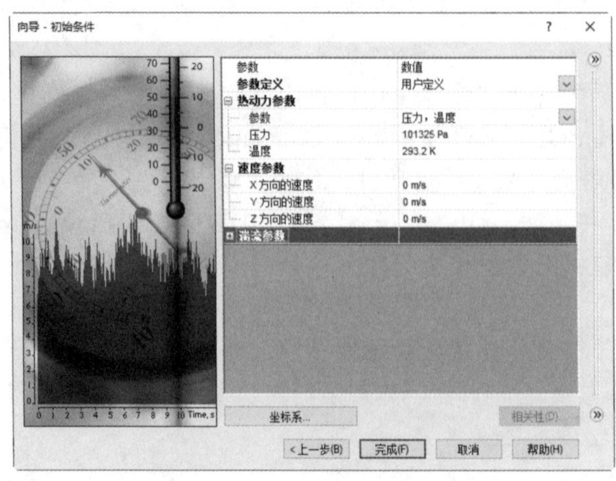

图 17-7　初始条件

（12）单击“完成”按钮，SOLIDWORKS Flow Simulation 完成了一个新的配置的创建，单击设计树中的Configuration Manager“配置”标签就可以看到Ball Valve配置已经被创建，如图17-8所示。

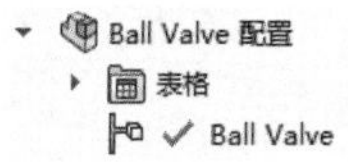

图 17-8 Ball Valve 配置

（13）如图17-9所示，单击进入SOLIDWORKS Flow Simulation分析，打开所有的节点。

在下面的流程里会定义分析内容，也正如在 SOLIDWORKS Feature Manager 设计树中构建实体特征进行设计的过程。

可以在任何时候选择显示或者隐藏关系的内容。在计算域节点右击，在弹出的快捷菜单中选择“隐藏”命令，隐藏计算区域的黑色线框，如图 17-10 所示。

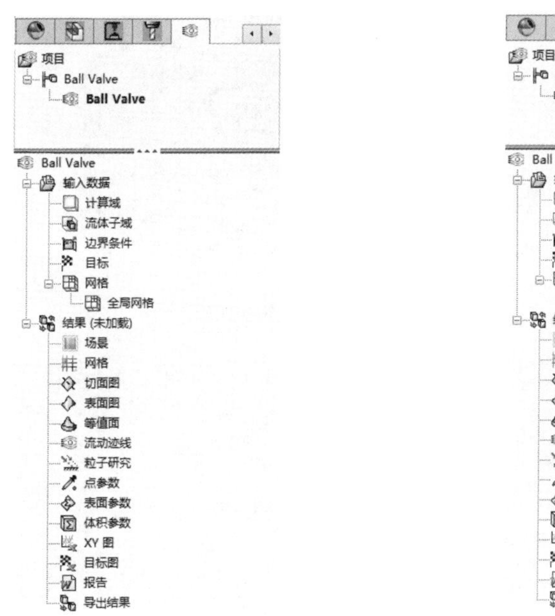

图 17-9 Flow Simulation 分析树

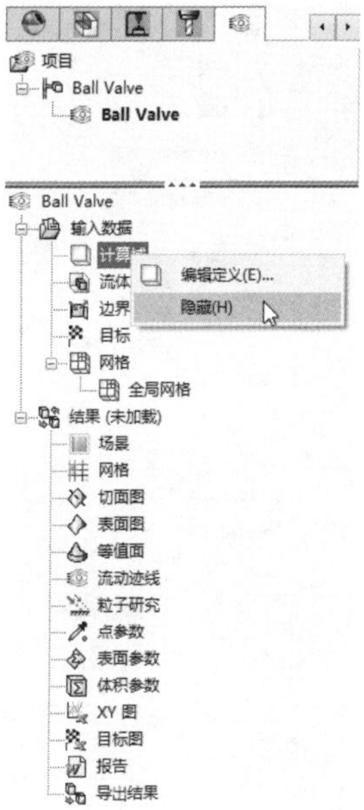

图 17-10 隐藏计算区域的黑色线框

17.2.2 边界条件设置

边界条件是求解区域的边界上所求解的变量值，或者是其对时间和位置的导数情况。变量可以是压力、质量或速度。

（1）单击“视图（前导）”工具栏中的SectionView按钮，打开“剖面视图”对话框，如图17-11所示，打开相应的剖面图。

（2）在SOLIDWORKS Flow Simulation分析树中，右击“边界条件”图标，选择“插入边界条件”命令，如图17-12所示。

（3）弹出“边界条件”属性管理器，在“选择”下拉列表“可应用边界条件的面”中选择如图17-13所示的Lid 1的内侧面。

（4）单击“流动开口”按钮，在列表栏中选择“入口质量流量”。在“流动参数”标签栏中设置“垂直于面”，$\dot{m}$值为0.5kg/s，如图17-13所示。

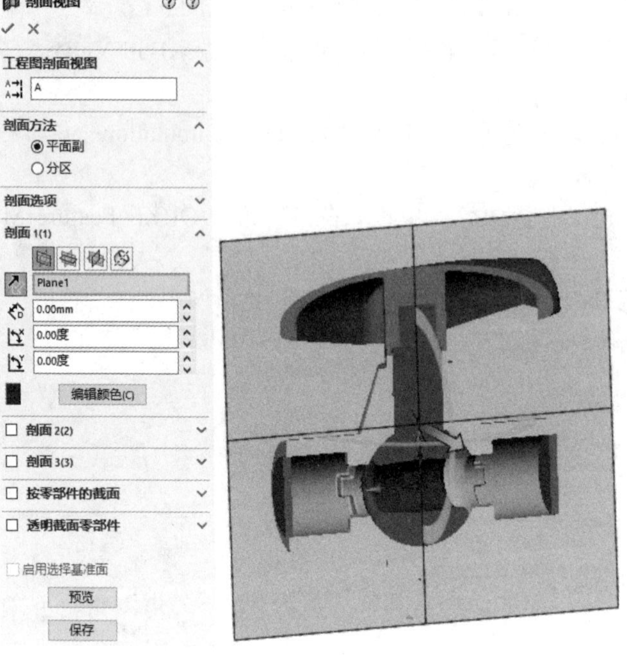

图 17-11　剖面图

（5）单击“确定”按钮✔，结束设置，“入口质量流量1”节点会出现在“边界条件”节点下，如图17-14所示。

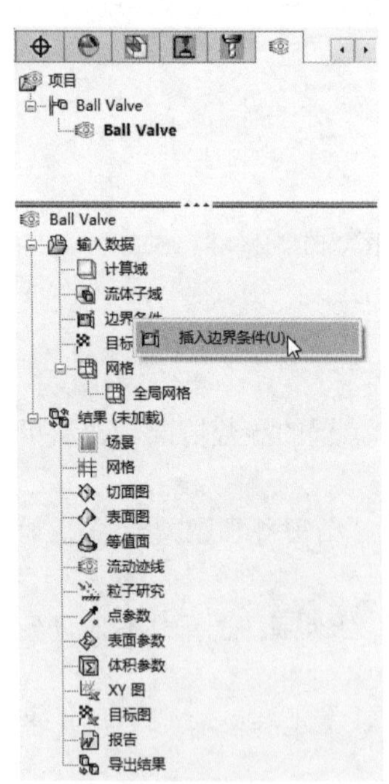

图 17-12　插入边界条件

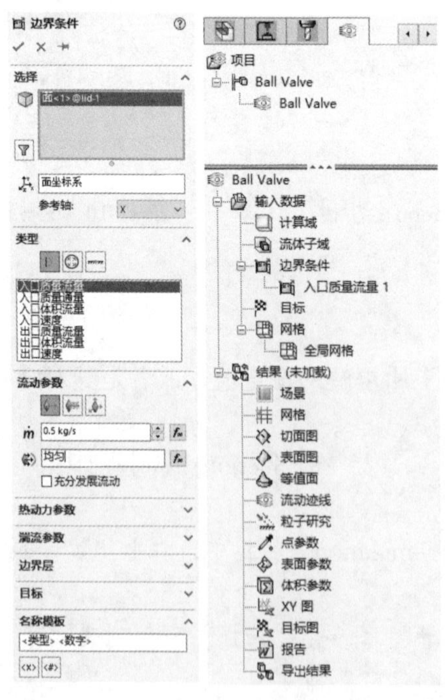

图 17-13　定义边界条件

图 17-14　入口质量流量 1 节点

因为流体的流动具有质量守恒的特性，这里不必再另外定义阀体的流出边界条件，默认与流入相同。另外需要定义的出口条件即是出口压力。

（6）如图17-15所示，选中Lid 2的内侧面。

（7）在SOLIDWORKS Flow Simulation分析树中右击“边界条件”图标，选择“插入边界条件”命令。

（8）选择“压力开口”按钮，并以“静压”作为边界条件类型，如图17-16所示。

（9）单击“确定”按钮✔，就会看到静压2节点加入到“边界条件”节点下。

这样就完成了对 SOLIDWORKS Flow Simulation 出口边界条件的定义——流体以出口标准大气压的形式流出阀体，如图 17-17 所示。

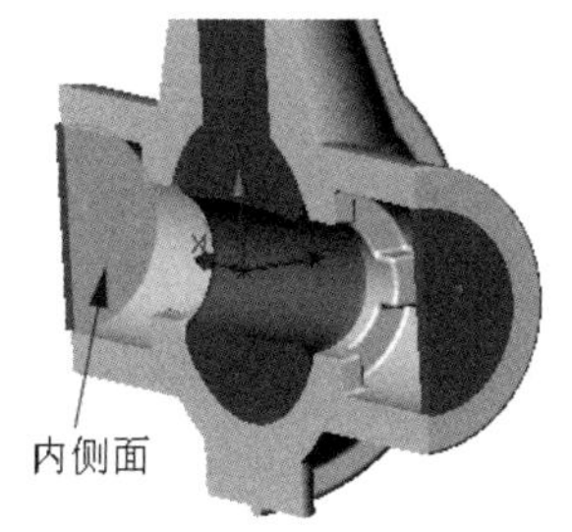

图 17-15　选中 Lid 2 的内侧面

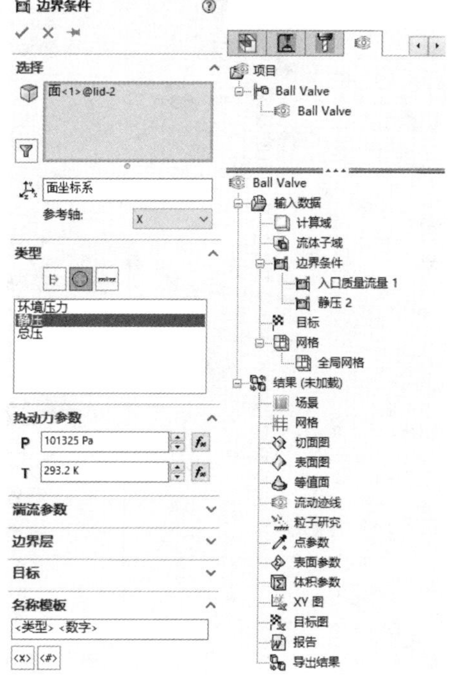

图 17-16　定义边界条件

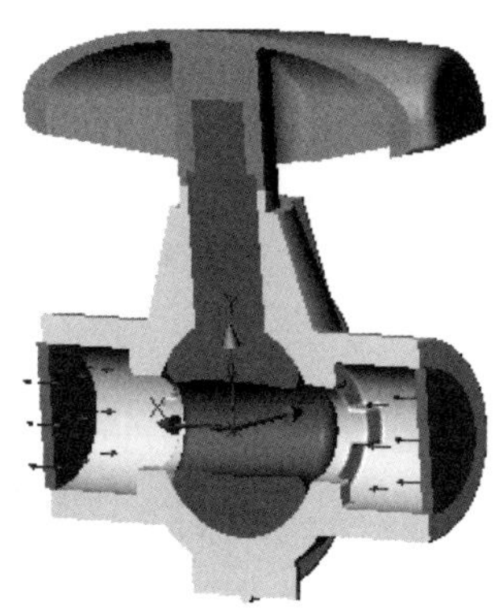

图 17-17　出口边界条件

17.2.3　求解计算

1. 定义求解目标

（1）在SOLIDWORKS Flow Simulation设计树中右击“目标”节点图标右击，选择“插入表面目标”命令，如图17-18所示。

（2）在“可应用表面目标的面”中选择SOLIDWORKS Flow Simulation分析中的“入口质量流量1”，表明求解目标应用的截面位置。

在参数表的“静压”行，选中“平均值”复选框，另外注意“用于控制目标收敛”复选框已经被选中，表明将会使用定义的求解目标用作收敛控制，如图 17-19 所示。如果“用于控制目标收敛”复选框未被选中，则该变量不会影响迭代过程的收敛性。而是用作“监视变量”，从而提供求解过程的额外信息，同时不会影响求解的结果和解算时间。

（3）单击“确定”按钮✔，则在“目标”节点下，出现“SG平均值静压1”作为求解目标，如图17-20所示。求解目标表明了用户对某种类型变量的关注程度。通过对求解变量目标的定义，求解器了解到了变量的重要程度。在全部求解区间内定义的目标变量称为全局目标（Global Goals），在局部选定的区间定义的目标变量称为壁面目标（Surface Goals），或者叫作体积目标。另外可以定义平均值、最大值/最小值以及表达式作为求解目标。

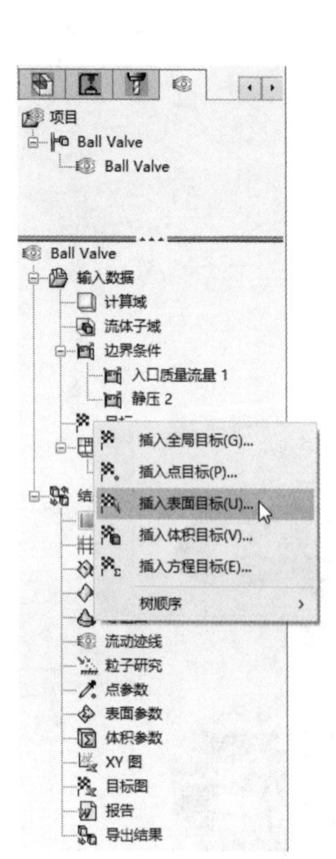

图 17-18 “目标”节点

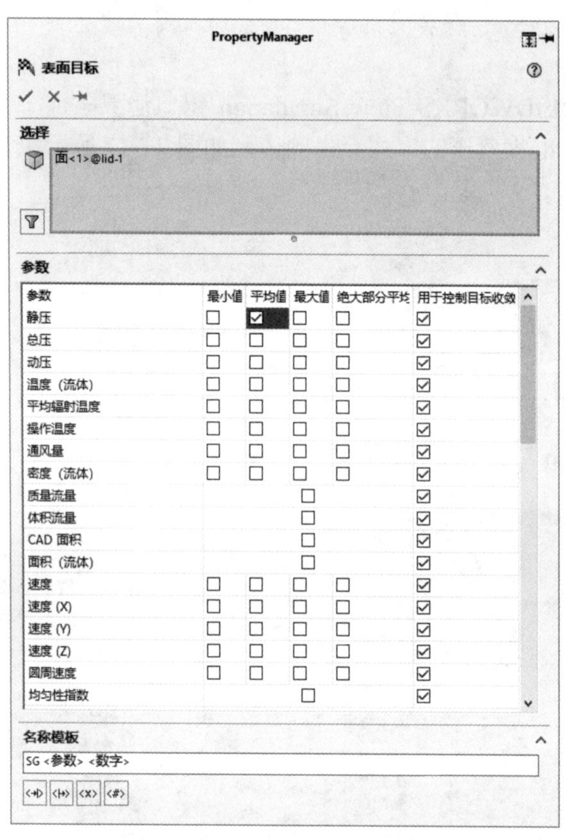

图 17-19 定义“表面目标”

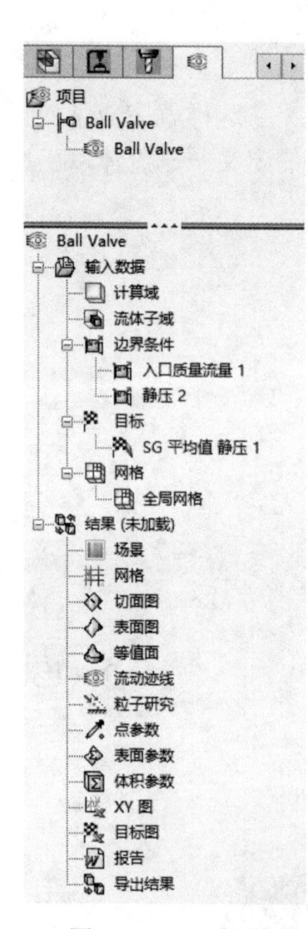

图 17-20 SG 平均值静压 1

（4）选择“文件”→“保存”命令。

2. 求解计算

（1）单击Flow Simulation控制面板中的“运行”按钮▷，弹出“运行”对话框，如图17-21所示。

（2）采用默认设置，单击“运行”按钮。

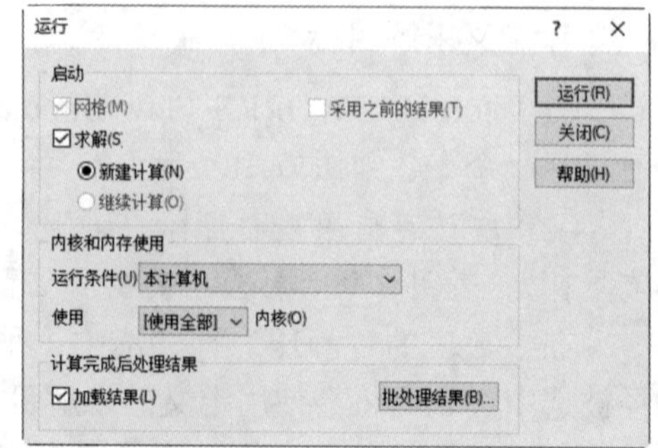

图 17-21 “运行”对话框

3. 监视求解过程

如图 17-22 所示，这就是求解过程的监视对话框。左边是正在进行的求解过程，右边则是计算资源的信息提示。

（1）在计算还未完成之前，单击工具栏中的暂停按钮⏸，然后单击工具栏中的“插入目标图”按钮，弹出“添加/移除目标”对话框，如图17-23所示。

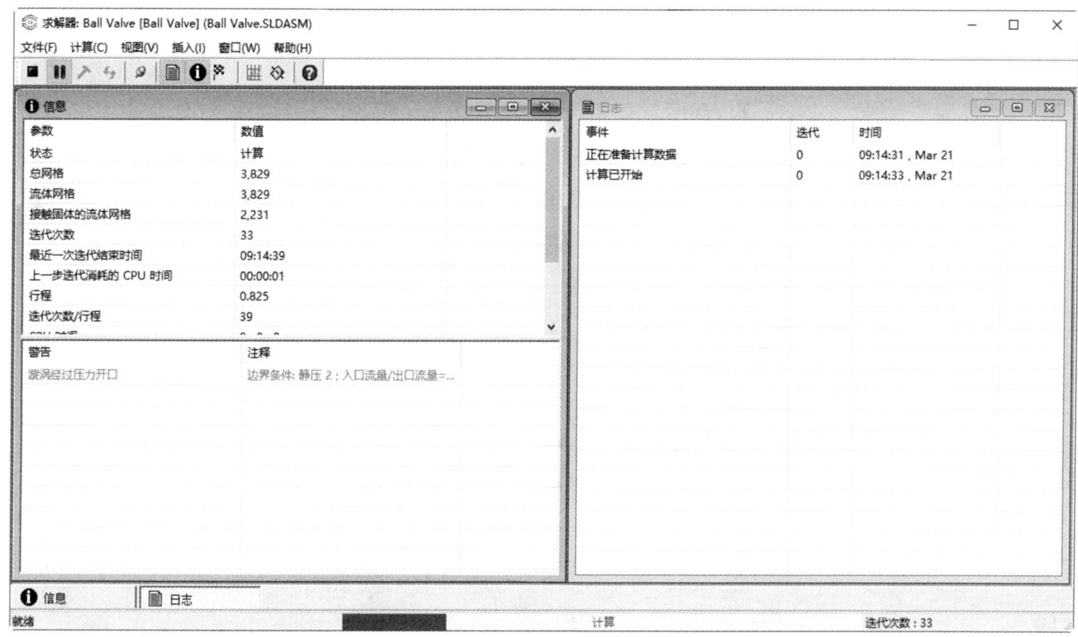

图 17-22 求解过程的监视对话框

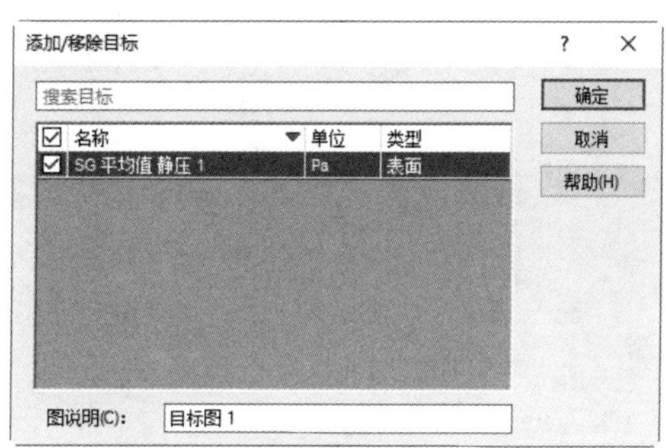

图 17-23 “添加/移除目标”对话框

（2）选中“SG 平均值静压 1”复选框，单击“确定”按钮。

（3）系统弹出如图 17-24 所示的“目标图 1”对话框，列出了每一个设置的求解目标。这里可以观测到计算的当前值和迭代次数。

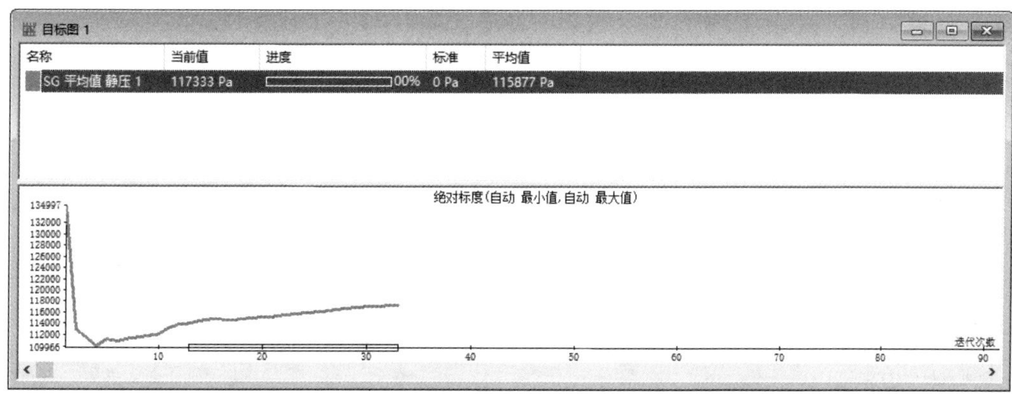

图 17-24 “目标图 1”对话框

（4）单击“插入预览”按钮。

（5）系统弹出如图17-25所示的“预览设置”对话框。在“平面名”下拉列表中选择Plane 2，然后单击“确定”按钮。SOLIDWORKS Flow Simulation会在Plane 2平面创建显示图解，如图17-26所示。可以在计算过程中看到结果，这有助于确定边界条件的正确性，以及计算初期的计算结果。可以以轮廓线、等值线和矢量的方式观测中间值。

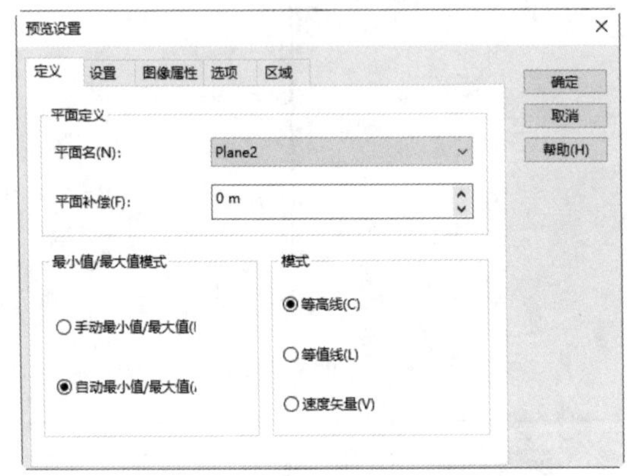

图 17-25 “预览设置”对话框

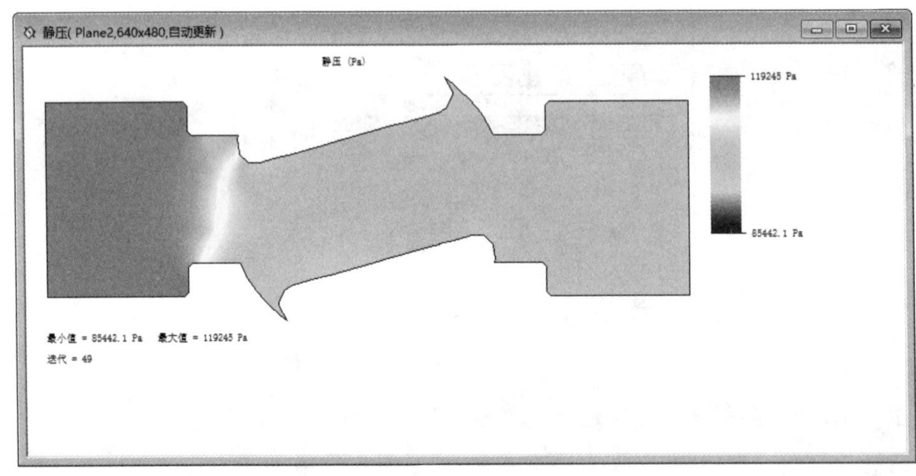

图 17-26 显示图解

（6）求解结束时，选择“文件”→“保存”命令，保存文件。

17.2.4 后处理

1. 改变模型的透明程度

（1）单击菜单栏中的“工具”→Flow Simulation→“结果”→“显示”→“透明度”按钮。

（2）弹出如图17-27所示的“模型透明度”对话框，将模型透明度的值设置为0.76。

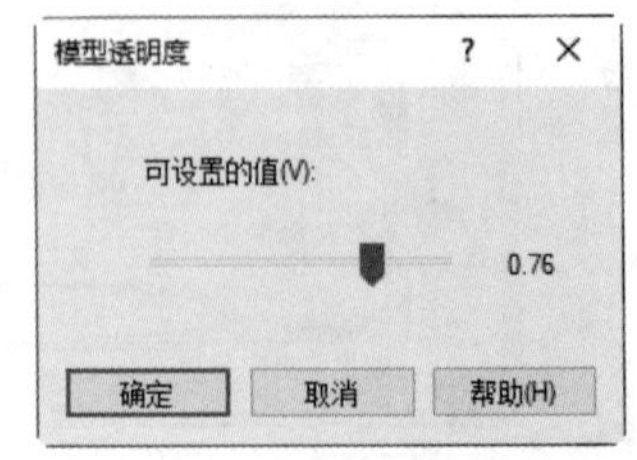

图 17-27 “模型透明度”对话框

这里将实体设置成透明的状态，就可以清晰地看到流动的截面。

2. 绘制截面图

（1）右击“切面图”图标，在弹出的快捷菜单中选择“插入”命令，如图17-28所示。

（2）设定显示截面的位置。选择Plane 1作为显示截面。可以通过在SOLIDWORKS Feature Manager中点选Plane 1平面实现。单击“等高线”按钮，即显示轮廓线，如图17-29所示。

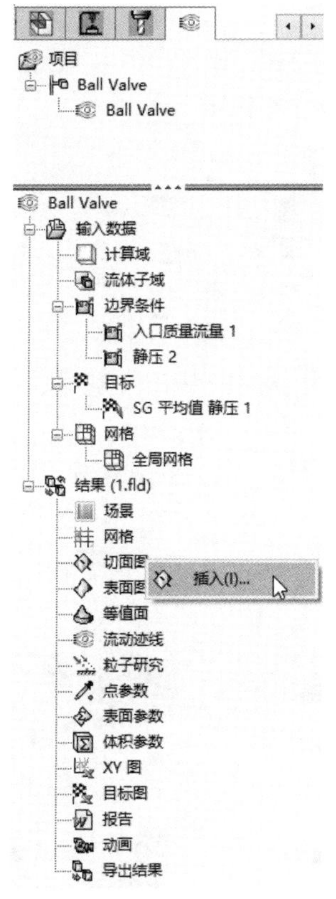

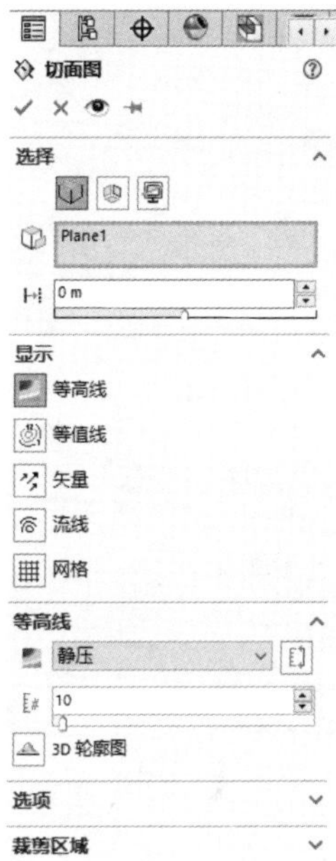

图 17-28 选择“插入”命令

图 17-29 设定显示截面的位置

（3）单击“确定”按钮✔，结果如图17-30所示。可以以任何的SOLIDWORKS平面作为结果的截面位置，显示方法有轮廓线、等值线和矢量的方式。

（4）对图线做进一步的设置。双击显示区左侧的颜色比例，弹出如图17-31所示的“刻度标尺”属性管理器。这里可以设置显示的变量和用来显示数值结果的颜色数量。

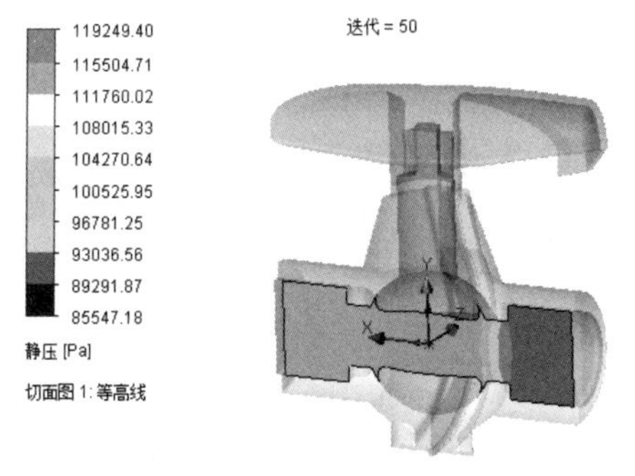

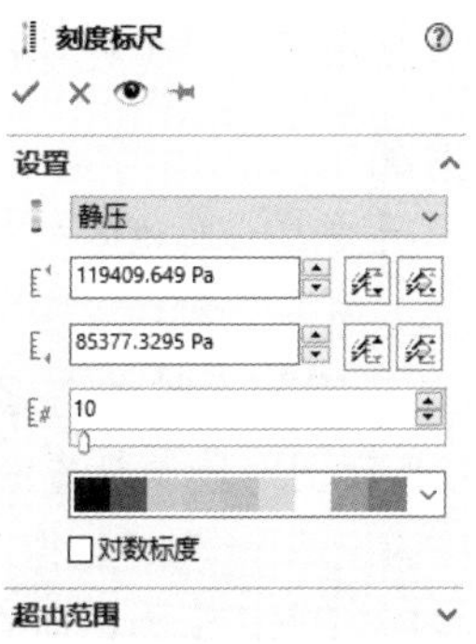

图 17-30 结果的截面图

图 17-31 “刻度标尺”对话框

（5）将显示结果改为矢量线，如图17-32所示。右击“切面图”图标下的“切面图1”图标，在弹出的快捷菜单中选择“编辑定义”命令。

（6）在“切面图 1”属性管理器中将显示改为“矢量”，如图17-33所示。

（7）单击“确定”按钮✔，结果如图17-34 所示。

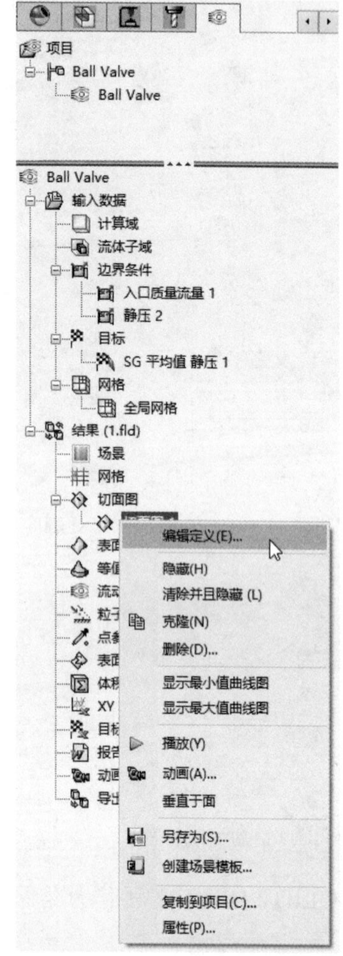

图 17-32　选择“编辑定义”命令

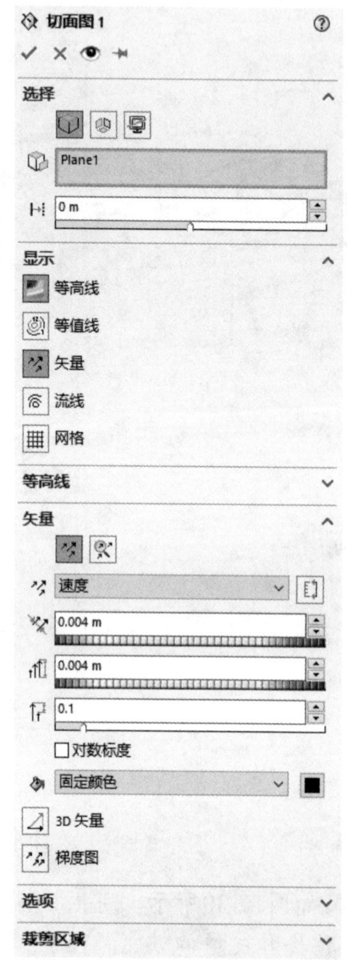

图 17-33　“切面图 1”属性管理器

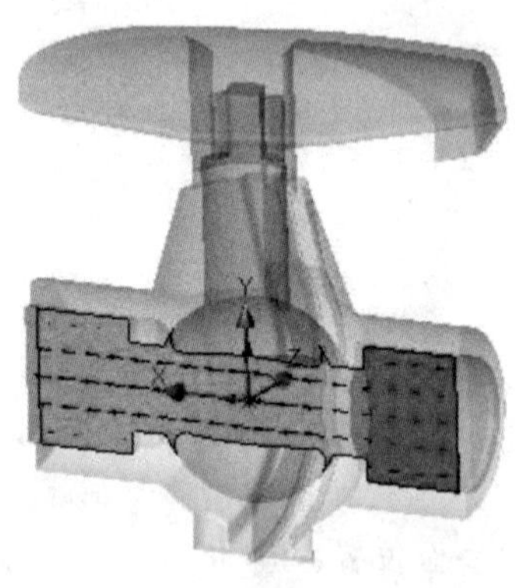

图 17-34　更改为矢量显示

在“切面图 1”属性管理器中的“矢量”一栏中可以改变矢量箭头的大小以及矢量线的间距。在矢量显示图线下，注意在球阀尖角附近的流体回流现象。

3. 绘制表面图

（1）右击“切面图”图标下的“切面图1”图标，在弹出的快捷菜单中选择“隐藏”命令。

（2）右击“表面图”图标，如图17-35所示，在弹出的快捷菜单中选择“插入”命令。

（3）在“表面图”属性管理器中选中“使用所有面”复选框，单击“等高线”按钮，如图17-36所示。表面图的绘制设置和截面图类似。

（4）单击“确定”按钮✔，即可得到表面结果图。

如图 17-37 所示的是压力在所有与流体接触壁面上的分布情况。也可以单独显示某处曲面上的局部压力分布情况。

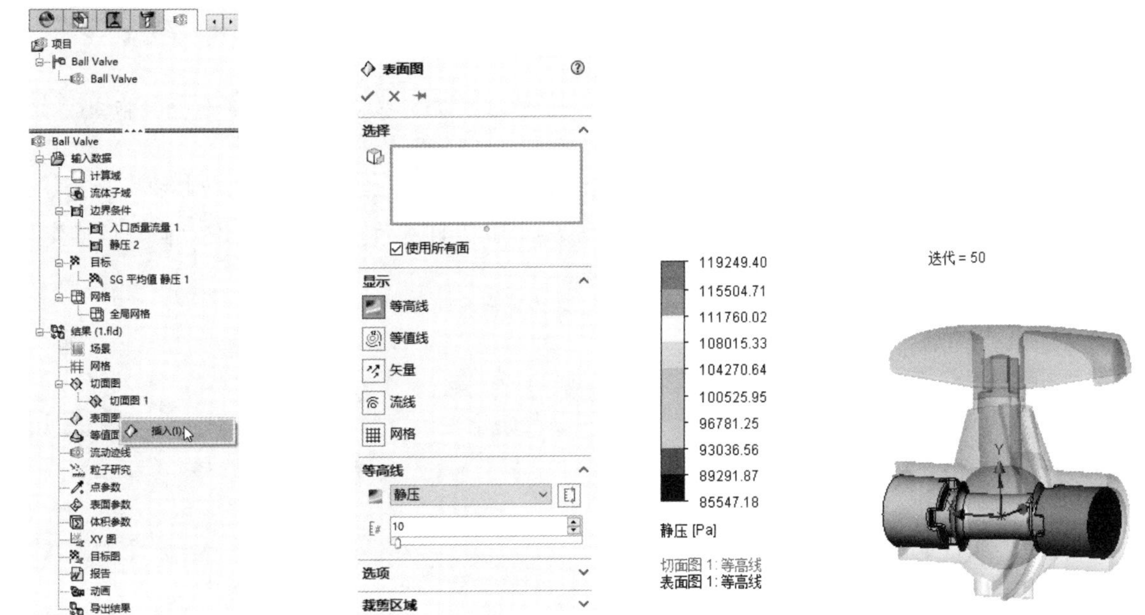

图 17-35　选择“插入”命令　图 17-36　“表面图”属性管理器　图 17-37　局部压力分布情况

4. 等值截面图

（1）右击“表面图”图标下的“表面图1”图标，在弹出的快捷菜单中选择“隐藏”命令。

（2）右击“等值面”图标，如图17-38所示，在弹出的快捷菜单中选择“插入”命令，在打开的“等值面”属性管理器中单击就可以得到如图17-39所示的等值截面。等值截面（等值面）是SOLIDWORKS Flow Simulation创建的三维曲面，该曲面表明，通过该曲面的变量具有相同的数值。变量的类型和变量的颜色显示可以在“刻度标尺”属性管理器里设置。

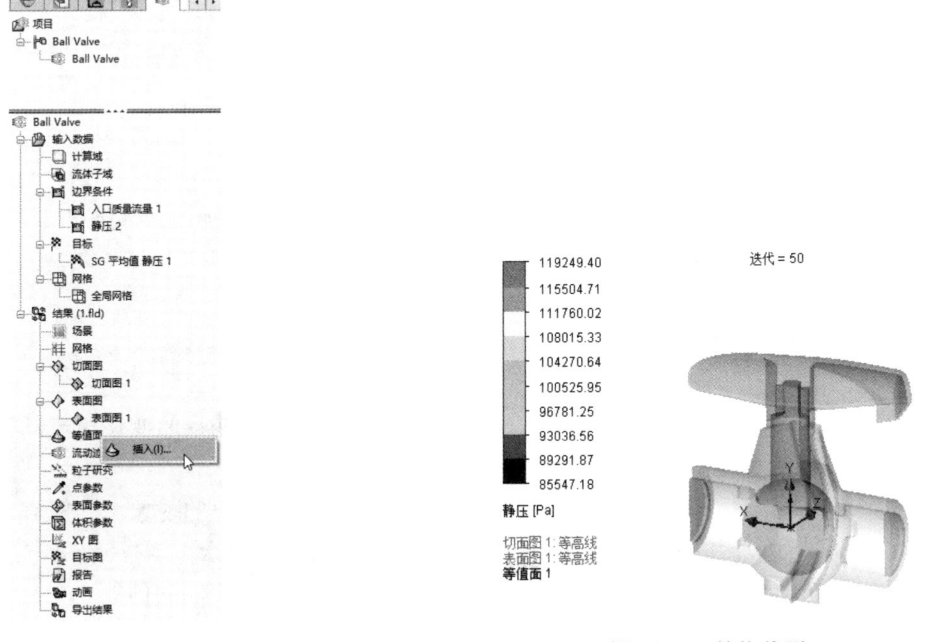

图 17-38　选择“插入”命令　　　　图 17-39　等值截面

（3）右击“等值面”图标下的“等值面1”图标，在弹出的快捷菜单中选择“编辑定义”命令。进入“等值面1”属性管理器，如图17-40所示。

（4）拖曳参数滚动条，从而改变显示的压力数值。可以选中“数值2”复选框，拖曳“数值2”的参数滚动条。同时显示两个等值截面，单击“确定”按钮✔。

（5）单击菜单栏中的“工具”→Flow Simulation→“结果”→“显示”→“照明”按钮💡。对三维曲面施加照明设置可以更好地观察曲面，结果如图17-41所示。用等值三维曲面可以确定流体的压力和速度等变量在哪里可达到一个确定的值。

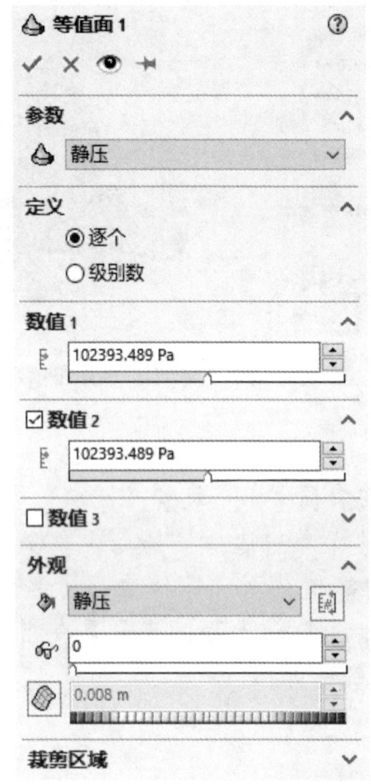

图 17-40 “等值面 1”属性管理器

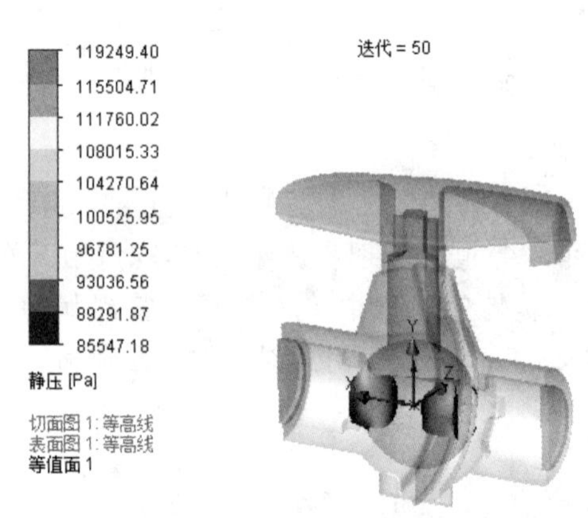

图 17-41 等值截面

5. 流动轨迹图

（1）右击“等值面1”图标，在弹出的快捷菜单中选择“隐藏”命令。

（2）右击“流动迹线”图标，在弹出的快捷菜单中选择“插入”命令，如图17-42所示。

（3）在Flow Simulation分析树中，单击“静压 2”图标，如图17-43 所示，选择 Lid 2 零件的内侧壁面。

（4）将“点数”的数量改为16，如图17-44 所示。

（5）单击“确定”按钮✔，显示流动轨迹图。

流动轨迹显示了流动的线型，如图 17-45 所示。可以通过 Excel 记录变量的变化对流动轨迹的影响，另外也可以保存流动轨迹的曲线。

注意，这里的计算结果表明，在 Lid 2 的内侧面有流体同时流入和流出的现象。一般来讲，在同一个截面上，如果同时存在流入和流出的流动，计算结果的准确性将受到影响。解决方法是在出口处增加管道，从而增大计算求解的区间，这样就可以解决在出口存在旋涡的问题。

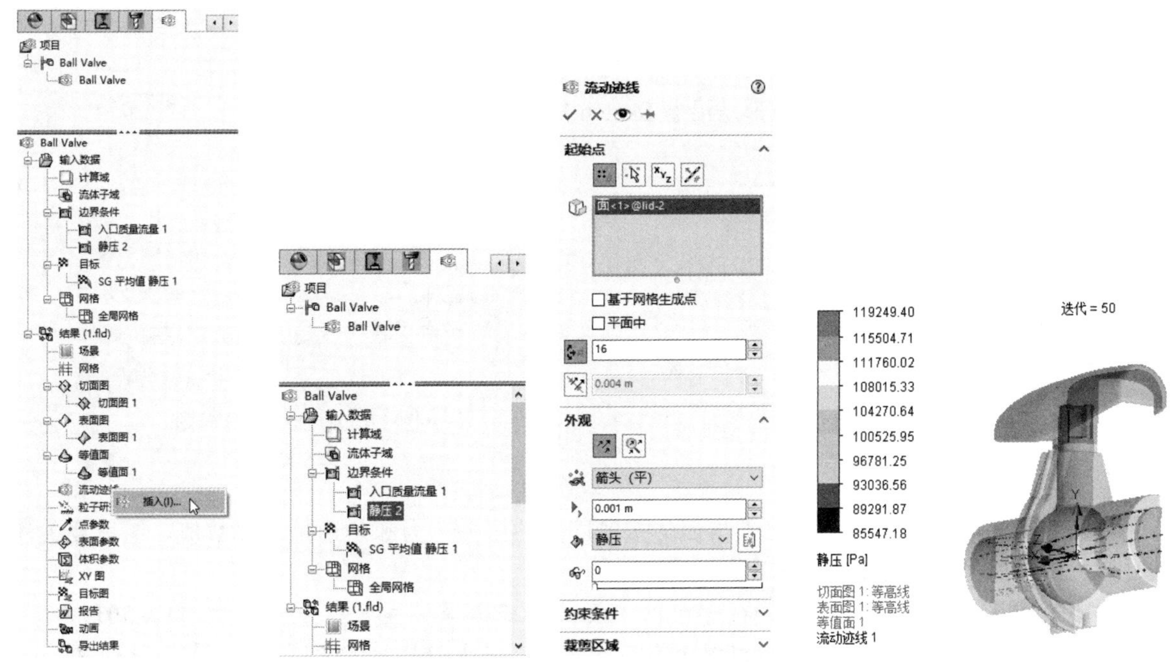

图 17-42 选择“插入”命令 图 17-43 选择 Lid 2 零件的内侧壁面 图 17-44 “流动迹线”属性管理器 图 17-45 结果图示

6. XY 图

（1）在“流动迹线1”图标上右击，在弹出的快捷菜单中选择“隐藏”命令。取消剖视图，绘制压力和速度沿阀体的分布情况，数值沿着之前已经绘制的一条由多条线段组成的曲线分布，如图17-46所示。

（2）在“XY图”图标右击，在弹出的快捷菜单中选择“插入”命令。

（3）选择“静压”和“速度”作为物理参数。从SOLIDWORKS Feature Manager中选择Sketch 1，如图17-47所示。

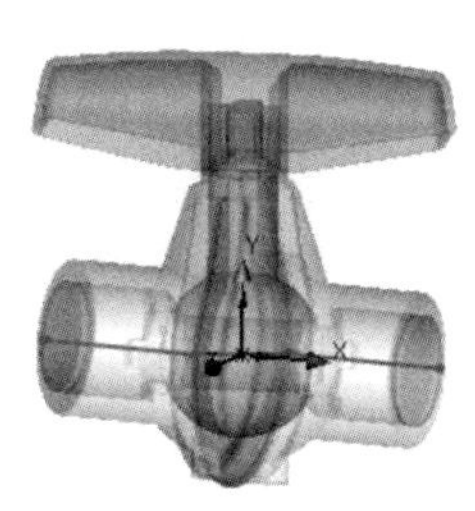

图 17-46 多条线段组成的曲线分布

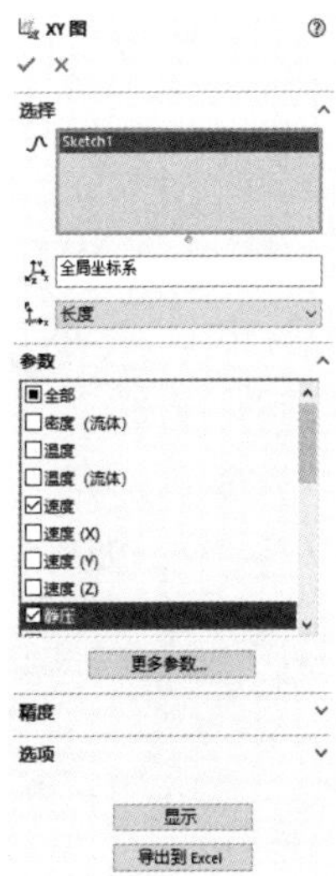

图 17-47 “XY 图”属性管理器

（4）单击 显示 按钮，Excel自动开启后会产生两组数据和两幅图，分别绘制了压力和速度的分布情形。如图17-48所示为速度的分布图。如图17-49所示为压力的分布图。

注意，这里的压力和速度分布都是沿着 Sketch 1 分布的。

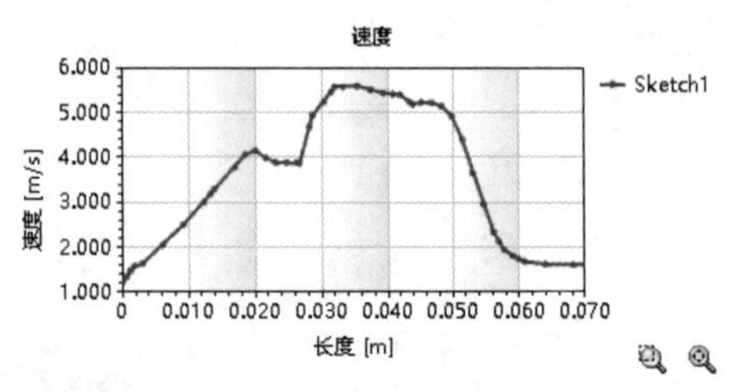

图 17-48　速度的分布图

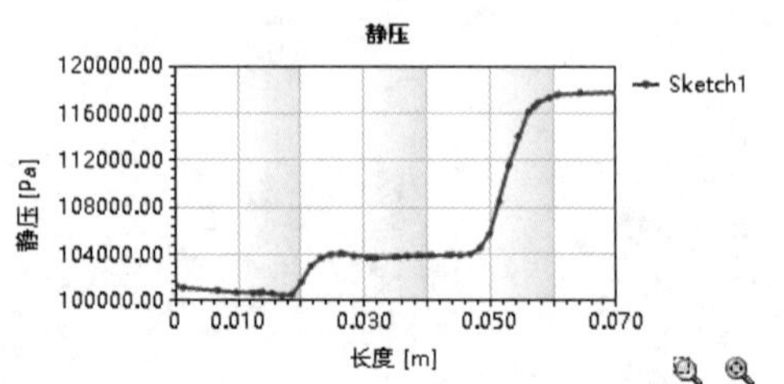

图 17-49　压力的分布图

7. 表面参数值

表面参数值（表面参数）给出了与流体接触固壁的压力、力和热通量等参数值。这里要关注的是压力沿着阀体的压力下降的程度。

（1）右击“表面参数”图标，在弹出的快捷菜单中选择“插入”命令，如图17-50所示。

（2）在SOLIDWORKS Flow Simulation 分析树中选择“入口质量流量1”，如图17-51所示。

（3）在弹出的“表面参数”属性管理器中显示“面<1>@Lid-1”，选中“参数”栏中的全部复选框，单击 显示 按钮，如图17-52所示。

（4）在绘图区下面弹出Local页，如图17-53所示。

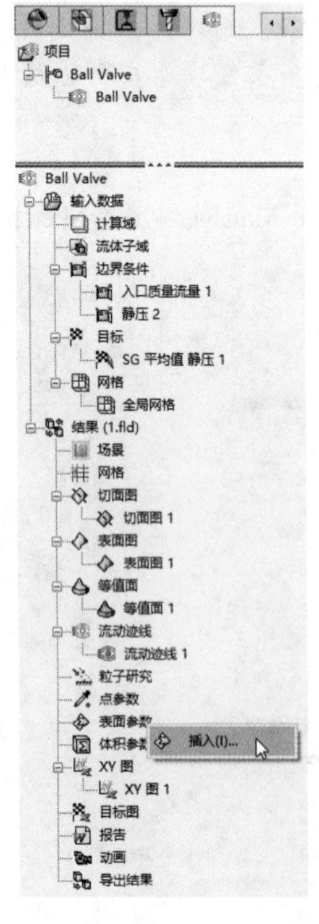

图 17-50　选择“插入”命令

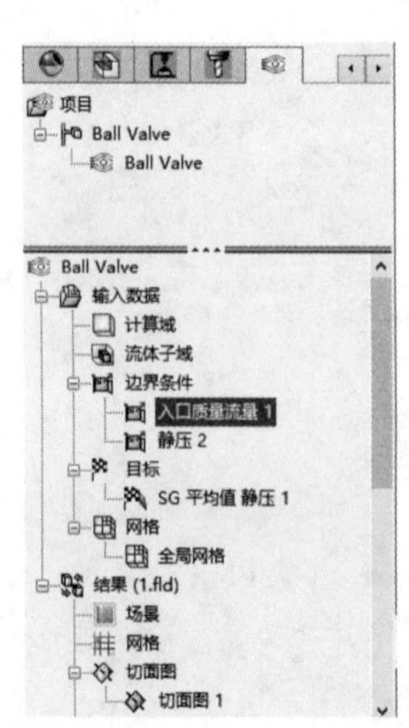

图 17-51　选择 Lid 1 的内侧壁面

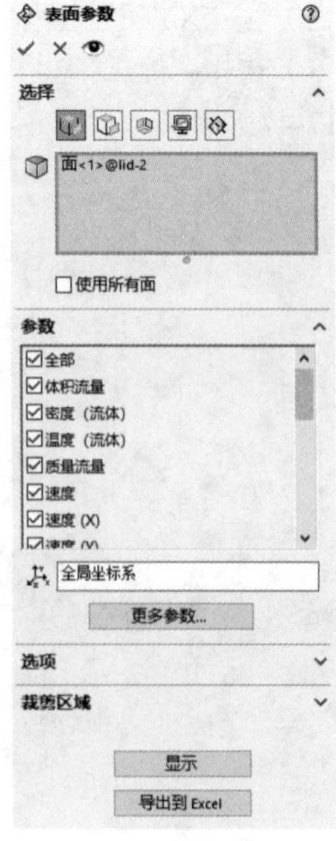

图 17-52　“表面参数”属性管理器

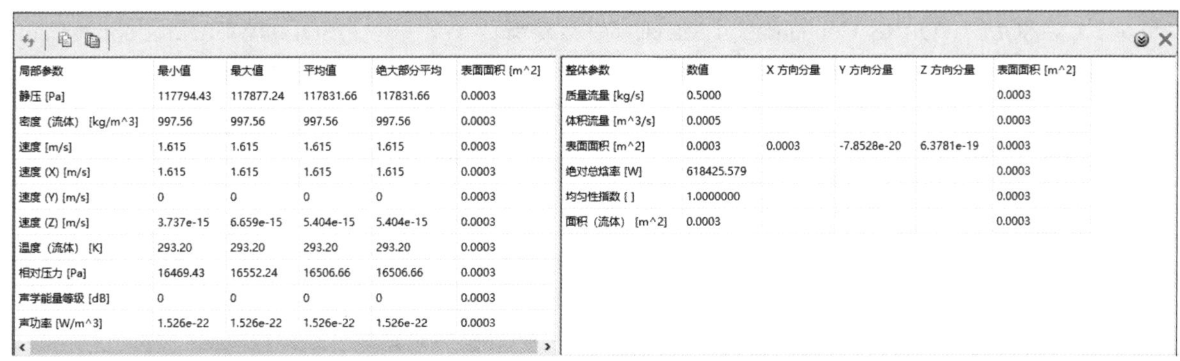

局部参数	最小值	最大值	平均值	绝大部分平均	表面面积 [m^2]
静压 [Pa]	117794.43	117877.24	117831.66	117831.66	0.0003
密度（流体） [kg/m^3]	997.56	997.56	997.56	997.56	0.0003
速度 [m/s]	1.615	1.615	1.615	1.615	0.0003
速度 (X) [m/s]	1.615	1.615	1.615	1.615	0.0003
速度 (Y) [m/s]	0	0	0	0	0.0003
速度 (Z) [m/s]	3.737e-15	6.659e-15	5.404e-15	5.404e-15	0.0003
温度（流体） [K]	293.20	293.20	293.20	293.20	0.0003
相对压力 [Pa]	16469.43	16552.24	16506.66	16506.66	0.0003
声学能量等级 [dB]	0	0	0	0	0.0003
声功率 [W/m^3]	1.526e-22	1.526e-22	1.526e-22	1.526e-22	0.0003

整体参数	数值	X 方向分量	Y 方向分量	Z 方向分量	表面面积 [m^2]
质量流量 [kg/s]	0.5000				0.0003
体积流量 [m^3/s]	0.0005				0.0003
表面面积 [m^2]	0.0003	0.0003	-7.8528e-20	6.3781e-19	0.0003
绝对总焓率 [W]	618425.579				0.0003
均匀性指数 [ ]	1.0000000				0.0003
面积（流体） [m^2]	0.0003				0.0003

图 17-53　Local 页

（5）关闭“表面参数”属性管理器。注意，这里显示在流动入口的平均压力为117821.66 Pa，同时在开始定义的出口压力边界条件为101 325Pa，于是得到沿着阀体压力差为16496.66 Pa的结论。

8. 球阀的参数变更分析

这里将说明如果零件的特征参数变更后，如何快捷有效地重新分析新生成的流场空间问题。本例的特征变更在于对阀体增加的倒角操作。

在 SOLIDWORKS Configuration Manager 是创建新的配置。

（1）右击SOLIDWORKS Configuration Manager的根节点，在弹出的快捷菜单中选择“添加配置”命令，如图17-54所示。

（2）在“添加配置”属性管理器中的“配置名称”中输入Ball Valve 2作为新的配置名称，如图17-55所示。

（3）完成配置，如图17-56所示为完成后的SOLIDWORKS Configuration Manager。

（4）进入SOLIDWORKS Feature Manager，右击Ball零件，在弹出的快捷菜单中单击“打开零件”按钮，如图17-57所示。

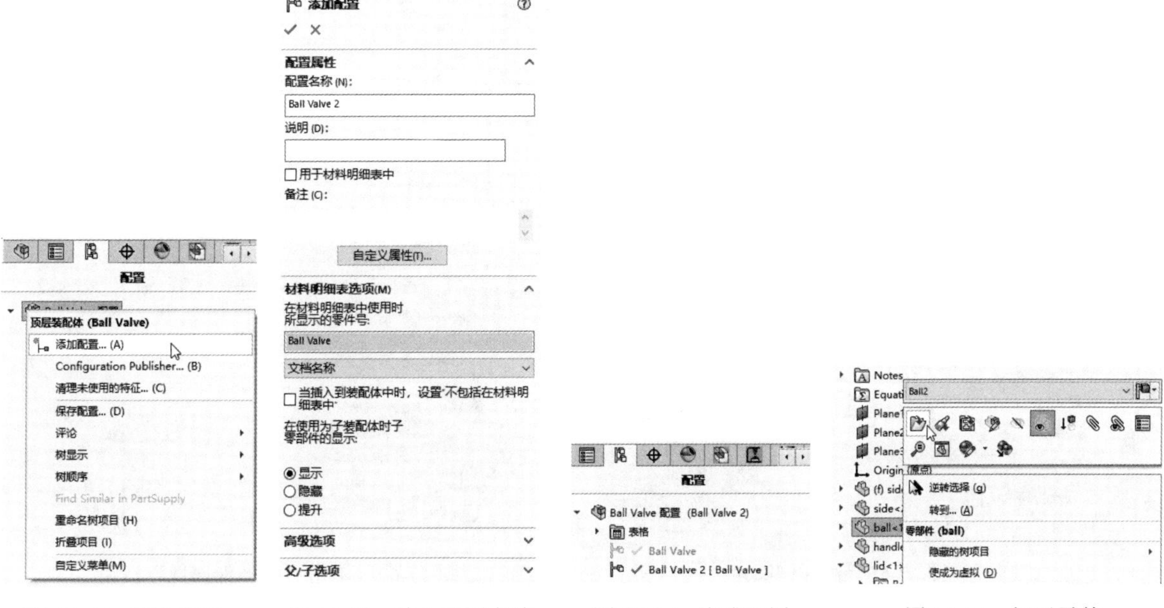

图 17-54　添加配置　　图 17-55　输入配置名称　　图 17-56　完成配置　　图 17-57　打开零件

（5）在SOLIDWORKS Configuration Manager中创建新的配置。右击SOLIDWORKS Configuration Manager的根节点，在弹出的快捷菜单中选择“添加配置”命令，如图17-58所示。

（6）如图17-59所示，在“配置名称”中输入Ball 2作为新的配置名称。

（7）如图17-60所示为完成后的SOLIDWORKS Configuration Manager。

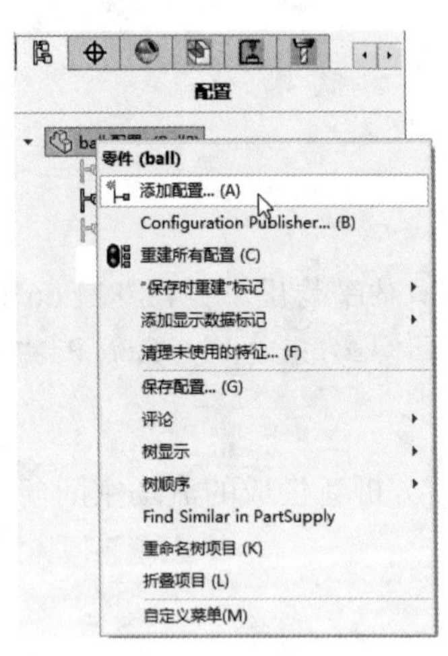

图 17-58　选择“添加配置”命令

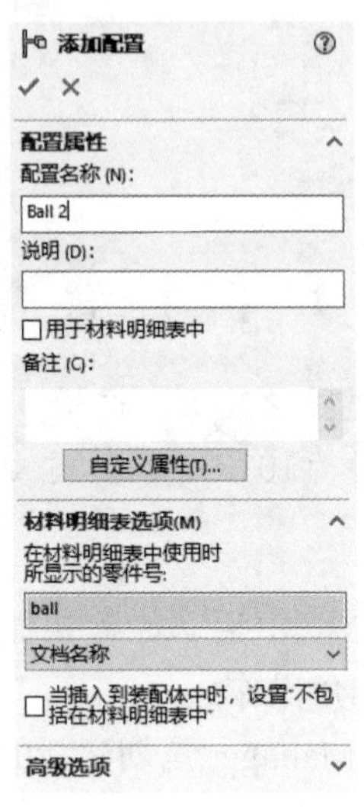

图 17-59　输入名称

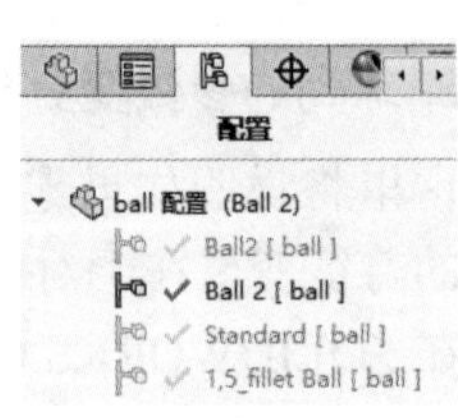

图 17-60　完成后的配置

（8）如图17-61所示为曲面增加1.5mm的倒圆角。

（9）保存Ball零件后，回到SOLIDWORKS Feature Manager，右击Ball零件，如图17-62所示，在弹出的快捷菜单中单击“零部件属性”按钮，打开“零部件属性”对话框。

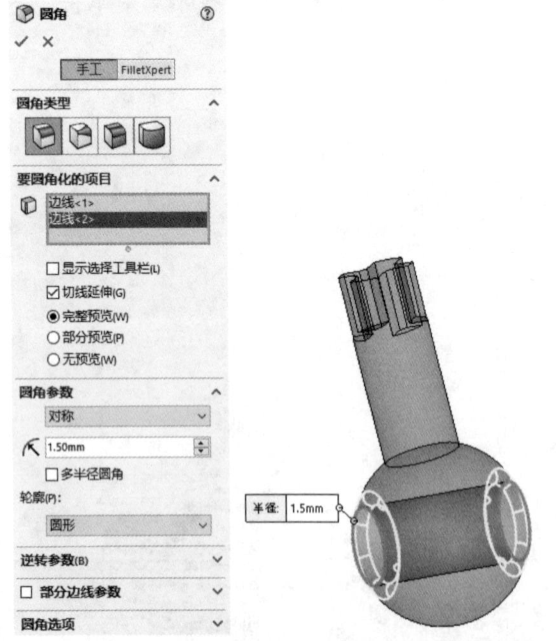

图 17-61　添加倒圆角

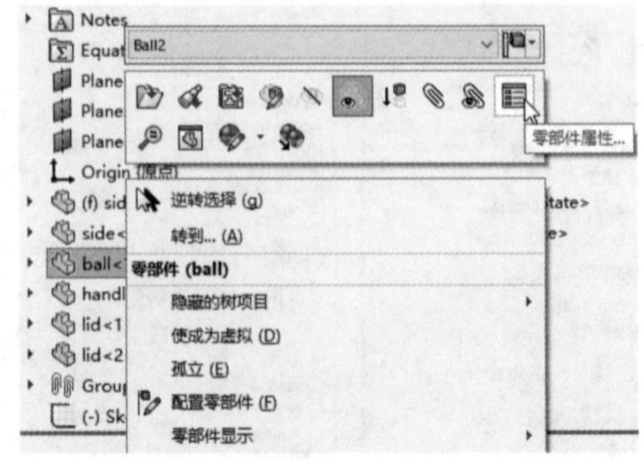

图 17-62　单击“零部件属性”按钮

（10）在“零部件属性”对话框中，选中新生成的配置名称Ball 2，如图17-63所示。

（11）单击“确定”按钮，关闭对话框。这样就用新生成的具有倒角特征的球阀代替了原来的配置，下面要做的就是重新在SOLIDWORKS Flow Simulation中求解这个装配体的流场特性，并用新的求解图表和之前的结论作比较。

（12）右击SOLIDWORKS Configuration Manager的Ball Valve节点，如图17-64所示，选择“显示配置”命令，切换回没有倒角的配置。

9. 克隆项目

（1）单击Flow Simulation控制面板中的“克隆项目”按钮。

（2）在要添加的项目配置中，单击下拉列表选择“选择”选项。

（3）在配置里选择Ball Valve 2配置，如图17-65所示。

单击“确定”按钮✔，这里就完成了从 Ball Valve 到 Ball Valve 2 配置的一个复制。所有在 Ball Valve 中输入的条件也都被复制了过来，而不必再手工创建。可以对 Ball Valve 2 进行新的条件设置。例如，新的边界条件，同时不会影响 Ball Valve 的现有结果。

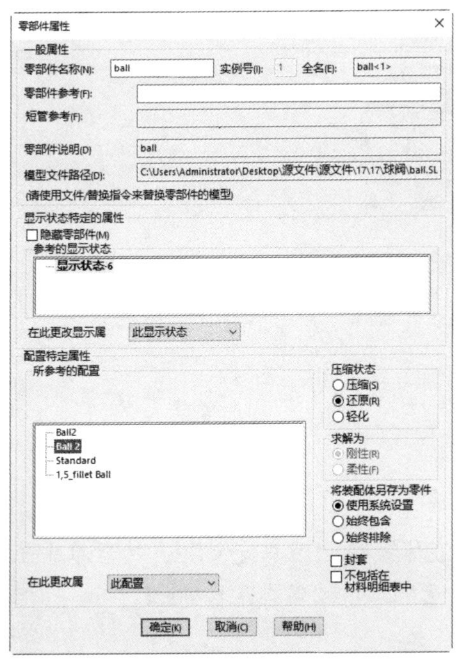

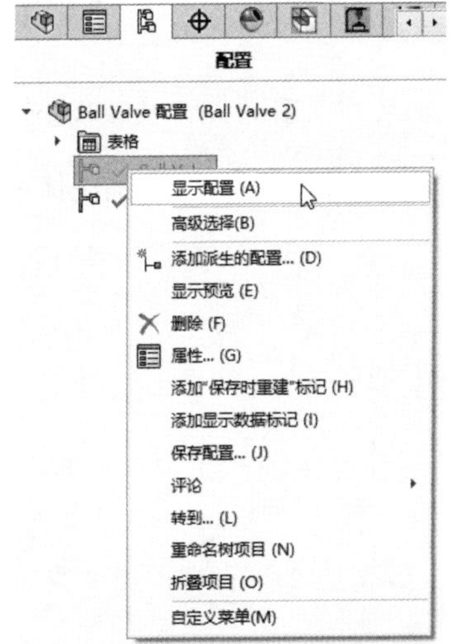

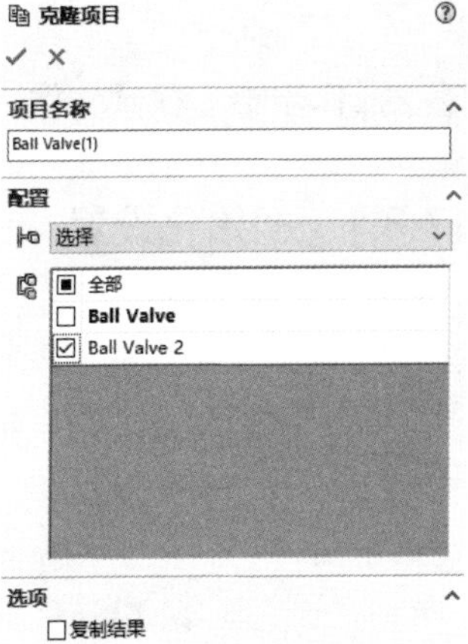

图 17-63 “零部件属性”对话框　图 17-64 选择“显示配置”命令

图 17-65 克隆配置

10. SOLIDWORKS Flow Simulation 参数变更分析

前面介绍了零件几何参数变更后的分析方法。下面介绍在结构条件不变的情况下，如何进行分析。这里存在的是参数变化，如将质量流动速率改为 0.75kg/s。

（1）单击Flow Simulation控制面板中的“克隆项目”按钮。

（2）在要添加的项目配置中，选择下拉列表中的“新建”命令。

（3）在项目名称里填写新的配置名称为Ball Valve[3]，如图17-66所示。

图 17-66 克隆配置

到此已完成 Ball Valve[3]配置的创建过程。所有的之前在 Ball Valve 输入的条件也都被复制了过来，而不必再手工创建。可以在 Ball Valve[3]中进行新的条件的设置，如质量流动速率改为 0.75kg/s。然后遵循之前的方法，求解问题并分析结果。

扫一扫，看视频

17.3　非牛顿流体的通道圆柱绕流

本例考察一个非牛顿流体在长方形通道的流动问题，如图 17-67 所示。该长方形通道内放置有圆柱，圆柱截面平行于来流方向。该非牛顿流体遵循幂率定律，其黏度定义如下。

$$\eta = K(\gamma)^{n-1}$$

其中，常量系数 $K = 20\text{Pa}\times s^n$，幂指数 n=0.2。其他物理特性同水。本问题在于求解全程的压力损失，同时与水做比较。设来流方向均匀流动流量为 50cm³/s，出口压力为 1atm（101 325Pa）。求解目标为出口和入口的压力差。

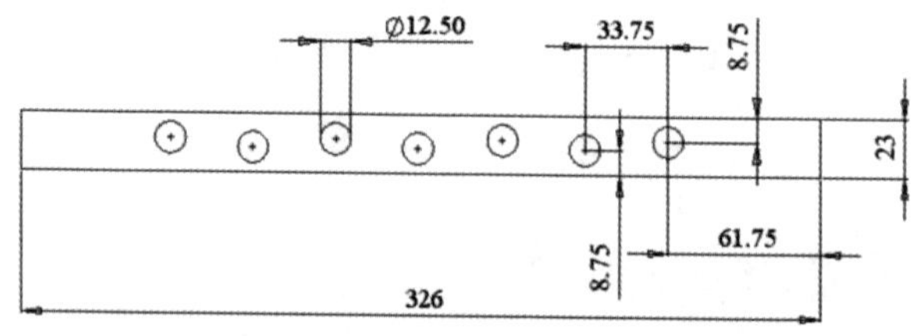

图 17-67　长方形通道

操作步骤　视频文件：动画演示\第 17 章\非牛顿流体的通道圆柱绕流.avi

17.3.1　初始化设置

1. 定义该流体的物理特性

（1）单击Flow Simulation控制面板中的“工程数据库”按钮。

（2）在“数据库”树里，单击打开“材料”→“非牛顿液体”→“用户定义”，然后单击工具栏中的“新建项目”按钮。如表17-1所示填写相关内容，然后单击“保存”按钮。

表 17-1　物理特性

名 称	XGum
密度	1000kg/m³
比热	4000J/(kg・K)
热导率	0. 6W/(m・K)
黏度	幂律模型
一致性系数	20Pa×s
幂律指数	0. 2

2. 项目定义

通过“向导”，建立并定义以下项目内容，如表 17-2 所示。

表 17-2　定义项目

项目名称	新建：XGS
单位系统	CGS（已修改）：压力和应力：Pa
分析类型	内部；排除不具备流动条件的腔
物理特征	不选择物理特征（默认）
流体	XGum（非牛顿液体）
流动特征	仅层流
壁面条件	绝热壁面，默认光滑壁面
初始条件	默认条件

3. 边界条件

（1）入口边界条件。入口体积流量1：入口流量为$50cm^3/s$，默认温度，选中图17-68所示的平面。

（2）出口边界条件。静压2：出口静压为1atm，即101 325Pa，选中图17-69所示的平面。

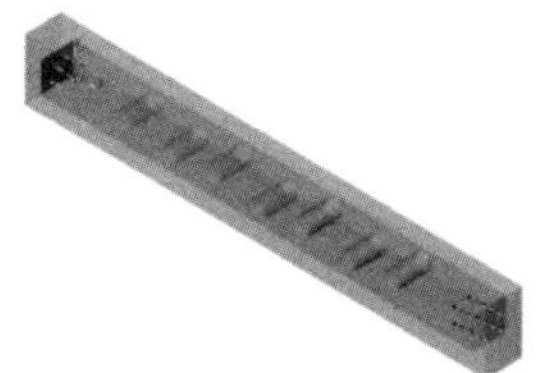

图 17-68　入口边界条件

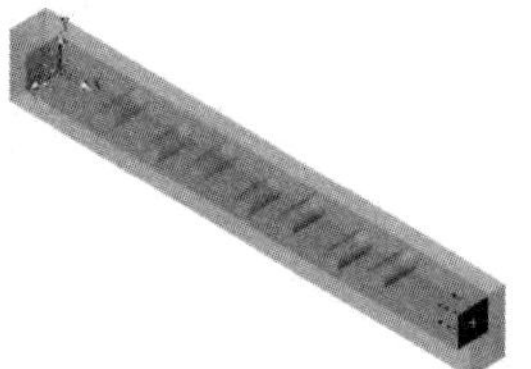

图 17-69　出口边界条件

17.3.2　求解

1. 定义求解目标

（1）定义出口和入口的“总压平均值”为“表面目标”的求解目标。

（2）定义“方程目标”为两者之差。这样便定义了出口和入口的压力差。其名称如图17-70所示。

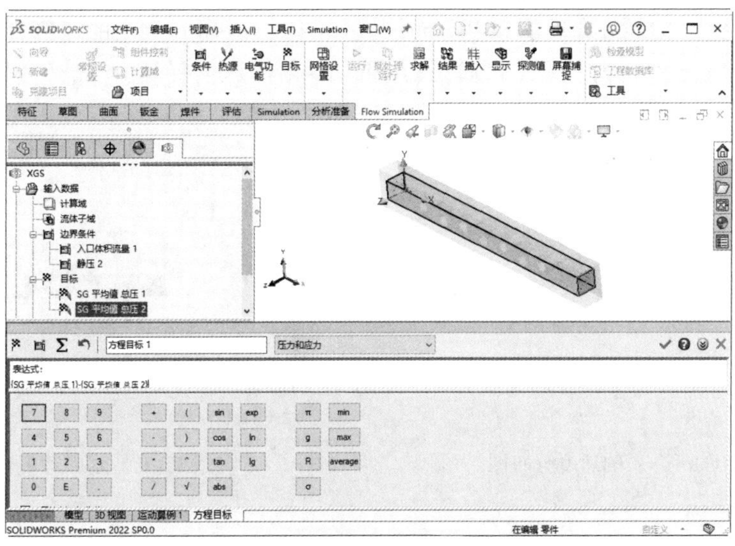

图 17-70　压力差

运行并得到如图 17-71 所示的计算结果。“方程目标”表明其压力差 3998Pa。

2. 与水介质做比较

（1）用克隆的方法新建一个项目，命名为“水”，如图17-72所示。

Array of Cylinders.SLDPRT [XGS [默认(1)]]

目标名称	单位	数值	平均值	最小值	最大值	进度 [%]	用于收敛	增量	标准
SG 平均值 总压 1	[Pa]	105327.6456	105320.8388	105311.7153	105331.1292	100	是	19.41397657	101.0330761
SG 平均值 总压 2	[Pa]	101329.3676	101329.372	101329.3676	101329.3878	100	是	0.020172844	0.069910345
方程目标 1	[Pa]	3998.277968	3991.466812	3982.343743	4001.758811	100	是	19.41506819	101.0613633

图 17-71　计算结果

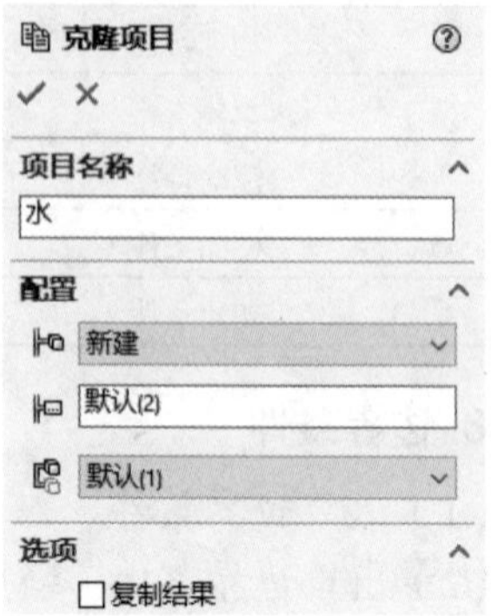

图 17-72　克隆项目

（2）单击Flow Simulation控制面板中的“常规设置”，将介质从XGum改为“水”。

（3）在“流动类型”中选择“层流和湍流”。

（4）单击“确定”按钮，重新运行该项目。

运行并得到如图17-73所示的计算结果。

Array of Cylinders.SLDPRT [水 [默认(2)]]

目标名称	单位	数值	平均值	最小值	最大值	进度 [%]	用于收敛	增量	标准
SG 平均值 总压 1	[Pa]	101396.1592	101395.3841	101394.4516	101396.1592	100	是	1.707655546	3.110160575
SG 平均值 总压 2	[Pa]	101329.167	101329.1723	101329.1334	101329.2099	100	是	0.07641526	0.081081131
方程目标 1	[Pa]	66.99223637	66.21180445	65.2695688	66.99223637	100	是	1.722667569	3.110466987

图 17-73　计算结果

“方程目标”表明其压力差为 66.99Pa。

如图 17-74 所示为 XGum 介质的速度分布图。如图 17-75 所示为水的速度分布图。计算结果表明，非牛顿介质 XGum 的压力差是水介质压力差的 59 倍。这主要是由于非牛顿流体具有较高的黏度系数。

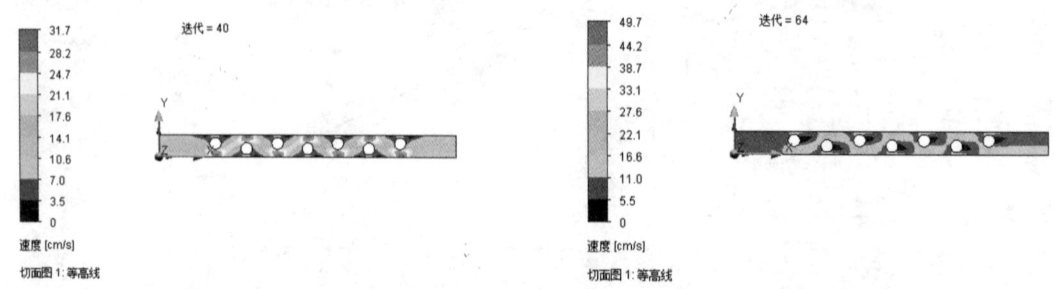

图 17-74　XGum 介质的速度分布图

图 17-75　水的速度分布图